U0287195

汉江流域陕西段非点源污染特征及控制研究

李家科　郝改瑞　李亚娇　李怀恩 等　著

科学出版社

北京

内 容 简 介

本书通过监测、试验和理论分析相结合的方式系统开展了汉江流域陕西段非点源污染研究，揭示不同空间尺度下非点源污染的通量特征及过程，自主构建基于时变增益和暴雨径流响应的流域分布式非点源污染模型；利用 SWAT 模型和 MIKE 模型对不同区域进行非点源污染模拟，量化识别流域非点源污染的关键源区；基于景观理论对流域非点源污染进行风险识别及评价，探讨土地利用变化和未来气候变化对非点源污染的影响，提出适宜的流域非点源污染优化控制措施。

本书可供环境科学与工程、水文学及水资源、水土保持、农业水土工程、市政工程等领域的科技工作者和研究生参考和借鉴，同时可为流域水生态环境的评估、规划、设计和管理人员提供参考。

审图号：陕 S(2023)019 号

图书在版编目(CIP)数据

汉江流域陕西段非点源污染特征及控制研究/李家科等著. —北京：科学出版社，2023.11
ISBN 978-7-03-076951-0

Ⅰ. ①汉… Ⅱ. ①李… Ⅲ. ①汉水–流域污染–非点污染源–污染控制–研究–陕西 Ⅳ. ①X522

中国国家版本馆 CIP 数据核字(2023)第 211517 号

责任编辑：杨帅英 张力群/责任校对：郝甜甜
责任印制：徐晓晨/封面设计：蓝正设计

科学出版社 出版
北京东黄城根北街 16 号
邮政编码：100717
http://www.sciencep.com

北京建宏印刷有限公司 印刷
科学出版社发行 各地新华书店经销
*
2023 年 11 月第 一 版 开本：787×1092 1/16
2023 年 11 月第一次印刷 印张：36
字数：850 000
定价：450.00 元
(如有印装质量问题，我社负责调换)

前　言

在人类活动剧烈和气候变化的背景下，全世界范围内水资源短缺、水资源污染、洪涝灾害、水土流失等问题日益突出，水资源问题已上升到全球战略高度。流域水污染问题已成为 21 世纪全球最大的挑战之一，其中影响水生态环境的非点源污染逐渐成为国际流域水环境研究工作者共同关注的话题。2020 年发布的《第二次全国污染源普查公报》，通过对工业、农业、生活、集中式污染处理设施及移动源进行普查，摸清在 2017 年全国水污染排放量中，COD、NH_3-N、TN 和 TP 分别达到 2143.98 万 t、96.34 万 t、304.14 万 t 和 31.54 万 t，其中七大水系水污染排放达到全国总量的 90% 左右；农业源和农村生活源所贡献的 COD、NH_3-N、TN 和 TP 的污染负荷量占比达到 65% 左右，表明非点源污染对各流域水环境质量的影响突出。目前，国家高度重视农业非点源污染的治理与防控。在《水污染防治行动计划》（又称"水十条"）、2035 年远景目标、2022 年中央一号文件和《"十四五"重点流域水环境综合治理规划》《农业面源污染治理监督指导试点技术指南（试行）》《农业农村污染治理攻坚战行动方案(2021—2025 年)》中均提出了加快发展农业非点源污染调查、监测和评估技术，积极推进生态环境综合治理，集中研究非点源污染本地化评估模型和源解析技术方法等内容。

汉江是长江的最大支流，地处我国南北过渡、东西交替的秦巴山区，同时也是我国南水北调和陕西引汉济渭的重要水源区。随着长江大保护战略的实施、秦岭环境大保护的深入和南水北调工程的建设，汉江流域陕西段水质优劣及周围生态环境情况与沿线受水区经济社会发展和人民群众生活密切相关。针对水源区非点源污染的特征分析与控制技术方法研究，既是流域水资源与水环境领域的重要研究内容，也是实现科学决策、确保水质安全的基础和前提。目前汉江流域陕西段水源地非点源污染特征及控制技术方法研究较少，缺乏不同空间尺度下非点源污染的通量特征及过程的系统研究，自主构建的流域分布式非点源污染模型鲜见，通过模型进行非点源污染模拟和控制措施优化研究较少，景观格局、土地利用和未来气候变化对非点源污染的影响也需要深入探讨。本书在陕西省重点研发计划"汉江流域陕西段面源污染特征及控制技术方法研究(2019ZDLSF06-01)""西安理工大学省部共建西北旱区生态水利国家重点实验室出版基金""第二次全国污染源普查项目黄河区第三亚区农业源污染物入水体系数及负荷核算(104-42591900)""省部共建西北旱区生态水利国家重点实验室非点源污染与海绵城市创新团队项目(2019KJCXTD-7)"等资助下，对上述问题进行了系统研究和总结。

全书分 10 章，第 1 章系统介绍研究背景及意义、非点源污染研究现状以及本书的主要内容等。在此基础上全书分为三部分核心内容：第一部分（第 2~4 章）从研究区概况、流域气象水文要素变化特征分析及不同空间尺度流域非点源污染的通量特征及过程研究三方面展开；第二部分（第 5~6 章）自主构建基于时变增益和暴雨径流响应的流域分布式非点源污染模型、开展流域非点源污染模型模拟与关键源区识别的研究；第三部分（第

7～10 章)探讨景观格局、土地利用和未来气候变化对非点源污染的影响，提出适宜的非点源污染优化控制措施。

全书由李家科、郝改瑞、李亚娇、李怀恩统稿，李家科定稿。第 1 章由李家科、郝改瑞、李亚娇、李怀恩、黄康、李舒、张子航、刘易文、周翔、沈昞昕执笔；第 2、3 章由李家科、郝改瑞执笔；第 4 章由郝改瑞、李家科、李亚娇、李怀恩、宋嘉、黄康、李舒、韩蕊翔、张子航、周翔、姜维执笔；第 5 章由郝改瑞、李家科、李抗彬执笔；第 6 章由李家科、李亚娇、李怀恩、宋嘉、黄康、李舒、韩蕊翔、张子航、周翔、沈昞昕执笔；第 7 章由李家科、刘易文、姜维、郝改瑞执笔；第 8、9 章由李家科、郝改瑞、沈昞昕执笔；第 10 章由李家科、李怀恩、李亚娇、宋嘉、黄康、李舒、韩蕊翔、张子航、周翔、沈昞昕、郝改瑞执笔。此外，研究生刘易文、李莹、彭凯等参加了书稿的校对工作。

由于作者水平有限，书中不妥之处在所难免，敬请广大读者不吝批评指正。

作　者

2022 年 7 月

目　　录

第1章 绪 论

1.1 流域非点源污染研究背景及意义

1.1.1 研究背景

水资源是国家自然资源开发利用和保护的关键与核心之一，同时也是工农业生产和生态的基础(Stoddard et al.,2016;Shen et al.,2015)。自 20 世纪 70 年代以来，在人类活动和气候变化的背景下，全世界范围内水资源短缺、水资源污染、洪涝灾害、水土流失等问题日益突出，水资源问题已上升到全球战略高度，且流域水污染问题已成为 21 世纪全球最大的挑战之一，其中影响水生态环境的非点源污染逐渐成为国际流域水环境研究工作者共同关注的话题(郝改瑞等,2018;黄康,2020;Xiang et al.,2017)。针对非点源污染的特征分析与相关模型构建，既是流域水资源与水环境领域的重要研究内容，也是实现科学决策、确保水质安全的基础和前提。通过监测和试验相结合的方式进行汉江流域陕西段非点源污染研究，探明污染物种类、来源及负荷，并构建径流过程中典型污染物迁移转化数学模型，能够为水源区非点源污染防治和水资源保护提供科学依据，有助于解决非点源污染控制有关的关键技术问题，为地方经济建设和社会发展服务。

非点源污染是指累积在地表的污染物随着降雨所产生的地表径流或地下径流迁移进入受纳水体造成的污染(郝改瑞等,2018)，其成分复杂、类型多样(陈广圣,2017;李怀恩和李家科,2013)。污染源有地表径流污染、土壤侵蚀、化肥农药、农村生活污水、畜禽粪便等(夏军等,2012)。非点源污染来源于非特定的及分散的区域，边界和位置难以识别和确定，其特征有随机性、成因复杂、潜伏时间长等(Du et al.,2014)。中国作为农业大国，耕地的非点源污染影响显著(任玮等,2015;罗倩等,2014)，一是下垫面条件造成地表水循环路径改变导致的水体污染；二是农业活动大量施用的化肥、农药等农业化学品，只有较少部分被农作物吸收，其余大部分残留在土壤中，成为潜在的污染源(李怀恩和李家科,2013)。近年来随着点源污染控制水平的提高，非点源污染成为水环境污染的主要来源。针对非点源污染的负荷源解析及迁移转化研究，既是流域水资源与水环境领域的重要研究内容，也是合理评估和水质规划的基础与前提(耿润哲等,2014)。

地表径流中含有大量自然及人类产生的污染物，其污染过程主要受降雨、地形、地表径流、地下蓄渗及植被截留等要素的影响，且污染过程比较复杂(李家科等,2020)。2020年中国生态环境公报显示，全国地表水 1937 个水质断面(点位)中，Ⅰ～Ⅲ类占 83.4%，劣Ⅴ类占 0.6%；监测的 110 个湖泊(水库)中，重度富营养、中度富营养、轻度富营养、中营养和贫营养的湖泊(水库)分别占比 0.9%、4.5%、23.6%、61.8%和 9.1%；2020 年水稻、玉米、小麦三大粮食作物化肥利用率为 40.2%，农药利用率为 40.6%。2020 年 6 月 8 日发布的《第二次全国污染源普查公报》，通过对工业、农业、生活、集中式污染处理设施及移动源进行普查，摸清在 2017 年全国水污染排放量中，化学需氧量(COD)、氨氮(NH$_3$-N)、总氮(TN)和总磷(TP)分别达到 2143.98 万 t、96.34 万 t、304.14 万 t、31.54 万 t，其中七大水系水污染排放达到全国总量的 90%左右；农业源和农村生活源所贡献的 COD、NH$_3$-N、TN 和 TP 的污染物量占比达到 65%左右，表明非点源污染对各流域水环境污染的影响巨大。目前，国家高度重视农业非点源污染的治理与防控。从国务院发布的"水十条"、《"十三五"生态环境保护规划》《中华人民共和国水污染防治法》及《全国新增 1000 亿斤粮食生产能力规划(2009—2020 年)》中均提出了防治农业非点源污染，积极推进生态治理工程建设；建立健全农业非点源污染监测体系；强调大江大河的生态保护治理，重视不同类型的污染物协同控制和区域协同治理。长江流域生态保护国家战略、"十四五"规划、2022 年中央一号文件和 2035 年远景目标中均提到农业非点源防控、建设农业非点源污染综合治理示范县等要求。

汉江流域陕西段横跨陕西省汉中和安康两市，干流长度超过 700km，流域面积为62723km^2，是我国南水北调和陕西引汉济渭的重要水源区。随着长江大保护战略的实施、秦岭环境大保护的深入和南水北调工程的建设，汉江流域陕西段水质优劣及周围生态环境情况与沿线受水区经济社会发展和人民群众生活密切相关。丹江口水库以及其水源区水质保护面临的主要问题体现在三个方面：一是库区及上游水土流失和农业非点源污染问题依然存在，是影响水质变化的重要因素；二是水库消落带范围上移后，库滨植被退化、新增淹没区土壤氮磷释放等问题突出，导致库湾出现富营养化风险；三是部分入库支流人类干扰强度高，区域社会经济发展对入库水质造成较大压力。

1.1.2 研究意义

与点源污染相比，非点源污染危害规模大，且难以监测和控制。如何明确汉江流域陕西段非点源污染产生特征和迁移转化机理，厘清径流过程中地表产流/产污与径流污染强度之间的关系，并构建流域分布式非点源污染模型，成为该研究面临的重要科学问题。以非点源污染物的迁移转化规律与水文要素间的响应关系为理论基础，以非点源污染模型为核心手段，对非点源污染量化识别具有重要的科学意义。尽管目前陕西省生态环境厅公布的监测数据显示，汉江水质优良，以Ⅱ类水质为主；但汉江上游农业、大气污染、地表径流、采矿、工业废水、城市生活污水和水土流失的影响均有可能引发汉江水质的突变，而极端气候条件及突发性污染事故会加剧水质污染，影响水源水质。据调查，近年来随着点源的严格把控和各种水保措施的实施，非点源污染成为汉江流域污染的主要来源。

本书在对汉江流域陕西段进行系统监测和试验的基础上，研究流域非点源污染物的污染特征、过程响应及与水文要素之间的响应关系，为非点源污染模型建立奠定理论基础；构建流域分布式非点源污染模型，实现流域多时空尺度下污染物的定量模拟；分析土地利用变化和气候变化对非点源污染的影响，从而对汉江流域陕西段非点源污染的控制和水资源保护提出建议。

因此本书的开展有利于：①汉江流域水源区非点源污染的防治，可以改善和提高水资源利用价值，改善区域生态环境等生态功能，提高流域中下游的水资源管理利用，为水源区综合治理提供生态保障。②提升水环境保护与非点源污染治理的科学性，助力解决流域非点源污染控制有关的技术问题,为降雨径流污染治理、生态环境保护的推广提供依据,促进地区社会经济的可持续发展,生态、环境和社会效益明显。③本书的研究方法与结果不仅对汉江流域陕西段非点源污染特征和模型模拟提供科学依据和技术支撑,也可为具有类似非点源污染特性的流域提供良好的借鉴作用,从而为地方经济建设和社会发展服务,为国家重大水环境战略任务的顺利实施提供有力的科技支撑。

1.2　流域非点源污染研究现状

几十年来,国内外学者在非点源污染的机理、模型与控制方面进行了大量的研究和实践,取得了长足的进展,下面对非点源污染国内外进展和发展趋势及存在的主要问题进行分析。

1.2.1　非点源污染通量特征及过程研究

1. 非点源污染发生机理

对非点源污染的产生、迁移及转化机理的研究主要采用如下几种方法:①选择代表性小流域进行小区试验。由于降雨径流形成的非点源污染物来源于地表,各种地理特征及耕作制度都将影响污染物的流失过程,所以选择有代表性的试验小区,分析自然降雨条件下非点源污染的产生、迁移及转化规律的方法已被广泛应用。②人工降雨模拟非点源污染物的机理过程。在现场或实验室进行人工降雨条件下,污染物流失规律的研究,多用于模拟暴雨条件下径流中污染物的流失规律。③研究受纳水体水质的变化。各种非点源污染物最终汇入河流等天然水体,通过研究受纳水体的水质变化规律可以反映出非点源污染的影响。

流域非点源污染的迁移转化过程实质上是污染物从土壤圈向其他圈层尤其是水圈扩散的过程。其本质上是一种扩散污染,对其机理的研究包括两个方面:一是污染物在土壤圈中的行为;二是污染物在外界条件下(降水、灌溉等)从土壤向水体扩散的过程。前者是研究的基础,后者是研究的重点和关键。作为一个连续的动态过程,非点源污染的形成,主要由以下几个过程组成,即降雨径流过程、土壤侵蚀过程、污染物迁移转化过程,这三个过程相互联系、相互作用,成为非点源污染的核心内容。

1)降雨径流过程

降雨径流是非点源污染迁移转化的主要驱动力和载体,主要影响因素包括降水量、降雨强度和降水历时等。降水量与硝氮(NO_3-N)的淋溶量及淋溶深度均呈现正线性相关,降雨强度与污染物的养分流失量呈指数函数关系,降水历时与累积径流量呈正相关关系(王辉,2006;沈奕彤等,2016)。关于降雨径流与非点源污染之间的研究多集中于大雨或暴雨阶段,Rodríguez-Blanco 等(2013)在西班牙的一个小流域连续 5 年进行野外监测,结果表明降雨径流过程中输出的磷负荷占总负荷的比例为 68%,且在 2%的暴雨事件中,输出的颗粒态磷负荷占比为 19%,溶解态磷负荷为 35%。张桂轲(2016)分析了氮素浓度对水文过程的响应,结果表明在农业区,化肥施用导致氮素的补给比较充足,在降雨径流比较强的作用下，使得汛期氮素浓度高于非汛期，在非农业流域，结果则恰恰相反。

2) 土壤侵蚀过程

土壤侵蚀是非点源污染的重要来源(张铁钢,2016)，不但会导致土壤退化、生产力下降，而且土壤侵蚀和泥沙运移作用会影响土壤中营养元素的含量和组分，进而导致元素地球化学循环发生变化(Quinton et al.,2010)。植被覆盖度、造林面积和降水量是影响流域土壤侵蚀空间分布的主要因素，且不同因子的交互作用均会增强对土壤侵蚀的解释力(贾磊等,2020)。Hao 等(2020)对北洛河流域的非点源颗粒态氮磷污染进行定量分析，发现颗粒态氮磷负荷空间分布与土壤侵蚀分布具有一致性，耕地对应的颗粒态氮磷输出系数较高，在坡度 8°～15°区域上颗粒态氮磷的输出系数最大，可见黄土区土壤侵蚀与坡度具有一定关系。Ma 等(2018)根据三种不同的土壤颗粒等级($<20\mu m$，$20\sim105\mu m$ 和$>105\mu m$)分析非点源污染物的迁移转化过程，结果表明$<20\mu m$ 的土壤颗粒的迁移率最高，$>105\mu m$ 的土壤颗粒的迁移率最低，而 $20\sim105\mu m$ 的土壤颗粒的迁移率随机性强。

3) 污染物迁移转化过程

径流流失和淋溶流失是非点源污染迁移过程的两个主要途径(李明涛,2014)。非点源污染的研究对象多集中于氮素和磷素，氮素以 NO_3-N 和 NH_3-N 为主，磷素以颗粒态磷和溶解态磷为主。其中 NO_3-N 难以被土壤颗粒吸附，它的浓度变化主要受淋溶流失的影响，随着淋溶次数的增加，浓度不断减小，最终趋于稳定(许昌敏等,2012)。在农业生产中，由于氮肥的过量使用及氮磷肥的混合使用使得 NH_3-N 的浓度显著增加，而磷肥施入土壤后，只有极小部分以溶解态磷存在，极大部分被土壤吸附固定，易在地表富集，不易发生淋溶，当降雨事件发生时，颗粒态磷随泥沙侵蚀而流失，而溶解态磷随地表径流迁移(仓恒瑾等,2005;薛金凤等,2005)。

2. 非点源污染的影响因素

非点源污染由于涉及方面广，时空尺度大，在治理和控制上更为艰难。我国自然环境复杂、污染种类多样，探究各项因素对非点源污染的影响方式及程度可为后续的工作奠定基础(朱瑶等,2013)。从形成机制上看，主要受到降雨径流、地形地貌、土地利用、植被种类及覆盖度等多种自然因子共同作用。

1) 降雨径流

降雨和径流均是引发非点源污染的先决条件。降水量、降水强度及其空间分布等均会左右地表径流的产出时间及量值，进而对污染负荷的输出及迁移过程产生一定程度的影响。国内外的研究主要集中在不同降水强度、降水历时以及不同雨型下的氮素、磷素的流失情况等方面。

姚娜等(2017)研究显示，在暴雨条件下的污染物流失量超出平时几倍，短历时强降水是形成土壤侵蚀的主要动力，98%的非点源污染事件源于水土流失。Bowes 等(2015)得出丰、平、枯水年产出的污染负荷量与径流峰值之间的相关关系极为显著。薛颖(2018)得出降水量增加，产流及产沙强度均随之增加，产沙强度增幅明显小于产流强度。崔玉洁等(2013)得出，短历时强降水条件下的 TP 流失通量比平均值高出一个数量级，由此产生的泥沙量也同比增加。

2) 地形地貌

坡度是地形条件中最主要的特征要素。当坡长相同时，坡度大流速快，停留时间短，入渗量小，从而致使地表径流量快速增加，其中所携带的泥沙及养分含量也同比上升（丛鑫等，2017）。近几年的研究热点主要集中在土壤类型、坡度、坡长及覆盖率等因素对各种污染负荷的综合影响（李虎军，2018）。

Ahearn 等（2005）研究表明，坡度大小决定了污染负荷形成的潜在程度，从而影响到地表及地下水质。赵光旭等（2016）发现当降水总量不变时，坡长与坡面入渗量呈正相关关系，并且存在临界坡长与坡度，使地表径流量和土壤下渗量相当。彭梦玲（2019）研究得出在 25°坡面时，氮素流失与地表产流量之间为线性函数关系，与产沙量之间则为幂函数变化。黄满湘等（2003）研究得出，坡度增加，流速明显增大，改变了坡面表层土壤颗粒驱动及侵蚀方式，提高地表径流的挟沙能力，增大污染物流失通量。

3) 土地利用

相较于降水、地形等自然因素，人类活动才是最根本的影响因素。土地类型的改变会带来一定的经济和社会效益，但同时也会反作用于自然环境（张向前等，2019）。不同类型的土壤会在内部形成不同的养分循环机制，对水体中氮素、磷素负荷量的贡献率也存在差异（Li et al.，2014）。研究不同土地利用类型对地表径流量与河流水质的作用，在流域的管理修复及生态环境保护等方面至关重要（东阳，2018；Tsiknia et al.，2013）。

高斌等（2017）发现在单一类型情况下，村庄地表径流中的氮素流失最多，耕地和林地次之、草地流失量最少。王晓燕等（2003a）研究得出农用地是氮素、磷素流失管控的重点区域，其次是旱地及水田，影响最轻的为林地。秦立（2019）认为林地类型起"汇项"作用，耕地类型起"源项"作用，当两者面积比例之差在 15%以内，差距每上升 1%，各种非点源污染物含量则下降 2mg/L。卢少勇等（2017）研究表明，不同用地类型中形成氮素、磷素污染负荷量顺序均为：旱地>水田>林地。

4) 植被种类及覆盖度

植被覆盖能够在延缓坡面径流的同时降低氮素、磷素的流失，不同植被类型及覆盖度对非点源污染的影响程度差异显著（侯红波等，2019）。植被的水土保持能力不尽相同，但都可将其归结为：降低雨滴动能，预防击溅侵蚀，改变微地表形态（汪邦稳等，2012）。国内外学者主要在植被的水保作用、植被覆盖度与植被种类等领域进行研究。

Le Bissonnais 等（2004）研究表明植物可以通过破坏地表径流的运移轨迹来加固水土保持作用，且林冠截流对地表径流的削减有重大贡献。张军（2017）研究表明在恒定雨强下，地表径流量、产沙量与植被覆盖度之间呈现反比关系。张燕江等（2021）表明溶质流失浓度随时间推移呈现幂函数变化，总体呈现出逐渐减少的趋势。余冬立等（2011）认为，相较于统一种植的小区，混合植被形式能够更加有效地控制坡面径流，并且减缓土壤侵蚀现象的产生。

3. 不同资料条件下非点源污染负荷估算方法

1) 有限资料条件下非点源污染负荷估算方法

有限资料条件下（即流域具备定期水质监测数据以及水文站水文资料）的估算方法都

表现了较强的实用性和准确性。目前比较典型的方法有单位线法、水文估算法，以及西安理工大学提出的平均浓度法、土地利用关系法、水质水量相关法、降水量差值法、非点源营养负荷-泥沙关系法、污染分割法等。此外，一些数值计算方法如偏最小二乘回归法、自记忆模型、支持向量机法等也开始应用于非点源污染负荷估算中。

A.单位线法

单位线法分为时段单位线法和瞬时单位线法，瞬时单位线法的基础是 Nash 瞬时单位线(instantaneous unit hydrograph, IUH)。时段单位线法是 Verworn 于 1978 年根据实测的污染物浓度、降雨和径流资料提出的计算非点源污染负荷的方法。在该方法中，场次降雨产生污染负荷的总浓度采用合轴相关图法推算，降雨径流期间污染物浓度的时程分配用特征污染单位线进行推求。合轴相关图建立了某场次降雨径流的平均质量浓度与非点源污染负荷控制因素之间的关系。其中，控制因素主要有次降水量、距离上次降雨的时间以及月份。

Verworn 提出的特征单位线法仅考虑了场次降水量、干期时间以及月份对非点源污染的影响。在实际应用中，农业活动特别是施肥的时间和肥料的种类对非点源污染负荷的影响也不容忽视。鉴于此，对已有的特征单位线法进行改进，以期能更为精确地对非点源污染负荷进行估算。通过分析，在估算流域出口断面非点源污染负荷质量浓度过程时，除了场次降水量、干期时间外，还将施肥量以及场次降雨距离施肥后的时间纳入主要影响因素中。

B.水文估算法

水文估算法(陈友媛等,2003)是从水文学角度出发，考虑点源和非点源污染的形成和运移规律，结合当前水文水质资料，提出的一种流域污染负荷划分方法。其思路为非点源污染负荷由 2 部分组成：①在降雨径流的过程中污染物溶解在水中并随地表径流汇入水体；②由侵蚀土壤吸附的固态污染物，与侵蚀土壤一起被输送到水体中。首先利用常规的河道断面监测资料进行年平均污染物浓度的估算，然后计算溶解态污染负荷 W_{gu}。溶解态污染负荷 W_{gu} 和河川基流携带的点源污染负荷 W_u 之差即为非点源污染负荷中的溶解态污染物量 W_g。根据 Henery 吸附定律可得 C_s，利用悬移质泥沙资料就可得到暴雨径流中泥沙所携带的吸附态污染负荷量 W_s，二者之和即为非点源污染物的总负荷。

C.平均浓度法

平均浓度法是西安理工大学李怀恩考虑到我国非点源污染监测资料少的实际，以非点源污染的形成过程为基础，于 2000 年提出的一种简便易用的流域非点源污染负荷估算方法，随后，此法在我国北汝河、密云水库、莱州湾以及杭州千岛湖等流域得到了广泛的应用。

李怀恩(2000)采用此方法估算出了黑河流域不同代表年各种污染物的非点源年负荷量和总负荷量，结果表明：TP、TN 负荷量在枯水年、平水年到丰水年依次明显增大；TP 的非点源污染负荷量占总负荷量的比例在 83%以上，TN 在 73%以上，黑河的营养负荷绝大部分来自降雨径流引起的非点源污染。

李强坤等(2008)基于平均浓度法原理,根据黄河干流潼关断面 1950～2006 年的实测水沙资料，以及水体、泥沙污染物浓度的测定试验，计算出潼关断面 2006 年以及丰平枯水年 3 种不同代表年下的非点源污染负荷，结果表明：潼关断面非点源污染负荷占全年负荷比例如下：丰水年时，NO_3-N 占 63.09%，NH_3-N 占 61.32%，TN 占 87.17%，TP 占 89.83%；枯水年时，NO_3-N 占 26.92%，NH_3-N 占 24.62%，TN 占 67.60%，TP 占 71.73%。在近似于特枯年的 2006 年，NO_3-N、NH_3-N、TN 和 TP 非点源污染负荷占全年比例依次为：17%、14%、15% 和 41%。

申艳萍(2009)应用此法估算了北汝河、清撰河流域 2008 年 COD、NH_3-N 的总负荷，结果表明：2008 年北汝河流域 COD、NH_3-N 负荷分别为 256t、15.9t，其中非点源污染负荷所占比例分别为 70.4%、68.7%，点源污染负荷所占比例分别为 29.6%、31.3%；2008 年清撰河流域 COD、NH_3-N 总负荷分别为 1732t、211.8t，其中非点源污染负荷所占比例分别为 17.7%、26.1%，点源污染负荷所占比例分别为 82.3%、73.9%。

王晓燕等(2003b)利用密云水库两大入库河流——潮河和白河的常规监测数据，应用平均浓度法，估算流域非点源污染负荷，结果表明，73% COD、71% BOD、94% NH_3-N、75% TN 及 94% TP 来自非点源污染；流域非点源污染发生具有明显的地域分布特征，COD_{Mn}、生化需氧量(BOD_5)等有机物主要来自白河流域，而 NH_3-N、TN 及 TP 等营养物质主要来自潮河流域。

陈友媛等(2003)应用变形的平均浓度法估算莱州湾小清河流域的非点源污染负荷和占比，结果表明小清河流域 COD、TN、TP 非点源负荷分别为 102.72t、35.06t、4.34t。

谷丰(2005)应用平均浓度法对杭州千岛湖流域的非点源污染负荷量进行估算，得出 TN 年负荷量为 9973.45t/a，TP 年负荷量为 293.51t/a，其中非点源负荷占比分别为 87.51% 和 8.639%，非点源污染主要发生在雨季，多雨季节 4~9 月是非点源污染产生的主要阶段。

D.土地利用关系法

当流域内自然气候条件差异较小时，降雨特性相似，各水源区的非点源污染负荷主要取决于土地利用情况。因此可以根据有限的实测资料，建立非点源污染浓度与土地利用之间的定量关系。

西安理工大学提出的土地利用关系法(张亚丽和李怀恩,2009)，选取黑河流域 1996 年 6 月 2 日的场次洪水，研究土地利用变化前后黑河流域 TP、TN 和 SS 的污染负荷量，结果表明：土地利用变化前，TP、TN、SS 负荷分别为 25.45t、523.51t 和 283950t；全部封山育林后，TP、TN、SS 负荷分别减少 3.5%、6.89% 和 0.6%。

E.水质水量相关法

洪小康和李怀恩(2000)认为降雨径流是形成非点源污染的主要影响因素，根据监测资料建立水质水量相关关系，将年径流量分割为地表径流与枯季径流，并将水质水量相关关系应用于地表径流，从而提出了有限资料条件下估算降雨径流污染年负荷量的水质水量相关法。利用此模型估算陕西省黑河流域平水年 TP、TN 负荷，结果表明 TP、TN 负荷分别达 26.43t 和 480.85t，并在此基础上，估算了汉江白河断面(陕西省出境断面)不同频率的年非点源污染负荷。

F.降水量差值法

蔡明等(2005)认为任意两场降水(或任意两年)产生的污染负荷(包括点源和非点源)

之差,应为这两场(或这两年)降水量之差引起的非点源污染负荷。基于这一原理,在 2005 年提出了流域出口处的非点源污染负荷的降水量差值估算法,并以渭河临潼水质监测站和临潼水文站作为流域控制断面,以 1991~1999 年水质和水文监测资料为依据,建立了降水量与非点源负荷相关关系,并以 TN 为例进行了分析。

G.非点源营养负荷-泥沙关系法

多沙河流中非点源污染负荷以泥沙表面聚集的吸附态污染负荷为主,因而河流中的总污染负荷与泥沙表面聚集的吸附态污染负荷之间(即输沙量)具有较好的相关关系,在黑河流域、田峪流域、红草河流域以及汉江上游武侯镇流域的相关研究都进行了验证,李怀恩和蔡明(2003)应用 1995~2005 年华县水文站实测资料建立非点源污染总负荷与汛期输沙量之间的关系,之后分别估算了华县断面丰平枯三种典型年条件下的非点源污染总负荷量。

H.污染分割法

降雨径流是产生非点源污染的原动力和载体。如果没有地表径流,非点源污染物就很难进入受纳水体。因此,可以认为非点源污染主要由汛期地表径流引起,枯水季节的水质污染主要由点源污染引起。点源污染负荷 L_P 相对比较稳定,可通过实测枯季流量 $Q_{非汛期}$ 乘以枯季污染物浓度 $C_{非汛期}$ 求得;汛期总的污染负荷 L,可通过实测汛期流量 $Q_{汛期}$ 乘以汛期污染物浓度 $C_{汛期}$ 求得;两者之差即为汛期产生的非点源污染负荷 L_n。污染分割法以流域出口断面的径流、水质及径流年内分配为基础,进行流域点源负荷和非点源负荷的分割,属于水文学方法,机理明确,资料易得。

I.偏最小二乘回归法

非点源污染的影响因素很多,通过一元回归进行计算会影响其精度,采用偏最小二乘回归法可在一个算法下同时实现回归建模、数据结构简化及变量间的相关分析。它不要求长系列样本数量,能在变量具有多重相关性时回归建模,能把自变量和因变量之间的相关关系取到最大值,提高模型相关分析的精度。偏最小二乘回归在水文相关分析、径流预报、河流健康评价中都有应用,在非点源污染负荷计算中,李家科等(2007)把渭河流域陕西段华县水文站作为流域控制断面,以 TN 非点源污染负荷为因变量,以径流量、泥沙量和降水量为自变量建立偏最小二乘回归模型,结果表明,偏最小二乘回归模型预测结果优于最小二乘回归模型。王玲杰(2005)在淮河淮南段,以 BOD_5 作为因变量,以径流量、降水量、泥沙量为自变量建立偏最小二乘回归模型,结果表明,其精度优于水文分析法。

J.自记忆模型

自记忆就是强调系统状态本身前后的联系,侧重系统自身演化规律的研究。自记忆性原理的基础是求解一个由动力学方程转化而来的自忆性方程,即差分-积分方程,然后用这个方程来研究系统记忆性,以对系统未来的演化做出预测。李家科等(2009)采用 1976~1999 年渭河华县站 TN 非点源负荷及径流、泥沙、降水资料,结果表明改进的自记忆模型是一种可行的非点源污染负荷预测方法。

K.支持向量机模型

支持向量机 SVM(Support Vector Machine)是以统计学中的 VC 维理论和结构风险

最小原理为理论基础，较好地解决小样本、非线性、高维数和局部极小点等实际问题。其出色的学习性能被认为是人工神经网络方法的替代方法。李家科等(2006)采用渭河华县站 1976~1993 年 TN 的非点源负荷及径流、泥沙、降水资料，将前 15 年资料用作训练，后 3 年资料用作检验。经过与最小二乘支持向量机、BP 神经网络和最小二乘回归方法预测结果比较，表明 SVM 方法预测精度要优于后两者，可用于有限资料条件下非点源负荷预测。

2) 无资料地区非点源污染负荷估算模型

无资料地区(流域不具备水文、水质资料的条件下一般采用此类模型)非点源污染负荷估算大多采用输出系数法,其出发点在于不同的土地利用类型(农用耕地、畜禽养殖场、村庄等),非点源污染物有不同的流失特征。通过试验确定不同土地类型单位面积(数量、人口)的污染物输出系数[kg/(hm^2 ·a)或 kg/(人 ·a)], 然后乘以该土地利用类型的总面积(总数量、总人口),就得到该种土地利用类型的非点源污染负荷。输出系数法也称为"单位负荷法",最典型的输出系数法是 Johnes(1996)的输出系数模型。国内学者在此基础上进行了一定的改进和演绎,如改进的输出系数法、单元调查法、二元结构模型等。

A.Johnes 输出系数模型

20 世纪 70 年代初期,美国、加拿大在研究土地利用-营养负荷-湖泊富营养化关系的过程中,提出并应用了输出系数法,或称为单位面积负荷法,这就是初期的输出系数模型,为人们研究非点源污染提供了一种新的途径。针对初期输出系数模型的不足,许多学者对其进行了改进与发展,极大地促进了输出系数法的研究与应用。其中,Johnes(1996)的研究具有代表性,建立了更为完备的输出系数法模型。在该模型中,他们对种植作物不同的耕地采用了不同的输出系数;对不同种类牲畜根据其数量和分布采用了不同的输出系数;对人口的输出系数则主要根据生活污水的排放和处理状况来选定。在 TN 输入方面还考虑了植物的固氮、氮的空气沉降等因素,很大程度上丰富了输出系数法模型的内容,提高了模型对土地利用状况发生改变的灵敏性,随后模型在国内外得到了广泛应用。

张静等(2011)通过查阅文献,获得浑河流域输出系数的近似值,然后运用输出系数模型,估算了浑河流域 2007 年 TN、TP 污染物负荷,结果表明:2007 年浑河流域 TN、TP 负荷分别为 17468t 和 996t。

邱凉(2011)根据非点源污染产生性状和污染发生过程,以及长江流域非点源污染状况调查成果构建了长江流域非点源污染物估算模型,模型按土地利用、农村生活和畜禽养殖三大类污染源估算了长江流域非点源污染物产生量,结果表明,2000 年长江流域非点源污染总产生量为: COD 约 2347.3 万 t、NH$_3$-N 约 300.6 万 t、TN 约 1001.0 万 t、TP 的 231.3 万 t。

杨维等(2012)基于输出系数模型,分析了流域土地利用与非点源的关系,运用不同土地利用类型遥感数据和 GIS 技术,确定了不同土地利用类型的输出系数,进而核算出双台子河流域非点源污染负荷,结果表明:双台子河非点源污染 COD、NH$_3$-N 输出量分别为 5097.22 t/a 和 427.06 t/a。

刘瑞民等(2006)利用输出系数模型,结合 RS 和 GIS 技术,对长江上游的非点源污染负荷进行了空间模拟和负荷估算。模拟结果表明，在不考虑流域损失的前提下，土地利用造成的非点源污染负荷 TN 总量从 20 世纪 70 年代的 123 万 t 下降至 2000 年的 116 万 t，基本呈逐年减少的趋势，由土地利用造成的 TP 的变化趋势与 TN 基本相同，从 70 年代的 317 万 t 下降到 2000 年的 315 万 t 左右。

王少璇等(2011)利用输出系数法计算汾河流域运城段非点源 TN 污染负荷并分析其影响，结果表明：汾河流域运城段非点源 TN 约为 127.415 万 t/a。

唐寅等(2010)采用 Johnes 输出系数法对密云土门西沟小流域的非点源污染负荷进行估算，根据 Johnes 输出系数模型中各输出系数的取值，最后获得非点源污染负荷量，结果表明：密云土门西沟小流域非点源污染 N 负荷、P 负荷分别为 1259.99kg 和 115.9778kg。

刘亚琼等(2011)利用输出系数模型对北京市农业非点源污染负荷进行估算。结果表明，2006 年北京市农业非点源污染物 TN 和 TP 负荷量分别是 19565.7 t/a 和 2413.1 t/a。

B.考虑降雨、流域损失的输出系数模型

Johnes 输出系数模型虽然对土地利用类型和营养物来源的分类较全面，但未考虑水文因素年际变化对模型输出系数的影响，以及流域中污染物在输移过程中的损失，因此，蔡明等(2004)在此基础上进行了改进，并应用此模型计算了渭河流域 1991~1999 年间非点源污染氮负荷，结果表明渭河流域 1991~1999 年非点源污染氮污染负荷在 2171t~40177t 之间波动；程红光等(2006a)以黑河流域为研究区，利用输出系数模型，采用 1998 年实测资料进行回归分析，得到氮的非点源污染负荷计算公式中各常数的值，以研究区域内分布最广的草地为例，计算出非点源污染氮负荷的入河系数。

C.考虑降雨和地形特征的输出系数模型

丁晓雯等(2008)从降雨和地形对非点源污染产生、迁移的影响出发，对 Johns 输出系数模型进行了改进并给出了改进模型中降雨影响因子和地形影响因子的确定方法，提高了模型在大尺度流域的模拟精度。最后，估算了长江上游 1990 和 2000 年 TN 负荷。

D.考虑农业灌溉的输出系数模型

杨淑静等(2009)利用统计资料及相关的数据资料，分析了灌区农业灌溉量与农业非点源污染负荷之间的相关关系，建立了二者之间的关系函数，并利用此改进的输出系数模型计算出 2006 年宁夏灌区 TN、TP 灌溉因子分别为 0.9556 和 0.8776，TN、TP 负荷分别为 19395.33 t 和 958.30 t。

E.单元调查法

单元调查法(赖斯芸等,2004)的核心是识别调查单元和确定单元评估系数，首先识别调查单元，并确定各单元的产污强度。单元产污总量等于单元总数与单元产污强度的乘积。农业非点源产污单元分为化肥、畜禽、农作物和人口等四大类，单元产污强度的大小最终取决于单元产污强度影响参数的取值。化肥的影响参数是复合肥氮素、磷素含量(%)，氮素、磷素利用率(%)；畜禽的影响参数是生长期(d/头)，粪尿排放量[kg/(头•d)]，粪尿氮素、磷素、化学需氧量含量(%)；农作物的影响参数是秸秆产量比(kg/kg)，秸秆氮素、磷素、化学需氧量含量(%)；人口的影响参数是人均生活污水排放量[t/(人•a)]，污水氮素、磷素、化学需氧量含量(%)，并应用此法估算了 2001 年中国农业非点源 TN、TP 和 COD_{Cr} 的产生总量。

F. 二元结构模型

郝芳华等 (2006) 针对我国非点源污染研究中已有的试验和研究多集中在小流域和小区域范围内 (10000 km² 以下),而缺乏全流域尺度下的非点源污染负荷估算方法这一矛盾,通过分析非点源污染负荷研究中的尺度问题及其解决途径,提出了大尺度区域非点源污染负荷的计算方法——二元结构法,此方法应用情况如下:

郝芳华等 (2006) 将非点源污染类型分为城市径流、农村居民点、畜禽养殖和农业生产 4 种类型,根据提出的二元结构初始模型,并结合上述 4 类污染源特点,分别得到各自污染负荷计算模型。以此为核心,初步估算出了全国主要流域非点源污染入河总负荷量。

刘晓燕和张国珍 (2007) 选黄河流域为研究区,利用二元结构溶解态模型分别计算得到了黄河三级区 12 个子流域单元的 TN、TP 污染负荷。

程红光等 (2006b) 应用二元结构模型估算了黄河流域农业生产、农村居民点、畜禽养殖和城市径流 4 种不同非点源污染类型的负荷,结果表明:2000 年黄河流域 TP、TN 的非点源污染负荷已超过点源污染负荷;农田是黄河流域重要的氮、磷非点源污染来源,分别占 50% 和 64%。

岳勇等 (2007) 结合 RS 和 GIS 技术,利用二元结构模型对 2000 年松花江流域非点源污染负荷进行计算与结果验证,并对流域内非点源污染状况做出了评价。结果表明:4 种非点源污染类型(农田、农村居民点、畜禽养殖和城市径流)中,农田 TN、TP 和 NH₃-N 非点源污染负荷量最高;畜禽养殖 COD 非点源污染比重最大。

4. 基于景观格局的非点源污染研究进展

景观格局又称景观的空间格局,是人类活动和环境在不同尺度上相互干扰促动下的综合结果。自然景观及其格局的异质性与人类活动、自然环境密切相关,故景观格局成为景观功能和动态研究的基础 (Gao et al.,2020;Zhang et al.,2019),而对人类活动影响下的景观组成类型及其空间结构特征的研究,可为流域景观格局优化和可持续管理提供重要的理论基础(韩文权等,2005),进一步为流域非点源污染控制研究提供新思路。

土地利用的时空格局变化是非点源污染负荷时空变化的重要驱动力,非点源污染的负荷空间分布特征可通过土地利用格局进行分析,非点源污染的负荷会随着土地利用类型发生变化,其中耕地的贡献最大。而景观格局能更好地识别土地利用演变情况,进而与非点源污染相结合(肖笃宁和李秀珍,1997;肖笃宁,1991)。Zhang 等 (2019) 通过冗余分析法将土地利用动态变化与流域非点源污染通量联系在一起,结果表明二者在空间变化上呈现一定的相关关系,TN、TP 通量与耕地景观、景观破碎化呈正相关,与林地景观呈负相关。Xue 等 (2022) 基于"源-汇"景观理论,提出了一种基于非点源污染风险指数 (NPPRI) 的多因子非点源污染风险评价模型,并将其应用于山东省牧竹河流域,利用该模型分析非点源污染风险的时空变化特征,并确定流域特征养分流失风险。

不同的景观结构对非点源污染的影响也不同,目前景观格局对非点源污染的影响主要以不同空间尺度的景观结构、空间配置与景观模型等为思路展开研究。黄萍萍等 (2013) 依靠景观格局探究了丹江上游田块尺度的山坡耕地和梯田的土壤养分流失特征。陈磊等

(2011)利用田间人工降雨研究各种土地利用类型的养分流失与水土流失状况,将景观和非点源污染的"源-汇"过程相结合,对其相关性进行描述。刘芳等(2009)基于景观格局"源-汇"理论研究了长江农业非点源污染,结果表明景观空间负荷对比指数对非点源污染负荷有显著的响应关系。许芬等(2020)利用"源-汇"理论及遥感技术,对三亚市饮用水源地非点源污染进行了识别与评价,研究发现河道距离因子与坡度因子是影响非点源污染的重要因素,污染风险区空间异质性明显,污染风险呈现东高西低的特点。Wu 和 Lu(2019)利用 RDA 分析、CCA 分析等统计方法,揭示了景观格局与非点源污染的定量关系,研究发现不同的水质突变现象具有不同的景观格局梯度,并且景观格局指数能够较好地揭示下垫面与非点源污染之间的响应关系。但目前来看,基于"源-汇"景观理论的非点源污染研究多出现在长江下游及沿海城市周边流域,在汉江开展基于"源-汇"景观的非点源污染相关研究较少。通过文献分析发现,景观格局能更好地反映非点源污染的空间异质性,"源-汇"景观理论发挥了较好的效果,对森林、水库、河流、湖泊、城市等不同生态系统的景观格局和过程研究均有较强的适应性(程晰钰,2020;陈利顶等,2003)。"源-汇"景观理论的适用范围的逐步扩展,为生态环境的改善与建设提供了重要的理论依据。

景观组成指标往往无法区分流域内景观的形状规模、分布聚集程度等对水质变化的贡献(Ding et al.,2016)。近年来,随着 GIS、RS 等技术的应用以及景观生态学的发展,许多景观配置指标被发现,推动了景观组成和配置协同作用下景观格局空间变化对非点源污染过程的影响研究(Shen et al.,2014;黄宁等,2016;Nobre et al.,2020)。景观配置指标的优化与提高为进一步探究非点源污染与景观格局的响应关系提供了基础,不仅可以为非点源污染控制提供新的思路,也是生态环境治理的发展趋势(高超等,2002;郑淋峰,2019)。"源-汇"景观理论可以解决基础数据缺乏或者数据适用性有限的问题,并避免物理模型中参数调整和验证的不确定性(Wu et al.,2016a;Risala et al.,2020;Samimi et al.,2020)。基于"源-汇"景观理论构建的景观空间负荷指数(LCI)是一种跨尺度的计算方法,然而 LCI 指数主要用于空间尺度较大的流域,在小流域或子流域上的应用较少(Wang et al.,2018)。因此,建议在小流域或子流域尺度上评价景观格局和环境特征对非点源污染风险的影响。

为了提高景观优化配置的效果,需要准确识别非点源污染关键源区。借助"源-汇"景观理论,将非点源污染视为"流",将产生和吸收截留污染物的景观视为"源"和"汇",综合考虑流域下垫面特征,并利用空间阻力模型将影响非点源污染传输和产生的因素进行空间叠加,最终得到非点源污染空间阻力面。该方法可以直观地反映非点源污染产生和迁移转化的阻力区,阻力值越小,说明该区域是污染物产生的高危区域,也是污染物发生迁移转化的重点区域。有效、准确地识别非点源污染关键源区是控制非点源污染、治理流域水环境的基础(程迎轩等,2016;章明奎等,2007;李谦等,2014)。

1.2.2 非点源污染模拟模型及不确定性分析方法研究

当流域具备系统资料(较为齐全的水文、水质以及 DEM、土壤类型、土地利用、气象等资料)时,可利用非点源污染模型进行非点源污染量化及关键源区识别。国内外许多学者着眼于非点源污染复杂的形成过程,研究了降雨时空分布、农业管理措施、土地利用变化等因素对污染负荷产生的影响,这些因素可分为确定性因素和不确定性因素,其中可控制的确定因素研究较多,而无法控制的不确定性因素较少。在非点源污染的模型模拟工作中加入不确定分析,能够为非点源污染提供更好的决策支持。从非点源污染模型和非点源污染模拟研究中的不确定性分析两个方面出发,对现有非点源污染模拟及其不确定研究现状进行归纳总结,并展望非点源污染模型的发展趋势。

1. 非点源污染模型进展

1)非点源污染模型的发展

一个完整的非点源污染模型包括降雨径流模型、土壤侵蚀模型和污染物迁移转化模型(李怀恩和李家科,2013)。其中径流与非点源污染关系密切,其引起的地表水污染和地下水污染均涉及水文过程,可以在非点源污染中使用成熟的水文学理论和模型。土壤侵蚀过程受降雨、土壤侵蚀、地形、作物和管理因子影响,分为泥沙与土壤基质之间的吸附与分离和泥沙在地表的搬迁两个过程,从非点源污染角度出发,多使用美国通用土壤流失方程 USLE 及其修正公式 MUSLE。污染物主要包括氮、磷、COD 和农药等及其不同形态的转化过程。

20 世纪 80 年代前是模型研究的探索期,以统计模型为主,主要是利用数学方法或物理概念描述基本规律,如 Green-Ampt 入渗方程、Horton 入渗方程、单位线概念、Penman 蒸发公式、通用土壤流失方程 USLE 和 SCS 曲线等(Burges and Lettenmaier, 2010; Chen et al., 2018)。这些模型需要少量数据简单计算污染负荷,为非点源污染定量计算奠定了基础(耿润哲等,2014)。20 世纪 80 年代至 90 年代初,重视非点源污染对水环境破坏的问题,涌现出一些比较有影响的非点源污染模型:CREAMS 模型采用拼装式结构,利用 SCS 曲线或 Green-Ampt 入渗曲线来计算暴雨径流,可以估算农田污染物流失状况,也可以计算暴雨情况下的径流量(Knisel and Douglas-Mankin,2012);GLEAMS 模型是在 CREAMS 模型的基础上进行改进,主要用于小区域模拟,采用改进的 SCS 曲线法模拟降雨径流,利用彭曼公式或 Priestley-Taylor 公式等模拟蒸散发,可模拟氮、磷及农药等污染物;ANSWERS 模型包括水文、泥沙输移和营养物质三大块,其中模拟的水质主要是氮和磷,对其他化学物质的相互转化无法模拟,在小流域上预报降雨作用下的地表径流、污染物负荷量和土壤侵蚀量;GWLF 模型是基于水量平衡方程的半分布式半经验化的流域污染负荷模型,通过实测的逐日降水量及平均浓度来计算河川径流量和沉积物,以及计算溶解性氮磷和 TN、TP 的月负荷量,用于多种土地利用方式混合的中小型流域,提供可靠的月尺度模拟结果(沙健,2014;卢诚等,2017)。

20 世纪 90 年代后期至今,与遥感和地理信息系统的结合使得一些大型的流域非点源污染模型被研制出来,其中比较著名的有:AnnAGNPS 模型在数据短缺地区适应性较强,利用流域水文特征来划分单元,可连续模拟土壤水和地下水中氮平衡,可计算养殖场、集水沟、点源和池塘等的污染物(夏军等,2012;Romano et al.,2018);SWAT 模型将研究流域划分为水文响应单元(hydrological response unit,HRU),不能模拟过于详细的洪水和泥沙,模型增加了对浅层地下水的模拟,输出水质模拟结果为负荷总量(Volk et al.,2016;Fu et al.,2014);HSPF 模型适用于大流域长期连续的模拟,降雨径流过程采用斯坦福模型进行计算，模型集合水文、水力和水质等方面，可模拟透水地面、不透水地面及水库等的水文水质过程，尤其是结合水动力学综合模拟非点源污染的积累、迁移及转化(Chang et al.,2017;张先富,2015)，集成于 BASINS 系统平台；基于 SHE 模型研发的 MIKE SHE 是一个比较综合、应用灵活且功能强大的模型，能够模拟大多数水文、水资源和污染物运移，子模型物理意义明确，适用尺度较广(Wang et al.,2013;Zheng et al.,2014)；李怀恩和李家科(2013)建立的流域暴雨径流污染模型，其中产流部分可供选择的模型有蓄满产流模型、全流域分配模型、部分流域分配模型和综合产流模型，汇流部分利用了逆高斯分布瞬时单位线汇流模型，产污部分采用逆高斯分布非点源污染物迁移模型，污染物浓度过程由流域出口断面的流量过程和总负荷率过程求出，成功应用于黑河金盆水库、滇池、于桥水库及渭河等流域；SPARROW 模型是基于质量平衡计算的经验回归方法，是一个融合经验统计和机理过程的流域空间回归模型，使用包含污染物输入及迁移组分的非线性回归模型描述流域及地表水体的污染物来源和迁移过程(何锋,2014;Kim et al.,2016)；夏军等(2012)构建的分布式非点源污染模型中降雨径流过程采用分布式时变增益模型(DTVGM)，土壤侵蚀和泥沙输移过程采用改进的通用土壤侵蚀模型(MUSLE)计算，建立不同形态氮磷等污染的负荷模型，并且采用 QUAL-II 模型模拟溶解氧、泥沙、氮磷、有机污染物及农药等多种不同水质指标的变化过程。

目前大多数非点源污染模型能够较好地模拟流域中涉及的水循环过程和污染物迁移转化过程，将具有代表性的 11 个基于流域尺度的非点源污染模型从时间尺度、参数形式、模型组分、优势及局限性几个方面进行对比说明，如表 1-1 所示。

表 1-1　非点源污染模型对比

模型名称	时间尺度	参数形式	模型组分	优势	局限性
CREAMS	日	集总	SCS 曲线模型，Green-Ampt 入渗模型，蒸发侵蚀模型考虑坡面和沟道侵蚀；氮磷负荷，简单污染物平衡	可单独计算场次降雨的土壤侵蚀，评价不同耕作措施对负荷的影响	模型参数单一，未考虑土壤、地形和土地利用情况的差异性
GLEAMS	日	集总	水文和侵蚀子模型与 CREAME 相同；污染物更多考虑农药地下迁移过程	模拟农业管理措施对土壤侵蚀、地表径流、氮磷渗漏等方面的影响	模拟局限于小块土地，不能模拟河道内过程
ANSWERS	日、小时	分布	水文模型考虑降雨初损、入渗、坡面流和蒸发；侵蚀模型考虑溅蚀、冲蚀和沉积；早期不考虑污染物迁移，后补充了氮磷子模型	可计算建筑区域和农业流域的径流量和泥沙流失，模拟土地利用方式对水文和侵蚀的影响	输入数据复杂，不能模拟各化学物质的相互转换
GWLF	日、月	集总加分布	SCS 水文模型，通用土壤流失方程，日水量平衡方程，溶解性氮磷和 TN、TP 的负荷量	考虑了多种土地利用类型所产生的负荷量，需要的空间数据要求低、参数量少、模拟过程相对简单	模型假定的每种土地利用类型在实际模拟过程中计算相同，不能对污染源地区进行空间区分，负荷量简单相加，模拟精度粗糙
AnnAGNPS	日或小时	分布	SCS 水文模型，通用土壤流失方程，氮、磷和 COD 负荷，化学物质模块	模拟次降雨下的流域尺度地表径流污染负荷和氮磷流失，连续模拟地下水养分平衡	不考虑降水空间差异性，忽略河道沉积泥沙吸附态污染物，TP 模拟存在较大的不确定性

续表

模型名称	时间尺度	参数形式	模型组分	优势	局限性
SWAT	日	分布	SCS 水文模型,入渗、蒸发、融雪;改进通用土壤流失方程,氮磷负荷,复杂污染物平衡	在资料缺乏区建模,可预测流域气候变化及土壤类型、土地覆被变化、农业管理措施对水循环、泥沙、营养物质和农药等的长期影响	对于营养物质的河道传输过程模拟不足,对部分工程措施的表征能力不足
HSPF	小时	集总	斯坦福水文模型;侵蚀模型考虑溅蚀、冲蚀和沉积;污染物包括氮磷和农药等,考虑复杂污染物平衡	连续模拟泥沙、氮磷和农药等污染物的迁移转化,模拟输出多种形式的污染负荷	实用性有较大限制,模拟空间分辨率较低,不适用于流域过程长期模拟
MIKE SHE	日、小时	分布	水流运动、溶解质平移和扩散、地球化学与生物反应、作物生长和氮的运移过程、土壤侵蚀、双向介质中的孔隙率、灌溉等	采用整合式的模块化结构,每一组件描述水文循环中独立的物理过程	对资料完备性及详细度要求高,不同过程的耦合存在难度,对蒸散发与河流含水层的模拟能力有限
流域暴雨径流污染响应模型	单次暴雨	集总	产流模型可选用综合产流模型;汇流采用逆高斯分布瞬时单位线汇流模型;产污模型利用污染物逆高斯分布迁移转化模型	具有物理基础清楚、弹性好、汇流与输移过程计算采用统一模式的特点	峰值模拟偏低,应加强研究参数的单站及地区综合问题,促进模型推广
SPARROW	日	集总加分布	建立污染源、污染物的土–水方程、河流湖库衰减方程,结合流域河网的拓扑关系,利用质量守恒定理进行参数估计	模型结构允许分别对陆域及水域参数进行统计估计,定量描述污染物迁移速率和在河网的输送	模型中利用一阶衰减方程,带有主观性,在同一分级的河段采用同一削减速率
分布式时变增益非点源污染模型	日	分布	产流模块采用分布式时变增益模型,侵蚀和泥沙输移模块采用 MUSLE 计算,污染物迁移转化建立不同形态氮磷污染负荷模型,河道水质采用 QUAL-II模型	模块化结构,水文过程独立	—

2)SWAT 模型研究进展

SWAT 模型是 20 世纪 90 年代美国农业部(USDA)农业研究中心 Jeff Arnold 博士开发的分布式水文模型(丁洋,2019),被广泛应用于流域尺度的模拟和预测。由于其具有开放获取的便利和详细的基础文档以及易于获取资料等特征,使得 SWAT 成为研究流域非点源污染的主流评估工具,并且在世界范围内得到广泛应用,并得到了海内外科研人员的认可。主要研究内容包括估算非点源污染负荷、应用不同管理措施评价水质变化、耦合集成模型、提高模型精度以及模型改进等(Bauwe et al., 2017; Panagopoulos et al., 2011;Fei et al., 2016)。在国外,最初由阿诺德分别在美国的中小流域尺度进行了模型的适用性研究(Fontaine et al.,2002; Saleh et al.,2000)。Sharma 和 Tiwari(2019)估算了马伊通水库的月均净产沙量、TN 负荷量和 TP 负荷量分别为 153 万 t、1834.2 kg 和 191.1 kg。Rani 和 Sreekesh(2021)分析了气候变化和土地覆盖类型变化对比亚斯河流域上游流域流量的影响,结果表明流域的水文过程对气候的响应关系较土地利用更为敏感,且在所有情景下,流量的季节变化比年变化更为突出。Grizzetti 等(2003)采用 SWAT 模型模拟了芬兰 Vantaanioki 流域的氮磷营养物,Barlund 和 Kirkkala(2008)应用管理措施后模拟 Eurajoki 流域非点源污染负荷,结果表明负荷削减效果较好。Lam 等(2010)运用 SWAT

模型模拟得出德国 Kielstau 流域硝酸盐为主要非点源污染来源。Grunwald 和 Qi(2006)利用 SWAT 模型模拟美国俄亥俄州流域氮磷营养物时空特征。

与其他环境建模工具相比，SWAT 能进行适当的辅助校准以提高模拟精度或与其他建模工具进行耦合后弥补其本来的功能缺失，同时提高其模拟精度。如贾晓宇(2021)将 SWAT 与 WASP 模型耦合后对洋河流域非点源污染及水环境容量进行了计算，逐月平均 NH_3-N、TP、TN 污染物的相对误差(RE)均在 10% 以内，模拟精度良好。Wu 等(2016b)将 SWAT 水文模型与生物地球化学模型 DayCent 进行了耦合，使得原本侧重于流域尺度的水文和污染负荷的 SWAT 模型可以和侧重于景观尺度的碳/氮储存和生态系统通量的 DayCent 模型在同一个项目中运行，将各自的优势结合起来，经验证效果良好。刘华章(2016)将 L-THIA 和 SWAT 模型相耦合，模拟结果较好地反映了响滩河流域非点源污染物的输移过程。探讨洋河水库时空变化规律，顾利军(2017)构建了 MIKE21 与 SWAT 耦合模型，模拟洋河水库流域中氮磷污染负荷入库前的定量关系，并初步研究水环境容量的消减效应。郑宇等(2019)提出了一种缺乏土壤数据库时构建 SWAT 模型的方法，提高了模型的适用范围。龙天渝等(2020)为了准确获得山地流域吸附态 TP 时空分布特性，提出了"径流连通性因子"，从典型小流域推广到整个三峡水库流域，取得了满意的效果。孙龙和李萌(2020)基于 SWAT 模型和水文干旱 ESP 思想，在赣江中下游区域建立了一套干旱预报体系并利用 1970~2009 年数据对 2010 年的水文干旱情况进行了预测，经实际情况验证后该预测结果较为可信，因此该系统可为抗旱减灾提供一定的参考。

3)MIKE 模型研究进展

A.MIKE 11 模型研究进展

MIKE11 模型是 Danish Hydraulic Institute(简称 DHI)机构开发的平面一维数学模型，用于模拟河流、湖泊等的水流、水质、泥沙等，该系列软件包括 MIKE11、MIKE21、MIKE LOAD、MIKE URBAN 等(李怀恩和沈晋,1996;薛金凤等,2002)。MIKE 11 含有水动力、降雨径流、对流扩散等在内的多个模块(朱茂森,2013)。MIKE 11 模型不仅可以与 Shape、raster、ASCⅡ等格式的 GIS 文件数据交互，并能够与多个 MIKE 系列模型进行耦合计算，计算精度高，模型兼容性强，目前模型在水动力、水质方面得到了广泛的应用。

李明等(2021)通过构建 MIKE11 以及 MIKESHE 耦合模型研究北沙河水库污染物迁移转化规律，并评估不同控制措施下污染物削减效果。王盼等(2020)通过耦合 MIKE11、MIKE URBAN 以及 MIKE FLOOD 模型，建立了用于模拟城市设计洪水的模型，结果表明较传统方法计算有所差别，但是仍符合一般变化规律。刘坤和杨正宇(2009)与胡琳等(2016)通过构建 MIKE11 河流水动力水质模型，分别用于水体富营养化研究以及对入河污染物进行空间演算，进而进行水质预警。Xiong 等(2020)与 Chi 等(2020)基于 MIKE11 模型分别模拟了不同情景下河流水质的改善结果，并探讨了水质变化规律和预测了上下游的最小生态安全距离。MIKE LOAD 是 MIKE 模型中的污染负荷估算评估模块，可以定量化评估流域和城市内的污染负荷，在水环境管理方面有重要的实际意义，但是目前国内应用不多。Zhu 等(2008)在南水北调中线工程利用 MIKE11 与 MIKE LOAD 耦合模型研究结果显示，除了进一步控制点源外，还应控制汉江上游的非点源污染问题来减小其对汉江中下游水质和水生态的影响。Mcmichac 等(2006)、Sahoo 等(2006)、Aredo 等(2021)认为 MIKE11 模型可用于研究土地利用、气候变化对流域水文循环的影响,为提高模拟精度,资料精度应小于模型所划分网格大小。

B.MIKE SHE 模型研究进展

MIKE SHE 是一个先进灵活、基于物理机制、具有分布式参数的流域分布式水文模型,由丹麦水利研究所(DHI)2003 年在 SHE 模型基础上研发而成(Refsgaard et al.,2010),且是第一个在流域面积超 1000km^2 尺度上成功应用的模型,由水动力(WM)及水质(WQ)两大主要模块组成。完整的涵盖了水文循环的基本过程,包括蒸散发(ET)、坡面流(OL)、非饱和流(UZ)、地下水流(SZ)、明渠流(OC)以及它们之间的相关关系(DHI,2008)。目前已经广泛运用到流域管理和规划、灌溉和排水、环境影响评估、地下水与地表水联合应用、土壤与水资源管理等方面。国外对于 MIKE SHE 的运用起步较早,已将其运用至不同地理特征、水文水质条件的多个流域;国内对于 MIKE 软件还尚处于初步认识应用阶段,对于水文模拟已有越来越多的案例,而水质模拟还处于比较缺失的状态(刘昌明等,2004)。

a.特殊地区的水文模拟

无资料和缺乏资料地区的水文模拟一直是水文研究领域很关注的一个问题(黄粤等,2009)。这些区域一般位于干流上游,属于水源涵养区,数量众多,一般远离居民区。因此,大多缺乏长期的水文记录。由于模型率定验证需要长期径流数据,导致无资料和缺乏资料地区无经验模型,基于物理意义参数的分布式模型是模拟水文过程的解决方案,MIKE SHE 正是其中一种适用模型。Windolf 等(2011)在 175 个丹麦计量站验证了 MIKE SHE 地下水资源模型,计算了丹麦 50%无资料地区的月径流量,61%的测量站纳什效率系数(Nash-Sutcliffe efficiency coefficient,NSE)都超过了 0.60。

在高异质性区域,不同环境组分的水文过程存在显著差异,分布式水文模型 MIKE SHE 能够更准确地描述和模拟这些变化,使得该模型适用于高异质性区域。特别是在垂直地质层较为复杂的地区,饱和带模块和非饱和带的良好耦合使模拟复杂地表和地下水运动成为可能,大大扩展了其应用到不同类型集水区的可能。Shu 等(2012)将 MIKE SHE 应用于华北平原的一部分,评估恢复枯竭地下水资源的水管理方案,研究发现将"南水北调"与赤字灌溉、污水灌溉和交替冬季休耕相结合,为稳定该地区的地下水位提供了可行的方法。Thompson 等(2004)将耦合的 MIKE SHE/MIKE 11 模型运用于地下水运动和洪灾活跃的英国东南部 Elmley 沼泽地,揭示了洪水与地下水水位之间的密切关系。除了以上所列研究,MIKE SHE 还在河道短且地形陡峭的夏威夷地区(Sahoo et al.,2006)、饱和带与回水过程都具有高度异质性的复杂岩溶系统(Doummar et al.,2012)、土壤质地空间变化复杂的塔里木盆地(Liu et al.,2007;Huang et al.,2010)等都取得了较为不错的模拟效果。

b.物质运输及水质模拟

基于水动力的污染物运输和水质建模被认为是 MIKE SHE 模型的另一个重要优势。如 Styczen 和 Storm(1993)运用 MIKE SHE 模拟 Karup 流域根区和含水层中的硝酸盐转化,特别描述了硝酸盐从田间到河流这一过程中发生的运移过程。Hansen 等(2009)利用

DAISY 和 MIKE SHE 模型在 Odense Fjord 流域模拟了从农田到河流出口的整个陆域水文和氮循环，为优化湿地建设规划和进一步制定与高脱氮率相关的土地利用立法方面做出了重大贡献。Refsgaard 等(2014)运用其团队研发的航空地球物理测量仪器 Mini Sky TEM 结合 MIKE SHE 模型模拟自然硝酸盐还原的过程，达到减少农场硝酸盐的目的。Long 等(2015)运用基于 MIKE SHE/MIKE 11 软件开发的 M3ENP-AD 水质模型，确定了流域 TP 的去向和迁移，并评估了沼泽地的恢复情况。

与国外大量的水质模拟相比，国内关于水质模拟的相关文献还微乎其微。这表明，国内关于此模型的水质研究和实践还不够丰富和熟练，不足以支撑进一步研究。因此，还需要进一步完善该模型在国内的理论和实践。

c.气候变化及土地利用对水文过程的预测

近年来，使用 MIKE SHE 模型进行影响预测变得越来越流行。如考虑流域中复杂的地表-地下水相互作用机制，Wijesekara 等(2014)在加拿大西部亚伯达省的 Elbow 流域建立了 MIKE SHE/MIKE 11 耦合模型，研究土地利用变化对二水相互转换的影响，模拟结果表明，快速城市化和森林砍伐导致地表径流增加，蒸发蒸腾量(ET)、基流和入渗减少。Kalantari 等(2014)设置了 6 种不同的土地利用措施，来探究其在不同规模风暴下对流域出口流量的影响，结果表明，在减少洪峰流量和总径流量方面，重新造林是最有效的。Wang 等(2013)使用三个互补模型(包含 MIKE SHE 模型)评估土地利用变化和气候变化对年际径流的影响，通过误差分析，获得较一致的结果，即 1980~1989 年和 2000~2008 年的径流减少是土地利用变化和气候变化导致的，其贡献幅度几乎相似。Keilholz 等(2015)预测 2050 年和 2100 年土地利用和气候变化对塔里木河中游地下水和生态系统的影响，结果表明天山冰川融化后，该地区将出现严重的含水层枯竭和环境退化，造成巨大的经济损失。

d.非点源污染模拟及控制

Botero-Acosta 等(2019)以 Upper Sangamon 流域为研究对象，将流域管理措施(WMPs)和预估气候类型结合为 18 种情景，模拟对流域泥沙和 NO_3-N 负荷的影响，结果表明，轮作和覆盖作物等非结构性 WMPs 模拟的 NO_3-N 和泥沙负荷降幅最大，而结构性 WMPs 具有更高的面积效率性能。另外，由于水通量的改变，特别是在未来干旱气候情景下，气候条件对这两种污染物的运输产生了强烈影响。Hou 等(2020)以 Upper Sangamon 流域为研究对象，使用 MIKE SHE/MIKE 11 ECO Lab 耦合模型，建立了 12 种土地管理和气候预测类型组合，以评估 2020~2050 年流域中硝酸盐、亚硝酸盐和 NH_3-N 的去向和运输。结果表明：在干旱气候条件下，单独实施覆盖种植可能会使地表水中的 NO_3-N 浓度降低 33%，在未来的预测中，饱和带的 NO_3-N 浓度可能会降低 33%。通过结合覆盖种植和规范化肥施用量，饱和带的 NO_3-N 浓度预计将比历史基线降低 67%。

经查阅大量文献，国外运用 MIKE SHE 模型研究非点源污染的文章较少，国内对于这方面的研究更是寥寥无几，相关研究比较缺乏。

4)存在问题与展望

通过总结非点源模型的诸多应用实例，发现存在以下问题：非点源污染因具有随机性、动态性、不确定性和不能准确监测的特点，污染物质在水体污染的比重、迁移转化等机理研究尚未完全清楚；我国多是应用发达国家开发的模型，自主模型较少，而我国流域因为地形变化大、季节分明且受人为活动影响大等因素，对应用的机理模型参数要求很高；开始非点源污染研究时间短，数据累积较少，针对无资料地区的非点源污染模型或估算方法较少。

针对以上发展过程中的不足，未来可从下面方面进行努力：

(1) 深入研究非点源污染机理，尤其是水循环基础和污染物在壤中流及地下水中的迁移转化。

(2) 自主创建可以适用无资料或不同资料条件下的可靠性模型，耦合成熟的分布式水文模型和非点源污染模型，模型功能上除了非点源污染的量化，还可以增加点源污染的研究。

(3) 管理措施方面，发达国家的非点源污染模型是针对欧美国家的流域情况，模拟的多是各类生态功能措施，而我国特有的地理特征和自然环境，可以增加必要的水土保持措施。

(4) 能够利用遥感和地理信息系统解决模型参数的选择问题，在模型模拟过程中加入不确定性分析，从而提高其模拟精度。

2. 非点源污染模拟研究中的不确定性分析

1) 不确定性的来源

客观事物的变化具有随机、模糊、灰色和不确定等特性(Li et al.,2015)。由于污染物的产生及迁移受不同的随机因素影响较大，从而导致非点源污染模型在模拟过程中出现较大的不确定性(李明涛,2011)，因此非点源污染模拟的不确定分析具有重要研究价值。

在非点源污染模拟研究中，其不确定性主要来源有两个方面(张巍等,2008)：一方面是由于非点源污染的产生和迁移过程机理认知不足，总是会忽略或简化部分因素，导致构建模型结构、模型参数和模型求解过程的不确定性；另一方面是模型输入数据的不确定性，如水文数据、气象数据、土地利用数据、农业施肥等。

数学模型结构、模型参数及求解过程的不确定性，主要是在建立数学模型过程中，由于认知的不足或对机理过程进行简化、假设处理，导致模型结构具有一定的不确定性；同时在模型参数的率定和校验过程中，参数估值不能保证模型精度和预测结果的可靠性，全局"最优"无法判断和预测，导致模型参数具有不确定性(宋文博,2016)；模型求解过程的不确定性包括时空概化和数值近似产生的不确定性。非点源污染的产汇流过程受外界条件影响较大(如气候、气象、地形、地貌、植被、施肥情况等)，而在目前的客观条件下，受监测手段的限制，人们仍无法准确获取到这些资料，也无法获得流域内水循环诸要素可靠的时空变化值，从而导致数据资源获得具有不确定性(张巍等,2008)。

流域非点源污染模拟的最大不确定性来自流域水文的模拟，利用成熟的水文模型进行降雨径流模拟是必要操作，水文模型又可分为集总式、半分布式和分布式三种类型，如 SCS 水文模型、斯坦福水文模型、分布式时变增益模型等，也涉及模型结构、模型参数、求解过程及模型输入等方面的不确定性，而非点源污染的不确定分析不仅针对水文过程，还有土壤侵蚀过程和污染物迁移转化过程。

2）不确定性分析的方法

由于非点源污染模拟具有有不同的不确定性来源，因此在不确定性分析中，对不同的不确定性来源可采用不同的数学方法进行分析。由于对模型结构的不确定性分析缺乏必要的理论及技术手段支持，目前多采用模型比较或通过参数识别后统计分布规律进行间接验证(宋文博等,2016;Cai et al.,2018)。模型输入数据(如泥沙、流量、TN、TP、土地利用等)的不确定性主要受监测手段的影响，无法采用具体的不确定方法进行定量分析，多间接利用输入资料对模型输出(如径流量、非点源污染负荷)的不确定性影响来佐证。将涉及的数学方法分为敏感性分析和概率分析两大类，各种方法的原理及优缺点分别如下所述。

A.敏感性分析

敏感性分析包括局部敏感性分析和全局敏感性分析两种。其核心是通过对输入输出进行响应分析，并根据各参数敏感性系数大小进行排序，为模型参数率定和进一步的不确定性分析提供经验(张巍等,2008)。因局部敏感性分析方法简单、计算量小，所以应用比较广泛。最常用的局部敏感性分析方法为摩尔斯分类(Morris)筛选法；而全局敏感性分析方法综合考虑各参数的作用，容易获得整个参数集的最优解，但因为全局敏感性分析方法的计算量巨大，使得该方法在用于参数较多的复杂模型时比较困难。最常用的全局敏感性分析方法为多元线性回归法。

a.Morris 筛选法

Morris 筛选法及其修正方法是传统的局部敏感性分析方法，计算单个参数进行扰动时模型输出的变化率，判断参数变化对输出的影响程度。而修正的 Morris 筛选法的特点是利用 Morris 多个平均值判别，并且参数以固定步长变化(郝芳华等,2004;桂新安,2007;李燕等,2013)。其优点是分析方法简单、计算量较小和应用广泛，缺点是只检验了单个参数的变化对模型结果的影响，没有考虑多个参数之间的相互作用。

郝芳华等(2004)以洛河流域为研究区，将 SWAT 模型参数利用 Morris 筛选法进行了敏感性分析，表明对污染负荷有较大敏感性的参数分别是 SCS 径流曲线系数、土壤可持水量和土壤蒸发补偿系数。桂新安(2007)以章溪河流域为例应用 Morris 筛选法对 AnnAGNPS 的 6 个主要参数进行敏感性分析，结果表明土壤饱和导水率、水土保持因子和径流曲线 CN 值对模型输出结果影响较大，水土保持因子对泥沙、TP 和总有机碳负荷的计算结果影响最大，均呈显著负效应；径流曲线 CN 值对 TN 负荷计算结果影响最大，呈显著正效应。李燕等(2013)选择太湖丘陵地区中田河流域，利用局部敏感性分析法分析了 HSPF 模型中影响水文过程的 5 个关键参数的敏感性，从而对参数进行模型率定和验证。

b.多元线性回归法

客观世界中，一种现象的发生通常是由多个因素变化引起，因此采用多个自变量进行预测或估计因变量更符合实际。而采用两个或两个以上自变量进行线性回归分析，即多元线性回归法。多元线性回归方法的优点是能够考虑多个参数之间的相互作用对模型结果的影响，有利于获得参数集的最优解。首先建立线性模型(Klepper,1997)：

$$y = \beta_0 + \sum_{i=1}^{n} \beta_i x_i + \varepsilon \qquad (1-1)$$

式中，n 为参数个数；ε 为误差项；x_i 为参数；β_i 为线性回归系数(与参数 x_i 相对应)。

式(1-1)描述了参数 x_i 对模型响应 y 的贡献率，即为基于线性回归分析方法获得的参数 x_i 的绝对灵敏度。因为建模时，模型参数具有不同的量纲，因此常采用下式计算参数的敏感度。即

$$\beta_i^{(s)} = \beta_i \frac{S_{x_i}}{S_y} \qquad (1-2)$$

式中，S_y 和 S_{x_i} 分别表示模型响应 y 和参数样本 x_i 的方差。

刘毅等(2002)在对环境水文模型实例的参数不确定性分析基础上，采用不同的方法(包括线性回归分析方法、灵敏度分析方法、HSY 算法等)进行模型参数特性识别与对比研究，从而说明不确定性分析方法给环境模型参数的识别和模型系统的理解提供有效途径。

B.概率分析

描述不确定性最常用的方法是概率分析方法，该方法是根据模型输入、输出的概率分布来表达不确定性，可用于输入条件、参数、过程及输出结果等的不确定性分析。常用的方法包括一阶误差分析法、蒙特卡洛算法、广义似然不确定性方法、Bootstrap 法、扩展傅里叶敏感性检验法等，以及它们的衍生方法。

a.一阶误差分析法(FOEA)

一阶误差分析方法最大的特点是简单，它仅需要计算变量的均值和方差，但是缺点是采用线性方法逼近非线性模型，会使模型的合理性受影响(李明涛,2011)。具体计算步骤为：偏导数计算、标准偏差计算、每个不确定参数对输出方差的贡献和总方差的传播。

李明涛(2011)以潮河流域为研究区，采用一阶误差方法对 HSPF 模型参数进行不确定分析，结果表明，模型的模拟变量均受到水文敏感参数的影响，其中泥沙与 TP 的不确定性参数基本一致，输出结果受影响不确定性从大到小依次为泥沙、TP、TN、流量。Shen 等(2010)在三峡库区大宁河流域采用一阶误差方法分析了不同类型土地利用的不确定性对 SWAT 模型输出结果的影响，表明在森林和草原上，径流过程对非点源污染负荷的不确定性影响最大；在种植过程中，主要的参数不确定性与径流过程和土壤性质有关。

b.蒙特卡洛法

蒙特卡洛法是一种基于概率统计理论的数值计算方法，是最常用的不确定性分析方法，也称为统计模拟法(Persson et al.,2018;Motra et al.,2016)。主要步骤是构造概率过程，从已知概率分布中随机取样，建立多种估计值(朱陆陆,2014)。其优点是借助计算机技术，使得模拟方法快速简单；主要缺点在于大量取样且运行模型多次，对于过程复杂的模型，需要大量的时间和资源，且不能完整阐释各参数不确定性之间相互作用的复杂性和影响(张巍等,2008)。

拉丁超立方抽样法是一种多维分层抽样方法，利用采样值有效反映随机变量的整体

分布，也是改进蒙特卡洛方法中最常用的一种抽样方法(Shields and Zhang,2016;Li et al.,2018)。其基本过程为(宋文博,2016)：①设 n 为样本数目，将 k 维输入变量 X_1，X_2，X_3，…，X_k 的取值范围等概率均划分为 n 个互不重叠的子区间；②对每一维输入变量按其概率密度分布，在每个子区间进行随机采样；③将 k 个输入变量的 n 个抽样结果进行组合，形成 $n×k$ 为矩阵；④将每一行中的参数值随机打乱形成新的参数矩阵，获得抽样结果。其优点是避免了抽样样本过于集中，确保采样点完全覆盖随机分布区域。

Shen 等(2008)应用蒙特卡洛法在大宁河流域进行 SWAT 模型参数不确定性分析，结果表明忽略模型参数的不确定性会低估非点源污染负荷，且发现模型输入和输出之间是非线性关系，不确定性的来源主要受到与径流相关的参数的影响。宋文博(2016)以伊通河流域为研究区，采用拉丁超立方抽样与蒙特卡洛结合的方法对 SWAT 模型输出进行不确定分析，结果表明非点源负荷不确定性最大的是 TN 负荷，然后依次是 TP 负荷和泥沙负荷；退耕还林和植被缓冲带两个治理措施对非点源污染物削减的模拟结果不确定性最大的均为对 TN 负荷的削减，其次是 TP，泥沙最小；植被缓冲带的模拟结果受参数不确定性影响要小于退耕还林。邢可霞(2005)以 HSPF 模型为研究对象，以滇池流域为案例，采用拉丁超立方抽样与蒙特卡洛模拟相结合的方法对模型输出进行不确定性分析，发现降雨和潜在蒸散发等输入数据对非点源污染负荷存在明显影响，其中泥沙影响最大，TN、流量和 TP 影响次之。

c.广义似然不确定性法(GLUE)

GLUE 法是一种基于贝叶斯理论的不确定性分析方法(Maulidiani et al.,2018)，结合了模糊数学和区间敏感性分析方法的优点，首先给定先验参数分布并进行参数抽样，运行模型进行迭代计算，构建似然函数分布，确定后验参数分布，得到某一置信水平下的模型不确定性(李志一,2015)。该方法不仅考虑到最优事实，而且避免了采用单一最优值进行计算带来的风险，但该方法的缺点是要求似然函数随拟合程度的增加单调递增，可信度不高的参数似然度为 0(沙健,2014)。由于 GLUE 方法认为模型参数的组合导致模型模拟结果不好，因此计算过程如下(林青和徐绍辉,2012)：①通过随机取样在模型参数分布空间获得模型参数组合，并运行模型。②确定似然函数，并计算模拟值与实测值的似然值。③设置临界值，似然值低于该临界值的参数组，其似然值赋值为 0。高于临界值的参数组，对所有似然值重新进行归一化处理，按照归一化后的似然值大小得到参数的后验分布，进而分析模型参数的不确定性，求出模型预报结果在某置信度下的不确定性范围。

Muleta 和 Nicklow(2005)利用 SWAT 模型对美国伊利诺伊州南部流域进行模拟，并采用 GLUE 方法对模型不确定性进行分析，结果表明模型对径流的不确定性较小，对泥沙负荷的不确定性较大。Sun 等(2016)在中国农业科学院北京研究站将 GLUE 方法和拉丁超立方抽样法相结合研究 RZWQM2 模型输出响应的不确定性，分析土壤特性、养分运输和作物遗传等相关的参数的敏感性，并对参数进行优化。

d.Bootstrap 法

Bootstrap 法是一种利用抽样技术来评估不确定性的统计方法(Cheng and Yan,2017)，可对独立同分布的样本利用计算机进行模拟(Blake et al.,2014)，其优点是方法简单，数据真实，不用假设观察数据的分布形式，缺点是统计数据必须满足独立同分布。在实际情况下大多数数据是满足不了独立同分布的，因而可根据数据本身之间的相依结构衍生出基于模型的 Bootstrap 法。基本过程是(宋文博等,2016)：将模型表示为输入数据和模型参数的函数，在参数率定后，获取参数和模型的估计值；再定义模型的残差系列，并假设残差是独立的，在残差系列中进行有放回抽样，获取新的残差系列；将新残差系列与模型的估计值相加组成新的模型估计值；对由观测数据和新的模型估计值组成的Bootstrap 样本进行参数率定，获取参数向量的 Bootstrap 估计量和模拟量；重复以上过程进行多次抽样；应用 Bootstrap 法获取的参数 Bootstrap 估计量，确定参数在置信水平α 的置信区间，估计出未知参数的边缘分布。参数的不确定性对模型结果的不确定性贡献越大说明落入置信区间的观测值越多，反之成立。

Li 等(2010)在黑河流域上游的莺落峡小流域应用 Bootstrap 法对 SWAT 模型的参数不确定性进行量化，结果表明 9 个参数都有其自己的不确定范围，其中 9 个边缘分布中有 6 个分布不均匀，而且参数不确定性对模拟结果的不确定性贡献较小，在校准和验证阶段只有 12%～13%的观测径流数据落在 95%置信区间内。宋文博等(2016)在伊通河流域同样利用 Bootstrap 法对 SWAT 模型敏感参数的不确定性进行分析,结果表明参数的不确定性对模型结果的不确定性贡献较大，在降雪期的贡献较小。

e.扩展傅里叶幅度敏感性检验法(EFAST)

EFAST 法是在模型方差的基础上提出的敏感性分析方法，其基本思想基于贝叶斯定理，输出结果的敏感性用傅里叶级数曲线得到的模型结果的方差来表示(Xing et al.,2017)，反映研究参数的重要性(或敏感度)和对模型结果变化的贡献度(吴立峰等,2015)。其优点是对样本数量要求低，计算高效，定量化分析非线性系统，考虑了参数间的相互作用。一维空间下的灵敏度反映的是某参数的不确定性对模型输出结果的直接贡献，参数总灵敏度除了某参数的直接贡献还增加了该参数与其他参数作用的间接贡献(刘文黎等,2016)。Francos 等(2003)在一个大型欧洲流域研究 SWAT 模型输出结果的敏感性分析，首先采用 Morris 法筛选出模型的输入参数数据集，而后采用傅立叶振幅感性检验法的方差分解来定量计算灵敏度，结果表明 SWAT 模型中参数 ESC-MPC、REVAPC、NEPRCO分别对地表水循环、回流水量、硝酸盐的径流影响较大，农作物管理参数相对于土壤特性参数来说，对模型结果的输出影响较小。吴立峰等(2015)在新疆地区应用 Morris 法和EFAST 法对 CROPGRO-Cotton 模型 3 个灌水处理下 6 个输出结果(蒸发蒸腾量、最大叶面积指数、籽棉产量、地上干物质量、初花天数和成熟天数)对于品种和土壤参数进行敏感性分析,并比较了两种方法的相关关系,最后输出结果用 EFAST 法进行不确定性分析。

3) 存在问题与展望

不确定性研究的意义在于诊断不确定性的来源、改进模型降低不确定性及科学评估各种灾害风险(李明亮,2012)，虽然不确定性分析的必要性在水文、生态、环境等学科得到广泛的认同，但是关于非点源模型的不确定性分析方面还有以下不足：非点源污染模型的各种不确定性在一个问题中共同存在并且相互影响，但目前多是针对单一不确定性因素来评估模型的不确定性；非点源污染不确定性的本质和内在规律研究不够，多是评估个别案例的不确定性；综合分析模型各种输出变量和状态变量的不确定性研究少，对模型的中间过程诊断不够。

利用模型进行流域非点源污染模拟预测的过程中存在许多潜在误差。虽然针对非点源污染模型的不确定性分析方法众多，但是非点源污染的不确定性研究基础理论和方法还不完善，无法对不同的不确定性来源及特征采取统一的方法进行描述。因此不确定性分析的研究趋势为：

(1)结合模型参数与各种空间监测数据下参数的似然信息，得到参数的后验概率分布。

(2)进行模型结构优化，寻找最优非点源污染模型，针对具体问题寻找最适合的模型结构，最大程度降低模型的结构不确定性。

(3)综合考虑各种不确定性的概率预报方法为模型的模拟结果提供全面的不确定性评估，服务于风险评估和决策。

1.2.3 非点源污染控制研究

美国是开展非点源污染研究与控制最多的国家，20 世纪 70 年代末美国提出"最佳管理措施"BMPs(Best Management Practices)，之后出台清洁水法案(Clean Water Act,CWA)、非点源污染实施计划——CWA319 条款、最大日负荷(total maximum daily loads,TMDL)计划、国家河口实施计划等促进了非点源污染的控制与管理。欧盟自 1989 年出台首个农业污染治理法案起，把农业污染防治作为其水污染治理重点及现代农业和社会可持续发展的重大课题。加拿大、英国、澳大利亚、德国等也开展了大量工作；日本、瑞典、匈牙利、荷兰等国家也已开始引起重视。我国目前也重视非点源污染控制技术和管理工作，但实际推广应用得较少。主要是结合湖泊富营养化防治与大型城市地表饮用水源的保护等进行了一些研究，代表性研究有(陈吉宁等,2009;尹澄清,2009)：云南滇池(村镇生活污水氮磷污染控制、暴雨径流与农田排水氮磷污染控制等)、云南洱海流域(农村与农田非点源污染的区域性综合防治技术示范工程)、太湖苕溪流域(以水稻为主的农业非点源污染综合整治工程示范)、安徽巢湖(多水塘系统等)、武汉汉阳(城市非点源污染控制技术示范)、城市地表饮用水源保护(植被过滤带、人口迁移、土地利用结构调整、保护区划分等多种措施)等。此外，近年来大面积实施的退耕还林还草等生态工程，以及水土保持措施等，也具有控制非点源污染的效果。

从非点源污染的形成过程与特点出发，其控制和治理包括源控制、传输过程控制，以及汇系统治理。在源控制方面，农业方面主要包括农业种植业主要农作物清洁生产与生态控制技术(化肥与农药减量高效利用技术，如控释/缓释肥技术、测土配方技术、节(污)水灌溉、膜技术、化肥深施技术、生态农业技术等；有机农业代替传统农业种植技术；根瘤菌固氮技术等)、农村生活污水控制技术、畜禽养殖等农村固体废物无害化处理技术等(王敦球等,2009)；城市方面，主要为著名的 LID 技术(尹澄清,2009)，其主要是在源头采用各种分散式 BMP 措施将雨水就地消纳，尽可能减少径流的产生。LID 既适用于新城开发，又适用于旧城改造。对于不同类型的非点源污染有不同的控制技术，也有一些共性的控制技术(适应于农业与城市等不同类型的非点源污染)，其中植被过滤带(河岸缓冲带)与人工湿地技术具有代表性。

最佳管理措施根据其原理和特点，可以分为工程性措施和非工程性措施(Reimer et al.,2012;耿润哲等,2016)。实施 BMPs 需要同时考虑到生态和经济效益，优化空间配置方案,进而评估 BMPs 对流域非点源污染负荷的削减效率以及改善流域水质效果(Merriman et al.,2009)。

1. BMPs 类型

1)非工程性措施

非工程性措施是指在源头上减少农业污染源的流失量，通过政府部门的法律法规政策以及运用管理措施最大限度上控制受纳水体中污染物的输出量，以达到源头上减少非点源污染的目的(梁玉好,2013)。在进行农业生产活动中，通过合理利用耕作方式、灌溉排水管理、施用高效农用化肥和杀虫剂等农业用地管理方式，提高农作物的有效吸收率，保证植物生长的物质循环率，减少有害元素的损失量，进而降低非点源污染的输出风险，减少水环境污染。非工程性措施主要包括养分管理和耕作管理两方面(张雅帆,2008)。

养分管理是通过一系列非工程性措施对农作物进行施肥量、种类以及施肥时间等方式的管理，减少农用肥料引起的非点源污染，优化不同农作物施肥量的同时提高作物的产量,避免多余的养分流失到受纳水体中，造成水污染(唐浩,2010)。Maes 和 Jacobs(2017)认为传统的农业管理方式中过多流失了养分元素的输出量，消耗了土壤中的有机碳，进而危及未来粮食的供给，破坏了农田生态系统。Qiao 等(2012)在太湖地区进行连续两年的水稻生长试验，研究表明，合理减少氮肥的施用量能加快氮肥的吸收率，维持粮食产量的同时减少水环境污染的影响。张鹏(2019)研究表明土壤-作物综合管理模式下磷素形态最全，含量级有效性最高。王忠云等(2020)研究不同养分管理措施下火龙果地带土壤肥力的影响，发现土壤养分对酸碱度较为敏感，凋落物覆盖提高土壤养分量明显，积累养分量高。李盟军等(2019)通过利用田间小区试验方法，研究养分管理措施下菜地磷、钾元素的流失规律，结果表明优化施肥和氮处理可以降低钾素的流失率，而磷素流失较为稳定；同样，张新星等(2017)研究非工程性措施下对萝卜的影响，发现优化施肥能加快磷钾元素的吸收，利用率得到显著提升，降低了农作成本的同时提高了萝卜的产量，充分发挥了生态经济效益。

耕作管理是通过采用不同的农作物耕作方式降低污染物随降雨径流迁移转化所产生流失量。管理措施包括作物残茬覆盖、带状种植、免耕、等高线耕作等，能有效减少径流中污染物的含量，涵养土壤肥力(代才江等,2009)。Poudel 等(2000)将等高线耕作与传统农耕作相比，发现 42%的斜坡上年土壤流失量降低 30%，测得全氮、有机碳、PH 等都比原始值大幅度下降，有效降低养分的迁移。陈晓冰等(2019)研究发现粉垄耕作和秸秆覆盖分别提高土壤含水量 15.4%、11.3%，能有效改善土壤涵养水分能力。丁洋(2019)采用 SWAT 模型模拟妫水河流域非点源污染,研究表明实施免耕措施削减氮磷 10%左右，而残茬覆盖耕作对 TP 削减 12.9%，效果较好。同样，尹才等(2016)在辽河上游设置了等高植物篱、残茬覆盖耕作和带状耕作的 SWAT 模型模拟，结果发现能有效减少泥沙和氮磷元素的损失量，控制非点源污染效果较好。

2）工程性措施

工程性措施是指在污染物输移过程中降低流失量，通过控制径流、泥沙等减缓流速、削减洪峰、增加下渗率，达到减少地表径流、削减污染物，弱化非点源污染迁移转化量的目的（王晓燕等，2009）。目前，控制非点源污染措施主要是从自然角度考量，实施生态工程治理非点源污染获得了较好的效果，工程主要包括植被缓冲带、人工湿地和梯田等（Sean and Mccarton,2018）。

目前，国内外学者研究多为实施工程性措施控制非点源污染，如植被缓冲带研究。研究表明植被缓冲带某种程度上能消减非点源污染中氮磷等污染物（Mankin et al.,2010）。付婧等（2019）研究发现，5m 的缓冲带削减非点源染物效果最好，植被缓冲区削减径流污染物效率与缓冲带的宽度不一定呈正相关，与缓冲带坡度也不总呈负相关，可能与植被种类、下垫面条件等有关。孙东耀等（2018）研究九龙江北溪流域时发现，草本缓冲带拦截地表径流量效率高达 86.93%，削减磷素量为 28.02g，植被缓冲带对进水条件为高浓度时更为敏感，达到 95.20%。

同样，人工湿地也是最为有效的控制非点源污染工程性措施之一，能充分发挥工程的生态经济效益。Hey 等（1994）研究小尺度流域发现，5%以内的流域湿地面积能够拦截氮磷等污染物。阮家进等（2015）研究不同类型人工湿地时发现，削减 NH_3-N 和 COD 的效率分别高达 70%、95%左右，其中秋季的削减率大于夏季。刘建飞等（2018）对大房郢水库采用人工湿地工程控制农业非点源污染，实现工程目的的同时降低了建设成本。

梯田工程通过拦蓄降雨径流中的污染物，涵养土壤肥力水分，减少养分流失，降低非点源污染的风险。张燕等（2009）研究表明梯田种植方式削减非点源污染负荷量比林地大。韩玉国等（2010）研究北京石坎梯田试验时发现，水保措施小区消减 TN、TP 流失量分别达到 50.05%、40.6%以上。唐芳芳等（2012）利用 SWAT 模型模拟潮河流域非点源污染，发现不同坡度下梯田工程时对径流、泥沙、TN 均有一定程度上的削减作用，其中关键源区的削减效果最好。

2. BMPs 评估

BMPs 评估是指在不同区域采取各类 BMPs 措施后，评估该流域非点源污染物的削减率。其中生态环境效益评价主要是削减氮、磷等非点源污染物的负荷量，经济效益评价通常是考虑实施措施的成本。因此，综合成本—效益分析进行空间配置优化是评估 BMPs 的重要指标（耿润哲等，2014）。评估方法主要包括实地监测、风险评估、模型模拟、养分平衡，其中模型模拟法广泛应用于流域尺度的非点源污染控制研究，具有较好的模拟效果（孟凡德等,2013）。

1.2.4 汉江流域陕西段非点源污染研究进展

目前，汉江流域陕西段的研究包括农业非点源关键源区识别、水环境承载量、氮磷污染时空变化特征及来源解析、植被覆盖变化特征分析、水污染规划防治、生态补偿等方面。王婧等（2015）通过对金水河不同水文季节 N、P 同位素特征的研究，揭示了金水河流域可溶性氮素、悬浮颗粒物在空间和季节上的存在明显的差别。以汉江中下游流域为研究对象，应用径流曲线方程和通用土壤流失方程分别对流域的非点源污染负荷进行估算，分析了污染物的空间分布规律及产生原因，最后根据流域现状提出非点源污染控制措施(刘强,2014)。杜麦(2017)、张强等(2019)以及石应等(2011)分别通过调查统计和构建流域水环境容量模型，对汉江流域水环境容量进行了定量化分析，发现主要污染物为 COD、TP、NH_3-N，并识别主要污染源，最后在研究区域内划分相关的水功能区。Chen 等 (2020) 通过搜集 2001～2018 年的归一化植被指数(NDVI)数据，基于 Mann-Kendall 检验、偏相关分析和地理探测器等方法，对汉江流域 NDVI 时空格局以及自然因素和人类活动对 NDVI 的影响进行定量研究。杨倩等(2019)探讨了不同季节 NDVI 的影响因子，认为夏季和冬季的 NDVI 变化分别受日照时数和降水量、气温的影响。Chang 等(2019)分析了水库对汉江流量和水沙量的影响，表明水沙时间序列的突变主要发生在 1967 年丹江口水库蓄水前后，说明丹江口水库是引起水文变化的重要因素。史淑娟(2010)通过多种方法计算汉江流域生态补偿量，结果表明，离差平方法较为突出且水源区和受水区的分担比例应为 2∶8。周晨等(2015)为进一步完善汉江流域生态补偿机制，基于生态系统服务价值法，全面评估了汉江流域生态系统服务价值及其动态变化情况。

丹江流域非点源污染方面也开展了一系列研究。刘长礼和张宏斌(2001)通过监测丹江流域麻街水文站洪水的水量水质过程，发现流域内呈现出非点源污染物浓度高、负荷量大的特点，且 TN、TP、COD_{Mn} 和 SS 是上游的重点污染因子；张春玲(2002)运用水质-水量相关法、水质-泥沙相关法和平均浓度法分别预测丹江出口断面荆紫关不同水平年的非点源年负荷量，结果表明平均浓度法的结果更贴合实际，TN、TP 将是以后丹江流域重点需要关注的非点源污染物；张小勇等(2012)运用产污系数法、排污系数法计算丹江流域内各类农业非点源污染源产污量和排污量,并引用等标污染负荷量的概念分析、评价该区域的农业非点源污染的情况，TN、TP 和 COD 的产生量分别是 2066.93t、240.93t 和 16540.18t，排放量分别为 1432.28t、161.83t 和 4546.65t。乔卫芳等(2013)在丹江口水库流域构建了 SWAT 模型，对研究区域的非点源污染时空分布做出了分析，并计算了不同土地利用类型的单位面积负荷量，发现耕地和裸地的单位面积污染负荷较高，而林地单位面积的泥沙负荷污染负荷最低；王晓等(2013)运用 SWAT 模型比选出了丹江流域的最佳管理措施(BMPs)，对于不同坡度的区域提出了相对应的措施：即<5°的区域优先采用残茬覆盖耕作措施、免耕等低成本措施；在坡度 5°～15°的区域优先采用梯田工程的工程措施；15°～25°的区域采用以植物篱措施为主，残茬覆盖耕作为辅的混合措施；在>25°区域以退耕还林措施为主。王蕾等(2015)运用单因子评价法、平均综合污染指数法和秩相关系数法对 2008～2012 年丹江干流断面的水质情况，发现干流下游污染明显高于中上游，农业非点源是该区域水体污染的重要来源。王国重等(2017)结合实地调研情况，利用分形理论估算了 2013 年河南省境内丹江口水库水源区 TN、TP 的流失量，结果显示：该区域污染物的流失以氮为主，其中 TN 流失量是 TP 流失量的 7.156 倍(输出系数法为 6.773)；畜禽养殖产生的污染物流失量最多，占总流失量的 69.93%，是该区域需要重点关注的污染物产生方式。郑淋峰(2019)将丹江流域陕西段作为非点源污染的研究区域，发现 2009～2015 年丹江上中下游水质均达标Ⅲ类水以上，但其中 NH_3-N 和 TP

非点源污染负荷仍较高，土地利用景观格局和非点源污染物也有很强的关联性，预测到2030 年时，丹江流域非点源污染高危区在上游。宋嘉等(2021)运用输出系数法和等标污染负荷法对 2017 年丹江流域陕西段 5 个县区的污染负荷量进行估算评价。结果表明：2017 年污染负荷量分别为 TN6209.22 t，TP369.56 t，NH$_3$-N2187.88 t，COD22681.14 t。对于 TN 和 COD 贡献率最大的污染源是农业农地，TP 及 NH$_3$-N 最大来源则是畜禽养殖。

在汉江流域陕西段水源区的相关研究中，相关文献涉及汉江流域非点源污染物迁移转化模型的研究较少，针对水源区非点源污染特征及控制技术方法研究也较少，且未将入河负荷量与水环境容量相结合进而针对性地设置控制措施，不能因地制宜地控制非点源污染。

1.2.5 非点源污染研究展望

近年来，国内的非点源污染研究虽然发展较快，但是就其人力、物力投入来看，我国非点源污染现状和发展趋势相比还很滞后，研究经费欠缺，技术力量不足，给研究带来很大的难度；同时，与国外先进水平相比较，我国无论在非点源污染研究的深度和广度上，还是在控制管理的实践上，都存在巨大差距。存在的主要问题有：

(1)非点源污染研究涉及水文、环境、水土保持、农学及地学等多个学科，需要对机理部分研究再深入，考虑陆域、河道、地表、地下、水文、侵蚀、水质等过程。目前对非点源污染负荷估算存在很大的不确定性，一方面是由于非点源污染的产生和迁移过程机理认知不足，总是会忽略或简化部分因素，导致构建模型结构、模型参数和模型求解过程的不确定性；另一方面是模型输入数据的不确定性，如水文数据、气象数据、土地利用数据、农业施肥等，后期可针对不同来源进行不确定性研究。

(2)随着我国的社会经济高速发展，人类活动的范围和强度也在不断加大，造成水环境质量不断恶化。显然，流域内的人类活动不仅对点源污染有直接影响，而且也会显著加剧非点源污染。因此，研究河流水质变化问题，必须重视河流水质对流域人类活动的响应问题，而我国对这种响应关系的定量研究尚处于起步阶段。

(3)非点源污染研究面临资料缺乏的困境，不同部门间的数据也会有一定的差异性，构建的模型效果取决于资料的多少，要进行多方面的验证，常规水质监测中对某些非点源污染特征指标(如农药)缺乏或未进行监测。构建非点源污染模型中后续还需收集水库的出入库流量及水质数据，完善陆域非点源污染模型与水库水动力模型的耦合并进行验证。在相似流域的非点源污染研究中，还需探讨非点源污染的风险评估及分类分区。

(4)通过不同空间尺度的非点源污染机理分析和模块验证，发现非点源污染还面临比较突出的尺度效应问题，不管是径流小区还是流域尺度，在小区测得的均是营养物的流失量，不是小流域中的入河量，考虑入河情况后的值更小，大流域目前从产生-排放-入河的思路进行研究，可能会有一定的误区。再者不同尺度的非点源污染研究除了单位面积的流失系数外，还需拓展思路进行深入研究。不同来源的非点源物从陆域到河道的入河机制还需深入研究，对无机类污染物和有机类污染物还需进一步分类研究。

(5)在非点源污染控制规划上,关于非点源污染控制措施优化,考虑非点源污染影响的水质预测、综合考虑点源、非点源的水污染综合控制规划和模型等方面的研究基本为空白。在非点源污染控制技术上,对一些关键控制技术的设计和运行还没有形成系统的应用规程或指南,严重阻碍了非点源污染控制措施大范围地推广和应用。

(6)变化环境的影响除情景分析外,可考虑通过高精度的模拟技术确定未来气候变化的次降雨过程,对于研究非点源污染过程的响应关系至关重要,也不能忽略极端气候带来的影响,如气温升高 1℃,对研究区域降水量、降水强度的影响,以及探讨不同暴雨强度对非点源的影响程度。

总之,国内外大量水污染控制实践的经验与教训证明,要解决好水污染控制问题,必须同时考虑点源与非点源污染问题。所以说继续搞好点源污染治理的同时,应不断加大非点源污染的研究与控制管理的力度。

1.3 本书主要内容及技术路线

1.3.1 研究内容

1. 流域非点源污染通量特征及过程研究

非点源污染监测和通量特征分析是非点源污染模拟和控制的前提。本书在汉江流域陕西段典型径流小区、小流域及干流断面开展系统监测,根据定期水质监测数据、水文资料,以及少数暴雨的污染监测资料选择适合的方法估算非点源污染通量,分析其时空分布特性,研究不同空间尺度非点源污染的产出特征和迁移转化规律。

2. 景观格局、土地利用变化和气候变化对非点源污染的评价和影响

收集研究流域不同年份的土地利用数据,对土地利用的类型变化、空间格局变化进行研究,获取景观分布信息。结合"源-汇"景观理论,分析"源-汇"景观对非点源污染的贡献,在考虑影响污染物迁移的成本距离因子、坡度因子、土壤侵蚀因子及降雨侵蚀因子的情况下,利用非点源污染风险指数对区域非点源污染风险进行区划及评价;分析流域非点源污染的空间分布特征,对土地利用/地形与非点源污染关系进行探讨;对变化环境下的气候数据进行分析,明确气候变化对非点源污染负荷的影响。

3. 流域非点源污染模拟模型与控制规划研究

结合汉江流域资料,对流域非点源污染模拟模型开展研究,自主构建基于时变增益和暴雨径流响应的流域分布式非点源污染模型,并通过不同空间尺度的流域非点源污染模型的模拟结果,分析其适用性;对国外模型进行本土化应用,开展流域非点源污染分布式模拟与关键源区识别、非点源污染控制措施效果模拟研究;开展非点源污染控制措施优化研究等。

1.3.2 技术路线

本书以汉江流域陕西段为研究背景,研究总体技术路线如图 1-1 所示。首先明确流域水文气象要素及下垫面特征,确定监测点位的设置;选择鹦鹉沟小流域及径流小区(丹江流域)、张家沟小流域及径流小区(汉江上游)、杨柳小流域及径流小区(汉江中游)、丹江流域、汉江洋县断面以上流域、汉江洋县-安康断面间、汉江安康断面以上流域为典型研究区,以“现场监测—通量分析—过程研究—模型构建”为主线,将现场监测与调查、理论分析和数值模拟相结合,按“径流小区→小流域→流域”升尺度的思路研究典型研究区的非点源污染产生特征、规律和机理;从非点源污染过程入手,构建流域分布式非点源污染模型;探讨景观格局理论对非点源污染风险的评价,以及土地利用变化和气候变化对非点源污染的影响;最后对非点源污染的优化控制管理进行研究。

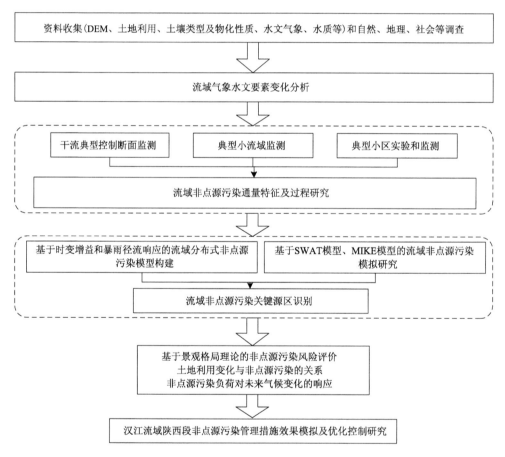

图 1-1 技术路线框图

1.4 本 章 小 结

　　非点源污染来源的复杂性、机理的模糊性和形成的潜伏性，决定了非点源污染研究具有较大的难度。本书主要以汉江流域陕西段为研究对象，在对流域非点源污染进行监测和特征分析的基础上，研究不同空间尺度下非点源污染的特征及污染过程；自主构建流域分布式非点源污染模型，进行不同资料条件下非点源污染模拟和关键源区识别；基于景观格局理论进行非点源污染风险评价，探讨土地利用变化和气候变化对非点源污染的影响；最后对非点源污染的控制规划进行了研究。本书的研究成果不仅对全面认识汉江水源区水污染的成因具有重要的科学意义，而且对汉江水环境的综合治理与水资源保护具有重要的现实意义。同时，考虑到非点源污染的普遍性，本书的研究方法与结果也可供其他类似地区和流域参考。

参 考 文 献

蔡明, 李怀恩, 庄咏涛, 等. 2004.改进的输出系数法在流域非点源污染负荷估算中的应用. 水利学报, 35(7): 40-45.

蔡明, 李怀恩, 庄咏涛. 2005. 估算流域面源污染负荷的降水量差值法. 西北农林科技大学学报(自然科学版), 33(4): 102-106.

仓恒瑾, 许炼峰, 李志安, 等. 2005. 雷州半岛旱地砖红壤非点源氮、磷淋溶损失模拟研究. 生态环境学报, 14(5): 715-718.

陈广圣. 2017. 变化环境下流域水文要素关系变异分析方法及应用. 西安: 西安理工大学.

陈吉宁, 李广贺, 王洪涛, 等. 2009. 流域面源污染控制技术——以滇池流域为例. 北京: 中国环境科学出版社.

陈磊, 李占斌, 李鹏. 2011. 野外模拟降雨条件下水土流失与养分流失耦合研究. 应用基础与工程科学学报, 19(s1): 170-176.

陈利顶, 傅伯杰, 徐建英, 等. 2003. 基于"源-汇"生态过程的景观格局识别方法——景观空间负荷对比指数. 生态学报, 23(11): 2406-2413.

陈晓冰, 朱彦光, 李帅, 等. 2019. 不同耕作和覆盖方式对广西地区甘蔗地土壤水热状况的影响. 西南农业学报, 32(8): 1751-1758.

陈友媛, 惠二青, 金春姬, 等. 2003. 面源污染负荷的水文估算方法. 环境科学研究, 16(1): 10-13.

程红光, 郝芳华, 任希岩, 等. 2006a. 不同降雨条件下面源污染氮负荷入河系数研究. 环境科学学报, 26(3): 392-397.

程红光, 岳勇, 杨胜天, 等. 2006b. 黄河流域面源污染负荷估算与分析. 环境科学学报, 26(3): 384-391.

程晰钰. 2020. 基于"源-汇"景观格局理论的南四湖流域非点源污染控制研究. 曲阜: 曲阜师范大学.

程迎轩, 王红梅, 刘光盛, 等. 2016. 基于最小累计阻力模型的生态用地空间布局优化. 农业工程学报, 32(16): 248-257.

丛鑫, 边振, 薛春珂, 等. 2017. 不同坡度条件下的水土流失特征研究. 中国农村水利水电, (5): 124-128.

崔玉洁, 刘德富, 宋林旭, 等. 2013. 高岚河不同降雨径流类型磷素输出特征. 环境科学, 34(2):

555-560.

代才江, 杨卫东, 王君丽, 等. 2009. 最佳管理措施(BMPs)在流域农业非点源污染控制中的应用. 农业环境与发展, 26(4): 65-67.

丁晓雯, 沈珍瑶, 刘瑞民, 等. 2008. 基于降雨和地形特征的输出系数模型改进及精度分析. 长江流域资源与环境, 17(2): 306-309.

丁洋. 2019. 基于SWAT模型的妫水河流域非点源污染最佳管理措施研究. 济南: 济南大学.

东阳. 2018. 降雨和土地利用对流域非点源污染的影响——以滇池流域为例. 人民长江, 49(14): 24-33.

杜麦. 2017. 汉江流域(陕西段)污染物总量控制研究. 西安: 西安理工大学.

付婧, 王云琦, 马超, 等. 2019. 植被缓冲带对农业面源污染物的削减效益研究进展. 水土保持学报, 33(2): 1-8.

高斌, 许有鹏, 王强, 等. 2017. 太湖平原地区不同土地利用类型对水质的影响. 农业环境科学学报, 36(6): 1186-1191.

高超, 朱继亚, 窦贻俭, 等. 2002. 基于非点源污染控制的景观格局优化方法与原则. 生态学报, 24(1): 109-116.

耿润哲, 王晓燕, 赵雪松, 等. 2014. 基于模型的农业非点源污染最佳管理措施效率评估研究进展. 生态学报, 34(22): 6397-6408.

谷丰. 2005. 杭州市农村面源污染及其控制对策研究. 杭州: 浙江大学.

顾利军. 2017. 洋河水库流域系统水环境联合数学模型研究与应用. 天津: 天津大学.

桂新安. 2007. 流域非点源分布式模型的应用及其不确定性研究. 上海: 同济大学.

韩文权, 常禹, 胡远满, 等. 2005. 景观格局优化研究进展 生态学杂志, 24(12): 1487-1492.

韩玉国, 李叙勇, 段淑怀, 等. 2010. 水土保持措施对径流泥沙及养分流失的影响. 中国水土保持, 2010(12): 34-36.

郝芳华, 任希贤, 张雪松, 等. 2004. 洛河流域非点源污染负荷不确定性的影响因素. 中国环境科学, 24(3): 270-274.

郝芳华, 杨胜天, 程红光, 等. 2006. 大尺度区域非点源污染负荷计算方法. 环境科学学报, 26(3): 375-383.

郝改瑞, 李家科, 李怀恩, 等. 2018. 流域非点源污染模型及不确定分析方法研究进展. 水力发电学报, 37(12): 56-66.

何锋. 2014. 北京山区流域土地利用系统非点源污染环境风险评价与SPARROW模拟. 北京: 中国农业大学.

洪小康, 李怀恩. 2000. 水质水量相关法在面源污染负荷估算中的应用. 西安理工大学学报, 16(4): 384-386.

侯红波, 刘伟, 李恩尧, 等. 2019. 不同覆盖方式对红壤坡耕地氮磷流失的影响. 湖南生态科学学报, 6(1): 16-20.

胡琳, 卢卫, 张正康. 2016. MIKE11模型在东苕溪水源地水质预警及保护的应用. 水动力学研究与进展(A辑), 31(1): 28-36.

黄康. 2020. 基于SWAT模型的丹江流域非点源污染最佳管理措施研究. 西安: 西安理工大学.

黄满湘, 章申, 张国梁, 等. 2003. 北京地区农田氮素养分随地表径流流失机理. 地理学报, 58(1): 147-154.

黄宁, 王红映, 吝涛, 等. 2016. 基于"源-汇"理论的流域非点源污染控制景观格局调控框架——以厦门市马銮湾流域为例. 应用生态学报, 27(10): 3325-3334.

黄萍萍, 李占斌, 徐国策. 2013. 基于田块尺度的丹江上游坡改梯土壤养分空间变异性研究. 西安理工大学学报, 29(3): 307-313.

黄粤, 陈曦, 包安明, 刘铁, 等. 2009. 干旱区资料稀缺流域日径流过程模拟. 水科学进展, 20(3): 332-336.

贾磊, 姚顺波, 邓元杰, 等. 2020. 渭河流域土壤侵蚀空间特征及其地理探测. 生态与农村环境学报, 37(1): 19-28.

贾晓宇. 2021. SWAT 与 WASP 模型耦合模拟流域非点源污染及水环境容量研究. 北京: 华北电力大学.

赖斯芸, 杜鹏飞, 陈吉宁. 2004. 基于单元分析的非点源污染调查评估方法. 清华大学学报(自然科学版), 44(9): 1184-1187.

李虎军. 2018. 坡长和植被对坡面水土养分流失特征的影响研究. 西安: 西安理工大学.

李怀恩. 2000. 估算非点源污染负荷的平均浓度法及其应用. 环境科学学报, 20(4): 397-400.

李怀恩, 蔡明. 2003. 非点源营养负荷泥沙关系的建立及其应用. 地理科学, 23(4): 460-463.

李怀恩, 李家科. 2013. 流域非点源污染负荷定量化方法研究与应用. 北京: 科学出版社.

李怀恩, 沈晋. 1996. 非点源污染数学模型. 西安: 西北工业大学出版社.

李家科, 郝改瑞, 李舒, 等. 2020. 汉江流域陕西段非点源污染特征解析. 西安理工大学学报, 36(3): 275-285.

李家科, 李怀恩, 李亚娇. 2007. 偏最小二乘回归模型在非点源负荷预测中的应用. 西北农林科技大学学报(自然科学版), 35(4): 218-222.

李家科, 李怀恩, 沈冰, 等. 2009. 基于自记忆原理的非点源污染负荷预测模型研究. 农业工程学报, 25(3): 28-32.

李家科, 李怀恩, 赵静. 2006. 支持向量机在非点源污染负荷预测中的应用. 西安建筑科技大学学报(自然科学版), 38(6): 754-760.

李盟军, 艾绍英, 宁建凤, 等. 2019. 不同养分管理措施下常年菜地磷、钾养分径流流失特征. 农业资源与环境学报, 36(1): 33-42.

李明, 李添雨, 时宇, 等. 2021. 基于 MIKE 耦合模型的入河污染模拟与控制效能研究. 环境科学学报, 41(1): 283-292.

李明亮. 2012. 基于贝叶斯统计的水文模型不确定性研究. 北京: 清华大学.

李明涛. 2011. 流域非点源污染模型的比较与不确定性研究. 北京: 首都师范大学.

李明涛. 2014. 密云水库流域土地利用与气候变化对非点源氮、磷污染的影响研究. 北京: 首都师范大学.

李谦, 戴靓, 朱青, 等. 2014. 基于最小阻力模型的土地整治中生态连通性变化及其优化研究. 地理科学, 34(6): 733-739.

李强坤, 李怀恩, 胡亚伟, 等. 2008. 黄河干流潼关断面非点源污染负荷估算. 水科学进展, 19(4): 460-466.

李燕, 李兆富, 席庆. 2013. HSPF 径流模拟参数敏感性分析与模型适用性研究. 环境科学, 34(6): 2139-2145.

李志一. 2015. 流域水环境多模型耦合模拟系统的不确定性分析研究. 北京: 清华大学.

梁玉好. 2013. 农业非点源污染控制最佳管理措施(BMPs)研究. 吉林水利, (10): 1-4, 9.

林青, 徐绍辉. 2012. 基于 GLUE 方法的饱和多孔介质中溶质运移模型参数不确定性分析. 水利学报,

43(9): 1017-1024.

刘昌明, 夏军, 郭生练, 等. 2004. 黄河流域分布式水文模型初步研究与进展. 水科学进展, 15(4): 495-500.

刘芳, 沈珍瑶, 刘瑞民. 2009. 基于"源-汇"生态过程的长江上游农业非点源污染. 生态学报, 29(6): 3271-3277.

刘华章. 2016. 四川省响滩河流域非点源污染模拟研究. 成都: 电子科技大学.

刘建飞, 龙小龙, 李文婷. 2018. 生态湿地削减水库型水源地非点源污染的应用. 水资源开发与管理, (3): 46-48, 27.

刘坤, 杨正宇. 2009. MIKE软件在水体富营养化研究中的应用. 给水排水, 45(S1): 456-459.

刘强. 2014. 汉江中下游流域非点源氮磷污染负荷. 武汉: 武汉理工大学.

刘瑞民, 杨志峰, 丁晓雯, 等. 2006. 土地利用/覆盖变化对长江上游面源污染影响研究. 环境科学, 27(12): 2407-2414.

刘文黎, 吴贤国, 覃亚伟, 等. 2016. 基于支持向量机代理模型的地铁施工诱发临近建筑扰动的参数全局敏感性分析. 武汉大学学报(工学版), 49(6): 871-878.

刘晓燕, 张国珍. 2007. 中国水环境面源污染负荷的估算研究. 环境科学与管理, 32(6): 63-66.

刘亚琼, 杨玉林, 李法虎. 2011. 基于输出系数模型的北京地区农业面源污染负荷估算. 农业工程学报, 21(7): 7-12.

刘毅, 陈吉宁, 杜鹏飞. 2002. 环境模型参数识别与不确定性分析. 环境科学, 23(6): 6-10.

刘长礼, 张宏斌. 2001. 丹江上游非点源污染分析. 长江职工大学学报, 8(2): 36-37.

龙天渝, 钟少荣, 李业盛, 等. 2020. 基于改进的SWAT模型的山地流域吸附态总磷负荷模拟. 农业环境科学学报, 39(6): 1314-1320.

卢诚, 李国光, 齐作达, 等. 2017. SPARROW模型的传输过程研究——以新安江流域总氮为例. 水资源与水工程学报, 28(1): 7-13.

卢少勇, 张萍, 潘成荣, 等. 2017. 洞庭湖农业面源污染排放特征及控制对策研究. 中国环境科学, 37(6): 2278-2286.

罗倩, 任理, 彭文启. 2014. 辽宁太子河流域非点源氮磷负荷模拟分析. 中国环境科学, 34(1): 178-186.

孟凡德, 耿润哲, 欧洋, 等. 2013. 最佳管理措施评估方法研究进展. 生态学报, 33(5): 1357-1366.

彭梦玲. 2019. 延河流域径流与非点源氨氮多时间尺度模拟研究. 杨凌: 西北农林科技大学.

乔卫芳, 牛海鹏, 赵同谦. 2013. 基于SWAT模型的丹江口水库流域农业非点源污染的时空分布特征. 长江流域资源与环境, 22(2): 219-225.

秦立. 2019. 基于不同土地利用下水土流失对赤水河流域氮素输出的影响研究. 贵阳: 贵州大学.

邱凉, 罗小勇, 程红光. 2011. 长江流域大尺度空间面源污染负荷研究. 人民长江, 42(18): 81-84.

任玮, 代超, 郭怀成. 2015. 基改进输出系数模型的云南宝象河流域非点源污染负荷估算. 中国环境科学, 35(8): 2400-2408.

阮家进, 刘平, 刘晓南, 等. 2015. 三种类型人工湿地在非点源污染中的治理效果. 环境工程, 33(9): 16-19, 24.

沙健. 2014. 通用流域污染负荷模型(GWLF)的改进与应用实践研究. 天津: 南开大学.

佘冬立, 邵明安, 薛亚锋, 等. 2011. 坡面土地利用格局变化的水土保持效应. 农业工程学报, 27(4): 22-27.

申艳萍. 2009. 小流域面源污染负荷估算及控制对策研究. 郑州: 河南农业大学.

沈奕彤, 郭成久, 李海强, 等. 2016. 降雨历时对黑土坡面养分流失的影响. 水土保持学报, 30(2): 97-101.

石应, 古佩, 曹俊, 等. 2011. 汉江流域水污染现状及污染源调查. 环境科学导刊, 30(5): 42-44.

史淑娟. 2010. 大型跨流域调水水源区生态补偿研究. 西安: 西安理工大学.

宋嘉, 李怀恩, 李家科, 等. 2021. 鹦鹉沟小流域天然降雨条件下水土及养分流失特征. 水土保持研究, 28(5): 7-12+21.

宋文博. 2016. 伊通河流域非点源污染模拟及不确定分析. 长春: 吉林大学.

宋文博, 卢文喜, 董海彪, 等. 2016. 基于 Bootstrap 法的水文模型参数不确定分析——以伊通河流域为例. 中国农村水利水电, (10): 95-99.

孙东耀, 仝川, 纪钦阳, 等. 2018. 不同类型植被河岸缓冲带对模拟径流及总磷的消减研究. 环境科学学报, 38(6): 2393-2399.

孙龙, 李萌. 2020. 基于 SWAT 模型和 ESP 思想的水文干旱预测. 人民珠江, 41(8): 53-60.

唐芳芳, 徐宗学, 徐华山. 2012. 潮河流域非点源污染关键区识别及其管理措施研究. 北京师范大学学报(自然科学版), 48(5): 497-504.

唐浩. 2010. 农业面源污染控制最佳管理措施体系研究. 人民长江, 41(17): 54-57.

唐寅, 张志强, 武军, 等. 2010. 密云水库小流域面源污染负荷估算研究. 灌溉排水学报, 29(6): 115-119.

汪邦稳, 肖胜生, 张光辉, 等. 2012. 南方红壤区不同利用土地产流产沙特征试验研究. 农业工程学报, 28(2): 239-243.

王敦球, 张学洪, 黄明, 等. 2009. 城市小流域水污染控制——桃花江上游来水污染控制技术与示范. 北京: 冶金工业出版社.

王国重, 李中原, 左其亭, 等. 2017. 丹江口水库水源区农业面源污染物流失量估算. 环境科学研究, 30(3): 415-422.

王辉. 2006. 降雨条件下黄土坡地养分迁移机理及模拟模型. 杨凌: 西北农林科技大学.

王婧, 袁洁, 谭香, 等. 2015. 汉江上游金水河悬浮物及水体碳氮稳定同位素组成特征. 生态学报, 35(22): 7338-7346.

王蕾, 关建玲, 姚志鹏, 等. 2015. 汉丹江(陕西段)水质变化特征分析. 中国环境监测, 31(5): 73-77.

王玲杰. 2005. 农业非点源污染年负荷量估算方法研究. 合肥: 合肥工业大学.

王盼, 何洋, 杜志水. 2020. 基于水动力数值计算的城市设计洪水模拟研究. 西安理工大学学报, 36(3): 362-366.

王少璇, 冯民权, 武新朝. 2011. 汾河流域(运城段)面源污染负荷研究. 黑龙江大学工程学报, 2(2): 49-53.

王晓, 郝芳华, 张璇. 2013. 丹江口水库流域非点源污染的最佳管理措施优选. 中国环境科学, 33(7): 1335-1343.

王晓燕, 郭芳, 蔡新广, 等. 2003b. 密云水库潮白河流域面源污染负荷. 城市环境与城市生态, 16(1): 31-33.

王晓燕, 王一峋, 王晓峰, 等. 2003a. 密云水库小流域土地利用方式与氮磷流失规律. 环境科学研究, 16(1): 30-33.

王晓燕, 张雅帆, 欧洋, 等. 2009. 流域非点源污染控制管理措施的成本效益评价与优选. 生态环境学报, 18(2): 540-548.

王忠云, 喻阳华, 王芊姿. 2020. 养分管理措施对干热河谷火龙果土壤肥力的影响. 中国农业科技导报,

22(11): 176-186.

吴立峰, 张富仓, 范军亮, 等. 2015. 不同灌水水平下 CROPGRO 棉花模型敏感性和不确定性分析. 农业工程学报, 31(15): 55-64.

夏军, 翟晓燕, 张永勇. 2012. 水环境非点源污染模型研究进展. 地理科学进展, 31(7): 941-952.

肖笃宁. 1991. 景观空间结构指标体系和研究方法. 北京: 中国林业出版社.

肖笃宁, 李秀珍. 1997. 当代景观生态学的进展和展望. 地理科学, 17(4): 356-363.

邢可霞. 2005. 流域非点源污染模拟及不确定性研究. 北京: 北京大学.

许昌敏, 王震洪, 阴晓路, 等. 2012. 大冲流域不同土地利用类型土壤的氮素淋溶模拟研究. 贵州农业科学, 40(4): 146-150.

许芬, 周小成, 孟庆岩, 等. 2020. 基于"源-汇"景观的饮用水源地非点源污染风险遥感识别与评价. 生态学报, 40(8): 2609-2620.

薛金凤, 夏军, 梁涛, 等. 2005. 颗粒态氮磷负荷模型研究. 水科学进展, 16(3): 334-337.

薛金凤, 夏军, 马彦涛. 2002. 非点源污染预测模型研究进展. 水科学进展, 13(5): 649-656.

薛颖. 2018. 降雨、地形对非点源污染产输影响机制研究. 北京: 华北电力大学.

杨倩, 刘登峰, 孟宪萌, 等. 2019. 汉江上游植被指数变化及其归因分析. 南水北调与水利科技, 17(4): 138-148.

杨淑静, 张爱平, 杨正礼, 等. 2009. 宁夏灌区农业面源污染负荷估算方法初探. 中国农业科学, 42(11): 3947-3955.

杨维, 杨肖肖, 吴燕萍, 等. 2012. 基于输出系数法核定双台子河面源污染负荷. 沈阳建筑大学学报(自然科学版), 28(2): 338-343.

姚娜, 余冰, 蔡崇法, 等. 2017. 丹江口库区土壤氮磷养分流失特征. 水土保持通报, 37(1): 97-103.

尹才, 刘淼, 孙凤云, 等. 2016. 基于增强回归树的流域非点源污染影响因子分析. 应用生态学报, 27(3): 911-919.

尹澄清. 2009. 城市面源污染的控制原理和技术. 北京: 中国建筑工业出版社.

岳勇, 程红光, 杨胜天, 等. 2007. 松花江流域面源污染负荷估算与评价. 地理科学, 27(2): 231-236.

张春玲. 2002. 陕西省汉江、丹江非点源污染及控制对策. 西北水资源与水工程, 13(1): 18-25.

张桂轲. 2016. 长江流域上游非点源污染及其对水文过程的响应研究. 北京: 清华大学.

张静, 何俊仕, 周飞, 等. 2011. 浑河流域面源污染负荷估算与分析. 南水北调与水利科技, 9(6): 69-73.

张军. 2017. 丹江流域植被格局演变及其与水质响应关系研究. 西安: 西安理工大学.

张鹏. 2019. 不同养分管理措施对土壤磷素形态及有效性的影响. 长春: 吉林农业大学.

张强, 刘巍, 杨霞, 等. 2019. 汉江中下游流域污染负荷及水环境容量研究. 人民长江, 50(2): 79-82.

张铁钢. 2016. 丹江中游小流域水—沙—养分输移过程研究. 西安: 西安理工大学.

张巍, 郑一, 王学军. 2008. 水环境非点源污染的不确定性及分析方法. 农业环境科学学报, 27(4): 1290-1296.

张先富. 2015. 基于 HSPF 半分布式水文模型的新立城水库流域水环境模拟及预测研究. 长春: 吉林大学.

张向前, 杨文飞, 徐云姬. 2019. 中国主要耕作方式对旱地土壤结构及养分和微生态环境影响的研究综述. 生态环境学报, 28(12): 2464-2472.

张小勇, 范先鹏, 刘冬碧, 等. 2012. 丹江口库区湖北水源区农业面源污染现状调查及评价. 湖北农业科学, 51(16): 3460-3464.

张新星, 王玉, 孙志梅, 等. 2017. 不同养分管理措施下萝卜的产量效应和养分利用效应比较. 河北农业大学学报, 40(4): 25-30+63.

张雅帆. 2008. 非点源污染最佳管理措施的环境经济评价. 北京: 首都师范大学.

张亚丽, 李怀恩. 2009. 土地利用关系法在非点源污染负荷预测中的应用. 中国农学通报, 25(17): 270-273.

张燕, 张志强, 张俊卿, 等. 2009. 密云水库土门西沟流域非点源污染负荷估算. 农业工程学报, 25(5): 183-191.

张燕江, 王俊鹏, 王瑜, 等. 2021. 农牧交错带典型区土壤氮磷空间分布特征及其影响因素. 环境科学, 42(6): 3010-3017.

章明奎, 王丽平, 张慧敏. 2007. 利用农田系统中源汇型景观组合控制面源磷污染. 生态与农村环境学报, 23(3): 46-50.

赵光旭, 王全九, 张鹏宇, 等. 2016. 短坡坡长变化对坡地风沙土产流产沙及氮磷流失的影响. 水土保持学报, 30(4): 13-18.

郑淋峰. 2019. 丹江流域农业非点源污染与景观格局的响应研究. 西安: 西安理工大学.

郑宇, 程香菊, 王兆礼, 等. 2019. 韩江流域面源污染及与景观格局的关系. 水资源保护, 35(5): 78-85.

周晨, 丁晓辉, 李国平, 等. 2015. 南水北调中线工程水源区生态补偿标准研究——以生态系统服务价值为视角. 资源科学, 37(4): 792-804.

朱陆陆. 2014. 蒙特卡洛方法及应用. 武汉: 华中师范大学.

朱茂森. 2013. 基于 MIKE11 的辽河流域一维水质模型. 水资源保护, 29(3): 6-9.

朱瑶, 梁志伟, 李伟, 等. 2013. 流域水环境污染模型及其应用研究综述. 应用生态学报, 24(10): 3012-3018.

Ahearn D S, Sheibley R W, Dahlgren R A, et al. 2005. Land use and land cover influence on water quality in the last free-flowing river draining the western Sierra Nevada, California. Journal of Hydrology, 313(3-4): 234-247.

Aredo MR, Hatiye SD, Pingale SM. 2021. Impact of land use/land cover change on stream flow in the Shaya catchment of Ethiopia using the MIKE SHE model. Arabian Journal of Geosciences, 14(2): 114.

Barlund I, Kirkkala T. 2008. Examining a model and assessing its Performance in describing nutrient and sediment transPort dnamics in a catchment in southwestern Finland. Boreal environment research, 13(3): 195-207.

Bauwe A, Tiedemann S, Kahle P, et al. 2017. Does the Temporal Resolution of Precipitation Input Influence the Simulated Hydrological Components Employing the SWAT Model?. Jawra Journal of the American Water Resources Association, 53(5): 997-1007.

Blake D, Caulfield T, Ioannidis C, et al. 2014. Improved inference in the evaluation of mutual fund performance using panel bootstrap methods. Journal of Econometrics, 183(2): 202-210.

Botero-Acosta A, Chu M L, Huang C. 2019. Impacts of environmental stressors on nonpoint source pollution in intensively managed hydrologic systems. Journal of Hydrology, 579: 124056.

Bowes M J, Jarvie H P, Halliday S J, et al. 2015. Characterising phosphorus and nitrate inputs to a rural river using high-frequency concentration-flow relationships. Science of the Total Environment, 511: 608-620.

Burges S J, Lettenmaier D P. 2010. Probabilistic methods in stream quality management. Jawra Journal of the

American Water Resources Association, 11 (1): 115-130.

Cai Y, Rong Q, Yang Z, et al. 2018. An export coefficient based inexact fuzzy bi-level multi-objective programming model for the management of agricultural nonpoint source pollution under uncertainty. Journal of Hydrology, 557: 713-725.

Chang C L, Hong T Y, Yu Z E, et al. 2017. Sensitivity analysis for the parameters of the HSPF model in water quality and hydrologic simulation . Taiwan Water Conservancy, 65 (3): 16-25.

Chang Y, Hou K, Wu Y P, et al. 2019. A conceptual framework for establishing the index system of ecological environment evaluation-A case study of the upper Hanjiang River, China. Ecological indicators, 107: 105568.

Chen L, Dai Y, Zhi X, et al. 2018. Quantifying nonpoint source emissions and their water quality responses in a complex catchment: A case study of a typical urban-rural mixed catchment . Journal of Hydrology, 559: 110-121.

Chen T, Xia J, Zou L, et al. 2020. Quantifying the Influences of Natural Factors and Human Activities on NDVI Changes in the Hanjiang River Basin, China . Remote Sensing, 12 (22): 1-21.

Cheng T, Yan C. 2017. Evaluating the size of the bootstrap method for fund performance evaluation. Economics Letters, 156: 36-41.

Chi J, Sun Y, Zhang Y, et al. 2020. MIKE11 Model in Water Quality Research of Songhua River in Jiamusi City. IOP Conference Series: Earth and Environmental Science, 526: 012054.

DHI. 2008. MIKE SHE User Manual Reference Guide. Hoersholm, Denmark: DHI Water and Environment.

Ding J, Jiang Y, Liu Q, et al. 2016. Influences of the land use pattern on water quality in low-order streams of the Dongjiang River basin, China: a multi-scale analysis. Science of the Total Environment, 551: 205-216.

Doummar J, Sauter M, Geyer T. 2012. Simulation of flow processes in a large scale karst system with an integrated catchment model (Mike She)-Identification of relevant parameters influencing spring discharge. Journal of Hydrology, 426-427: 112-123.

Du X, Li X, Zhang W, et al. 2014. Variations in source apportionments of nutrient load among seasons and hydrological years in a semi-arid watershed: GWLF model results. Environmental Science & Pollution Research International, 21 (10): 6506-6515.

Fei Xu, Guangxia D, Qingrui W, et al. 2016. Impacts of DEM uncertainties on critical source areas identification for non-point source pollution control based on SWAT model. Journal of Hydrology, 540: 355-367.

Fontaine T A, Cruickshank T S, Arnold J G, et al. 2002. Development of a snowfall snowmelt routine for mountainous terrain for the soil water assessment tool (SWAT). Journal of Hydrology, 262 (1-4): 209-233.

Francos A, Elorza F J, Bouraoui F, et al. 2003. Sensitivity analysis of distributed environmental simulation models: Understanding the model behaviour in hydrological studies at the catchment scale . Reliability Engineering & System Safety, 79 (2): 205-218.

Fu C, James A L, Yao H. 2014. SWAT-CS: Revision and testing of SWAT for Canadian shield catchments. Journal of Hydrology, 511 (4): 719-735.

Gajanan R, Singh R, Chatterjee C. 2020. Assessing Impacts of Conservation Measures on Watershed

Hydrology Using MIKE SHE Model in the Face of Climate Change. Water Resources Management: 34(3): 4233-4252.

Gao S, Huang Y F, Zhang S, et al. 2020. Short-term runoff prediction with GRU and LSTM networks without requiring time step optimization during sample generation. Journal of Hydrology, 589: 125188.

Grizzetti B, Bouraoui F, Granlund K, et al. 2003. Modelling diffuse emission and retention of nutrients in the Vantaanjoki watershed (Finland) using the SWAT model. Ecological Modelling, 169: 25-38.

Grunwald S, Qi C. 2006. GIS-based water quality modeling in the Sandusky Watershed, Ohio, USA. Journal of the American Water Resources Association, 42(4): 957-973.

Hansen J R, Refsgaard J C, Ernstsen V, et al. 2009. An integrated and physically based nitrogen cycle catchment model. Hydrology Research, 40(4): 347-363.

Hao G R, Li J K, Li S, et al. 2020. Quantitative assessment of non-point source pollution load of PN/PP based on RUSLE model: a case study in Beiluo River Basin in China. Environmental Science and Pollution Research, 27(27): 33975-33989.

Hey D L, Barrett K R, Biegen C. 1994. The hydrology of four experimental constructed marshes. Ecological Engineering, 3(4): 319-343.

Hou C Y, Chu M L, Botero-Acosta A, et al. 2020. Modeling field scale nitrogen non-point source pollution (NPS) fate and transport: Influences from land management practices and climate. Science of The Total Environment, 759: 143502.

Huang Y, Chen X, Li Y P, et al. 2010. Integrated Modeling System for Water Resources Management of Tarim River Basin. Environmental Engineering Science, 27(3): 255-269.

Johnes P J. 1996. Evaluation and management of the impact of land use change on the nitrogen and phosphorus load delivered to surface waters: the export coefficient modelling approach. Journal of Hydrology, 183(3-4): 323-349.

Kalantari Z, Lyon S W, Folkeson L, et al. 2014. Quantifying the hydrological impact of simulated changes in land use on peak discharge in a small catchment. Science of the Total Environment, 466-467: 741-754.

Kim D K, Kaluskar S, Shan M, et al. 2016. A byesian approach for estimating phosphorus export and delivery rates with the SPAtially referenced regression on watershed attributes (SPARROW) model. Ecological Informatics, 37: 77-91.

Klepper O. 1997. Multivariate aspects of model uncertainty analysis: Tools for sensitivity analysis and calibration. Ecological Modelling, 101(1): 1-13.

Knisel W G, Douglas-Mankin K R. 2012. Creams/gleams: Model use, calibration, and validation. Seg Technical Program Expanded Abstracts, 55(4): 1291-1302.

Lam Q D, Schmalz B, Fohrer N. 2010. Modelling point and diffuse source pollution of nitrate in a rural lowland catchment using the SWAT model. Agricultural Water Management, 97(2): 316-325.

Le Bissonnais Y, Lecomte V, Cerdan O. 2004. Grass strip effects on runoff and soil loss. Agronomie, 24(3): 129-136.

Li B, Shahzad M, Qi B, et al. 2018. Probabilistic computational model for correlated wind farms using Copula theory. IEEE Access, 6: 14179-14187.

Li N, Mclaughlin D, Kinzelbach W, et al. 2015. Using an ensemble smoother to evaluate parameter uncertainty of an integrated hydrological model of Yanqi basin. Journal of Hydrology, 529: 146-158.

Li Q, Qi J, Xing Z, et al. 2014. An approach for assessing impact of land use and biophysical conditions across landscape on recharge rate and nitrogen loading of groundwater. Agriculture, ecosystems & environment, 196: 114-124.

Li Z L, Shao Q X, Xu Z X, et al. 2010. Analysis of parameter uncertainty in semi-distributed hydrological models using bootstrap method: A case study of SWAT model applied to Yingluoxia watershed in Northwest China . Journal of Hydrology, 385(1-4): 76-83.

Liu H L, Chen X, Bao A M, et al. 2007. Investigation of groundwater response to overland flow and topography using a coupled MIKE SHE/MIKE 11 modeling system for an arid watershed. Journal of Hydrology, 347(3-4): 448-459.

Long S A, Tachiev G I, Fennema R, et al. 2015. Modeling the impact of restoration efforts on phosphorus loading and transport through Everglades National Park, FL, USA. Science of the Total Environment, 520(jul. 1): 81-95.

Ma Y, Hao S, Zhao H, et al. 2018. Pollutant transport analysis and source apportionment of the entire non-point source pollution process in separate sewer systems. Chemosphere, 211: 557-565.

Maes J, Jacobs S. 2017. Nature-based solutions for europe's sustainable development. Conservation Letters, 10(1): 121-124.

Mankin K R, Ngandu D M, Barden C J, et al. 2010. Grass-shrub riparian buffer removal of sediment, phosphorus, and nitrogen from simulated runoff . Jawra Journal of the American Water Resources Association, 43(5): 1108-1116.

Maulidiani, Rudiyanto, Abas F, et al. 2018. Generalized likelihood uncertainty estimation（GLUE） methodology for optimization of extraction in natural products . Food Chemistry, 250: 37-45.

Mcmichael C E, Hope A S, Loaiciga H A. 2006. Distributed hydrological modeling in California semi-arid shrublands: MIKE SHE model calibration and uncertainty estimation. Journal of Hydrology, 317(3): 317-324.

Merriman K R , Gitau M W , Chaubey I . 2009. A Tool for Estimating Best Management Practice Effectiveness in Arkansas. Applied Engineering in Agriculture, 25(2): 199-213.

Motra H B, Hildebrand J, Wuttke F. 2016. The Monte Carlo Method for evaluating measurement uncertainty: Application for determining the properties of materials . Probabilistic Engineering Mechanics, 45: 220-228.

Muleta M K, Nicklow J W. 2005. Sensitivity and uncertainty analysis coupled with automatic calibration for a distributed watershed model . Journal of Hydrology, 306(1-4): 127-145.

Nobre R L G, Caliman A, Cabral CR, et al. 2020. Precipitation, landscape properties and landuse interactively affect water quality of tropical freshwaters . Science of TheTotal Environment, 716: 137044.

Panagopoulos Y, Makropoulos C, Mimikou M. 2011. Reducing surface water pollution through the assessment of the cost-effectiveness of BMPs at different spatial scales. Journal of Environmental Management, 92(10): 2823-2835.

Patrick K, Markus D, Halik ü. 2015. Effects of Land Use and Climate Change on Groundwater and Ecosystems at the Middle Reaches of the Tarim River Using the MIKE SHE Integrated Hydrological Model. Water, (7): 3040-3056.

Persson L, Boson J, Nylén T, et al. 2018. Application of a Monte Carlo method to the uncertainty assessment in in situ, gamma-ray spectrometry . Journal of Environmental Radioactivity, 187: 1-7.

Poudel D D , Midmore D J , West L T. 2000. Farmer participatory research to minimize soil erosion on steepland vegetable systems in the Philippines. Agriculture Ecosystems & Environment, 79(2-3): 113-127.

Qiao J , Yang L , Yan T , et al. 2012. Nitrogen fertilizer reduction in rice production for two consecutive years in the Taihu Lake area. Agriculture Ecosystems & Environment, 146(1): 103-112.

Quinton J N, Govers G, Van O K, et al. 2010. The impact of agricultural soil erosion on biogcochemical cycling . Nature Geoscience, 3(5): 311-314.

Rani S, Sreekesh S. 2021. Flow regime changes under future climate and land cover scenarios in the Upper Beas basin of Himalaya using SWAT model . International Journal of Environmental Studies, 78(3): 382-397.

Refsgaard J C, Auken E, Bamberg C A, et al. 2014. Nitrate reduction in geologically heterogeneous catchments -A framework for assessing the scale of predictive capability of hydrological models. Science of The Total Environment, 468-469: 1278-1288.

Refsgaard J C, Storm B, Clausen T. 2010. Systeme Hydrologique Europeen (SHE): review and perspectives after 30 years development in distributed physically-based hydrological modelling. Hydrology Research, 41(5): 1-23.

Reimer A P, Weinkauf D K, Prokopy L S. 2012. The influence of perceptions of practice characteristics: An examination of agricultural best management practice adoption in two Indiana watersheds. Journal of Rural Studies, 28(1): 118-128.

Risala A, Parajuli P B, Dash P, et al. 2020. Sensitivity of hydrology and water quality to variation in land use and land cover data . Agricultural Water Management, 241: 106366.

Rodríguez-Blanco M L, Taboada-Castro M M, Taboada-Castro M T. 2013. Phosphorus transport into a stream draining from a mixed land use catchment in Galicia (NW Spain): Significance of runoff events . Journal of Hydrology, 481: 12-21.

Romano G, Abdelwahab O M M, Gentile F. 2018. Modeling land use changes and their impact on sediment load in a Mediterranean watershed . Catena, 163: 342-353.

Sahoo G B, Ray C, Carlo E. 2006. Calibration and validation of a physically distributed hydrological model, MIKE SHE, to predict streamflow at high frequency in a flashy mountainous Hawaii stream. Journal of Hydrology, 327(1-2): 94-109.

Saleh A, Arnold J G, Gassman P W, et al. 2000. Application of SWAT for the upper north Bosque River-watershed . Transactions of the American Society of Agricultural and Biological and Biological Engineers, 43(5): 1077-1087.

Samimi M, Mirchi A, Moriasi D, et al. 2020. Modeling arid/semi-arid irrigated agricultural watersheds with SWAT: Applications, challenges, and solution strategies . Journal of Hydrology, 590: 125418.

Sean O' Hogain, Mccarton L. 2018. Nature-Based Solutions. Technology Portfolio of Nature Based Solutions.

Sharma A, Tiwari K N. 2019. Predicting non-point source of pollution in Maithon reservoir using a semi-distributed hydrological model . Environmental Monitoring and Assessment, 191(8): 522.

Shen Z, Hong Q, Yu H, et al. 2008. Parameter uncertainty analysis of the non-point source pollution in the Daning River watershed of the Three Gorges Reservoir Region, China. Science of the Total

Environment, 405（1）: 195-205.

Shen Z Y, Hong Q, Yu H, et al. 2010. Parameter uncertainty analysis of non-point source pollution from different land use types . Science of the Total Environment, 408（8）: 1971-1978.

Shen Z, Hou X, Li W, et al. 2014. Relating landscape characteristics to non-point source pollution in a typical urbanized watershed in the municipality of Beijing . Landscape and Urban Planning, 123: 96-107.

Shen Z, Zhong Y, Huang Q, et al. 2015. Identifying non-point source priority management, areas in watersheds with multiple functional zones. Water Research, 68: 563-571.

Shields M D, Zhang J. 2016. The generalization of Latin hypercube sampling . Reliability Engineering & System Safety, 148: 96-108.

Shu Y Q, Villholth K G, Jensen K H, et al. 2012. Integrated hydrological modeling of the North China Plain: Options for sustainable groundwater use in the alluvial plain of Mt. Taihang. Journal of Hydrology, 464-465: 7-63.

Stoddard J L, Sickle J V, Herlihy A T, et al. 2016. Continental-scale increase in lake and stream phosphorus: Are oligotrophic systems disappearing in the USA. Environmental Science & Technology, 50（7）: 3409-3415.

Styczen M, Storm B. 1993. Modelling of N-movements on catchment scale - a tool for analysis and decision making. Nutrient Cycling in Agroecosystems.

Sun M, Zhang X, Huo Z, et al. 2016. Uncertainty and sensitivity assessments of an agricultural － hydrological model（RZWQM2）using the GLUE method . Journal of Hydrology, 534: 19-30.

Thompson J R, Sørenson H R, Gavin H, et al. 2004. Application of the coupled MIKE SHE/MIKE 11 modelling system to a lowland wet grassland in southeast England. Journal of Hydrology, 293: 151-179.

Tsiknia M, Tzanakakis V A, Paranychianakis N V. 2013. Insights on the role of vegetation on nitrogen cycling in effluent irrigated lands. Applied soil ecology, 64: 104-111.

Volk M, Bosch D, Nangia V, et al. 2016. SWAT: Agricultural water and nonpoint source pollution management at a watershed scale . Agricultural Water Management, 175: 1-3.

Wang Q, Liu R, Cong M, et al. 2018. Effects of dynamic land use inputs on improvement of SWAT model performance and uncertainty analysis of outputs . Journal of Hydrology, 563: 874-886.

Wang S, Zhang Z, Mcvicar T R, et al. 2013. Isolating the impacts of climate change and land use change on decadal streamflow variation: Assessing three complementary approaches . Journal of Hydrology, 507（18）: 63-74.

Wijesekara G N, Farjad B, Gupta A, et al. 2014. A Comprehensive Land-Use/Hydrological Modeling System for Scenario Simulations in the Elbow River Watershed, Alberta, Canada. Environmental Management, 53（2）: 357.

Windolf J, Thodsen H, Troldborg L, et al. 2011. A distributed modelling system for simulation of monthly runoff and nitrogen sources, loads and sinks for ungauged catchments in Denmark. Journal of Environmental Monitoring, 13（9）: 2645-2658.

Wu J H, Lu J. 2019. Landscape patterns regulate non-point source nutrient pollution in an agricultural watershed . Science of the Total Environment, 669: 377-388.

Wu Y, Liu S, Qiu L, Sun Y. 2016b. SWAT-DayCent coupler: An integration tool for simultaneous hydro-biogeochemical modeling using SWAT and DayCent. Environmental Modelling & Software, 86:

81-90.

Wu Z, Lin C, Su Z, et al. 2016a. Multiple landscape "source-sink" structures for the monitoring and management of non-point source organic carbon loss in a peri-urban watershed . Catena, 145: 15-29.

Xiang C, Wang Y, Liu H. 2017. A scientometrics review on nonpoint source pollution research. Ecological Engineering, 99: 400-408.

Xing H M, Xu X G, Li Z H, et al. 2017. Global sensitivity analysis of the AquaCrop model for winter wheat under different water treatments based on the extended Fourier amplitude sensitivity test. Journal of Integrative Agriculture, 16(11): 2444-2458.

Xiong H B, Ma Y N, Liu T X. 2020. Purification-analysis of urban rivers by combining graphene photocatalysis with sewage treatment improvement based on the MIKE11 model. Environmental technology, 43: 585-594.

Xue B L, Zhang H W, Wang G Q, et al. 2022. Evaluating the risks of spatial and temporal changes in nonpoint source pollution in a Chinese river basin . Science of The Total Environment, 807: 151726.

Zhang L, Lu W X, Hou G L, et al. 2019. Coupled analysis on land use, landscape pattern and nonpoint source pollution loads in Shitoukoumen Reservoir watershed, China . Sustainable Cities and Society, 51: 101788-101800.

Zheng Y, Han F, Tian Y, et al. 2014. Chapter 5-Addressing the uncertainty in modeling watershed nonpoint source pollution . Developments in Environmental Modelling, 26(3): 113-159.

Zhu Y P, Zhang H P, Chen L, et al. 2008. Influence of the South-North Water Diversion Project and the mitigation projects on the water quality of Han River. Science of the Total Environment, 406(1-2): 57-68.

第2章 研究流域概况

南水北调是国家进行跨流域水资源优化配置的重大战略决策，分为东线、中线、西线三条线路(罗玲,2019)。其中南水北调中线工程是从丹江口水库引水，沿伏牛山和太行山山前平原开渠输水，自南向北输水到河南、河北、天津、北京等省市，解决沿线多座大中城市的缺水现象，并兼顾沿线生态环境和农业用水(刘文文,2019)。丹江口水库是国家南水北调中线工程的水源地，包括汉江库区和丹江库区，建成于1973年，位于长江汉江的中上游，库区总控制面积(水源地)为9.5万 km²，水源地内河网密布，具有防洪、发电、灌溉、航运、养殖、旅游等综合效益，覆盖陕西、四川、河南、重庆和湖北5省，其中陕西、河南和湖北区域的面积累计达到96.8%。

2.1 自然地理概况

2.1.1 自然地理范围

汉江流域陕西段位于陕西省南部，地理位置为105°59′~111°24′E, 31°40′~34°28′N。其中汉江是长江中游最大的一级支流，发源于陕西省宁强县秦岭南麓的嶓冢山，干流自西向东流经汉中市和安康市，从安康市白河县流入湖北省境内，并在十堰与其最大的支流(丹江)汇合，汇入丹江口水库，从武汉市入长江，干流全长1577km，流域面积15.9万 km²。其中陕西省境内长652km，流域面积55213km²，占汉江干流全河段的41.3%。丹江是长江一条重要支流，发源于商州秦岭南麓凤凰山，途径陕西省的商州、丹凤县、商南县和河南省的淅川县后汇入湖北丹江口水库。丹江全长443km，总流域面积16812km²，在陕西省境内全长249.6km，流域面积7510km²。汉江流域陕西段面积为62723km²，主要涉及陕西省3个市的28个县区，还有宝鸡市的凤县、太白县及周至县。

2.1.2 地形地貌

汉江流域陕西段地质构造较为复杂，属于秦巴土石山区，大部分山体以灰岩和变质岩为主，构造上经过燕山运动造成系列带状褶皱断裂带和较大起伏的岩质山地，形成陷落盆地。其中秦岭山地、汉江盆地和大巴山地构成"两山夹一川"地貌，称作"八山一水一分田"(邓娟, 2017; 陈磊等, 2011)。海拔高度落差较大，海拔区间为190.5~3479m，区域主要覆盖中起伏中山、大起伏中山和小起伏中山，面积占比分别为42.11%、19.06%和8.83%(表2-1)，达到70%。高起伏山区主要位于巴山北坡和秦岭南坡，还存在中低海拔的平原、丘陵和低山，其区域内主要有汉中平原和汉阴-安康走廊，也是陕西南部地区主要的农业生产和生活区(图2-1)。

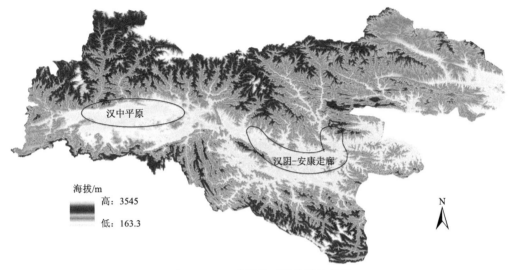

图 2-1　汉江流域陕西段地形地貌图

表 2-1　汉江流域陕西段地貌类型及面积比

编号	地貌类型	栅格数	面积比/%
11	低海拔平原	1218	1.94
12	中海拔平原	143	0.23
13	高海拔平原	68	0.11
14	极高海拔平原	1002	1.60
21	低海拔台地	755	1.20
22	中海拔台地	265	0.42
23	高海拔台地	114	0.18
24	极高海拔台地	1745	2.78
31	低海拔丘陵	1949	3.11
32	中海拔丘陵	530	0.84
33	高海拔丘陵	114	0.18
34	极高海拔丘陵	1932	3.08
41	小起伏低山	2736	4.36
42	小起伏中山	5540	**8.83**
43	小起伏高山	287	0.46
44	小起伏极高山	2605	4.15
51	中起伏低山	1360	2.17
52	中起伏中山	26412	**42.11**
53	中起伏高山	325	0.52
54	中起伏极高山	1648	2.63
62	大起伏中山	11957	**19.06**
63	大起伏高山	19	0.03
	合计	62723	100.00

注：数字加粗表示面积占比较大的地貌类型；因数值修约表中个别数据稍有误差。

2.1.3　气候气象

汉江流域陕西段横跨汉江、丹江两大流域，其北部为山地暖温带温和湿润气候区，南部为北亚热带温热湿润气候区。受亚欧大陆冷高压和西北太平洋副热带高压交替控制，冬季可阻挡由北向南的冷空气，夏季阻挡东南方向的湿热气流，气候独特且具有强季节性，与其他同纬度地区气候条件有所不同（王彦东，2019），多年平均降水量为 600～1200mm，雨量充沛，具有降水分配不均、年际变化大的特点，主要贡献月份为 6～9 月，多年平均气温约 14～16℃，相对湿度达 67.4%，多年平均水面蒸发量为 893mm，日照时数 1400～2000h，无霜期较长。

2.1.4　土壤植被

汉江流域陕西段土壤类型多且复杂，具体类型如表 2-2 和图 2-2。主要土壤类型有黄棕壤、棕壤、粗骨土、黄褐土、水稻土、褐土、石灰土、新积土、暗棕壤等，其中前五种土壤类型面积在研究区域中占比分别为 47.73%、25.21%、7.52%、5.54% 和 3.98%，达到将近 90%。土壤水平分布以汉江为界，汉江南部多为黄棕壤，汉江北部多为棕壤。垂直分布上，将汉江流域陕西段海拔进行分带，分为 7 个海拔带，分别为 500m 以下、500～1000m、1000～1500m、1500～2000m、2000～2500m、2500～3000m 和 3000m 以上，统计不同分带上土壤分布种类，发现 500～1000m 海拔带的面积最大且土壤种类分布多，以黄棕壤为主；1000～1500m 海拔带的面积次之，土壤以黄棕壤、棕壤和粗骨土为主；

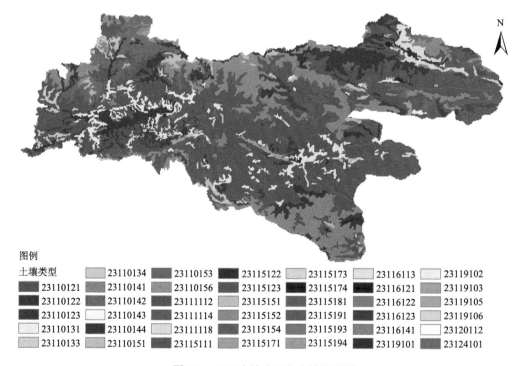

图 2-2　汉江流域陕西段土壤类型图

表 2-2　汉江流域陕西段土壤类型统计表

序号	土壤代码	土纲	土壤类型	亚类名称	栅格数	面积占比/%
1	23110121			黄棕壤	27385	43.66
2	23110122		黄棕壤	暗黄棕壤	670	1.07
3	23110123			黄棕壤性土	1885	3.01
4	23110131			黄褐土	2876	4.59
5	23110133		黄褐土	白浆化黄褐土	39	0.06
6	23110134	淋溶土		黄褐土性土	556	0.89
7	23110141			棕壤	9210	14.68
8	23110142		棕壤	白浆化棕壤	2864	4.57
9	23110144			棕壤性土	3741	5.96
10	23110151			暗棕壤	469	0.75
11	23110153		暗棕壤	白浆化暗棕壤	11	0.02
12	23110156			暗棕壤性土	180	0.29
13	23111112			褐土	1036	1.65
14	23111114	半淋溶土	褐土	淋溶褐土	230	0.37
15	23111118			褐土性土	708	1.13
16	23115111		红黏土	红黏土	27	0.04
17	23115122		新积土	新积土	639	1.02
18	23115123			冲积土	504	0.80
19	23115151			石灰(岩)土	823	1.31
20	23115152		石灰(岩)土	红色石灰土	20	0.03
21	23115154			棕色石灰土	859	1.37
22	23115171	初育土		紫色土	135	0.22
23	23115173		紫色土	中性紫色土	104	0.17
24	23115174			石灰性紫色土	108	0.17
25	23115181		石质土	石质土	203	0.32
26	23115191			粗骨土	4526	7.22
27	23115193		粗骨土	中性粗骨土	130	0.21
28	23115194			钙质粗骨土	59	0.09
29	23116113		砂姜黑土	石灰性砂姜黑土	46	0.07
30	23116122	半水成土	山地草甸土	山地草原草甸土	15	0.02
31	23116123			山地灌丛草甸土	45	0.07
32	23116141		潮土	潮土	42	0.07
33	23119101			水稻土	1783	2.84
34	23119102			潴育水稻土	375	0.60
35	23119103	人为土	水稻土	淹育水稻土	204	0.33
36	23119105			潜育水稻土	84	0.13
37	23119106			脱潜水稻土	51	0.08
38	23120112	高山土	黑毡土	黑毡土	37	0.06
39	23124101	湖泊、水库	湖泊、水库	湖泊、水库	43	0.07
		合计			62723	100.00

注：因数值修约表中个别数据略有误差。

500m 以下的海拔带以黄棕壤、黄褐土和水稻土为主；1500～2000m 的海拔带主要以棕壤为主，占比达到 72.81%，还有 15.40%的黄棕壤；2000～2500m 的海拔带棕壤占比为 77.11%，还有 14.77%的暗棕壤；2500～3000 m 的海拔带暗棕壤和棕壤占比分别为 64.01% 和 26.64%；3000m 以上的海拔带有两种土壤类型，分别为暗棕壤性土和高山土。水稻土主要分布在小于 1000m 的低海拔地区；黄棕壤主要分布在低山、丘陵区；棕壤主要分布在 1500～2500m 的中高山地区；暗棕壤多分布在高山区；湖泊、水库主要分布在 1000m 以下海拔区。土壤中营养物质水平低，有机质含量较小，砂石含量较高，土层较薄，土壤厚度为 20～40cm（邓娟,2017;陈磊等,2017）。

　　汉江流域水源区属于秦岭山地功能保护区，能够改善水源地生态状况和增强水源涵养能力，在坡度大于 15°的耕地实施了退耕还林还草措施，目前森林覆盖率为 22.91%（廖炜,2011）。水源地属于亚热带常绿针叶林和阔叶林混合带（图 2-3），其中水田和旱地占比为 16.78%和 24.58%，森林植被主要以郁闭常绿针叶林（18.03%）、植被/耕地镶嵌（15.09%）、混合阔叶林和针叶林（8.49%）、灌木丛（7.35%）以及耕地/植被镶嵌（5.96%）组成，适合生长的植被类型繁多，常见有侧柏、杉木、杨、柳、槐、椿、马尾松等（陈磊等,2017）。

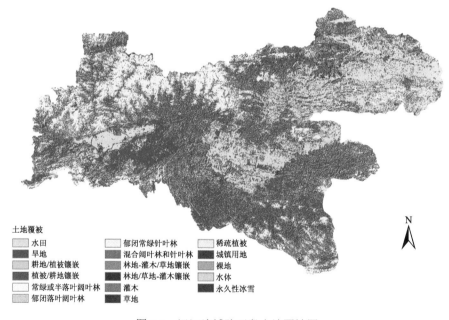

图 2-3　汉江流域陕西段土地覆被图

2.1.5　水文水系

　　汉江流域陕西段内有汉江水系和丹江水系，河流密布，水力资源十分丰富。其中汉江流域 10km^2 以上的支流 1320 条，主要有丹江、玉带河、沮水、漾家河、褒河、冷水河、湑水河、酉水河、牧马河、子午河、任河、月河、岚河、池河、黄洋河、旬河、坝河、金钱河、蜀河及白河等，丹江支流也包含板桥河、南秦河、西河、老君河、银花河、武关河、清油河、县河及冷水河等支流，因其水力资源丰富，流域内修建了大量水库，如安康水库（1 级）、石泉水库、喜河水库、蜀河水库、二龙山水库、鱼岭水库等，流域内分布的主要河流、干支流水系及部分水库见图 2-4。

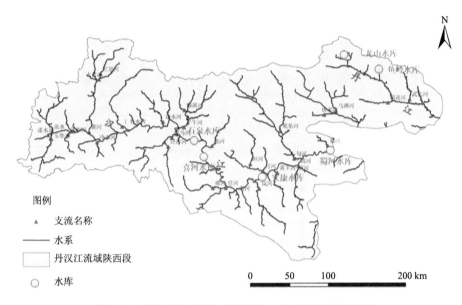

图 2-4　汉江流域陕西段主要支流、干流及水库位置图

汉江干流在陕西境内从源头到出省界有武侯镇、汉中、洋县、石泉和安康五个国家重点水文站，丹江有麻街和丹凤两个省级水文站。通过对武侯镇、安康、麻街和丹凤四个水文站 2001～2018 年的月平均径流量进行对比，结果表明武侯镇和安康水文站的年平均径流量分别为 4.69 亿～17.85 亿 m^3 和 106.91 亿～303.18 亿 m^3，多年平均径流量分别为 12.06 亿 m^3 和 185.21 亿 m^3。丹江流域的麻街和丹凤水文站的年平均径流量分别在 0.21 亿～1.06 亿 m^3 和 1.66 亿～9.73 亿 m^3，多年平均径流量分别为 0.52 亿 m^3 和 5.06 亿 m^3。从各水文站的月平均径流量图（图 2-5）可以看出径流量年内分布不均，汛期主要出现在 6～10 月，除了丹凤站外的其他三个水文站均是 7 月和 9 月径流量较大，且年际差异也较大，如武侯镇水文站 2001～2018 年 7 月出现的最小、最大径流量分别为 0.28 亿 m^3（2004 年）和 7.37 亿 m^3（2018 年），安康站 9 月出现的最小、最大径流量分别为 3.40 亿 m^3（2016）和 85.62 亿 m^3（2011 年），麻街站 9 月径流量极值出现在 2013 年（0.01 亿 m^3）和 2011 年（0.55 亿 m^3），丹凤水文站 9 月径流量极值出现在 2013 年（0.08 亿 m^3）和 2003 年（3.90 亿 m^3）。径流量年内各月波动表现出丹江流域径流波动大于汉江流域，汉江径流量大于丹江流域，上游径流量远低于下游径流量，年际年内均波动较大。

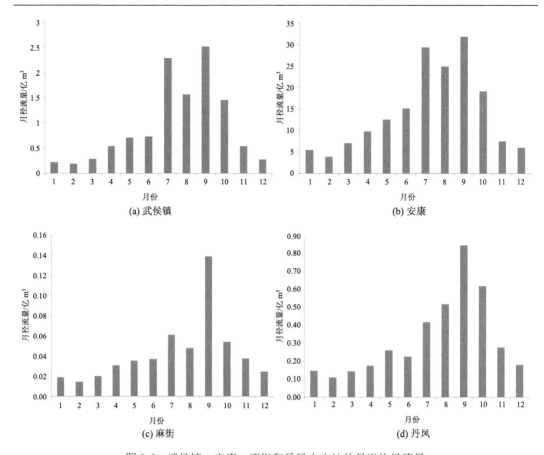

图 2-5　武侯镇、安康、麻街和丹凤水文站的月平均径流量

2.2　社会经济概况

2.2.1　人口数量

　　汉江流域陕西段主要涉及陕西省汉中市、安康市、商洛市的 28 个县区，根据 2019 三个市的国民经济和社会发展统计公报，将人口数据及其他进行统计如表 2-3 所示。流域内 2019 年总人口约 934.86 万人，年末常住人口 849.10 万人，城镇人口 382.87 万人，农村人口 552.0 万人，各市常住城镇化率均值为 49.08%。流域内的民族以汉族为主，还有回族、蒙古族、满族等。

表 2-3　2019 年汉江流域陕西段各市人口统计数据

市区	总人口 /万人	年末常住人口 /万人	城镇人口 /万人	常住人口城镇 化率/%	出生率 /‰	死亡率 /‰	自然增长率 /‰
汉中市	380.94	343.70	142.64	51.96	9.30	6.68	2.62
安康市	303.71	267.49	122.78	45.90	9.52	7.21	2.31
商洛市	250.21	237.91	117.45	49.37	10.2	6.2	4.0

2.2.2 国民经济概况

陕西全省曾有 56 个贫困县(区),汉江流域陕西段所在的秦巴山区是集中连片贫困带,水源区 28 个县中,就有 27 个是贫困县,仅有汉中市汉台区不在其中。2020 年陕西全省 56 个贫困县脱帽,生产总值也逐年增加,从 2000 年、2010 年和 2019 年的产业结构比较发现(表 2-4),2010 年生产总值是 2000 年生产总值的 4.32 倍,2019 年生产总值是 2010 年生产总值的 3.30 倍,2000 年和 2010 年的生产总值中第三产业贡献最大,而2019 年汉中市、安康市、商洛市均是第二产业贡献比重最大,且第二、三产业体量相当,三次产业结构比为 13.1∶44.7∶42.2,三个市人均生产总值也从 2719.67 元增加至 41485元。汉中市总产值及第一、二、三产业相对最高,商洛市的相对较低。

表 2-4 2000 年、2010 年和 2019 年汉江流域陕西段各市产业结构

年份	区域	生产总值/亿元	第一产业/亿元	第二产业/亿元	第三产业/亿元	人均生产总值/元
2000	汉中市	119.23	31.41	38.41	49.41	3250
	安康市	74.80	22.76	20.29	31.75	2561
	商洛市	55.47	17.27	18.20	20.00	2348
	合计	249.5	71.44	76.90	101.16	—
2010	汉中市	495.95	109.06	183.11	203.78	14505
	安康市	319.61	74.61	110.41	134.59	12145
	商洛市	264.07	57.69	91.8	114.58	11264
	合计	1079.63	241.36	385.32	452.95	—
2019	汉中市	1547.59	227.63	662.88	657.09	45033
	安康市	1182.06	137.52	553.93	490.61	44241
	商洛市	837.21	103.81	376.74	356.65	35181
	合计	3566.86	468.96	1593.55	1504.35	—

图 2-6 呈现了汉中市、安康市和商洛市 2000~2019 年三次产业结构变化情况,三个市第一产业(农、林、牧、渔业)所占比例较低且呈现逐年下降趋势,汉中市第二产业(采矿业,制造业,电力、热力、燃气及水生产和供应业,建筑业)呈波动上升趋势,第三产业(服务业)比例从增加至下降再到近几年波动上升的趋势。安康市和商洛市因为产业结构较为类似,第二产业所占比例增幅较大,呈现逐年增加的势态,而第三产业比重呈现先升后降再升的趋势,但近几年小幅降低,两市的发展也渐渐依靠第二产业。

2.2.3 农业产业发展

汉江流域陕西段农业人口比例约 59%,农业是研究区域社会经济的命脉,通过统计汉中市、安康市及商洛市的农业经济指标(表 2-5),可知 2019 年区域农林牧渔业总产值为 842.71 亿元,农业、林业、牧业和渔业产值分别为 513.97 亿元、42.00 亿元、237.24亿元和 14.54 亿元,分别占农林牧渔业总产值的 60.0%、4.98%、28.15% 和 1.73%。各地

区中，汉中的农林牧渔业总产值相对最大，达到 401.78 亿元，各市的农业、林业、牧业和渔业的结构表现为：农业>牧业>林业>渔业。从 2009～2019 年的农林牧渔业的产业结构看(图 2-7)，相比三次产业，农林牧渔业产业结构相对稳定，农业产值均占农林牧渔业总产值的 60%左右，呈现先升后降再小幅上升的趋势，牧业产值占比在 33%左右，呈现先降后升再降的趋势，林业和渔业产值占比较小，变化趋势不明显。

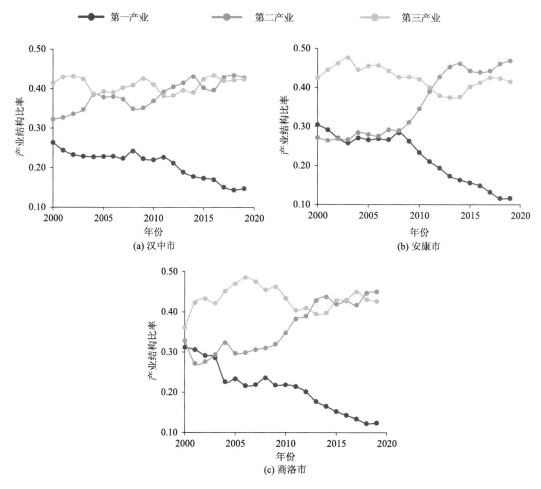

图 2-6　汉江流域陕西段各市产业结构(2000～2019 年)

表 2-5　2019 年汉江流域陕西段农林牧渔业产业结构　　　　(单位：亿元)

地区	农林牧渔业总产值	农业	林业	牧业	渔业	农林牧渔服务业
汉中市	401.78	255.14	16.26	109.96	6.79	13.64
安康市	247.86	148.60	11.08	70.07	6.82	11.29
商洛市	193.07	110.23	14.65	57.21	0.93	10.04
合计	842.71	513.97	42.00	237.24	14.54	34.97

注：因数值修约表中个别数据略有误差。

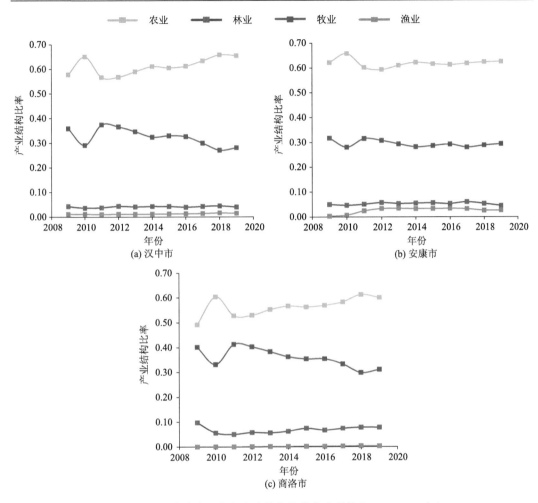

图 2-7　汉江流域陕西段各市农林牧渔业产业结构(2009～2019 年)

2019 年汉中市、安康市、商洛市各区县的农村经济主要指标如表 2-6 所示，2019 年末常用耕地面积为 5399.48km²，粮食播种面积 6364.10km²，种植作物主要有小麦、水稻、玉米、豆类、薯类、油菜、花生等，种植方式为一年两季。汉江流域陕西段因为地理特殊性，茶园面积、桑园面积和果园面积在陕西省的面积占比大，水果中柑橘、梨、桃、杏产量较高。汉江流域陕西段三个市的农用化肥施用折存量为 28.91 万 t，粮食产量为 231.66 万 t，大牲畜和小牲畜的存栏量分别为牛 51.78 万头、猪 331.14 万头、羊 105.99 万只和家禽 2634 万只。

表 2-6　2019 年汉江流域陕西段各县区农村经济主要指标

	地区	年末常用耕地面积/hm²	农用化肥施用折存量/t	粮食产量/t	粮食播种面积/hm²	牛存栏/万头	猪存栏/万头	羊存栏/万只	家禽存栏/万只
汉中	汉台区	13490	12053	114009	16429	1.05	6.84	0.44	111
	略阳县	36179	15077	155634	31831	2.75	21.10	2.71	111
	宁强县	23781	34465	154772	28268	2.11	19.59	1.53	104

续表

地区		年末常用耕地面积/hm²	农用化肥施用折存量/t	粮食产量/t	粮食播种面积/hm²	牛存栏/万头	猪存栏/万头	羊存栏/万只	家禽存栏/万只
汉中	勉县	27962	19487	165044	33236	5.41	22.72	3.36	86
	留坝县	22345	11019	97521	26590	3.34	24.74	4.92	68
	南郑区	28354	21719	136520	29763	2.78	22.78	0.98	119
	城固县	21173	10354	78177	27144	3.19	16.99	1.99	82
	洋县	10045	2500	44624	17275	1.15	5.23	2.02	97
	佛坪县	24058	4704	95217	37744	3.20	17.49	8.67	50
	西乡县	3134	463	9869	2683	0.42	0.99	0.23	13
	镇巴县	1853	620	9186	2639	0.06	0.73	0.26	10
安康	汉滨区	40566	48270	189685	46455	4.76	29.13	10.58	186
	汉阴县	22630	10216	98247	23192	2.42	14.61	3.56	88
	石泉县	13141	4613	62565	15723	2.44	8.55	3.92	67
	宁陕县	3414	334	12394	2965	0.22	0.95	1.25	12
	紫阳县	22578	3748	105073	38621	0.59	15.18	6.90	58
	岚皋县	16811	4157	42326	14522	0.28	5.90	3.81	66
	平利县	18599	4089	57606	17177	0.56	9.56	5.55	61
	镇坪县	4955	1317	21524	7017	0.25	6.67	1.18	19
	旬阳市	36772	22724	117778	40221	6.71	20.55	13.36	101
	白河县	14154	5538	57249	17329	0.98	7.04	5.94	56
商洛	柞水县	21448	6902	91387	27284	0.48	5.91	1.60	113
	镇安县	32260	14400	120869	34708	2.62	12.92	3.88	160
	山阳县	12054	5220	52979	18348	1.27	7.70	2.24	328
	商南县	14095	4492	30882	10864	0.44	5.49	2.15	176
	丹凤县	23964	8218	85264	27837	1.00	14.71	6.74	189
	商州区	21441	7981	70928	28055	1.09	4.75	5.52	56
	洛南县	8692	4430	39228	12490	0.21	2.32	0.70	47
合计		539948	289110	2316557	636410	51.78	331.14	105.99	2634

2.3 污染源状况与河库水质现状

汉江流域陕西段为丹江口水库的水源区，水环境情况良好。根据《2019年陕西省生态环境状况公报》，汉江、丹江水质稳定，一直保持优良，但仍面临点源和非点源的污染影响。

2.3.1 点源污染

流域点源主要包括沿岸工业源和城镇居民生活污水两部分。陕南三个市的工业相较于陕西省其他市区欠发达，近年来产业结构转变，污染较大的产品总量下降，如 2019

年汉中市农用氮、磷、钾肥总量下降了 40%，白银、硫酸、锌、有色金属等也是负增长。根据陕西省 2020 年统计年鉴，汉中市、安康市、商洛市的工业废水排放总量分别为 474.46 万 t、181.96 万 t 和 763.3 万 t，工业废水中 COD 排放量分别为 437.92t、288.62t 和 221.52t，NH_3-N 排放量分别为 73.25t、22.83t 和 22.11t，三个市工业废水中 COD 和 NH_3-N 的总量分别为 948.06 t 和 118.19 t。生活污水主要来源于沿江两岸的居民生活排放，2019 年汉中市、安康市和商洛市的城镇人口分别为 142.64 万人、122.78 万人和 117.45 万人，按照城镇居民生活污水产排污系数计算，城镇生活污水排放量共计 14051.04 万 t，各市生活污水排放量分别为 5363.55 万 t、4615.91 万 t 和 4072.58 万 t，其中生活污水中 TN 排放量为 1.46 万 t，TP 排放量为 0.103 万 t，COD 排放量为 7.891 万 t，NH_3-N 排放量为 1.049 万 t。2019 年生活垃圾产生量各市对应的分别是 19.78 万 t、17.03 万 t 和 14.58 万 t。

2.3.2　非点源污染

汉江流域陕西段主要依靠农业生活，农业源污染物在非点源污染治理中是不可忽略的关键部分(李家科等，2020)，通过合理的方法估算农业源污染物流失量，可进一步分析非点源污染空间特性并识别出关键源区。采用输出系数法估算汉江流域陕西段各区县的非点源污染负荷，主要来源包括农业用地、畜禽养殖和农村生活三大类，其中农业用地又可分为耕地、林地、草地和园地，畜禽养殖包括猪、牛、羊和家禽，不同污染源的输出系数利用文献综述法进行确定(史淑娟，2010；李家科等，2020)(表 2-7)。汉江流域陕西段主要包括陕南 3 个市的 28 个县，还包含宝鸡市的凤县、太白县和西安市的周至县。土地利用数据收集于全球生态环境遥感监测平台(http://data.ess.tsinghua.edu.cn/)，畜禽养殖及农村人口数据来源于 2019 年陕西省汉中、安康、商洛各市县的统计年鉴或国民经济和社会发展统计公报，汉江流域陕西段的土地利用面积、牲畜及人口状况如表 2-8 所示，结合表 2-7 和表 2-8 得出 2019 年流域 TN、TP、COD 和 NH_3-N 的非点源负荷量如表 2-9 所示，汉江流域陕西段利用输出系数法计算出的 TN、TP、COD、NH_3-N 农业源负荷量分别为 5.43 万 t、0.25 万 t、16.17 万 t 和 1.30 万 t，各市 TN 污染负荷贡献率从大到小排序为：汉中市(39.79%)>安康市(35.65%)>商洛市(22.71%)，各市 TP 污染负荷贡献率从大到小排序为：汉中市(37.27%)>安康市(35.63%)>商洛市(25.33%)，各市 COD 污染负荷贡献率从大到小排序为：汉中市(36.77%)>安康市(36.51%)>商洛市(24.88%)，各市 NH_3-N 污染负荷贡献率从大到小排序为：汉中市(39.76%)>安康市(37.46%)>商洛市(21.55%)。

表 2-7　汉江流域陕西段不同污染源的输出系数

污染物指标	农业用地/[kg/(hm²·a)]				畜禽养殖/[kg/(头·a)]				农村生活污水/[kg/(人·a)]
	耕地	林地	草地	园地	猪	牛	羊	家禽	
TN	30.94	3.27	1.58	14.3	0.74	10.21	0.4	0.04	2.14
TP	0.77	0.13	0.4	1.4	0.11	0.17	0.04	0.008	0.17
NH_3-N	3.21	0.34	0.68	1.5	1.19	3.79	0.41	0.004	0.9
COD	18	9.1	6.2	10	4.51	49.84	0.71	0.2	16.4

由表 2-9 可知，各污染指标污染负荷的最大值均集中出现于汉中市的城固县和洋县以及安康市的汉滨区和旬阳市，其贡献率均在 7%左右。其原因是这几个区县的农业用地面积较大，农村养殖业较为发达，大规模的化肥施用和畜禽养殖都不同程度地加剧了非点源污染。虽然汉滨区农业用地的面积小，但畜禽养殖及农村人口的数量大，因此对非点源污染的贡献率也较大。然后是贡献率在 3.5%左右的勉县、山阳县、丹凤县、汉阴县、紫阳县和平利县，最小贡献率的地区出现在佛坪县、洛南县和镇坪县，占比不超过 1%。

表 2-8　汉江流域陕西段面积、人口及牲畜状况

市	县	土地利用/hm²				牲畜/(万只/万头)				农村常住人口/万人
		耕地	林地	草地	园地	猪	牛	羊	家禽	
宝鸡	凤县	1462.4	53544.8	774.9	9.4	0.57	0.20	0.19	4.02	4.21
	太白县	3543.5	146380.6	4142.2	22.9	0.46	0.09	0.27	4.80	2.82
西安	周至县	120.6	14438.9	382.2	5.6	0.29	0.03	0.01	2.64	38.83
汉中	汉台区	26964.4	13212.6	1626.5	4.0	6.84	1.05	0.44	111.00	13.83
	略阳县	4996.5	74966.7	471.3	23.7	6.37	0.83	0.82	33.52	12.00
	宁强县	11974.6	81834.2	1746.6	39.6	5.93	0.64	0.46	31.46	24.80
	勉县	43312.1	183675.2	5214.7	61.2	22.72	5.41	3.36	86.00	18.38
	留坝县	2523.7	193171.4	1655.2	19.8	24.74	3.34	4.92	68.00	2.27
	南郑区	51673.8	105072.6	3885.3	25.7	13.46	1.64	0.58	70.33	26.59
	城固县	59075.2	142153.9	3018.6	8.7	16.99	3.19	1.99	82.00	23.94
	洋县	66077.1	250764.9	3283.4	33.4	5.23	1.15	2.02	97.00	21.33
	佛坪县	2624.0	122909.4	976.1	14.7	17.49	3.20	8.67	50.00	1.52
	西乡县	52056.6	231731.6	2081.9	43.8	0.99	0.42	0.23	13.00	18.44
	镇巴县	10538.1	152051.2	963.2	19.6	0.34	0.03	0.12	4.70	14.15
安康	汉滨区	73180.8	280444.6	2884.8	27.3	29.13	4.76	10.58	186.00	37.14
	汉阴县	26708.2	105310.0	1070.3	13.4	14.61	2.42	3.56	88.00	13.71
	石泉县	21888.5	113319.9	790.1	22.6	8.55	2.44	3.92	67.00	9.32
	宁陕县	6572.8	355906.3	2465.2	41.3	0.95	0.22	1.25	12.00	3.63
	紫阳县	23534.2	186612.2	1857.5	33.2	15.18	0.59	6.90	58.00	15.87
	岚皋县	9136.2	184362.9	1115.6	5.6	5.90	0.28	3.81	66.00	8.55
	平利县	13944.9	237088.2	1529.7	12.6	9.56	0.56	5.55	61.00	10.05
	镇坪县	157.5	9492.5	583.8	0.3	0.49	0.02	0.09	1.41	2.93
	旬阳市	46058.7	292868.2	2249.6	24.6	20.55	6.71	13.36	101.00	22.31
	白河县	8897.9	125747.0	703.1	97.9	7.04	0.98	5.94	56.00	8.99
商洛	柞水县	11217.8	215924.9	2447.8	66.3	5.91	0.48	1.60	113.00	8.29
	镇安县	25949.5	320984.4	4951.4	98.5	12.92	2.62	3.88	160.00	14.14
	山阳县	24522.8	306467.1	5657.5	1474.6	7.70	1.27	2.24	328.00	19.74
	商南县	11438.7	225898.4	2007.1	744.0	5.49	0.44	2.15	176.00	11.38
	丹凤县	10510.2	236055.4	2791.9	1393.4	14.71	1.00	6.74	189.00	15.17
	商州区	28864.8	214079.2	3503.4	255.4	4.75	1.09	5.52	56.00	27.29
	洛南县	2279.3	15656.1	489.4	18.6	0.16	0.01	0.05	3.16	24.88
合计		681805.4	5192125.1	67319.9	4661.6	742.0	286.0	47.1	101.2	476.5

注：因数值修约表中个别数据略有误差。

表 2-9 汉江流域陕西段各区县不同污染物负荷估算统计表

市	县	污染物负荷量/t			
		TN	TP	COD	NH₃-N
宝鸡	凤县	264.21	10.98	770.83	45.24
	太白县	643.05	27.16	1746.13	87.74
西安	周至县	97.06	5.83	469.37	26.78
汉中	汉台区	1380.14	65.02	3941.46	344.10
	略阳县	626.99	31.41	2143.78	186.49
	宁强县	925.39	43.67	2853.22	232.88
	勉县	3111.45	133.06	9415.06	863.15
	留坝县	1332.30	71.91	5138.17	539.29
	南郑区	2583.01	105.21	6058.76	573.37
	城固县	3302.02	137.35	8836.16	790.01
	洋县	3529.53	137.37	8007.40	609.60
	佛坪县	1028.30	53.15	3967.10	431.57
	西乡县	2823.28	105.39	6365.10	442.51
	镇巴县	975.22	40.45	2710.43	151.93
安康	汉滨区	4799.29	216.38	14111.66	1244.39
	汉阴县	1870.54	86.65	5759.91	529.33
	石泉县	1603.62	68.25	4721.87	406.19
	宁陕县	1488.63	61.42	4153.36	201.76
	紫阳县	1904.84	95.26	5880.57	516.78
	岚皋县	1184.16	59.75	3815.36	268.77
	平利县	1598.93	77.84	4938.08	377.07
	镇坪县	47.93	2.68	163.29	13.07
	旬阳市	3795.00	159.83	11734.49	1007.42
	白河县	1079.63	55.16	3743.74	300.33
商洛	柞水县	1379.79	68.88	4285.91	285.43
	镇安县	2606.98	120.89	7974.92	598.57
	山阳县	2540.13	134.37	8169.41	528.69
	商南县	1514.51	81.09	4982.10	316.30
	丹凤县	1759.67	103.34	6444.83	502.70
	商州区	2377.12	111.97	7875.40	536.48
	洛南县	162.64	7.33	482.08	30.78
合计		54335.37	2479.06	161659.95	12988.74

注：因数值修约表中个别数据略有误差。

2.3.3 "河流-水库"水质情况

1. 河流水质

根据 2011～2019 年汉江干流安康站和丹江干流丹凤站的水质情况,绘制两个水文站的 TN、TP、COD、NH₃-N 污染物浓度的月平均变化图(图 2-8),结果显示两个监测站点的 TN、TP、COD、NH₃-N 污染物浓度均表现为丹江流域浓度高于汉江流域浓度,且 TN 和 COD 浓度处于一个量级,TP 和 NH₃-N 浓度处于一个量级。丹江流域 TN 浓度远大于汉江流域 TN 浓度,两个站的 TN 浓度变化差异性较大,丹凤站 TN 表现为汛期浓度低于其余时段,最高浓度出现在 3 月,最低浓度出现在 7 月,TN 浓度变化范围为 3.133～8.295 mg/L,多年均值为 5.021 mg/L。安康站 TN 浓度变化范围为 0.694～0.926 mg/L,多年均值为 0.793 mg/L,最高浓度出现在 6 月,最低浓度出现在 1 月。丹凤站 TP 表现为汛期浓度高于其余时段,最高浓度出现在 8 月,最低浓度出现在 11 月,TP 浓度变化范围为 0.059～0.114 mg/L,多年均值为 0.084 mg/L。安康站 TP 浓度变化范围为 0.027～0.038 mg/L,多年均值为 0.031 mg/L,最高浓度出现在 1 月,最低浓度出现在 4 月和 11 月,

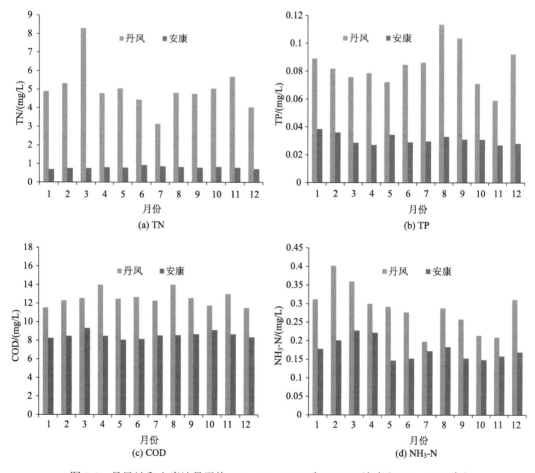

图 2-8　丹凤站和安康站月平均 TN、TP、COD 和 NH₃-N 浓度(2011～2019 年)

且丹凤站 TP 浓度远大于安康站。丹凤站 COD 浓度最高出现在 8 月，最低浓度出现在 12 月，COD 浓度变化范围为 11.5～14.0 mg/L，多年均值为 12.547 mg/L。安康站 COD 浓度变化范围为 8.058～9.301 mg/L，多年均值为 8.544 mg/L，最高浓度出现在 3 月，最低浓度出现在 5 月。丹凤站 NH$_3$-N 浓度最高出现在 2 月，最低浓度出现在 7 月，NH$_3$-N 浓度变化范围为 0.197～0.401 mg/L，多年均值为 0.284 mg/L。安康站 NH$_3$-N 浓度变化范围为 0.146～0.227 mg/L，多年均值为 0.176 mg/L，最高浓度出现在 3 月，最低浓度出现在 5 月。综上，按目前《地表水环境质量标准》（GB 3838—2002），丹江和汉江月均值水质均处于 II 类标准，对比丹凤站和安康站监测指标最大浓度的出现月，发现安康站除了 TN 浓度最大值出现在汛期，其余指标的最大值均出现在非汛期，丹凤站 TP 和 COD 浓度最大值出现在汛期，TN 和 NH$_3$-N 浓度最大值出现在非汛期，可能原因是汛期对 TN 的稀释作用较大，TP 浓度高则是研究区域内强降雨导致的侵蚀作用。

从 2011～2019 年汉江干流安康站和丹江干流丹凤站的历年水质变化情况(图 2-9)可以看出，安康断面 TP 和 TN 浓度变化范围较小，NH$_3$-N 浓度无明显的变化规律，COD

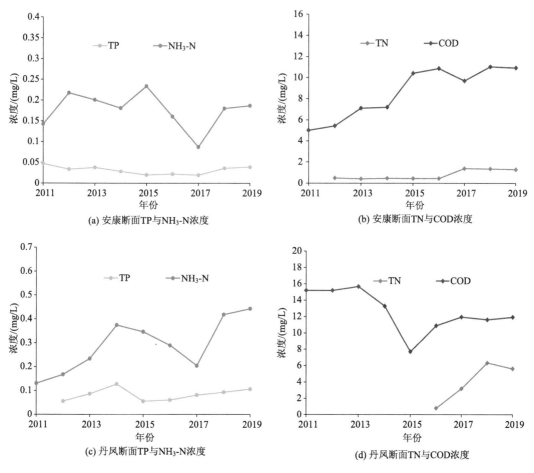

图 2-9　丹凤站和安康站历年水质变化情况

呈现逐渐增大的趋势，近两年变化较稳定。丹凤断面 TP 浓度呈现先升后降再小幅增加的趋势，但是增幅较小，NH_3-N 浓度变化趋势类似于 TP，但是突变点出现在 2014 年和 2017 年，目前处于增加趋势，TN 只收集到 2016～2019 年的数据，呈现先增后小幅降低的变化，COD 表现为先降后升的变化，拐点出现在 2015 年。说明丹凤站和安康站的水质情况年内和年际变化差异性较大，但总体表现为丹江流域监测指标浓度高于汉江流域监测指标浓度。

2. 水库水质

汉江流域陕西段存在很多水库，在汉江干流存在"黄金峡-石泉-安康-旬阳-蜀河-白河"的梯级水库，主坝级别最高的是位于安康市汉滨区瀛湖镇的安康水库（1 级），离下游安康水文站约 17km，坝址控制流域面积 35600km^2，坝址多年平均径流量为 192 亿 m^3，坝高 128m，坝长 543m，坝顶高程 338m，最大泄洪流量 37600m^3/s。河流水质分析了安康断面的水质情况，水库水质主要根据收集的 2016～2019 年瀛湖坝前水质数据进行分析（表 2-10），将流域全年水期划分为丰水期（6～9 月）、平水期（3～5 月，10～11 月）和枯水期（12 月至翌年 2 月），监测指标包括 PH、电导率（EC）、DO、叶绿素 a（Chl-a）、BOD、NH_3-N、TN、TP 和 COD。通过与《地表水环境质量标准》（GB 3838—2002）相比较，2016～2019 年及不同丰平枯水期的监测指标均为 I 或 II 类水质。2016 年作为枯水年，PH、Chl-a、BOD、NH_3-N 和 TP 浓度高于其他年份，EC、DO 和 TN 浓度小于其他年份，COD 无明显变化规律，Chl-a 和 TP 浓度多年变化小。从阶段进行对比发现，平水期时 EC 和 TN 浓度大于其他两个水期，枯水期时 BOD、NH_3-N 和 COD 浓度大于丰水期和平水期，丰水期时 PH、DO、Chl-a 和 TP 浓度大于其他两个水期。以年份为主处理，阶段为副处理，对不同年份和不同阶段的数据进行方差分析，结果表明各监测指标在年际间（2016～2019 年）和阶段间（丰水期、平水期、枯水期）均无显著差异。

表 2-10　水库水质状况

指标	年份				阶段		
	2016	2017	2018	2019	枯水期	丰水期	平水期
pH	7.69±0.39	8.06±0.42	8.24±0.49	8.31±0.41	8.09±0.36	8.12±0.43	7.96±0.14
EC/(mS/m)	32.2±2.45	27.5±5.93	22.93±2.77	22.41±4.35	24.78±3.68	26.77±3.24	28.11±2.16
DO/(mg/L)	7.52±0.49	8.49±1.16	8.92±1.68	10.3±1.84	8.09±1.09	9.60±1.09	8.60±0.56
Chl-a/(mg/L)	0.02±0.02	0.01±0.01	0.01±0.004	0.01±0.01	0.01±0.01	0.02±0.01	0.01±0.002
BOD/(mg/L)	2.07±0.29	1.85±0.51	1.36±0.51	1.73±0.34	1.9±0.24	1.77±0.35	1.48±0.43
NH_3-N/(mg/L)	0.17±0.06	0.10±0.04	0.12±0.05	0.11±0.06	0.14±0.05	0.13±0.05	0.09±0.02
TN/(mg/L)	0.75±0.29	1.26±0.17	1.25±0.23	1.15±0.20	1.10±0.18	1.08±0.15	1.18±0.19
TP/(mg/L)	0.02±0.002	0.03±0.04	0.02±0.004	0.02±0.01	0.02±0.01	0.03±0.02	0.02±0.003
COD/(mg/L)	10.3±0.89	9.42±1.08	10.1±2.15	11.3±1.94	10.7±1.34	10.6±1.37	9.21±1.25

注：表中数值为平均值±标准误差。

2.4　本　章　小　结

本章调查研究了汉江流域陕西段的流域概况，从自然地理概况、社会经济概况和污染源状况与河库水质现状三个方面进行了介绍。主要结论如下：

(1)汉江流域陕西段农业人口比例超过 59%，农业是研究区域社会经济的命脉，农业的发展会导致水质污染加重，在农林牧渔业中，农业和牧业贡献比例较大，化肥过量施用和畜禽养殖是水源区农业非点源污染的主要来源；

(2)汉江流域陕西段点源污染中，2019 年工业废水 COD、NH_3-N 三个市总排放量分别为 948.06 t 和 118.19 t，生活污水中 TN、TP、COD、NH_3-N 排放量分别为 1.46 万 t、0.103 万 t、7.89 万 t 和 1.05 万 t。2019 年非点源污染中 TN、TP、COD、NH_3-N 农业源负荷量分别为 5.43 万 t、0.25 万 t、16.17 万 t 和 1.30 万 t，非点源污染负荷量是点源污染的 3 倍左右，非点源污染情况不容乐观。

(3)从汉江流域和丹江流域年内月平均浓度和历年水质变化情况发现，丹凤站和安康站的水质情况年内和年际变化的差异性均较大，总体表现为丹江流域监测指标浓度高于汉江流域监测指标浓度。对安康水库不同年份和不同阶段的数据进行分析，发现各监测指标在年际间(2016~2019 年)和阶段间(丰、平、枯水期)均无显著差异。

参 考 文 献

陈磊, 李占斌, 李鹏, 等. 2011. 陕西省丹汉江流域土地利用时空变化动态分析. 水土保持通报, 31(5): 149-153.

邓娟. 2017. 陕西省不同生态类型区河流水质时空变化及其评价. 杨凌: 中国科学院教育部水土保持与生态环境研究中心.

李家科, 郝改瑞, 李舒, 等. 2020. 汉江流域陕西段非点源污染特征解析. 西安理工大学学报, 36(3): 275-285.

廖炜. 2011. 丹江口库区土地利用变化与生态安全调控对策研究. 武汉: 华中师范大学.

刘文文. 2019. 中线工程运行下汉江中下游水质时空变异性研究及污染等级推估. 武汉: 中国地质大学.

罗玲. 2019. 丹江口水库淅川库区氮沉降特征研究. 郑州: 河南理工大学.

史淑娟. 2010. 大型跨流域调水水源区生态补偿研究. 西安: 西安理工大学.

王彦东. 2019. 南水北调中线水源地农业面源污染特征及农户环境行为研究. 杨陵: 西北农林科技大学.

第3章　流域气象水文要素变化特征分析

在人类活动和气候变化的双重影响下，世界范围内的水资源污染、洪涝灾害、水土流失等问题日益突出。尤其是汉江流域陕西段，受气温、降水、地形等自然要素的影响，农业生产很大程度上依赖于沿河分布的低海拔盆地。流域内存在农业生产活动和人类活动活跃的汉中盆地、汉阴-安康走廊和商丹盆地，是陕南生态环境改善的重要区域。依靠自然环境提供的土壤、水、热等资源，加上作物种植等手段组成的流域开放式系统，随着自然环境变化和人为活动的作用，非点源污染朝着复杂多变的情势发展。因此，对影响汉江流域陕西段农业生产活动、生态环境及经济可持续发展的重要气象、水文及环境要素时空变化情况进行分析研究，有助于提高流域非点源污染过程的认知，为后续流域非点源污染模型构建、非点源污染调控、水资源利用价值及区域生态环境等方面提供依据。

3.1　研究数据与方法

3.1.1　研究数据

以汉江流域陕西段为研究流域，主要选取气温、降雨、径流、泥沙这4类的时空变化特征进行分析，流域基本数据包括气象、水文资料。其中，气象资料来源中国科学院资源环境科学数据中心(http://www.resdc.cn/Default.aspx)，主要包括 27 个基本气象站点的气象资料(图 3-1 和表 3-1)，收集到各气象站点建站以来至 2018 年的逐日气温数据和降雨数据，表 3-1 显示部分站点数据缺测，为了保证数据的可靠性和一致性，选用 1971～2018 年的数据，流域降水量、温度采用泰森多边形法计算得到。水文资料数据来源于长江流域汉江区汉江上游水系水文年鉴，包括汉江干流和支流丹江主要站点(武侯镇、安康、麻街、丹凤水文站)的实测径流序列资料和泥沙数据，其中武侯镇和安康站径流数据区间为 1956～2018 年，泥沙数据区间为 1990～2018 年，麻街站的径流和泥沙数据序列区间为 1990～2018 年，丹凤站的径流数据区间为 1958～2018 年，泥沙数据区间为 1990～2018 年。

3.1.2　研究方法

1. 趋势性诊断

对水文气象数据的趋势性和变异性采用 Mann-Kendal 法(M-K 法)、线性倾向估计法和滑动平均值法。

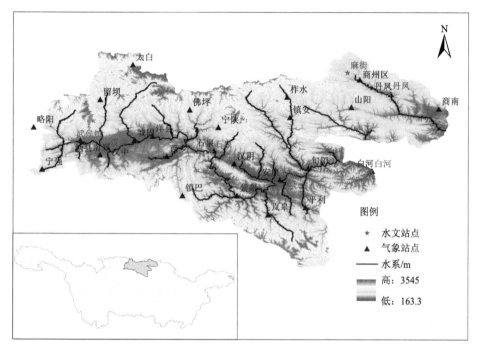

图 3-1　汉江流域陕西段水文站点、气象站点分布图

表 3-1　汉江流域陕西段 27 个气象站点信息

序号	站号	名称	纬度/(°)	经度/(°)	海拔/m	资料年限	缺测年月
1	57028	太白	34.03	107.32	1544	1956~2018	—
2	57106	略阳	33.32	106.15	794.2	1953~2018	1967 年 9 月;1968 年 4~8 月
3	57119	勉县	33.17	106.70	548.1	1958~2018	
4	57124	留坝	33.63	106.93	1032	1957~2018	—
5	57126	洋县	33.22	107.55	468.6	1958~2018	1968 年 6 月
6	57127	汉中	33.07	107.03	509.5	1951~2018	1968 年 4~8 月
7	57128	城固	33.17	107.33	486.4	1960~2018	1962 年 4 月至 1970 年 12 月
8	57129	西乡	32.98	107.72	446	1957~2018	—
9	57134	佛坪	33.52	107.98	827.2	1957~2018	—
10	57137	宁陕	33.32	108.32	802.4	1957~2018	—
11	57140	柞水	33.67	109.12	818.2	1956~2018	1962 年 1~5 月;1966 年 1 月至 1967 年 12 月;1968 年 6~10 月
12	57143	商州	33.87	109.97	742.2	1953~2018	
13	57144	镇安	33.43	109.15	693.7	1957~2018	1968 年 3 月;1968 年 6~9 月
14	57153	丹凤	33.70	110.33	639	1961~2018	1968 年 2 月;1968 年 6~9 月
15	57154	商南	33.53	110.90	523	1957~2018	1968 年 6~8 月
16	57155	山阳	33.55	109.87	660.2	1959~2018	—
17	57211	宁强	32.83	106.25	836.1	1956~2018	—
18	57213	南郑	33.00	106.93	536.5	1966~2018	—
19	57231	紫阳	32.53	108.53	503.8	1957~2018	—

序号	站号	名称	纬度/(°)	经度/(°)	海拔/m	资料年限	缺测年月
20	57232	石泉	33.05	108.27	484.9	1959～2018	—
21	57233	汉阴	32.90	108.50	413.1	1959～2018	1967 年 9～10 月;1968 年 5～10 月
22	57238	镇巴	32.53	107.90	693.9	1958～2018	—
23	57242	旬阳	32.85	109.37	285.5	1959～2018	—
24	57245	安康	32.72	109.03	290.8	1952～2018	—
25	57247	岚皋	32.32	108.90	438.5	1962～2018	—
26	57248	平利	32.40	109.33	570.3	1959～2018	—
27	57254	白河	32.82	110.12	322.5	1960～2018	—

1）Mann-Kendall 秩次相关检验法

M-K 法是世界气象组织推荐并被广泛用于水文气象变量趋势分析的非参数统计方法，具有人工影响较低、不易受异常数值干扰、量化程度高、检验范围宽泛等优点（孟婵等，2012）。对于时间序列 X 以 $(x_1, x_2, \cdots, x_n)$ 表示，建立检验统计量 Z_c（陈广圣，2017；白红英，2014）：

$$Z_c = \begin{cases} \dfrac{S-1}{\sqrt{\mathrm{Var}(S)}} & S > 0 \\ 0 & S = 0 \\ \dfrac{S+1}{\sqrt{\mathrm{Var}(S)}} & S < 0 \end{cases} \tag{3-1}$$

其中，

$$S = \sum_{i=1}^{n-1} \sum_{k=i+1}^{n} \mathrm{sgn}(x_k - x_i) \tag{3-2}$$

$$\mathrm{sgn}(x_k - x_i) = \begin{cases} 1 & x_k - x_i > 0 \\ 0 & x_k - x_i = 0 \\ -1 & x_k - x_i < 0 \end{cases} \tag{3-3}$$

$$\mathrm{Var}(S) = \frac{n(n-1)(2n+5) - \sum_{k=1}^{m} t_k(t_k-1)(2t_k+5)}{18} \tag{3-4}$$

式中，当 $n>10$ 时，Z_c 为近似服从标准正态分布，$\mathrm{Var}(S)$ 为方差；m 为数据相同的组数，t_k 为与第 k 组数据相同的个数。

若 $Z_c>0$，表示被检验序列呈现上升趋势；若 $Z_c<0$，表示被检验序列呈现下降趋势。在给定置信水平 $1-\partial$ 条件下，若 $|Z_c| \geqslant |Z_{\alpha/2}|$，表示原假设被拒绝，其趋势变化通过了显著性水平为 ∂_0 的显著性检验。若取 $\partial_0 = 0.05$，则临界值为 ±1.96；若取 $\partial_0 = 0.01$，则临界值为 ±2.54。

2)线性倾向估计法

线性倾向估计法是基于数理统计中回归分析原理，建立两种变量之间的定量关系。具有简便且直观的优点，可以判断出变量随时间呈现递增或递减的趋势，方法如下：

$$y_i = b \cdot t_i + a \tag{3-5}$$

式中，y_i 为样本序列，t_i 为样本序列 y_i 对应的时间序列，$i = 1,2,3,\cdots,n$；b 表示回归系数，其正负反映了变量的趋势倾向。若 $b=0$，则变量随时间无变化；若 $b>0$，则变量随时间呈上升趋势；若 $b<0$，则变量随时间呈下降趋势。b 的绝对值大小反映趋势变化的速率，即倾向程度(杨柳,2017)。

相关系数代表时间与变量之间线性相关的密切程度，公式如下：

$$r = \sqrt{\frac{\sum\limits_{i=1}^{n} t_i^2 - \frac{1}{n}\left[\sum\limits_{i=1}^{n} t_i\right]^2}{\sum\limits_{i=1}^{n} x_i^2 - \frac{1}{n}\left[\sum\limits_{i=1}^{n} x_i\right]^2}} \tag{3-6}$$

当两者同时大于 0 时，代表变量随时间呈上升趋势；反之，说明变量随时间呈下降趋势。$|r|$ 越接近 1，说明变量与时间的线性相关性越大。利用相关系数可对变化趋势进行显著性检验，确定显著性水平 α，若 $|r|>\alpha$，表明变量随时间的变化趋势是显著的，否则不显著。

3)滑动平均值法

滑动平均值法是利用变量序列的平滑值来显示变化趋势，此法可以过滤掉变量中频繁且随机起伏的数据，从而显示出平滑的变化趋势(杨柳,2017)。

对于变量序列 $x_1, x_2, \cdots, x_n$，其滑动平均序列公式为

$$\overline{y} = \frac{1}{k}\sum_{i=j}^{j+k-1} y_i \qquad (i=k,k+1,\cdots,n-k; j=k,k+1,\cdots,n) \tag{3-7}$$

式中，$y_i = \overline{x_j} = \dfrac{1}{k}\sum\limits_{i=j-k-1}^{j} x_i \quad (i=k,k+1,\cdots,n; j=k,k+1,\cdots,n)$，$k$ 为滑动长度，此次 k 选择 5 年。

2. 周期性诊断

气象水文变量的周期性分析可采用小波分析法。此方法具有多分辨率、多时间尺度、多层次的特点，比较关键的是小波函数，能够迅速衰减且具有震荡性的一类函数，公式为

$$\int_{-\infty}^{+\infty} \psi(t)\mathrm{d}t = 0 \tag{3-8}$$

式中，$\psi(t)$ 为小波基函数，可通过平移和伸缩形成一簇小波函数：

$$\psi_{a,b}(t) = |a|^{-1/2}\psi\left(\frac{t-b}{a}\right) \tag{3-9}$$

式中，$\psi_{a,b}(t)$ 为子小波函数；a、b 分别为尺度因子和平移因子，$a > 0$。

时间序列 $f(t)$ 的连续小波变化为

$$W_f(a,b) = |a|^{-1/2} \int_{-\infty}^{+\infty} f(t)\overline{\psi}(\frac{t-b}{a})\mathrm{d}t \tag{3-10}$$

式中，$\overline{\psi}(t)$ 为 $\psi(t)$ 的复共轭函数；$W_f(a,b)$ 表示 f 的小波变换系数。

设函数 $f(k\Delta t)$ 代表离散数据序列，其小波形式为

$$W_f(a,b) = |a|^{-1/2} \int_{-\infty}^{+\infty} f(k\Delta t)\overline{\psi}(\frac{k\Delta t-b}{a})\mathrm{d}t \tag{3-11}$$

式中，$k=1,2,\cdots,N$；Δt 为取样间隔。通过小波系数可分析数据序列的时间和频率变化特征。

小波方差就是对小波系数的平方值在时间域上的积分，计算公式为

$$\mathrm{Var}(a) = \int_{-\infty}^{+\infty} |W_f(a,b)|^2 \mathrm{d}b \tag{3-12}$$

式中，$\mathrm{Var}(a)$ 为数据序列在时间尺度上的小波方差，可用来判断数据序列的主副周期(李家科等,2020)。

3. 持续性诊断

重标极差分析法(Rescaled Range Analysis，R/S)是被广泛使用的持续性方法。对于时间序列样本 $x_1, x_2, \cdots, x_n$，R/S 统计量定义如下：

$$(R/S)_n = \frac{1}{S_n}\left[\max_{1\leqslant k\leqslant n}\sum_{t=1}^{k}(x_t - \overline{x}) - \min_{1\leqslant k\leqslant n}\sum_{t=1}^{k}(x_t - \overline{x})\right] \tag{3-13}$$

式中，$\overline{x} = \frac{1}{n}\sum_{t=1}^{n}x_t$ 为短序列均值；$S_n = \sqrt{\frac{1}{n}\sum_{t=1}^{n}(x_t - \overline{x})^2}$ 为序列标准差。

相关研究表明，若 $R/S \propto n^H$，说明变量序列存在长记忆特性，也就是说变量的演变具有持续性。H 被称为 Hurst 指数，可通过绘制 $\ln(n) \sim \ln(R/S)$ 散点图和最小二乘法回归拟合获得(陈广圣,2017)，其性质可参考表 3-2。

表 3-2 H 值变化范围及代表意义

H 值	意义
$0<H<0.5$	具有负相关特性，值越接近于 0，负持续性越强
$H=0.5$	变量发生布朗运动，随机改变
$0.5<H<1$	具有正相关性，值越接近于 1，正持续性越强

3.2　降水变化特征

3.2.1　趋势性分析

1. 趋势分析

1）M-K 趋势分析

对汉江流域陕西段 1971～2018 年的降水量和降水强度数据利用 M-K 法进行趋势分析，其结果如图 3-2，其中降水量指的是降水总量(mm)，降水强度是降水量与有降水日数的比值(mm/d)，有降水日数是日降水量大于 0.5 mm 的天数(d)。计算得到降水量 Z 值为–0.2578，整体趋势的变化速率为–0.4118，表明降水量呈下降趋势，趋势的显著水平

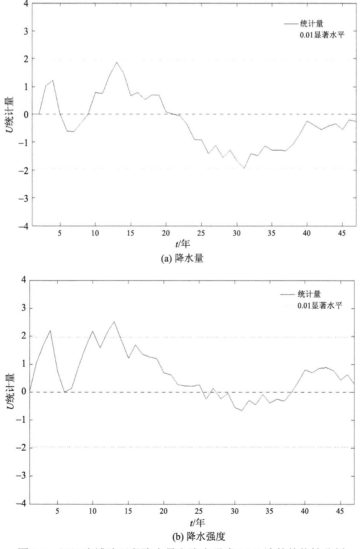

(a) 降水量

(b) 降水强度

图 3-2　汉江流域陕西段降水量和降水强度 M-K 法的趋势性分析

为 0.6017；降水强度 Z 值为 0.2933，整体趋势的变化速率为 0.0034，表明降水强度呈上升趋势，趋势的显著水平为 0.3846。从图 3-2 可以看出，流域 1971～2018 年的降水量和降水强度的 U 统计量基本介于 ±1.96 两条临界线之间，表明这期间降水量和降水强度变化趋势均不显著。

2）线性倾向性估计和滑动平均趋势分析

利用线性倾向估计法和滑动平均法得到的降水量和降水强度时间序列图如图 3-3 所示。可以看出，汉江流域陕西段降水量呈缓慢下降趋势，降水量和时间之间的相关性较小，极大值和极小值分别出现在 1983 年和 1997 年，倾向率为–3.63mm/10a，即降水量每十年会减少 3.63mm。降水强度与时间之间相关性较差，倾向率为 0.0024，上升趋势不明显，两者均与 M-K 趋势分析结果相差不大。

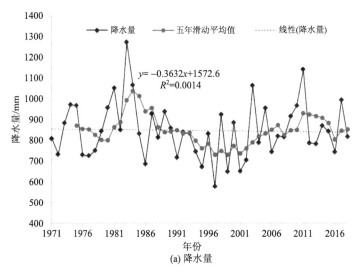

(a) 降水量

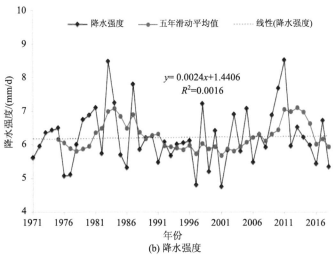

(b) 降水强度

图 3-3 汉江流域陕西段降水量和降水强度时间序列图

2. 突变分析

利用 M-K 法对汉江流域陕西段 1971～2018 年的降水量和降水强度数据进行突变检验，突变分析结果如图 3-4 所示。图中可以看出降水量在 1974 年前是增加趋势，而后至 1983 年经历减小到增大的趋势，1983～2005 年左右呈现减小趋势，目前缓慢增加，但是除了在开始和 2001 年左右出现超过 0.05 显著性水平线的情况外，其余时间变化趋势均不显著，降水量突变发生在 1983 年左右。降水强度与降水量的变化趋势类似，在 1983 年后呈现先减小后缓慢增加的趋势，但是变化趋势不显著，发生突变现象的时间点有 1973 年、1975 年、1977 年左右和 1987 年左右。

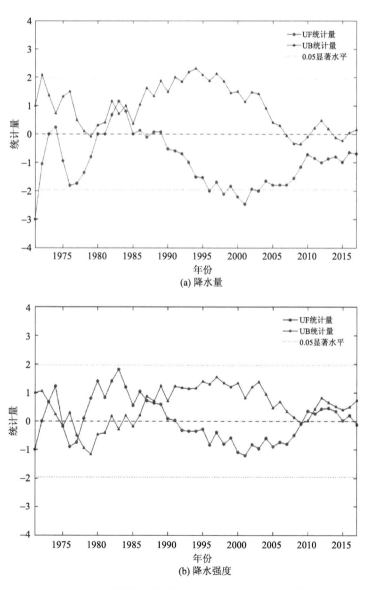

(a) 降水量

(b) 降水强度

图 3-4　汉江流域陕西段降水量和降水强度突变分析结果

3.2.2 周期性分析

汉江流域陕西段 1971～2018 年降水量和降水强度小波变化如图 3-5 所示,可以看出降水量有 27 年和 7 年两个周期,规律比较明显的 27 年的主周期,存在 3 个循环交替的周期规律,而 7 年的副周期降水量无明显的周期规律,流域存在 2 个偏丰期和 1 个偏枯期,偏丰期、偏枯期两者交替突变的点出现在 1983 年和 2000 年。降水强度同样有 7 年左右的副周期和 27 年的主周期,其中主周期具有明显的 3 个循环交替,突变点与降水量类似。

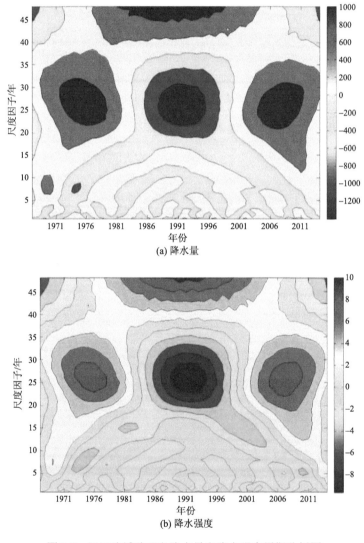

(a) 降水量

(b) 降水强度

图 3-5 汉江流域陕西段降水量和降水强度周期分析图

3.2.3 年际及持续性分析

对 1971~2018 年汉江流域陕西段降水量和降水指数按年代统计及进行持续性分析（表 3-3 和图 3-6）。从表 3-3 可以发现 20 世纪 80 年代至 90 年代初是流域降水多发期，降水量和降水指数是各年代中的最大值；流域降水缺乏期是 90 年代，两个指标均是最小值；需要特别关注 2011~2018 年，虽然只有 8 年的数据，但是降水量和降水强度都是仅次于最大值的，未来气候变化的显著影响会增大极端降水事件的发生频率，会严重威胁区域的水生态和水环境。从图 3-6 可以看出降水量和降水强度的 Hurst 系数分别为 0.7342 和 0.6763，H 值大于 0.5 说明降水量和降水强度均呈正的持续性，表明未来流域的年降水量会延续下降的趋势，降水强度延续小幅上升的趋势。

表 3-3　年际降水量和降水强度统计结果

年份	1971~1980	1981~1990	1991~2000	2001~2010	2011~2018
年降水量/mm	835.68	928.82	766.88	842.17	872.04
降水强度/(mm/d)	6.06	6.57	5.9	6.26	6.33

注：下划线 ____ 为最小值，〜〜〜 为最大值。

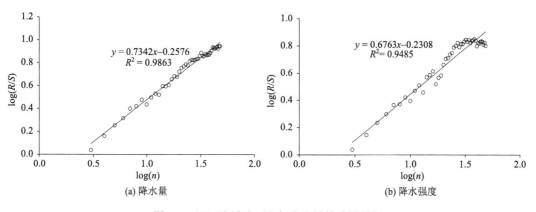

(a) 降水量　　　　　　　　　　　　(b) 降水强度

图 3-6　汉江流域陕西段年降水量持续性结果

3.2.4 空间分布特性

以 1971~2018 年汉江流域陕西段 27 个气象站的降水量和降水指数的多年均值为基础，利用反距离加权插值法进行插值，获取其等值线图（图 3-7）。从图 3-7(a) 可以看出流域降水量呈现由北到南增大的趋势，且存在高值中心镇巴县（>1230mm/a）和低值中心商州区（<690mm/a）。从图 3-7(b) 看出降水强度呈现由南到北递减的趋势，且形成高值中心镇巴县（>9.2mm/d）和低值中心太白县（<6.0mm/d）。降水量和降水强度都较高的镇巴县，特别要重视极端降水事件、土壤侵蚀问题及其他水灾害问题。

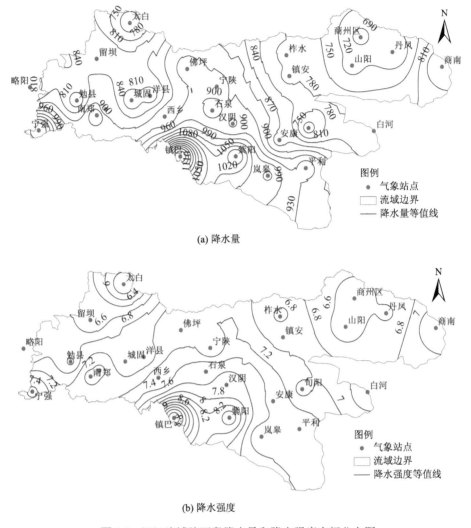

(a) 降水量

(b) 降水强度

图 3-7 汉江流域陕西段降水量和降水强度空间分布图

3.3 气温变化特征

3.3.1 趋势性分析

1. 趋势分析

1) M-K 趋势分析

对汉江流域陕西段 1971~2018 年的气温数据利用 M-K 法进行趋势分析，其结果如图 3-8 所示。计算得到气温 Z 值为 4.2751，整体趋势的变化速率为 0.0246，表明气温呈上升趋势，趋势的显著水平为 9.55×10^{-6}，流域气温的 U 统计量在 2000 年左右超出 0.05 显著水平的临界线，表明流域在 2000 年前气温上升趋势不显著，2000 年以后气温上升趋势显著。

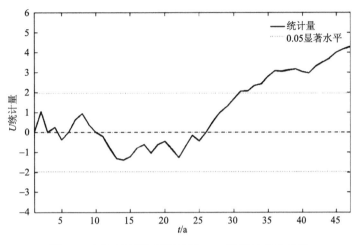

图 3-8　汉江流域陕西段气温 M-K 法的趋势性分析

2) 线性倾向性估计和滑动平均趋势分析

利用线性倾向估计法和滑动平均法得到的气温时间序列图如图 3-9 所示。可以看出，汉江流域陕西段气温呈现明显的上升趋势，倾向率为 0.025，与 M-K 趋势分析结果 0.0246 基本一致，说明流域气温每 10 年会增加 0.25℃。

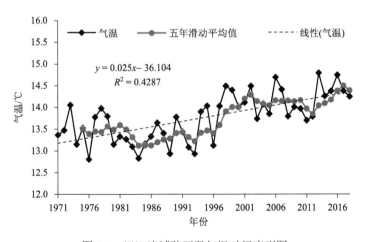

图 3-9　汉江流域陕西段气温时间序列图

2. 突变分析

利用 M-K 法对汉江流域陕西段 1971～2018 年的气温数据进行突变检验，突变分析结果如图 3-10 所示。图中可以看出气温在 1992 年前呈现不规律变化趋势，在 1992 年后呈现逐渐上升的趋势，但是上升趋势不显著，在 2005 年左右出现超过 0.05 显著性水平线的情况，说明 2005 年后流域气温呈显著上升趋势，没有出现突变现象。

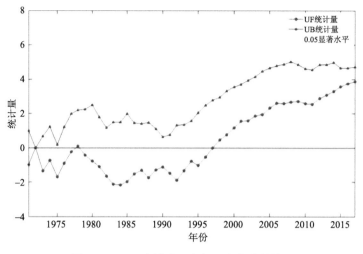

图 3-10 汉江流域陕西段气温突变分析结果

3.3.2 周期性分析

汉江流域陕西段 1971～2018 年气温小波变化如图 3-11 所示,可以看出气温同降水量一样存在两个周期,包括 27 年左右的主周期和 15 年左右的副周期,流域气温交替突变的点出现在 1983 年和 2000 年。在 15 年以下尺度上,无明显的周期规律;在 15～35 年尺度上,存在 3 个循环交替的周期规律;在 35 年以上尺度,因为气温样本不够长,未能出现完整的循环过程,但是气温上升的等值线图没有闭合说明气温上升趋势可能还继续。

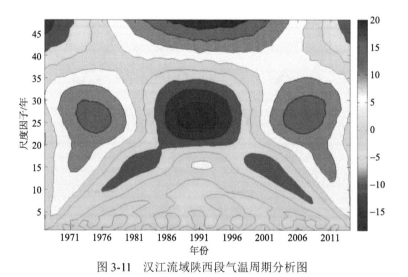

图 3-11 汉江流域陕西段气温周期分析图

3.3.3 年际及持续性分析

对 1971～2018 年汉江流域陕西段年平均气温按年际统计及进行持续性分析(表 3-4 和图 3-12)。从表 3-4 可以发现年际间的平均气温从 20 世纪 80 年代开始是逐步上升的,近十年年平均气温为 14.28℃，比 80 年代初～90 年代初的年均气温升高了近 1.0℃，相对而言，2000 年后的区域升温速度进行缓慢。从图 3-12 可以看出，年平均气温 Hurst 系数达到 0.9998，H 值接近于 1，说明流域气温呈正的持续性，表明未来流域气温上升的趋势会延续，与全球气候变化带来的气温增加的大趋势吻合。

表 3-4　年际气温统计结果

年份	1971～1980	1981～1990	1991～2000	2001～2010	2011～2018
年平均气温/℃	13.507	13.2775	13.7438	14.1127	14.2836

注：下划线 ＿＿＿ 为最小值，＿＿＿ 为最大值。

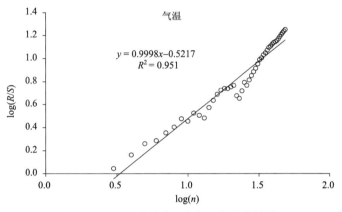

图 3-12　汉江流域陕西段气温持续性结果

3.3.4　空间分布特性

对汉江流域陕西段 27 个气象站的多年平均气温进行插值，获取其空间分布图(图 3-13)。从图中可以看出流域气温呈现由西北到东南逐渐增大的趋势，空间分布有低值中心太白县(8.54℃)和高值中心安康市(16.2℃)，且低值区域位于海拔较高的秦岭区，高值区域位于城市化程度较高的区域。

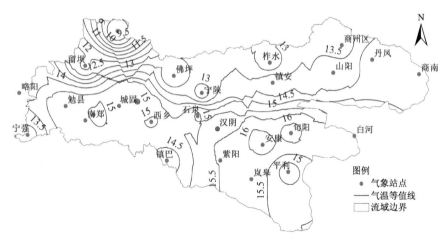

图 3-13　汉江流域陕西段气温空间分布图

3.4　径流变化特征

3.4.1　趋势性分析

1. 趋势分析

1）M-K 趋势分析

对收集到的汉江干流和支流丹江主要站点(武侯镇、安康、麻街、丹凤水文站)的径流数据利用 M-K 法进行趋势分析，其结果如表 3-5 和图 3-14 所示。可以看出武侯镇径流量在 1995～2009 年出现超过 0.05 显著水平的临界线，说明其在 1995～2009 年间径流量下降趋势显著，目前径流量下降趋势不显著；其余三个水文站径流量统计量基本介于 ±1.96 两条临界线之间，表明安康站和丹凤站径流量下降趋势不显著，麻街站径流量上升趋势不显著。

表 3-5　汉江流域各水文站 M-K 法径流量趋势性分析结果

水文站	Z 值	变化速率	显著水平	变化趋势
武侯镇	−1.6370	−0.0626	0.9492	下降
安康	−1.6844	−0.7600	0.9540	下降
麻街	0.3939	0.0022	0.3468	上升
丹凤	−2.4705	−0.0438	0.9933	下降

2）线性倾向性估计和滑动平均趋势分析

利用线性倾向估计法和滑动平均法得到的汉江流域陕西段各水文站径流量时间序列如图 3-15 所示。可以看出，武侯镇、安康、丹凤站的径流量呈缓慢下降趋势，麻街站径流量呈现小幅增加趋势。麻街站的倾向率为 0.0022，即径流量每十年会增加 220 万 m^3，与 M-K 趋势分析结果相同。武侯镇、安康、丹凤水文站的倾向率分别为–0.0888、–0.8696 和–0.0626，对应的 M-K 趋势计算的变化速率分别是–0.0626、–0.7600 和–0.0438，两者结果有些差距，但均呈现径流量下降的趋势，未来需要注意的是在水资源量减少的趋势下，如何合理开发利用和保护水资源，实现水资源的可持续利用。

2. 突变分析

利用 M-K 法对汉江流域陕西段四个水文站的径流量数据进行突变检验，突变分析结果如图 3-16 所示。图中可以看出武侯镇径流量在 1990 年前呈不显著变化趋势，1990～2000 年左右呈显著下降趋势，2000 年后呈显著的缓慢上升趋势，UF 统计量和 UB 统计量两条线无交叉点，说明径流量没有出现突变点。安康站径流量在 1985 年前呈不显著变化趋势，1985～2000 年左右呈下降趋势，2000～2010 年径流量无明显的变化趋势，1956～2018 年安康站的径流量序列出现四个突变点，突变发生时间分布在 1962～1965

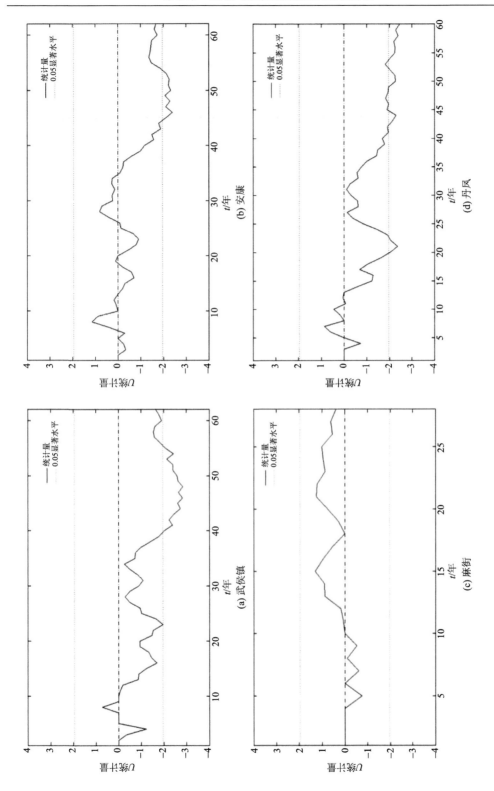

图 3-14 汉江流域陕西段各水文站径流量 M-K 法的趋势性分析

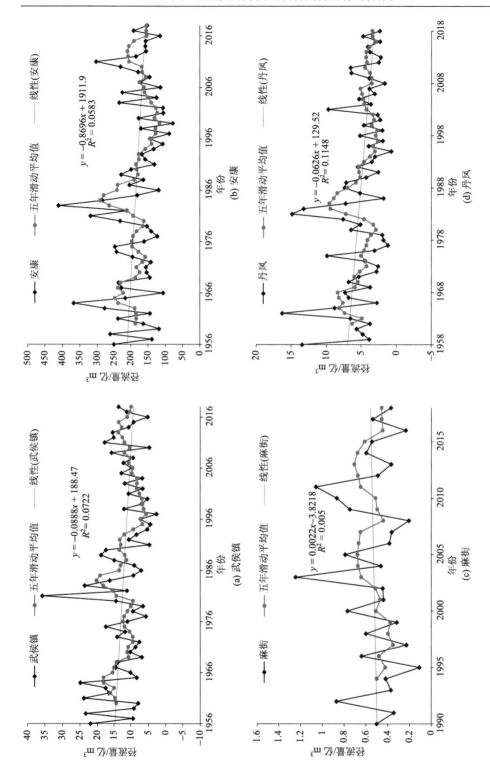

图 3-15　汉江流域陕西段各水文站径流量时间序列图

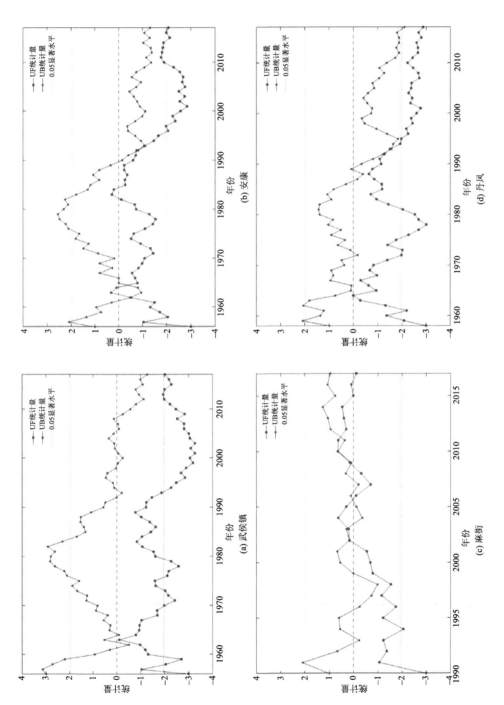

图 3-16　汉江流域陕西段各段水文站径流量突变分析结果

年和 1992～1993 年。麻街站径流量在 2011 年前呈缓慢上升趋势，近期有小幅下降的趋势，变化趋势均不显著，1990～2018 年麻街站的径流量序列出现多个突变点，突变发生时间主要在 2002～2011 年。丹凤站径流量在 1990 年后呈显著减小趋势，径流量序列出现 1 个突变点，在 1992 年左右出现突变现象。

3.4.2 周期性分析

汉江流域陕西段四个水文站的小波变化见图 3-17，可以看出径流数据序列长的站点周期性明显。武侯镇水文站径流量有一个 20 年左右的主周期和 7 年左右、40 年的两个副周期，在 10 年以下尺度上，径流量变化周期振荡剧烈，无明显规律；在 10～30 年时间尺度上，周期振荡呈现比较明显的规律，表现为多-少 5 个循环交替；在 30～50 年时间尺度上，周期振荡有一定的规律性，表现为多-少 3 个循环交替。安康水文站径流量存在 3 个周期，在 10 年以下尺度上，径流量变化无明显周期规律；在 10～30 年和 30～50 年时间尺度上，周期振荡分别呈现 5 个和 3 个循环交替。麻街站径流量存在 3 年左右的副周期和 8 年左右的主周期，在 5 年以下和 30 年以上时间尺度上，径流量振荡剧烈；在 5～10 年时间尺度上，周期振荡呈现 6 个循环交替。丹凤站径流量有 18 年左右的主周期和 6 年左右的副周期，主周期内存在 5 个循环交替。

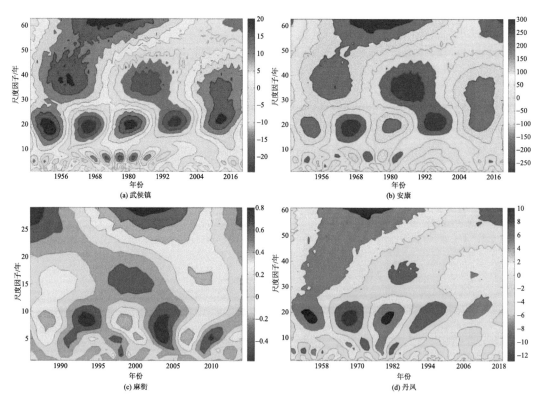

图 3-17 汉江流域陕西段各水文站径流量周期分析图

3.4.3　年际及持续性分析

汉江流域陕西段四个水文站的径流按年际进行统计及进行持续性分析(表 3-6 和图 3-18)。从表 3-6 可以发现年际间的径流量无明显变化规律,站点间差异性较大,武侯镇、安康站和丹凤站的径流量年际间最大值均出现在 80 年代,麻街站的年际间径流量最大值出现在 2001～2010 年,四站点年际径流量最小值出现在 90 年代。从图 3-18 可以看出武侯镇、安康站、麻街站和丹凤站的年平均径流量 Hurst 系数分别为 0.7396、0.7317、0.6348 和 0.6808,H 值均大于 0.5 说明四个水文站径流量呈正的持续性,表明未来除了麻街站的年径流量会延续缓慢上升的趋势,其他三个水文站的年径流量会延续下降的趋势。

表 3-6　年际径流量统计结果

年份	武侯镇	安康	麻街	丹凤
1956～1970	14.56	203.47	—	6.96
1971～1980	10.65	179.50	—	3.98
1981～1990	16.34	232.43	—	7.38
1991～2000	6.74	135.96	0.47	3.31
2001～2010	10.02	164.32	0.60	4.26
2011～2018	12.29	177.07	0.53	3.57

注：下划线____为最小值,﹏﹏为最大值。

3.5　泥沙变化特征

3.5.1　趋势性分析

1. 趋势分析

1) M-K 趋势分析

对收集到的汉江干流和支流丹江主要站点(武侯镇、安康、丹凤、麻街水文站)的泥沙数据利用 M-K 法进行趋势分析,其结果如图 3-19 和表 3-7 所示。可以看出,四个水文站泥沙量的统计量基本介于 0.05 显著水平的 ±1.96 两条临界线之间,说明武侯镇和安康站的泥沙量随时间而上升的趋势不显著,麻街站和丹凤站的泥沙量下降的趋势不显著。

表 3-7　汉江流域各水文站 M-K 法泥沙量趋势性分析结果

水文站	Z 值	变化速率	显著水平	变化趋势
武侯镇	0.4149	0.6745	0.3391	上升
安康	1.2568	1.6950	0.1044	上升
麻街	−1.0151	−0.0822	0.8450	下降
丹凤	−1.5318	−0.8556	0.9372	下降

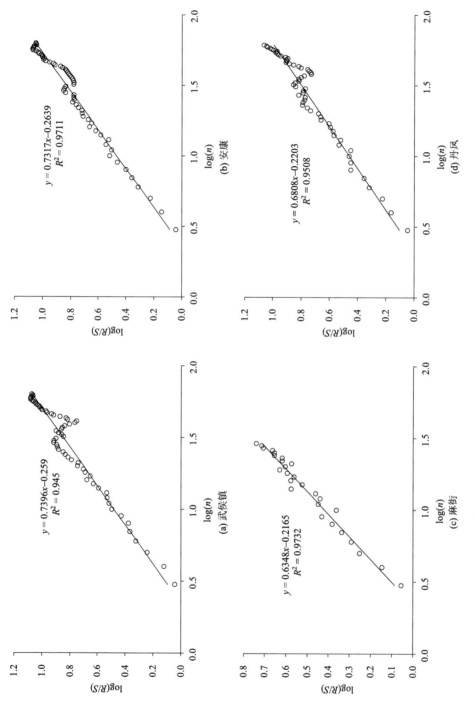

图 3-18 汉江流域陕西段各水文站径流量持续性结果

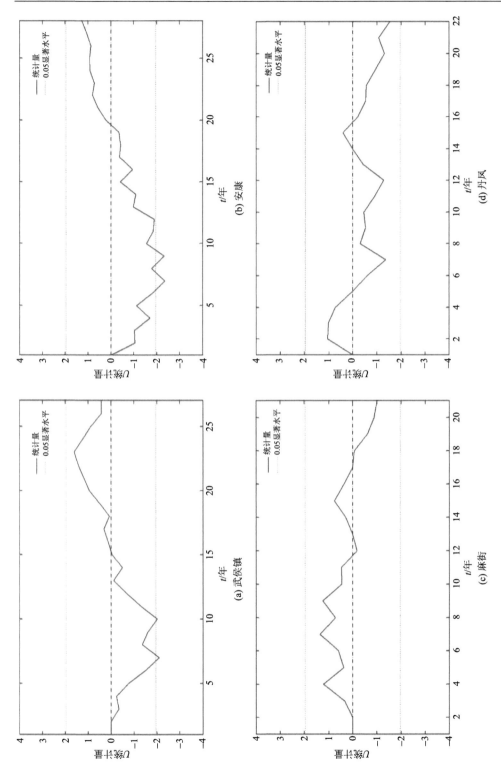

图 3-19　汉江流域陕西段各水文站泥沙量 M-K 法的趋势性分析

2）线性倾向性估计和滑动平均趋势分析

利用线性倾向估计法和滑动平均法得到的汉江流域陕西段各水文站泥沙量时间序列图如图 3-20 所示。可以看出，武侯镇、麻街站、丹凤站的泥沙量呈缓慢下降趋势，安康站泥沙量呈现缓慢增加趋势。安康站的倾向率为 26.55/10a，即泥沙量每 10 年会增加 26.55 亿 m³；武侯镇、麻街站、丹凤站的倾向率分别为–3.4475、–0.1176 和–0.8202，对应的 M-K 趋势计算的变化速率分别是 0.6745、–0.0822 和–0.8556，武侯镇结果差异性较大，变化趋势相反，其余两个站点结果相差不大，泥沙量均呈现下降的变化趋势。

2. 突变分析

利用 M-K 法对汉江流域陕西段四个水文站的泥沙量数据进行突变检验，突变分析结果如图 3-21 所示。图中可以看出武侯镇泥沙量在 2000 年前变化趋势显著，之后呈不显著上升趋势，2014 年后呈不显著的缓慢减小趋势；安康站泥沙量在 2002 年前呈显著增加趋势，后续呈现不显著的上升趋势；丹凤站泥沙量目前在 0.01 显著水平下呈显著减小趋势；三个水文站泥沙量均未出现突变点；麻街站泥沙量呈不显著缓慢减小趋势，出现 4 个突变点，出现突变现象的时间有 2001 年、2005 年、2008 年左右和 2014 年。

3.5.2　周期性分析

汉江流域陕西段四个水文站的小波变化如图 3-22 所示，可以看出站点泥沙量的周期性均不明显，原因是泥沙量数据收集时间短，只有 1990～2018 年 29 年的数据，个别站点的输沙量数据还不连续，各水文站点泥沙量周期变化振荡剧烈，未出现明显的周期性循环规律。近年来各站点输沙量变化起伏较大，武侯镇、安康、麻街和丹凤站 2014～2018 年的年均泥沙量分别为 29.26 万 t、82.548 万 t、0.893 万 t 和 10.818 万 t，源头站(武侯镇、麻街站)泥沙含量小于下游水文站(安康站、丹凤站)，说明在降雨径流的作用下，不能忽视土壤侵蚀带来的影响。

3.5.3　年际及持续性分析

汉江流域陕西段四个水文站泥沙量按年际统计及进行持续性分析（表 3-8 和图 3-23）。从表 3-8 可以发现四个水文站的年际间泥沙量最大值均出现在 2001～2010 年，最小值除安康站泥沙量出现在 20 世纪 90 年代，其余三个水文站近十年的泥沙含量较小。从图 3-23 可以看出武侯镇、安康站、麻街站和丹凤站的泥沙量 Hurst 系数分别为 0.8141、0.9084、0.6389 和 0.6425，H 值均大于 0.5，说明四个水文站泥沙量呈正持续性，表明未来武侯镇和安康站的泥沙量会延续缓慢上升的趋势，麻街站和丹凤站的泥沙量会延续下降的趋势。

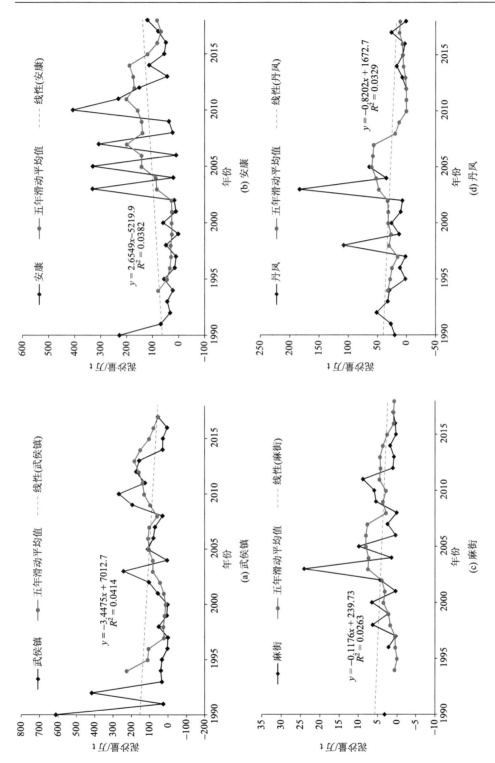

图 3-20　汉江流域陕西段各水文站泥沙量时间序列图

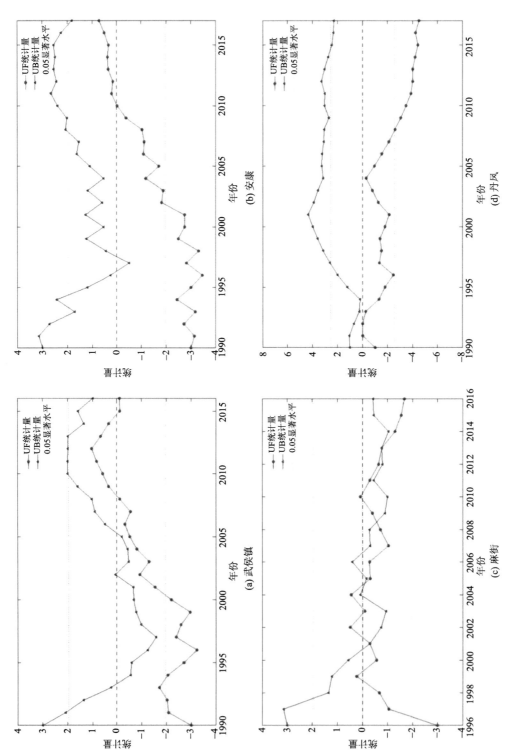

图 3-21 汉江流域各水文站泥沙突变分析结果

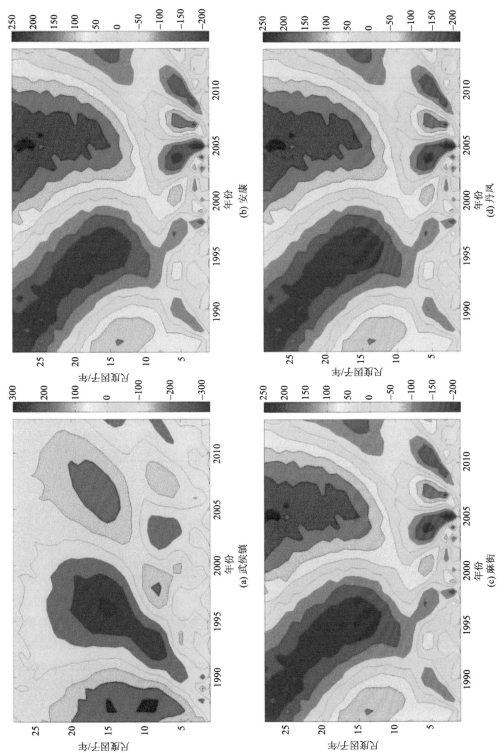

图 3-22　汉江流域陕西段各水文站泥沙周期分析图

表 3-8　年际泥沙量统计结果

年份	武侯镇	安康	麻街	丹凤
1990～2000	111.53	<u>53.22</u>	3.46	29.65
2001～2010	<u>115.83</u>	149.14	<u>5.42</u>	60.00
2011～2018	<u>81.43</u>	104.77	<u>2.03</u>	<u>8.86</u>

注：下划线 ＿＿ 为最小值，＿＿ 为最大值。

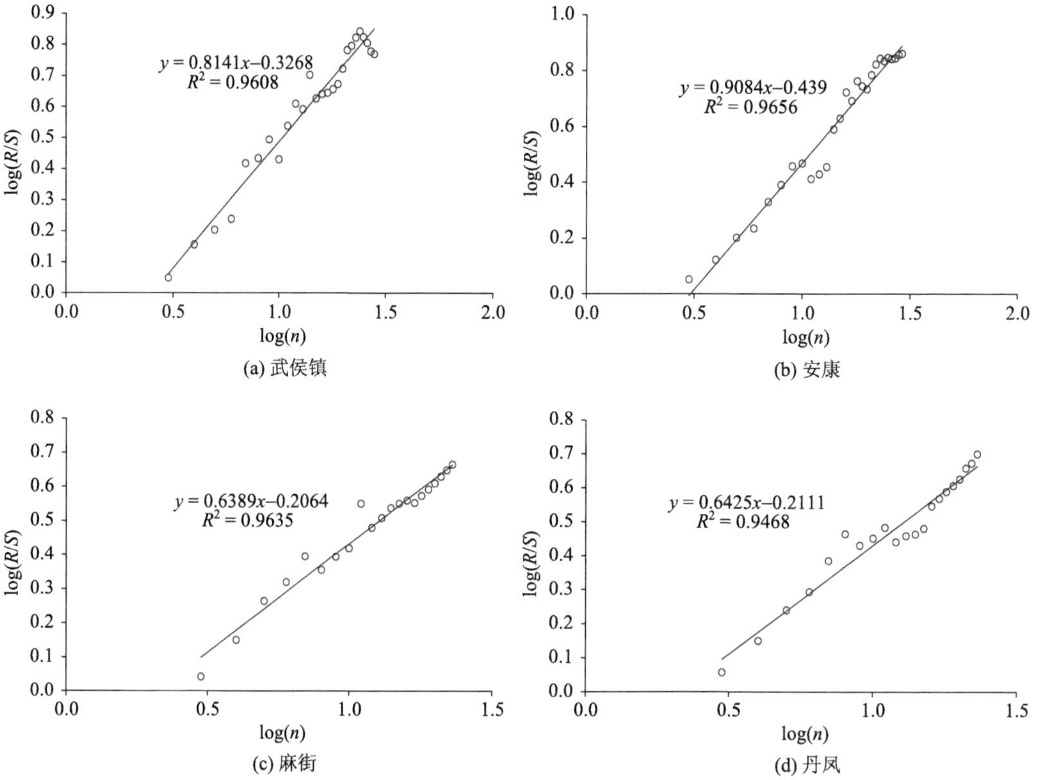

(a) 武侯镇　　　　　　　　　　　　　(b) 安康

(c) 麻街　　　　　　　　　　　　　(d) 丹凤

图 3-23　汉江流域陕西段各水文站泥沙的持续性结果

3.6　本 章 小 结

本章主要对影响汉江流域陕西段农业生产活动、生态环境及经济可持续发展的重要气象、水文及环境要素时空变化情况进行研究。采用 Mann-Kendal 法、线性倾向估计法、滑动平均值法进行样本(降水、气温、径流、泥沙)序列的趋势性分析，利用小波分析法进行周期分析，采用 R/S 分析法进行持续性分析，并分析各自然要素的年际变化特征及空间分布特性，研究表明：

(1)在全球变暖的大背景下，汉江流域陕西段降水量呈下降趋势，降水强度呈小幅上升趋势，气温呈显著上升趋势；武侯镇、安康站和丹凤站的径流量呈现不显著下降趋势，麻街站径流量呈现不显著上升趋势；武侯镇和安康站的泥沙量随时间而上升的趋势不显著，麻街站和丹凤站的泥沙量下降的趋势不显著。气温、降水量、武侯镇径流量及三水文站的(武侯镇、安康站、丹凤站)的泥沙量均未发生明显的突变情况，降水强度、其余站点径流量及麻街泥沙量存在突变点。

(2)流域降水量、降水强度及气温的周期变化特征类似，汉中流域陕西段降水量、降水强度及气温均具有一个 27 年左右的主周期。由于武侯镇、安康站、丹凤站的径流量序列长，所以径流量的周期变化明显，均有一个 20 年左右的主周期，周期振荡呈现比较明显的规律，表现为多-少 5 个循环交替；麻街站的径流量数据序列较短，仅在 5～10 年时间尺度上呈现 6 个循环交替周期。四个水文站点泥沙量的周期性均不明显，原因可能是泥沙量数据收集时间短，泥沙量周期变化振荡剧烈。

(3)通过对各自然要素进行年际数据统计和持续性分析，发现未来流域的年降水量会持续下降，降水强度会呈现持续小幅上升趋势。流域近十年的年平均气温比 20 世纪 80 年代的年均气温升高了近 1.0℃，未来流域还会延续气温上升的趋势。各水文站年际间的径流量无明显变化规律，站点间差异性较大，麻街站的年径流量会延续缓慢上升的趋势，其他三个水文站的年径流量会延续下降的趋势。除安康站外的其余三个水文站近十年的泥沙含量较小，后续武侯镇和安康站的泥沙量会有缓慢上升趋势，麻街站和丹凤站的泥沙量会有下降趋势。

(4)对降水量、降水强度和气温进行空间分布特征分析，发现流域降水量和降水强度均呈现由北到南增大的趋势，且高值中心均位于镇巴县，容易发生极端降水时间和其他水环境问题。流域气温呈现由西北到东南逐渐增大的趋势，且低值区域位于海拔较高的秦岭区，高值区域位于城市化程度较高的区域。

参 考 文 献

白红英. 2014. 秦巴山区森林植被对环境变化的响应. 北京: 科学出版社.

陈广圣. 2017. 变化环境下流域水文要素关系变异分析方法及应用. 西安: 西安理工大学.

李家科, 郝改瑞, 李舒, 等. 2020. 汉江流域陕西段非点源污染特征解析. 西安理工大学学报, 36(3): 275-285.

孟婵, 殷淑燕, 常俊杰. 2012. 汉江谷地气候变化及其对农作物气候生产力的影响. 陕西农业科学, 58(4): 65-69.

杨柳. 2017. 陕西省泾惠渠灌区发展中的生态环境问题分析及调控研究. 西安: 西安理工大学.

第4章 流域非点源污染的通量特征及过程研究

对汉江流域水源区非点源污染的通量特征及过程研究，有助于认识研究流域非点源污染特征、污染过程及与水文要素之间的响应关系，为非点源污染模型建立奠定理论基础，实现流域多时空尺度下污染物的定量模拟。本章从不同空间尺度流域非点源污染监测方案入手，在丹江鹦鹉沟小流域及小区、丹江流域、汉江上游张家沟小流域及径流小区、汉江中游杨柳小流域及径流小区、汉江洋县断面以上流域、洋县-安康断面间、安康断面以上流域等对非点源污染的通量特征和过程进行了研究，从内涵和机制上丰富了汉江流域陕西段非点源污染理论，为后续自主建模和非点源污染优化控制奠定基础。

4.1 不同空间尺度流域非点源污染监测方案

野外监测点布设和数据采集方案设置体现内容和空间的整体性和系统性，时间尺度上考虑年际、年内及丰平枯水期对不同水文过程的驱动。根据初步调查目前研究区高山及高中山地区主要以生态恢复及保护为主，在研究区内选择径流小区、典型小流域及流域进行系统试验和监测。设置径流小区是为了观测自然降水条件下降水量、坡面产流量、泥沙量和氮磷营养盐含量，选择时需考虑径流场区设置在试验小流域之内、自然条件满足试验要求等。典型小流域的选择需要综合考虑点源污染较少、具有代表性、能够满足各种试验小区的需要，如图 4-1 所示。最终结合水文站分布在汉江流域陕西段选择了有

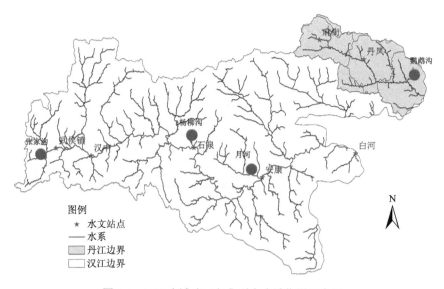

图 4-1　汉江流域陕西段典型小流域位置示意图

代表性的安康水文断面、洋县水文断面、丹凤水文断面进行水质水量同步监测，小流域和径流小区选择丹江鹦鹉沟、石泉县杨柳水土保持示范园、汉江上游张家沟小流域及其中的径流小区，涵盖汉江干流上下游和典型支流丹江。

1）径流小区试验

在典型小流域内设立不同下垫面条件的径流试验场，探究非点源污染物的迁移转化机理。每次暴雨后分别观测和测定各个小区的径流量、污染物量以及泥沙量。在监测前，首先测定径流小区的基本要素和小区内的土壤肥力状况。在小区内布设雨量筒，用来观测降水。降水事件中，要时刻关注产流状况，自产流后在集水池中采集水样，取样频率为出现径流后，每隔 2h 取样一次（暴雨时适当加密），持续到产流现象结束时停止，每次取样 500mL。并且在每次取样前记录集水池中的水位，精度为 0.1cm。待降水结束后，清理各个径流小区中的集水池并加盖。次降水过程地表径流监测指标包括常规污染物指标。

2）典型小流域和断面出口监测

典型小流域监测内容涉及降水量、土地利用、土壤、植被、径流量、泥沙量、常规污染物等。小流域出口断面设置超声波自动水位计，记录水位变化情况。在小流域把口站处进行非汛期基流及汛期各场次降水条件下的流速、水位、泥沙及污染物含量的连续监测。在监测过程中，及时清扫铲除了河道内的石块、树枝等，以保证水位测量工作的准确性。依据把口站的断面尺寸、瞬时流速、水位值等监测资料，拟合断面水位-流量曲线，由此获得瞬时流量。非汛期时每月监测一次基流指标。汛期从场次降水事件开始时，每隔 2h 取样一次（暴雨时适当加密），直到降水结束后把口站的水位基本恢复到该场次降水前水位时方可停止，每次取样 500mL。采样后在实验室测定 SS、TN、NH_3-N、NO_3-N、TP、SRP 等常规污染物。

3）流域干流断面监测

从能够反映区域的非点源污染过程入手，选择安康、洋县和丹凤三个断面进行水质监测，从陕西省环境监测站收集到安康断面、洋县断面和丹凤断面的 2011～2019 水质监测数据，监测时间涵盖全年全月，监测指标与典型小流域相同。

4.1.1　小流域及径流小区概况

1. 鹦鹉沟小流域及径流小区概况

丹江的发源地为陕西省商洛市秦岭东南凤凰山，干流全长为 390km。在陕西省境内河段长为 249.6km，流域面积为 7510km²。流域内绿峰林立，森林覆盖率达到 23.15%（毕直磊等,2020）。鹦鹉沟小流域是商南县东北山流域的一条分支流，其总面积为 1.84km²，位于丹江中游地区。小流域内的径流小区位于商南县城东南处的城关镇五里铺村。具体的区域范围如图 4-2 所示。

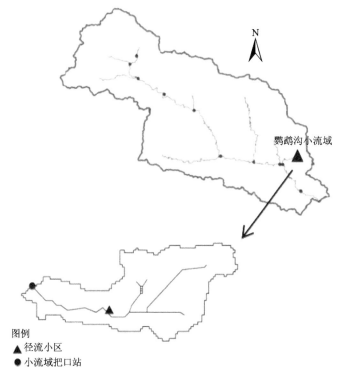

图 4-2　研究区域范围图

　　鹦鹉沟小流域主沟长 3233m，最大纵比降 0.021，属于多边形水系。其中海拔范围为 621～477m。汛期、非汛期水位变化明显，非汛期时段内还会出现沟内干涸的情况。汛期洪水过程持续时间短，对境内河道影响较小。研究区域内降水主要发生在 7～9 月，月均降水量情况如图 4-3 所示。

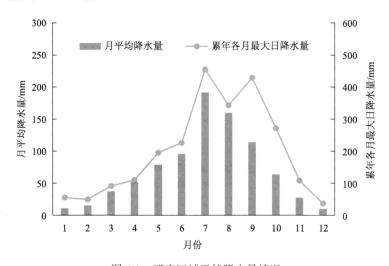

图 4-3　研究区域天然降水量情况

流域沟内的土壤质量高于坡面，并且厚度较大(徐国策等,2014)。土地利用以耕地、林地为主，占比分别为 37.5%和 51.5%。植被在空间分布上略有差异，坡上植被覆盖度高达 60%以上。坡下为村民居住区，坡度平缓，农耕活动对原有环境的破坏较为严重。林地类型中常见的树种为松树，耕地的作物类型以小麦、玉米和花生为主，草地以天然草为主。

鹦鹉沟小流域内常住人口 635 人，人口密度为 285 人/km²。居民生活燃料主要以煤气和电为主，少量使用沼气。生产肥料中工业化肥占比量高，农家肥施以辅助。小流域内部经常可见村民直排污水或清洗衣物，导致水流受到比较严重的人为污染，如图 4-4 所示。

(a) 村民在流域内清洗衣物　　　　　　　　(b) 把口站处漂浮泡沫

图 4-4　鹦鹉沟小流域内部人为污染情况

对现有径流小区进行修葺及选取，充分利用环境本底值，设置不同坡度、植被及土地利用类型的径流小区，分别进行场次降水条件下的观测(黎嘉成,2019;陈磊等,2011)。径流小区要求自然条件及种植方式等在当地具有代表性。利用已开展监测且运行良好的小区，于 2019 年 9 月开始投入监测，并且按照当地农户多年的种植习惯进行各项农事活动。根据坡地地形、面积大小及监测要求，投入此次研究的径流小区共有 5 个，其中坡度小区 3 个、措施小区 2 个，径流小区如图 4-5 所示。各径流小区的面积、坡度坡向、作物类型及植被覆盖度状况具体如表 4-1 所示。径流小区由边埂、收集装置和蓄积装置组成。其中，边埂可以将该小区产生的径流量全部汇入收集装置中。蓄积装置是由尺寸大小不同的两个池子构成，并在其中安装水尺，在池顶部加盖，避免在降水过程中雨水直接落入池中带来误差。

(a) 9号小区

(b) 11号小区

(c) 13号小区

(d) 19号小区

(e) 20号小区

图 4-5　各径流小区实物图及基本数据

表 4-1　径流小区自然本底状况

小区编号	设置目的	面积/m²	坡度/(°)	坡向/(°)	植被种类	覆盖度/%
9	坡度小区(农作物)	11.3	30.0	135	花生	83
11	坡度小区(农作物)	31.1	12.5	240	玉米	80

续表

小区编号	设置目的	面积/m²	坡度/(°)	坡向/(°)	植被种类	覆盖度/%
13	坡度小区(农作物)	40.9	12.0	230	玉米	62
19	措施小区(经果林)	100.0	13.0	153	杏林	78
20	措施小区(草地)	106.3	12.0	190	龙须草	83

2. 张家沟小流域及径流小区概况

1)地理位置及土地利用

张家沟小流域位于宁强县县城东部高寨子镇(106°05′17″~110°15′48″E，31°43′04″~34°10′58″N)，流域总面积 4.177km²。流域地势南高北低，最高海拔 1706m，最低海拔 765m，相对高差 941m，流域 DEM 图如图 4-6 所示。

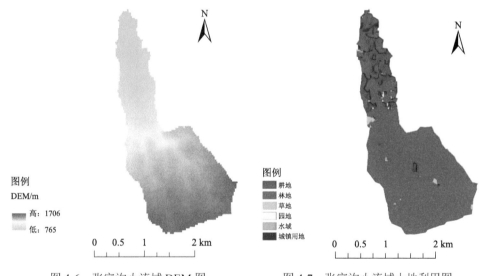

图 4-6　张家沟小流域 DEM 图　　　　图 4-7　张家沟小流域土地利用图

小流域土地利用类型如图 4-7 所示，以林地为主，共 3.66km²，占比 87.6%；耕地、草地、园地、水域和城镇用地面积分别为 0.45km²、0.03km²、0.01km²、0.04km²、0.021km²，占比分别为 10.8%、7%、0.24%、0.08%、0.51%。小流域气象数据通过卡口站附近的 HOBO 气象站采样，间隔时间为 15min，采集数据包括降水量和温度等。在张家沟小流域出口断面设置卡口站，进行连续监测，卡口站如图 4-8 所示。

2)自然环境

张家沟小流域年平均气温 12.9℃，最高气温 36.4℃，最低气温-5℃，流域内多年平均降水量 1178 mm。流域内降水分布不均，具有明显的季节性，降水主要集中在 7~9 月，降水量为 1010 mm，占全年的 86%。小流域属于汉江一级支流玉带河水系，多年平均径流总量 1437.71 万 m³，径流模数 64.50 万 m³/km²，径流年际变化大。流域内山大沟深，河谷狭窄，水利设施(塘堰、抽水站)年久失修、老化，水资源利用率较低，且农业种植技术落后，水土流失严重。

(a) 断面位置

(b) 断面尺寸

图 4-8　小流域卡口站

3）土壤植被

小流域土壤类型主要有水稻土（＞80 cm）、黄棕壤（50～80 cm）、黄壤（30～50 cm）三类。其中黄壤土受地貌影响最大，坡度越陡，土层就越薄，土壤中磷、氮、钾的含量就越低。张家沟小流域的土壤肥力基础良好，养分结构合理，土壤保肥性属于中上游水平，土壤的理化性质状况较好，土壤养分结构合理，适合水稻、玉米、土豆、小麦、花生等农作物的生长，张家沟小流域内的土壤理化性质的具体情况如表 4-2 所示。

表 4-2　张家沟小流域土壤理化性状表

| 土壤类型 | 土层厚度/cm | 容量/(t/m³) | 养分含量 | | | | | pH |
			有机质/%	全氮/%	速效氮/ppm*	全磷/%	速效磷/ppm	
水稻土	80～100	1.16	2.58	0.15	89.62	0.1	5.85	7.26
黄棕壤	50～80	1.24	2.62	0.132	106.3	0.06	3.63	6.36
黄壤	30～50	1.22	2.03	0.11	85.2	0.05	2.51	6.02

*1ppm=10^{-6}，全书同。

径流小区试验在小流域自然坡度下的天然径流小区进行，以自然降水监测为主。共有 7 个径流小区，利用原坡进行试验，面积和土地利用根据自然条件稍加修整，方便降水监测。7 个径流小区基本情况：1 号径流小区为林地，以银杏树、银杏树苗为主，坡面部分凹陷，无翻土施肥；2 号径流小区为林地，以银杏树、银杏树苗为主，坡面平整，无翻土施肥；3 号径流小区为林草地，以银杏树、杂草为主，坡面平整，无翻土施肥；4 号径流小区为耕地，主要种植作物为花生，坡面平整，施氮肥；5 号径流小区为耕地，主要种植作物为红薯，坡面凹陷，施氮肥；6 号径流小区为耕地，主要种植作物为花生，坡面平整，施氮肥；7 号径流小区为耕地，主要种植作物为花生，坡面平整，施氮肥。径流小区的基础情况如表 4-3 所示。

表 4-3 径流小区属性表

径流小区编号	长/m	宽/m	坡度/(°)	蓄水槽外尺寸/mm			蓄水槽内尺寸/mm		内槽尺寸/mm		
				长	宽	高	长	宽	长	宽	高
1			15	125	90	80	95	80	30	30	7
2			15	122	91	83	95	78	29	29	7
3			15	125	90	80	95	80	30	30	7
4	20	5	25	123	112	67	97	96	28	28	7
5			35	124	115	56	99	97	27	26	5
6			8	123	93	87	97.5	80	28	25	6
7			5	118	90	84	90	78	24	22	8

3. 杨柳小流域及径流小区概况

杨柳小流域位于饶峰河下游右岸 0.5km 的支沟(33°3′0″～33°4′59″N，108°11′15″～108°13′15″E)后沟，其干流为饶峰河，属于汉江的一级支流(图 4-9)，饶峰河发源于石泉县饶峰镇土门垭，左右岸水系分布不均，左岸水系发达，有珍珠河、东沙河、大坝河、湘子河、菩提河等支流，右岸有东沟、西沟、后沟、王家河、咎家河等支流，饶峰河向阳水文站控制断面面积为 400.19km²，海拔在 391～1982m。杨柳小流域面积为 1.43km²，属于国家级石泉杨柳水土保持示范园区，处于低山丘陵区，主要位于上坝村和红岩村，海拔在 391～747m，相对高差 356m(图 4-10)。该地区年平均气温 14.72℃，年平均降水量 890.0mm，属于北亚热带季风气候。农村居民点在沟渠附近零星分布，主要由耕地和林地组成，占比达到 95%左右。国家级石泉杨柳水土保持示范园作为生态清洁示范流域防治示范区，从化肥农药、生活污水、生活垃圾、村庄政治及宣传教育几个方面开展工作，其中化肥农药不光预防减量，还加入治理净化措施，不仅有传统水土保持措施(如坡改粮梯、坡改果梯、蓄水池、沉砂池、谷坊、等高种植、经果林等)，还新增了水草沟、植被过滤带、湿地群等，生活污水处理有化粪池、人工湿地降解、生物降解塘等。杨柳小流域出口站是 2009 年由陕西省水土保持监测中心修建，坐标为 33°04′19″N，108°12′27″E (图 4-11)，下口宽 0.7m，下口深度 0.3m，上口宽 3.1m，上口深度 0.97m，主要用于监测径流和水质，出口断面水位流量关系曲线如图 4-12 所示，包括小断面和大断面两部分。

在杨柳小流域汛期监测过程中，在坡度不同的坡耕地设置 7 个径流小区(图 4-13 和表 4-4)，其在杨柳小流域的地理位置如图 4-10(b)所示，主要由坡面、导流装置和收集装置组成。顶部用水泥抹成一个倒置三角形，集流槽槽底向下和中间倾斜，利于径流和泥沙汇集。小区收集装置采用大小两个集水池，大集水池尺寸为 1.5m×1.5m×1.5m 和 1m×1m×1m 两种形式，小集水池尺寸为 40 cm×40 cm×25 cm。小集水池位于大集水池底部中心位置。集水池用薄铁皮加盖，防止雨水落入集水池内。

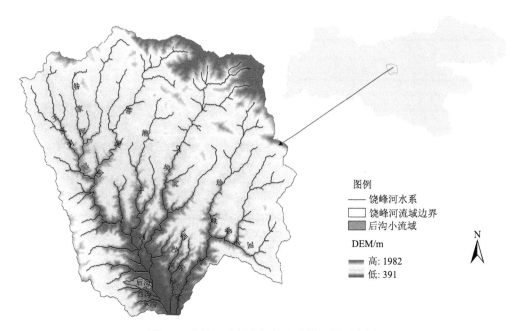

图 4-9　饶峰河流域和杨柳小流域位置示意图

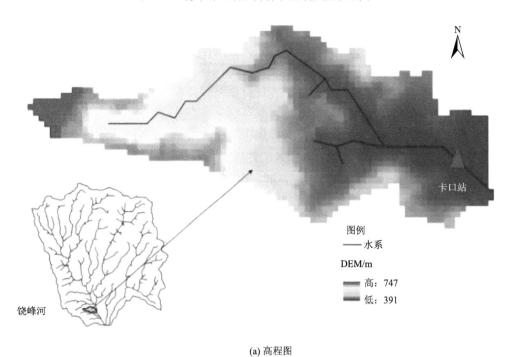

(a) 高程图

(b) 地理位置图

图 4-10   杨柳小流域高程图及地理位置图

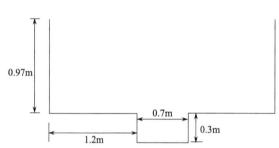

图 4-11   杨柳小流域出口站示意图

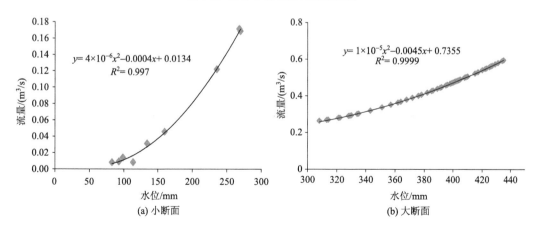

$y = 4 \times 10^{-6} x^2 - 0.0004x + 0.0134$
$R^2 = 0.997$

(a) 小断面

$y = 1 \times 10^{-5} x^2 - 0.0045x + 0.7355$
$R^2 = 0.9999$

(b) 大断面

图 4-12   杨柳小流域出口站水位-流量关系曲线

(a) 不同径流小区位置图

(b) 大集水池

(c) 小集水池

图 4-13　杨柳小流域内径流小区示意图

注：图 (a) 中①～⑦表示不同径流小区

表 4-4　径流小区基本情况表

小区编号	坡度/(°)	坡向	长/m	宽/m	面积/m²	集流桶及分流桶尺寸/m			植被类型	土壤类型
						长	宽	高		
1	22	E	16	2	32	1.5	1.5	1.5	玉米	黄棕壤
2	20	E	10.6	2	21.2	1	1	1	豆角	黄棕壤
3	24	E	5.4	2	10.8	1	1	1	玉米	黄棕壤
4	25	E	11.3	2	22.6	1/0.4	1/0.4	1/0.25	玉米	黄棕壤
5	24	E	5.45	2	10.9	1/0.4	1/0.4	1/0.25	玉米	黄棕壤
6	18	E	3.2	2	6.4	1	1	1	辣椒	黄棕壤
7	14	E	3.07	2	6.14	1/0.4	1/0.4	1/0.25	茄子+西红柿	黄棕壤

汛期监测期 6～9 月进行降雨过程的监测,每次降雨时各径流小区的集水池要保持干燥状态,采集降雨产流过程中的水样,暴雨和特大暴雨时需加密采样,每隔 1 小时采样一次,采样覆盖全过程,记录集水池中径流总量,搅匀径流池中泥水混合样,采集径流样 500 mL,做好标记,寄回实验室检测泥沙及水质指标,其监测指标及监测方法如表 4-5 所示。在 2019 年进行试验研究前,采集径流小区土壤样品,对其背景值进行分析,在土壤深度 0～10 cm,10～20 cm,20～30 cm 采集土样,土壤样品经自然风干过筛后测定土壤的理化性质,包括土壤含水率、容重、粒度、有机质,以及对土壤中 NH_3-N、NO_3-N、TN、TP 的测定。其中土壤含水率和容重分别用烘干法和环刀法测量。土壤粒度分析是将研磨过筛后的风干土样采用 Hydro2000Mu 马尔文粒径分析仪进行测定。土壤中有机质、TN、NH_3-N、NO_3-N 和 TP 分别采用重铬酸钾容量法、半微量凯氏法、靛酚蓝比色法、镀铜镉还原-重氮化偶合比色法和碳酸钠熔融-钼锑抗比色法进行测定。确定径流小区的土壤理化性质,如表 4-6。径流小区的不同营养物含量分别为 TN0.431～0.658 g/kg、TP0.24～0.29 g/kg、NH_3-N4.22～6.11 mg/kg 及 NO_3-N 28.20～37.6 mg/kg。

表 4-5　水样监测指标及监测方法

序号	监测指标	监测方法
1	TN	碱性过硫酸钾消解紫外分光光度法(GB 11894—89)
2	TP	钼酸铵分光光度法(GB 11893—89)
3	NH_3-N	纳氏试剂分光光度法(GB 7479—87)
4	NO_3-N	酚二磺酸分光光度法(GB 7480—87)
5	SRP	钼锑抗分光光度法(GB 11893—89)
6	COD	重铬酸盐法(GB 11914—89)
7	SS	重量法(GB 11901—89)

表 4-6　径流小区土壤理化性质

石泉径流小区	土壤深度 /cm	土壤含水率 /%	黏粒/%	粉砂/%	砂/%	有机碳/%	土壤容重 /(g/cm³)	质地名称	土壤质地类型
SQ(2)	0～10	16.63	4.55	60.53	34.91	0.48	1.42	粉砂壤土	Silty Loam
	10～20	16.57	4.33	58.79	36.88	0.36	1.42	粉砂壤土	Silty Loam
	20～30	17.96	4.47	59.92	35.62	0.25	1.42	粉砂壤土	Silty Loam
SQ(4)	0～10	14.87	4.29	56.33	39.38	0.32	1.42	粉砂壤土	Silty Loam
	10～20	14.99	3.49	51.98	44.53	0.28	1.42	粉砂壤土	Silty Loam
	20～30	14.98	3.13	44.95	51.93	0.09	1.42	粉砂壤土	Silty Loam
SQ(5)	0～10	13.52	3.65	51.86	44.48	0.28	1.42	粉砂壤土	Silty Loam
	10～20	14.55	4.02	52.82	43.15	1.12	1.42	粉砂壤土	Silty Loam
	20～30	13.44	3.78	49.71	46.51	0.22	1.42	粉砂壤土	Silty Loam

4.1.2　采样布点及方法

干流断面选择丹江流域丹凤水文站开展洪水期与非洪水期的水质水量同步监测。洪水期监测应包括不同类型的洪水和场次洪水的各个过程，且在洪水过程中的起涨、峰顶和退水各个时段总共采样七次以上；非洪水期监测需要选在水位变化小且近乎基流时开展 24h 监测，每隔 4 个小时采样一次，连续 24 小时采样，总共采样 7 次。

在丹凤水文站基本水尺断面上沿河宽取一条中垂线，采样点数根据采样时不同的水深分别取上、中、下三层不同点，然后将采样桶中的水样摇匀后分成两份，其中一份不添加任何东西，一份加入保存剂 H_2SO_4 酸化至酸碱度小于等于 2（每 1000mL 水样加 2mL 左右），水样采集后置于聚乙烯瓶中送到实验室进行检验。

4.1.3　分析方法

径流小区的研究方法为在不同的天然降水条件下，研究不同坡度、坡长、土地利用类型以及植被覆盖对污染物流失的影响，阐明降雨径流-泥沙及污染物的输移过程并揭示污染物迁移规律，总结不同影响因素对污染物流失过程的贡献度。

小流域的研究方法为观测流域内产流、汇流及污染物的流失过程，分析把口站汛期降雨径流-泥沙及污染物之间的相互关系，估算污染物流失通量。以管控非点源污染，实现水质长期安全为目标，为水源区的综合治理提供科学依据。

流域的研究方法为通过降雨径流、泥沙、水质水量等数据评价水质，并进行污染特征分析和非点源污染估算，最终正确认识研究区域的污染特征及迁移转化过程。

4.2　丹江鹦鹉沟小流域非点源污染特征及过程研究

4.2.1　降雨径流过程及其响应关系

1. 降水特征

1）降水量及雨型特征

降水特征是指次降水事件的降水量、强度和雨型等在时空上的变化特征。以鹦鹉沟小流域 2017～2020 年期间 4～10 月的实测降水资料为基础，主要分析降水量、雨型以及降水侵蚀力等因素，为后续研究非点源污染负荷特征规律建立基础。

根据国家降水量等级标准划分不同雨量事件的发生次数，如表 4-7 所示。若两次降水的间隔时间不足 6h，则视为一次降水过程；若大于 6h，则为两次。由表中数据可知，次降水量<9.9mm 的降水场次最多，为 92 场，占总场次的 56%。次降水量>50mm 的暴雨降水场次为 12 次。

鹦鹉沟小流域多年平均降水量为 814mm，雨量充沛。从 2017～2020 年降水量来看，存在明显的偏枯、偏丰年现象。其中，2017 年为丰水年，年降水量为 1111.9mm；2018 年为平水年，年降水量为 756.7mm；2019 年、2020 年降水量为 694.4mm、631.3mm，分别约低于平均值的 14.74%和 22.48%，均为偏枯年。

表 4-7　降水量等级标准及场次数

雨量标准	降水量/mm	2017 年	2018 年	2019 年	2020 年
小雨	0.1~9.9	15	32	25	20
中雨	10.0~24.9	13	12	9	10
大雨	25.0~49.9	4	4	4	4
暴雨	50.0~99.9	6	2	3	1

　　各年的月降水量情况如图 4-14 所示。2018 年的降水量峰现时间相比于其他年份明显提前，主要集中在 5~7 月。2017 年、2019 年、2020 年则主要集中在 6~10 月，其余月份的降水量则相对较小。降水量分布不均，年内表现出较强的季节差异。其中 2017 年 6~10 月的降水量在全年中的比例最高为 86.1%，2019 年、2020 年 6~10 月的降水量则分别占当年降水总量的 83.18%和 62.96%。

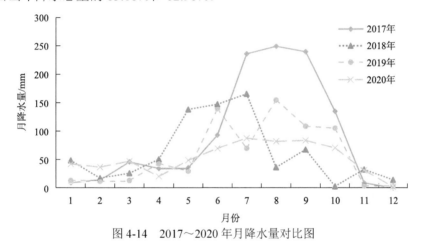

图 4-14　2017~2020 年月降水量对比图

　　选取次降水量(P)、降水历时(T)以及最大 30 分钟降水强度(I_{30})这三个与径流产生以及侵蚀产沙相关性较高的指标划分雨型。以 IBM SPSS 软件中 K-means 法将 164 场次降水划分为 6 大类。由表 4-8 中的雨型划分统计数据可知，在 164 场次降水中，雨型 V 的产生次数最多，为 60 次，占据总数的 36.6%。雨型 Ⅱ 仅为 3 次，却因为其危害性大而具有较高的研究价值。6 种不同雨型的最大 30 分钟降水强度(I_{30})的排列次序为：雨型 V>雨型 Ⅳ>雨型 Ⅲ>雨型 Ⅵ>雨型 Ⅱ>雨型 Ⅰ。

表 4-8　雨型统计分类

雨型划分	评价指标	集聚中心	发生次数
Ⅰ （大降水量长历时）	P(mm)	43.9	6
	T(min)	4278.9	
	I_{30}(mm/h)	3.7	
Ⅱ （大降水量短历时）	P(mm)	66.0	3
	T(min)	3394.7	
	I_{30}(mm/h)	5.3	

续表

雨型划分	评价指标	集聚中心	发生次数
Ⅲ (中降水量长历时)	P(mm)	24.2	28
	T(min)	1748.4	
	I_{30}(mm/h)	7.9	
Ⅳ (中降水量短历时)	P(mm)	27.3	31
	T(min)	1775.9	
	I_{30}(mm/h)	8.8	
Ⅴ (小降水量长历时)	P(mm)	8.1	60
	T(min)	156.1	
	I_{30}(mm/h)	11.5	
Ⅵ (小降水量短历时)	P(mm)	9.9	36
	T(min)	518.5	
	I_{30}(mm/h)	6.9	

2) 侵蚀性降水分布特征

降水和径流过程均会引起土壤颗粒的分散从而导致泥沙运输现象的产生，但只有部分降水场次才能够满足侵蚀性降水的要求，通常以降水侵蚀力指标(R)进行表征。由于研究区域年际和月际降水量不同，相应的降水侵蚀力也存在一定的差异。为了探究侵蚀性降水的分布情况，确定其标准则显得至关重要。根据王涛(2018)的研究发现，降水量低于 12.7mm 时不进行计算，若是最大 15 分钟降水量高于 6.4mm，则参与计算。因此，2017～2020 年的侵蚀降水场次数、侵蚀降水量及占比情况如下表 4-9 所示。

表 4-9　侵蚀降水场次及降水量

年份	侵蚀降水场次数	侵蚀降水量/mm	侵蚀降水量占比/%
2017	16	817.6	73.53
2018	15	433.4	57.28
2019	10	465.6	67.05
2020	14	374.1	59.26

对鹦鹉沟小流域降水侵蚀力的计算，利用日降水量资料估算降水侵蚀力的方法(宁丽丹和石辉,2003)，估算年内各月的降水侵蚀力。

$$E_j = \alpha \left[1 + \eta \cos\left(2\pi f + \omega\right) \right] \sum_{k=1}^{n} R_k^{\beta} \qquad (4\text{-}1)$$

式中，E_j 为第 j 月的降水侵蚀力，MJ·mm/(hm²·h·a)；R_k 为第 j 月内满足 $R_k > R_0$ 条件的第 k 日降水量，mm；R_0 为临界降水量(12.7mm)。ω、f、α、β、η 等均为影响模型精度的参数。考虑到研究区域基本情况以及与文献中地区的差异，进行参数修正后，确定 ω 为 $5\pi/6$，f 为 1/12。

年降水侵蚀力的计算公式为

$$E_a = \sum E_j \tag{4-2}$$

当研究区域的年降水量在 500～1200mm 时，式中 α、β、η 三个参数可依据下列关系式确定：

$$\alpha = 0.395\left\{1 + 0.098^{\left[3.26 \times (S/P)\right]}\right\} \tag{4-3}$$

式中，S 为泥沙年流失量，t/a；P 为年均降水量，mm。

根据程金文等（2017）在陕南地区的研究得出，参数 β 一般取值范围为 1.2～1.8，本研究取值为 1.65，且 η 与 P 之间存在下述一元关系：

$$\eta = 0.58 + 0.25P / 1000 \tag{4-4}$$

式中，η 为年内 4～10 月降水量，mm。

根据鹦鹉沟小流域的年均降水量得到 α=0.58。由此求得 2017～2020 年内 4～10 月的月降水侵蚀力，如图 4-15 所示。

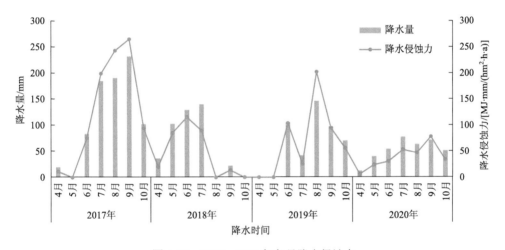

图 4-15　2017～2020 年各月降水侵蚀力

在 2017～2020 年内共有 55 次降水过程满足侵蚀性降水特征，主要发生在 6～9 月。由图 4-15 中可知，2017 年侵蚀性降水总量与降水侵蚀力最大。2017 和 2020 年的月降水侵蚀力与降水量最大值均出现在 9 月，而 2019 年出现在 8 月。在峰值月份后的降水侵蚀力与降水量呈现出逐渐减少的趋势。2017 年整体降水侵蚀力都高于其他年份，降水量是其中的主要贡献因素，其年内降水侵蚀力随降水量呈现单峰变化趋势。在 2017 年 9 月出现峰值，该月降水量为 233mm，降水侵蚀力为 266MJ·mm/(hm²·h·a)。

降水侵蚀力与降水量在年内分布差异性较大，由不同阶段降水特征和降水侵蚀力的构成因素所决定。通过分析 2017～2020 年内 4～10 月降水量数据，发现集中降水事件始于 6 月，每年 7～9 月经常会出现短历时强降水事件，降水量大且雨强大，因而降水侵蚀力大。当年 10 月至次年 4 月降水量逐渐减少，该阶段降水侵蚀发生概率小。因为降水量小且降水间隔时间较长，降水量主要用于补充土壤水分，因此对于土壤侵蚀及非点源污染负荷流失的影响较小。

非点源污染的防治应在降水事件发生前，根据预测的降水雨型对整个流域内的易受侵蚀区域进行重点防护。可通过雨前避免翻耕土地及人工覆盖防雨布等措施减少其对土壤的侵蚀，进而缓解泥沙及氮素、磷素入河所造成的水环境压力。程金文等(2017)在陕南地区的研究中发现，降水侵蚀力 R 与最大 30 分钟降水强度 I_{30} 存在极其显著非线性关系。2017~2020 年内 4~10 月丹江鹦鹉沟小流域的各场次的降水侵蚀力 R 与最大 30 分钟降水强度 I_{30} 的多项式关系如图 4-16 所示，发现拟合关系较好，与上述结论吻合，说明降水侵蚀力与最大 30min 降水强度密切相关。

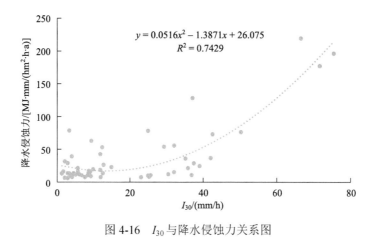

图 4-16 I_{30} 与降水侵蚀力关系图

2. 各径流小区降雨径流过程及其响应关系

1) 典型场次降水过程下产流产沙特征分析

选取 2019~2020 年典型天然降水条件下的径流量及泥沙量监测数据，阐明鹦鹉沟小流域内不同径流小区的水土流失情况，并分析其影响因素及特征。选取的 8 场降水类型多样，且主要集中在中雨、大雨类型，代表性强，降水特征如表 4-10 所示。

表 4-10 各场次天然降水特征表

降水事件	降水量/mm	降水历时/min	平均降水强度/(mm/h)	I_{30}/(mm/h)	降水类型
20190915	65.6	3480	1.13	4.2	暴雨
20191006	20.6	2130	0.58	1.7	中雨
20191014	25.7	1710	0.90	3.5	大雨
20200617	13.4	2670	0.30	1.6	小雨
20200711	21.8	1830	0.71	1.6	中雨
20200721	36.8	2250	0.98	1.4	大雨
20200807	39.0	4550	0.51	2.0	大雨
20200920	72.0	3180	1.36	3.2	暴雨

由表 4-10 可知，20190915 场次的降水事件不仅降水量大，且降水历时较长，降水强度较大。20191014 场次的降水量不大，但 I_{30} 为 3.5mm，而与其降水量相似的其他两场降水的 I_{30} 分别为 1.7mm 和 1.6mm。对于降水量及降水强度大的场次应特别关注各径流小区的水土流失情况，加密水样的采集，进行重点分析。将选取的 8 场典型天然降水条件下各径流小区产流及产沙量转化为单位面积下的流失通量，对比分析不同坡度及土地利用类型条件下水土流失的情况(图 4-17)。

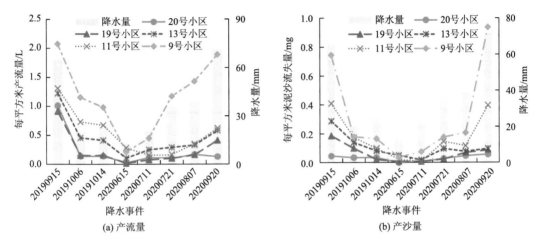

图 4-17　各场次天然降水条件下各径流小区单位面积产流及产沙量

径流小区的产流量及产沙量基本随降水量而同步增加。在各场次天然降水条件下，径流小区的单位面积(m^2)产流量及产沙量顺序均为：30°耕地(9 号小区)>12.5°耕地(11号小区)>12°耕地(13 号小区)>草地(20 号小区)>林地(19 号小区)。其中，30°耕地(9 号小区)由于其坡度大且为耕地类型，单位面积(m^2)产流量及产沙量远远大于其他小区。12.5°耕地(11 号小区)和 12°耕地(13 号小区)相较于 30°耕地(9 号小区)坡度平缓，故单位面积(m^2)产流量及产沙量小于 30°耕地(9 号小区)。草地(20 号小区)，林地(19 号小区)的产流量及产沙量均较低，其坡度平缓，人类活动干扰少，在不同降水条件下均能保持稳定的产流产沙量，单位面积产流量为 0.02~1.02L，泥沙流失量为 0.01~0.18mg。由此得出，坡度及土地利用类型均会影响水土流失的程度，其中坡度发挥主导作用。

降水量、雨强和降水历时都会影响产流量及产沙量，如 20191014 场次与 20200711场次的降水量仅相差 3.9mm，但 20191014 场次降水历时短，雨强大，因此各个小区产流量及产沙量均大于场次 20200711 的降水条件下的产流量及产沙量。对于丹江鹦鹉沟小流域的农业非点源污染管控防治而言，林地的水土保持能力较优于草地。种植经济林在治理水土流失方面效果显著，且具有一定的经济效益(孙东耀等,2018)。尤其在土壤侵蚀较为严重地区，退耕还林还草是一项十分有效的工程措施。

2)径流小区产流产沙关系

根据选取的 8 场典型天然降水数据资料，得到不同径流小区的降水量-产流量(产沙量)关系式，如表 4-11 所示。

表 4-11　降水量与各径流小区径流、泥沙关系

小区名称	径流回归方程（R^2）	泥沙回归方程（R^2）
9 号小区 (30° 耕地)	$y=0.0288x+0.0512$（$R^2=0.86$） $y=-0.004x^2+0.06x-0.4709$（$R^2=0.89$）	$y=0.0146x-0.2487$（$R^2=0.90$） $y=0.0003x^2-0.0115x+0.1881$（$R^2=0.98$）
11 号小区 (12.5° 耕地)	$y=0.0261x-0.2896$（$R^2=0.74$） $y=0.0006x^2-0.0221x+0.5189$（$R^2=0.81$）	$y=0.007x-0.1114$（$R^2=0.85$） $y=0.0001x^2-0.0044x+0.0789$（$R^2=0.92$）
13 号小区 (12° 耕地)	$y=0.0151x-0.0556$（$R^2=0.67$） $y=0.0001x^2+0.0047x+0.1191$（$R^2=0.68$）	$y=0.0026x-0.01$（$R^2=0.84$） $y=0.00004x^2+0.0027x-0.6107$（$R^2=0.84$）
19 号小区 (林地)	$y=0.0185x-0.3343$（$R^2=0.84$） $y=0.0003x^2-0.0092x+0.1304$（$R^2=0.89$）	$y=0.0024x-0.0339$（$R^2=0.70$） $y=-0.00004x^2+0.0027x-0.0393$（$R^2=0.71$）
20 号小区 (草地)	$y=0.0174x-0.3027$（$R^2=0.82$） $y=0.0003x^2-0.0075x+0.1142$（$R^2=0.87$）	$y=0.0018x-0.0166$（$R^2=0.77$） $y=0.00008x^2+0.0011x-0.0046$（$R^2=0.77$）

回归方程均具有良好的相关性，R^2 基本上都达到 0.7 以上，可用于鹦鹉沟小流域产流量及产沙量的预测估算中。郭效丁等 (2014) 在鹦鹉沟小流域天然降雨条件下的研究也得出相应结果，可用此进行后期各径流小区产流量及产沙量的预测，从而减少试验工作量。

各径流小区产流量及产沙量的增加速度各不相同。其中，30° 耕地 (9 号小区) 产流量及产沙量随降水量变化增长速度最快，线性回归方程中斜率最大为 0.0288。在各耕地小区中泥沙回归方程中 R^2 略高于径流回归方程，表明降水量与产沙量的拟合程度优于其与产流量的拟合程度，林地及草地小区则相反。

3. 小流域降雨径流过程及其响应关系

1) 小流域水位-流量关系

在径流量分析计算中，最基本的是水位-流量关系的推求。人工监测径流量精确度低，并且耗时耗力，尤其是汛期暴雨情况下，实时监测流量更加困难。现有的测量仪器如雷达水位计、超声波水位计，可每间隔 5min 实时测量水位并存储数据。首先要根据实测数据准确拟合出水位-流量关系曲线，后期利用超声波水位计进行测量 (曹浩等,2019)。

2019 年小流域把口站实测水位及流量数据拟合出两条曲线，水位根据钢卷尺直接量出槽底至水位的高度，瞬时流量是利用流速仪测出的瞬时流速与断面横断面面积相乘获得，汛期及非汛期的水位-流量关系如图 4-18 所示。

由拟合曲线可知，非汛期与汛期水位-流量关系的拟合优度 (R^2) 高达 0.9 以上。水位与径流量之间呈现出极显著相关性。在鹦鹉沟小流域后续径流量确定工作中，极大地简化监测步骤，降低了野外工作的风险。

2) 典型场次降水过程下径流量变化过程

根据 2019~2020 年所监测的 8 场水量数据，分析小流域把口站瞬时流量随天然降水的变化规律，如图 4-19 所示。

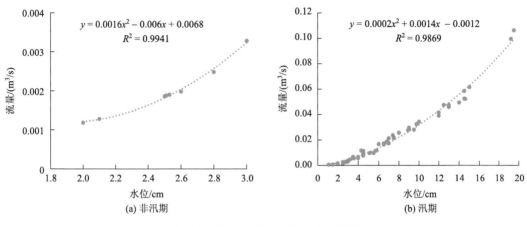

图 4-18　非汛期与汛期水位-流量关系

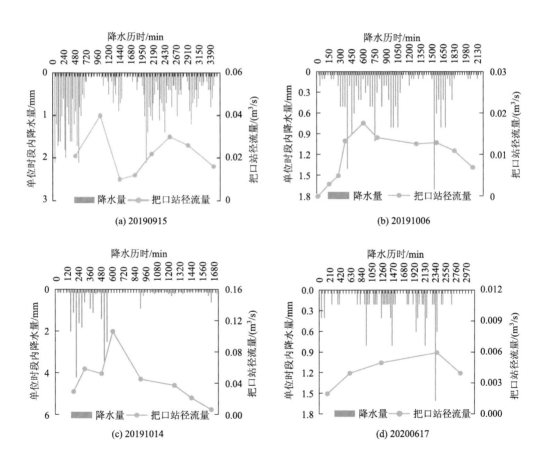

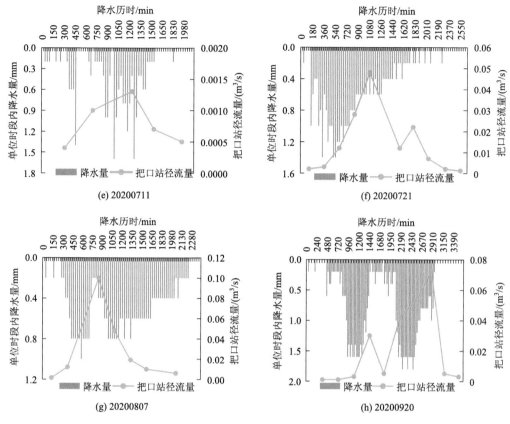

图 4-19 典型天然降水条件下把口站流量变化情况

从图 4-19 可以发现，降水量与产流量之间表现出相互对应的关系，径流峰值在降水峰值出现后的 5～10h 内产生，滞后效应比较明显。整体变化趋势为先上升后下降，有单峰和多峰两种类型，如 20190915、20200721 和 20200920 场次过程为明显的多峰曲线，20200711 和 20200807 场次洪水过程为单峰曲线。径流峰现时间和降水峰现时间之间的滞后情况和流域地形、植被、土地利用类型、人为影响等因素之间的差异有关（关荣浩等，2020），滞后效应能够有效增加土壤的入渗水量，降低地表径流量的产生（王承书等，2020）。

4. 径流曲线法（SCS-CN）估算径流量

1）模型原理

径流曲线法是 1954 年美国水土保持局建立的用于流域水文计算的模型。其全面考虑了降水、植被及土壤等不同条件对产流的作用，对于径流过程模拟的精度良好，可进行大范围的推广使用（房孝铎等，2007）。SCS-CN 模型中比较关键的是径流曲线数（CN），可根据流域多年的降水和径流量确定（李常斌等，2008）。其原理是基于两个假设和一个平衡方程，具体可见式（4-5）至式（4-10）。

首先假设实际滞留量与最大可能滞留量的比值等于直接径流量与最大可能径流量的

比值：

$$\frac{F}{S} = \frac{Q}{P - I_a} \tag{4-5}$$

并且假设初损量与最大可能滞留量存在一定的正比例关系：

$$I_a = \lambda S \tag{4-6}$$

式中，F 为实际滞留量，mm；S 为最大可能滞留量，mm；Q 为直接径流量，mm；I_a 为初损量，mm；P 为降水量，mm；$P–I_a$ 为最大可能径流量，mm；λ 为初损系数，根据所处地区的土壤条件确定。

若忽略降水过程中的水分蒸发量，由水量平衡原理可知，在降水产生径流前的损失量主要由植物截留、填洼、下渗等几部分构成，其表达式为

$$Q = P - I_a - F \tag{4-7}$$

因此，地表径流量公式经过推导可得

$$Q = \frac{\left(P - I_a\right)^2}{\left(P - I_a\right) + S} \tag{4-8}$$

通过分析大量试验结果表明，λ 的最佳取值为 0.2。当 $\lambda=0.2$ 时，$I_a=0.2S$ 时，代入可得

$$Q = \begin{cases} \dfrac{\left(P - 0.2S\right)^2}{P + 0.8S}, & P \geqslant 0.2S \\ 0, & P < 0.2S \end{cases} \tag{4-9}$$

其中，S 值影响的因素多且较为复杂，引入径流曲线数（CN）后可简化前期处理的难度。CN 值越大，S 值越小，则表示越容易产生地表径流，如下式所示：

$$S = \frac{25400}{CN} - 254 \tag{4-10}$$

SCS-CN 模型对 CN 值的敏感度极高。根据鹦鹉沟小流域的实测资料可直接推求出模型中的 CN 值。相较于利用土壤类型查表计算得出 CN 值的方法，会减小计算误差。

2）估算结果

利用 SCS-CN 模型模拟 2019～2020 年不同降水条件下的 5 个径流小区的产流量，作为模型率定的基础数据。在模拟过程中，取各场次天然降水条件下 CN 值的算术平均值作为模拟产流量 CN 值的最终结果。以各场次降水总量作为横坐标，分析模拟产流量与实际径流量的差别，对比结果如图 4-20 所示。

由图 4-20 可以看出，模拟产流量与实际产流量的趋势一致。当降水量<50mm 时，两者较为接近，当降水量>50mm 时，偏差明显增大。随着降水量和降水强度的增加，坡面径流量会同比上升，会影响实测值的精确性，造成较大误差。

对 8 场天然降水过程的模拟产流量与实际产流量进行 RE 计算，结果见表 4-12 所示。发现 SCS-CN 模型对林地（19 号小区）模拟效果较好，RE 仅为 3.86%，对 30°耕地（9 号小区）模拟效果差一些，RE 为 26.15%。径流小区尺度推广到小流域尺度误差可控制在

25%以内，可将模拟结果外推至更大研究尺度上。

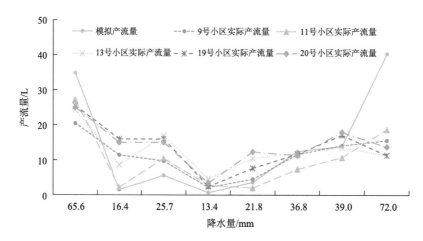

图 4-20　鹦鹉沟小流域不同径流小区模拟与实际产流量对比图

表 4-12　鹦鹉沟小流域模拟与实测径流量的相对误差

小区编号	模拟产流量/L	实际产流量/L	RE/%
9	112.82	89.44	26.15
11	96.32	81.85	17.68
13	118.80	101.74	16.77
19	111.59	107.44	3.86
20	127.06	113.85	11.60

　　经过多次参数率定，最终确定鹦鹉沟小流域 CN 值为 69.93（产流临界降水量 21.84mm）。利用鹦鹉沟小流域把口站 2017～2020 年的 22 场天然降水事件资料进行 SCS-CN 模型的验证，其中 2017 年 8 场，2018 年 5 场，2019 年 6 场，2020 年 3 场。由图 4-21 中可以看出，22 场天然降水条件的径流深模拟值与实际值变化趋势基本一致，可用于后续小流域径流量的估算。其中，2017 年径流深实测值与模拟值平均误差为 25.01%，且模拟值多小于实测值。主要是由于 2017 年为丰水年，汛期降水量大，并且降水间隔小，土壤内水分储量较多，降水下渗补充土壤的部分减少，产生地表径流较多。2018 年和 2020 年径流深的模拟值与实测值的误差多为正值，属于偏枯年，这两年天然降水事件发生频繁，但是次降水量均较少，降水量通过入渗主要补充了土壤水分或被植物截留，因此实际径流量小于模拟值。2019 年径流深误差值为 13.17%。综合 2017～2020 年各场次降水的模拟情况可得出，径流深<50mm 时，实际径流深略大于模拟径流深，反之模拟径流深较大。

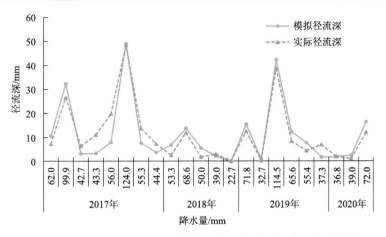

图 4-21 鹦鹉沟小流域把口站模拟径流深与实际径流深的对比图

4.2.2 径流-泥沙和污染负荷过程及其响应关系

径流和泥沙之间的响应关系对于非点源污染的防控具有重要的意义。通过对水土流失、污染负荷量的监测，分析其输移过程，并利用平均浓度法估算得出小流域内的污染负荷流失通量。

1. 土壤理化性质

径流小区土壤理化性质采用常规方法检测。利用五点采样法和环刀法测出径流小区内 10、20cm 深处的平均土壤容重分别为 1.24g/cm³、1.41g/cm³。土壤粒径在各种土地利用下的分布如图 4-22 所示。

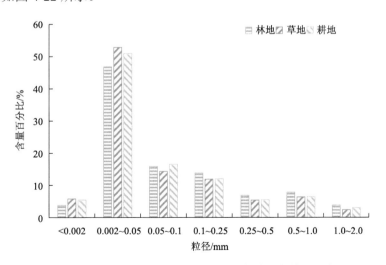

图 4-22 鹦鹉沟小流域各种土地利用条件下的粒径分布

由图 4-22 可以看出，不同土地利用条件下的粒径分布状态大同小异，土壤粒径主要集中在 0.002～0.05mm 的范围之内，小于 0.002mm 的含量百分比不足 10%。在粒径大于

0.05mm、小于 2mm 范围内，各种土地利用条件下的粒径含量比例随着粒径增加而比例减小。

在汛期前后对各径流小区内部的土壤进行取样检测，明确不同土壤深度中的 TN、TP、NO_3-N 及 NH_3-N 含量情况，如表 4-13 和图 4-23 所示。

表 4-13　不同径流小区不同土层深度中氮素（TN、NH_3-N、NO_3-N）和磷素（TP）含量

利用类型	小区编号	土层深度/cm	TP/(g/kg)	TN/(g/kg)	NH_3-N/(mg/kg)	NO_3-N/(mg/kg)
耕地	9	0~10	0.31	1.91	0.18	11.62
		10~20	0.41	1.00	0.20	13.79
	11	0~10	0.94	1.83	0.18	11.93
		10~20	0.68	1.03	0.27	14.38
	13	0~10	0.67	1.68	0.19	13.49
		10~20	0.67	1.47	0.33	16.70
林地	19	0~10	0.21	1.38	0.16	17.24
		10~20	0.28	1.05	0.30	12.34
草地	20	0~10	0.25	1.21	0.23	12.33
		10~20	0.34	2.12	0.30	13.77

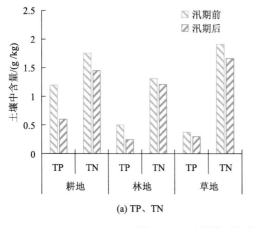

(a) TP、TN

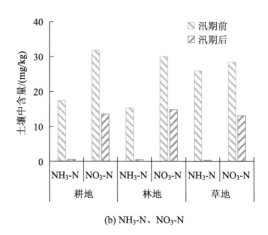

(b) NH_3-N、NO_3-N

图 4-23　汛期前后各种土地利用下氮素和磷素含量

由图 4-23 可知，土壤中氮素（TN、NH_3-N、NO_3-N）的含量高于磷素（TP）。在各种土地利用条件下，TN 含量最高的为草地，TP、NH_3-N、NO_3-N 含量最高的均为耕地。对比汛期前、后土壤中的氮素和磷素含量的变化情况，明显看出各形态氮素和磷素均在汛期时间段内伴随降雨径流过程产生不同程度上的流失。磷素的汛期流失量为 0.078~0.598g/kg，均略大于氮素流失量的 0.098~0.303g/kg。NH_3-N 的汛期内平均流失量比 NO_3-N 流失量高出 2.96mg/kg。各形态氮素和磷素的流失程度大致均为耕地>草地>林地。

由表 4-13 可得，在不同土层深度中可看出耕地、林地和草地的污染负荷含量之间存在一定的差异。其中，耕地中不同土层深度的 TP 含量差别不大，仅为 0.18g/kg，TN 含

量在 0～10cm 深度约为 10～20cm 深度的两倍，NH_3-N 及 NO_3-N 则恰好相反，在 10～20cm 深度中含量达到峰值。在林地中，TN 及 TP 含量规律与耕地相同，而 NH_3-N 及 NO_3-N 的含量规律与耕地相反。在草地中 TP、NH_3-N 及 NO_3-N 含量与土壤深度成正相关函数关系，TN 在 10～20cm 深度含量高出 0～10cm 深度的两倍之多。

对比各土层深度中各形态氮素、磷素含量，在 0～10cm 土层深度中，TN 及 TP 含量最高的土地利用类型为耕地，NO_3-N 含量的最高值 17.24mg/kg 出现在林地，NH_3-N 含量在各种土地利用类型中相差不多。在 10～20cm 土层深度中，TN 含量最高值 2.12g/kg 出现在草地中，NO_3-N 和 NH_3-N 含量则无明显差别。

2. 各径流小区径流-泥沙及污染负荷过程及其响应关系

1）典型次降水下的径流-泥沙及污染负荷量变化情况

根据 2019～2020 年的汛期降水的实际情况，充分考虑完整性、降水量及降水历时的影响，综合选取 20191014 及 20200721 两场典型降水过程进行径流小区径流-泥沙及污染负荷过程的阐述及分析，如图 4-24 至图 4-27 所示。

由图 4-24 及图 4-25 可看出，两场典型天然降水过程中各时段泥沙流失浓度变化与时段内产流量基本吻合。在 20191014 场次天然降水过程中，各径流小区单位时间段内的产流量呈现逐渐减少的趋势，泥沙流失浓度伴随产流量的减少而成比例降低。

在 20200721 降水过程中，各径流小区单位时间段内产流量则略有不同。9 号和 11 号小区中的产流量变化趋势基本相同，为单峰曲线，而 13 号、19 号、20 号三个小区的产流量变化趋势相似。各径流小区的泥沙流失浓度基本上与产流量同步变化。在两场次天然降水过程中，9 号小区单位时间段内的径流量与泥沙量随降水全过程的变化趋势最接近，而其余径流小区呈现出一定的比例关系。

由图 4-26 和图 4-27 可知，两场降水过程中各径流小区的不同形态氮素、磷素流失浓度变化基本上与时段内产流量大小变化吻合。其中，TN 随产流量变化的敏感程度高于其他污染，NH_3-N 随产流量变化的敏感程度最低，且在 TN 中的比重小于 NO_3-N。TP 及 SRP 的流失量均较小，变化趋势不明显。

在 20191014 场次降水过程中，各径流小区单位时间段内的不同形态氮素、磷素的流失浓度也基本上随产流量的减少而成比例降低。9 号小区产流量与污染负荷流失量拟合程度最高。在 20200721 场降水过程中，20 号小区较其他径流小区在单位时间段内的产流量与污染负荷流失量在本次降水过程中的拟合程度最高。

在后期研究中，拟合程度较好的径流小区可通过产流量直接推算出各形态氮素、磷素污染负荷的流失量，可减少试验的工作量。对于现阶段拟合度较低的径流小区应重点关注，增加观测场次，减少人为误差，以达到满意的精度用于污染负荷估算。

2）径流小区养分流失特征及各形态污染负荷占比情况

将选取的 8 场典型降水条件下各径流小区产流中的污染物含量分别转化为单位面积条件下的流失通量，对比分析不同坡度及土地利用类型条件下各形态氮素、磷素的流失情况，如图 4-28 所示。

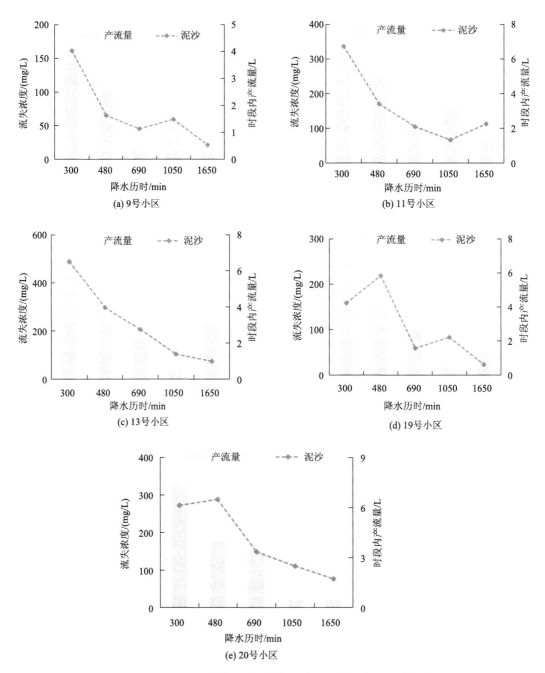

图 4-24　20191014 天然降水过程中各径流小区的径流-泥沙变化情况

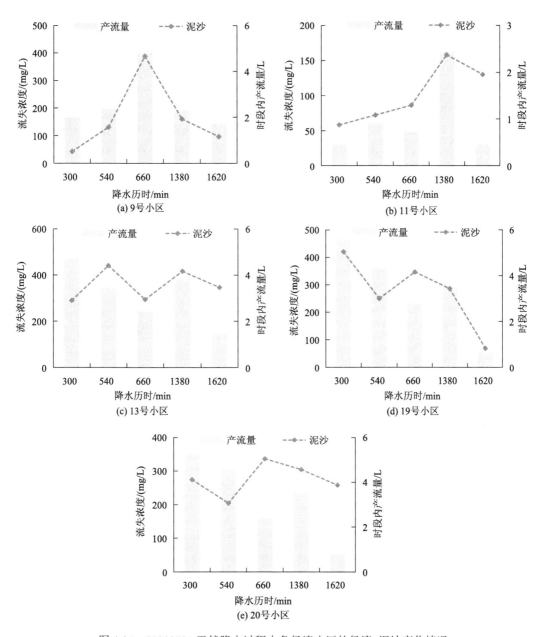

图 4-25　20200721 天然降水过程中各径流小区的径流-泥沙变化情况

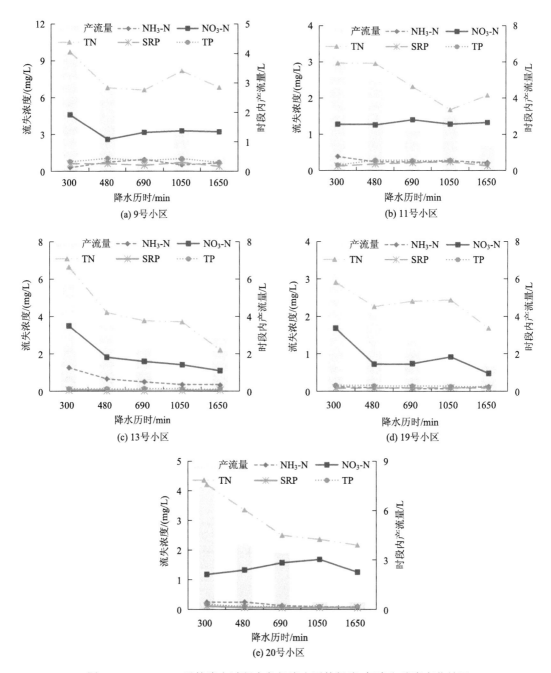

图 4-26　20191014 天然降水过程中各径流小区的径流-氮素和磷素变化情况

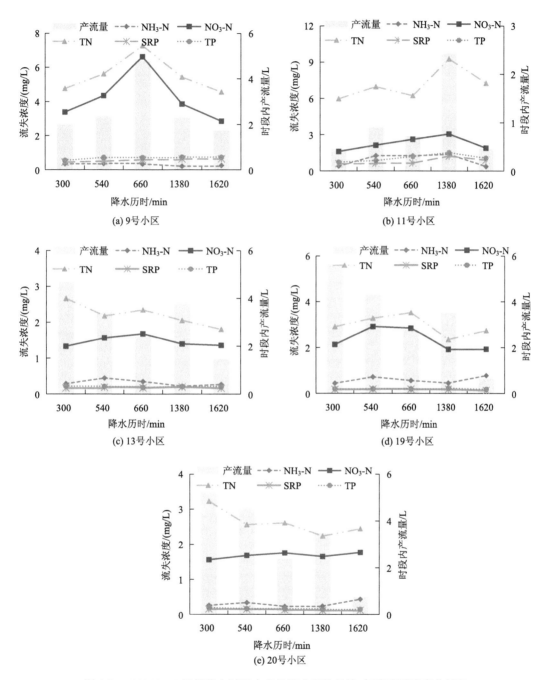

图 4-27　20200721 天然降水过程中各径流小区的径流-氮素和磷素变化情况

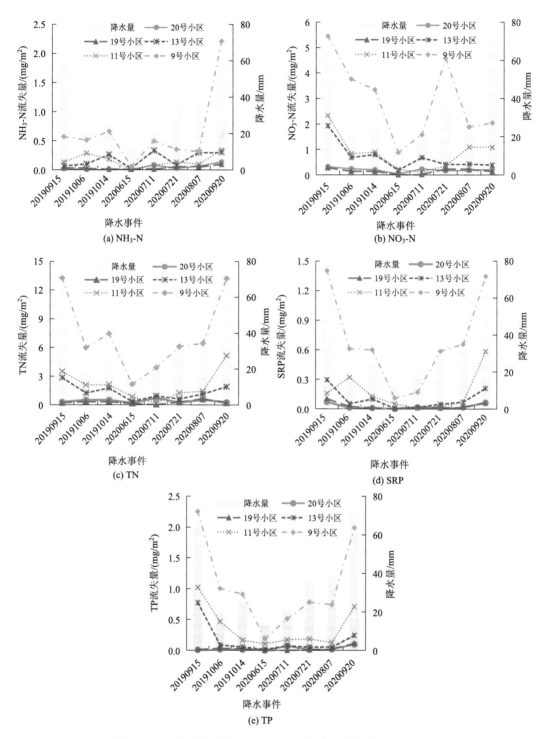

图 4-28 各径流小区单位面积污染负荷流失量与次降水量关系

由图 4-28 可得,不同形态氮素的流失程度同降水量及降水强度呈正相关关系,且在同一土地利用条件下,坡度越大,流失量越大。各径流小区氮素流失量顺序与产流、产沙量相同,表现为 30°耕地(9 号小区)>12.5°耕地(11 号小区)>12°耕地(13 号小区)>草地(20 号小区)>林地(19 号小区),充分证实养分流失与水土流失之间存在一定的相互关系。耕地小区由于常年翻耕,土壤结构性较差,氮素流失量明显高于其他土地利用类型。TN 和 NO_3-N 流失程度随降水量变化拟合程度较好,NH_3-N 却有较大的起伏变化。因为 NH_3-N 流失量为 0.1~2.3mg,与 TN 流失量的 0.5~14.2mg 相比差距较大。这与刘宇轩(2020)在利用输出系数法模型对丹江流域的污染负荷估算结果相似,充分印证了试验结论的合理性。

TP 及 SRP 的流失量最高点均发生在降水量大的场次中,最低点在降水量 13.4mm 场次中。耕地(9 号、11 号、13 号小区)的氮素、磷素流失程度远大于林地(19 号小区)和草地(20 号小区)。在各径流小区中,TP 与 SRP 的流失趋势特征相似,印证径流和泥沙是污染负荷输出的载体的说明。径流、泥沙量增加,氮素、磷素的流失量同比增加,并且产流中的氮素输出量远远高于磷素。

对比 20191006、20191014 与 20200711 这 3 场次降水条件下氮素、磷素的流失情况,发现三者降水量相近,但各形态氮素、磷素的流失程度却相差甚远。20191014 与 20200711 场次的降水强度的差距在各小区的氮素、磷素流失量当中均有明显的体现。随着降水强度的增加,养分流失量同比增加。特别是在 30°耕地(9 号小区)和 12.5°耕地(11 号小区)处曲线起伏较大。其原因是 10 月各种农作物均已收获完成,此时土壤质地松散,加之没有植物根系的"保护",径流更容易携带走残留在土壤中的养分(张鹏,2019)。

从氮素、磷素流失的各种形态的比例来看,在各种土地利用条件下,NH_3-N 的流失占比为 TN 的 6.09%~12.26%;NO_3-N 的流失占比为 TN 的 33.56%~68.89%;而 SRP 的流失占比为 TP 的 31.17%~64.44%。具体占比情况见图 4-29 所示。

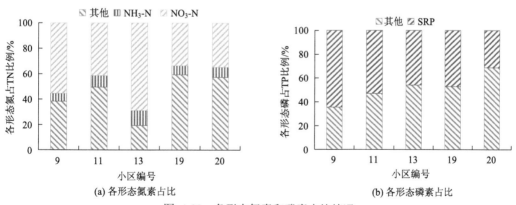

图 4-29　各形态氮素和磷素占比情况

由图 4-29 可明显看出,12°耕地(13 号小区)的 NH_3-N 和 NO_3-N 的流失占比之和最大为 80.74%,明显高于其他径流小区,其中仅 NO_3-N 的流失量就占 TN 的 68.89%。各个径流小区中的 NO_3-N 流失量均远大于 NH_3-N,这与徐国策(2013)在同一研究区域内 2010~2012 年天然降水条件下的结论基本相同。其原因与土壤中氮素形态及其转化机制和输出迁移的驱动力有关。NH$_3$-N 通常带有正电荷，易与土壤中的胶体产生相互吸附作用。NO$_3$-N 因为其携带负电荷且多溶于水，迁移能力极强，更容易随径流流失 (陈仕奇等,2020)。SRP 流失占比在不同土地利用方式下基本相差不大，表明其对于 SRP 的流失情况影响较小。SRP 流失占比最大为 64.44%，出现在 30°耕地 (9 小区)，流失占比最小为 31.17%，出现在草地 (20 小区)。因此，在防控氮素、磷素流失时更应该关注 NO$_3$-N 和 SRP 的流失情况，加强防控与研究 (张耀,2019)。

3) 非点源污染各影响因素相关性分析

采用 SPSS22 对各项影响因素与各形态氮素、磷素流失量之间的关系进行相关性分析。由表 4-14 可知，降水量、径流量与产沙量两两之间高度相关，相关性系数均达到 0.7 以上，其与各形态氮素、磷素的相关性也较高，能够印证前述结论。降水量和径流量对泥沙及各形态污染物输出的影响较大。

表 4-14 各径流小区中各影响因素相关性分析

小区编号	相关因素	径流	泥沙	NH$_3$-N	NO$_3$-N	TN	SRP	TP
	降水	0.929**	0.947**	0.771*	0.43	0.938**	0.944**	0.918**
9	径流	—	0.854**	0.604	0.572	0.923**	0.971**	0.917**
	泥沙	—	—	0.854**	0.291	0.916**	0.912**	0.925**
	降水	0.389	0.924**	0.482	0.728*	0.656	0.588	0.769*
11	径流		0.639	0.674	0.772*	0.577	0.651	0.679
	泥沙		—	0.621	0.799*	0.69	0.704	0.910**
	降水	0.728*	0.764*	0.597	0.424	0.733*	0.894**	0.703
13	径流		0.790*	0.166	0.789*	0.923**	0.930**	0.981**
	泥沙		—	0.477	0.717*	0.716*	0.836**	0.822*
	降水	0.760*	0.842**	0.788*	0.629	0.533	0.823*	0.755*
19	径流		0.964**	0.229	0.637	0.869**	0.971**	0.997**
	泥沙		—	0.381	0.702	0.880**	0.939**	0.957**
	降水	0.58	0.753*	0.5	0.584	0.301	0.916**	0.697
20	径流		0.947**	0.245	0.679	0.856**	0.739*	0.945**
	泥沙		—	0.12	0.718*	0.736*	0.843**	0.898**

**在 0.01 级别 (双尾)，相关性显著；*在 0.05 级别 (双尾)，相关性显著。

在各形态氮素、磷素流失程度上，降水量与磷素含量的相关性较高，各径流小区均到达 0.7 以上，与 NH$_3$-N、NO$_3$-N、TN 含量的相关度基本达到 0.5。径流对各形态氮素、磷素的影响高于降水及泥沙，泥沙与氮素、磷素之间的相关值相差不多。说明氮素、磷素主要是以径流为载体的方式流失，部分附着在泥沙表面。

3. 小流域径流-泥沙和污染负荷过程及其响应关系

1) 典型场次降水过程下径流-泥沙及污染负荷量变化情况

在 20191014 和 20200721 两场降水下分析鹦鹉沟小流域把口站径流-泥沙及污染负荷量的变化情况，如图 4-30 和图 4-31 所示。

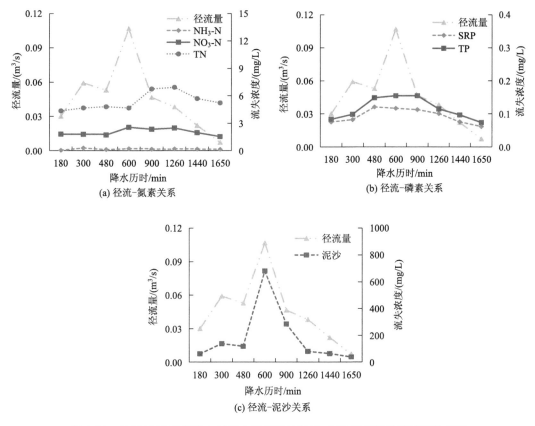

图 4-30　20191014 天然降水过程中把口站的径流–泥沙及污染负荷量变化情况

从图可以看出，小流域把口站监测断面的各种污染负荷浓度的变化趋势与径流量变化吻合。泥沙浓度随径流量的起伏而同步变化，几乎同时达到最高峰。在 20200721 场次洪水过程中第二个洪峰处，泥沙峰值则略有推后，可能是洪水峰值时径流量大，导致径流中泥沙浓度被稀释所致。各种污染负荷的浓度在径流后期均逐步降低，与径流量一起基本稳定于降水事件发生前的量值(何洋等,2016)。

2) 各形态污染负荷占比情况

将鹦鹉沟小流域把口站的实测资料按月份进行划分，得出各形态氮素、磷素占 TN、TP 的比例，综合分析出各形态污染负荷的月际变化情况，如图 4-32 所示。

由图 4-32 中可以看出，鹦鹉沟小流域的氮素月际变化规律较为明显，而磷素占比则规律性较差。其中，从 6～10 月 NH₃-N 含量占 TN 的百分比依次减小。NO₃-N 在 6 月时占比最大，10 月占比急剧减小，6～9 月占比为 55.99%～72.25%，为氮素中占比最高的成分。因此，氮素的流失主要集中在 6～9 月，尤其要在 6 月加强对 NO₃-N 污染的管控力度。SRP 在 TP 中的占比为 5.90%～77.36%，7 月最大，10 月最小。7 月和 9 月的 SRP 含量超过 TP 的一半，成为主要管控对象，应该针对此制定相应的方案以保证小流域出口水质。

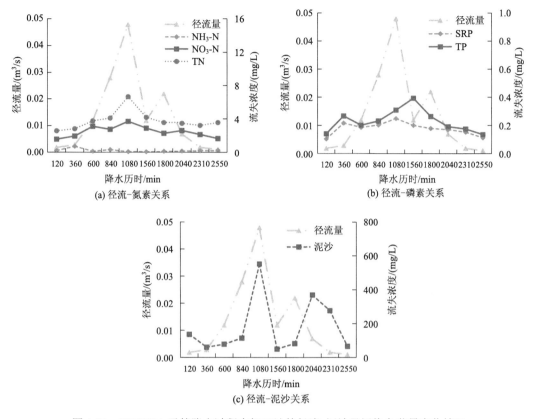

(a) 径流-氮素关系　　　　　　　(b) 径流-磷素关系

(c) 径流-泥沙关系

图 4-31　20200721 天然降水过程中把口站的径流-泥沙及污染负荷量变化情况

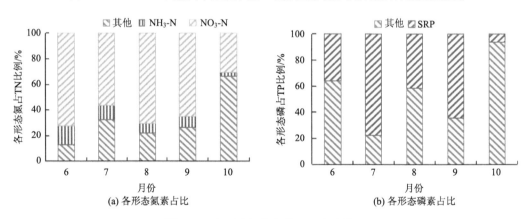

(a) 各形态氮素占比　　　　　　　(b) 各形态磷素占比

图 4-32　各形态污染负荷月际占比情况

4. 不同空间尺度下泥沙和污染负荷输出差异对比

比较径流小区及小流域这两个不同空间尺度下，泥沙及各项污染负荷的输出情况。虽然每场降水后各径流小区的产水量可以准确地测量，但是小流域的径流量测量存在一定的误差。因此，仅对比径流小区及小流域把口处的泥沙及各项污染负荷的浓度。

根据 2019～2020 年内 8 场天然降水下的实测数据进行对比得出，不同空间尺度下泥沙及各形态污染物的浓度范围，如表 4-15 所示。

表 4-15　不同空间尺度下泥沙及污染物浓度范围对比　　　（单位：mg/L）

污染物名称	径流小区尺度	小流域尺度
泥沙	30~500	20~700
NH₃-N	0.1~2.0	0.1~0.5
NO₃-N	0.5~7.0	1~4
TN	1~10	2~7
SRP	0.2~1.5	0.08~0.40
TP	0.1~1.0	0.05~0.20

由表 4-15 可以明显发现，在同场次降水条件下，除小流域尺度的泥沙在峰值处数值较高外，径流小区中的泥沙及污染物浓度均高于小流域把口站处的浓度。说明在径流的汇集过程中，部分泥沙及污染物被地表植被拦截，且与径流的稀释及自净作用有关。由此发现，尺度越小，泥沙及污染负荷的浓度值却越高。研究结果也充分体现出从小流域尺度进行管控非点源污染的重要性及必要性。

5. 污染负荷量估算

非点源污染的长期监测会消耗高额的人力物力，如何高效利用有限的数据完成负荷量的估算工作就成为众多学者关注的重点问题。因此，采用李怀恩提出的平均浓度法对鹦鹉沟小流域的污染负荷进行估算。

1）平均浓度法

根据水量水质同步数据，以各场次径流量为权重，计算得出加权平均浓度，公式为

$$\overline{C} = \frac{W_{\mathrm{L}}}{W_{\mathrm{A}}} \tag{4-11}$$

式中，W_{L} 为次暴雨携带的负荷量，g；W_{A} 为次降水产生的径流量，m³。

$$W_{\mathrm{L}} = \sum_{i=1}^{n}(Q_{\mathrm{Ti}}C_i - Q_{\mathrm{Bi}}C_{\mathrm{Bi}})\Delta t_i \tag{4-12}$$

$$W_{\mathrm{A}} = \sum_{i=1}^{n}(Q_{\mathrm{Ti}} - Q_{\mathrm{Bi}})\Delta t_i \tag{4-13}$$

式中，Q_{Ti} 为 t_i 时刻实测流量，m³/s；C_i 为 t_i 时刻实测浓度，mg/L；Q_{Bi} 为 t_i 时刻非汛期流量，m³/s；C_{Bi} 为 t_i 时刻非汛期浓度，mg/L；$i=1,2,\cdots,n$，为次暴雨径流过程中监测次数；Δt_i 为 Q_{Ti} 和 C_i 的代表时间。

则非点源污染物的加权浓度为

$$C = \frac{\sum\limits_{j=1}^{m}\overline{C}W_{\mathrm{A}j}}{\sum\limits_{j=1}^{m}W_{\mathrm{A}j}} \tag{4-14}$$

由此可得汛期非点源年负荷量为

$$W_n = W_S C_{SM} \tag{4-15}$$

再加上非汛期径流中的负荷量，综合得出年总负荷量为

$$W_T = W_n + W_B C_{BM} \tag{4-16}$$

式中，C_{SM}、C_{BM} 分别为地表径流和地下径流的平均浓度，mg/L；W_S、W_B 分别为地表和地下径流总量，m^3；W_n、W_T 分别为汛期非点源负荷量和污染年总负荷量，t。

2）估算结果

由于实测水量水质数据不完整且序列太短，不能进行丰、平、枯代表年的划分，因此仅对小流域把口站 2017～2020 年径流量进行径流分割，具体结果如表 4-16 所示。

表 4-16　鹦鹉沟小流域年径流量分割

年份	年径流量/万 m³	非汛期径流量/万 m³	汛期径流量/万 m³	非汛期径流比例/%
2017	134.54	12.52	122.02	9.31
2018	30.64	7.59	23.04	29.80
2019	60.49	8.58	51.91	14.19
2020	31.02	9.65	21.37	31.11
多年平均	64.17	9.59	54.58	19.85

水质资料由 2019～2020 年在鹦鹉沟小流域把口站现场监测的 8 场降水得出，以此为基础来估算研究区域的 TN、TP 污染的年负荷量。根据上述计算公式得出鹦鹉沟小流域的非点源平均浓度值，并以非汛期污染物的平均浓度计算值来代替点源污染，具体的浓度数值如表 4-17 所示。

表 4-17　鹦鹉沟小流域把口站非点源与点源污染的平均浓度　　　　（单位：mg/L）

名称	TN	TP	泥沙
点源平均浓度	1.50	0.21	24.10
非点源平均浓度	4.29	1.32	184.28
平均浓度比	2.86	6.28	7.68

根据鹦鹉沟小流域把口站的汛期及非汛期的平均浓度和径流量，可求出各种污染物的非点源年负荷量和总负荷量及所占比例，如图 4-33 所示。

各种非点源污染负荷占全年负荷的 85%以上，说明鹦鹉沟小流域饱受由降雨径流引起的非点源污染的危害。其中，TN、TP、泥沙的非点源污染负荷贡献度分别为 93.48%、94.43%和 85.54%。非点源污染物的占比情况高于黄康（2020）在丹江流域丹凤断面上得出的结果，其原因可能是鹦鹉沟小流域面积小，与其研究面积尺度不同有关。

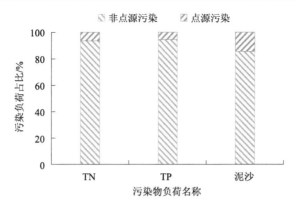

图 4-33　非点源污染负荷所占全年负荷量比例

4.2.3　小结

（1）以 2017～2020 年的实测降水资料分析可得，降水量分布差异较大，出现季节性降水，并可将次降雨划分为 6 种雨型。通过降水侵蚀力的计算剖析侵蚀性降水的分布特征并分析逐月降水侵蚀力的特性。2019～2020 年各径流小区的产流量及产沙量随降水量而同步增加，但径流小区的降水量与泥沙量的拟合程度优于其与径流量的拟合程度。小流域把口站 8 场洪水过程的分析中发现，地表径流存在一定的滞后性，径流峰值在降水峰值出现后的 5～10h 内产生。利用 SCS-CN 模型模拟 2019～2020 年不同降水条件下的 5 个径流小区的产流量，并以此进行模型参数的率定，RE 可控制在 25%以内。以 2017～2020 年鹦鹉沟小流域的 22 场天然降水进行验证，模拟径流深与实际径流深的变化趋势基本一致。

（2）对比汛期前后土壤中的氮素和磷素含量的变化情况，可看出各形态氮素和磷素均在汛期时间段内随降雨径流过程产生大量流失，且磷素汛期流失量均略大于氮素。各形态氮素、磷素流失浓度变化与时段内产流量大小变化基本吻合。各形态氮素、磷素的流失程度同降水量及降水强度呈正相关关系，污染负荷流失量顺序与产流量、产沙量相同。径流量与各形态氮素、磷素含量的相关性明显高于降水量和产沙量。小流域把口站的各种污染负荷的浓度在径流后期均逐步降低，与径流量一起基本稳定于降水事件前的量值。氮素月变化规律较为明显，而磷素规律性较差。根据平均浓度法估算的各种非点源污染负荷占全年负荷的 85%以上。

4.3　丹江流域非点源污染特征分析

4.3.1　丹江区域概况

1）地理位置

丹江是汉江一级支流，长江二级支流，起源于陕西省商州区秦岭山脉南麓黑龙口，流向呈西北—东南向，途经陕西、河南和湖北汇入丹江口水库，干流全长 390km。本研究范围为荆紫关断面以上的丹江流域，流域位于 33°12′～34°11′N，109°30′～111°01′E 之间，自西向东流经陕西省的商州区、洛南县、丹凤县、山阳县和商南县，于月亮湾流入3km 外的河南淅川县荆紫关，丹江源头至荆紫关段干流全长 247km，控制流域面积7510km²，约占总流域面积41%，研究区域如图4-34所示。

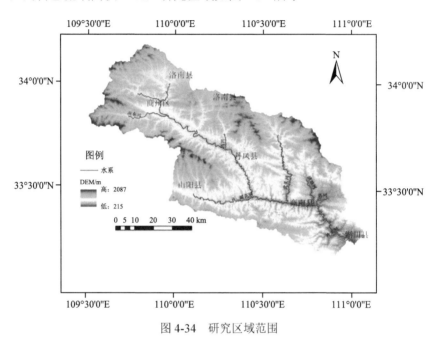

图4-34　研究区域范围

2）自然环境

丹江流域地处秦巴山区，地质结构复杂，地势西高东低，海拔相对高差达 1875m。受季风型大陆性气候影响，呈现四季分明的特征，多年平均气温 7.8～13.9℃，蒸发量在979.3～1545.1mm，无霜期为200～250 天；多年平均降水量为743.5mm，且降水时空分布极为不均，有东西递增的趋向，河谷川道降水量较少，中上游的丘陵山地雨量充沛；其中 5～10 月降水量约占全年 80%，暴雨较多，洪水过程呈现流速大、峰高时短的特点。基于 2015 年土地利用类型统计结果表明，流域主要以林草地和耕地为主，占比达到 90%以上，水域和建筑用地比例较少。流域土壤类型多为棕壤、黄棕壤等，陕西省境内植被茂盛，物种丰富。

丹江为典型的山区性河流，干流河道平均比降为 3.7%，丹江支流众多，其中陕西省境内支流包括银花河、板桥河、武关河、老君河等。据荆紫关水文站资料，丹江流域多年平均径流量 14.36 亿 m³，多年平均含沙量 3.08kg/m³；径流量和泥沙含量年际年内变化大，7～10 月径流量和泥沙含量分别占全年 59.4%和 78.6%，枯水期基本无悬移质输沙量，水沙变化规律趋于一致。

3）社会经济

研究范围内的丹江流域，被视为"商洛市的母亲河"，分布在商洛市的商州区、丹凤县、商南县、洛南县和山阳县 5 个区县(表4-18)。截至 2018 年末，商洛市常住人口 238.02万，其中农村人口为 125.86 万，占比 52.88%。全年全市生产总值 824.77 亿元，第一产业比例为 11.5%，第二产业占 53.5%，第三产业占 35.0%。商洛市全年总播种面积 22.89 万 hm²，其中粮食面积播种 15.944 万 hm²，占比 69.65%，农作物主要以种植业为主，夏粮是小麦，春粮是玉米；全年累计治理水土流失面积达 77.904 万 hm²。研究流域社会经济概况如表 4-18 所示，从各类人口数量、地区生产总值指标来看，研究区域在全市的比例是 40%左右，耕地面积和粮食产量占比在 33%左右，人均耕地面积远未达到国家标准，而农用化肥施用量达到 50.89%，土壤中养分流失易造成非点源污染。

表 4-18 研究区域社会经济概况

区县	总人口/万人	城镇人口/万人	农村人口/万人	工业产值/亿元	第一产业 GDP 比例/%	第二产业 GDP 比例/%	第三产业 GDP 比例/%	常用耕地面积/hm²	粮食播种面积/hm²	粮食产量/万 t	农用化肥施用折纯量/万 t
商州区	54.05	25.5	28.55	163.291	8.5	44.1	47.4	21300	2570	24.46	0.77
丹凤县	29.96	13.22	16.74	99.05	10.8	48.8	40.4	12050	2360	19.1	0.52
商南县	22.54	10.66	11.88	87.9	13.6	52.5	33.9	13400	1320	10.34	0.48
洛南县	44.94	22.82	22.12	140.65	8.4	69	22.6	32100	2520	34.85	1.68
山阳县	42.81	19.78	23.03	147.95	12.6	57.1	30.3	23900	4540	27.46	0.85
全市	238.02	112.16	125.86	824.77	11.5	53.5	35	133990	159440	50.06	5.58
流域范围比例/%	41.27	40.58	41.88	39.26	10.5	54.5	35	33.22	32.74	33.38	50.89

数据来源：陕西省统计局. 2019. 2018 年陕西省统计年鉴；商洛市统计局. 2019. 2018 年商洛市国民经济和社会发展统计公报。

4.3.2 流域水质评价

1. 评价方法

1) 内梅罗污染指数法

内梅罗污染指数法由美国内梅罗教授提出的水污染指数，由于其客观赋权、突出严重污染因子、方便计算等特点，现已广泛应用于国内外水质综合污染指数计算研究中（Nemerow, 1974）。计算公式如下：

$$F_p = \sqrt{\frac{(F_{i\max})^2 + (\overline{F_i})^2}{2}} \tag{4-17}$$

$$\overline{F_i} = \frac{\sum_{i=1}^{n} F_i}{n}, \quad F_i = \frac{C_i}{S_i} \tag{4-18}$$

式中，F_p 为监测断面的内梅罗综合污染指数；$F_{i\max}$ 为单项评价因子的最大污染指数值；$\overline{F_i}$ 为所有评价因子的平均污染指数值；F_i 为单项评价因子的污染指数；C_i 为第 i 个评价因子的实测值；S_i 为第 i 个评价因子的水质标准值。

具体分级标准如表 4-19 所示。

表 4-19　内梅罗污染指数评价分级标准

污染等级	I	II	III	IV	V
内梅罗污染指数	$F_p \leqslant 1$	$1 < F_p \leqslant 2$	$2 < F_p \leqslant 3$	$3 < F_p \leqslant 5$	$F_p > 5$
污染程度	清洁	轻度污染	中度污染	重污染	严重污染

2) 污染分担率

为了识别出主要污染物，采用污染分担率计算各污染物的贡献率。计算公式如下：

$$K_i = \frac{F_i}{\sum\limits_{i=1}^{n} F_i} \times 100\% \tag{4-19}$$

式中，F_i 为单项评价因子的污染指数；K_i 为污染物的贡献率。

2. 流域污染特征

依据 2016～2020 年《丹江口库区及上游水污染防治和水土保持工程"十三五"规划》《陕西省水污染防治工作方案》，丹江流域陕西境内属于水源地安全保障区，要求治理不达标入库河流，强化水污染风险管控。在总体分区基础上，划分控制单元，明确水质目标任务。商州控制单元控制断面为张村，丹凤控制单元控制断面为丹凤下，以及商洛出省断面，水质目标均为 II 类。如图 4-35 所示。

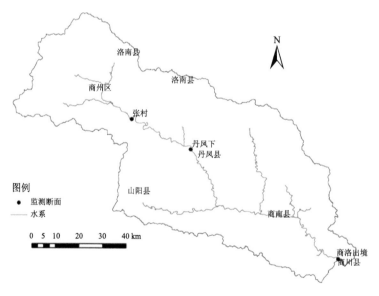

图 4-35　监测断面

选取干流张村、丹凤下和商洛出省断面的 $KMnO_4$、BOD_5、$NH_3\text{-}N$、COD、TP 总共 5 个指标进行评价，水质标准为《地表水环境质量标准》（GB 3838—2002）中的 II 类，

表 4-20 为部分常用水质标准。

表 4-20　地表水环境质量标准　　　　　　（单位：mg/L）

水质分类标准(部分)	I	II	III	IV	V
KMnO₄	2	4	6	10	15
BOD₅	3	3	4	6	10
NH₃-N	0.15	0.5	1	1.5	2
COD	15	15	20	30	40
TP	0.02	0.1	0.2	0.3	0.4
TN	0.2	0.5	1	1.5	2

基于 2013～2018 年陕西省环境监测站各断面的逐月水质监测资料和实时流量监测数据，对各污染物浓度进行加权平均，分丰水期(6～10 月)和枯水期(12～3 月)计算内梅罗指数，得到各断面的综合污染指数，如图 4-36 所示。

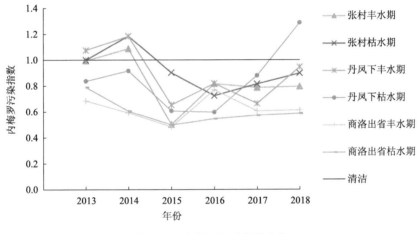

图 4-36　各断面水质指数变化

从图 4-36 可以看出，张村和丹凤下断面水质出现过轻度污染。从年际分布来看，各断面 2014 年污染指数最高，2015 年最低；沿程分布具有明显的空间差异性，商州张村断面内梅罗污染指数最大，其后丹凤下断面略有下降，最后到商洛出境断面较低，表明水质污染主要在流域上游商州和丹凤境内，下游水质较好。其中 2014 年张村断面丰水期和枯水期均处于轻度污染状态，丹凤下断面 2013 年和 2014 年的丰水期，以及 2018 年枯水期处于轻度污染状态；其余各监测断面均处于清洁状态，流域水质整体较好。各断面整体污染指数枯水期高于丰水期，主要由于丹江年径流量较小，污染严重时降雨稀释作用更显著。

为识别出各断面主要污染物，采用污染分担率计算各污染物的贡献率，如图 4-37 所示。

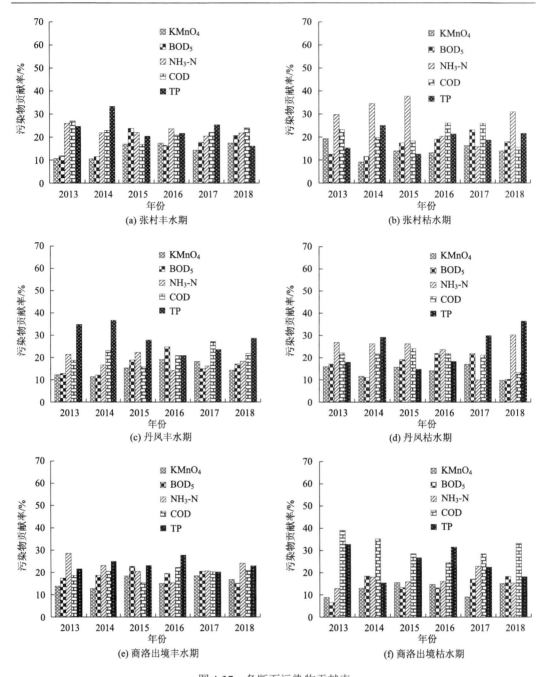

图 4-37 各断面污染物贡献率

从图 4-37 可以看出，商州张村断面主要污染物是 TP 和 $NH_3\text{-}N$，丰水期贡献率较大是 TP，枯水期贡献率较大的是 $NH_3\text{-}N$；其中 TP、$NH_3\text{-}N$ 和 COD 的贡献率分别在 12.5%～33.57%、15.84%～37.69%、18.31%～33.22%。2014 年丰水期和枯水期出现轻度污染状况时，污染物指数 TP 和 $NH_3\text{-}N$ 最大值分别是 1.32 和 1.46，内梅罗指数污染等级均大于1。丹凤下断面贡献率较突出的是 TP，丰水期整体贡献率在 20% 以上，特别是 2013 年、

2014 年的丰水期以及 2018 年枯水期贡献率比例高达 36%，TP 污染指数分别达到 1.32、1.48 和 1.60；NH₃-N 枯水期较丰水期贡献率高，在 9.94%～36.41%，然后是 COD，贡献率在 13.27%～27.10%。商洛出境断面丰水期各污染物贡献率较均衡，维持在 20% 左右，而枯水期 COD 和 TP 涨幅较多，COD 平均贡献率达到 30% 以上，其次 TP 平均贡献率在 25% 以上，然后 NH₃-N、BOD₅ 和 KMnO₄ 在 15% 左右。综上来看，各断面水质较好，主要污染物为 TP、NH₃-N 和 COD，上游出现轻度污染，NH₃-N 和 TP 对水质影响较大，贡献比例较高。

4.3.3　典型断面非点源污染特征分析

丹凤断面在 2019 年、2020 年分别进行了监测，其中 2019 年监测了 1 次洪水期和 2 次非洪水期水质水量数据，编号分别为 190915、191112 和 191204，采用加权平均浓度法计算不同水期的污染物平均浓度，如表 4-21 所示。2020 年监测了 5 场，按照平均流量从小到大进行排列，同样采用加权平均浓度法计算出各场次污染物平均浓度(李家科等,2011)，相关信息如表 4-22 所示。

表 4-21　2019 年洪水期与非洪水期各指标平均浓度

指标	TP	SRP	TN	NH₃-N	COD	SS
C₁(洪水期)/(mg/L)	0.27	0.43	2.74	0.45	38.77	712.45
C₂(非洪水期)/(mg/L)	0.11	0.04	3.74	0.09	56.25	115.25
R(C₁/C₂)	2.42	10.42	0.73	5.17	0.69	6.18

表 4-22　2020 年各场次降水下各污染物的平均浓度

监测日期 (年-月-日)	洪峰流量/(m³/s)	平均流量/(m³/s)	污染物平均浓度/(mg/L)						
			TP	SRP	TN	NH₃-N	NO₃-N	COD	SS
2020-07-06	29.2	13.84	0.22	0.07	4.09	0.43	2.86	46.83	172.30
2020-08-07	21.1	14.80	0.19	0.04	4.10	0.39	3.36	339.79	126.72
2020-08-17	62.4	37.81	0.63	0.37	5.62	0.45	4.11	152.02	257.64
2020-08-24	106.0	62.99	0.23	0.06	4.55	0.14	3.79	106.54	1291.32
2020-08-18	261.0	169.00	0.30	0.18	3.94	0.71	3.17	106.87	464.84

从表 4-21 可以看出，洪水期间 TP、SRP、NH₃-N、SS 污染物的浓度峰值分别为非洪水期平均浓度值的 2.42、10.42、5.17、6.18 倍；TN、COD 分别为非洪水期的 0.73、0.69 倍。同时将各指标对比地表水环境质量标准(表 4-20)，发现洪水期中 TP、TN 和 COD 达到 Ⅲ 类水甚至超出 Ⅴ 类水标准，其原因是丹江流域 80% 的降水量分布在丰水期 6～10 月，且丹江为典型的山区性河流，暴雨较多，加上坡耕地面积占比 60% 以上，伴随降雨径流冲刷的同时，农药化肥、土壤等养分大量流失进入河道，造成非点源污染。非洪水期 TP 水质处于 Ⅱ 类和 Ⅲ 类标准，NH₃-N 处于 Ⅰ 类水；另外 COD 非洪水期平均浓度大于洪水期，这可能由于商州区至丹凤属河谷区域，人口密度大，受城镇生活污染和垃

圾废水排放规律影响。

从表 4-22 可以看出，2020 年丹凤断面平均流量在 13.84～14.80m³/s 时，NH₃-N、SS、TP 和 SRP 浓度值大体呈下降趋势，COD、TN 和 NO₃-N 呈上升趋势，且 COD 值上升的幅度很大；平均流量在 14.80～37.81m³/s，除 COD 呈下降趋势，剩下所有污染物浓度均呈上升趋势；平均流量在 37.81～62.99m³/s 时，除 SS 呈上升趋势，剩下所有污染物浓度均呈下降趋势；平均流量在 62.99～169.00m³/s 时，TP、SRP 和 NH₃-N 浓度值大体呈上升趋势，且 NH₃-N 值上升的幅度很大，SS、TN 和 NO₃-N 呈下降趋势，COD 值基本保持稳定。说明小流量的洪水对丹凤的 NH₃-N、SS、TP 和 SRP 均有一定的稀释作用，较大流量的洪水对氮素、磷素均有一定的稀释作用，但它所产生的地表径流带来的 SS 浓度值较枯季流量时的大，使得 SS 浓度值大幅提升，而大流量洪水对污染物的影响刚好相反，它对 SS、TN 和 NO₃-N 有一定的稀释作用，但所产生的地表径流带来的 NH₃-N 浓度值较枯季流量时的大，使得 NH₃-N 浓度值大幅增大。从变化幅度来看，小流量洪水对 TN 的影响较小，对 COD 的影响较大；相反，大流量洪水对 NH₃-N、SS 的影响较大，对 COD 的影响较小。王华等(2012)在沣河也得到了相似的结论。

根据所监测的 2019 年洪水期水量水质数据，分析污染物浓度随时间变化过程，如图 4-38 所示。

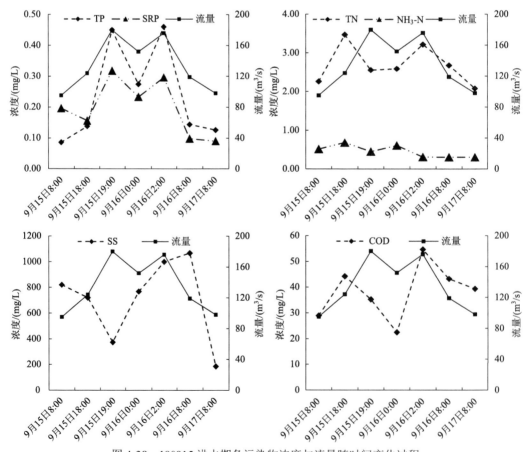

图 4-38　190915 洪水期各污染物浓度与流量随时间变化过程

由图 4-38 知，丹凤监测断面上呈现多峰形态洪水。TP 和 SRP 浓度的变化趋势与流量变化高度吻合，呈现双峰形状，径流初期 SRP 比重较大，当洪峰到来时，流量变大的同时 SRP 和 TP 数值接近，可知 TP 中以 SRP 为主。从各种氮素可以看出，TN 变幅较大，$NH_3\text{-}N$ 变化幅度较小，且占 TN 比重较小，随降雨径流过程中的氮素浓度变化趋势较一致。COD、TP 和 $NH_3\text{-}N$ 的浓度峰值先于洪峰流量到达，后期受径流稀释影响浓度降低，这可能与地表径流的初期效应有关，暴雨初期土壤中氮磷等养分易受降雨径流冲刷，大量污染物流失进入受纳水体，污染物浓度大幅增加，随着降水历时进程推移到退水期，径流冲刷能力减弱，污染物浓度较洪水起涨段逐渐变小，最后趋于稳定。而 SS 浓度先减小后增大，可能是洪水初期该污染物基流浓度相对较大，导致径流中污染物浓度被稀释，但随着流量的增大，污染物浓度还是有增加的趋势。

监测两场非洪水期的水质水量同步数据，其污染物浓度随时间变化过程如图 4-39 和图 4-40 所示。

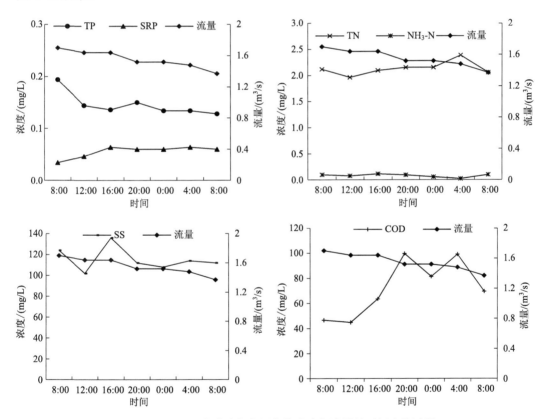

图 4-39　191112 非洪水期各污染物浓度与流量随时间变化过程

由图 4-39 和图 4-40 可知，非洪水期中各污染物浓度随时间变化趋势并非像流量那样稳定，COD 和 SS 变化幅度和含量均相对较大，而 TP、SRP、TN 和 $NH_3\text{-}N$ 浓度波动平缓，SRP 和 $NH_3\text{-}N$ 含量均相对较小，且 SRP 占 TP 比重远不如洪水期大；可以说明洪水期间降雨径流对氮磷污染物的流失有很大的影响。

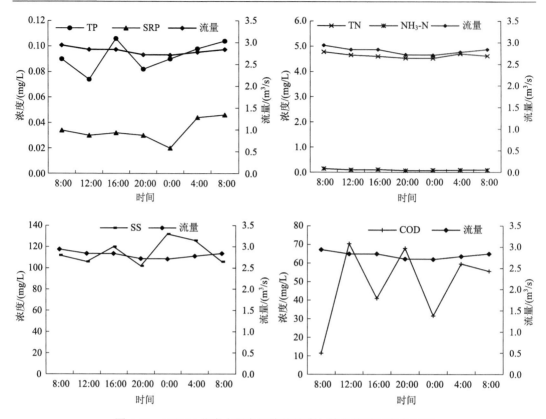

图4-40　191204非洪水期各污染物浓度与流量随时间变化过程

根据流量大小的分布，从2020年丹凤断面5场同步水量水质数据选取3场典型场次降水（20200706、20200824、20200818），分析污染物浓度随流量的相应过程，如图4-41至图4-43所示。

由图4-41可知，在7月6日的典型降雨中，丹凤断面呈现波动过程。TP和SRP浓度的变化趋势与流量变化高度吻合，呈现双峰形状，在流量峰值的时候达到浓度最大；从各种氮素可以看出，TN变幅较大，NH3-N变幅较小，NO3-N在TN的比重较大，随降雨径流过程中的氮素浓度之间的变化趋势较一致，但与流量变化趋势没有较高的重合。COD、NO3-N的浓度峰值先于洪峰流量到达，后期受径流稀释影响浓度降低；NH3-N浓度先减小后增大，最后浓度趋于稳定。

由图4-42可知，在8月24日的典型降雨中，丹凤断面呈现单峰形态洪水。SS浓度的变化趋势与流量变化高度吻合，呈现单峰形状，从各种氮素可以看出，TN变幅较大，NH3-N浓度维持一个极低水平，变化幅度小，随降雨径流过程中的氮素浓度之间的变化趋势较一致，与流量趋势也基本重合。TP、COD、NO3-N的浓度峰值先于洪峰流量到达，后期受径流稀释影响浓度降低；NH3-N、COD、SRP、SS浓度先减小后增大，最后浓度趋于稳定。

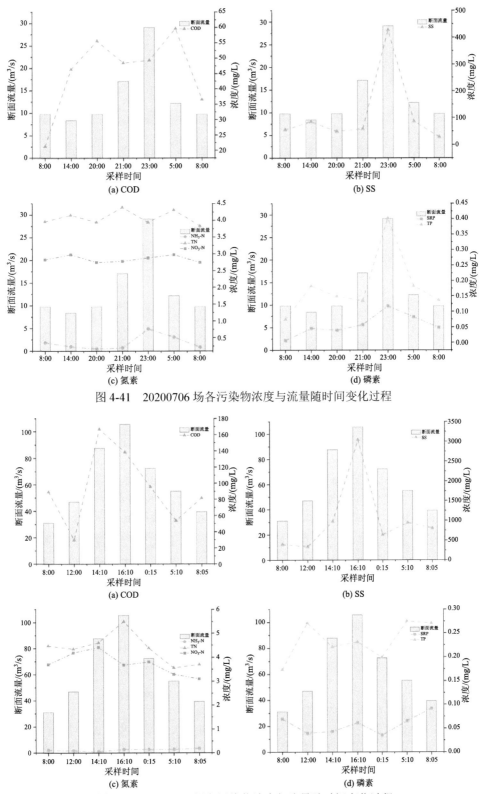

图 4-41　20200706 场各污染物浓度与流量随时间变化过程

图 4-42　20200824 场各污染物浓度与流量随时间变化过程

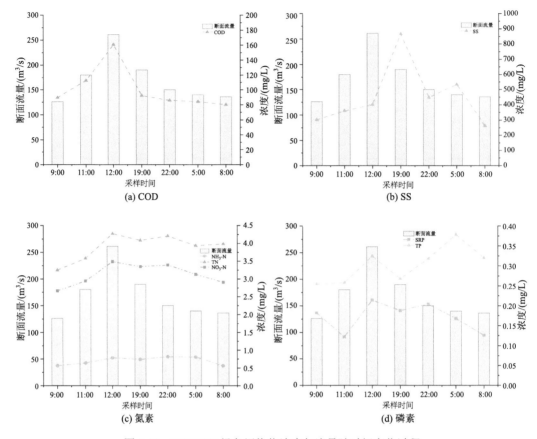

图 4-43　20200818 场各污染物浓度与流量随时间变化过程

由图 4-43 知，在 8 月 18 日的典型降雨中，丹凤断面呈现单峰形态洪水。磷素浓度的变化趋势与流量变化高度吻合；从各种氮素可以看出，TN 变幅较大，NH$_3$-N 整体浓度相对前两场降水量有所增加，占 TN 比重更大，但变化幅度仍小，NO$_3$-N 仍是 TN 的主要表现形式，随降雨径流过程中的氮素浓度之间的变化趋势较一致，与流量的变化趋势也基本重合。TP、COD、NO$_3$-N 的浓度峰值先于洪峰流量到达，后期受径流稀释影响浓度降低；SS 浓度峰值的出现滞后于洪峰流量，而 SRP 浓度先减小后增大，最后浓度趋于稳定。

根据 2020 年三场典型流量过程的污染物浓度变化分析来看：

(1) COD、NO$_3$-N 的浓度峰值均先于洪峰流量到达，后期浓度降低，可能与地表径流的初期效应有关。暴雨初期土壤中氮磷等养分易受降雨径流冲刷，大量污染物进入受纳水体，污染物浓度大幅增加，随着降水历时的进程推移到退水期，径流冲刷能力减弱，污染物浓度较洪水起涨段逐渐变小，最后趋于稳定。

(2) NH$_3$-N 和 TP 浓度绝大多数情况下，呈现出随洪水流量过程先减小后增大的趋势，可能是因为洪水初期两种污染物基流浓度相对较大或前期在河道中有所积累，随着流量的增加，水流的流动性大大增强，对河道中的 NH$_3$-N、TP 有一定的稀释作用，特别是在强暴雨的情况下，这种现象更为明显。但随着流量的增大，污染物浓度还是有增加的趋势。

(3)通过分析可知，氮素的地表径流输出以 NO_3-N 为主，在好氧条件下，土壤中发生了矿化作用，使得 NH_4^+-N 一级肥料胺被释放，很快被氧化为 NO_3-N；土壤胶体一般带负电荷，NH_4^+-N 带正电荷，易被土壤吸附，而 NO_3-N 带负电荷，不易被土壤吸附，因此在降雨过程中，尤其暴雨时，地表径流会携带大量 NO_3-N 进入河流，造成水体污染。这可能就是断面 NH_3-N 浓度占 TN 比重较小，NO_3-N 才是断面氮素污染的主要表现形式的原因。

4.3.4 非点源污染负荷估算

1. 估算方法

1) 平均浓度法

平均浓度法计算原理见 4.2.2 节。首先运用水文分割法、数字滤波法等划分地表径流量和基流量两部分；然后基于实测的水质水量数据，通过流量加权平均浓度法求出非点源污染平均浓度；最后计算非点源污染平均浓度与地表径流量之积得到非点源污染年负荷量，再加上枯水期径流负荷量得到年总负荷量。

A.污染物评价浓度

基于 2019 年实测的洪水期水质水量同步数据和 2010 实测的丹凤水量水质数据，再结合选取丹凤断面 2011～2018 年每月定期监测资料中流量较大的数据；对综合各污染物浓度进行加权平均，计算非点源污染物平均浓度。同理基于实测的非洪水期水质水量数据和定期资料中流量较小的数据，加权平均计算得到点源污染物平均浓度。见表 4-23 和表 4-24。

表 4-23　丹凤断面非点源污染平均浓度

编号	流量/(m³/s)	TP/(mg/L)	NH₃-N/(mg/L)	COD/(mg/L)
110905	126.00	—	0.14	11.00
120904	11.60	—	0.27	14.00
130705	20.40	0.03	0.18	9.00
140903	66.90	0.16	0.38	13.00
150507	31.10	0.03	0.39	16.00
160802	27.58	0.10	0.29	10.00
170902	40.4	0.08	0.30	13.00
180420	13.3	0.02	0.18	14.00
平均	—	0.09	0.25	12.12
洪水期	134.86	0.27	0.45	38.77
100823	85.51	0.06	0.10	8.92
100906	89.1	0.02	0.07	8.14
监测数据	103.16	0.14	0.24	19.54
非点源浓度	—	0.13	0.25	17.39

表4-24 丹凤断面点源污染平均浓度

编号	流量/(m³/s)	TP/(mg/L)	NH₃-N/(mg/L)	COD/(mg/L)
110105	2.54	—	0.13	14.00
121204	3.21	—	0.18	15.00
131104	1.46	0.15	0.27	15.00
140208	1.35	0.13	0.46	12.00
151010	3.02	0.06	0.28	15.00
161202	1.91	0.05	0.45	7.60
170301	2.22	0.07	0.24	14.00
180202	1.33	0.13	0.64	8.00
平均	—	0.09	0.29	13.11
非洪水期	2.18	0.11	0.09	56.25
101130	7.02	0.02	0.19	5.93
监测数据	4.60	0.04	0.17	10.88
点源浓度	—	0.07	0.21	9.97

B.年负荷量估算

基于丹凤水文站1958～2019年的年径流量,采用适线法和PⅢ型曲线确定出不同的典型年,2011年径流量为6.53亿 m³,确定为偏丰年(P=24.12%);2016年径流量为2.33亿 m³,确定为偏枯水年(P=77.6%);2017 年径流量为 3.29 亿 m³,确定为一般年(P=59.12%),如图 4-44 所示。同时采用数字滤波法,将不同典型年的逐日流量分割成地表径流和基流两部分,如图 4-45 所示。

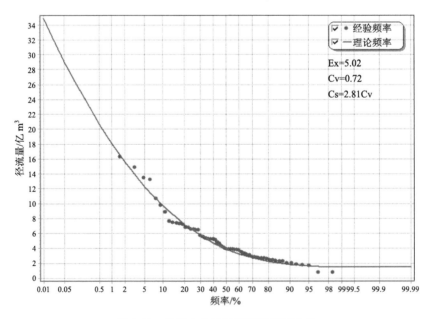

图 4-44 丹凤水文站年径流量频率曲线

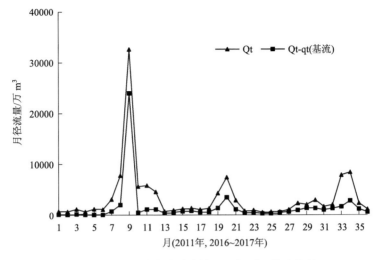

图 4-45　基于数字滤波法的丹凤断面月基流分割

基于计算出的污染物平均浓度和径流量，求出丹凤站不同频率年的非点源污染负荷和占比，如表 4-25 所示。

表 4-25　丹江流域丹凤断面不同典型年非点源污染负荷

年份	指标	非点源负荷/t	点源负荷/t	总负荷/t	非点源负荷比例/%
2011(P=24.12%)	NH$_3$-N	100.21	77.47	177.68	56.40
	TP	52.18	16.83	69.01	75.61
	COD	7085.94	2441.61	9527.55	74.37
2017(P=59.12%)	NH$_3$-N	42.79	49.12	91.91	46.55
	TP	22.28	10.67	32.95	67.62
	COD	3025.65	1548.12	4573.77	66.15
2016(P=77.6%)	NH$_3$-N	26.07	40.03	66.1	39.43
	TP	13.57	8.7	22.27	60.95
	COD	1843.21	1261.66	3104.88	59.37

由表 4-25 可知，不同典型年污染物负荷相差较大，整体污染负荷是偏丰年＞一般年＞偏枯年，非点源污染负荷占比大，其中偏丰年是一般年的 2.34 倍，偏枯年的 3.84 倍；各污染物非点源污染负荷比例 TP＞COD＞NH$_3$-N，其中 TP 非点源污染负荷比例最大，达到 60.95%以上，COD 非点源污染负荷比重略小，占比也在 59.37%以上，NH$_3$-N 非点源污染负荷差异显著，在 39.43%～56.40%范围内，表明污染物负荷受降雨径流影响大。

2) 径流分割法

径流分割法将年径流过程划分为汛期地表径流和枯季基流，降雨径流是非点源污染产生的主要动力和输移载体，认为汛期地表径流主要产生非点源污染，而点源污染主要在枯水期发生。估算方法首先按流域时段通量平均浓度与时段平均流量之积来计算丰平枯各水期的负荷，然后求和得到出口断面总负荷量，该方法强调时段总径流量的作用，

适合于非点源占优特征的污染物负荷估算，公式为

$$L = K \frac{\sum_{i=1}^{n} C_i Q_i}{\sum_{i=1}^{n} Q_i} \overline{Q_y} \qquad (4\text{-}20)$$

式中，L 表示年负荷，t；$i=1,2,3\cdots,n$，n 代表取样次数；C_i 为第 i 次采样瞬时浓度，mg/L；Q_i 为第 i 次采样瞬时流量，m³/s，若缺乏瞬时流量数据可采用水文站逐日流量数据；$\overline{Q_y}$ 为各水期时段平均流量，m³/s；K 为估算时段时间转换系数。

径流分割法认为枯水季节水质污染主要由点源污染引起，而汛期地表径流主要带来非点源污染，即

$$L = L_n + L_p = L_n + 12L_d \qquad (4\text{-}21)$$

式中，L 为出口断面年总负荷量，t；L_n、L_p、L_d 分别代表的是非点源、点源及枯季月污染的负荷，t；12 为一年 12 个月。

基于丹凤断面、荆紫关断面定期的水质水量数据，利用径流分割法计算丹江流域丹凤断面、荆紫关断面不同年份的非点源污染负荷，由于 TN 数据的大量缺失，综合考虑后，选用 $NH_3\text{-}N$、COD 和 TP 三个污染物指标，结果见表 4-26 和表 4-27。

表 4-26　径流分割法估算丹凤断面不同典型年的非点源污染负荷

年份	指标	非点源负荷/t	点源负荷/t	总负荷/t	非点源负荷比例/%
2011 (P=24.12%)	$NH_3\text{-}N$	82.05	26.22	108.28	75.78
	COD	6507.03	2571.55	9078.58	71.67
2017 (P=59.12%)	$NH_3\text{-}N$	37.11	15.93	53.04	69.97
	TP	20.30	11.37	31.67	64.09
	COD	2294.78	985.42	3280.20	69.96
2016 (P=77.6%)	$NH_3\text{-}N$	30.08	34.86	64.94	46.32
	TP	12.47	5.62	18.09	68.93
	COD	1581.62	863.52	2445.14	64.68

注：因数值修约表中个别数据略有误差。

由表 4-26 知，不同典型年污染负荷差异显著，受降雨因素影响大，呈现丰水年＞一般年＞枯水年的趋势，非点源污染负荷以汛期负荷为主，各指标非点源污染负荷比例几乎都大于点源污染负荷比例，其中 TP 非点源污染负荷占比也达到 64.09%以上，COD 非点源污染负荷比重在 64.68%以上，$NH_3\text{-}N$ 非点源污染负荷比重变化较大，在 46.32%～75.78%。

表 4-27　径流分割法估算荆紫关断面不同年份的非点源污染负荷

年份	指标	非点源负荷 L_n/t	点源负荷 L_p/t	总负荷/t	非点源负荷比例/%
	$NH_3\text{-}N$	74.29	62.58	136.87	54.28
2014	TP	51.3	20.68	71.98	71.27
	COD	6609.73	2460.58	9070.31	72.87

续表

年份	指标	非点源负荷 L_n/t	点源负荷 L_p/t	总负荷/t	非点源负荷比例/%
	NH₃-N	23.93	24.63	48.56	49.28
2015	TP	6.35	3.23	9.59	66.21
	COD	1343.71	849.95	2193.65	61.25
	NH₃-N	62.11	65.09	127.2	48.83
2016	TP	26.56	12.15	38.71	68.61
	COD	3599.19	1548.39	5147.58	69.92
	NH₃-N	278.64	101.34	379.98	73.33
2017	TP	111.9	71.12	183.02	61.14
	COD	15948.07	5603.38	21551.45	74.00
	NH₃-N	22.42	30.48	52.9	42.38
2018	TP	7.63	2.83	10.45	73.01
	COD	2454.88	1226.33	3681.21	66.69

注：因数值修约表中个别数据略有误差。

由表 4-27 可知，荆紫关断面不同年份的污染物负荷相差较大，整体污染负荷也呈现出丰水年大于其他典型年的特点。不同污染物年际之间的非点源负荷也不尽相同，NH₃-N、COD、TP 非点源污染负荷变化范围分别为 22.42～278.64t、1343.71～15948.07t 和 6.35～111.90t。除了 2015 年和 2018 年的 NH₃-N 指标外，各指标非点源污染负荷比例都超过了 50%，其中 COD 占比在 60%～80%，TP 占比也达到了 60% 以上，NH₃-N 占比在 42.38%～73.33%。各年污染物非点源污染负荷比例均值表现为 COD（68.95%）＞TP（68.05%）＞NH₃-N（53.62%）。由此可见，非点源污染已经对丹江流域造成较大影响，它的治理是丹江流域水质提升的首要考虑要点。

2. 非点源污染负荷合理性分析

采用平均浓度法和径流分割法估算出丹凤断面非点源污染负荷，并进行结果对比分析，结果见表 4-28。发现两方法的预测结果较为接近，RE 在 ±25% 以内，平均浓度法值普遍大于径流分割法。分析原因：一方面非点源污染监测次数有限，监测数据代表性不足，不能充分反映非点源污染实际情况；另一方面径流分割法假定枯水期全部为点源污染，未考虑到大气沉降、人类活动等因素可能产生非点源污染，导致预测结果偏差。总体上误差在一定范围内，具有一定合理性。同时对比郗林（2012）估算的不同水平年的非点源污染负荷发现，TP 和 COD 比例在 38%～62%，非点源污染负荷比重也是较大，估算结果整体上小于本研究；再者由于估算的水平年分别为 1991 年、1993 年和 2005 年，随着人类生产活动加剧、耕地质量恶化，非点源污染负荷有所增加，同时本研究估算采用的监测数据有限，引起平均浓度偏大，预测结果有所偏差。总体上丹凤断面非点源污染较为严重。

表 4-28 丹江流域丹凤断面不同典型年非点源污染负荷结果对比

年份	指标	负荷/t		相对误差/%
		平均浓度法	径流分割法	
2011 (P=24.12%)	NH₃-N	100.21	82.05	18.11
	COD	7085.94	6507.03	8.17
2017 (P=59.12%)	NH₃-N	42.79	37.11	13.27
	TP	22.28	20.30	8.89
	COD	3025.65	2294.78	24.16
2016 (P=77.6%)	NH₃-N	26.07	30.08	−15.39
	TP	13.57	12.47	8.14
	COD	1843.21	1581.62	14.19

4.3.5 小结

本节主要研究丹江流域典型断面非点源污染特征，对典型断面进行水质评价，同时对丹凤断面进行非点源污染监测，估算出非点源污染负荷。结果如下：

(1) 采用内梅罗污染指数法评价张村、丹凤下和商洛出境断面丰水期和枯水期水质，整体水质较好，丹江沿程分布上有明显的空间差异性，在张村 2014 年丰水期和枯水期，丹凤下 2013 和 2014 丰水期以及 2018 年枯水期出现轻度污染，NH₃-N 和 TP 对水质影响较大。

(2) 丹凤断面 2019 年洪水期间 TP、SRP、NH₃-N、SS 浓度远大于非洪水期平均浓度，TN、COD 小于非洪水期平均浓度；洪水期 TP 和 SRP 随流量变化显著，TN 变幅较大，NH₃-N 较小，COD 浓度峰值先于洪峰流量到达，SS 浓度先减小后增大，非洪水期 COD 和 SS 变化幅度和含量均相对较大，而 TP、SRP、TN 和 NH₃-N 浓度波动平缓。从 2020 年丹凤断面的 5 场监测数据分析，COD、NO₃-N 的浓度峰值在三场降雨(20200706、20200824、20200818)中均先于洪峰流量到达，NH₃-N 和 TP 浓度绝大多数情况下，呈现出随洪水流量过程先减小后增大的趋势。

(3) 采用平均浓度法和径流分割法估算丹凤断面不同水平年的非点源污染负荷，不同典型年的污染物负荷相差较大，TP 和 COD 非点源污染负荷在 60% 以上，NH₃-N 非点源污染负荷波动较大，在 39.43%～75.78%，同时对比两种估算结果，发现 RE 在 ±25% 以内，平均浓度法值普遍大于径流分割法，具有一定的合理性。采用径流分割法估算荆紫关断面 2014～2018 年的非点源污染负荷，其中 COD 占比在 60%～80%，TP 占比在 60% 以上，NH₃-N 占比在 42.38%～73.33%，2014～2018 年各污染物非点源污染负荷比例均值整体表现为 COD(68.95%)＞TP(68.05%)＞NH₃-N (53.62%)。

4.4　汉江上游张家沟小流域非点源污染的特征及过程研究

4.4.1　径流小区非点源污染研究

1. 土壤及降雨特征分析

2020 年采集汛期前和汛期后径流小区的土壤样品，对土壤养分含量进行测定，如表 4-29。根据土壤质地组成，利用 SPAW 判断出 7 个径流小区皆为粉壤土。对比汛期前后土壤中养分的含量变化，发现汛期过后，1～7 号小区 NH_3-N 和 NO_3-N 的浓度都急剧下降，表明降雨径流作用下土壤中营养元素 NH_3-N 和 NO_3-N 大量流失，而耕地小区的 TP 含量相较于汛前变化不大。

表 4-29　径流小区土壤理化性质表

小区编号	组成			含水率/%	汛前				汛后			
	黏粒	粉粒	沙粒		TP /(g/kg)	TN /(g/kg)	NH_3-N /(mg/kg)	NO_3-N /(mg/kg)	TP /(g/kg)	TN /(g/kg)	NH_3-N /(mg/kg)	NO_3-N /(mg/kg)
1	12.14	81.86	6	34.79	1.05	0.33	5.9	23.69	4.17	0.23	0.35	11.08
2	10.92	75.13	13.95	35.8	1.11	0.23	2.79	21.89	3.46	0.1	0.28	16.64
3	12.38	80.55	7.07	31.95	0.81	0.21	2.72	26.03	3.93	0.15	0.37	17.98
4	9.89	79.09	11.02	18.81	1	0.19	1.83	18.89	1.08	0.12	0.22	13.79
5	10.73	79.81	9.46	19.44	—	—	—	—	2.69	0.15	0.32	17.67
6	9.23	79.05	11.72	18.99	—	—	—	—	2.93	0.08	0.15	13.42
7	9.7	78.42	11.88	18	—	—	—	—	3.84	0.08	0.33	11.09

根据 2019～2020 年汛期采样结果，选择了 7 场典型降水，根据次降水的降水量 P、最大 60min 雨强 I_{60}、降水历时 T 三个指标进行降雨类型的划分。由表 4-30 可知，在 7 场典型降水中，依据气象部门雨型标准，可划分为 1 场大暴雨、2 场暴雨、1 场大雨和 3 场中雨。

表 4-30　降雨特性统计表

场次编号	降雨开始时间(年/月/日)	降雨量/mm	降雨历时/h	最大 60min 雨强 I_{60}/(mm/h)	雨型
1	2019/10/03	24.1	14	5.4	中雨
2	2019/10/15	21.2	31	4.2	中雨
3	2020/06/15	120.6	38	23.4	大暴雨
4	2020/07/10	88.8	34	15.1	暴雨
5	2020/07/21	32.1	39	6.3	大雨
6	2020/08/01	45.2	18	9.9	暴雨
7	2020/08/11	14.4	30	2.6	中雨

2. 降水产流/产沙特征分析

根据 6 场典型降雨监测数据，绘制降水量和产流量/产沙量关系图以及关系曲线（图
4-46 和图 4-47、表 4-31 和表 4-32）。因为径流是泥沙流失的主要载体，1～7 号径流小区
的产流量和产沙量具有较强的一致性，林地、林草地及耕地条件下的降水与产流/产沙呈
明显的线性关系。1 号、2 号、3 号径流小区在不同典型降雨作用下单位面积产流量和产
沙量远大于其余四个径流小区。

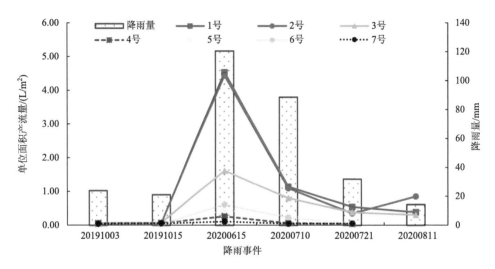

图 4-46　不同降水事件下 1～7 号径流小区降水产流关系图

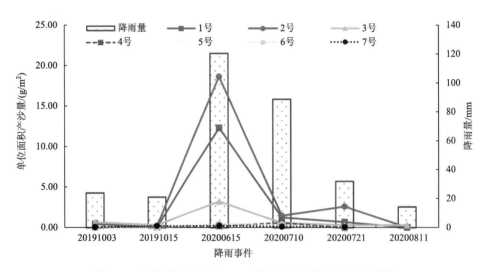

图 4-47　不同降水事件下 1～7 号径流小区降水产沙关系图

表 4-31　不同径流小区累积降水量与累积产流量的相关性

小区编号	关系曲线	R^2
1	$y=3.5141x-63.786$	0.7997
	$y=0.0764x^2-6.6509x+131.95$	0.9665
2	$y=3.2332x-44.409$	0.7151
	$y=0.09x^2-8.8038x+193.36$	0.9849
3	$y=1.2835x-9.3967$	0.9056
	$y=0.0151x^2-0.7189x+29.161$	0.9605
4	$y=0.1703x+1.9992$	0.9147
	$y=0.0018x^2-0.1132x+7.9997$	0.9877
5	$y=0.3399x-0.0446$	0.897
	$y=-0.0032x^2+0.8342x-10.507$	0.9517
6	$y=0.2176x+1.8381$	0.8392
	$y=-0.0032x^2+0.7166x-8.7226$	0.9664
7	$y=0.0504x+2.8873$	0.8772
	$y=0.0007x^2-0.0526x+5.0662$	0.928

表 4-32　不同径流小区累积降水量与累积产沙量的相关性

小区编号	关系曲线	R^2
1	$y=9.2684x-214.77$	0.7013
	$y=0.2584x^2-25.111x+447.23$	0.9418
2	$y=13.731x-303.72$	0.6718
	$y=0.3819x^2-37.065x+674.38$	0.901
3	$y=2.1319x-12.7$	0.6689
	$y=0.0638x^2-6.3539x+150.7$	0.9331
4	$y=0.1469x+14.195$	0.0945
	$y=-0.017x^2+2.8151x-42.273$	0.9933
5	$y=0.2896x+2.3418$	0.7647
	$y=-0.0055x^2+1.1457x-15.776$	0.9572
6	$y=0.4384x-2.2641$	0.7409
	$y=-0.0092x^2+1.8868x-32.918$	0.974
7	$y=0.126x+4.5145$	0.496
	$y=0.0002x^2+0.0936x+5.2011$	0.4969

综上分析可知，① 土地利用类型对产流/产沙影响显著，其降水产流量/产沙量顺序为：林地＞林草地＞耕地。② 通过对比 1 号、2 号径流小区，可知坡面平整度对产流影响不大，但是凹陷的地形会减少产沙量，且在雨强较大时，更为明显。其原因可能是大雨强造成纹沟状侵蚀、细沟状侵蚀或浅沟侵蚀，但是 1 号径流小区坡面较大的凹凸，破坏了这一现象，影响泥沙输移。③ 大暴雨条件下，不同土地利用下降水产沙量差距明显，说明坡度及植被类型的不同都会对水土流失造成影响，高植被覆盖能够明显减少坡面产

沙量，可能是植物叶片及其根茎可以减缓雨滴下落对地表土壤造成的溅蚀，减小径流流速，从而导致径流侵蚀力作用下的产沙量降低。④ 耕地中产沙量与降水量相关关系较差，可能与人为活动干扰较大，植被覆盖度变化范围过大有关。

3. 典型场次降水产流/产沙特征分析

以20200615场次降水为例，各径流小区地表产流/产沙过程表明(图4-48、图4-49)，小流域汛期降雨频繁，土壤水分含量较高，产流机制属于蓄满产流，径流小区产流过程与土地利用类型有关，林地与林草地产流过程呈现出径流量随降水历时先增大，并逐步稳定最后随着降水量的减小而减小的变化规律，这与耕地产流过程不同，耕地小区径流量随降水历时相对稳定，呈线性关系。林地与林草地小区的产流增速以及产流量明显高于耕地小区，耕地小区产流增速相对平稳。在相同条件下各径流小区的单位面积产流量顺序为 1 号>2 号>3 号>5 号>4 号>6 号>7 号，明显地呈现出林地>林草地>耕地。对于 4 号、5号、6 号、7 号四个耕地径流小区，坡度是影响产流的重要因素，坡度越大产流量越大。

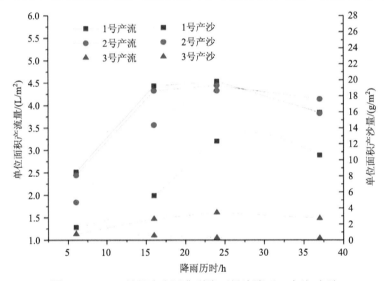

图 4-48　1～3 号径流小区典型降雨场次降雨—产流/产沙

图 4-48、图 4-49 所示的径流小区产沙过程表明，林地小区的地表产沙过程呈现出先增大，随着降水历时及降水量的增加逐渐趋于稳定的趋势，不过坡面平整度会导致此过程有一定的滞后性。不同土地利用下的产沙量最终在某一范围内上下波动，不过耕地小区产沙过程波动较大，有可能跟降水剥离出分散土壤大团聚体使得产沙量突增有关。

4. 降水与养分流失特征

径流产生时，附着在土壤表层的营养物质，在降雨径流的冲刷作用下转化为溶解态的氮和磷，造成非点源污染。研究的污染物类型包括 TN、NO_3-N、NH_3-N、TP、SRP以及 COD。对不同降雨事件下 7 个径流小区氮素(TN、NO_3-N、NH_3-N)、磷素(TP、SRP)、COD 浓度过程进行分析，见图 4-50～图 4-52。

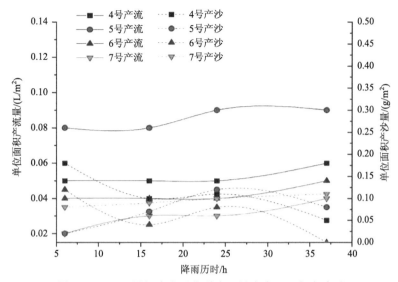

图 4-49　4～7 号径流小区典型降雨场次降雨—产流/产沙

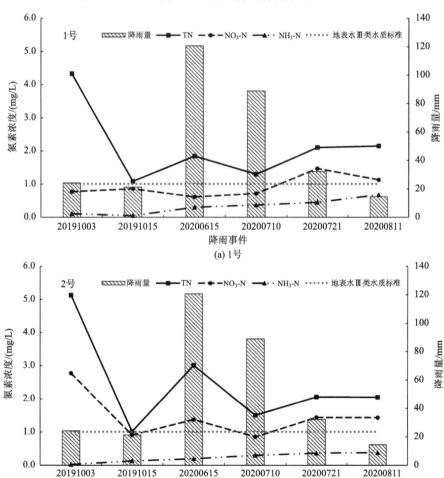

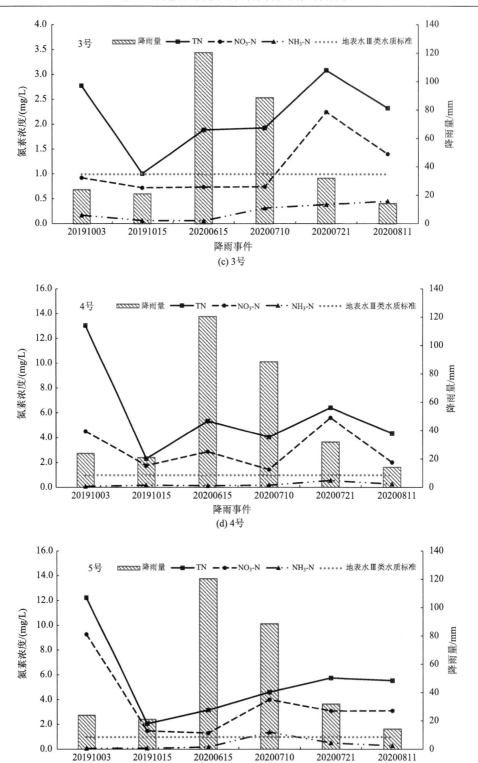

(c) 3号

(d) 4号

(e) 5号

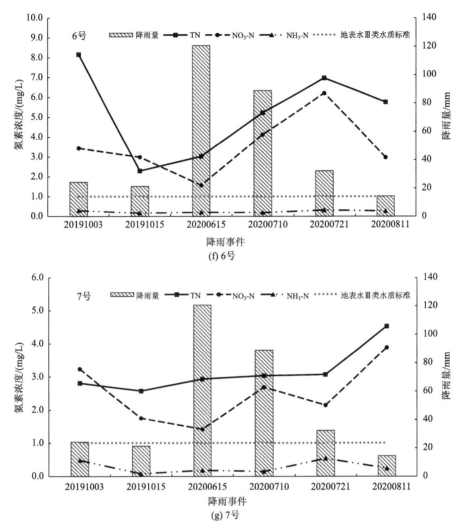

图 4-50　不同降雨事件径流小区氮素(TN、NO₃-N、NH₃-N)浓度对比图

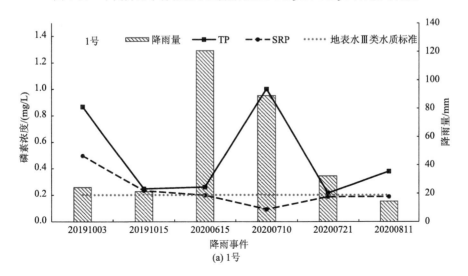

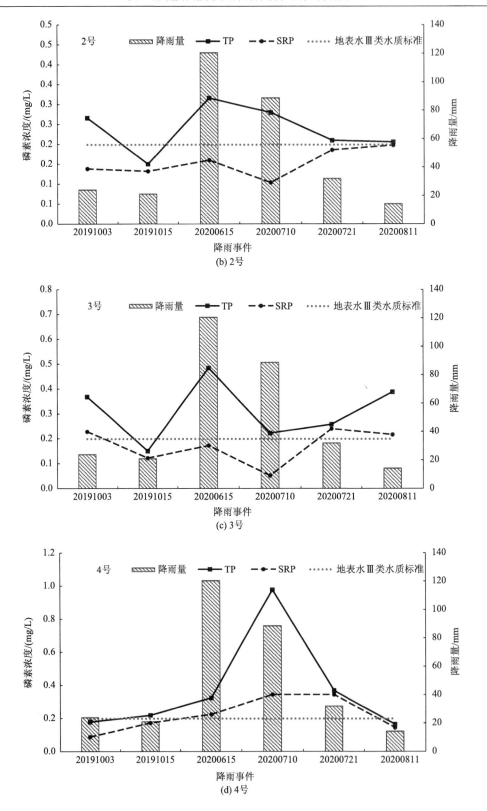

(b) 2号

(c) 3号

(d) 4号

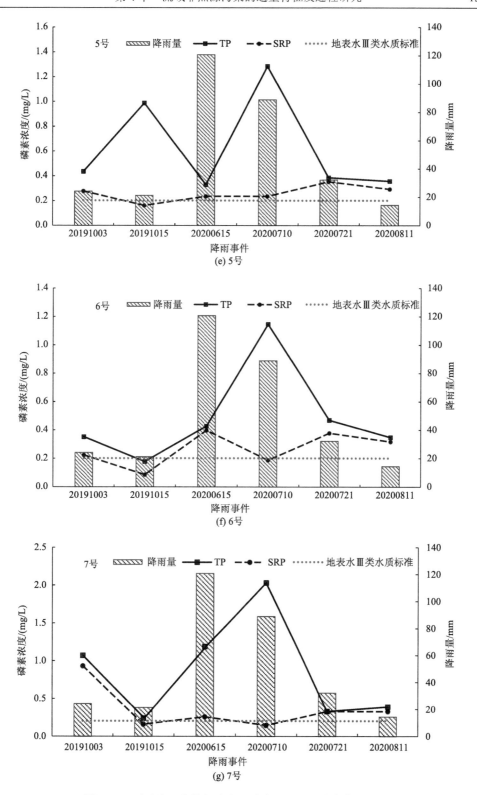

图 4-51　不同降雨事件径流小区磷素(TP、SRP)浓度对比图

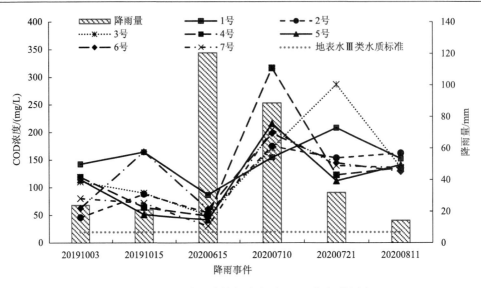

图 4-52　不同降雨事件径流小区 COD 浓度对比图

通过 2019～2020 年汛期 6 场自然降雨监测，从径流污染物浓度变化图(图 4-50～图 4-52)知，不同土地利用类型下 TN、COD 的流失最为严重，对于耕地而言，除 NH₃-N 外污染物流失浓度均超过地表水环境Ⅲ类水质标准，径流小区养分流失情况严重。林地、林草地以及耕地的氮素流失含量差异明显且波动较大，特别是 4 号、5 号、6 号径流小区径流氮素含量变化最为剧烈，林地与林草地氮素流失情况基本持平，整体呈现出随降水产流量增大而浓度减小的过程，养分流失主要以 NO_3-N 的形式，占比区间为 51%～85%，且 7 个径流小区 NO_3-N 与 NH_3-N 的输出过程相似。

对比图 4-50～图 4-52，可以看出不同土地利用中氮素(TN、NH_3-N、NO_3-N)、磷素(TP、SRP)、COD 的浓度变化并不一致，并且分析发现 TP 含量与泥沙含量存在较为理想的函数关系，如表 4-33 所示。然而 TN 含量与径流/泥沙含量不存在明显的相关关系，可能是样本量较少和水样检测误差导致。TP 流失相对其他污染物而言总体较小，这可能与当地磷肥使用量较少，施用农家肥和氮肥的施肥习惯有较大关系。

表 4-33　不同径流小区泥沙与 TP 相关性分析表

小区编号	关系曲线	R^2
1	$y=-0.000004x^2+0.0052x+0.2825$	0.4841
2	$y=0.0000005x^2-0.00004x+0.24$	0.5285
3	$y=-0.000002x^2+0.0015x+0.2087$	0.5005
4	$y=-0.00008x^2+0.0084x+0.1391$	0.8567
5	$y=0.0013x^2-0.0623x+0.8743$	0.677
6	$y=-0.0004x^2+0.0238x+0.2628$	0.6886
7	$y=0.0076x^2-0.1676x+1.0615$	0.6096

4.4.2 张家沟小流域非点源污染特征分析

1. 降水产流及污染物流失分析

为了明晰小流域的产流及污染物流失特征，以 20200710、20200724 及 20200801 场次降水产流过程为例，研究降水量与产流量的相关关系(表 4-34)以及污染物流失特征。数据表明，小流域卡口站监测流量的最大值滞后于有降水最大值 3～5h 左右，降水过程降水量与产流量相关关系明显。

表 4-34　张家沟小流域降雨产流相关关系表

降水事件	关系曲线	R^2
20200710	$y=7.2772x^2-264.98x+3158.6$	0.9066
20020724	$y=10.089x^2+225.09x+1209.2$	0.9792
20200801	$y=31.45x^2-1001.1x+3498.1$	0.696

图 4-53 为张家沟小流域 2020 年 7 月 10 日卡口站监测到的降水产流过程。该次降水事件的降水总量为 88.8mm，总历时 34h。降水过程存在三个明显降水峰值，但是由于后两个降水峰值时间间隔较短，再加上前期降水导致径流量持续达到较高的水平，所以使得洪峰流量并不突出。第一个洪峰流量为 0.40m³/s，出现在 660min，洪峰滞时为 180min，在后续同量级的降水条件下，产流量持续走高，第二次流量峰值出现在 1290min，洪峰流量为 0.48m³/s，之后流量呈波动式下降，这说明流量对降水的响应比较明显，但是滞后性较强，且受土壤含水量影响较大。

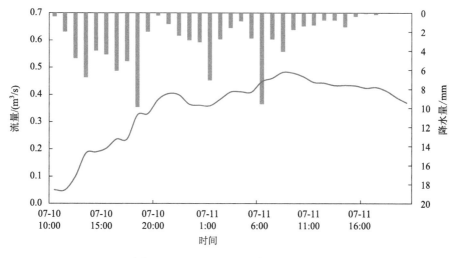

图 4-53　20200710 场次降水产流过程

图 4-54 为张家沟小流域 2020 年 7 月 24 日监测到的降水产流过程，该降水事件降水总量为 57.1mm，降水历时 39h，降水在 360min、780min、1200min 和 1800min 存在四

个峰值，呈现出三个明显峰值，峰值形状为两大一小，因为受第一个降水峰值对土壤含水率的补充，所以其流量过程的第一个峰值在降水第二个峰值后来临，洪峰流量为0.41m³/s。并且由于降水强度较大，流量峰值滞时仅为 240min。随着降水量逐渐减小，第二个降水峰值并未引起流量洪峰，直至第四个降水峰值到来，第二个洪峰流量受降水强度影响，减小为 0.38m³/s，滞后降水峰值时间延长为 420min。

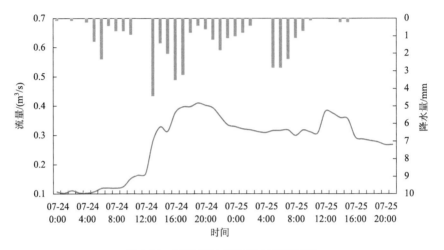

图 4-54　20200724 场次降水产流过程

图 4-55 为 2020 年 8 月 1 日卡口站监测到的降水产流过程。该次降水事件的降水总量为 45.2mm，虽然在降雨过程的 180min 存在一个峰值，但是降水历时较短，降水强度较大，使得流量峰值滞时仅为 70min，洪峰流量为 0.6m³/s。

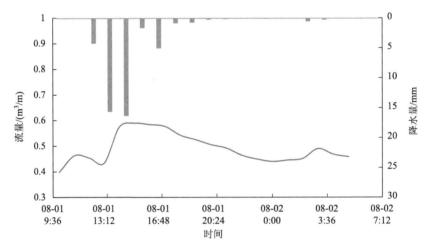

图 4-55　20200801 场次降水产流过程

图 4-56、图 4-57、图 4-58 为 20200710 场次典型降水条件下污染物的流失过程。由图 4-56、图 4-58 可知 TN、NH₃-N、NO₃-N 的浓度均随着径流过程波动，并且 TN、NH₃-N、NO₃-N 和 COD 均在径流初期呈上升趋势，存在初始冲刷现象，随着后期径流量减小并

逐步回落，这与径流小区表现出相同的特征，但 COD 的浓度峰值早于流量峰值。总的来看，TN、NO₃-N、TP 与 COD 污染浓度明显超过地表Ⅲ类水质标准，但是相比径流小区尺度，污染浓度有所降低。其中 TN、COD、NH₃-N 和 NO₃-N 浓度变化范围分别为 2.544～7.678mg/L、160～224mg/L、0.174～0.357mg/L 和 0.424～0.742mg/L，NO₃-N 与 NH₃-N 平均占比分别为 76.4%和 7.6%。图 4-57 中展示的 TP 与 SRP 在径流过程具有相同的变化趋势，与径流小区尺度下结果较为相似，泥沙对磷素的流失影响明显，其中 TP 与泥沙表现出较强的相关性，其关系式为 $y=-0.2221x^2+0.1133x-0.0009$，$R^2=0.8617$，其浓度峰值伴随着流量峰值，SRP 的浓度变化范围为 0.018～0.03mg/L，呈现逐渐降低的趋势。

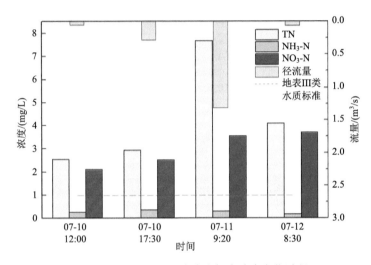

图 4-56　20200710 场次降水氮素浓度变化过程

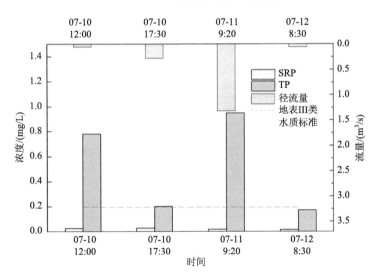

图 4-57　20200710 场次降水磷素浓度变化过程

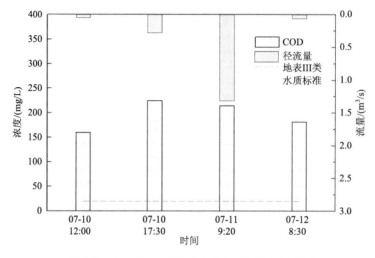

图 4-58　　20200710 场次降水 COD 浓度变化过程

2. 非点源污染负荷估算

采用平均浓度法进行估算，其原理见 4.2.2 节。由表 4-35 可知，各场次洪水过程的非点源污染负荷相差较大，受降水量及降水强度的影响较大，随着雨量及雨强的增大非点源污染负荷也增多，小流域水质最主要的污染物是 TN，且 NO_3-N 是主要形态。

表 4-35　　非点源污染负荷估算结果　　　　　　　　　（单位：g）

场次	TN	NO_3-N	NH_3-N	TP	SRP
20191003	186216	56708	4428	1880	1194
20200615	3213549	3065108	293448	129442	77365
20200710	611824	296664	24101	72859	1217
20200723	76403	61516	4382	2894	2390
20200811	25314	20790	2422	981	830

基于 5 场降雨过程产生的非点源污染负荷量 W_L，利用公式计算得到场次洪水非点源污染浓度及加权平均浓度，见表 4-36 所示，并将其视作年地表径流的平均浓度。从表 4-36 可以看出，卡口站氮素污染严重，TN、NO_3-N 均超过地表Ⅲ类水质标准，NO_3-N

表 4-36　　场次洪水非点源污染平均浓度估算　　　　　（单位：mg/L）

场次	TN	NO_3-N	NH_3-N	TP	SRP
20191003	14.3	4.36	0.37	0.14	0.09
20200615	7.86	7.5	0.72	0.32	0.19
20200710	7.7	3.74	0.3	0.92	0.01
20200723	5.08	4.09	0.29	0.19	0.16
20200811	5.54	4.46	0.52	0.21	0.18
加权平均	7.9	6.72	0.63	0.4	0.16

在 TN 中占主要部分，NH₃-N 浓度与径流小区径流浓度相差不大，可能是降雨径流过程中与氧气充分接触，NH₃-N 经过硝化作用生成 NO₃-N，从而使得 NO₃-N 浓度有较大增加。最终获得汛期月尺度下非点源污染负荷量，如表 4-37 所示，可以看出 7~9 月是污染物流失的集中期，占整个汛期非点源污染的 96.73%。

表 4-37　非点源污染月负荷估算结果　　　　　（单位：g）

月份	TN	NO₃-N	NH₃-N	TP	SRP
6 月	1098210	934570	87868	55474	22106
7 月	2534081	2156487	202752	128003	51009
8 月	12681796	10792130	1014672	640592	255274
9 月	17311917	14732334	1385129	874472	348474
求和	33626004	28615521	2690421	1698541	676862

4.4.3　小结

本节主要通过监测自然降雨下不同植被类型、覆盖度的径流小区的产流、产沙、产污情况进行分析，采用平均浓度法计算典型小流域非点源污染，结果有：

（1）坡地径流小区（1~7 号）汛期前后氮素含量急剧下降，但磷素变化不大。径流小区降水量与产流量/产沙量呈明显的线性关系，并且土地利用类型与降雨特征对产流/产沙影响显著，单位面积降水产流量/产沙量顺序为：林地＞林草地＞耕地，相同土地利用下坡度是影响产流的重要因素，坡度越大产流量越大。植被覆盖度与坡面平整度对产流量影响不大，但是高植被覆盖与坡面凹陷会减少产沙量，并减缓产沙峰值的出现。径流小区随产流/产沙过程中的氮素流失量远大于磷素流失量，TP 的流失与产沙量有较为理想的函数关系。林地、林草地及耕地产生的地表径流中氮含量差异明显且波动较大，但是 TN 流失浓度基本均超过地表Ⅲ类水质标准，其最主要的流失形态是 NO₃-N，与 NH₃-N 具有相似的输出过程。

（2）小流域降水过程中降水量与产流量具有明显的相关关系，滞后性较强，且受土壤含水量与降雨特征影响。小流域典型降水事件下污染物输出过程与径流小区尺度相似，存在明显的初始冲刷现象，但 COD 的浓度峰值早于径流峰值。TP 仍然与泥沙表现出较强的相关性，其浓度的峰值伴随着流量峰值。汛期 7~9 月是污染物流失的集中期，TN、NO₃-N、COD 均超过地表Ⅲ类水质标准，相比径流小区尺度，污染物浓度有所降低，但 NH₃-N 浓度相差不大。

4.5　汉江中游杨柳小流域非点源污染特征分析及过程研究

4.5.1　径流小区径流-泥沙-污染物过程研究

流域非点源污染主要来自周边种植业径流和泥沙流失携带的营养物，两者均产生于降雨径流过程中。为了研究不同自然要素影响下汉江流域陕西段径流-泥沙-氮磷营养盐输移的关系，从径流小区和杨柳小流域进行解析。收集径流小区雨量筒 2020 年的降雨资料，研究坡面-流域的降雨径流变化过程、侵蚀输沙过程及污染物迁移转化过程。

1. 降雨径流过程及其响应关系

降雨作为非点源污染过程的自然驱动力，不仅是径流的直接来源，还是泥沙、污染物产生的主要动力。降雨的雨型、雨量、降水历时、降水强度等特征直接影响径流小区和小流域的径流产生量、泥沙及污染物流失量。根据 2020 年监测和收集的降水数据进行降雨特征分析。

从图 4-59、图 4-60 可以看出，2020 年杨柳小流域总降水量为 772.2mm，汛期（5～10 月）降水量为 646.3mm，占全年总降水量的 83.7%，石泉站汛期多年平均降水量为742.96mm，可以判断出 2020 年是偏枯年，对应的水文频率为 64.8%。统计杨柳小流域的各种降水指数（表 4-38），包括月降水量（mm）、降水强度（mm/d）、有降水日数（降水量大于 0.5mm 的天数，d）、日最大降水（mm）、中雨和大雨日数（日降水量>10mm 和>25mm 的天数，d）。发现 2020 年降水量主要发生在汛期的 5～10 月，有降水日数为 89 天，在0.5～10mm 间的小雨较多，年降水强度达到 7.67 mm/d，与时间相关性不大。大于 10mm 的中雨日数 23 天，其中 20 天发生在 5～10 月，只有 3 场发生在其他月。2020 年大雨日数 10 天，其中 8 场集中在 6 月和 8 月，最大日降水量为 40.61mm，发生时间为 2020 年6 月 17 日。

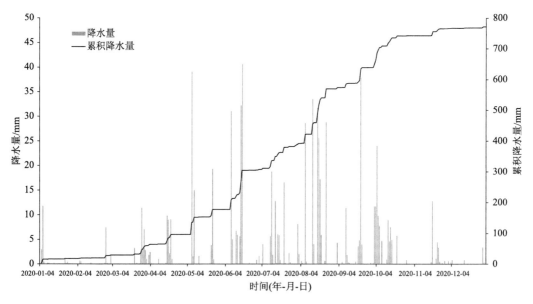

图 4-59　杨柳小流域日降水量分布图

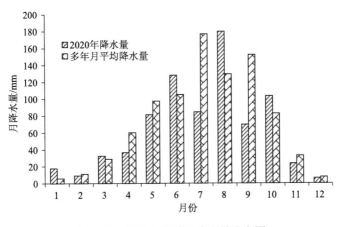

图 4-60　杨柳小流域月降水量分布图

表 4-38　杨柳小流域降水指数统计表

月份	降水量/mm	有降水日数/d	降水强度/(mm/d)	日最大降水/mm	中雨日数/d	大雨日数/d
1	17.8	3	5.93	11.8	1	0
2	9.4	3	3.13	7.4	0	0
3	32.4	8	4.05	11.4	1	0
4	36.6	8	4.575	9.81	0	0
5	81.4	7	11.63	39.07	3	1
6	128	8	16	40.61	3	3
7	76.7	11	6.97	18.78	3	0
8	187.4	12	15.62	33.5	6	5
9	69.5	7	9.93	37.9	2	1
10	103.3	13	7.95	24	3	0
11	23.5	5	4.7	12.8	1	0
12	6.2	4	1.55	3.4	0	0
统计值	772.2	89	7.67	40.61	23	10

降雨条件下陆域径流过程、输沙过程及污染物迁移的影响因素很多，其中降雨、地形、地表径流、地下渗漏及植被截留等为主要影响因素。石泉县杨柳小流域是湿润半湿润区，通过在自然降雨条件下坡面到流域的现场监测试验，研究不同自然要素对坡面径流的影响。

2020 年不同径流小区监测的 6 场降雨的径流量与降水量的关系如图 4-61 所示，可发现两者有较高的相关性，降水量越大则径流量越高，反之也成立，1 号小区只有在大雨条件下才有产流量，暴雨场次(降水量大于 50mm，20200617 场)下的不同径流小区单位面积(m²)的产流量均大于其他大雨和中雨，大于 35mm 的大雨场次对应的产流量次之。综合来看，6 号小区的单位面积产流量最大，达到 11.32L/m²，其余小区单位面积产流量从大到小表现为：2 号>3 号>7 号>1 号>5 号>4 号。

对径流小区坡面径流量与降水量进行回归分析(表 4-39)，发现不同坡度的径流小区产生的地表径流量与有效降水量呈现较显著的非线性关系($P<0.01$)，1 号小区降雨径流呈线性关系的原因是样本过少，小区降水量和径流量的相关系数均值为0.92。结合图 4-61 和表 4-39 可知坡度为 18°的 6 号小区单位面积的产流量远大于其他小区，坡度为 25°的 4 号小区单位面积产流量最小，坡度为 20°的 2 号小区单位面积产流量较大，跟其种植作物有关。3 号和 5 号小区坡度均为 24°，种植作物都是玉米，但是单位面积产流量差异性较大，在不同降水条件下产流量表现为 3 号>5 号，表明坡度较大时采用梯田的种植方式并不会减少产流量。综上，坡度为 18°的区域产生的地表径流量最大，在坡度为 25°的区域，产流量相较于其他小区最小。

根据植物不同的生长阶段，发现不同降水场次的地表径流总量差异较明显，植被截留部分雨量，削减降雨的动能，提高土壤入渗性能，使得地下径流量增加。随着植被覆盖度的增加，地表对降水变化过程的调节作用也越来越明显。

综上所述，降水和坡度对于坡面地表径流都有较大的影响，降水量和径流量呈显著的非线性关系。坡度为 18°的区域易于地表径流产生，大于坡度 25°的区域产生的地表径流最小。植被覆盖度较高时对降雨径流过程的调节能力较强。

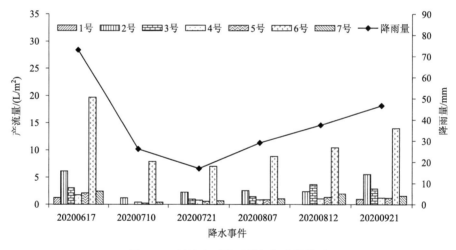

图 4-61　径流小区降雨量与径流量关系

表 4-39　径流小区降水量与坡面径流量回归分析

小区编号	坡度/(°)	回归方程	相关系数(R)
1	22°	$Q = 0.3232P + 15.657$	0.99995**
2	20°	$Q = -0.0011P^2 + 1.9608P - 1.9633$	0.8722**
3	24°	$Q = -0.0175P^2 + 2.0035P - 20.222$	0.8526**
4	25°	$Q = 0.0032P^2 + 0.1682P + 10.605$	0.9103**
5	24°	$Q = 0.0003P^2 + 0.2926P - 0.472$	0.9100**
6	18°	$Q = 0.0041P^2 + 1.1571P + 20.867$	0.9917**
7	14°	$Q = -0.0019P^2 + 0.3872P - 3.0753$	0.8700**

注：表中 Q 和 P 代表径流量(L)和降水量(mm)。

2. 泥沙输移过程

降水和径流是水土流失的驱动力，也是土壤侵蚀发生的主要单元。土壤养分流失与地表径流的关系密切，坡面产沙过程与坡面径流过程变化规律类似，通过径流小区径流量-泥沙量的关系研究可明确非点源污染过程中泥沙输移的机理。

1) 典型降水场次下径流小区产流产沙特性

选择 20200921 场典型降雨下的 7 个径流小区的时段产流量和时段产沙量的过程，如图 4-62 所示。从图中可以看出在自然降雨条件下坡面径流过程存在以下规律：降雨开始后的时段地表产流量均较小，随着降水历时增加，地表产流量会显著增加，但是产流速度是不同的，受降水强度、坡度、植被覆盖等条件影响，降雨中后期径流量增加幅度较小。从坡面产沙过程可以看出，降雨初期的地表产流量及携带泥沙量均较小；随着降水历时增加，小区所在的地表土壤饱和，时段产沙量随着时段地表产流量的增大而增加；降雨中后期随着降雨的停止，时段产沙量减少并趋于稳定，如小区 1 号、2 号、5 号、6 号和 7 号。在次降水结束后，各径流小区的产流过程和产沙量有一定差异，单位面积产沙量大小排序依次为 6 号>3 号>7 号>4 号>2 号>1 号>5 号，单位面积产沙量为 2.04 g/m^2、0.70 g/m^2、0.32 g/m^2、0.14 g/m^2、0.11 g/m^2、0.044 g/m^2 和 0.037 g/m^2，6 号小区单位面积产沙量是 5 号小区产沙量的 55 倍左右。产沙量除了受径流要素的影响，还与植被覆盖度、坡度及小区土壤本身物化性质等要素有关，具体分析如下：6 号小区（坡度 18°）的产流量和产沙量均是最大值，说明此坡度下极易发生产流和土壤侵蚀；6 号和 7 号坡度不同，坡长接近，但是产流量和产沙量差异性较大，几乎是数量级的差异，如两小区对应的产流量分别为 89.5L 和 9.5L，产沙量分别是 13.07g 和 1.96g，其原因可能是 7 号小区种植茄子和西红柿两种植物，作物根系有效交叉减少了土壤侵蚀现象的发生；3 号和 5 号小区坡度相同，坡长相同，产流量和产沙量成正比，产流量大时产沙量也大，但是因为 5 号小区植被覆盖度较高，表层土壤覆盖大量枯枝落叶降低了土壤侵蚀量，与 4 号小区（与坡度类似，坡长较长）的结果对比发现，坡长较长时也不一定会增加产沙量和产流量；2 号和 4 号小区坡长相近，坡度不同，虽然 2 号小区产流量最大达到 117.5L，但是产沙量与 4 号小区差距较小，其原因是作物类型对产沙的影响大于坡度。综上，土壤侵蚀易在 18°左右的区域发生，径流小区泥沙输移过程受自然要素的影响表现为植被覆盖度大于坡长坡度因子。

2) 不同降水事件下各径流小区泥沙输移特性

对杨柳小流域 7 个径流小区次降雨径流中的泥沙含量进行分析（图 4-63），可以看出在自然降水条件下，6 号小区土壤流失量最大，汛期平均土壤流失量为 4.17 t/km^2；7 号和 2 号径流小区的土壤流失量也较大，表明蔬菜地的土壤侵蚀量大于坡耕地的土壤侵蚀量，其原因是蔬菜地受人类活动影响大。从降水场次对应的时间分析，发现 7 月中旬前土壤流失量相对而言较小，8 月土壤流失量较大，其原因可能是 8 月降水历时较长，降水场次间的间隔时间较小。1 号、3 号、4 号和 5 号的土壤流失量在 2020 年 6 月 17 日最大，在同一降水强度下的土壤流失量大小排序为 3 号>4 号>5 号>1 号，表明在强暴雨条件下更易发生土壤侵蚀，坡长坡度对土壤侵蚀的影响显著。所有小区汛期平均土壤流失量为 1.31 t/km^2。

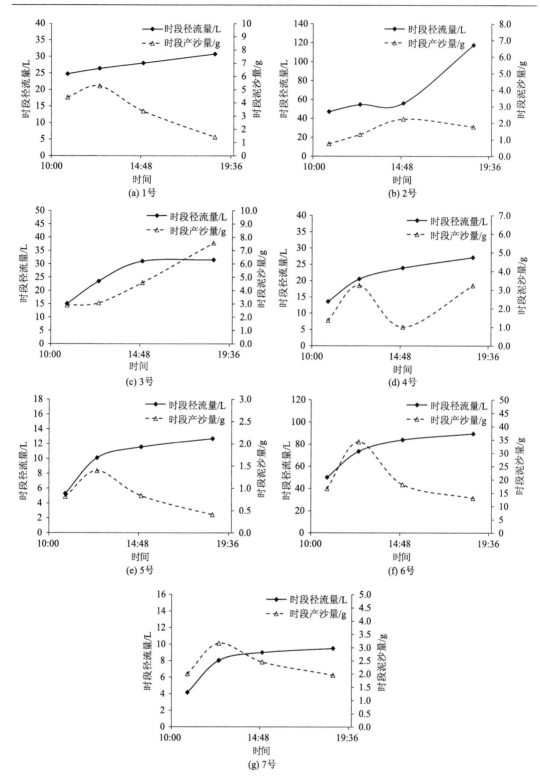

图 4-62 20200921 场降水下各径流小区坡面产流产沙过程

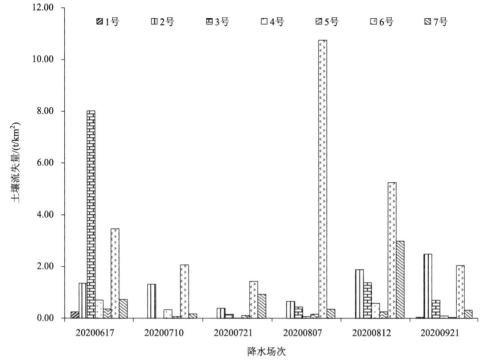

图 4-63　次降水过程径流小区土壤流失量

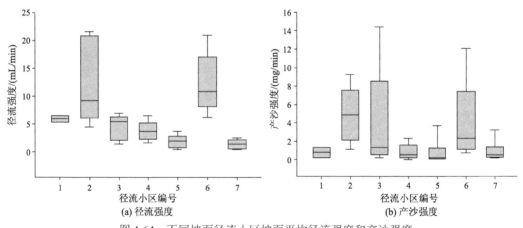

图 4-64　不同坡面径流小区坡面平均径流强度和产沙强度

　　为了进一步分析不同径流小区坡面产流产沙过程的差异性，绘制不同下垫面条件下各径流小区的坡面平均径流强度和产沙强度的箱型图(图 4-64)。对比径流强度和产流强度的箱型图可以发现，7 个小区的均值、正常值和异常值有明显差异。从径流强度图可以看出，7 号小区的平均产流强度最小，为 1.40mL/min，不同小区坡面平均径流强度大小排序为：6 号>2 号>1 号>3 号>4 号>5 号>7 号，2 号小区的径流前后期波动幅度较大，所以导致其时段径流强度波动范围大，而 1 号小区产流强度波动范围最小。从产沙强度图可以看出，1 号小区的平均产沙强度最小，为 0.78mg/min，不同小区坡面平均产沙强度大小排序为：2 号>6 号>3 号>7 号>4 号>5 号>1 号，其中 2 号小区的平均产沙强度最大，为 4.92 mg/min，2 号、3 号和 6 号径流小区的平均产沙强度的波动范围较大，产沙过程不稳定。

通过拟合不同降水场次下各径流小区的坡面累积径流量和累积泥沙量(表 4-40)，发现两者之间为幂函数关系，且相关系数为 0.97 以上，但是两者关系曲线的斜率和幂指数均不同，不同径流小区的累积径流量和累积泥沙量成正比，利用关系曲线可以定量化表达产流与产沙之间的动态变化。

表 4-40　各径流小区累积径流量与累积泥沙量的关系

径流小区	关系曲线	相关系数 R
1 号	$S = 2.7986 Q_{sum}^{0.2838}$	0.9999
2 号	$S = 0.0471 Q_{sum}^{1.3574}$	0.9701
3 号	$S = 40.461 Q_{sum}^{0.2125}$	0.9839
4 号	$S = 1.3178 Q_{sum}^{0.6971}$	0.9436
5 号	$S = 0.2228 Q_{sum}^{0.9423}$	0.9882
6 号	$S = 0.0038 Q_{sum}^{1.7832}$	0.9702
7 号	$S = 0.0419 Q_{sum}^{1.7509}$	0.9836

注：表中 Q_{sum} 和 S 分别代表累积径流量(L)和累积泥沙量(g)。

3. 污染物迁移转化过程

土壤养分随着地表径流的流失有两种方式，一种是溶解态，随着地表径流和渗漏而进入地表水体，对地表水环境质量影响显著；一种是颗粒态，在侵蚀性降雨作用下，被冲刷剥蚀吸附在土壤及泥沙中的污染物，与水土流失密切相关，主要发生在土壤表面，它伴随着泥沙迁移进入河道，最终造成水体污染。在径流小区开始试验时，采集了径流小区的土壤样品，通过小区土壤的物化性质分析土壤营养盐负荷对污染物输出的潜在风险。

1)径流小区土壤物化性质

径流小区概况中的表 4-6 是 2 号、4 号和 5 号小区不同土层深度的物理性质，可以看出各小区不同土层间土壤含水率的差异较小，各小区的平均含水率按大小排序为：2 号(17.05%)>4 号(14.95%)>5 号(13.83%)，土壤含水率较高的小区在同一场降雨下越容易达到饱和状态，易产生比较大的地表径流。从表 4-4 和表 4-6 可知径流小区土壤类型和质地分别为黄棕壤和粉砂壤土，不同深度土层的机械组成差异性较小，土壤颗粒粗细状况会影响土壤水文过程分组和营养盐的转化，砂粒占比高会导致地表产流较少，通过土壤下渗和淋溶作用补充了地下径流。发现各径流小区不同土层的有机碳含量差异明显,在20～30cm土层深度的有机碳含量较低，说明表层土壤中的有机质通过分解和迁移更容易流失。

采集 2020 年汛期前和汛期后径流小区的土壤样品，对土壤养分含量进行测定，如表4-41。从表中可以看出：7 个小区中土壤养分流失较大的小区是 2 号，TP 变化范围由汛期前 0.663 g/kg～1.69 g/kg 减小至汛期后 0.469 g/kg～1.0 g/kg；各径流小区氮素的变化范围差异性较大，NH₃-N 和 NO₃-N 的含量在汛期流失量较大，两者在 TN 含量的平均占比分别由汛期前的 2.84% 和 4.45% 减少至汛期后的 0.02% 和 0.74%，TN 含量除 1 号小区外其余小区均表现为汛期后含量大于汛期前含量，其原因可能是作物生长期(3～8 月)施加化肥等导致土壤中有机氮的含量上升。

表 4-41 径流小区土壤养分含量

小区编号	汛期前				汛期后			
	TN /(g/kg)	TP /(g/kg)	NH$_3$-N /(mg/kg)	NO$_3$-N /(mg/kg)	TN /(g/kg)	TP /(g/kg)	NH$_3$-N /(mg/kg)	NO$_3$-N /(mg/kg)
1 号	1.690	0.751	23.83	27.84	1.025	0.585	0.18	8.72
2 号	0.771	0.963	23.08	39.48	1.362	0.584	0.23	7.44
3 号	0.717	0.814	18.08	39.92	1.085	0.469	0.19	8.56
4 号	0.656	0.848	22.56	31.83	1.082	0.51	0.26	8.63
5 号	0.694	0.955	24.9	35.5	1.016	0.586	0.18	8.64
6 号	0.784	1.169	23.25	35.57	1.09	0.967	0.22	9.11
7 号	0.868	0.663	25.7	37.65	1.54	1.00	0.26	7.57

2) 典型降水场次下径流小区的氮磷素迁移转化特征

A.氮素(TN、NH$_3$-N、NO$_3$-N)的迁移转化过程特征

土壤养分在地表径流的作用下迁移转化，其中径流中 TN 包括颗粒态氮(PN)和溶解态氮(DN)两部分，溶解态氮主要由 NH$_3$-N 和 NO$_3$-N 组成，磷素选择 TP 和正磷(SRP)进行分析。选择典型降水场次 20200921，分析各径流小区的不同形态氮污染物随时间的迁移转化过程，如图 4-65 所示。

从图 4-65 可以看出 7 个径流小区的 TN、NH$_3$-N、NO$_3$-N 浓度变化过程差异较大，不同小区 TN 浓度随径流过程呈现逐渐上升(1 号、2 号)、下降(4 号、6 号、7 号)和波动(3 号、5 号)变化趋势，不同下垫面条件下的各径流小区 TN 浓度变化幅度不同。1 号、2 号、7 号径流小区的 TN 浓度整体较高，TN 浓度均值分别为 7.04 mg/L、7.75 mg/L 和 8.47 mg/L，其中 1 号和 2 号小区 TN 浓度增幅较大，分别为 3.528 mg/L 和 4.769 mg/L。6 号小区 TN 浓度最小，均值为 1.92 mg/L，但是降幅较小，只有 0.112 mg/L。TN 浓度降幅较大的小区为 4 号和 7 号，降幅分别达到 1.55 mg/L 和 1.19 mg/L。不同径流小区地表径流中的 NO$_3$-N 浓度与 TN 浓度有类似的变化规律。1 号、2 号、7 号径流小区的 NO$_3$-N 浓度整体较高，均值分别能达到 6.16 mg/L、6.05 mg/L 和 7.93 mg/L，其中 1 号小区 NO$_3$-N 浓度增幅较大，达到 5.498 mg/L。6 号小区 NO$_3$-N 浓度最小，均值为 1.26 mg/L。7 个小区 NH$_3$-N 浓度的值和变幅都较小，且均远远小于 TN 和 NO$_3$-N 浓度，其原因是易于被土壤吸附的 NH$_3$-N 在土壤硝化细菌的作用下转化为 NO$_3$-N。

结合图 4-65 和表 4-42 可知，NO$_3$-N 流失量占地表径流中 TN 流失量的变化范围为 70.2%～93.2%，其均值能达到 80.15%，NH$_3$-N 流失量占地表径流中 TN 流失量的变化范围为 3.20%～13.24%，其均值能达到 7.86%，表明 NH$_3$-N 的流失量远小于 NO$_3$-N 的流失量，地表径流中氮素流失的主要形态是 NO$_3$-N。径流小区 TN 流失量大小排序为：2 号>1 号>3 号>6 号>4 号>7 号>5 号，其中 2 号小区 TN 流失量是 5 号小区的 10 倍左右。1 号小区(坡度 22°)和 2 号小区(坡度 20°)TN 流失量较大分别达到 550.23 mg 和 562.97 mg。

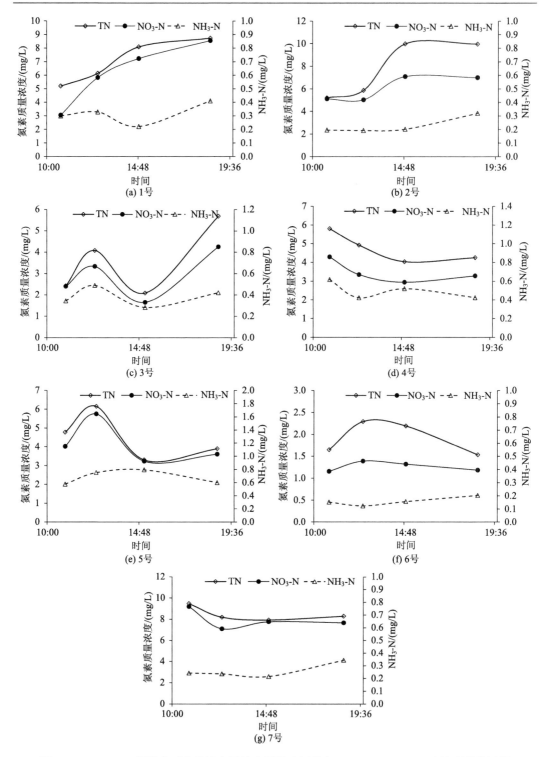

图 4-65　20200921 场降水下各径流小区地表径流中氮素(TN、NO₃-N、NH₃-N)浓度变化过程

表 4-42　各径流小区地表径流中氮素（TN、NO₃-N、NH₃-N）流失特征

径流小区	TN		NH₃-N		NO₃-N	
	流失量/mg	流失强度/(kg/hm²)	流失量/mg	占 TN 比例/%	流失量/mg	占 TN 比例/%
1 号	550.23	0.164	24.54	4.46	512.70	93.18
2 号	562.97	0.266	18.02	3.20	395.22	70.20
3 号	179.17	0.166	13.26	7.40	133.88	74.72
4 号	115.34	0.051	11.52	9.99	89.02	77.18
5 号	60.27	0.045	7.59	12.59	45.78	75.96
6 号	137.20	0.214	18.17	13.24	106.06	77.30
7 号	78.71	0.128	3.26	4.14	72.80	92.49

　　综上分析可知，在典型降水场次下的各径流小区的 TN、NO₃-N 有类似的变化过程，随径流过程不同形态氮的浓度变化趋势有一定的差异。其中 1 号小区 TN 和 NO₃-N 浓度增幅均较大，分别为 3.528 mg/L 和 5.498 mg/L。7 个小区 NH₃-N 浓度均远小于 TN 和 NO₃-N 浓度。NO₃-N 流失量占地表径流中 TN 流失量的均值达到 80.15%，表明地表径流中氮素流失的主要形态是 NO₃-N。各小区氮素流失强度均值为 0.15 kg/hm²，2 号小区流失强度最大，流失强度为 0.266 kg/hm²。

　　B. 磷素（TP、SRP）迁移转化特征

　　从图 4-66 可以看出 7 个径流小区的不同形态磷浓度变化过程呈现波动减小的趋势，且减小幅度较小。1～7 号小区的 TP 浓度均值分别为 0.865 mg/L、0.783 mg/L、0.908 mg/L、0.732 mg/L、1.223 mg/L、0.704 mg/L、0.751 mg/L，其中 5 号小区 TP 浓度较大，对应的 SRP 浓度也较大。1 号小区的 TP 浓度降幅稍大，TP 浓度从产流初期的 1.284 mg/L 下降至产流结束后的 0.654 mg/L，降幅达到 0.63 mg/L。2 号小区的 SRP 浓度降幅较大，降幅为 0.47 mg/L。结合表 4-43 可知，SRP 流失量占地表径流中 TP 流失量的变化范围为 10.05%～94.21%，其均值能达到 58.17%，表明地表径流中磷流失的主要形态是 SRP。径流小区 TP 流失量大小排序为：6 号>2 号>1 号>3 号>4 号>5 号>7 号，TP 流失量极值之间的倍数可达 9 倍左右，其原因可能是两小区较大的地表径流携带了大量土壤养分。6 号小区中的 SRP 占比达到了 82.7%，而 2 号小区中颗粒态磷（PP）占比达到 90%左右。

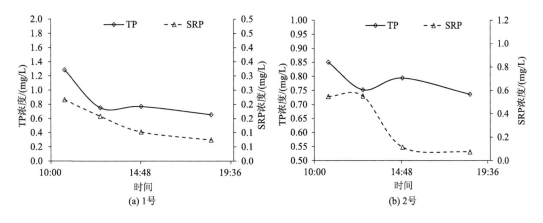

(a) 1号　　　　　　　　　(b) 2号

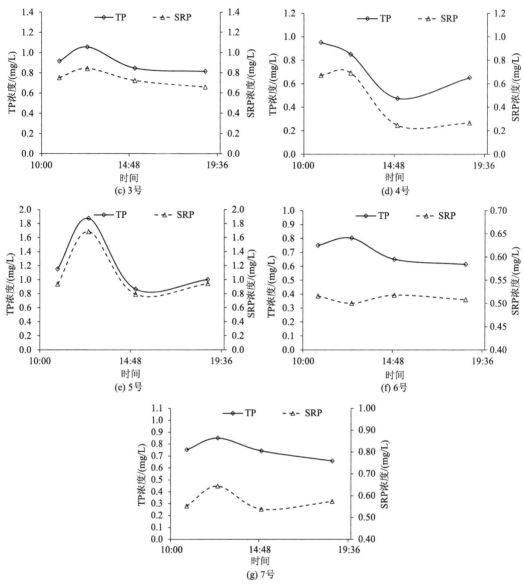

图 4-66　20200921 场各径流小区地表径流中磷素(TP、SRP)浓度变化过程

表 4-43　各径流小区地表径流中磷(TP、SRP)流失特征

径流小区	TP		SRP	
	流失量/mg	流失强度/(kg/hm²)	流失量/mg	占 TP 比例/%
1 号	39.24	0.115	4.44	11.31
2 号	41.58	0.071	4.18	10.05
3 号	25.64	0.153	20.73	80.84
4 号	17.67	0.448	7.21	40.80
5 号	12.73	0.465	11.99	94.21
6 号	54.95	0.439	45.47	82.74
7 号	6.25	0.022	5.45	87.23

综上分析可知，在典型降水场次下的各径流小区的磷素流失的主要形态是 SRP，不同小区 SPR 和 PP 占比差异性较大，在坡度为 20°～22°的区域 PP 含量较大。植被覆盖度较高或套种模式对磷素的调节作用更强，如 7 号小区的 TP 流失强度为 0.022 kg/hm²，相较于其他小区是最小值，各小区磷素流失强度均值为 0.245 kg/hm²，1～7 号小区的磷素流失强度排序为：5 号>4 号>6 号>3 号>1 号>2 号>7 号。

3) 不同降雨事件下径流小区的氮磷素迁移转化特征

A. 氮素(TN、NH₃-N、NO₃-N)的迁移转化特征

对 7 个径流小区次降雨径流中的不同形态氮浓度过程进行分析(图 4-67)，可以看出 1 号小区的 TN 浓度变化范围较大，极大值和极小值分别为 8.728 mg/L 和 1.119 mg/L，其原因是样本数太少，在暴雨和大雨条件下才有产流量；不同径流小区的 TN 浓度均值排序为：7 号>2 号>3 号>1 号>5 号>4 号>6 号，7 号小区的 TN 浓度为 6 号小区的 3 倍左右；6 号小区 TN 浓度变化范围较小，范围为 1.645～3.319 mg/L。各径流小区水质中 NO₃-N 浓度均大于 NH₃-N 浓度，其原因可能是土壤中的 NO₃-N 带有负电荷且易溶于水，随地表径流迁移的能力较强，容易流失；各径流小区的 NO₃-N 浓度变化过程与 TN 浓度变化过程类似，不同径流小区的 NO₃-N 浓度均值排序为：7 号>1 号>2 号>3 号>5 号>4 号>6 号，7 号小区 NO₃-N 浓度均值最大，其值为 5.55 mg/L。除 7 号小区外的其他小区 NH₃-N 浓度均值差异较小，均值在 0.5mg/L 左右，造成 7 号小区 NH₃-N 浓度均值较大的原因是 20200807 场发生时 NH₃-N 的浓度值较高，达到 3.326 mg/L。从不同自然要素分析氮素污染

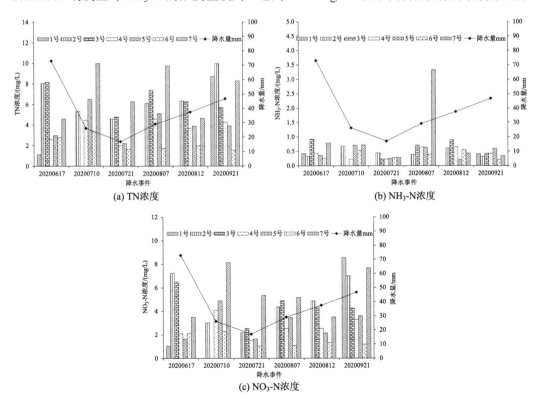

图 4-67　次降水过程径流小区地表径流中氮素(TN、NH₃-N、NO₃-N)浓度变化过程

物的变化过程，发现坡度坡长相同的 3 号和 5 号小区氮素浓度表现为 3 号>5 号，其原因有两方面，一是产流产沙量跟氮素污染负荷呈正相关，3 号小区产流产沙量大导致其氮素污染物流失量也大；二是 3 号小区土壤背景值中的氮素浓度较高，在暴雨的作用下易随径流流失。面积相差不大的 6 号和 7 号小区的氮素浓度差异性较大，产流产沙较大的 6 号小区氮素浓度较小，而 7 号小区正好相反，其原因可能是 6 号小区的土壤侵蚀程度低从而使得营养盐随地表径流的流失量小。

绘制各径流小区的氮素流失强度的箱型图分析不同径流小区氮素流失强度的差异性（图 4-68），对比氮素流失强度的箱型图可以发现，7 个小区的 TN 和 NO_3-N 流失强度箱型图类似，其中 2 号小区的 TN 和 NO_3-N 的流失强度波动范围较大，其范围分别为 0.064 ～0.494 kg/hm^2 和 0.036 ～0.443 kg/hm^2，两者流失强度均值排序为：2 号>6 号>3 号>7 号>1 号>5 号>4 号，其中 2 号、6 号和 3 号均值在 0.20 kg/hm^2 左右。3、6、7 号小区的 NH_3-N 流失强度波动范围类似，但是 6 号小区 NH_3-N 流失强度均值最大，达到 0.0386 kg/ hm^2。不同降水事件下整个径流场的氮素流失强度均值为 0.12 kg/hm^2。将不同降水事件下各径流小区的径流强度和 TN 流失强度数据进行回归分析（表 4-44），发现 1 号小区因为数据样本少径流强度和 TN 流失强度呈线性关系，其余径流小区的径流强度和 TN 流失强度均呈二次曲线关系，相关系数 R 的均值在 0.95 左右，后续可根据杨柳小流域或流域的不同下垫面特性选择合适的关系曲线定量化表达产流与氮素变化过程的动态变化。

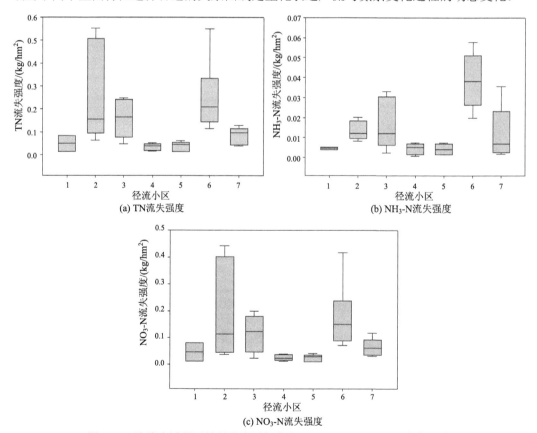

图 4-68　次降水过程下的径流小区氮素（TN、NH_3-N、NO_3-N）流失强度

表 4-44　各径流小区径流强度和 TN 流失强度关系

径流小区	关系曲线	拟合优度 R^2	相关系数 R
1 号	$y = -0.0613x + 0.4145$	0.9999	0.99995
2 号	$y = 0.0005x^2 + 0.0148x - 0.018$	0.9784	0.9891
3 号	$y = -0.004x^2 + 0.0674x - 0.0448$	0.8778	0.9369
4 号	$y = -0.0018x^2 + 0.022x - 0.0175$	0.8181	0.9045
5 号	$y = -0.0033x^2 + 0.0295x - 0.0017$	0.9301	0.9644
6 号	$y = 0.0023x^2 - 0.0393x + 0.3296$	0.8406	0.9168
7 号	$y = -0.0412x^2 + 0.1518x - 0.0219$	0.8649	0.93

注：x 为径流强度(mL/min)，y 为 TN 流失强度(kg/hm²)。

B. 磷素(TP、SRP)的迁移转化特征

对 7 个径流小区次降雨径流中的磷素(TP、SRP)浓度过程进行分析(图 4-69)，可以看出 1 号小区的 TP 浓度变化范围较大，极大值和极小值分别为 0.654 mg/L 和 0.158 mg/L；不同径流小区的 TP 浓度均值排序为：7 号>5 号>4 号>3 号>1 号>6 号>2 号，但是浓度值浮动的幅度较小，均值在 0.50 mg/L 上下浮动。各径流小区水质中 SRP 浓度均小于 TP 浓度，且减小幅度在 0.20 mg/L 左右。从不同自然要素分析磷素污染物的变化过程，发现坡度坡长相同的 3 号和 5 号小区磷素浓度表现为 3 号<5 号，其原因是 5 号小区土壤背景值中的磷素浓度较高[TP: 0.955 g/kg(5 号)>0.814 g/kg(3 号)]，在暴雨的作用下易随径流流失。面积相差不大的 6 号和 7 号小区的磷素浓度差异性较大，产流产沙较大的 6 号小区磷素浓度较小，而 7 号小区正好相反，其原因可能是 6 号小区的土壤侵蚀程度低从而使得营养盐随地表径流的流失量小。

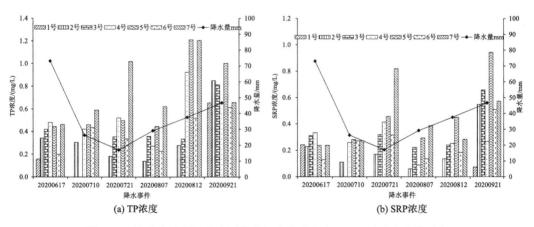

图 4-69　次降水过程径流小区地表径流中磷素(TP、SRP)浓度变化过程

绘制各径流小区的磷素(TP、SRP)流失强度的箱型图分析不同径流小区磷素(TP、SRP)流失强度的差异性(图 4-70)，对比磷素(TP、SRP)流失强度的箱型图可以发现，2 号和 6 号小区的 TP 和 SRP 流失强度波动范围较大，TP 流失强度的均值分别为 0.0144 kg/hm² 和 0.0429 kg/hm²，SRP 流失强度的均值分别为 0.0090~0.0285 kg/hm²，1

号小区磷素(TP、SRP)流失强度相较于其他小区较小，TP 和 SRP 的流失强度均值分别为 0.0041 kg/hm² 和 0.0018 kg/hm²。不同降水事件下整个径流场的磷素流失强度均值为 0.0137 kg/hm²。将不同降水事件下各径流小区的径流强度和 TP 流失强度数据进行回归分析(表 4-45)，发现 1 号小区径流强度和 TP 流失强度呈线性关系，其余径流小区的径流强度和 TP 流失强度均呈二次曲线关系，相关系数 R 的均值在 0.83 左右，拟合优度的均值也在 0.69 左右，后续可用来定量化表达产流与磷素变化过程的动态变化。

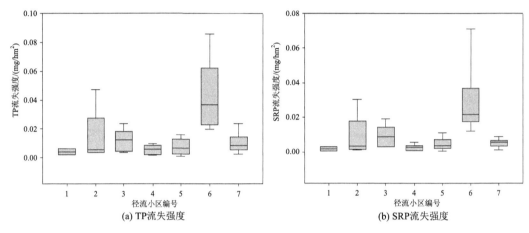

图 4-70　次降水过程下的径流小区磷素(TP、SRP)流失强度

表 4-45　各径流小区径流强度和 TP 流失强度关系

径流小区	关系曲线	拟合优度 R^2	相关系数 R
1	$y = -0.0038x + 0.0268$	0.9999	0.99
2	$y = 6\times10^{-5}x^2 + 0.0004x - 0.0011$	0.7035	0.84
3	$y = -0.0009x^2 + 0.0103x - 0.0118$	0.6442	0.80
4	$y = -0.0003x^2 + 0.004x - 0.0045$	0.6672	0.82
5	$y = -0.002x^2 + 0.0117x - 0.0052$	0.7154	0.85
6	$y = -0.0006x^2 + 0.0189x - 0.0832$	0.5656	0.75
7	$y = -0.0026x^2 + 0.0137x - 0.0025$	0.5491	0.74

注：x 为径流强度(mL/min)，y 为 TP 流失强度(kg/hm²)。

根据《地表水环境质量标准》(GB 3838—2002)中的水质判别标准，各径流小区的 TN 浓度均大于 2.0 mg/L，属于劣 V 类水平；$NH_3\text{-}N$ 浓度均在 1.0 mg/L 以下，属于Ⅲ类水；$NO_3\text{-}N$ 浓度均小于标准限值 10 mg/L；磷素浓度在 0.4 mg/L 变化，属于劣 V 类水。因此，明确径流小区内的养分流失比较严重。

根据各径流小区降水量、径流量、泥沙量及氮素和磷素浓度进行相关性分析，1 号小区数据样本较少舍弃，结果表明 TP 和 SRP 的相关系数均值为 0.621；TN 和 $NO_3\text{-}N$ 的相关性较显著，相关系数 R 均值达到 0.886；各径流小区的降水量和径流量相关系数 R 在 0.884 左右；磷素与氮素的流失程度类似，大部分与降水量、径流量和泥沙量呈正相关关系，个别小区有较小的负相关关系。综上，地表径流中的流失量表现为氮素>磷素，其中流失主要形态是 NO$_3$-N 和 SPR，与汉江流域其他小区结果一致（张铁钢，2016）；各径流小区氮素和磷素的流失强度均值分别为 0.12 kg/hm^2 和 0.0137 kg/hm^2，不同小区的径流强度与氮磷素流失强度呈二次曲线关系，后续可定量化表达出产流与产污的动态变化。

4.5.2 杨柳小流域径流-泥沙-污染物过程研究

1. 降雨径流过程及其响应关系

杨柳小流域（图 4-11）卡口站安装有超声波水位计，根据其水位关系曲线获得比较完整的径流过程线，结合雨量筒采集的雨量数据，可在杨柳小流域选取具有典型性的有效降水事件 8 场（图 4-71），因为杨柳小流域卡口站水位常年保持在 10cm 左右，所以采用数字滤波法对地表径流进行分割，然后根据整理的降雨径流过程进行探讨。

从图 4-71 可以看出，8 场径流过程均是标准的产流过程曲线，有单峰型、双峰型及多峰型三类，如 20200714 的双峰型和 20200817 的多峰型。地表径流过程相比降水过程有滞后性，平均径流峰值出现时间在降水峰值出现后 2.50h 内产生。地表径流的特征源于杨柳小流域的降雨特征，通过统计 8 场降雨径流过程的降水时间、降水量、历时、径流深、径流系数和径流量（表 4-46），可知降水量与径流量呈非线性关系，关系曲线为 $Q=0.0009P^2-0.0518P+1.0424$（$Q$ 为径流量，万 m^2，P 为降水量，mm），相关系数为 0.86。对比径流小区和杨柳小流域的降雨径流关系曲线，发现两者均满足非线性关系。可以明确汛期杨柳小流域降水事件的降雨类型包括中雨（20200721 场）、大雨和暴雨，暴雨 20200817 对应的径流系数和径流量均是最大值，分别为 0.27 万 m^3 和 3.15 万 m^3，径流量陡然增加是因为降雨初期的降水强度较大，1 小时内的降水强度达到 28.3mm，雨水来不及向土壤下渗，后续降水强度减小，雨水补充土壤水分，径流量呈现减小的趋势，但是后期降雨补充导致其退水过程较长。结合图 4-71 和表 4-46 可知，杨柳小流域降雨径流转化特征可划分为土壤水补给期、土壤水饱和期和土壤水消耗期 3 个阶段（白丹等，2009），在干旱的冬季和早春，汛期之初的降雨通过入渗补给了杨柳小流域亏缺的土壤水分；在 7 月和 8 月的降水量主要是补给深层土壤水分，尤其是 2020 年 8 月 7～17 日阶段，处于不间断产流，持续的大强度降雨降低了土壤水分下渗速率，在出口断面形成 3 阶段中的最大径流量；汛期过后杨柳小流域少雨，土壤水分补充土壤表层耗散的水分。

表 4-46　降雨径流事件水文要素统计表

编号	降水时间	降水量/mm	历时/d	径流深/mm	径流系数	径流量/万 m^3
20200617	2021-06-16 09:06	73	4.17	5.65	0.0773	0.81
20200710	2021-07-10 16:36	26.2	4.00	0.90	0.0342	0.13
20200714	2020-07-14 11:45	25.6	5.00	0.95	0.0370	0.14
20200721	2021-07-21 01:36	17	5.00	1.84	0.1082	0.26
20200807	2021-08-07 03:00	36.1	3.96	4.15	0.1426	0.60
20200812	2021-08-12 19:00	37.6	3.96	3.89	0.1037	0.56
20200817	2020-08-16 22:00	110.4	5.96	21.99	0.2735	3.15
20200921	2021-09-20 03:00	46.7	3.96	4.36	0.0934	0.63

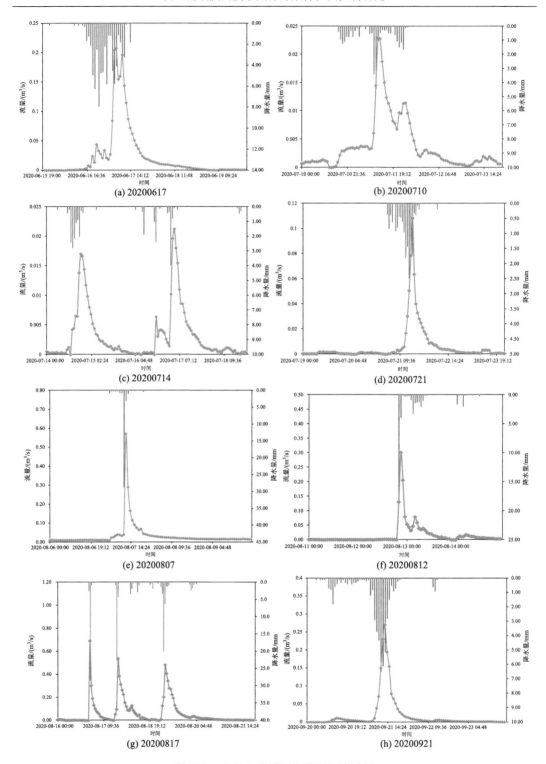

图 4-71　杨柳小流域汛期降雨径流过程

2. 泥沙输移过程

2020 年汛期监测期内(6 月 16 日至 9 月 30 日)，共监测有效降雨 6 场，根据 6 场降水场次进行杨柳小流域出口径流与泥沙过程的分析(图 4-72)。流域出口断面含沙量的大小表征流域径流挟沙能力的强弱，流域产汇沙特性决定其输沙能力。从图 4-72 可以看出径流过程和泥沙过程类似，随着降水历时的增加，两者均出现先上升后下降的变化趋势；不同场次降雨过程中，泥沙峰现时间比径流峰现时间相应提前，而后呈现减弱趋势；降雨初期的泥沙量较小，降雨中后期泥沙流失量增加速率高于径流量。

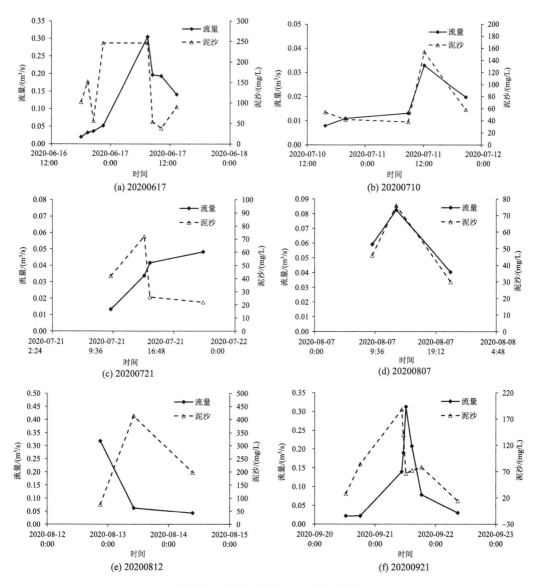

图 4-72　杨柳小流域汛期径流泥沙过程

　　杨柳小流域在非汛期监测了 5 次径流与含沙过程(图 4-73)。可以看出径流基本无较大的变化趋势，且保持在一个比较小的流量附近，流量均值分别是：0.0489 m³/s (20191014)、0.0145 m³/s(20191206)、0.0189 m³/s(20201023)、0.0145 m³/s(20201119) 和 0.0088 m³/s(20210109)；2019 年 10 月的流量值大于 2020 年 10 月的流量值，其原因是 2019 年 10 月有小雨事件发生；1 月流域流量最小表明其处在比较枯的季节。泥沙在非汛期呈现比较波动的变化趋势，流量小的时候对应较大的泥沙量，流量大的时候有较小的泥沙量，但是整体上不呈现负相关关系；泥沙均值分别为：52 mg/L(20191014)、98 mg/L (20191206)、155.67 mg/L(20201023)、43.43 mg/L(20201119) 和 321.67 mg/L(20210109)，非汛期的泥沙量变化范围为 0.01～0.462 g/L，均值为 0.136 g/L。

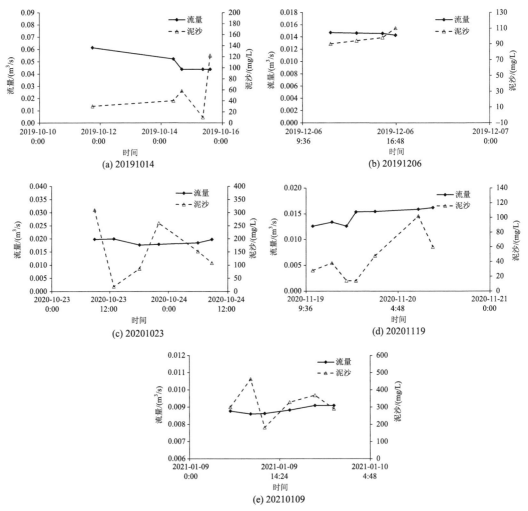

图 4-73　杨柳小流域非汛期径流泥沙过程

　　径流中的泥沙含量和输沙率不断变化。为了进一步分析流域泥沙输移过程的特征，绘制杨柳小流域汛期非汛期流量和输沙率的散点图(如图 4-74)，可以看出流量和输沙率成二次曲线关系，对应的方程为 $S=0.301Q^2+0.0421Q+0.0015$(S 为输沙率，g/s；Q 为流量，

m³/s)，相关系数为 0.77，相关性较好。汛期时段径流量(L)和时段泥沙量(g)显著相关[图 4-75(a)]，相关系数达 0.95 以上，非汛期两者之间相关关系曲线结果一般[图 4-75(b)]。汛期和非汛期杨柳小流域的输沙模数分别为 8.04 t/km² 和 4.33 t/km²，与小区尺度汛期平均土壤流失量 1.31 t/km² 进行对比，发现径流小区土壤流失量远小于小流域尺度。不同降水场次下杨柳小流域径流量较大的时候泥沙量也较大，反之成立，与径流小区研究结果一致，说明强暴雨条件下土壤侵蚀现象严重。

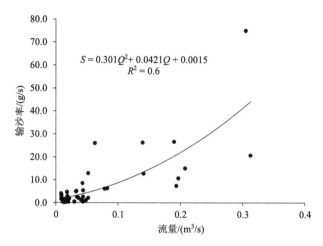

$$S = 0.301Q^2 + 0.0421Q + 0.0015$$
$$R^2 = 0.6$$

图 4-74　杨柳小流域流量和输沙率关系

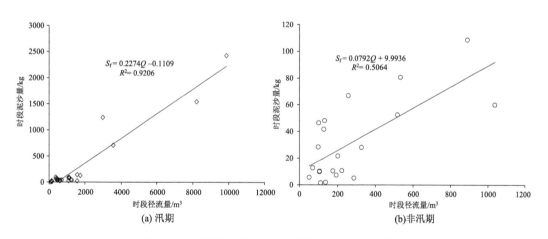

$$S_f = 0.2274Q - 0.1109$$
$$R^2 = 0.9206$$

(a) 汛期

$$S_f = 0.0792Q + 9.9936$$
$$R^2 = 0.5064$$

(b)非汛期

图 4-75　杨柳小流域时段径流量和时段泥沙量关系

3. 污染物迁移转化过程

1)氮素(TN、NH₃-N、NO₃-N)的迁移转化过程特征

分析在杨柳小流域出口 2020 年汛期监测到的 11 场水量水质过程(图 4-76)，污染物指标考虑氮素(TN、NH₃-N、NO₃-N)。可以看出，汛期期间在降雨初期流量较小的情况下，河流中氮素含量均较低，随着降水历时增加，流量出现峰值并随着降水强度的减小

而减小，并恢复到降雨前的水位，氮素含量随着流量过程呈现波动变化趋势，总体有小幅增加的趋势；TN 和 NO₃-N 浓度过程整体大于 NH₃-N 浓度过程，杨柳小流域 TN、NH₃-N、NO₃-N 浓度均值分别为：3.14 mg/L、0.398 mg/L 和 1.608 mg/L。

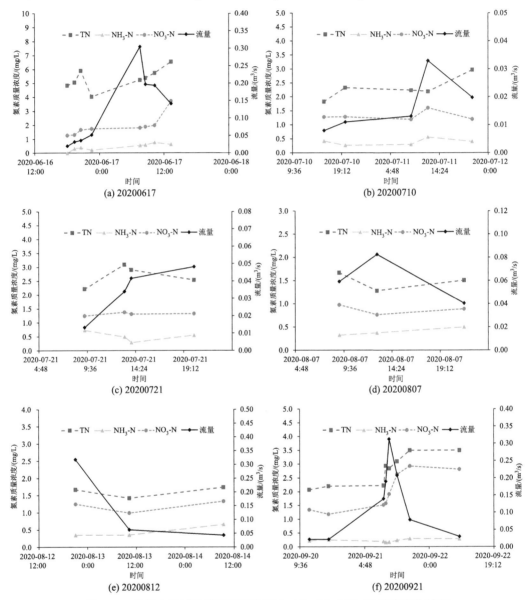

图 4-76　杨柳小流域汛期流量氮素（TN、NO₃-N、NH₃-N）浓度变化过程

表 4-47 是 6 场降水事件下杨柳小流域 TN、NO₃-N、NH₃-N 的输出量，NO₃-N 输出量占 TN 输出量的变化范围为 37.99%～73.96%，其均值为 57.71%，NH₃-N 输出量占 TN 输出量的变化范围为 8.55%～33.08%，其均值为 20.0%，表明河流中 NH₃-N 输出量小于 NO₃-N 输出量，与小区氮素流失形态结果相同。小区尺度 NO₃-N 流失量占比为 80.15%，NH₃-N 流失量占比为 7.86%，对比发现 NH₃-N 输出量表现为杨柳小流域>径流小区，

NO$_3$-N 输出量表现为径流小区>小流量。杨柳小流域氮素输出量与降水量表现出较强的正相关性，降水量较大的时候，氮素输出量大，反之成立。汛期杨柳小流域氮素输出强度均值为 0.16 kg/hm^2，与小区尺度氮素流失强度均值 0.12 kg/hm^2 进行比较，发现小区尺度的输出强度稍小于小流域尺度。

表 4-47　不同降水事件下杨柳小流域氮素(TN、NO$_3$-N、NH$_3$-N)输出特征

降水事件	降水量/mm	TN		NH$_3$-N		NO$_3$-N	
		输出量/kg	输出强度/(kg/hm^2)	输出量/kg	占 TN 比例/%	输出量/kg	占 TN 比例/%
20200617	73	76.29	0.5335	8.41	11.02	28.98	37.99
20200710	26.2	4.46	0.0312	0.72	16.06	2.33	52.37
20200721	17	4.57	0.032	0.89	19.57	2.26	49.49
20200807	29.1	3.34	0.0234	1.06	31.71	1.98	59.42
20200812	37.5	10.51	0.0735	3.48	33.08	7.77	73.96
20200921	46.7	38.57	0.2697	3.3	8.55	28.17	73.04

2)磷素(TP、SRP)迁移转化过程特征

从图 4-77 可以看出，汛期 TP 浓度过程整体大于 SRP 浓度过程，两者变化过程类似，杨柳小流域 TP 和 SRP 浓度年均值差别不大，分别为 0.23 mg/L 和 0.21 mg/L；在 20200617

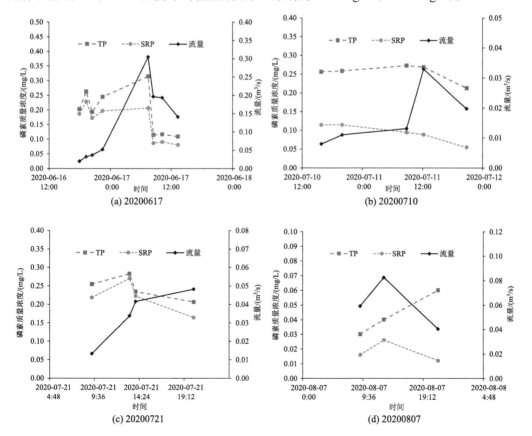

(a) 20200617　　　(b) 20200710

(c) 20200721　　　(d) 20200807

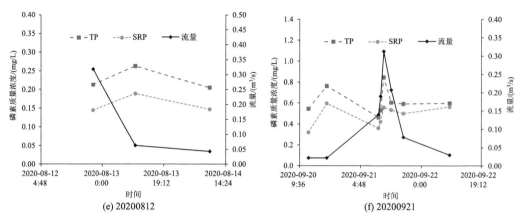

图 4-77　杨柳小流域汛期流量磷素(TP、SRP)浓度变化过程

和 20200921 两次大雨发生期间的采样，通过加密采样次数得到比较明显的流量过程，磷素随流量过程呈现波动变化趋势，在径流峰值出现时候所携带的磷素浓度也达到最大值，后面随着流量减小呈现下降趋势。

表 4-48 是 6 场降水事件下杨柳小流域的磷素输出量，SRP 输出量占地表径流中 TP 输出量的变化范围为 32.40%～86.31%，其均值为 62.56%，表明地表径流中磷素流失形态主要是 SRP，与小区尺度磷素分析结论相同。与小区尺度 SRP 流失量占比 58.17%进行对比，发现 SRP 的输出量表现为杨柳小流域>径流小区。汛期杨柳小流域磷素的输出强度均值为 0.0165 kg/hm²，与小区尺度磷素流失强度均值 0.0137 kg/hm² 进行比较，发现两者差距较小。

表 4-48　不同降水事件下杨柳小流域磷素(TP、SRP)输出特征

降水事件	降水量/mm	TP		SRP	
		输出量/kg	输出强度/(kg·hm²)	输出量/kg	占 TP 比例/%
20200617	73	3.65	0.0255	2.46	67.48
20200710	26.2	0.44	0.0031	0.14	32.40
20200721	17	0.38	0.0027	0.33	86.31
20200807	29.1	0.12	0.0008	0.04	36.70
20200812	37.5	1.52	0.0107	1.10	71.91
20200921	46.7	8.03	0.0561	6.47	80.57

对杨柳小流域水质进行判别，判别标准与小区一样，发现杨柳小流域的 TN 浓度均大于 2.0 mg/L，也属于劣 V 类水平；NH₃-N 浓度均值在 0.5 mg/L 以下，属于 II 类水；NO₃-N 浓度均小于标准限值 10 mg/L；TP 浓度在 0.03～0.85 mg/L 变化，均值为 0.3 mg/L，属于劣 V 类水。因此，说明杨柳小流域内的水质环境也较差。小区尺度和小流域尺度均可以说明目前研究区域的水环境状况比较差。

根据杨柳小流域降水量、径流量、泥沙量及氮磷素输出量进行相关分析，结果表明杨柳小流域降水量和径流量显著相关(R=0.943)；累积径流量和累积泥沙量也显著相关，

相关系数为 0.977，两者之间关系曲线为：$y=-2.8635x^2+6.4653x-1.038$；累积径流量与氮磷素输出量之间的相关系数分别为 0.89 和 0.91，其中对应的关系曲线为：$y=24.652x^2+2.2947x+2.2635$（TN），$y=3.7684x^2-1.6274x+0.5483$（TP）；累积泥沙量与氮磷素输出量之间的相关系数分别是 0.95 和 0.87，在 0.05 水平下显著相关，对应的关系曲线为：$y=19.179x^2-28.229x+6.8068$（TN），$y=0.2639e^{1.1324x}$（TP）。总之，杨柳小流域和径流小区氮素流失主要形态是 NO_3-N，磷素流失主要形态是 SPR，且 NH_3-N 输出量表现为杨柳小流域>径流小区，NO_3-N 输出量表现为径流小区>杨柳小流域，SRP 输出量表现为杨柳小流域>径流小区。杨柳小流域氮磷素输出强度与小区流失强度类似，氮磷素与降水量、径流量和泥沙量均呈正相关关系，杨柳小流域地表径流中的氮素输出量远大于磷素输出量。

4.5.3　非点源污染特征分析及负荷估算

1. 材料与方法

1）时变增益模型

时变增益模型（time variant gain model，TVGM）是夏军教授于 1989～1999 年期间在爱尔兰国立大学戈尔威学院（UCG）参加 "国际河川径流预报研讨班" 时提出的一种方法。此方法以一种简单的系统关系，等价地模拟 Volterra 泛函级数表达的复杂非线性水文过程。其原理如图 4-78 所示。

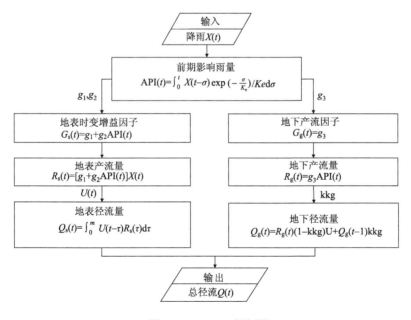

图 4-78　TVGM 框架图

2）平均浓度法

平均浓度法计算原理见 4.2.2 节。

2. 汛期水量水质变化

由于监测原因，在汛期(5～10月)，5月1日至6月15日的流量数据缺失，因此利用 TVGM 模型，以小时为尺度的降水数据作为输入，得到缺失的流量数据，其余时间仍选择实测数据来分析。通过对小流域卡口站的降雨径流过程实时监测，最终选择20200617、20200710、20200714、20200721、20200812、20200920 场次次降雨进行水质水量分析。

1) TVGM 模型适用性评价

选取小流域 2020 年 6～11 月的逐小时降水量流量数据进行模型的校准与验证，其中20200617、20200710、20200714、20200721 场次数据用于模型的率定，20200812 和20200920 场次数据用于模型的验证。结合小流域实测洪水数据，以水量平衡系数、相关系数和纳什效率系数为目标对模型参数进行率定验证，率定结果见表 4-49。

表 4-49　时变增益模型参数设置

参数	定义	取值范围	率定值
g_1	地表产流时变增益参数 1	0～1	0.51
g_2	地表产流时变增益参数 2	0.0001～10	2.92
g_3	地下产流参数	0.0001～1	0.82
m	系统记忆长度	5～30	20.40
K_X	系统记忆长度的倍数	0.5～10	0.65
N	瞬时单位线水库个数	1.1～10	1.80
K	瞬时单位线线性水库调蓄系数	1.1～20	11.08
kkg	地下径流消退系数	0～0.95	0.85
Ke	滞时参数	$Ke=mK_X$	

结合研究区域选取 6 场洪水过程，以小时为尺度进行流量过程的率定，结果如图 4-79所示，模拟结果指标值如表 4-50 所示。

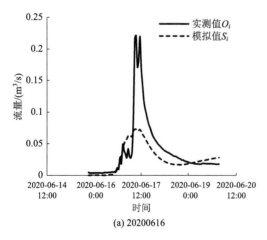

(a) 20200616

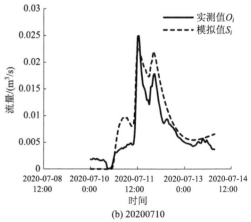

(b) 20200710

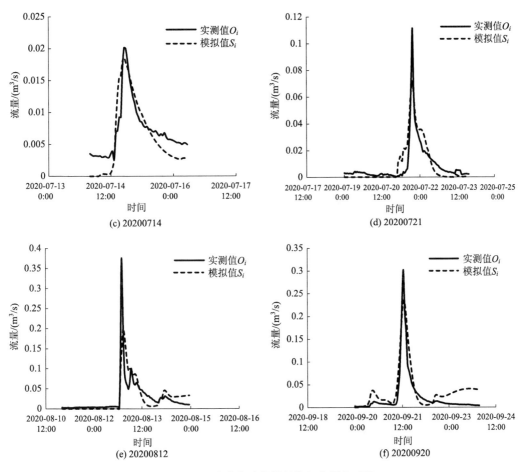

图 4-79　场次洪水过程模拟值与实测值对比

表 4-50　模拟结果指标值

洪水编号	水量平衡系数	相关系数	NSE
20200616	0.67	0.65	0.45
20200710	1.26	0.89	0.72
20200714	0.85	0.86	0.64
20200721	0.98	0.80	0.79
20200812	1.01	0.60	0.59
20200920	1.57	0.85	0.77
平均值	1.07	0.76	0.68

　　由表 4-50 可知，非线性时变增益模型在研究区域内的 NSE 最小值为 0.45（次洪 20200616），最大值 0.79（次洪 20200721），洪水的模拟精度总体接近乙级标准（DC≥0.7），说明该模型可用于研究区的洪水模拟。

　　2）汛期水质水量变化

　　结合 TVGM 模拟结果及卡口站实测数据，得到汛期的流量过程如图 4-80 所示，发现降雨径流呈现较明显的二次相关关系，R^2=0.78。在非汛期，河道径流携带的氮磷污染物主要来自点源污染。在汛期，径流污染物由点源和非点源共同贡献。本研究由于采样点据不足，仅选择 6～10 月进行小流域卡口站氮素(TN、NO_3-N、NH_3-N)和磷素(TP、SRP)浓度分析。从监测结果来看(图 4-81)，TN、NH_3-N 和 NO_3-N 的汛期浓度平均值为 3.78mg/L、2.03mg/L 和 0.59 mg/L，NH_3-N 和 NO_3-N 的浓度为 TN 的 53.70%和 15.61%；TP 和 SRP 的汛期平均浓度为 0.39mg/L 和 0.29mg/L，SRP 浓度为 TP 的 74.36%，符合汉江流域非点源污染流失的一般规律。径流与 TN 浓度的 R^2=0.66，与 TP 浓度的相关系数 R^2=0.57。对比汛期各月份的降雨径流值和污染物浓度值，发现在 8 月的流量为汛期最大，而氮素和磷素浓度则在 8 月出现最低值。这是因为降雨对非点源污染物有淋洗作用，且降雨发生的时机会影响径流初次冲刷地表后的污染物浓度。同时，较大的降雨对污染物有一定的稀释作用，因此在大雨量下仍会出现污染物浓度较低的情况。

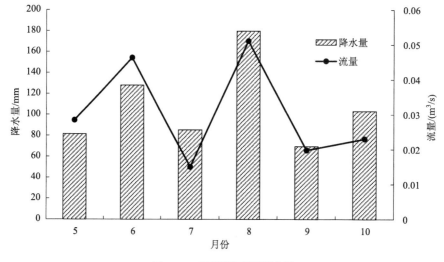

图 4-80　汛期降雨径流过程

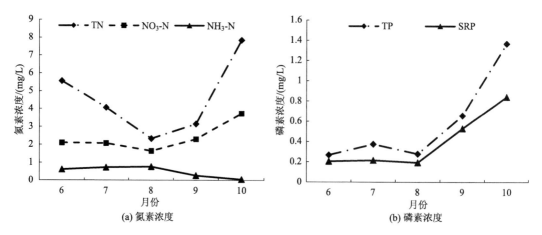

图 4-81　汛期污染物浓度变化过程

3. 场次洪水过程非点源污染负荷估算

首先对小流域卡口站的径流进行分割，划分为基流和地表径流。分割常用的方法有数字滤波法、水量平衡法、图解法、同位素和水化学法等。此处选用数字滤波法，该方法参数较少、客观性较强操作容易，执行速度快。图 4-82 为从日实测径流中分割出的基流流量，发现基流相对比较稳定，呈现幅度较小的波动。

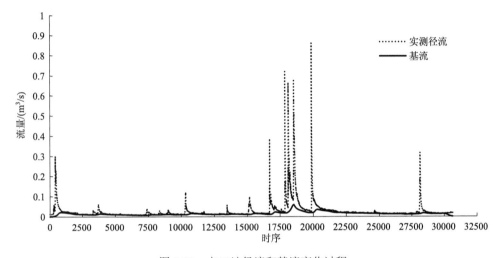

图 4-82　卡口站径流和基流变化过程

基于 2020 年汛期的水质水量同步监测数据，根据平均浓度法的计算公式估算出 6 场降雨过程产生的非点源污染负荷量即 W_L，如表 4-51 所示。

表 4-51　非点源污染负荷估算结果　　　　（单位：kg）

场次	TN	NO$_3$-N	NH$_3$-N	TP	SRP
20200616	75.474	28.538	8.338	3.52	2.716
20200710	3.805	2.023	0.673	0.318	0.079
20200721	4.253	2.11	0.874	0.235	0.232
20200807	2.94	1.793	1.032	0.16	0.041
20200813	12.377	9.722	4.183	1.078	0.806
20200920	36.701	27.289	3.174	7.155	5.884

由表 4-51 可知，各场次洪水过程的非点源污染负荷相差较大，降水量大，降水强度大的相应的产生的非点源污染负荷也较多。20200616 场次洪水产生的非点源氮污染负荷量相对较大，NO$_3$-N 流失负荷量占 TN 的 50%左右，NH$_3$-N 流失负荷量占 20%左右。20200920 场次洪水产生的非点源磷污染负荷量相对较大，SRP 流失负荷量占 TP 的 75%左右。

4. 汛期非点源污染负荷估算

基于 6 场降雨过程产生的非点源污染负荷量 W_L，再计算各场次降雨产生的径流量，然后通过公式获得场次洪水非点源污染物的浓度，最后计算得到多次场次暴雨下的非点源污染加权平均浓度，也即年地表径流的平均浓度(表 4-52)。再根据公式首先得到月尺度下非点源污染负荷量，相加即为汛期负荷量，如表 4-53 所示。

表 4-52　场次洪水非点源污染平均浓度估算结果　　　　(单位：mg/L)

场次	TN	NO₃-N	NH₃-N	TP	SRP
20200616	5.539	2.094	0.612	0.258	0.199
20200710	3.997	2.215	0.707	0.334	0.084
20200721	3.364	1.669	0.691	0.186	0.184
20200807	1.577	0.963	0.554	0.086	0.022
20200813	1.965	1.543	0.664	0.171	0.128
20200920	2.999	2.229	0.259	0.585	0.481
加权平均	**3.240**	**1.786**	**0.581**	**0.270**	**0.183**

表 4-53　汛期非点源污染负荷估算结果　　　　(单位：kg)

月份	TN	NO₃-N	NH₃-N	TP	SRP
5 月	246.618	135.899	44.234	20.550	13.929
6 月	388.598	214.138	69.700	32.382	21.947
7 月	130.419	71.868	23.392	10.868	7.366
8 月	443.339	244.303	79.519	36.943	25.039
9 月	166.285	91.632	29.825	13.856	9.392
10 月	199.553	109.964	35.792	16.629	11.270
求和	1574.813	867.804	282.463	131.228	88.943

从小流域卡口监测断面数据分析结果发现：汛期非点源污染总负荷 TN、NO₃-N、NH₃-N、TP、SRP 分别为 1.57t、0.87t、0.28t、0.13t 和 0.089t。TN 以可溶态 NO₃-N 和 NH₃-N 为主，NO₃-N 占比为 52.6%，TP 以可溶态磷酸盐为主，SRP 占比为 79.0%。污染物通量与降雨径流过程相关性显著，污染物与降水量的相关系数 $R^2 = 0.78$，与流量的相关系数 $R^2 = 0.99$。

4.5.4　小结

本节从径流小区和小流域两个尺度研究典型研究区的非点源污染过程，其主要结论有：通过汉江流域陕西段径流小区、杨柳小流域的非点源污染过程研究，表明降雨径流均呈现显著的非线性关系，径流量、泥沙量、产污量之间呈现较高的正相关关系。各径流小区氮素(TN、NH₃-N、NO₃-N)和磷素(TP、SRP)的流失强度表现为杨柳小流域>径流小区。汛期和非汛期杨柳小流域对应的土壤流失量也表现为杨柳小流域>径流小区。两者氮磷素流失的主要形态是 NO_3-N 和 SRP。

4.6　汉江洋县断面以上流域非点源污染特征分析

4.6.1　汉江洋县断面以上流域概况

1）地理位置

研究区域选择洋县水文站控制断面以上流域，流经汉中市大部及宝鸡市小部，面积为 15940km^2，流域海拔高度为 450～3573m。具体研究区位置如图 4-83 所示。

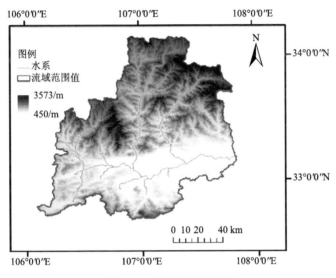

图 4-83　研究区域位置图

2）自然环境

流域位于亚热带季风区，气候温和湿润，四季分明，主要汇入支流有沮水、玉带河、漾水河、褒河、湑水河等。降水集中在夏秋两季，暴雨、洪涝灾害频发；流域内植被类型以阔叶林为主，主要土壤类型为淋溶土；流域内大部分土地用于耕种，主要作物为水稻和小麦，土地利用强度高，但经济结构单一，生产基础条件差。同时山地面积占比较大，海拔高，坡度大，易形成水土流失。区内土壤类型复杂多样，自然植被种类丰富。

3）社会经济

汉江洋县断面以上流域一共涉及 11 个县区，根据统计结果，截至 2018 年年末，研究区域内常住人口 343.61 万人，其中城镇人口 135.58 万人，占比 39.45%。2018 年年末汉中市耕地面积为 4418520 亩，且宁强县、南郑区、洋县及勉县耕地较多，占比达 16.24%、15.74%、12.85% 及 10.90%。2018 年汉中市农村人口约 298 万人，其中南郑区、城固县农村人口较多，均超过 40 万人，而洋县、西乡县、勉县及宁强县均超过了 30 万人。农用化肥施用实物量约 53 万 t，其中城固县施用量超 13 万 t，勉县及洋县施用量超 8 万 t。当地积极响应乡村振兴战略，以"绿水青山就是金山银山"的理念为指导，合理规划产业布局，优化产品结构、产业结构和区域结构，大力开发区域特色农产品，建设特色农业产业带，发展特色农业产业集群。但由于地处山区，经济发展状况受限，各项经济发展指标仍落后于省内其他地市，开展的退耕还林还草及南水北调工程等生态保护措施使得耕地大量种植树木或被淹没，居民搬迁，企业停产，一定程度上也限制了当地的工农业生产和发展。

4.6.2　流域水质评价

根据汉江流域洋县断面以上干流水质监测信息，综合考虑代表性、分布情况、数据完整性等因素，选取烈金坝、梁西渡、南柳渡、蒙家渡、黄金峡 5 个监测断面(图 4-84)的水质数据进行变化趋势分析，以反映该流域干流的水质状况。其信息情况如表 4-54所示。

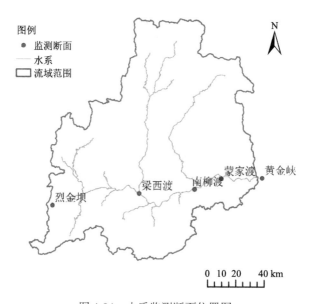

图 4-84　水质监测断面位置图

表 4-54　水质监测断面信息

序号	河流	断面	断面级别	位置
1	汉江	烈金坝	省控	106.27°E, 33.05°N
2	汉江	梁西渡	国控	106.93°E,33.11°N
3	汉江	南柳渡	国控	107.35°E, 33.13°N
4	汉江	蒙家渡	国控	107.55°E, 33.19°N
5	汉江	黄金峡	国控	107.86°E, 33.19°N

利用单因子指数评价法和内梅罗污染指数法进行水质评价。单因子指数法是评价水质污染程度最常用的方法之一。它的原理是将研究区各项水质指标当作评价因子，将其实测浓度与标准值进行对比，最后由全部评价因子中最差的水质类别来确定水体水质类

别的方法，其计算结果超过 1 即为超标。该方法只考虑了污染程度最大的水质指标，无法综合考虑水质，因此存在一定局限性。内梅罗污染指数法见 4.3.2 节。

基于洋县断面以上流域内烈金坝、梁西渡、南柳渡、蒙家渡及黄金峡五个断面的水质数据，以 2011～2018 年水质资料为评价基础，选取 BOD$_5$、NH$_3$-N、COD、TN 及 TP 5 个污染指标作为评价因子，分别使用单因子指数法、内梅罗污染指数法进行水质评价。水质评价标准采用地表水环境质量标准 II 类水标准。

单因子指数法评价结果如表 4-55 所示。各评价指标中，TN 在各站的监测结果均严重超标；COD 只在蒙家渡站监测结果严重超标；NH$_3$-N 和 TP 轻度超标。对于各个监测站而言，单因子指数最大值均出现在蒙家渡站，除 TN 外，各指标最小值均出现在烈金坝站，TN 最小值出现在南柳渡站。流域内非点源污染评价指标 TN、TP、NH$_3$-N 及 COD 均为评价农业非点源污染程度的主要评价指标。各指标的超标说明了该流域农业非点源污染程度严重，印证了非点源污染是导致地表水环境质量恶化的重要原因。从时间上来看，单因子指数最大值多出现在丰水期或平水期，最小值多出现在枯水期，说明枯水期水质状况更差。从总体结果来看，该流域单因子指数沿干流逐渐增大，即污染程度逐渐严重。各污染指标的最大值多出现在蒙家渡及南柳渡，但在黄金峡监测站处略微减小。造成这种现象的主要原因在于梁西渡、南柳渡、蒙家渡监测站分别位于勉县、汉中市、洋县近郊，容易造成因分布不均而产生的结果偏大现象。综合而言，水质监测结果具有较显著的空间分布特征，即污染程度沿干流逐渐增大。且主要超标的污染指标为 TN、TP、NH$_3$-N 及 COD。

表 4-55　单因子水质标识指数法评价结果

单因子污染指数		BOD$_5$	COD	NH$_3$-N	TN	TP
烈金坝	枯	0.67	0.73	0.52	5.24	0.44
	平	0.97	0.67	0.26	5.12	0.20
	丰	0.97	0.80	0.28	5.42	0.20
梁西渡	枯	0.87	0.87	1.76	5.34	1.48
	平	1.23	0.87	1.12	3.66	1.80
	丰	0.97	0.80	0.74	3.96	1.63
南柳渡	枯	0.83	0.87	2.90	6.59	1.96
	平	1.30	1.20	2.82	5.05	0.95
	丰	0.93	1.07	1.82	3.70	1.39
蒙家渡	枯	1.10	4.00	2.04	6.80	1.86
	平	1.27	5.00	1.36	7.02	1.30
	丰	0.97	4.67	1.37	6.88	1.61
黄金峡	枯	0.80	0.80	1.48	4.98	1.12
	平	0.90	0.73	0.80	6.72	0.90
	丰	0.93	0.73	0.98	6.08	0.87

为客观评价水质污染情况，避免个别污染指标严重超标而导致水质状况判断片面的情况，采用内梅罗污染指数法对各监测断面水质特征进行综合评价。基于 2011～2018 年各断面的月水质监测资料，对各评价指标浓度进行加权平均，计算 2011～2018 年各监测站的综合内梅罗指数，如图 4-85 所示。并将计算各监测站平水期(4～5 月及 10～11 月)、丰水期(6～9 月)和枯水期(12 月至翌年 3 月)相应内梅罗指数，得到 2011～2018 年各监测站各时期内梅罗指数，如图 4-86 所示。由图 4-85 可知，在水质Ⅱ级标准下，仅南柳渡站 2011 年出现轻度污染，其余断面均保持水质清洁。从年际角度看，2011～2018 年各监测站内梅罗综合污染指数呈现逐渐降低的趋势，即污染程度逐渐降低。从空间角度看，内梅罗综合污染指数呈现沿干流逐渐增大的趋势。由图 4-86 可知，各监测站内梅罗污染指数在 2011～2018 年逐渐降低，且丰水期高于枯水期。由于径流量对污染程度的稀释，在枯水季，径流量小，流速较慢，水中的悬浮颗粒杂质大部分就会依靠自身重力沉淀下来，水流变清，水质随之变好；相反，在丰水期水量大，流速较大，不仅水中的悬浮颗粒难以沉淀，而且还可能冲刷河床的一些杂质，导致水流更加浑浊，水质更差。

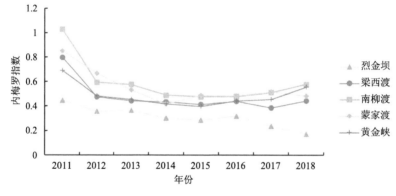

图 4-85　2011～2018 年综合内梅罗指数图

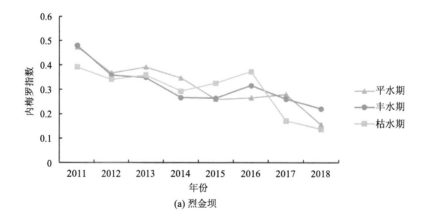

(a) 烈金坝

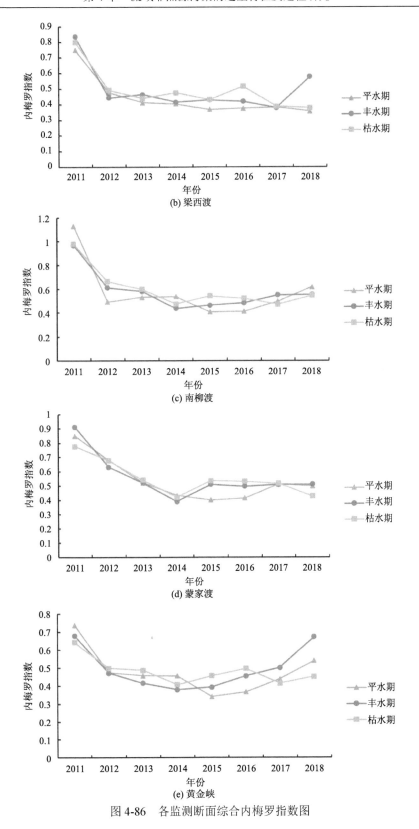

图 4-86　各监测断面综合内梅罗指数图

4.6.3 非点源污染负荷估算

1. 输出系数法

输出系数法估算污染负荷公式为(Johnes,1996)

$$L_i = \sum_{j=1}^{n} E_{ij}A_j + P \tag{4-22}$$

式中，L_i 为污染物 i 负荷量，kg/a；E_{ij} 为在第 j 种土地利用类型中第 i 种污染物的输出系数，kg/(hm²·a)，或为第 j 种畜禽养殖中第 i 种污染物的输出系数，kg/(只·a)，或为农业人口生活中第 i 种污染物的输出系数，kg/(人·a)；A_j 为第 j 种土地利用类型面积，hm²，或为第 j 种畜禽养殖数量，只，或为人口数量，人；P 为降雨输入的污染物总量，kg/a，可忽略不计。

输出系数的确定可通过现场监测和查阅文献。农业污染源主要分为农业农地源、农村生活源及畜禽养殖源。为了提高估算精度，将农地利用类型细分为耕地、园林、林地、草地。畜禽养殖主要考虑牛、猪、羊和家禽。综合考虑文献中研究区域与年份因素的相似性后，结合实际情况，得出部分输出系数取值，如下表 4-56 所示，最终确定流域内农业农地源、农村生活源及畜禽养殖源的输出系数取值如表 2-7 所示，各指标非点源污染负荷量计算结果如表 4-57 所示。

表 4-56 不同区域及年份输出系数的分类及取值

污染物	参考文献	研究区域	年份	农业农地输出系数/[kg/(hm²·a)]			
				耕地	林地	草地	园地
TN	刘增进等(2016)	河南省	2013	27.74	4.38	10.45	9.01
	杜鹃等(2013)	沣河流域	2009	32.88	3.27	1.578	11.24
	谭铭欣等(2019)	御河流域	2016	26.00	2.40	11.30	13.20
	本书取值	丹江流域	2017	30.94	3.27	1.58	14.30
TP	刘增进等(2016)	河南省	2013	1.92	0.35	1.35	1.31
	杜鹃等(2013)	沣河流域	2009	0.51	0.09	0.29	1.50
	谭铭欣等(2019)	御河流域	2016	1.00	0.50	0.20	0.80
	本书取值	丹江流域	2017	0.77	0.13	0.40	1.40

表 4-57 汉江洋县断面以上流域非点源污染负荷量　　　　　　（单位：t）

污染源		污染负荷量			
		TN	TP	NH₃-N	COD
土地利用	耕地	6508.73	252.22	668.26	3496.36
	林地	1161.44	75.43	352.66	4567.76
	草地	494.44	88.61	47.66	2553.16
	城镇用地	136.48	4.22	17.33	327.27
	未利用地	7.09	0.27	0.74	2.08
畜禽养殖	大牲畜	1063.76	32.45	337.96	11850.34
	猪	546.94	146.49	612.02	7944.90
	羊	40.54	7.17	28.23	42.27
	禽类	120.34	27.48	48.65	551.95
农村生活		2007.85	212.53	949.66	22234.44
合计		12087.60	846.85	3063.17	53570.54

2. 等标污染负荷法

在同一标准上对不同污染物进行比较可采用等标污染负荷法。它是指在单位时间段内排出含有某种污染物的水体的等标体积，公式如下所示为：

$$P_{ij} = L_{ij} / c_{0i} \tag{4-23}$$

式中，c_{0i} 为污染物 i 的评价标准值；P_{ij} 为污染源 j 中的污染物 i 的等标污染负荷量（$10^6 \text{m}^3/\text{a}$）；L_{ij} 为污染源 j 中的污染物 i 的总负荷量，t/a。丹江和汉江流域水质以 II 类为主，结合《地表水环境质量标准》（GB 3838—2002）中 II 类标准系列的阈浓度的下限值进行核算，II 类水限值 TN 为 0.5 mg/L；TP 为 0.1 mg/L；NH₃-N 为 0.5 mg/L；COD 为 15 mg/L。

各污染指标的等标污染负荷及贡献率如表 4-58 所示，2018 年汉江流域水源区非点源污染等标污染负荷总量约为 423 亿 m³。在各污染源中，土地利用、畜禽养殖和农村生活的等标污染负荷量分别为 237 亿 m³、91 亿 m³ 和 95 亿 m³。土地利用产生的等标污染负荷量最多，约占总量的 56.04%，其中 72.11% 的污染来自于耕地，可见该流域内最主要的污染源为农业生产活动对土地的利用过程中产生的污染。

由表 4-58 及图 4-87 可以看出，TN 占比最大，达到 57.10%；而 COD 占比最小，约为 8.43%。TN 污染中超过一半以上来自耕地，但耕地对 TP 及 NH₃-N 污染贡献度较少，对 COD 污染贡献率则仅为 6.53%。畜禽养殖对 TP 及 NH₃-N 污染贡献率分别为 25.22% 和 33.52%，对 COD 贡献率为 79.56%。农村生活对 TP 贡献率为 25.10%，对 NH₃-N 贡献率为 31.00%，对 COD 贡献率最大，为 41.50%。研究区内的首要污染为 TN，污染源为农业种植生产活动产生的非点源污染。该地区经济发展以农业为主，但生产力极不发达。因此合理使用肥料、农药，对畜禽粪便污染进行有效处理等生态保护措施应逐步提上日程。

表 4-58　各污染物等标污染负荷量及贡献率

污染源		等标污染负荷量/万 m³					等标污染物贡献率/%			
		TN	TP	NH₃-N	COD	总计	TN	TP	NH₃-N	COD
土地利用	耕地	1301746	252221	133652	23309	1710928	53.85	29.78	21.82	6.53
	林地	232289	75425	70531	30452	408697	9.61	8.91	11.51	8.53
	草地	98888	88605	9533	17021	214047	4.09	10.46	1.56	4.77
	城镇用地	27295	4216	3466	2182	37159	1.13	0.50	0.57	0.61
	未利用地	1418	266	1.48	14	1845	0.06	0.03	0.02	0.00
畜禽养殖		354314	213592	205371	135930	909207	14.66	25.22	33.52	38.06
农村生活		401570	212525	189933	148230	952257	16.61	25.10	31.00	41.50
合计		2417520	846849	612634	357137	4234140	100.00	100.00	100.00	100.00

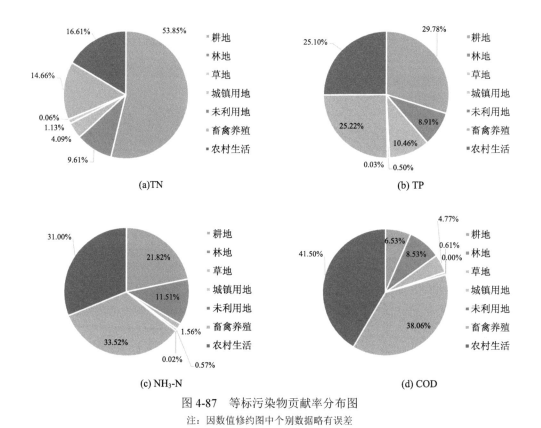

图 4-87　等标污染物贡献率分布图

注：因数值修约图中个别数据略有误差

4.6.4　小结

采用单因子指数法和内梅罗污染指数法对该流域干流水质特征进行了初步分析，并利用输出系数法、等标污染负荷法估算了该流域 2018 年非点源污染负荷量，结论如下：

（1）采用单因子指数法发现 TN 严重超标，TP、NH₃-N 及 COD 轻度超标，与当地农业特征相符。采用内梅罗污染指数法发现污染指标变化过程在该流域干流沿程具有显著时空差异性。在 2011～2018 年内，污染程度逐渐减小，水质改善程度较大。丰水期内单因子水质标识指数及梅罗污染指数大于平水期及枯水期。在空间分布上，除黄金峡站外，内梅罗污染指数随汉江干流从上游到下游逐渐增大。

(2)2018 年汉江洋县断面以上流域的 TN、TP、NH₃-N 和 COD 的负荷量分别为 12087.60t、846.85t、3063.17t 和 53570.54t。等标污染负荷总量为 423 亿 m³，其中 TN、TP、NH₃-N 和 COD 的等标污染负荷量分别为 242 亿 m³、85 亿 m³、61 亿 m³ 和 36 亿 m³。

(3)TN 与 TP 等标污染负荷最大来源为土地利用；NH₃-N 等标污染负荷最大来源是畜禽养殖；COD 等标污染负荷最大来源是农村生活。土地利用产生了 56.04%的污染负荷，并且其中 72.11%来源于耕地。研究区 TN 严重超标，其污染源为农业生产时化肥及农药的施用。

4.7　洋县–安康断面区间流域非点源污染负荷研究

4.7.1　洋县-安康断面间流域概况

研究区域处于洋县至安康水文控制断面间流域，位于 31°43′4～33°48′52N、107°13′18～109°26′32E，如图 4-88 所示。流域面积 21306km²，主要支流有西水河、牧马河、子午河、任河、池河等，干流主要的水文控制站点为洋县、石泉和安康水文站，支流的水文控制站点为两河口、长枪铺和红椿水文站等。

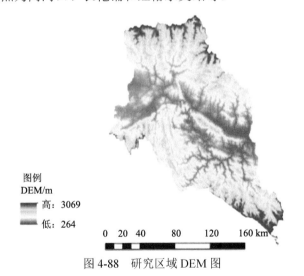

图例
DEM/m

高：3069

低：264

0　20　40　　80　　120　　160 km

图 4-88　研究区域 DEM 图

从图 4-88 可知，研究区域海拔高度处于 264～3069m，大部分山体从海相岩层发育而来，流域坡面土层深度较浅，土壤厚度为 20～70cm，以壤土为主，占比为 66.96%，分布着少量的黏壤土以及砂壤土。最主要的土壤类型是黄棕壤土，占比为 50.53%，主要亚类为暗黄棕壤。其次为棕壤土，占比达到 23.96%。土地利用类型以林地和耕地为主，如图 4-89 所示，林地面积达到 18472.66km²，占比 86.7%；耕地面积 2428.98km²，占比 11.4%；草地面积 148.07km²，占比 0.69%。

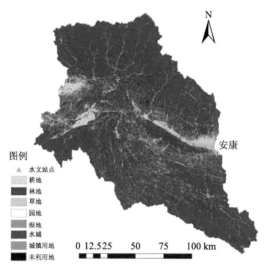

图 4-89 研究区域土地利用图

4.7.2 年径流量分割

选择洋县-安康断面间流域,分别选取洋县与安康控制断面,采用径流分割法进行负荷估算研究。根据汉江流域降雨特征,将全年划分为丰水期、平水期和枯水期。根据长江水文年鉴收集的 2013~2017 年安康与洋县水文断面逐日流量数据,对流域全年径流量进行水文分割,并计算流量加权浓度,计算结果如表 4-59、表 4-60 所示。

表 4-59 汉江流域安康断面 2013~2017 年丰平枯期流量分割结果表

| 年份 | 丰水期 | | | | | 平水期 | | | | | 枯水期 | | | | |
| | 径流量/m³ | 浓度/(mg/L) | | | | 径流量/m³ | 浓度/(mg/L) | | | | 径流量/m³ | 浓度/(mg/L) | | | |
		TN	NH₃-N	TP	COD		TN	NH₃-N	TP	COD		TN	NH₃-N	TP	COD
2013	123953	0.37	0.21	0.05	5.85	41959	0.53	0.16	0.04	7.80	13616	0.38	0.23	0.04	8.58
2014	103639	0.43	0.17	0.02	5.53	62596	0.42	0.17	0.03	11.05	15663	0.43	0.17	0.03	9.96
2015	90825	0.45	0.21	0.02	10.20	73001	0.43	0.26	0.03	11.04	17088	0.42	0.19	0.02	9.46
2016	57288	无	0.10	0.02	10.04	55557	无	0.16	0.02	11.26	21386	无	0.19	0.02	10.0
2017	98235	无	0.08	0.01	11.43	112578	无	0.13	0.04	11.04	11283	无	0.11	0.04	8.91

表 4-60 汉江流域洋县断面 2013~2017 年丰平枯期流量分割结果表

| 年份 | 丰水期 | | | | | 平水期 | | | | | 枯水期 | | | | |
| | 径流量/m³ | 浓度/(mg/L) | | | | 径流量/m³ | 浓度/(mg/L) | | | | 径流量/m³ | 浓度/(mg/L) | | | |
		TN	NH₃-N	TP	COD		TN	NH₃-N	TP	COD		TN	NH₃-N	TP	COD
2013	50903	无	0.36	0.01	10.1	15365	无	0.23	0.01	10.18	4042	无	0.47	0.01	10
2014	29620	无	0.2	0.01	10.22	22962	无	0.29	0.01	10.02	5074	无	0.3	0.02	11.55
2015	23071	无	0.19	0.02	10.17	28802	无	0.23	0.01	10.7	4847	无	0.37	0.02	10.97
2016	9825	无	0.24	0.03	10	10589	无	0.21	0.06	10.45	3317	无	0.29	0.04	10.73
2017	19258	1.4	0.24	0.06	无	28096	无	0.27	0.13	无	3135	无	0.26	0.09	9.06

由表可得：① 安康断面与洋县断面丰水期平均径流量分别为 9.48 万 m^3、2.65 万 m^3，平水期平均径流量分别为 6.81 万 m^3、2.12 万 m^3，枯水期平均径流量分别为 1.58 万 m^3、0.41 万 m^3，2016 年降水较少，故其径流量远低于往年。② TP、NH_3-N、COD 污染浓度历年各时期变化不大，主要以Ⅰ、Ⅱ类为主，对于安康断面 NH_3-N、TP 和 COD 而言，其丰平枯水期多年平均浓度分别为 0.17mg/L、0.03mg/L 和 9.48mg/L。洋县断面的 NH_3-N、TP 和 COD，丰平枯水期多年平均浓度分别为 0.28mg/L、0.03mg/L 和 10.02mg/L，相较于安康断面，洋县断面污染物浓度更高，TP 相差不大。③ 枯水期浓度基本均高于平水期与丰水期，这是因为枯水期流量小，且其污染主要是点源排放导致的，但在降水量丰富的丰水期，虽然对地表污染物的冲刷作用更强，该时期的污染物浓度却并非都高于平水期。④ 个别年份污染物浓度有所波动，可能与控制断面上游水库调水有关，如 2014 年 TP 浓度整体偏低。

4.7.3　负荷量计算

由表 4-59、表 4-60 可得各年丰平枯期径流量分割量和对应的流量加权浓度，根据公式计算流域 2013～2017 年丰平枯期负荷量，计算结果如下表 4-61、表 4-62 所示。

表 4-61　汉江流域洋县断面 2013～2017 年丰平枯期负荷量表

年份	丰平枯期	指标/t			
		TN	TP	NH_3-N	COD
2013	丰水期	—	43.98	1581.45	44412.87
	平水期	—	13.28	303.5	13519.79
	枯水期	—	4.52	162.49	3492.46
2014	丰水期		12.8	501.84	26148.52
	平水期		20.46	578.92	19869.64
	枯水期		8.39	133.38	5062.32
2015	丰水期	—	47.53	370.77	20272.76
	平水期		22.02	566.89	26627.35
	枯水期		7.81	155.35	4593.63
2016	丰水期		22.54	207.41	8488.8
	平水期		56.52	189.85	9557.85
	枯水期	—	11.84	82.1	3075.63
2017	丰水期	2336.37	99.24	406.7	—
	平水期	—	304.99	651.4	—
	枯水期	—	24.53	70.59	2454.04

表 4-62　汉江流域安康断面 2013～2017 年丰平枯期负荷量表

年份	丰水枯期	指标/t			
		TN	TP	NH₃-N	COD
2013	丰水期	3973.25	481.93	2270.43	62629.59
	平水期	1921.42	148.64	576.43	28270.3
	枯水期	448.23	45.88	268.23	10089.22
2014	丰水期	3841.45	214.91	1504.34	49500.07
	平水期	2244.47	135.21	935.65	59773.33
	枯水期	576.51	37.89	227.35	13477.52
2015	丰水期	3554.82	133.4	1624.39	80026.56
	平水期	2718.47	163.99	1658.84	69652.22
	枯水期	626.02	26.58	286.44	13965.95
2016	丰水期	—	108.89	504.87	49699.86
	平水期	—	100.8	772.83	54054.59
	枯水期	—	42.5	347.38	18477.85
2017	丰水期	—	135.8	670.51	97029.34
	平水期	—	408.53	1274.21	107383.87
	枯水期	—	38.99	107.23	8685.92

根据径流分割法计算原理，将枯水期的月平均污染负荷量作为月平均点源负荷量，将其推算至全年即为全年点源负荷总量 L_p，全年总负荷量减去 L_p 即为非点源污染负荷 L_n。得到安康断面与洋县断面计算结果后，两者之差即为研究区域负荷分割量，最终结果如表 4-63 所示。

表 4-63　研究区域 2013～2017 年负荷量分割结果表

指标	年份	分割负荷量/t			非点源占比/%
		$L_枯$	L_p	L_n	
TP	2013	13.79	165.43	449.24	73.09
	2014	9.83	118.02	228.35	65.93
	2015	6.26	75.08	171.53	69.55
	2016	10.22	122.63	38.66	23.97
	2017	4.82	57.86	96.7	62.57
NH₃-N	2013	35.25	422.96	644.69	60.38
	2014	31.33	375.9	1077.3	74.13
	2015	43.7	524.35	1952.31	78.83
	2016	88.43	1061.12	84.6	7.38
	2017	12.21	146.57	776.7	84.12
COD	2013	2198.92	26387.04	13176.95	33.31
	2014	2805.07	33660.79	38009.65	53.03
	2015	3124.11	37489.29	74661.7	66.57
	2016	5134.07	61608.88	39501.15	39.07
	2017	2076	—	—	—

综上可知：(1)TP、COD、NH_3-N 污染物多年平均负荷总量分别为 291.40t、10.07 万 t 和 1413.30t。其非点源污染负荷量多年均值分别为 196.07t、6.39 万 t 和 907.12t，贡献比在 55.6%～67.5% 之间。点源污染负荷基本呈现逐年下降趋势，其中 TP 最为明显，COD 时有反复，但总的来看非点源污染的影响显著增大。(2)不同监测指标多年非点源负荷占比均值均超 50%，尤其是 2017 年的 NH_3-N 非点源污染负荷占比达到 84.12%。但是 2016 年 TP、NH_3-N、COD 的非点源污染占比仅为 23.97%、7.38%、39.07%，这与 2016 年降水量极少有关。

4.7.4　小结

基于洋县、安康断面的水质水量数据，利用径流分割法进行负荷估算研究，结果表明非点源污染负荷多年均值在总污染负荷中占比达到 55.6%～67.5%，个别年份占比可达 80% 以上，影响比较显著。个别年份因降水量较少导致非点源污染负荷占比较低，也进一步佐证降雨径流是非点源污染物的主要驱动力。针对比较严重的水污染情况，后续需要适宜的防控措施和技术控制非点源污染，改善水源区水质和生态环境。

4.8　汉江干流安康断面以上流域径流-泥沙-污染物特征研究

4.8.1　材料与方法

将收集到的汉江干流水文站的降水、流量、泥沙和水质多年数据进行流域尺度径流-泥沙-污染物特征分析。研究流域主要选取降水、径流、断面水质的时空变化特征进行分析，基本数据包括水文和水质资料。降水数据来自勉县(武侯镇)、洋县、安康三个断面；水质数据来自小钢桥、老君关及安康三个断面(图 4-90 和表 4-64)，径流数据选择安康水

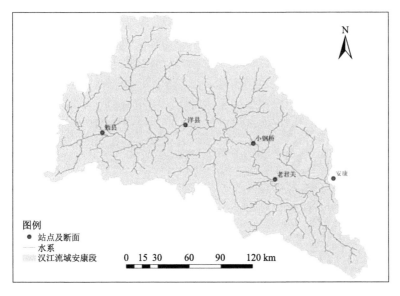

图 4-90　水量水质站点示意图

表 4-64　水量水质站点信息

名称	经度/(°)	纬度/(°)	数据介绍
勉县	106.6985	33.1766	降水:1971～2018 年
洋县	107.5314	33.2242	降水:1971～2018 年
小钢桥	108.2321	33.1766	水质:2001～2018 年
老君关	108.4451	32.7200	水质:2001～2018 年
安康	109.0345	32.7201	降水：1956～2018 年；径流：1956～2018 年；水质：2001～2018 年

文站。降水数据来自中国科学院资源环境科学数据中心(http://www.resdc.cn/Default.
aspx)，收集到各气象站点建站以来至 2018 年的逐日降水数据，径流资料数据来源于长
江流域汉江区汉江上游水系水文年鉴的实测径流序列资料，安康站径流数据区间为
1956～2018 年。小钢桥、老君关以及安康三个断面的水质数据来自陕西省环境监测中心
站，水质监测区间为 2011 年 1 月～2019 年 9 月，水质监测指标包括 NH_3-N、TN、TP
和 $KMnO_4$。

　　降雨径流对水资源规划、管理、开发、模型构建非常重要(冯平和黄凯,2015;张姝琪
等,2019;田小靖等,2019)。而识别降雨径流特征变化以及精确模拟河川径流是水资源开发
利用、水文模型构建的基础工作之一。由于降雨径流受气候、人为等诸多不确定因素的
影响，常常伴随着非线性变化和较强的随机性，属于高度的非线性系统（杨倩
等,2019;Florent et al.,2020;杨金艳等,2017)。传统的径流预测方法只能反映出线性时间序
列和简单的非线性时间序列，而实际径流往往受多因素影响，径流序列与各影响因素之
间的非线性特征较强。因此，对复杂系统而言，仅凭传统单一模型，难以精确模拟整个
径流序列。基于深度学习和机器学习的组合模型在很大程度上缓解了径流模拟精度低的
问题，成为现阶段广受关注的热点之一(Bari et al.,2016;Gao et al.,2020)。组合模型更能
体现时间序列的非线性特征，而且具有很强的非线性映射能力，适用于随机性较强的水
文过程模拟(赵雪花等,2019)。此外，基于降雨径流演变规律和趋势特征，组合模型模拟
的径流序列更为准确、可靠(章智,2018)。

　　总体看，径流预测的研究热点仍为基于深度学习、机器学习的组合模型。但少有在
突变成分附近或者在径流局部对模拟效果进行优化的组合模型。基于此，在汉江流域安
康水文站控制断面以上流域收集到实测降水、气温及径流数据，采用滑动均值法、
Mann-Kendall 突变检验、R/S 分析法以及小波分析进行降雨径流的特征变化分析，其方
法介绍见 3.1.2 节。选择能较好识别时间序列的偏最小二乘回归(PLSR)及 BP 神经网络
—偏最小二乘回归(BP-PLSR)对径流进行模拟，根据已识别的突变成分，对比两种方法
在峰值处和突变成分附近的模拟精度，以期为流域水资源管理、水资源利用提供依据以
及支撑。

　　下面将径流预测分析采用的偏最小二乘回归和 BP 神经网络–偏最小二乘回归
(BP-PLSR)进行介绍。

　　1)偏最小二乘回归(PLSR)

　　PLSR 有机结合了多种主流分析方法，包括多元线性回归分析、主成分分析、相关

分析，该方法优于最小二乘回归(丁学利和任鹏,2020)，且适用于时间序列的模拟。首先构建自变量和因变量的数据表，分别为 X 和 Y；对二者实施线性组合，得到 PLSR 第一成分 t_1 与 u_1，进行 X 对 t_1 的回归以及 Y 对 u_1 的回归，当第一成分对应的回归方程满足精度要求时终止计算；若误差较大，利用自变量数据表与第一成分回归后的残余信息进行第二次成分提取，重复上述步骤至误差最小(刘亭亭等,2020;杨晓楠,2019;李怀恩和李家科,2013)。并根据所提取的成分信息，形成回归方程。

2) BP 神经网络–偏最小二乘回归(BP-PLSR)

BP 神经网络是多层前馈神经网络，通常由输入、隐藏、输出层构成基础网络结构。该方法的核心在于反向传递(back propagation)，即依靠误差反向传播不断优化神经网络的权重和阈值，以期减小误差。尤其对于非线性较强的径流序列，BP 神经网络能更好地识别局部误差，避免结果过拟合。BP 神经网络构建如下：

(1)对数据进行归一化处理

$$x^* = \frac{x_i - x_{min}}{x_{max} - x_{min}} \tag{4-24}$$

式中，x_{min}、x_{max} 分别为原始数据的最小值及最大值。

(2)此次选用了 3 层神经网络结构，选择 S 型传递函数(Log-Sigmoid)作为激活函数，激活正向传递过程，通过反传误差函数不断调节网络的权值以及阈值，使误差函数 E 最小。

$$S_j = \sum_{i=0}^{m-1} W_{i,j} x_i \tag{4-25}$$

$$y_j = f(S_j) \tag{4-26}$$

$$f(x) = \frac{1}{1 + e^{-x}} \tag{4-27}$$

$$E(w,b) = \frac{1}{2} \sum_{j=0}^{n-1} (d_j - y_j)^2 \tag{4-28}$$

$$N = \sqrt{m+n} + a \tag{4-29}$$

式中，S_j 为正向传递函数；$W_{i,j}$ 为节点 i 与节点 j 之间的权值；y_j 为第 j 个节点输出值；f 为节点激活函数；d_j 为第 j 个输出结果；b 为阈值；N 为隐藏层节点数；m 为输入层节点数；n 为输出层节点数；a 为常数(范围取 1～10)。

(3)PLSR 能较好地表征时间序列，但该方法在径流预测时容易陷入局部最优，造成序列过拟合。考虑到 BP 神经网络 Levenberg-Marquardt 算法(L-M 算法)具有自适应性噪声消除功能，借此可以较好地消除目标序列噪声，防止 PLSR 的输出结果过拟合。借助 MATLAB 中的 Neural Net 工具箱，将降水、径流及气温值作为输入序列，选择 L-M 算法对原始数据进行处理，此时输出值为降噪后的径流序列。处理后的径流序列并不等同于径流模拟，将其标准化后作为 PLSR 的目标序列运行模型。标准化公式如下：

$$
\begin{cases}
F_0 = (F_{0y})_n \\
F_{0y} = \dfrac{[y - E(y)]}{S_y}
\end{cases}
\tag{4-30}
$$

$$
\begin{cases}
E_0 = (E_{01}, E_{02}, \cdots, E_{0m})_{n \times m} \\
E_{0i} = \dfrac{[x_i - E(x_i)]}{S_{xi}}
\end{cases}
\tag{4-31}
$$

式中，F_0 为 Y 的标准化矩阵；E_0 为 X 的标准化矩阵；$E(y)$ 为 Y 的均值；$E(x_i)$ 为 X 的均值；S_y、S_{xi} 分别为 Y、X 的均方差；n 为样本数。

4.8.2 降雨特征变化及径流预测分析

1. 降水序列趋势分析

利用滑动平均以及线性趋势判断的方法分析三个站点降水序列趋势特征(图 4-91)。汉江流域安康站 1956～2018 年多年平均降水量为 815.61mm，其中年均最大降水量出现在 2010 年(1231.9mm)，年均最小降水量出现在 1999 年(525.8mm)。安康站降水量出现了 4 个变化阶段，经历了增加～减小～增加～减小的变化过程。其中，1974～1983 年及 1999～2001 年降水量的上升趋势最为明显，两个阶段平均值分别为 898.9mm、844.8mm。通过 62 年整体变化趋势，其线性变化趋势斜率为 1.121，安康站降水呈现出整体增长趋势。洋县站多年平均降水量为 791.9mm，在研究时段内呈现出增长～下降～增长～下降的趋势。1971～1983 年为多雨期，平均降水量为 862.1mm，为四个变化阶段中的最大值，且 1983 年迎来最大降水量 1376.1mm，1984～1997 年开始减少，降水量为 760.9mm。1998～2013 年降雨逐渐增多，但相比第一个增长阶段，降水量减少了 8.4%，其线性趋势线斜率为–2.408，序列呈现减少趋势。勉县多年平均降水量为 790.6mm，其中 1981 年降雨为 1522.7mm，为研究时段内最大值。根据勉县滑动平均分析结果，可将其长序列降水趋势分为 1971～1983 年、1984～1997 年、1998～2013 年以及 2014～2018 年四个阶段，各阶段平均降水量为 877.7mm、729.1mm、801.1mm 以及 702.4mm。勉县站有与洋县一致的变化趋势，其线性趋势斜率为–1.687，判断其降水变化趋势整体呈现减少趋势。洋县和勉县曾在 1983 年和 1981 年出现过极端降水事件，二者降水趋势相似。

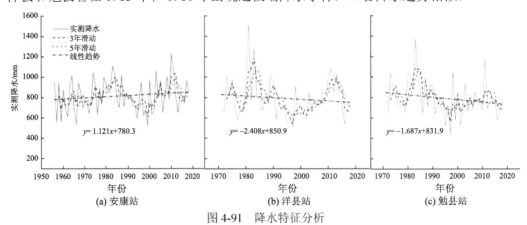

图 4-91　降水特征分析

利用 M-K 突变检验法对安康、洋县以及勉县站多年降水数据进行突变检验，突变分析结果如图 4-92 所示。

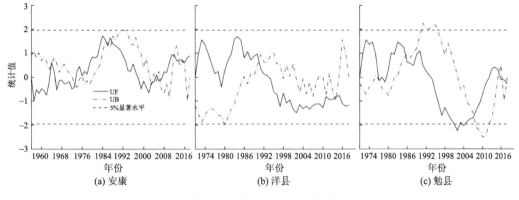

图 4-92　降水序列 M-K 检验

将安康站降水序列 M-K 检验结果与滑动平均分析结合，最终确定降水突变点出现在 1973 年、1984 年、2002 年。1973 年为先减小后增加的转折点，从 1974 年开始，降水量呈现持续增加现象，直到 1984 年，降水量增加 17.4%。1984 年突变前后降水量相对变化为 30%，随后降水量开始突变减小，直到第三次突变，降水量减少 23.2%。洋县降水突变成分发生在 1991 年和 2014 年，降水序列在 1991 年左右降水量减少 28.3%。从 2014 年开始，降水序列进入下一阶段减小期，降水量平均减小 12.5%。勉县站 M-K 检验显示，突变成分出现在 1986 年、2007 年以及 2016 年左右。其中，从 1971 年开始至 1986 年左右，降水量减少 22.4%，随后出现上升趋势。1998～2013 年增长期间，降水序列在 2007 年出现了降幅比例为 10% 的下降趋势，2016 年降水量降幅比例达到 27.7%。从 M-K 检验结果来看，安康和洋县站检验统计值并未超过 0.05 显著性所对应的临界值，所以变化趋势不显著，而勉县 2007 年统计值 UF 为 –2.1，超过临界值范围，降水序列变化趋势显著。

进一步采用 R/S 法对三个站点降水序列变化趋势进行分析（图 4-93）。三个站点降水 Hurst 指数都介于 0.5～1，说明将持续现有变化趋势（杨金艳等,2017）。安康站未来降水将整体保持增长趋势，安康降水量充沛期出现在 2002～2011 年期间，平均降水量达到 906.7mm，随后开始降低，直到 2018 年平均降水变为 813mm，未来降水量将出现显著增加趋势。勉县及洋县则保持整体减小趋势，其中洋县站点的降水变化趋势较为强烈。洋县和勉县在 1971～1983 年期间均为多雨期，之后虽经历了增长趋势，但是并未达到第一增长阶段出现的降水量，而且其线性趋势也显示出明显的减小趋势。

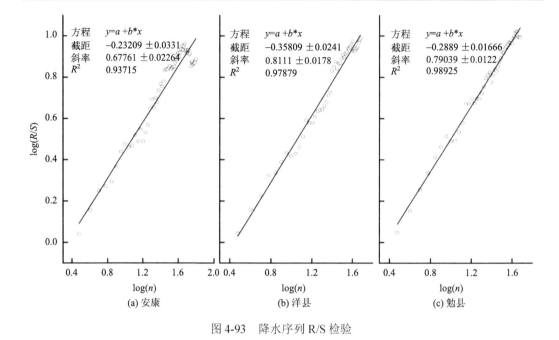

图 4-93　降水序列 R/S 检验

2. 降水周期分析

研究区域内三个站点降水周期分析采用小波分析实现，如图 4-94 所示。三个站点都存在 3 个循环交替的周期规律，安康站较为明显的周期为 31 年，偏丰期、偏枯期两者交替突变的点出现在 1983 年和 1999 年。洋县及勉县均存在 24 年的主周期，其中洋县偏丰期、偏枯期交替突变的点出现在 1983 年和 2001 年，勉县偏丰期、偏枯期交替突变的点出现在 1981 年和 2002 年。

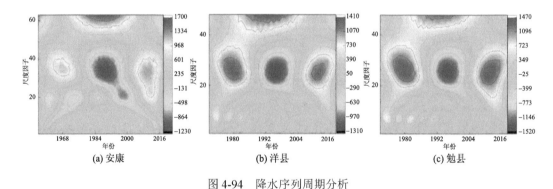

图 4-94　降水序列周期分析

3. 径流预测分析

前面 3.4 节对不同站点的径流的趋势性、周期性及持续性进行了分析，此处不赘述。对安康站的气温、降水及径流序列进行相关性检验，分析得到径流与气温以及降水与径流之间均存在相关性（$P<0.005$），通过了显著性检验（表 4-65），文中所选用的自变量和因

变量之间存在较为明显的相关性。自变量之间存在相关性会造成共线性，进而影响回归结果，而偏最小二乘回归会减小自变量共线性对结果造成的影响。

表 4-65　相关性检验结果

		径流	气温			径流	降水			降水	气温
径流	皮尔逊相关检验	1	−0.488**	降水	皮尔逊相关检验	1	0.678**	降水	皮尔逊相关检验	1	−0.38**
	Sig.(双尾)		.000		Sig.(双尾)		.000		Sig.(双尾)		.002
气温	皮尔逊相关检验	−0.488**	1	气温	皮尔逊相关检验	0.678**	1	气温	皮尔逊相关检验	−0.38**	1
	Sig.(双尾)	.000			Sig.(双尾)	.000			Sig.(双尾)	.002	

**在 0.01 级别(双尾)，相关性显著。

基于 1956～2017 年安康站 62 年的实测年降水及气温作为基础输入数据，分别利用 PLSR 及 BP-PLSR 两种方法对径流量进行预测。设置 1956～2004 年为训练期，2005～2017 年为验证期。预测精度指标选择均方根误差(root-mean-square error, RMSE)及 NSE，精度指标计算公式如下：

$$RMSE = \sqrt{\frac{1}{n}\sum_{i=1}^{n}(Q_i^o - Q_i^s)^2} \tag{4-32}$$

$$NSE = 1 - \frac{\sum\limits_{i=1}^{n}(Q_i^o - Q_i^s)^2}{\sum\limits_{i=1}^{n}(Q_i^s - \bar{Q}^s)^2} \tag{4-33}$$

式中，Q_i^o 和 Q_i^s 分别为径流模拟值和实测值，$\bar{Q}^s$ 为径流实测均值。

利用 PLSR 对径流进行模拟。首先根据平均值与均方差对原始数据进行标准化处理，提取出两个成分，得到 PLSR 回归方程：

$$y^* = 1207.9 + 0.9x_1 - 83x_2 \tag{4-34}$$

式中，y^* 为预测年径流量；x_1 为实测年降水量；x_2 为实测年气温值。

PLSR 径流模拟结果如图 4-95 所示。在模型训练期，RMSE 为 153.093，NSE 为 0.489；验证期内，RMSE 为 70.275，NSE 为 0.259；在整个模拟时期内，PLSR 模拟结果精度较低，RMSE 为 152.182，NSE 为 0.456，NSE 低于 0.5 且 R^2 为 0.5003。模拟精度低的主要原因为：62 年的时间周期内，径流量出现突变，在径流峰值前后出现了过拟合现象，且在突变点附近出现局部最优问题。1983 年为径流最大年份，径流峰值处模拟值为 944.58 m³/s，与实测值的误差为 349.84 m³/s；在突变点附近，1977 年、1979 年、1985 年的模拟值分别为 678.3 m³/s、781 m³/s、635.19 m³/s，与实测值的误差分别为 288.6 m³/s、297.8 m³/s、254.9 m³/s。

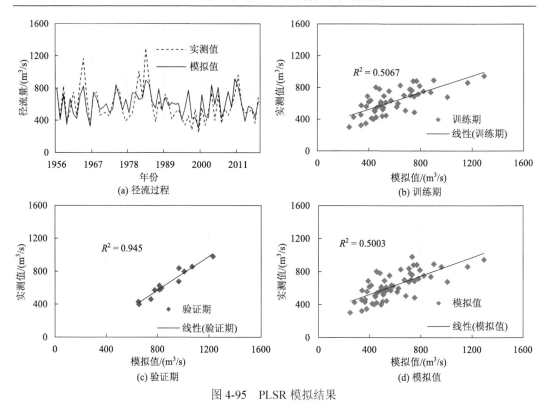

图 4-95　PLSR 模拟结果

采用 BP-PLSR 对径流进行模拟，模拟结果如图 4-96 所示。所生成的回归方程为

$$y^* = 1333.7 + 0.6x_1 - 78.7x_2 \tag{4-35}$$

式中，y^*为预测年径流量；x_1为实测年降水量；x_2为实测年气温值。

在训练期 RMSE 为 24.371，相比 PLSR 在验证期的结果减少了 84.4%。NSE 为 0.784，明显大于 PLSR 在训练期的效率系数；在验证期，RMSE 为 12.343，比 PLSR 在验证期的结果减少了 82.5%。NSE 为 0.891，BP-PLSR 模拟结果精度明显优于 PLSR。在整个模拟时期，RMSE 为 92.863，误差下降了 40%。NSE 明显增加，达到 0.797，模拟结果良好。1983 年峰值处，实测值为 1294.42 m³/s，模拟值为 1114.6 m³/s。相比 PLSR，误差下降了 48.6%。在突变点附近，1977 年、1979 年、1985 年模拟值分别为 613.94 m³/s、498.77 m³/s、593.92 m³/s。相比 PLSR，误差分别降低了 22.3%、94.76%、91.4%。

未对原始数据进行预处理，用 PLSR 进行模拟后，发现模拟结果精度较低，特别是在突变成分附近及峰值处的模拟结果精度低。对原始数据进行 BP 神经网络预处理，可以解决数据在峰值处的过拟合问题，能较好的避免模型在突变成分附近陷入局部最优。BP-PLSR 模拟结果与实测值最为接近，模拟结果可信度高。

BP-PLSR 模拟效果优于传统 PLSR，模拟精度有所提高。但在径流局部区域难免出现过拟合现象，只有在 1977 年，两种方法的模拟结果 RE 均大于 50%（表 4-66、图 4-97）。在训练期，BP-PLSR 对过拟合及局部最优问题控制较好，未出现明显泛化误差（表 4-67）。由于 PLSR 容易在径流峰值处及突变点附近出现明显泛化误差，而 BP-PLSR 可以优化上述问题，能明显提高模拟精度。

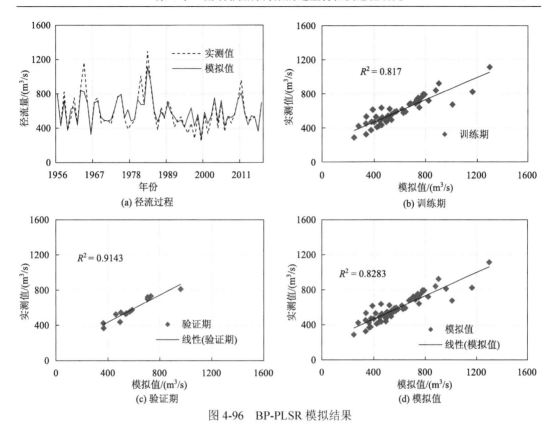

图 4-96　BP-PLSR 模拟结果

表 4-66　突变成分附近及峰值处的对比

局部点	年份	RE		NSE	
		PLSR/%	BP-PLSR/%	PLSR	BP-PLSR
突变	1977	76	57.5		
	1979	61.6	3.2	0.52	0.77
	1985	11	3.8		
峰值	1964	29.2	26.1	0.55	0.76
	1983	27	13.8		

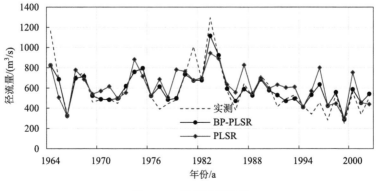

图 4-97　局部模拟结果

表 4-67　不同模拟方法对应的径流模拟精度指标

方法	指标	预测时期		
		训练期	验证期	全时段
PLSR	RMSE	156.093	70.275	152.182
	NSE	0.489	0.259	0.456
	R^2	0.5067	0.945	0.5015
回归方程		$y^*=1207.9+0.9x_1-83x_2$		
BP-PLSR	RMSE	24.371	12.343	92.863
	NSE	0.784	0.891	0.797
	R^2	0.817	0.9143	0.8283
回归方程		$y^*=1333.7+0.6x_1-78.7x_2$		

　　将突变成分附近及峰值附近实测径流序列作为目标序列，选择对应时段降水及气温值进行模拟，将结果回带到全序列以判断 BP-PLSR 的适用性（图 4-98，图 4-99），得到的回归方程为

$$y^* = 1452.3 + 0.9x_1 - 101.5x_2 \tag{4-36}$$

所选时段为 1964～2002 年，NSE 为 0.776，拟合优度 R^2 为 0.8094。

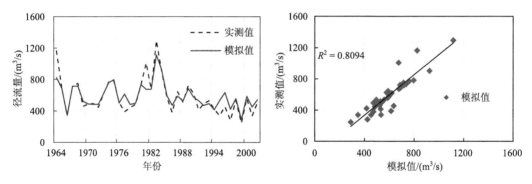

图 4-98　所选时段模拟结果

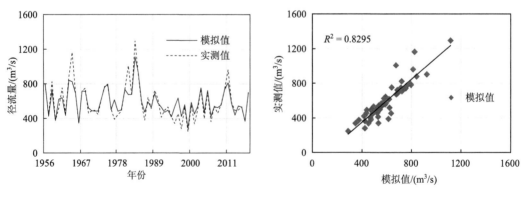

图 4-99　全时段模拟结果

在突变点 1977 年、1979 年及 1984 年，模拟值与实测值误差为–224.185 m^3/s、–15.57 m^3/s 及–21.31 m^3/s，1977 年模拟值误差较大。峰值处模拟与实测值误差为179.77 m^3/s。整体模拟效果较好，将结果回带到全序列中时，得到 NSE 值为 0.798，R^2 为 0.83。通过两种模拟形式，即利用全序列体现局部效果及依靠局部回代全序列，都体现了较好的模拟结果，NSE 系数均接近 0.8，R^2 超过 0.8，模拟结果良好，说明了该组合模拟适用性较好。

4.8.3　降雨–径流–泥沙过程

1. 径流预测分析

安康断面以上流域存在 19 个气象站点，利用泰森多边形法计算其面平均雨量。利用流域内 1971～2018 年的面雨量和径流数据绘制散点图（图 4-100），可以看出安康断面以上流域降雨径流之间呈现比较明显的非线性关系，其二次曲线方程为：Q=0.0002P^2–0.0655P+34.269（P 为降水量/mm，Q 为径流量/亿 m^3），相关系数为 0.967。

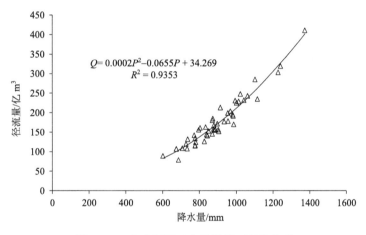

$$Q = 0.0002P^2 - 0.0655P + 34.269$$
$$R^2 = 0.9353$$

图 4-100　安康断面以上流域降雨径流关系

将统计的径流数据采用 P-III 型曲线法进行丰平枯水年的确定，选定丰、平、枯水年分别为：2011 年（P=7.5%）、2018 年（P=60%）和 2001 年（P=92.1%），对应的径流量分别为 303.18 亿 m^3、151.91 亿 m^3、106.91 亿 m^3，径流年际分布不均，最大径流量是最小径流量的 3 倍左右。利用收集的各个特征年的降水流量数据进行分析（图 4-101），可以看出 5～9 月降水量占全年降水量的 75%以上，降水量时空分布具有不确定性，河道径流丰枯变化悬殊。径流对降水的响应有提前和滞后两种状况出现。

2. 径流泥沙过程

将收集到的 1990～2018 年安康水文站的径流量和泥沙量进行拟合（图 4-102），可以看出安康断面径流泥沙之间呈现比较明显的幂函数关系，关系曲线为 S=6×$10^{-7}Q^{3.636}$（Q 为径流量/亿 m^3，S 为泥沙量/万 t），相关系数为 0.842。年泥沙量范围为 1.56 万～407 万 t，年际差异性较大，2001 年、2011 年、2018 年对应的泥沙量为 10.4 万 t、232 万 t、119.21 万 t，年泥沙量变化趋势呈波动性变化，受研究区域降水量、土地利用、植被覆盖度、土壤本身特性及措施管理等因素的影响，泥沙输移过程中还携带大量污染物质，对流域水环境的贡献很大，分析不同尺度的泥沙输移特性的重要性不言而喻。

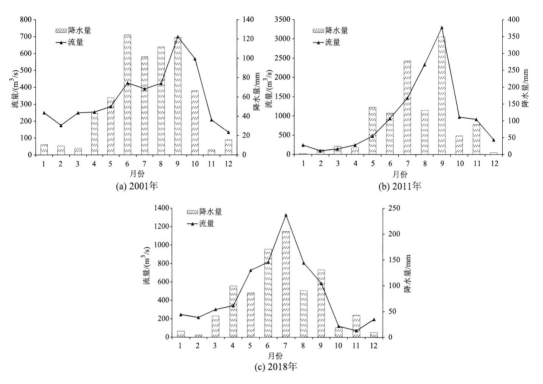

图 4-101　安康断面以上流域不同特征年降水-流量变化关系

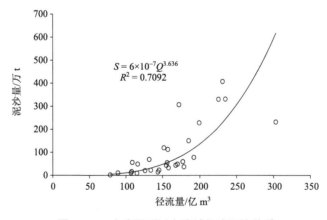

图 4-102　安康断面以上流域径流泥沙关系

4.8.4　水质评价及过程分析

1. 站点水质评价

采用改进的内梅罗污染指数法对断面水质质量进行评价，该方法不仅计算方便，还能重点反映出水体污染程度(罗芳等,2016)。选取安康、小钢桥、老君关三个断面的 TN、TP、NH$_3$-N 以及 KMnO$_4$ 四个指标进行评价，水质质量评价参考了《地表水环境质量标准》中 II 类水质标准。改进内梅罗污染指数法引入了权重值的概念，将危害性最大的污染因子放在首位，着重考虑其对水质的影响，使得评价结果更为科学。具体的计算公式如下：

$$P = \sqrt{(F_M'^2 + F^{*2}) / 2} \qquad (4\text{-}37)$$

$$w_i = r_i / \sum_{i=1}^{n} r_i \qquad (4\text{-}38)$$

$$F_M' = (F_M + F_w)/2 \qquad F^* = \sum_{i=1}^{n} w_i F_i \qquad (4\text{-}39)$$

$$r_i = S_M / S_i \qquad F_i = C_i / S_{ij} \qquad (4\text{-}40)$$

式中，C_i 为第 i 类评价因子的实测浓度；S_{ij} 为第 i 类评价因子的第 j 类标准浓度；F_M 为权重最大的污染因子对应的 F 值；F^* 为污染指数均值；F_w 为 i 种污染因子中最大污染因子的比值，即 C_i/S_{ij}；w_i 为第 i 种污染因子的权重；r_i 为第 i 种污染因子的相关性比值；S_i 为各污染因子的标准值；S_M 为第 i 种污染因子的最大标准值；n 为评价污染因子的个数。

根据相关文献，确定改进内梅罗指数 P 值小于 0.45 为清洁状态，0.45~0.65 为轻度污染，0.65~1.3 为中度污染，1.3~3.53 为重污染，大于 3.5 为严重污染。基于 2011~2018年流域内安康、小钢桥及老君关断面月尺度水质监测资料计算污染因子最大标准值，确定其值为高锰酸盐指数所对应的权重 0.26，进而计算丰平枯期内的内梅罗指数，见表4-68。

表 4-68　内梅罗指数计算结果

断面	时间	内梅罗指数	水质标准
安康	丰水期	0.53	轻度污染
	平水期	0.6	轻度污染
	枯水期	1.18	中度污染
小钢桥	丰水期	0.55	轻度污染
	平水期	0.48	轻度污染
	枯水期	1.22	中度污染
老君关	丰水期	1.11	中度污染
	平水期	0.89	中度污染
	枯水期	1.18	中度污染

　　综合分析流域内三个断面四种水质指标，其中污染占比大的指标为 TN，安康、小钢桥以及老君关断面 TN 多年平均浓度分别为 0.98mg/L、0.74 mg/L 以及 1.0 mg/L，均为Ⅲ类水，三个断面 2016～2018 年 TN 浓度达到Ⅲ类水临界值，最大值为 2.1mg/L。从单一营养盐指标角度考虑，认为 TN 浓度大于 0.2mg/L 并且 TP 浓度大于 0.02mg/L 时，就会对水环境造成不同程度的影响(李跃飞,2013)。通过计算内梅罗指数，结果显示，老君关断面丰平枯水期均为中度污染，而安康及小钢桥断面枯水期为中度污染，丰水期及平水期为轻度污染，空间分布差异性较小。污染物主要贡献源为 TN，TN 对流域内污染物的贡献达到 40%。此外，枯水期污染物浓度普遍大于丰水期和平水期，主要是因为枯水期水体流动性较差，这会加剧水体中污染物的累积。河流水质会受到水量、温度、水力条件等因素季节性差异的影响。枯水期水体汇流减少且流速低，温度下降，水体中微生物的净化功能受到限制，水体自然调节能力减弱，使得枯水期阶段水质在全年表现较差。此外，水体中氮元素的累积与流域降水量和气温有显著相关性，降水量多、气温高，则会促进氮的反硝化作用，而降水量少、气温低会使得河流中氮元素累积(马小雪等,2021;李跃飞,2013)。

2. 水质水量过程

　　绘制 2011～2019 年安康断面的 TN、NH₃-N 和 TP 浓度变化图(图 4-103)，可以看出污染物指标呈现波动变化，TN 浓度过程整体大于 NH₃-N 浓度过程，与径流小区、小流域尺度的分析结论一致。NH₃-N 浓度变化较小，保持在 0.176 mg/L 左右，从 2017 年 6月后安康断面 TN 和 TP 变幅较大，均值分别为 1.322 mg/L 和 0.0325 mg/L，通过标准进

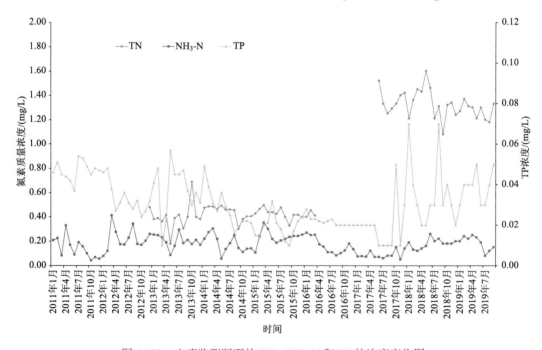

图 4-103　安康监测断面的 TN、NH₃-N 和 TP 的浓度变化图

行水质判别发现 TN 浓度小于 1.5 mg/L，为Ⅳ类水质，TP 浓度小于 0.1 mg/L，为Ⅱ类水质。与径流小区、杨柳小流域结果进行对比，污染物浓度随着尺度的增大而变小，表明在污染物迁移转化过程中受河道降解、降水强度、地形地貌、地表径流、地下蓄渗及植被截留等因子的影响，产污过程与泥沙输移过程类似，越靠近河道污染物越聚集。

安康断面的氮磷污染通量采用径流分割法估算，估算方法见 4.3.4 节。基于收集的安康站 2011～2018 年水量水质数据，采用径流分割法量化出非点源污染负荷通量。汉江流域陕西段降水主要集中在 6～9 月，降水量占全年降水量的 63%左右，12 月至翌年 2 月为枯水期，降水只占全年的 3%左右，因此将全年水期划分为丰水期(6～9 月)、平水期(3～5 月，10～11 月)和枯水期(12 月至翌年 2 月)。对各年径流量进行丰平枯水期的分割，结合水质水量数据确定各丰平枯水期的流量加权浓度，结果见表4-69。然后利用公式计算出不同水期的通量并进行求和，将枯水期产生的污染负荷量的月平均值作为 L_d，求出点源污染负荷，年总负荷量与点源污染负荷之差即为非点源污染负荷，结果如表 4-70 所示。

表 4-69 汉江安康水文站以上流域 2011～2018 年不同水期的径流量及加权浓度统计表

指标			年份							
			2011	2012	2013	2014	2015	2016	2017	2018
水文频率 P			7.5%	40.25%	60.55%	56.5%	57.05%	85.92%	36.73%	60%
丰水期	径流量/亿 m³		211.63	122.45	107.1	89.54	67.1	42.27	69.76	93.45
	浓度/(mg/L)	NH₃-N	0.148	0.226	0.212	0.168	0.207	0.102	0.079	0.215
		TP	0.048	0.032	0.045	0.024	0.017	0.022	0.01	0.039
		TN	—	—	0.371	0.429	0.453	—	1.314	1.269
		COD	—	—	5.848	5.528	10.198	10.041	11.432	12.6
平水期	径流量/亿 m³		72.73	41.03	36.25	54.08	55.01	31.86	72.52	41.45
	浓度/(mg/L)	NH₃-N	0.113	0.207	0.159	0.173	0.263	0.161	0.131	0.158
		TP	0.054	0.034	0.041	0.025	0.026	0.021	0.042	0.022
		TN	0.53	0.415	0.431	—	—	—	—	1.512
		COD	—	—	7.798	11.052	11.043	11.261	11.04	10.26
枯水期	径流量/亿 m³		18.82	21.37	11.76	13.53	9.1	7.03	6.18	17
	浓度/(mg/L)	NH₃-N	0.118	0.147	0.228	0.168	0.194	0.188	0.11	0.173
		TP	0.047	0.042	0.039	0.028	0.018	0.023	0.024	0.045
		TN	—	—	0.381	0.426	0.424	—	—	1.268
		COD	—	—	8.576	9.959	9.459	10	8.906	8.59

表 4-70 汉江安康水文站以上流域 2011～2018 年污染负荷分割结果

指标		年份								均值
		2011	2012	2013	2014	2015	2016	2017	2018	
L/t	NH₃-N	4176	3930.8	3115	2667.2	3012.3	1076	1569.1	2958.2	2813.1
	TP	1453.4	612.9	690.9	382.6	224	179.3	157.1	532.1	529.0
	TN	—	—	5766.3	6737.7	5917.4	—	—	19274	9424.0
	COD	—	—	100985	122741.5	137784	85351	165316	184577	132792

指标		年份								均值
		2011	2012	2013	2014	2015	2016	2017	2018	
L_d/t	NH$_3$-N	74	104.7	89.4	75.8	58.9	44.1	22.1	98.03	70.9
	TP	22.5	29.9	15.3	12.6	5.5	5.4	4.9	25.5	15.2
	TN	—	—	149.4	192.1	128.6	—	—	718.5	297.2
	COD	—	—	3361.8	4491.5	2869.2	2343	1834.6	4867.7	3294.7
L_p/t	NH$_3$-N	888.3	1256.6	1072.5	909.2	706.2	528.7	271.9	1176.4	851.2
	TP	353.8	359	183.5	151.5	65.5	64.5	59.3	306	192.9
	TN	—	—	1792.2	2305.5	1543.4	—	—	8622.4	3565.9
	COD	—	—	40342	53898.1	34431	28120	22016	58412	39536
L_n/t	NH$_3$-N	3287.8	2674.3	2042.5	1757.9	2306.1	547.6	1297.2	1781.8	1961.9
	TP	1099.6	253.9	507.5	231	158.5	114.6	97.8	226.14	336.1
	TN	—	—	3974.1	4432.2	4374.1	—	—	10652	5858.1
	COD	—	—	60644	68843.4	103353	57231	143300	126165	93256
非点源百分比/%	NH$_3$-N	78.7	68	65.6	65.9	76.6	50.9	82.7	60.2	68.6
	TP	75.7	41.4	73.5	60.4	70.8	63.9	62.2	42.5	61.3
	TN	—	—	68.9	65.8	73.9	—	—	55.3	66.0
	COD	—	—	60.1	56.1	75	67.1	86.7	68.4	68.9

从表 4-69 可以看出,安康水文站年径流量年际分布不均,总径流量水文频率范围在 7.5%~86%,涵盖了不同特征型水文年。由表 4-70,TN、TP、COD、NH$_3$-N 污染物多年平均通量分别为 9424.0 t、529.0 t、13.28 万 t 和 2813.1 t。点源多年平均污染负荷贡献指标从大到小依次为 COD>TN>NH$_3$-N>TP,非点源污染物 TN、TP、COD、NH$_3$-N 通量在 2011~2018 年的均值分别为:5858.1 t、336.1 t、9.33 万 t 和 1961.9 t,其贡献比在 41.4%~86.7%。不同监测指标多年非点源负荷占比均值均超 60%,个别年份非点源污染负荷贡献占比能达到 80%以上,尤其是 2017 年的 NH$_3$-N 和 COD 两种污染物。从近几年的陕西省生态环境厅水环境质量数据分析可发现汉江流域陕西段多数断面水质数据达到地表水 II、III 类标准,虽然点源污染负荷有逐年下降的趋势,但非点源污染的影响也显著增大。

利用输出系数法计算出安康断面以上流域农业源非点源污染物 TN、TP、COD、NH$_3$-N 的负荷量分别为 3.79 万 t、0.20 万 t、12.2 万 t、1.25 万 t,在汉江流域陕西段农业源污染物中占比达 60%左右。将汉江流域安康断面以上非点源污染负荷通量与农业源污染物产生量相除,其结果就是污染物 TN、TP、COD、NH$_3$-N 的入河系数,分别为 0.11、0.18、0.71 和 0.16。

4.8.5 不同尺度非点源输出对比分析

根据收集到不同空间尺度的径流小区、杨柳小流域和安康断面以上流域的资料,从多年平均降水量、温度、坡度、海拔、土壤类型、土地利用类型、耕作方式及污染情况等方面对杨柳小流域及安康断面以上流域进行对比分析(如表 4-71),其中径流小区因为处于杨柳小流域内,可不单独进行分析。发现杨柳小流域和安康断面以上流域多年平均降水量比较接近;温度相差不大;坡度差别较大,其原因是安康断面范围大,地形情况复杂,跨多个分区,空间异质性较明显;耕作方式差别较小,杨柳小流域因为控制面积小,多为经果林和耕地;污染情况均以农业源为主。根据不同地理位置选择的小流域和干流断面以上流域在汉江流域陕西段具有一定的代表性,可进一步进行非点源污染研究。

表 4-71　杨柳小流域和安康断面以上流域统计结果对比

要素	杨柳小流域	安康断面以上
降水量/mm	890.0	900.9
温度/℃	14.72	15.8
坡度/(°)	15.34 (0~44.92)	6.25 (0~26.78)
海拔/m	476.82	1158.14
土壤类型	黄棕壤	以黄棕壤、棕壤、黄褐土为主
土地利用类型	耕地 42%,林地 53%,草地 0.75%,水域 0.13%,城镇用地 4.40%	耕地 25.4%,林地 30.7%,草地 37.2%,水域 0.5%,城镇用地 0.8%,未利用地 0.2%
耕作方式	玉米、豆类、薯类、油菜、花生等为主	小麦、水稻、玉米、豆类、薯类、油菜、花生等为主
污染情况	以种植业、畜禽养殖、农村生活源为主要污染源	以种植业、畜禽养殖、农村生活源为主要污染源

根据径流小区、杨柳小流域和安康断面以上流域的实测资料,从降雨径流过程、泥沙输移过程和污染物迁移转化过程分析不同空间尺度非点源污染过程存在的共性和差异性。其中三种空间尺度的降雨径流均呈现显著的非线性关系,非线性方程和相关系数 R 值不同,不同径流小区 R 值均大于 0.884,杨柳小流域 R 值为 0.86,安康断面以上流域 R 值为 0.967。三种空间尺度的径流量与泥沙量呈现较高的正相关关系,相关系数均大于 0.77,7 个径流小区相比小流域,在强暴雨条件下更易发生土壤侵蚀,其中坡长坡度对土壤侵蚀的影响显著,且所有小区汛期平均土壤流失量为 1.31 t/km^2,个别小区汛期平均土壤流失量为 4.17 t/km^2(6 号)。汛期杨柳小流域输沙模数为 8.04 t/km^2,非汛期杨柳小流域输沙模数为 4.33 t/km^2,径流小区土壤流失量远小于小流域尺度。

对 2020 年径流小区和杨柳小流域的水质进行判别,发现两者的水环境状况较差,与安康断面以上流域的水质情况差别较大,安康断面水质大部分时间处于 II 类,表现为污染物浓度随着尺度的增大而变小,其原因是国控断面安康的水质数据是日常监测数据,而径流小区和小流域监测的均是降雨情况下的水质数据,两者有一定区别,非汛期小流域的水质监测数据与河流断面吻合,均处于 II 类水平。径流小区和小流域的 TN、TP 实测结果较高,是因为其在暴雨的作用下污染物浓度会显著提高,与汉江流域其他小区小流域的试验结果类似,河流水质和径流水质在下垫面条件的影响和河道降解的条件下,在干流河道断面的水质指标明显会小于小流域水质指标,其原因是小流域控制面积小,地表径流汇集速度远大于河道汇流,随着地表径流汇聚就会聚集大量的污染物,导致监测的污染物指标较大。各径流小区氮素(TN、NH$_3$-N、NO$_3$-N)和磷素(TP、SRP)的流失强度均值分别为 0.12 kg/hm² 和 0.0137 kg/hm²，杨柳小流域对应的氮素和磷素的流失强度分别为 0.16 kg/hm² 和 0.0165 kg/hm²，氮素和磷素流失强度表现为杨柳小流域>径流小区。根据径流量、泥沙量和产污量的相关性分析，可知三者呈现正相关关系，杨柳小流域和径流小区氮素流失和磷素流失的主要形态是 NO₃-N 和 SRP，且两者地表径流中的氮素（TN、NH₃-N、NO₃-N）输出量远大于磷素（TP、SRP）输出量。

4.8.6　小结

水量水质是非点源污染研究的基本内容，本节主要对汉江安康断面以上流域径流-泥沙-污染物特征进行研究，研究表明：

（1）汉江流域安康站点降水整体呈现上升趋势，洋县和勉县两个站点降水序列呈现出整体降低的趋势，且二者存在相似的变化阶段。安康站和洋县站降水序列突变特征不显著，勉县站在 2007 年左右突变成分通过了显著性分析。安康站降水存在明显的 31 年周期，洋县站及勉县站存在 24 年的主周期。

（2）通过利用 PLSR 和 BP-PLSR 对安康站的径流数据进行预测，发现 PLSR 径流模拟结果精度较低，计算的 NSE 值低于 0.5，误差较大，模拟结果受到了过拟合及局部最优影响。对原始数据进行 BP 处理后，能有效提高模拟精度，RMSE 降低 40%且 NSE 大于 0.5。在峰值处，模拟精度提升 48.6%；在突变点附近，精度提高了 69.5%。模拟结果可信度增加，有效解决和避免了过拟合及局部最优问题。

（3）相较于安康及小钢桥断面，老君关断面污染较为严重，安康及小钢桥断面污染严重的时期为枯水期，三个断面空间分布差异性较小，且主要污染物为 TN，其贡献超过40%。

（4）根据径流小区、杨柳小流域和安康断面以上流域的实测资料，从降雨径流过程、泥沙输移过程和污染物迁移转化过程分析不同空间尺度非点源污染过程存在的共性和差异性。其中三种空间尺度的降雨径流均呈现显著的非线性关系，三种空间尺度的径流量与泥沙量呈现较高的正相关关系，相关系数均大于 0.77，径流小区土壤流失量远小于小流域尺度。2020 年径流小区和杨柳小流域的水质与安康断面以上流域的水质情况差别较大，安康断面水质大部分时间处于 II 类，表现为污染物浓度随着尺度的增大而变小。

4.9　基于输出系数法的流域农业非点源污染负荷估算及分析

4.9.1　材料与方法

本节采用的研究方法是输出系数法和等标污染负荷法，方法介绍如 4.6.3 节。研究使用数据有汉江流域陕西段 DEM；土地利用数据来自全球生态环境遥感监测平台的 2017 年的 30m×30m 的土地利用现状遥感数据；畜禽养殖及农村人口数据来源于 2018 年陕西省汉中、安康、商洛各市县的统计年鉴或国民经济和社会发展统计公报；安康水文站 2011～2017 年逐日流量数据来源于长江流域水文年鉴，水质监测数据来自陕西省环境监测站。

4.9.2　丹江流域农业非点源污染负荷估算及分析

1．非点源污染负荷量估算

采用输出系数法估算 2017 年丹江流域陕西段五个县区的农业农地、农村生活及畜禽养殖三大类主要污染源产生的非点源污染负荷量，计算结果如表 4-72 所示。2017 年流域内 TN、TP、NH$_3$-N、COD 负荷量分别为 6209.22 t、369.56 t、2187.88 t 和 22681.14 t。从表中数据可以看出，商州区、丹凤县及商南县的污染负荷量较高，主要原因是这三个县区农业土地利用面积大、畜禽养殖业发达、农村人口多。相比之下，洛南县在流域段内管控面积小，从而各种污染负荷量都较低。

表 4-72　2017 年丹江流域非点源污染各污染物负荷量

污染物	地区	农业农地污染量/t				农村生活污染量/t	畜禽养殖污染量/t				总量/t
		耕地	林地	草地	园地		牛	猪	羊	禽	
TN	商州	791.15	545.18	4.61	3.48	500.12	95.97	91.32	10.40	22.80	2065.02
	丹凤	307.45	711.29	4.19	19.01	277.13	141.92	98.94	11.92	118.40	1690.25
	商南	338.72	662.75	2.97	10.07	208.65	193.99	123.43	15.76	44.00	1600.34
	山阳	56.31	150.07	0.77	4.27	78.03	24.74	364.84	8.12	11.27	698.42
	洛南	69.15	49.98	0.76	0.26	13.71	13.51	5.60	0.73	1.50	155.20
	总计	1562.78	2119.27	13.29	37.07	1077.65	470.13	684.13	46.93	197.97	6209.22
TP	商州	19.69	21.67	1.17	0.34	39.73	1.60	13.57	1.04	4.56	103.37
	丹凤	7.65	28.28	1.06	1.86	22.02	2.36	14.71	1.19	23.68	102.81
	商南	8.43	26.35	0.75	0.99	16.58	3.23	18.35	1.58	8.80	85.04
	山阳	1.40	5.97	0.19	0.42	6.20	0.41	54.23	0.81	2.25	71.89
	洛南	1.72	1.99	0.19	0.03	1.09	0.22	0.83	0.07	0.30	6.45
	总计	38.89	84.25	3.37	3.63	85.61	7.83	101.70	4.69	39.59	369.56
NH$_3$-N	商州	82.08	56.68	1.98	0.36	210.33	35.63	146.85	10.66	2.28	546.86
	丹凤	31.90	73.96	1.81	1.96	116.55	52.68	159.10	12.22	11.84	462.05
	商南	35.14	68.91	1.28	1.06	87.75	72.01	198.49	16.15	4.40	485.19
	山阳	5.84	15.60	0.33	0.45	32.82	9.18	586.71	8.32	1.13	660.38
	洛南	7.17	5.20	0.33	0.03	5.77	5.02	9.01	0.75	0.15	33.41
	总计	162.14	220.35	5.72	3.89	453.22	174.52	1100.16	48.10	19.80	2187.88
COD	商州	460.27	1517.16	18.08	2.43	3832.68	468.50	556.53	18.46	114.00	6988.10
	丹凤	178.87	1979.42	16.46	13.29	2123.80	692.78	602.53	21.16	592.00	6220.76
	商南	197.06	1844.35	11.66	7.04	1599.00	946.96	752.27	27.97	220.00	5606.31
	山阳	32.76	417.64	3.00	2.98	598.02	120.77	2223.6	14.41	56.34	3469.49
	洛南	40.23	139.10	2.96	0.18	105.10	65.95	34.14	1.29	7.52	396.48
	总计	909.18	5897.66	52.16	25.93	8258.60	2294.95	4169.5	83.29	989.87	22681.14

2. 非点源污染负荷评价

1）等标污染负荷量空间分布特征

2017 年丹江流域农业非点源污染 TN、TP、NH₃-N、COD 等标污染负荷分别为 124184.4 亿 m³、36956 亿 m³、43757.6 亿 m³、15083.2 亿 m³。如图 4-104 所示，污染物负荷贡献率最大的区域是商州区，洛南县贡献率最小。主要原因是商州区、丹凤县、商南县大量的化肥施用和规模化养殖导致对 TN、TP 的贡献率都比较高。虽然山阳县在流域内农业用地面积很小，但畜禽养殖数量大，因此对 NH₃-N 的贡献率最大。各种等标污染负荷空间分布具有很强的一致性，农业土地利用面积大、畜禽养殖业发达、农村人口多的区域，等标污染负荷较大，反之亦然。

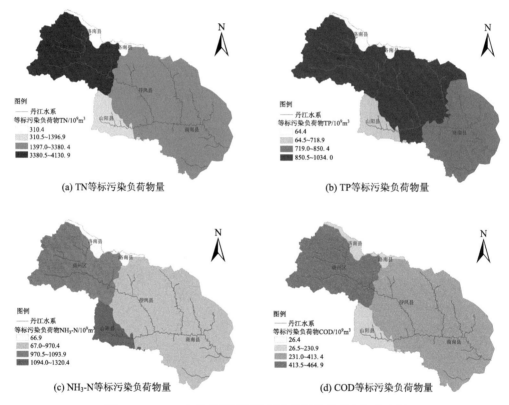

图 4-104　2017 年各县区不同等标负荷污染物的空间分布图

2）不同污染源等标污染负荷总量特征

丹江流域陕西段各县区农地农业源和畜禽养殖源的等标污染负荷贡献率均相对较高。相比之下，农村生活源的等标污染负荷贡献率则较低。农业非点源污染等标污染负荷总量为 227579 亿 m³。在各污染源中，等标污染负荷总量分别为：农地农业源量 100082.7 亿 m³，畜禽养殖源量 75228.3 亿 m³，农村生活源量 44670.2 亿 m³。

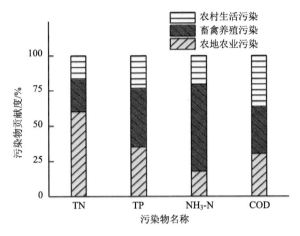

图 4-105　不同污染源对非点源污染的贡献率占比图

由图 4-105 可见，TN 污染主要来源是农业农地；TP、NH$_3$-N 污染主要来源是畜禽养殖；COD 污染主要来源是农村生活。农地农业污染对 TN 的贡献率超过总量的一半以上，畜禽养殖对 TP、NH$_3$-N 贡献率的影响明显大于农业农地和农村生活，各污染源对 COD 的贡献度较为平均。综合识别出重点防治对象为农地农业污染和畜禽养殖污染。为控制农业非点源污染，减少化肥的施用量、改变土地利用类型，提高畜禽粪便的有效处理则显得尤为重要。

3) 不同污染源对各县区等标污染负荷贡献特征

利用 Arc GIS 软件，以县区为基本单位分别表示出农业农地污染源、农村生活污染源及畜禽养殖污染源的量值。如图 4-106 所示，在流域内，商州区、丹凤县、商南县、洛南县的 TN 等标污染负荷贡献最大的为农业农地，而山阳县则为畜禽养殖；商州区、洛南县、商南县的 TP 等标污染负荷贡献最大的为农业农地，而山阳县和丹凤县为畜禽养殖。各县区的 NH$_3$-N 等标污染负荷则表现出明显的规律特征，均以畜禽养殖为主。丹凤县、商南县和洛南县的 COD 等标污染负荷贡献最大的为农业农地，而山阳县为畜禽养殖，商州区为农村生活。

丹江流域陕西段各县区的污染负荷均以农业农地和畜禽养殖为主。其中，商州区农业农地污染对本区的 TN 负荷贡献率为 65.1%，山阳县的畜禽养殖污染贡献为 58.55%。洛南县的农业农地污染对该区 TP 负荷贡献率为 61.03%，山阳县的畜禽养殖污染对该地区的 TP 负荷贡献率为 80.28%。鉴于此，丹江流域陕西段农业非点源污染治理方案应根据各县区污染源情况因地制宜。

3. 非点源污染负荷合理性分析及防治方法

1) 丹江流域陕西段农业非点源污染负荷合理性分析

商州区耕地、林地面积占比大，且农业人口数量大；丹凤县由于其"九山半水半分田"的特殊地理分布，全县森林覆盖率高达 70%；商南县林地、园地面积最大，茶园众多；山阳县则特色发展畜禽养殖产业。综合各县区的自然地理条件，农业及畜牧业发展

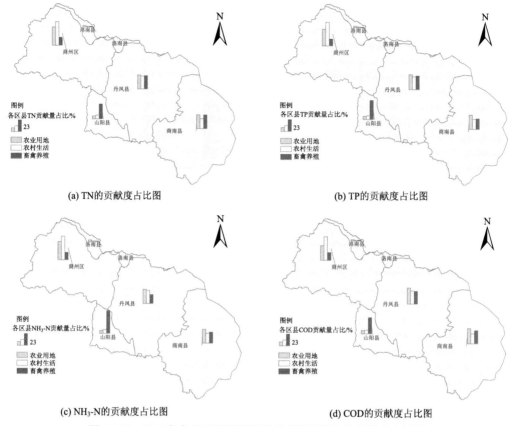

(a) TN的贡献度占比图　　　　　　　　　(b) TP的贡献度占比图

(c) NH₃-N的贡献度占比图　　　　　　　(d) COD的贡献度占比图

图 4-106　2017 年各县区不同污染源对各种污染物的贡献度占比图

方式和人口数量分布等等，可见丹江流域陕西段的农业非点源污染负荷量、空间分布特征、总量特征及不同污染源对各种污染物贡献等具有合理性。

2) 丹江流域陕西段非点污染防治方法

各种污染物的负荷量都与各县区的产业发展方式密切相关，则非点源污染防治方法也应具有针对性。商州区将重点放在农业农地和农村生活污染上；丹凤县及商南县应关注农业农地和畜禽养殖污染；山阳县着重管控畜禽养殖污染；洛南县应集中精力在农业农地污染上。

A.农业农地污染防治方法

区域地处土石山区，水土流失产生大量泥沙作为载体，吸附携带化肥和农药等直接排入河流，导致土地肥力不断降低，迫使增加施用量，造成严重的恶性循环。农业农地污染防治应从农业用水和化肥农药使用两方面入手。商州区及洛南县应大力建设节水型农业；提高化肥有效利用率，测土配方施肥，优化种植结构，牢固土壤肥力；丹凤县及商南县可结合生物绿肥等技术减少化肥使用量。

B.农村生活污染防治方法

流域内水系发达，支流众多，农户多沿自然水体居住。农村生活垃圾及污水未经处理直接排入水体，排放时间、地点均较为随意。应积极鼓励各县区进行政策及技术的宣传,将工作重点放在农村人口数量大的商州区。生活污水在自家经简单处理后定时排入指定地点,同时应在各村修建小型垃圾场,避免生活垃圾进入水体或是私自焚烧填埋,每家每户对垃圾资源进行分类,政府定时回收利用处理。

C.畜禽养殖污染防治方法

畜禽养殖污染源于养殖模式低效,数量大且多为传统粗放式,由此产生大量的牲畜粪便直接排入水中污染环境。近年来,养殖业规模一直处于上升趋势,但达到污水处理标准的养殖场只占调查总量的 7.41%。应依据畜禽种类划分不同级别养殖区。对于山阳县的集中养殖场开展规模化沼气、生物天然气,创新生态养殖。各县区应将农牧业有机结合,发展循环农业。

4.9.3　汉江流域农业非点源污染负荷估算及分析

安康水文站位于汉江干流河段,在汉江流域陕西段下游,属于国家级重要水文站。基于收集的安康站 2011~2018 年水量水质数据,采用径流分割法量化出非点源污染负荷通量,结果见 4.8.7 节。从表 4-69、表 4-70 可以看出,安康水文站年径流量年际分布不均,总径流量在 2011 年高达 303.18 亿 m^3,但在 2016 年仅为 81.16 亿 m^3,水文频率范围在 3%~97%,涵盖了不同水文年。点源多年平均污染负荷贡献指标从大到小依次为 COD>TN>NH$_3$-N>TP,非点源污染物 TN、TP、COD、NH$_3$-N 通量在 2011~2018 年的均值分别为:5858.1 t、336.1 t、9.33 万 t 和 1961.9 t,其贡献比在 41.4%~86.7%。不同监测指标多年非点源负荷占比均值均超 60%,不同监测指标多年非点源负荷占比均值均超 60%,个别年份非点源污染负荷贡献占比能达到 80%以上,尤其是 2017 年的 NH$_3$-N和 COD 两种污染物。

1. 非点源污染负荷分布特性解析

从以上分析可知非点源污染在汉江流域陕西段污染负荷中的占比较重,种植业、畜禽养殖、水产养殖及农村生活等污染物排放后,经降雨径流迁移转化后进入受纳水体造成水环境污染,所以确定污染源来源对于水源区水环境质量改善有着举足轻重的作用。基于研究区域的实际情况,工业欠发达,重点关注来自农业源的污染,从农业用地、畜禽养殖和农村生活三方面进行考虑。将农业用地分为耕地、林地、草地和园地 4 种,畜禽养殖分为猪、牛、羊和家禽 4 种,不同污染源的输出系数利用文献综述法进行确定(表 2-7)。利用等标污染物法和输出系数法计算出汉江流域陕西段各区县不同类型污染物指标的农业源污染负荷,如表 4-73 所示。2017 年汉江流域陕西段利用输出系数法计算出的 TN、TP、COD、NH$_3$-N 农业源负荷量分别为 6.07 万 t、0.32 万 t、20.06 万 t 和 1.97 万 t,而对应的等标污染负荷法的结果分别为 1214.7 亿 m^3、320.4 亿 m^3、133.8 亿 m^3 和 393.1 亿 m^3。

表 4-73　各区县不同污染物负荷估算统计表

县	输出系数法/t				等标污染负荷法/(亿 m^3)			
	TN	TP	COD	NH$_3$-N	TN	TP	COD	NH$_3$-N
凤县	264.89	11.04	773.46	46.31	5.30	1.10	0.52	0.93
太白县	645.82	27.98	1758.86	92.74	12.92	2.80	1.17	1.85

续表

县	输出系数法/t				等标污染负荷法/(亿 m³)			
	TN	TP	COD	NH₃-N	TN	TP	COD	NH₃-N
周至县	98.18	5.97	472.83	27.83	1.96	0.60	0.32	0.56
汉台区	1715.05	103.83	6255.04	597.63	34.30	10.38	4.17	11.95
略阳县	590.10	32.34	1951.16	150.58	11.80	3.23	1.30	3.01
宁强县	1035.02	52.42	3450.22	338.71	20.70	5.24	2.30	6.77
勉县	3145.86	171.18	9958.17	1142.42	62.92	17.12	6.64	22.85
留坝县	863.56	40.10	2729.31	177.55	17.27	4.01	1.82	3.55
南郑区	2449.13	99.38	4686.69	649.58	48.98	9.94	3.12	12.99
城固县	3932.07	214.58	13106.67	1420.60	78.64	21.46	8.74	28.41
洋县	4452.82	206.89	13022.89	1429.11	89.06	20.69	8.68	28.58
佛坪县	570.70	26.92	1739.04	111.89	11.41	2.69	1.16	2.24
西乡县	3652.06	188.41	10964.91	1329.89	73.04	18.84	7.31	26.60
镇巴县	1339.82	68.66	4645.19	451.45	26.80	6.87	3.10	9.03
汉滨区	5597.66	299.13	19455.18	1889.89	111.95	29.91	12.97	37.80
汉阴县	2292.28	127.39	8262.74	911.56	45.85	12.74	5.51	18.23
石泉县	1831.77	89.62	5987.22	607.68	36.64	8.96	3.99	12.15
宁陕县	1583.77	70.62	4723.20	273.08	31.68	7.06	3.15	5.46
紫阳县	2282.21	138.93	8351.60	877.27	45.64	13.89	5.57	17.55
岚皋县	1403.16	92.01	5081.74	496.98	28.06	9.20	3.39	9.94
平利县	2027.77	125.43	7620.51	792.46	40.56	12.54	5.08	15.85
镇坪县	56.74	3.91	213.10	24.68	1.13	0.39	0.14	0.49
旬阳市	4590.26	225.85	16468.76	1603.87	91.81	22.58	10.98	32.08
白河县	1309.43	78.51	5307.88	479.35	26.19	7.85	3.54	9.59
柞水县	1466.86	73.10	4763.21	385.90	29.34	7.31	3.18	7.72
镇安县	2383.84	102.62	6638.23	479.74	47.68	10.26	4.43	9.59
山阳县	2642.81	145.93	8716.98	819.38	52.86	14.59	5.81	16.39
商南县	1803.86	101.58	6588.65	613.20	36.08	10.16	4.39	12.26
丹凤县	2171.76	155.98	8703.86	786.08	43.44	15.60	5.80	15.72
商州区	2323.13	112.32	7483.15	574.04	46.46	11.23	4.99	11.48
洛南县	210.85	11.10	736.09	73.52	4.22	1.11	0.49	1.47
合计	**60733.25**	**3203.71**	**200616.55**	**19654.97**	**1214.7**	**320.4**	**133.8**	**393.1**

2. 等标污染负荷量空间分布特征

借助 ArcGIS 软件，结合表 4-73 将等标污染负荷量添加到汉江流域陕西段的行政区划属性表中，并划分为 5 种污染等级，绘制了 2017 年各区县的 TN、TP、COD 和 NH₃-N 的等标污染负荷空间分布图，见图 4-107。等标污染负荷的空间分布具有一致性，具体体现在农业土地面积大、畜禽养殖业发达、农村人口众多的地区和县对应较大的等标污染负荷，反之亦然。其中各市等标污染负荷贡献率从大到小排序为：安康市(39.50%)>汉中市(39.49%)>商洛市(22.02%)。

由图 4-107 可知，各污染指标等标污染负荷的最大值均集中出现于汉中市的城固县和洋县以及安康市的汉滨区和旬阳市，其贡献率均在 7%左右。其原因是这几个区县的农业用地面积较大，农村养殖业较为发达，大规模的化肥施用和畜禽养殖都不同程度地加剧了非点源污染。虽然汉滨区农业用地的面积小，但畜禽养殖及农村人口的数量大，因此对非点源污染的贡献率也较大。然后是贡献率在 3.5%左右的勉县、山阳县、丹凤县、汉阴县、紫阳县和平利县，最小贡献率的地区出现在佛坪县、洛南县和镇坪县，占比不超过 1%。

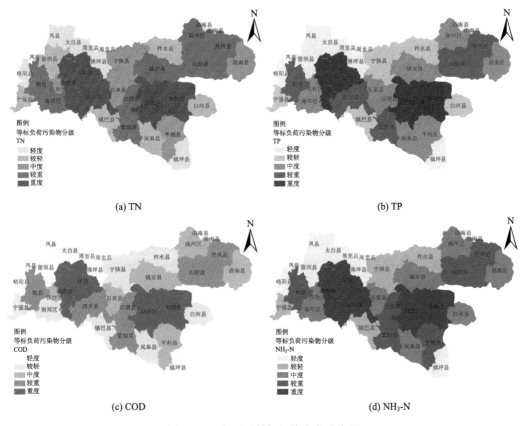

图 4-107 各区县等标污染负荷分布图

3. 污染源贡献率分布特征

统计各区县不同污染源的等标污染物负荷并计算其贡献率占比，并绘制以区县为基本单位的农业用地、农村生活及畜禽养殖的贡献率空间分布图，如图 4-108 和图 4-109所示。根据统计结果可知农业非点源各污染指标等标污染负荷总量为 2061.9 亿 m³，其中农业用地量为 1008.4 亿 m³，畜禽养殖量为 666.9 亿 m³，农村生活量为 386.6 亿 m³。与其他人的分析结果具有相似性，在农业土地面积大、畜禽养殖业发达、农村人口众多的区县对应较大的等标污染负荷，反之也成立，空间分布有一定的一致性。由图 4-108 可知，农业用地对 TN 污染的贡献率达 62.97%；畜禽养殖对 NH_3-N 污染的贡献率超过 50%，达到 59.67%；TP 污染的贡献率中畜禽养殖和农业用地相差不大，均大于 38%；农村生活和畜禽养殖对 COD 污染贡献较大，两者贡献率之和超过 70%。

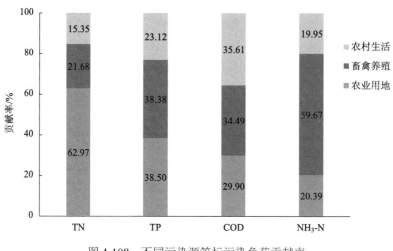

图 4-108　不同污染源等标污染负荷贡献率

注：因数值修约图中个别数据略有误差

　　为确定各县区农业非点源污染的主要来源，制定具有针对性的控制措施，分析图 4-109(图例中 46、42、40、38 分别代表各指标三种来源贡献率中最大值的 1/2)可发现 TN 等标污染负荷表现出明显的规律特征，均以农业用地为主；NH_3-N 等标污染负荷贡献最大的为畜禽养殖；TP、COD 等标污染负荷贡献率则分布不均，主要受制于各区县产业发展和用地情况。

　　受地形地貌等自然环境影响各县区不同污染源排放强度相差较大，综合分析流域内各县区的污染负荷发现农业用地和畜禽养殖贡献比较大。汉江流域陕西段内各区县的 TN 等标污染负荷具有明显的规律特征，即均以农业用地为主；NH_3-N 等标污染负荷以畜禽养殖源为主；TP 和 COD 的等标污染负荷贡献率分布则表现出一定的随机性。其中，太白县 TN、TP、COD 和 NH_3-N 四个污染负荷指标中农业用地的贡献率都最高，分别为 92.16%、83.80%、80.83%和 69.01%；农业用地对宁陕县 TN、TP、COD 负荷贡献率都较高，分别达到 86.61%、74.16%和 71.41%。畜禽养殖对汉阴县 TN、TP、COD 和 NH_3-N 负荷污染贡献分别为 32.22%、48.99%、47.15%和 69.00%，对丹凤县 TN、TP、COD 和 NH_3-N 负荷污染贡献分别为 32.43%、55.55%、42.32%和 66.48%。对流域内等标污染负荷较大的城固县、洋县、汉滨区和旬阳市，TN 贡献率最大的均为农业用地；TP 中农业用地和畜禽养殖贡献率相当；COD、NH_3-N 贡献率最大的均为畜禽养殖。

　　鉴于此，汉江流域陕西段农业非点源污染治理方案应根据各县区污染源情况因地制宜。主要对农业用地污染进行管控的地区有：太白县、宁陕县、凤县、佛坪县、留坝县、镇安县等；畜禽养殖污染管控的地区主要有：汉阴县、丹凤县、镇坪县、石泉县、旬阳市、南郑区等。

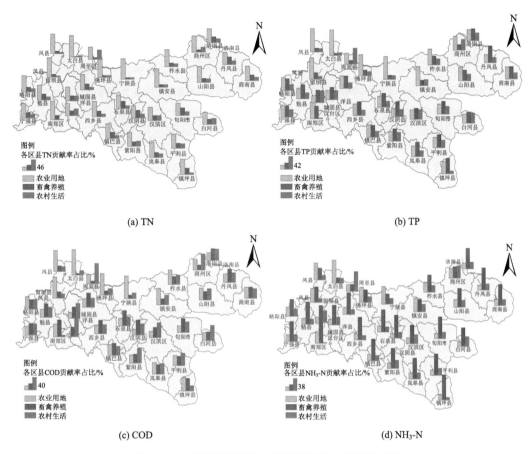

图 4-109　各区县不同污染源等标污染负荷贡献率图

4. 讨论

在气候变化的大环境下，不同区域的水环境水生态问题越发突显，每年入汛以来，各河湖均出现历史极值，洪涝灾害对人民生活和国民经济的造成的危害很大，从水环境污染角度出发，分析汉江流域陕西段的非点源污染负荷通量及负荷空间分布特性极具意义。从 2011～2017 年安康站的水质水量数据入手分析，多年污染物平均通量贡献指标从大到小依次为 COD>TN>NH₃-N>TP，不同监测指标多年非点源通量占比均值均超 60%，除了 TP 占比 64% 外，其余三个指标高达 69%，个别年份非点源污染负荷贡献率能达到 80% 以上。随着对点源污染的有效治理，近年来点源污染负荷逐年减少，而非点源污染则是复杂水环境问题的重点所在。不同污染指标的入河系数影响因子众多，后续还得从多元化角度进行深入研究。从农业源污染物的来源来分析其空间分布，发现 TN 污染主要来源是农业用地，TP、NH₃-N 污染主要来源是畜禽养殖，COD 污染主要来源是农村生活，未来汉江流域陕西段非点源污染治理方案应根据各县区污染源情况因地制宜。从非点源本身机理、模型化、关键源区识别及可行性优化措施等方面加大研究，助力水源区的水资源管理和水生态水环境保护，也为其他类似区域提供治理思路和技术支持。

4.9.4 小结

根据输出系数法估算出流域农业非点源污染负荷及对其分析，从估算方法、评价方法及数据来源进行介绍，从丹江流域和汉江流域两部分进行了分析，根据负荷分布特性进行解析，基于等标污染负荷量分析其空间分布和污染源贡献率分布特征，并对负荷合理性分析及提出适宜的防治对策。

4.10　本章小结

本章从径流小区、小流域和流域三个空间尺度，分析了丹江鹦鹉沟小流域、丹江流域、汉江上游张家沟小流域、汉江中游杨柳小流域、汉江洋县断面以上流域、洋县–安康断面之间区域和汉江干流安康断面以上流域等不同尺度的非点源污染特征和过程。其中鹦鹉沟小流域各种非点源污染负荷占全年负荷的 85%以上，TN、TP、泥沙的非点源污染负荷贡献度分别为 93.48%、94.43%和 85.54%。在丹江丹凤断面以上流域，采用平均浓度法计算的 TP、COD 非点源负荷占比分别达 60.95%、59.37%以上，NH_3-N 在 39.43%～56.40%范围内，而利用径流分割法计算的 TP、COD 非点源污染负荷占比也分别达到 64.09%、64.68%以上，NH_3-N 在 46.32%～75.78%。平均浓度法计算的负荷值大于径流分割法，但都在误差范围内，具有一定的合理性。在荆紫关断面以上流域采用径流分割法计算的各年污染物非点源污染负荷比例均值表现为 COD(68.95%)＞TP(68.05%)＞NH_3-N(53.62%)。安康断面以上流域不用监测指标非点源污染负荷贡献比在 41.4%～86.7%，不同监测指标多年非点源负荷占比均值均超 60%，个别年份非点源污染负荷贡献占比能达到 80%以上。由此可见，小尺度非点源污染负荷占比较高，丹江和汉江流域的非点源污染负荷均值也超 60%，说明目前非点源污染已经对汉江、丹江流域造成较大影响，它的治理是水源区水质提升的首要考虑要点。

对流域内降水量特征进行分析，发现降水量分布差异较大，主要集中在 6～10 月。降水量、径流量和产沙量根据研究尺度不同，降雨径流呈现显著的非线性关系，三者之间呈现较高的正相关关系。污染流失特征为氮素、磷素流失主要形态是 NO_3-N 和 SRP。各形态氮素、磷素流失浓度变化与时段内产流量大小的变化基本吻合。各形态氮素、磷素的流失程度基本上同降水量及降水强度呈正相关关系，污染负荷流失量顺序与产流量、产沙量相同。径流量与各形态氮素、磷素含量的相关性明显高于降水量和产沙量。对比汛期前、后土壤中的氮素、磷素含量的变化情况，明显看出各形态氮素、磷素均在汛期时间段内伴随降雨径流过程产生大量流失，并且磷素的汛期流失量均略大于氮素。从非点源污染负荷空间分布来看，各种污染物的负荷量都与各县区的产业发展方式密切相关，则非点源污染防治方法也应因地制宜，如在丹江流域，商州区重点放在农业农地和农村生活污染治理上，丹凤县及商南县重点应该是农业农地和畜禽养殖污染治理，山阳县着重管控畜禽养殖污染，洛南县应集中精力在农业农地污染上。在汉江流域，对农业用地污染进行管控的地区主要有：太白县、宁陕县、凤县、佛坪县、留坝县、镇安县等；畜禽养殖污染主要管控的地区则主要为：汉阴县、丹凤县、镇坪县、石泉县、旬阳市、南郑区等。

参 考 文 献

白丹, 王玮, 王勇, 等. 2009. 南水北调水源区饶峰河小流域生态补偿研究. 西北大学学报: 自然科学版, 39(5): 891-893.

毕业亮, 王华彩, 夏兵, 等. 2022. 雨源型城市河流水污染特征及水质联合评价: 以深圳龙岗河为例. 环境科学, 43(2): 782-794.

毕直磊, 张妍, 张鑫, 等. 2020. 土地利用和农业管理对丹江流域非点源氮污染的影响. 水土保持学报, 34(3): 135-141.

曹浩, 汪成刚, 李吉涛. 2019. 大样本数据模型方法在中小河流流量测验中的应用. 长江科学院院报, 36(11): 40-44.

陈磊, 李占斌, 李鹏, 等. 2011. 野外模拟降雨条件下水土流失与养分流失耦合研究. 应用基础与工程科学学报, 19(S1): 170-176.

陈仕奇, 龙翼, 严冬春, 等. 2020. 三峡库区石盘丘小流域氮磷输出形态及流失通量. 环境科学, 41(3): 1276-1285.

程金文, 岳大鹏, 达兴, 等. 2017. 陕南地区 1960—2014 年降雨侵蚀力变化研究. 山地学报, 35(1): 48-56.

丁学利, 任鹏. 2020. 基于偏最小二乘回归的空气质量数据校准研究. 廊坊师范学院学报(自然科学版), 20(1): 9-14.

丁雪卿. 2010. 改进的内梅罗污染指数法在集中式饮用水源地环境质量评价中的应用. 四川环境, 29(2): 47-51.

杜娟, 李怀恩, 李家科. 2013. 基于实测资料的输出系数分析与陕西沣河流域非点源负荷来源探讨. 农业环境科学学报, 32(4): 827-837.

房孝铎, 王晓燕, 欧洋. 2007. 径流曲线数法(SCS 法)在降雨径流量计算中的应用——以密云石匣径流试验小区为例. 首都师范大学学报(自然科学版), 28(1): 89-92, 102.

冯平, 黄凯. 2015. 水文序列非一致性对其参数估计不确定性影响研究. 水利学报, 46(10): 1145-1154.

关荣浩, 马保国, 黄志僖, 等. 2020. 冀南地区农田氮磷流失模拟降雨试验研究. 农业环境科学学报, 39(3): 581-589.

郭效丁, 刘晓君, 黄萍萍, 等. 2014. 不同土地利用方式水土及养分流失响应机制研究——以鹦鹉沟小流域为例. 水土保持研究, 21(5): 18-23.

韩术鑫, 王利红, 赵长盛. 2017. 内梅罗指数法在环境质量评价中的适用性与修正原则. 农业环境科学学报, 36(10): 2153-2160.

何洋, 余红兵, 杨知建, 等. 2016. 小流域降雨径流沟渠中氮磷的流失特征与生态拦截效应. 湖南农业大学学报(自然科学版), 42(4): 398-402.

黄康. 2020. 基于 SWAT 模型的丹江流域面源污染最佳管理措施研究. 西安: 西安理工大学.

黎嘉成. 2019. 三峡库区石盘丘小流域氮磷非点源污染特征研究. 重庆: 西南大学.

李常斌, 秦将为, 李金标. 2008. 计算 CN 值及其在黄土高原典型流域降雨-径流模拟中的应用. 干旱区资源与环境, 22(8): 67-70.

李怀恩. 2000. 估算非点源污染负荷的平均浓度法及其应用.环境科学学报, 20(4): 397-400.

李怀恩, 李家科. 2013. 流域非点源污染负荷定量化方法研究与应用. 北京: 科学出版社.

李家科, 李怀恩, 沈冰, 等. 2011. 渭河干流典型断面非点源污染监测与负荷估算. 水科学进展, 22(6): 818-828.

李跃飞. 2013. 秦淮河氮、磷时空动态特征及基于硝态氮氮同位素方法的氮源辨别. 南京: 南京农业大学.

刘亭亭, 于晓辉, 吕大刚. 2020. 基于偏最小二乘回归的地震动复合强度参数构造与统计性分析. 建筑结构学报, 41(S1): 406-416.

刘伟, 刘胜华, 秦文, 等. 2020. 贵州煤矿集中开采区地表水重金属污染特征. 环境化学, 39(7): 1788-1799.

刘宇轩. 2020. 丹江流域非点源氮磷污染负荷及其对土地利用变化的响应研究. 武汉: 长江科学院.

刘增进, 张关超, 杨育红, 等. 2016. 河南省农业非点源污染负荷估算及空间分布研究. 灌溉排水学报, 35(11): 1-6.

罗芳, 伍国荣, 王冲, 等. 2016. 内梅罗污染指数法和单因子评价法在水质评价中的应用. 环境与可持续发展, 41(5): 87-89.

马小雪, 龚畅, 王丽, 等. 2021. 不同水期秦淮河流域水污染的分布特征及来源解析. 长江流域资源与环境, 30(12): 2949-2961.

宁丽丹, 石辉. 2003. 利用日降水量资料估算西南地区的降雨侵蚀力. 水土保持研究, 10(4): 183-186.

齐星宇. 2019. 辽河上游面源污染负荷估算及评价. 沈阳: 辽宁大学.

孙东耀, 仝川, 纪钦阳, 等. 2018. 不同类型植被河岸缓冲带对模拟径流及总磷的削减研究. 环境科学学报, 38(6): 2393-2399.

孙悦, 李再兴, 张艺冉, 等. 2020. 雄安新区—白洋淀冰封期水体污染特征及水质评价. 湖泊科学, 32(4): 952-963.

谭铭欣, 李天宏, 赵志杰. 2019. 山西省御河流域水环境污染负荷估算及来源. 南水北调与水利科技, 17(5): 90-99.

唐涛, 郝明德, 单凤霞. 2008. 人工降雨条件下秸秆覆盖减少水土流失的效应研究. 水土保持研究, 15(4): 1-3.

唐肖阳, 唐德善, 鲁佳慧, 等. 2018. 汉江流域农业面源污染的源解析. 农业环境科学学报, 37(10): 2242-2251.

田小靖, 赵广举, 穆兴民, 等. 2019. 水文序列突变点识别方法比较研究. 泥沙研究, 44(2): 33-40.

王承书, 杨晓楠, 孙文义, 等. 2020. 极端暴雨条件下黄土丘陵沟壑区土壤蓄水能力和入渗规律. 土壤学报, 57(2): 296-306.

王华, 李怀恩, 王莉. 2012. 沣河水质与流量之间的关系分析. 水资源与水工程学报, 23(6): 83-88.

王辉, 王全九, 邵明安. 2008. PAM对黄土坡地水分养分迁移特性影响的室内模拟试验. 农业工程学报, 24(6): 85-88.

王蕾, 关建玲, 姚志鹏, 等. 2015. 汉丹江(陕西段)水质变化特征分析. 中国环境监测, 31(5): 73-77.

王涛. 2018. 陕北洛河流域降水和植被变化对土壤侵蚀的影响. 江苏农业科学, 46(20): 295-300.

郗林. 2012. 丹江干流污染物负荷总量初步估算. 陕西水利, (5): 97-99.

徐国策. 2013. 丹江中游小流域氮素分布与流失机理研究. 杨凌: 中国科学院研究生院(教育部水土保持与生态环境研究中心).

徐国策, 李占斌, 李鹏, 等. 2013. 丹江中游典型小流域土壤颗粒及分形特征. 中国水土保持科学,

11（5）：28-35.

徐国策, 李占斌, 李鹏, 等. 2014. 丹江鹦鹉沟小流域氮素随径流的迁移及对水质的影响. 吉林大学学报（地球科学版）, 44（2）：645-652.

杨金艳, 赵超, 刘光生, 等. 2017. 基于 Mann-Kendall 和 R/S 法的水文序列变化趋势分析——以苏州市为例. 水利水电技术, 48（2）：27-30, 137.

杨倩, 刘登峰, 孟宪萌, 等. 2019. 环境变化对汉江上游径流影响的定量分析. 水力发电学报, 38（12）：73-84.

杨晓楠. 2019. 黄土高原多尺度景观格局对径流及输沙过程的影响. 杨凌：西北农林科技大学.

游如玥, 敖天其, 朱虹, 等. 2021. 小流域水质评价方法对比研究. 四川环境, 40（2）：73-81.

臧梦圆, 李颖. 2021. 农业面源污染负荷估算及控制对策研究. 山东农业科学, 53（2）：142-147.

张鹏. 2019. 不同养分管理措施对土壤磷素形态及有效性的影响. 长春：吉林农业大学.

张姝琪, 张洪波, 辛琛, 等. 2019. 水文序列趋势及形态变化的表征方法. 水资源保护, 35（6）：58-67.

张铁钢. 2016. 丹江中游小流域水-沙-养分输移过程研究. 西安：西安理工大学.

张耀. 2019. 红枫湖水体氮、磷时空分布及影响因素分析. 贵阳：贵州师范大学.

章智. 2018. 汉江陕西段径流演变分析及多模型预测研究. 西安：西安理工大学.

赵雪花, 桑宇婷, 祝雪萍. 2019. 基于 CEEMD-GRNN 组合模型的月径流预测方法. 人民长江, 50（4）：117-123, 141.

郑淋峰. 2019. 丹江流域农业非点源污染与景观格局的响应研究. 西安：西安理工大学.

Bari S H, Rahman M T U, Hoque M A, et al. 2016. Analysis of seasonal and annual rainfall trends in the northern region of Bangladesh. Atmospheric Research, 176-177: 148-158.

Florent T, Germain A, Olivier D, et al. 2020. A new criterion for the evaluation of the velocity field for rainfall-runoff modelling using a shallow-water model. Advances in Water Resources, 140: 103581.

Gao S, Huang YF, Zhang S, et al. 2020. Short-term runoff prediction with GRU and LSTM networks without requiring time step optimization during sample generation. Journal of Hydrology, 589: 125188.

Johnes P J. 1996. Evaluation and management of the impact of land use change on the nitrogen and phosphorus load delivered to surface waters: the export coefficient modeling approach. Journal of Hydrology, 183: 323-349.

Kleinman P J, Srinivasan M S, Dell C J, et al. 2006. Role of rainfall intensity and hydrology in nutrient transport via surface runoff. Journal of Environmental Quality, 35（4）: 1248-1259.

Nemerow N L C. 1974. Scientific Stream Pollution Analysis. New York: Scripta Book Company.

Shan L , He Y , Chen J , et al. 2015. Nitrogen surface runoff losses from a Chinese cabbage field under different nitrogen treatments in the Taihu Lake Basin, China. Agricultural Water Management.

Zhang G H, Liu G B, Wang G L. 2010. Effects of Caragana Korshinskii Kom. cover on runoff, sediment yield and nitrogen loss. International Journal of Sediment Research, 25(3): 245-257.

第 5 章 基于时变增益和暴雨径流响应的流域分布式非点源污染模型构建及应用

基于"径流小区→小流域→流域"升尺度的思路解析了典型研究区的非点源污染过程，构建基于时变增益和暴雨径流响应的分布式非点源污染模型。根据收集的流域气象、水文、水质等资料，从不同空间尺度证明分布式非点源污染模型的可用性，从数据库建立、模型参数率定、降雨径流过程的校准与验证、泥沙输移过程的校准与验证、污染物的校准与验证几个方面进行展开。分布式非点源污染模型跟水文模型紧密相关，除了非点源污染模型的研究，针对 SRM 模型、新安江模型、TOPMODEL 模型及 RUSLE 模型在高寒地区、半湿润地区、干旱半干旱地区等的应用也进行了研究分析。

5.1 非点源污染模型的构建

目前非点源污染研究主要集中在非点源污染过程的动态监测、污染现状调查与影响评价、控制管理措施与削减对策、采用非点源污染模型进行非点源污染量化及相关的防治技术等方面，交叉了生态、环境、水文等学科，也是当前研究和控制实践的难点和热点(郝改瑞等,2018)。相对点源来说，非点源负荷定量研究的主要困难在于降雨径流的不确定性，还有降水、径流、泥沙、污染物排放之间的非线性关系以及土地利用类型和管控措施的快速变化(宋林旭,2011)。目前借助于数学模型进行描述是比较可行的手段，一个完整的非点源污染模型包括降雨径流模型、土壤侵蚀模型和污染物迁移转化模型(魏林宏等,2007;李怀恩等,1997)。其中径流与非点源污染关系密切，其引起的地表水污染和地下水污染均涉及水文过程，可以在非点源污染中使用成熟的水文学理论和模型。土壤侵蚀过程受降水、土壤侵蚀、地形、作物和管理因子影响，分为泥沙与土壤基质之间的吸附与分离和泥沙在地表的搬迁两个过程，从非点源污染角度出发，多使用美国通用土壤流失方程 USLE 及其修正公式 RUSLE。污染物主要包括氮素、磷素、COD 和农药等及其不同形态的转化过程(郝改瑞等,2018)。

随着科学技术的发展，与 3S 系统的结合涌现出一批较著名的非点源污染模型：如 AnnAGNPS 模型、SWAT 模型、HSPF 模型、MIKE SHE 模型等(郝改瑞等,2018)。目前大多数非点源污染模型能够较好地模拟流域中涉及的水循环过程和污染物迁移转化过程，通过总结非点源模型的诸多应用实例，发现存在以下问题(郝改瑞等,2018)：非点源污染具有随机性、动态性、不确定性和不能准确监测的特点，污染物质在水体污染的比重、迁移转化等机理研究尚未完全清楚；我国多是应用发达国家开发的模型，自主知识产权模型较少，而我国流域因为地形变化大、季节分明且受人为活动影响大等因素，对应用的机理模型参数要求很高；非点源污染数据累积较少，针对无资料地区的非点源污染模型或估算方法较少。针对目前存在的问题，本章主要从两个方面进行深入研究，一是研究不同空间尺度非点源污染过程，尤其是水循环过程和污染物的迁移转化；二是自主建立流域分布式非点源污染模型(郝改瑞等,2018)。基于汉江流域陕西段径流小区、杨柳小流域和汉江安康断面以上流域三个空间尺度进行的多要素影响下的非点源污染过程研究，进行过程响应分析和模块化衔接。分布式非点源污染模型从降雨径流模块、土壤侵蚀模块和污染物迁移转化模块进行构建，利用 MATLAB 软件进行编程。其模型框架如图 5-1 所示。

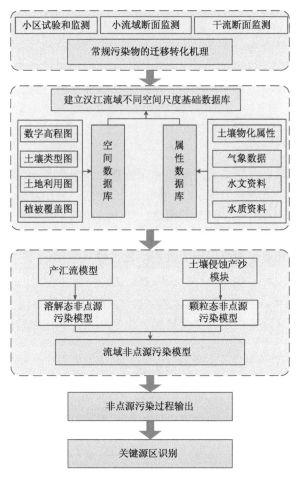

图 5-1　耦合模型框架图

5.1.1　降雨径流过程

降雨径流过程是非点源污染物迁移转化发生的主要驱动力和载体(李明涛,2014)。降水强度、降水量和降水历时等对地表径流的形成起到决定性作用，进而对非点源污染物的产生、迁移与转化产生显著影响(李占斌,2017)。为了研究非点源污染发生过程，首先需要了解降雨径流的产汇流特征(李明涛,2014)。产流模块可根据不同产流机制可选择非线性时变增益(TVGM)模块、超渗产流模块、蓄满产流模块、综合产流模块等。汇流模块考虑可采用逆高斯汇流模块、圣维南方程、双线性水库等方法。

从径流小区、小流域及流域三个空间尺度对降雨径流过程及其响应关系进行研究,发现降水量与径流量之间呈现显著的非线性关系。在线性系统理论中,通过利用水文系统增益因子(流域流量平均径流系数)计算有效降水,而后用标准单位线法进行汇流计算,最终模拟出流域出口径流量。在非线性系统理论中,可通过变动核函数极型和响应函数法建立系统输入输出的非线性系统关系。本章降雨径流的产流模块采用夏军(2002)提出的分布式时变增益水文模型(distributed time van ant gain model,DTVGM)和杨胜天(2012)改进的 RS-DTVGM 模型,模型的核心即是产流模块 TVGM。汇流模块采用李怀恩等建立的流域暴雨径流污染模型中的汇流部分,即逆高斯分布瞬时单位线汇流模型(郝改瑞等,2018;李怀恩和李家科,2013),泥沙和污染迁移模块采用通用的土壤流失方程和逆高斯产污模块,下面从模型原理及结构、蒸散发计算、产流计算、汇流计算 4 个方面进行构建。

1. DTVGM 原理和结构

夏军(2002)通过分析流域水文非线性系统特性,发现水文系统的增益因子不是一个常数,增益因子通常是流域状态变量(土壤湿度)的函数,并由此提出了时变增益水文模型(time vaniant gain model,TVGM)的概念:降雨径流的系统关系是非线性的,其中重要的贡献是产流过程中土壤湿度(即土壤含水量)不同所引起的产流量变化,其将地表产流表达为有效降水量和系统增益因子的乘积,公式如下(王纲胜等,2004b):

$$R_{i,t} = G \cdot P_{i,t} \tag{5-1}$$

式中,$R_{i,t}$ 为地表产流量;$P_{i,t}$ 为有效降水量;G 为时变增益因子(取值 $0\sim1$),而将其表达为流域产流时变及非线性系统的概念性参数模型即表达为土壤湿度的公式为

$$G = g_1 \left(\frac{S_{i,t}}{W_{i,t}} \right)^{g_2} \tag{5-2}$$

式中,$W_{i,t}$ 为饱和土壤湿度;$S_{i,t}$ 为土壤湿度(或前期影响雨量);g_1 和 g_2 为模型参数,t 是时间变量。基于流域降雨径流量的水量平衡制约关系,可以导出系统增益的变化范围为 $G \in [0,1]$。TVGM 可表达为整体非线性的 Volterra 非参数系统响应模型的形式,即

$$Y(t) = \int_0^m H_1(t-\tau)X(\tau)\mathrm{d}\tau + \int_0^m \int_0^\tau H_2(t-\delta,t-\tau)X(\delta)X(\tau)\mathrm{d}\tau\mathrm{d}\delta \tag{5-3}$$

式中,$H_1(\tau)$ 和 $H_2(\delta,\tau)$ 称为水文系统 i 阶响应函数。TVGM 曾经在国内外接受了各种不同资料的检验,应用表明其在受季风影响的半湿润、半干旱地区和中小流域,实际应用效果较好(王纲胜等,2004b)。

DTVGM 采用松散型的分布式建模方式,在栅格单元或子流域上应用 TVGM 模型计算地表径流,壤中流和地下径流采用自由水蓄水库线性出流计算,实际蒸散发利用巴格洛夫(Bagrov)模型,融雪采用度日因子模型。模型包括分布式输入数据处理、网格单元

产流模型及分级网格汇流模型。产流部分考虑了降水、融雪、蒸散发、下渗、地表径流和地下径流等；汇流演算则分为两个部分：地表水和土壤水合并在一起采用分级栅格运动波汇流方法，地下水采用分级栅格线性水库调蓄汇流方法；最后求算流域出口断面流量(夏军，2002)。DTVGM 模型在我国干旱、半干旱以及湿润地区均得到了应用，曾先后被应用于辽宁东白城子流域和叶柏寿流域(王强等，2018)、黄土高原(夏军等，2007a)、黑河山区(夏军等，2003,2005)、潮白河流域(王纲胜等，2004a,2002)、黄河流域(夏军等，2007b；叶爱中等，2006)等地区，应用实践证明了 DTVGM 模型的实用性，主要具有以下几个方面的优点(杨胜天，2012)：一是模型的产流机制简单，引入时变增益因子描述水文循环输入输出间的非线性关系；二是模型采用水文循环机理与水文非线性系统理论相结合的方法进行水文过程的模拟，适应对环境变化和资料不足的情况；三是模型结构和参数通过系统识别来确定，避开复杂的中间环节，且对参数的要求相对较少；四是模型体系较开放，可以灵活地与其他模块和空间信息相耦合，具有一定的普适性。

通过遥感(RS)驱动的 DTVGM 模型除了继承模型本身的优点，还增加了模型对遥感数据的耦合性，达到削弱水文模拟对地面观测数据的依赖性的目的。具体内容有(杨胜天，2012)：① 地表以上的水文过程利用遥感数据驱动 DTVGM 模型，地表以下采用原模型结构；通过遥感数据获得模型主要参数，蒸散发模型应用比较成熟的 Kristensen-Jensen 模型，潜在蒸散发则通过遥感数据和传统模型估算；植被截留选择 Hoyningen-Huene 模型，直接建立截留量、植被覆盖度、叶面积指数(LAI)间的关系。② 实现水文模型中重要参数的遥感获取。③ 构建流域下垫面空间数据库，耦合模型与遥感数据后进行流域水文过程的数值模拟。

DTVGM 模型结构如图 5-2 所示。水平方向上，将复杂的流域离散为相对简单的网格产汇流单元，单元内部具有均一的气象要素与下垫面条件。垂直方向上，对单独的网格单元进行植被截留、蒸散发、入渗、产流等水文过程计算，最后通过汇流进入河道。在进行模拟时，每个栅格单元的降雨经林冠层的截留(最终蒸发到大气中)后，扣除截留之后达到土壤层的净雨量；部分在土壤表层产生地表径流，同时表层土壤会有蒸散发发生，其余下渗生成壤中流和地下径流。将不同层的产流量进行加和就是单位单元的产流量，总的产流量沿着水力坡度较大的方向汇入河网，获得不同时间不同地点的径流量。同时满足忽略外流域的输入输出和壤中流/地下径流均与土壤含水量成正比关系的假设条件，才可以使用自由水蓄水库线性出流计算壤中流和地下径流时，不考虑栅格之间土壤水传递带来的影响(杨胜天，2012)。

2. 蒸散发计算

蒸散发过程主要包括水面、土壤、植被截留蒸发和植被蒸腾等。采用以遥感 LAI 为主要参数的 Kristensen-Jensen 模型计算非水面的实际蒸散发，模型对于土壤层较干、地下水较深的区域蒸散发有较好的模拟效果(Li et al., 2007; Singh et al.,1999; Simon et al., 2008)，主要包括了以下三个方面(杨胜天，2012)：

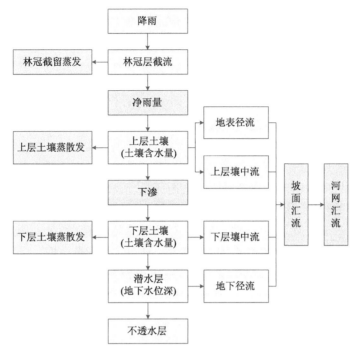

图 5-2　DTVGM 模型结构

1）植被截留蒸发

植被截留蒸发与植被截留量和潜在蒸散发能力有关，取两者中的低值，公式为

$$E_{\text{can}} = \min(S_v, \text{ET}_p, P) \tag{5-4}$$

式中，E_{can} 为植被截留层蒸发，mm；ET_p 为潜在蒸散发量，mm；S_v 为植被截留量，mm；P 为降水量，mm。

2）植被蒸腾

区域的土壤水分和植被覆盖情况会显著影响植物的蒸腾速率，所以采用根系土壤水分、LAI 及根系密度的函数表达植被蒸腾作用。模型如下（张戈等,2018）：

$$E_{\text{at}} = \text{RDF} \cdot f_1(\text{LAI}) \cdot f_2(\theta) \cdot (\text{ET}_p - E_{\text{can}}) \tag{5-5}$$

式中，E_{at} 为实际植被蒸腾，mm；RDF 为根系分布函数；RDF 和 f_1 分别表示蒸腾对植被叶面积和根系密度的依赖度；f_2 为土壤水分函数，反映根系层土壤水分状况对蒸腾的影响；（ET_p-E_{can}）是除去林冠截留量后的最大蒸发能力。f_1、f_2 和 RDF 函数的表达式如下：

$$f_1(\text{LAI}) = \max(0, \min(1, (C_2 + C_1 \cdot \text{LAI}))) \tag{5-6}$$

$$f_2(\theta) = \begin{cases} 0 & \theta \leqslant \theta_w \\ 1 - \left(\dfrac{\theta_f - \theta}{\theta_f - \theta_w} \right)^{\frac{C_3}{\text{ET}_p}} & \theta_w < \theta \leqslant \theta_f \\ 1 & \theta > \theta_f \end{cases} \tag{5-7}$$

$$\text{RDF} = \frac{\int_{Z_1}^{Z_2} R(z)\mathrm{d}z}{\int_0^{L_R} R(z)\mathrm{d}z} \tag{5-8}$$

且

$$\log R(z) = \log R_0 - \text{AROOT} \times z \tag{5-9}$$

根系分布函数 RDF 的公式为

$$\text{RDF} = \frac{\mathrm{e}^{-\text{AROOT}\times z_2} - \mathrm{e}^{-\text{AROOT}\times z_1}}{\mathrm{e}^{-\text{AROOT}\times L_R} - 1} \tag{5-10}$$

式中，θ、θ_f、θ_w 分别为土壤含水量、田间持水量和萎蔫含水量，%；L_R 为根系深度，m；AROOT 为描述根的主要分布参数；C_1、C_2、C_3 为参数；z_1，z_2 为垂直方向土壤层的两端坐标，m。

3）土壤蒸发

土壤蒸发由上层土壤蒸发量和达到田间持水量时多余的水分蒸发组成，计算公式为

$$E_s = \text{ET}_p \cdot f_3(\theta) + (\text{ET}_p - E_{at} - \text{ET}_p \cdot f_3(\theta)) \cdot f_4(\theta) \cdot (1 - f_1(\text{LAI})) \tag{5-11}$$

$$f_3(\theta) = \begin{cases} 0 & \theta \leqslant \theta_r \\ C_2(\theta / \theta_w) & \theta_r < \theta < \theta_w \\ C_2 & \theta \geqslant \theta_w \end{cases} \tag{5-12}$$

$$f_4(\theta) = \begin{cases} \dfrac{\theta - 0.5(\theta_w + \theta_f)}{\theta_f - 0.5(\theta_w + \theta_f)} & \theta \geqslant \theta_w + \theta_f \\ 0 & \theta < \theta_w + \theta_f \end{cases} \tag{5-13}$$

以上三者相加得到非水面单元的蒸散发量。模型输入参数主要包括叶面积指数 LAI、土壤水分特征参数、潜在蒸散发及根系深度。

3. 产流计算

DTVGM 模型的核心模块就是产流模块，其中地表径流采用 TVGM 模型，壤中流和地下径流采用自由水蓄水库线性出流。

1）地表径流

TVGM 模型认为地表径流与降水量呈非线性关系，可用时变增益因子表示，公式为

$$R_s = g_1 \cdot \left(\frac{\text{AW}_u}{\text{WM}_u \cdot C}\right)^{g_2} \cdot P' \tag{5-14}$$

式中，g_1 与 g_2 分别为土壤饱和后径流系数和土壤水影响系数（$0<g_1<1$，$g_2>1$）；R_s 为地表产流量，mm；AW_u、WM_u 分别为表层土壤湿度和饱和含水量，%；C 为覆被影响参数；P' 为有效净雨量，mm。

2）表层壤中流

降水以一定的下渗速率进入土壤，其中注入河槽的称为表层壤中流，采用自由水蓄水库线性出流计算，公式如下（杨胜天，2012）：

$$R_{ss} = AW_u \cdot K_r \cdot Dep \tag{5-15}$$

式中，R_{ss} 为表层壤中流，mm；K_r 为土壤水出流系数；AW_u 为表层土壤含水量，%；Dep 为表层土壤厚度，mm。时段起止土壤湿度的平均值作为计算时的土壤湿度，公式为

$$AW_u = \frac{AW_{u_i} + AW_{u_{i+1}}}{2} \tag{5-16}$$

式中，AW_{u_i} 和 $AW_{u_{i+1}}$ 分别为时段开始和结束时的土壤水含量，%。

3）深层壤中流与地下径流

表层土壤水分在重力和水势作用下向深层下渗，已知表层到深层的下渗率为 f_c，即可求出上层土壤渗入到下层土壤的水量，地下径流计算同理。方法与表层壤中流计算方法一样，为（杨胜天，2012）：

$$R_{ds} = AW_d \cdot K_d \cdot Thick\_s \tag{5-17}$$

$$R_g = AW_g \cdot K_g \cdot Thick\_g \tag{5-18}$$

式中，R_{ds} 和 R_g 分别为深层壤中流和地下径流，mm；AW_d 和 AW_g 分别为深层土壤和地下层含水量，%；K_d 和 K_g 分别为深层土壤和地下径流出流系数；$Thick\_s$ 和 $Thick\_g$ 分别是深层土壤和潜水层的厚度，mm。

4）单元总流

单元网格上的总产流量为地表径流、壤中流、地下径流之和（杨胜天，2012）：

$$R = R_s + R_{ss} + R_{ds} + R_g \tag{5-19}$$

式中，R、R_s、R_{ss}、R_{ds}、R_g 分别为单元网格上的总产流量、地表径流、表层壤中流、深层壤中流和地下径流，mm。

5）土壤含水量计算

蒸散发模块和产流模块均需要土壤含水量作为输入，本文中的土壤含水量计算采用牛顿迭代法和水量平衡方程。

表层土壤的水量平衡方程为（杨胜天，2012）：

$$P_i + AW_{u_i} = AW_{u_{i+1}} + R_{s_i} + ET_{a_i} + R_{ss_i} + WUB_i \tag{5-20}$$

式中，P_i 为时段内降水量，mm；AW_{u_i}、$AW_{u_{i+1}}$ 分别为时段初、末的表层土壤含水量，mm；R_{s_i}、R_{ss_i} 为时段内地表径流量和表层壤中流，mm；ET_{a_i} 为时段内蒸散发量，mm；WUB_i 为时段内表层土壤向深层的下渗量，mm。

深层土壤不光接纳上层土壤的下渗水分（深层壤中流），而且植被根系吸水用于蒸腾作用，其水量平衡方程如下（杨胜天，2012）：

$$WUB_i + AW_{d_i} = AW_{d_{i+1}} + R_{sd_i} + ET_{ad_i} + WUD_i \tag{5-21}$$

式中，AW_{d_i}、$AW_{d_{i+1}}$ 为时段初、末深层土壤的含水量，mm；R_{sd_i} 为深层土壤出流量，mm；ET_{ad_i} 为时段内植被蒸腾所耗的深层土壤水分，mm；WUD_i 为土壤向地下的入渗量，mm。

土壤含水量确定后，时段内的蒸散发、地表径流、表层壤中流、深层壤中流和地下径流均可计算。

4. 汇流计算

天然流域的汇流过程是非常复杂的,可利用连续性方程和动量方程来描述(李怀恩和李家科,2013):

$$\frac{\partial Q}{\partial x} + \frac{\partial A}{\partial t} = 0 \tag{5-22}$$

$$\frac{1}{g}\frac{\partial v}{\partial t} + \frac{v}{g}\frac{\partial v}{\partial x} + \frac{\partial z}{\partial x} = i_0 - i_f \tag{5-23}$$

式中,Q 为流量;A 为过水断面面积;x 为河段长度;t 为时间;g 为重力加速度;z 为水深;v 为过水断面平均流速;i_0 和 i_f 分别代表底坡和摩擦比降,也称重力项和阻力项;$\frac{\partial z}{\partial x}$ 为水面坡度,代表压力项;$\frac{1}{g}\frac{\partial v}{\partial t}$ 为波动坡度,$\frac{v}{g}\frac{\partial v}{\partial x}$ 为动能坡度,两项合称惯性项。

圣维南方程组目前还无法求得其解析解。在实际应用中会进行简化求解,采用扩散波法来描述河流的洪水波,得到宽浅矩形河槽(假定水力半径近似等于水深)的对流扩散方程:

$$\frac{\partial D}{\partial t} = D\frac{\partial^2 Q}{\partial x^2} - c_k\frac{\partial Q}{\partial x} \tag{5-24}$$

式中,D 为扩散系数,$D = \dfrac{Q}{2i_f B}$;B 为河槽宽度;c_k 为波速,代表位移作用,$c_k = \dfrac{3}{2}\dfrac{Q}{Bz} = \dfrac{3}{2}v$。

在不考虑旁侧入流的情况下,入流为瞬时单位脉冲函数 $\delta(t)$ 时,出流过程定解问题为

$$\left.\begin{array}{ll} \dfrac{\partial Q}{\partial t} = D\dfrac{\partial^2 Q}{\partial x^2} - c_k\dfrac{\partial Q}{\partial x} & (x \geqslant 0, t \geqslant 0) \\ Q(x,0) = 0 & (x \geqslant 0) \\ Q(0,t) = \delta(t) & (t \geqslant 0) \\ \lim\limits_{x\to\infty} Q(x,t) = 0 & \end{array}\right\} \tag{5-25}$$

假定 D 和 c_k 为常数,可由 Laplace 变换解出:

$$u(x,t) = \frac{1}{\sqrt{4\pi D}}\frac{x}{t^{3/2}}\exp[-\frac{(c_k t - x)^2}{4Dt}] \tag{5-26}$$

在数学统计中,常用逆高斯分布概率密度函数表达式为

$$f(t) = \sqrt{\frac{\lambda}{2\pi t^3}}\exp[\frac{-\lambda(t-\mu)^2}{2\mu^2 t}] \qquad (t > 0) \tag{5-27}$$

式中,参数 μ 和 λ 的取值区间均为 $(0, \infty)$,二者的量纲相同。

由式(5-26)可知,对某一特定断面 $x=x_0$ 来说,$u(x,t)$ 变成关于 t 的一元函数 $u(t,x_0)$。令 $\mu = \dfrac{x_0}{c_k}$,$\lambda = \dfrac{x_0^2}{2D}$,代入式(5-26),发现 μ 和 λ 均为时间量纲,式(5-26)变成了式(5-27)。

以上分析表明逆高斯分布具有的基本特性有：单峰正偏曲线，可组合出各种不同的曲线形状，曲线包围面积为单位面积，具有弹性好、适应性强的优点。

将逆高斯分布式(5-27)作为核函数，来建立瞬时单位线流域汇流模型。把研究流域概化为河网系统，设某次暴雨的净雨过程为 $h(t)$，则流域出口断面的流量过程 $Q(t)$ 可以由 $h(t)$ 与逆高斯分布瞬时单位线 $f(t)$ 的卷积表示(张强，2005)：

$$Q(t) = \int_0^t f(t-\tau)h(\tau)\mathrm{d}\tau \tag{5-28}$$

由于地面径流和地下径流汇流特性不同，需要对两者分别进行汇流计算，然后叠加得到总的流量过程线。可应用逆高斯瞬时单位线直接对总净雨过程进行汇流计算，且不划分总净雨。参数 λ 和 μ 的值可通过调整，使得计算实测过程在峰值、峰现时间及过程线形状等方面吻合良好。

基于不同空间尺度降水量和径流量显著的非线性关系，降雨径流过程的产流模块采用分布式时变增益水文模型 DTVGM，汇流模块采用逆高斯汇流模型。通过模型原理及结构、蒸散发计算、产流计算、汇流计算四个方面的构建，为后面分布式非点源污染模型中的产汇流模块建立提供依据。

5.1.2 土壤侵蚀过程

肥沃的土壤是维持人类生活最重要的资源之一[①]（李明涛，2014；Amundson et al.，2015）。土壤侵蚀是非点源污染的重要来源和载体，也是危害程度较为严重的过程（毛飞剑，2014）。不但会导致土壤退化、生产力下降，还会影响土壤中的营养元素含量和组分，植被覆盖度、造林面积和降水量的交互作用均会增强对土壤侵蚀的解释力（Hao et al.，2020；李明涛，2014；贾磊等，2020；Christine et al.，2019）。在流域分布式非点源污染模型构建中必须考虑土壤侵蚀模块（夏露，2019；李亚娇等，2020）。

基于对土壤侵蚀过程的理解构建数学模型，使用过程中可根据侵蚀过程的判断和理解进行简化，从而判别土壤的侵蚀强度。修正的通用土壤流失方程（revised universal soil loss equation，RUSLE）是应用最广泛的土壤侵蚀估算的模型之一（Renard et al.，1997），该方程考虑了降水、土壤、坡度和坡长、植被覆盖、水土保持等影响土壤侵蚀的自然要素（Guo et al.，2015），其表达式为（胥彦玲等，2006）：

$$A = R \times \mathrm{LS} \times K \times C \times P \tag{5-29}$$

式中，A 为土壤侵蚀模数，$\mathrm{t/(hm^2 \cdot a)}$；$R$ 为降雨侵蚀因子，$\mathrm{MJ \cdot mm/(hm^2 \cdot h \cdot a)}$；LS 为坡度坡长因子，无量纲；$K$ 为土壤可蚀性因子，$\mathrm{t \cdot hm^2 \cdot h/(hm^2 \cdot MJ \cdot mm)}$；$C$ 为植被覆盖与管理因子，无量纲；P 为水土保持措施因子，无量纲。

1. 降雨侵蚀因子 R

R 值与降水量、降水强度、降水历时、雨滴大小及雨滴下降速度有关，它反映了降雨对土壤的潜在侵蚀能力。降雨侵蚀因子难以直接测定，采用 Wischmeier 和

---

① FAO. 2015. GLADIS - global land degradation information system.

Smith（1978）提出的直接利用多年各月平均降水量推求 R 值的经验公式计算，即

$$R = \sum_{i=1}^{12} \left(1.735 \times 10^{1.5 \times \lg \frac{P_i^2}{P} - 0.8188} \right) \tag{5-30}$$

式中，P 和 P_i 分别为年和月平均降水量，mm。

2. 坡度坡长因子 LS

坡度坡长因子表示在其他条件相同的条件下，某一给定坡度和坡长的坡面上土壤流失量与标准径流小区的典型坡面上土壤流失量的比值（张铁钢，2016；Hessel et al.，2003；Smith and Wischmeier，1957；Hao et al.，2018）。根据汉江流域陕西段的数字高程模型（DEM），利用 ArcGIS（Demirci and Karaburun，2012）进行地形特征分析，提取坡度坡长图，坡长因子采用 Wischmeier 和 Smith（1978）提出的计算方法：

$$L = (\lambda / 22.13)^m \tag{5-31}$$

式中，L 为坡长因子；λ 为坡长，m；m 为坡长指数，根据 m 的经验取值，其范围如下：

$$m = \begin{cases} 0.5, & \theta > 5° \\ 0.4, & 3° < \theta \leqslant 5° \\ 0.3, & 1° < \theta \leqslant 3° \\ 0.2, & \theta \leqslant 1° \end{cases} \tag{5-32}$$

由于汉江流域坡度较陡，对坡度因子 S 进行分段考虑，参考刘宝元对 9%～55% 的陡坡土壤侵蚀研究结果，增加了陡坡坡度计算公式。在 10° 以下的坡度，采用 McCool（1987）提出的坡度公式：

$$S = \begin{cases} 10.8 \cdot \sin \theta + 0.03, & \theta \leqslant 5° \\ 16.8 \cdot \sin \theta - 0.5, & 5° \leqslant \theta < 10° \end{cases} \tag{5-33}$$

10° 以上坡度采用刘宝元（Liu et al.，2000）提出的坡度因子计算公式，具体如下：

$$S = 21.9 \cdot \sin \theta - 0.96, \quad \theta \geqslant 10° \tag{5-34}$$

式中，S 为坡度因子；θ 为坡度（°）。

坡长坡度因子由 L 和 S 相乘得到，公式为

$$LS = L \cdot S \tag{5-35}$$

3. 土壤可蚀性因子 K

土壤可蚀性因子 K 反应不同土壤类型土壤可蚀性的高低，其含义是每个指示单元（如标准单元小区）上的土壤流失率。Williams 等（1983）发展了 K 的估算方法，其计算公式为

$$\begin{aligned} K &= \left\{ 0.2 + 0.3 \exp \left[-0.0256 S_d (1 - S_i / 100) \right] \left[S_i / (C_1 + S_i) \right] \right\}^{0.3} \\ &\quad \times \left\{ 1.0 - 0.25 C / \left[C + \exp(3.72 - 2.95 C) \right] \right\} \\ &\quad \times \left\{ 1.0 - 0.7 (1 - S_d) / 100 \left[(1 - S_d) / 100 + \exp \left[-5.51 + 22.9 (1 - S_d) / 100 \right] \right] \right\} \end{aligned} \tag{5-36}$$

式中，S_d、S_i、C_1、C 分别为砂粒含量、粉粒含量、黏粒含量和有机碳含量，%。

4. 植被覆盖与管理因子 C

植被覆盖与管理因子 C，反映对土壤侵蚀的综合作用，其值在 $0\sim1$ 变化，可采用如下公式（蔡崇法等,2000）：

$$C = \begin{cases} C = 1, & \text{VFC} = 0 \\ C = 0.6508 - 0.3436\lg\text{VFC}, & 0 < \text{VFC} \leqslant 78.3\% \\ C = 0, & \text{VFC} > 78.3\% \end{cases} \tag{5-37}$$

式中，VFC 表示植被覆盖度，通过 NDVI 数据计算。

植被覆盖度常用于植被变化、水土保持、气候等方面，利用 NDVI 计算公式为

$$\text{VFC} = (\text{NDVI} - \text{NDVI}_{\min}) / (\text{NDVI}_{\max} - \text{NDVI}_{\min}) \tag{5-38}$$

式中，$\text{NDVI}_{\max}$ 和 $\text{NDVI}_{\min}$ 分别为流域内最大和最小的 NDVI 值。

将收集的 NDVI 数据用式(5-38)计算植被覆盖度，再利用式(5-37)计算出因子 C。

5. 水土保持措施因子 P

水土保持措施因子(P)是沿坡地种植时采取特殊措施后土壤侵蚀的比率。P 的取值范围是 0 到 1，越接近 1 说明采取的水土保持措施越少。P 因子是土壤侵蚀的抑制因素之一，与土壤侵蚀量成反比(王娟和卓静,2015)。P 值的选取对计算土壤侵蚀因子有较大的影响，根据相关文献提供的信息可以确定不同土地利用条件下的 P 值(Guo et al.,2015;王涛;2018)。通过不同学者的文献学习发现应用 RUSLE 模型时其余土地利用类型的 P 值差异性较小，而城镇用地采用的 P 值差异较大，城镇用地及其他建设用地中建筑物、硬化路面及相关工程措施会减少部分侵蚀，从而起到防护作用，最终确定城镇用地的 P 值取 0.5(Hao et al.,2020)。已有研究多采用对土地利用类型赋值的方法确定 P 值，因此将耕地、林地、草地、水体、城镇用地及未利用地对应的 P 值分别设置为 0.35、0.08、0.20、0、0.5 和 1.0。

借助于 GIS 软件，按照自然地理要素和时空过程一致性的原则，以栅格为基本计算单元，分别计算 RUSLE 模型的五个因子，通过空间叠加方法得到不同空间尺度的流域土壤侵蚀状况，并利用 RUSLE 模型计算出的土壤侵蚀模数与栅格单元的面积相乘得到土壤侵蚀量。

5.1.3 污染物迁移转化过程

根据负荷产生和迁移过程，非点源负荷可以分为溶解态和颗粒态两类。溶解态负荷主要是指水溶性污染物，它伴随流域产汇流过程而产生；颗粒态负荷则是指在侵蚀性降雨作用下，被冲刷剥蚀吸附在土壤及泥沙中的污染物，它伴随着泥沙迁移进入河道，最终造成水体污染。水土流失、土地利用及水肥管理方式是非点源负荷形成的重要原因，它不仅携带了大量地表肥沃的土壤，同时还带走了大量累积在地表的污染物质(杨胜天等,2006)。根据自然水循环过程，联合土壤侵蚀产沙过程和产汇流过程，分别建立颗粒

态和溶解态非点源污染模型。

1. 颗粒态非点源污染模型

当地表径流流过土壤表面，水的一部分能力用来冲刷并携带土壤颗粒，较小的土壤颗粒重量较轻，更容易被冲走(董群,2011)。比较被输移走的泥沙和土壤表面颗粒的大小分布，会发现输送到河道中的泥沙以黏土颗粒居多，土壤中的有机氮、有机磷主要依附于黏土的胶粒上，在输移的泥沙中有机物的含量比土壤表层要高很多，所以土壤侵蚀产沙过程是计算颗粒态非点源污染负荷的基础(董群,2011;刘铭环,2005;薛素玲,2006)。在参考 SWAT 模型的基础上,颗粒态非点源污染负荷可用下式计算(徐宗学,2009;沈虹等,2010;郝改瑞,2013)：

$$Q_{\text{org}} = 0.001 C_{\text{org}} \cdot \frac{Q_{\text{sed}}}{A_{\text{hru}}} \cdot \eta \tag{5-39}$$

式中，Q_{org} 为有机氮磷流失量，kg/hm^2；C_{org} 为有机氮磷在表层(10mm)土壤中的浓度，kg/t；Q_{sed} 为土壤侵蚀量，t；A_{hru} 为水文响应单元的面积，hm^2；η 为富集系数，公式为(徐宗学,2009)

$$\eta = 0.78 \cdot \left(\text{conc}_{\text{sed,surq}}\right)^{-0.2468} \tag{5-40}$$

其中

$$\text{conc}_{\text{sed,surq}} = \frac{Q_{\text{sed}}}{10 \cdot A_{\text{hru}} \cdot Q_{\text{surf}}} \tag{5-41}$$

式中，$\text{conc}_{\text{sed,surq}}$ 为地表径流中的泥沙含量，mg/m^3；Q_{surf} 为地表径流量，mm。

此处地表径流量用径流深来表示，根据收集的流域逐日流量数据计算出各年年平均径流深，并利用数字滤波法将实测的多年平均径流量划分为地表径流量和基流量，进一步获得地表径流中的泥沙含量，最终利用式(5-39)计算得到颗粒态氮磷的负荷量。

2. 溶解态非点源污染模型

1)产污过程

溶解态非点源污染物主要是指水溶性污染物，它伴随流域产汇流过程而产生。将河流断面的流量过程和各种污染物的浓度过程相乘得到负荷率过程(李怀恩和李家科,2013)。根据杨柳小流域径流量与氮磷素输出量的相关性分析结果可知，杨柳小流域径流量与氮磷素输出量之间的相关系数分别为 0.771 和 0.829，具有较高的相关性。虽然污染物的负荷率过程线 $L(t)$ 与流量过程线 $Q(t)$ 非常相似(李怀恩和李家科,2013)，溶解态污染物的最大负荷与洪峰同时出现，但是不同污染物的负荷率在数值上相差悬殊，且负荷率与流量量纲也不一致。为了便于分析计算，对负荷率过程 $L(t)$(由一次暴雨形成)作标准化处理(徐宗学,2009;李怀恩等,1997;李怀恩和沈冰;1997)，设某种污染物的次暴雨径流平均浓度为 $\overline{C}$，则定义

$$L_{\text{s}}(t) = \frac{L(t)}{\overline{C}} \tag{5-42}$$

为标准负荷率过程。实测平均浓度 $\overline{C}$ (mg/L)计算如下(李怀恩和李家科,2013):

$$\begin{cases} \overline{C} = \dfrac{W_L}{W_A} \\ W_L = \sum_{i=1}^{n}(Q_{Ti}C_i - Q_{Bi}C_{Bi})\Delta t_i \\ W_A = \sum_{i=1}^{n}(Q_{Ti} - Q_{Bi})\Delta t_i \\ \Delta t_i = (t_{i+1} - t_{i-1})/2 \end{cases} \qquad (5\text{-}43)$$

式中,W_L 为次暴雨负荷量,g;W_A 为次暴雨径流量,m^3;Q_{Ti} 为 t_i 时刻的实测流量,m^3/s;C_i 为 t_i 时刻的污染物浓度,mg/L;Q_{Bi} 为 t_i 时刻的枯季流量(非本次暴雨形成的流量),m^3/s;C_{Bi} 为 t_i 时刻的枯季浓度,mg/L;Δt_i 为 Q_{Ti} 和 C_i 的代表时间,s。

当 $L(t)$ 的单位为 g/s,C 的单位为 mg/L 时,由式(5-42)可知,标准负荷率量纲为 m^3/s,与流量的单位相同。把标准负荷率 $L_S(t)$ 作为研究对象,易于直接研究负荷率过程 $L(t)$。标准负荷率过程线具有非常重要的性质(李怀恩和李家科,2013):标准负荷率过程线下的面积与流量过程线下的面积相等,且对任何一种污染物(包括泥沙)都成立,公式为

$$\left. \begin{aligned} & W_A = \int_{t_0}^{t_e} Q(t)\mathrm{d}t = \int_{t_0}^{t_e} [Q_T(t) - Q_B(t)]\mathrm{d}t \\ & \overline{C} = \frac{W_L}{W_A} = \frac{1}{W_A}\int_{t_0}^{t_e} L(t)\mathrm{d}t \\ & W_{LS} = \int_{t_0}^{t_e} L_S(t)\mathrm{d}t = \int_{t_0}^{t_e} \frac{L(t)}{\overline{C}}\mathrm{d}t = \frac{1}{\overline{C}}\int_{t_0}^{t_e} L(t) = \frac{W_A}{\int_{t_0}^{t_e} L(t)}\int_{t_0}^{t_e} L(t) = W_A \end{aligned} \right\} \qquad (5\text{-}44)$$

式中,t_0、t_e 分别是 $Q(t)$ 的起涨和终止时刻;Q_T、Q_B 是实测总流量与枯季流量。

流量过程线 $Q(t)$ 下的面积就是一次暴雨的净雨量。类似地,把某种污染物的标准负荷率过程线下的面积定义为该种污染物的标准产污量。设净雨(降雨径流)过程为 $h(t)$,标准产污量过程为 $h_\omega(t)$,则 $h_\omega(t)$ 可表示为

$$h_\omega(t) = \omega(t)[h(t)]^\beta \qquad (5\text{-}45)$$

式中,$\omega(t)$ 为权重函数,主要是调整径流的时程分配且考虑初期冲刷影响等因素;指数 β 主要反映径流对污染物产生过程的影响程度。

总径流量和标准产污量分别为

$$\begin{cases} W_A = \int_0^{t_e} h(t)\mathrm{d}t \\ W_{LS} = \int_0^{t_e} h_\omega(t)\mathrm{d}t = \int_0^{t_e} \omega(t)[h(t)]^\beta \mathrm{d}t \end{cases} \qquad (5\text{-}46)$$

式中,t_e 为产流历时。

因为标准产污量与总径流量相等,所以可令 $\omega(t)=1$,$\beta=1$,则式(5-45)变为

$$h_\omega(t) = h(t) \qquad (5\text{-}47)$$

即标准产污量过程与径流过程相同。当然权函数 $\omega(t)$ 可以取其他函数形式，β 也可以取其他数值，但必须满足标准产污量与总径流量相等的条件。

综上所述，本节的产污模型由式(5-44)与式(5-47)构成，且采用 DTVGM 模型进行产流产污计算也方便。

2)汇污(污染物迁移)过程

溶解态与颗粒态污染物的特性不同，无法建立统一模型，前面介绍了基于土壤侵蚀方程的颗粒态污染物负荷的非点源污染模型,此部分主要研究溶解态污染物的迁移过程。从适用性范围的角度出发，选用了污染物在流域中迁移转化机理的瞬时单位线模型。把流域概化成多级河网系统,污染物迁移过程就可概化为在河网中随水流的迁移(李怀恩和李家科,2013)。因此，流域中溶解态非点源污染物的迁移转化过程采用与流域汇流计算相同的方法来研究。

以标准负荷率过程 $L_S(t)$ 为研究对象，把 $L_S(t)$ 看成一种特殊的流量过程，用对流扩散方程[式(5-24)]来描述。以逆高斯分布的密度函数作为响应函数，与利用产污模型求得的标准产污量过程 $h_\omega(t)$ 进行卷积，求得流域出口断面的标准负荷率过程线 $L_S(t)$ (李怀恩和李家科,2013)，即

$$L_S(t) = \int_0^t f(t-\tau)h_\omega(\tau)\mathrm{d}\tau \tag{5-48}$$

同理，参数 μ 和 λ 的可通过优选确定。

则暴雨的负荷率过程(李怀恩和李家科,2013)可表述为

$$L(t) = L_s(t)\bar{C} \tag{5-49}$$

因为实测流量过程 $Q_T(t)$ 还包括枯季流量 $Q_B(t)$，所以实测浓度过程 $C(t)$ 和负荷率过程 $L_T(t)$ 中也包括枯季径流的枯季污染负荷 $C_B(t)$。则出口断面的总负荷率过程 $L_T(t)$ 和浓度过程线 $C(t)$ 分别为(李怀恩和李家科,2013;李怀恩等,1997)

$$\begin{cases} L_T(t) = L_S(t)\bar{C} + Q_B(t)C_B(t) \\ C(t) = \dfrac{L_T(t)}{Q_T(t)} = \dfrac{L_T(t)}{Q(t)+Q_B(t)} \end{cases} \tag{5-50}$$

式中，$Q(t)$ 为暴雨流量过程线。

总之，单次暴雨的负荷率过程 $L(t)$、出口断面的总负荷率过程 $L_T(t)$ 和浓度过程线 $C(t)$ 的确定，可以解决流域非点源污染物迁移转化的问题(李怀恩和李家科,2013)。

从污染物迁移转化过程入手，颗粒态非点源污染模型考虑了土壤侵蚀与颗粒态污染物负荷间的关系;溶解态非点源污染模型中的产污过程与降雨径流过程的产流计算结合，汇污(污染物迁移)过程从微观机理出发，利用逆高斯分布瞬时单位线法进行求解，与汇流模型相统一，模型整体系统化程度较高，减少了模型参数，易于推广应用。

5.2　模型的校准与应用

基于研究区的非点源污染过程研究，自主建立了基于时变增益和暴雨径流响应模块

的分布式非点源污染模型，根据收集的流域气象、水文、水质等资料，从不同空间尺度证明构建模型的可用性，从数据库建立、模型参数率定、降雨径流过程的校准与验证、泥沙输移过程的校准与验证、污染物的校准与验证几个方面进行展开。

5.2.1 数据库建立

在实地踏勘、资料收集与整理的基础上，基于 RS 和 GIS 技术(黄康,2020;朱丽,2010)，建立典型研究区非点源污染模型模拟的空间数据库和属性数据库。研究区的空间数据库主要包括：DEM、土地利用、土壤类型、植被覆盖等图；属性数据库主要包括：水文站点资料、气象数据、干支流水质资料、污染源调查数据、土壤物化数据等。在汉江流域陕西段选择汉江中游杨柳小流域(面积 1.43 km²)、二级支流恒河水文站断面以上流域(面积 924 km²)、干流安康水文站断面以上流域(面积 38625 km²)三个流域进行模型校准与验证。非点源污染数据库的来源如表 5-1 所示。

表 5-1　流域输入数据来源

数据类型	数据来源	数据描述
流域 DEM	中国科学院资源环境科学与数据中心、国家基础地理信息中心	流域高程、坡长、坡度、河网等
土地利用图	中国科学院资源环境科学与数据中心、全球生态环境遥感监测平台	土地利用类型分类，如耕地、林地、草地等
土壤类型图	中国科学院资源环境科学与数据中心、寒区旱区科学数据中心、中国土壤数据库	土壤类型分布及土壤质地
行政区划图	中国科学院资源环境科学与数据中心	省市县的界线
气象数据	中国科学院资源环境科学与数据中心	气象站点坐标、日降水量、蒸散发量、温度、太阳辐射、日照时数和湿度等
水文数据	长江流域汉江区汉江上游水系水文年鉴	恒口、安康水文站的逐日流量、逐日输沙率数据，杨柳小流域卡口站的汛期流量数据
水质数据	陕西省环境监测站、现场监测	恒口、安康断面的逐月水质数据，指标包括 TN、TP、NH₃-N

1. 杨柳小流域

杨柳小流域的流域概况如 4.1 节所述，小流域位置图如图 4-9 所示，处于汉江流域中游，属于汉江一级支流饶峰河的右岸水系，其中属性数据库包括杨柳小流域卡口站 2020 年汛期流量数据、安装的雨量筒采集的雨量数据及石泉气象站的气象数据及实际监测的土壤质地数据(4.1.1 节已经介绍，此处不赘述)。流域空间数据库有流域 DEM(图 4-10)、土地利用图、植被覆盖图等，其中流域海拔为 391～747m，坡度范围为 0～44.92°，数据分辨率为 30m×30m，土壤类型以黄棕壤为主，土壤质地如表 5-2 所示，杨柳小流域土地利用有耕地、林地、草地、水域和城镇用地，其中耕地和林地占比达到 95%左右(图 5-3)。

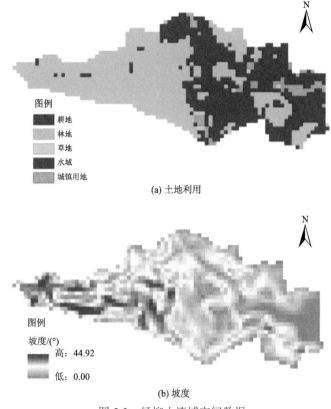

(a) 土地利用

(b) 坡度

图 5-3 杨柳小流域空间数据

表 5-2 杨柳小流域土壤质地统计表

土壤编号	名称	土壤含水率/%	黏粒/%	粉砂/%	砂/%	有机质/%	凋萎系数/%
23110121	黄棕壤	15.28	3.97	54.10	41.93	0.65	5.08

土壤编号	田间持水量/%	饱和度/%	有效水分/(cm/cm)	饱和导水率/(mm/h)	土壤容重/(g/cm³)	土壤质地类型
23110121	21.36	46.41	0.16	51.95	1.42	Silty Loam

2. 恒河流域

恒河流域指的是恒口水文站断面以上流域，是汉江的三级支流，在汉江二级支流月河控制流域中(图 5-4)，处于汉江流域的下游，发源于叶坪区桥亭乡崖屋沟脑，流经叶坪、大河区，在恒口镇东端汇入月河，控制流域面积 924 km²，占恒河流域总面积(973km²)的 95% 左右，是月河流域控制面积的 34.5%。流域内多年平均气温 15~16℃，年降水量范围为 700~1100mm，流域多年平均降水量为 826mm，降水与汉江流域陕西段整体特征相同，年内分配不均且多集中在汛期。恒河流域的空间数据库如图 5-4 所示，流域海拔在 287.4~2024.5m，坡度范围为 0.24°~15.93°，土地利用类型林地最多，占比达 91.6%，土壤类型中黄棕壤占比能达到 68.7%，土壤质地如表 5-3。气象站点有宁陕、镇安、汉阴和安康，利用泰森多边形确定其面积权重分别为 0.06、0.09、0.59 和 0.26，可获得流域的多年面平均雨量(mm)。

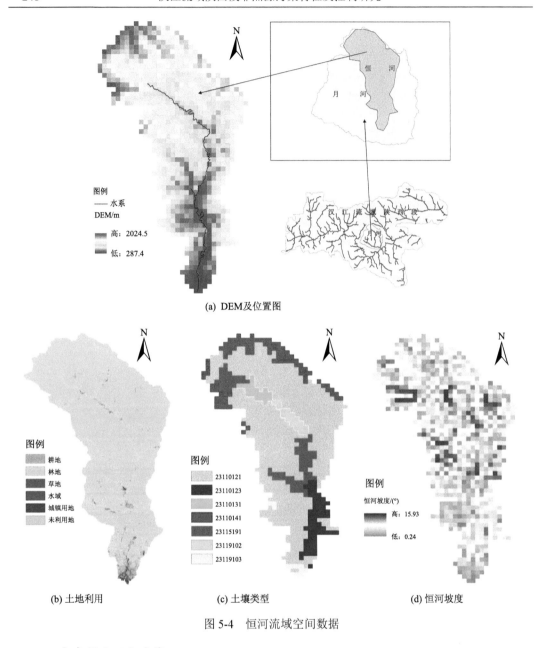

(a) DEM及位置图

(b) 土地利用　　　　(c) 土壤类型　　　　(d) 恒河坡度

图 5-4　恒河流域空间数据

3. 安康断面以上流域

安康断面以上流域指的是安康水文站断面以上流域，是干流汉江的国家级水文站，其概况见第 2 章，控制流域面积 38625km²，占汉江流域陕西段总面积的 70%。流域内多年平均气温 15.8℃，年降水量范围为 601.5～1372.3mm，多年平均降水量为 900.9mm。安康断面以上流域空间数据库如图 5-5，流域海拔为 239～3479m，坡度范围为 0～26.78°，土地利用类型中占比高的是草地（37.2%）、林地（30.7%）、耕地（25.4%）三类，总占比为 93% 以上，土壤类型囊括了汉江流域陕西段 39 种的 34 类，以黄棕壤、棕壤、黄褐土为主，黄棕壤占比达 50% 以上，土壤质地如表 5-4。

表 5-3　恒河流域土壤质地统计表

土壤编号	名称	黏粒/%	粉砂/%	砂/%	有机质/%	凋萎系数/%	田间持水量/%
23110121	黄棕壤	18.9	31.6	49.5	3.85	14.1	27.4
23110123	黄棕壤性土	18.0	30.5	51.5	3.2	13.1	25.7
23110131	黄褐土	28.1	36.5	34.4	1.11	17.4	31.3
23110141	棕壤	16.8	29.6	53.6	1.5	11.3	22.5
23115191	粗骨土	19.9	37.5	42.6	1.5	13.1	26.2
23119102	潴育水稻土	20.6	35.3	44.0	1.8	13.8	26.8
23119103	淹育水稻土	27.7	33.2	39.1	2.3	18	31.4

土壤编号	饱和度/%	有效水分/(cm/cm)	饱和导水率/(mm/h)	土壤容重/(g/cm³)	土壤质地	质地名称
23110121	48.6	0.13	24.06	1.36	Loam	壤土
23110123	46.7	0.13	23.57	1.41	Loam	壤土
23110131	43.8	0.14	5.18	1.49	Clay Loam	壤土
23110141	42.2	0.11	19.91	1.53	Sandy Loam	沙壤土
23115191	43.1	0.13	12.72	1.51	Loam	壤土
23119102	43.8	0.13	12.74	1.49	Loam	壤土
23119103	45.7	0.13	7.4	1.44	Clay Loam	壤土

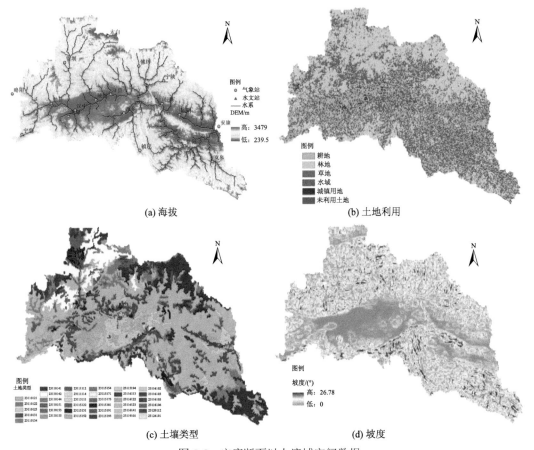

(a) 海拔　　　　(b) 土地利用

(c) 土壤类型　　　　(d) 坡度

图 5-5　安康断面以上流域空间数据

表 5-4 安康断面以上流域土壤质地统计表

土壤编号	名称	黏粒/%	粉砂/%	砂/%	有机质/%	凋萎系数/%	田间持水量/%	饱和度/%	有效水分/(cm/cm)	饱和导水率/(mm/h)	土壤容重/(g/cm³)
23110121	黄棕壤	18.9	31.6	49.5	3.9	14.1	27.4	48.6	0.13	24.06	1.36
23110122	暗黄棕壤	24.2	34.2	41.3	5.1	17.4	32.1	51.9	0.15	19.33	1.28
23110123	黄棕壤性土	18.0	30.5	51.5	3.2	13.1	25.7	46.7	0.13	23.57	1.41
23110131	黄褐土	28.1	36.5	34.4	1.1	17.4	31.3	43.8	0.14	5.18	1.49
23110134	黄褐土性土	40.9	33.4	25.7	1.2	24.7	38.2	47.2	0.14	1.85	1.4
23110141	棕壤	16.8	29.6	53.6	1.5	11.3	22.5	42.2	0.11	19.91	1.53
23110142	白浆化棕壤	18.3	33.3	48.5	1.2	11.7	23.9	419	0.12	15.4	1.54
23110144	棕壤性土	10.1	50.3	39.6	6.8	11.5	30.1	61	0.19	76.41	1.03
23110151	暗棕壤	17.3	52.6	30.1	8.0	15.4	35.5	64.3	0.2	61.1	0.94
23110153	白浆化暗棕壤	18.7	37.0	44.3	6.5	15.8	31.5	56.2	0.16	37.45	1.16
23110156	暗棕壤性土	18.0	31.6	50.2	5.6	14.8	28.9	53	0.14	34.74	1.25
23111112	褐土	22.1	37.7	40.2	1.7	14.4	28.1	44.2	0.14	11.1	1.48
23111114	淋溶褐土	22.0	33.1	44.9	2.2	14.6	27.5	44.6	0.13	12.92	1.47
23115111	红黏土	25.2	42.1	32.7	0.6	15.5	29.7	42.5	0.14	5.68	1.52
23115122	新积土	16.5	32.6	50.9	1.0	11	22.5	41.1	0.12	17.11	1.56
23115151	石灰(岩)土	9.0	58.8	32.2	3.9	8.7	27.5	51.8	0.19	42.72	1.28
23115152	红色石灰土	38.0	31.0	30.9	3.4	23.7	37.3	49	0.14	4.03	1.35
23115154	棕色石灰土	19.2	37.2	43.6	2.8	13.2	26.7	45.6	0.14	17.59	1.44
23115171	紫色土	40.8	38.3	21.0	1.3	24.6	38.7	48.2	0.14	2.15	1.37
23115173	中性紫色土	25.1	27.9	47.0	1.7	16	28.1	43.4	0.12	9	1.5

续表

土壤编号	名称	黏粒/%	粉砂/%	砂/%	有机质/%	凋萎系数/%	田间持水量/%	饱和度/%	有效水分/(cm/cm)	饱和导水率/(mm/h)	土壤容重/(g/cm³)
23115181	石质土	9.7	21.3	69.0	2.5	8.2	23.6	46.1	0.15	33.43	1.43
23115191	粗骨土	19.9	37.5	42.6	1.5	13.1	26.2	43.1	0.13	12.72	1.51
23115193	中性粗骨土	19.2	31.3	49.5	1.6	10.3	22.5	42.8	0.12	22.31	1.52
23115194	钙质粗骨土	8.4	26.0	65.5	1.5	6	15.2	42.6	0.09	54.17	1.52
23116113	石灰性砂姜黑土	31.9	33.3	34.8	1.4	19.8	33.2	44.8	0.13	4.02	1.46
23116122	山地草原草甸土	12.7	33.4	53.9	6.0	12.6	26.8	55.1	0.14	56.17	1.19
23116123	山地灌丛草甸土	21.0	28.0	51.0	4.3	15.5	28.3	48.9	0.13	21.6	1.35
23116141	潮土	15.8	30.5	53.6	1.0	10.4	21.4	41	0.11	19.86	1.56
23119101	水稻土	19.6	37.7	42.7	2.1	13.5	26.9	44.6	0.13	14.64	1.47
23119102	潴育水稻土	20.6	35.3	44.0	1.8	13.8	26.8	43.8	0.13	12.74	1.49
23119103	淹育水稻土	27.7	33.2	39.1	2.3	18	31.4	45.7	0.13	7.4	1.44
23119105	潜育水稻土	28.7	35.8	33.5	3.7	19.1	33.7	49.3	0.15	9.65	1.34
23119106	脱潜水稻土	28.7	41.3	29.9	3.3	18.8	33.8	48.5	0.15	8.25	1.36
23120112	黑岩土	35.5	43.8	20.7	8.0	23.7	39.4	59.2	0.16	18.54	1.08

5.2.2 模型效率评价指标

模型效率评价一般采用数理统计的方法计算模拟值与实测值之间的相关性，反映模型的模拟精度。常用的指标有 NSE、R^2 或 R、RE 等，NSE 见式(4-33)，其余指标计算公式为(李明涛,2011;李抗彬,2016)

$$R = \frac{\sum_{i=1}^{n}\left[Q_0(i) - \overline{Q_0}\right]\left[Q_c(i) - \overline{Q_c}\right]}{\sqrt{\sum_{i=1}^{n}\left[Q_0(i) - \overline{Q_0}\right]^2}\sqrt{\sum_{i=1}^{n}\left[Q_c(i) - \overline{Q_c}\right]^2}} \tag{5-51}$$

$$R^2 = \left(\frac{\sum_{i=1}^{n}\left[Q_0(i) - \overline{Q_0}\right]\left[Q_c(i) - \overline{Q_c}\right]}{\sqrt{\sum_{i=1}^{n}\left[Q_0(i) - \overline{Q_0}\right]^2}\sqrt{\sum_{i=1}^{n}\left[Q_c(i) - \overline{Q_c}\right]^2}}\right)^2 \tag{5-52}$$

$$\mathrm{RE} = \frac{Q_c(i) - Q_0(i)}{Q_0(i)} \times 100\% \tag{5-53}$$

式中，$Q_c(i)$ 是模型模拟结果；$\overline{Q_c}$ 指模拟结果的均值；$Q_0(i)$ 是实测结果；$\overline{Q_0}$ 指实测结果的均值；n 为模拟结果序列的长度。NSE、R^2 和 R 通常在 0～1 取值，值越接近 1 表明模拟效果越好。其中径流、泥沙还有氮磷素污染物的判别标准一样，在评价指标>0.90 时，模拟效果为优；在 0.7<评价指标<0.9 时，模拟效果为良；在 0.5<评价指标<0.7 时，模拟效果为合格；在评价指标<0.5 时，模拟效果为差。

5.2.3 径流的校准与验证

流域分布式非点源污染模型建立成功后，需要对模型进行校准，即对模型的参数取值进行优化调整。根据国内外文献的结果确定参数的变化范围，根据收集的历年气象资料、水文资料、水质监测资料等进行参数率定。本文采用杨柳小流域卡口站、恒河恒口水文站和安康水文站的实测流量对模型进行校验，径流深利用 RE 评价，目标函数采用 NSE，除采用经验确定的参数外，其余参数用 MATLAB 软件中的优化算法进行确定，首先率定与产汇流过程相关的参数，而后率定其他过程的参数。

1. 杨柳小流域

非点源污染发生的过程中，泥沙和氮磷素等营养物会随着径流流失，因此对降雨径流过程的模拟是非点源污染模拟的基础，其准确性是检验模型是否表达流域真实响应的关键。选取杨柳小流域 2020 年 6 ～11 月的逐小时雨量流量数据进行模型的校准与验证，其中 20200617、20200710、20200714、20200721、20200807、20200812 场次数据用于模型的校准，20200817 和 20200921 场次数据用于模型的验证，模型主要参数率定的结果见表 5-5。从 2020 年 6～11 月的杨柳小流域不同土层土壤含水率变化过程线可以看出(图 5-6)，上层土壤含水率呈波动性变化规律，在发生降雨时上层土壤含水率增加比较明显，在比较枯的季节未发生降雨时，上层含水率呈下降趋势；下层土壤含水率的整体变化过程线小于上层土壤含水率，也随降雨的发生呈现波动性变化趋势；深层土壤含水率呈现先小幅减小后续保持稳定变化的趋势，变幅也较小；不同深度土壤对应的土壤含水率的均值分别为20.43%(上)、18.72%(下)和16.82%(深)。

表 5-5　杨柳小流域降雨径流参数率定结果

参数符号	含义	率定值	参数取值范围
ZC	土层厚度	1.5	0.5～2.0
ZB	表层土层厚度	0.17	0.05～0.4
g_1	径流系数影响系数	0.145	0～1
g_2	土壤水影响系数	1.1	>1
KSSD	下层壤中流出流系数	0.95	0.8～0.95
KSS	深层壤中流出流系数	0.8	0.8～0.95
μ	逆高斯函数参数1	0.5	—
λ	逆高斯函数参数2	0.1	—

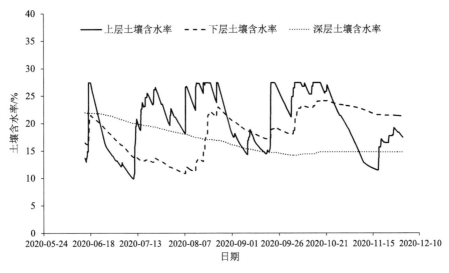

图 5-6　杨柳小流域不同土层土壤含水率变化过程

杨柳小流域利用DTVGM产流模型计算的2020年6～11月的径流深(83.37mm)和实际径流深(83.36mm)的 RE 为 0.02%，产流模块运行结果较好，表明分布式时变增益模型(DTVGM)模型适用于研究区域。经过产汇流计算的流域率定期和验证期的流量模拟结果如图 5-7、图 5-8 所示，可以看出实测值与模拟值的流量过程线具有较好的一致性，取得了较好效果。2020 年 6 ～11月整体实测流量和模拟流量过程的 NSE 为 0.74，RE 为 12.69%。根据模型在杨柳小流域率定期和验证期的降雨径流模拟结果，统计不同径流场次的评价指标(NSE、洪峰量、洪峰误差和峰现时间)，如表 5-6 所示，从表中可以看出 8 场径流过程中模拟结果较差的是 20200617 和 20200807 这两个场次，对应的 NSE 分别为

0.5 和 0.3，其可能原因是时段降水强度较小且降水历时较长；5 场在 0.7～0.9(良)，20200817 场属于合格，其 NSE 为 0.63；洪峰误差均值为–7.43%，峰现时间均在±1h 之内；在率定期和验证期内，模型的 NSE 分别达到了 0.68 和 0.73，RE 分别为 13.08%和 13.0%，其精度可以满足模拟要求。

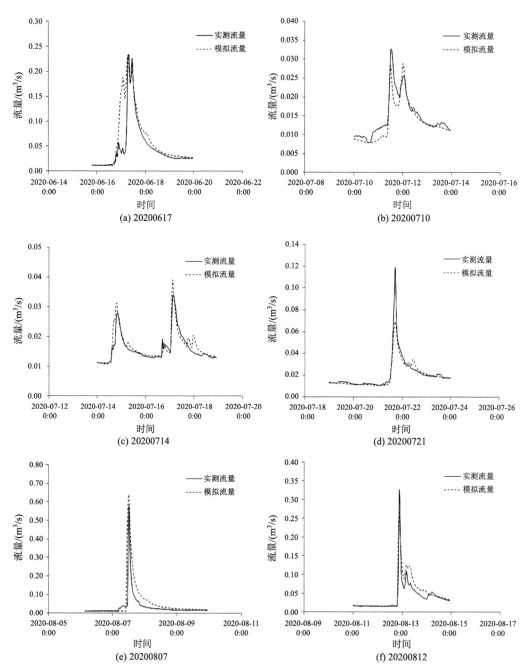

图 5-7　杨柳小流域流量实测值与模拟值(率定期)

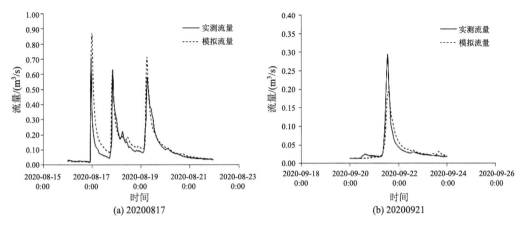

(a) 20200817 　　　　　　　　　　　 (b) 20200921

图 5-8　杨柳小流域流量实测值与模拟值(验证期)

表 5-6　杨柳小流域各径流场次评价指标统计表

径流场次	NSE	洪峰量/(m³/s)		洪峰误差/%	峰现时间/h
		实测	模拟		
20200617	0.49	0.234	0.233	−0.45	+1
20200710	0.83	0.033	0.028	−15.15	+1
20200714	0.81	0.034	0.039	14.71	+1
20200721	0.86	0.119	0.070	−41.65	0
20200807	0.26	0.574	0.640	11.64	0
20200812	0.82	0.325	0.268	−17.46	0
20200817	0.63	0.704	0.870	23.58	−1
20200921	0.84	0.294	0.192	−34.68	−1

2. 恒河流域

收集恒河流域恒口水文站 2003～2018 年的逐日流量数据,利用泰森多边形法确定流域 2003～2018 年的逐日降水量,其中 2003～2012 年作为模型的率定期,2013～2018 数据作为模型的验证期,模型主要参数率定结果如表 5-7 所示。从 2003～2018 年的恒河流域不同土层土壤含水率变化过程线可以看出(图 5-9),不同土层年际间的土壤含水率变化过程类似,均呈现随着时间推移先降后增的趋势,而且上层土壤含水率波动性相较于下层和深层比较剧烈;从年内变化过程看,与杨柳小流域土壤含水率变化类似,在发生降雨时上层土壤含水率波动增加,而后与深层和下层土壤含水率均达到稳定状态,深层土壤含水率的整体变化过程线小于下层土壤含水率,均呈现先降后升至稳定的变化趋势;不同深度土壤对应的多年土壤含水率的均值分别为 21.80%(上)、23.73%(下)和 19.95%(深)。从利用 Kristensen-Jensen 模型计算的日蒸散发量与日潜在蒸散发量的变化过程(图 5-10)可以发现:各年上半年计算的日实际蒸发量小于日潜在蒸发量天数较多,这主要与流域各年上半年降水量较少,土壤含水率偏低有关。

表 5-7　恒河流域降雨径流参数率定结果

参数符号	含义	率定值	参数取值范围
ZC	土层厚度	1.5	0.5～2.0
ZB	表层土层厚度	0.17	0.05～0.4
g_1	径流系数影响系数	0.43	0～1
g_2	土壤水影响系数	1.15	>1
KSSD	下层壤中流出流系数	0.95	0.8～0.95
KSS	深层壤中流出流系数	0.8	0.8～0.95
μ	逆高斯函数参数 1	1.6	—
λ	逆高斯函数参数 2	1.95	—

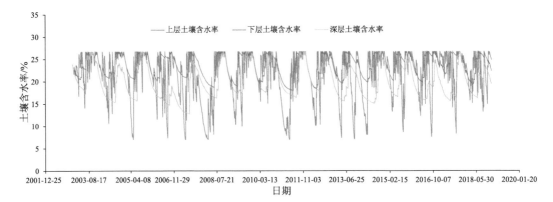

图 5-9　恒河流域不同土层土壤含水率变化过程

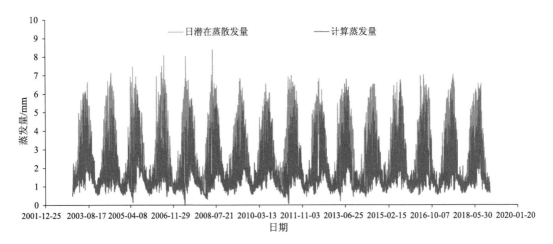

图 5-10　恒河流域日潜在蒸发与计算蒸发量变化过程

恒河流域 2003～2018 年的计算径流深、实际径流深及 RE 如表 5-8，多年径流深的 RE 均值为 2.39%，个别年份的径流深 RE 超过±20%，发现误差较大的年份流域实际的径流深偏小，如 2009 年和 2010 年的年降水量分别为 715mm 和 713mm，对应的实际径流深为 290.15mm 和 344.40mm，两者之间径流深差值为 54.25mm，导致 2009 年径流深误差增大，其他年份类似。率定期和验证期的 RE 均值分别为–5.20%和 15.02%，结果表明模型在此地可行。恒河流域的流量模型模拟效果从年尺度、月尺度和日尺度进行研究，图 5-11 是 2003～2018 年恒河流域实测年平均流量和模拟年平均流量的过程线，发现拟合效果很好，多年径流系数为 0.34，NSE 达到了 0.94，水平为优。图 5-12 是 2003～2018 年恒河流域月尺度的流量过程，拟合效果也很好，NSE 为 0.93（优），因为年份对应的降水量不同，所以流量均值差异性较大；流域多年平均流量为 9.81m³/s，从月平均流量过程可以看出流域出现较大流量的时间处在汛期（6～9 月），个别年份的峰值有差异，但总的模拟效果较好；比较直观地看出 2011 年是丰水年，对应的月平均流量也较大。图 5-13 是 2003～2018 年恒河流域日尺度的流量过程，流域多年流量模拟的 NSE 为 0.73，处于 0.7～0.9，属于良的水平。率定期和验证期的模拟结果的 NSE 分别为 0.77 和 0.63，其精度可以满足模拟要求。通过对恒河流域不同时间尺度的流量过程对比发现，模型在年月尺度应用效果很好，在日尺度的模拟结果可以满足要求。

表 5-8　恒河流域各年径流深统计表

	年份	实际年降水量/mm	实际年径流深/mm	计算年径流深/mm	RE/%
率定期	2003	876	361.86	369.03	1.98
	2004	627	202.07	179.80	−11.02
	2005	865	396.10	342.73	−13.47
	2006	476	135.17	123.64	−8.54
	2007	627	215.02	243.77	13.37
	2008	678	191.72	181.35	−5.41
	2009	715	290.15	227.72	−21.52
	2010	713	344.40	322.97	−6.22
	2011	844	397.69	424.58	6.76
	2012	648	214.58	197.66	−7.89
验证期	2013	576	108.56	111.18	2.42
	2014	685	152.07	185.63	22.07
	2015	648	151.65	150.58	−0.71
	2016	592	118.22	171.51	45.07
	2017	768	309.31	312.54	1.04
	2018	576	139.03	167.16	20.23

3. 安康断面以上流域

收集安康断面以上流域安康水文站 2003～2018 年的逐日流量数据，利用泰森多边形法确定流域 2003～2018 年的逐日降水量，其中模型率定期和验证期分别为 2003～2012 年和 2013～2018 年，模型主要参数率定的结果见表 5-9。从 2003～2018 年的安康断面以上流域不同土层土壤含水率变化过程线可以看出（图 5-14），年际间不同土层的土壤含水率变化过程与恒河流域类似，均呈现随着时间推移先降后增的趋势，而且上层土壤含水率波动性相较于下层和深层比较剧烈；不同深度土壤对应的多年土壤含水率的均值分别为 21.43%（上）、24.15%（下）和 15.85%（深）。从计算日蒸散发量与日潜在蒸散发量的变化过程（图 5-15）可以发现：各年上半年计算的日实际蒸发量小于日潜在蒸发量天数多，与流域上半年土壤含水率偏低有关。

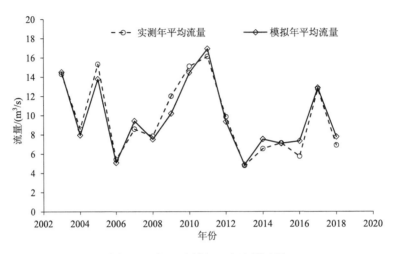

图 5-11　恒河流域年尺度流量过程

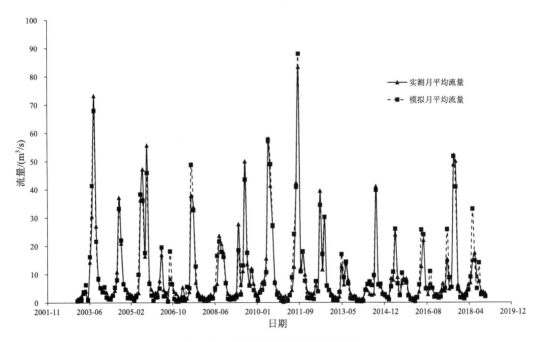

图 5-12　恒河流域月尺度流量过程

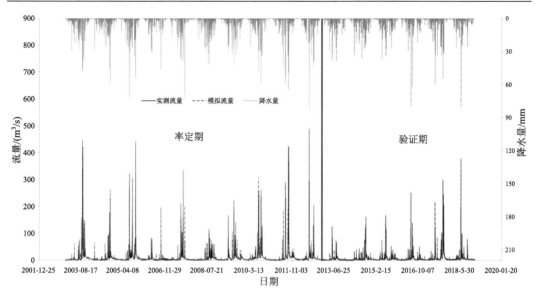

图 5-13　恒河流域日尺度流量实测值与模拟值对比

表 5-9　安康断面以上流域降雨径流参数率定结果

参数符号	含义	率定值
ZC	土层厚度	1.5
ZB	表层土层厚度	0.17
g_1	径流系数影响系数	0.87
g_2	土壤水影响系数	1.05
KSSD	下层壤中流出流系数	0.95
KSS	深层壤中流出流系数	0.8
μ	逆高斯函数参数 1	1.6
λ	逆高斯函数参数 2	1.95

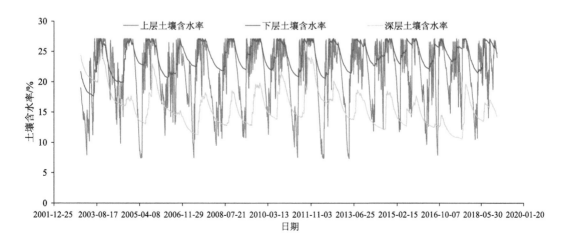

图 5-14　安康断面以上流域不同土层土壤含水率变化过程

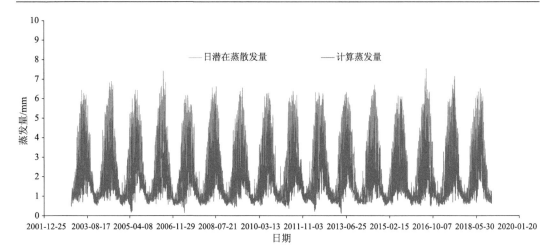

图 5-15 安康断面以上流域日潜在蒸发与计算蒸发量变化过程

汉江干流安康断面以上流域 2003～2018 年的计算径流深、实际径流深及 RE 如表 5-10 所示,多年径流深的 RE 均值为 7.79%。流域率定期和验证期的 RE 均值分别为 5.95% 和 10.84%,结合杨柳小流域、恒河流域的模拟结果,表明模型在不同空间尺度均适用。 从表中可发现 2013 年径流深的 RE 较大,达到 32%,2013 年降水量为 885mm,筛选出 与 2013 年降水量相类似的年份(2007 年、2008 年、2012 年、2014 年、2015 年、2018 年),可知降水量均值为 892mm 时对应的实测年径流深为 302mm,而 2013 年的实测年 径流深偏小,其值仅为 248.4mm,与 302mm 相差 53.5mm,因而导致 RE 较大。与恒河 流域分析类似,安康断面以上流域的流量模型模拟效果也从年尺度、月尺度和日尺度进 行研究,图 5-16 是 2003～2018 年安康断面以上流域实测年平均流量和模拟年平均流量 的过程线,发现拟合效果很好,NSE 达到了 0.95,水平为优。图 5-17 是 2003～2018 年 安康断面以上流域月尺度的流量过程,拟合效果也很好,NSE 为 0.91;流域多年平均流 量为 561.23m³/s,6～9 月有较大流量;比较直观地看出 2003 年和 2011 年的月平均流量 较大,因为这两年的年降水量比较大,分别达到了 1115 mm 和 1231 mm。图 5-18 是 2003～ 2018 年安康断面以上流域日尺度的流量过程,流域多年流量模拟的 NSE 为 0.68;率定 期和验证期的模拟结果的 NSE 分别为 0.68 和 0.66。通过对安康断面以上流域不同时间 尺度的流量过程对比发现,模型也在年月尺度应用效果很好,在日尺度的模拟结果可以 满足要求,对洪峰流量特别大的年份模拟效果一般,其原因可能是安康水文站上游有安 康水库,水库的出入库放水对下游的径流过程有比较显著的影响。

综上分析,建立的产汇流模块对不同尺度降雨径流的模拟效果较好,其中年月尺度 上的模拟效果能达到优,在日、小时尺度上的模拟值也可以满足要求,所以产汇流模拟 结果可以作为溶解态产污过程的输入。

表 5-10　安康断面以上流域各年径流深统计表

年份		实际年降水量/mm	实际年径流深/mm	计算年径流深/mm	RE/%
率定期	2003	1115	437.40	434.47	−0.67
	2004	828	228.29	240.77	5.47
	2005	1002	387.28	412.65	6.55
	2006	779	194.77	220.95	13.44
	2007	901	297.57	326.58	9.75
	2008	872	297.32	292.59	−1.59
	2009	956	320.11	371.63	16.09
	2010	995	383.65	402.80	4.99
	2011	1231	487.75	586.76	20.30
	2012	876	362.38	308.64	−14.83
验证期	2013	885	248.40	327.86	31.99
	2014	889	307.28	312.63	1.74
	2015	906	274.34	292.51	6.62
	2016	778	189.51	217.47	14.75
	2017	985	322.92	355.17	9.99
	2018	909	272.59	272.50	−0.03

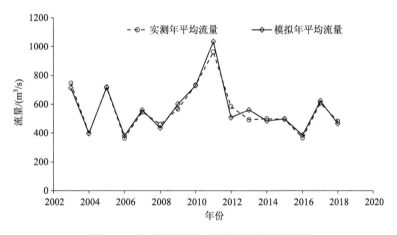

图 5-16　安康断面以上流域年尺度流量过程

5.2.4　泥沙的校准与验证

在不同尺度流域上利用 RUSLE 模型进行土壤侵蚀计算，其计算方法见节 5.1.2，因恒河流域在安康断面以上流域内，不对其进行土壤侵蚀计算及分析。

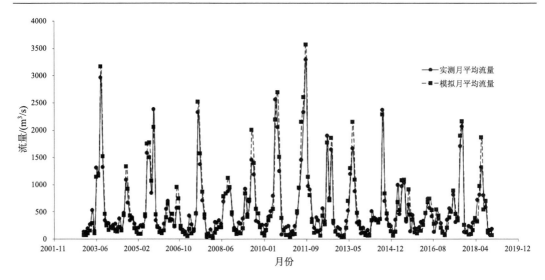

图 5-17　安康断面以上流域月尺度流量过程

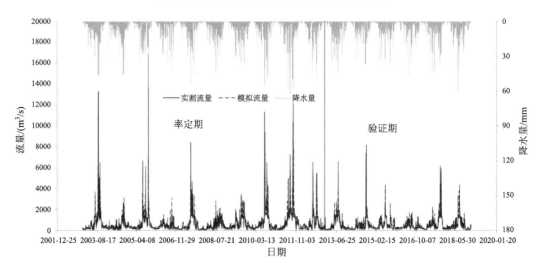

图 5-18　安康断面以上流域日尺度流量实测值与模拟值对比

1. 杨柳小流域

杨柳小流域的土壤类型主要是黄棕壤，降雨侵蚀 R 因子采用杨柳小流域 2020 年的降雨数据，根据资料收集的程度使用 2018 年月尺度 NDVI 数据求得植被覆盖度 VFC 值，获得不同月份的 C 值，其值在 0～1 范围内。土壤可蚀性因子 K 和坡度坡长 LS 因子在短期内为固定值。P 因子跟土地利用方式相关，根据文献法进行确定。基于 ArcGIS 平台将上述各因子值的栅格图层进行相乘获得杨柳小流域 2020 年的土壤侵蚀图层（图 5-19）。

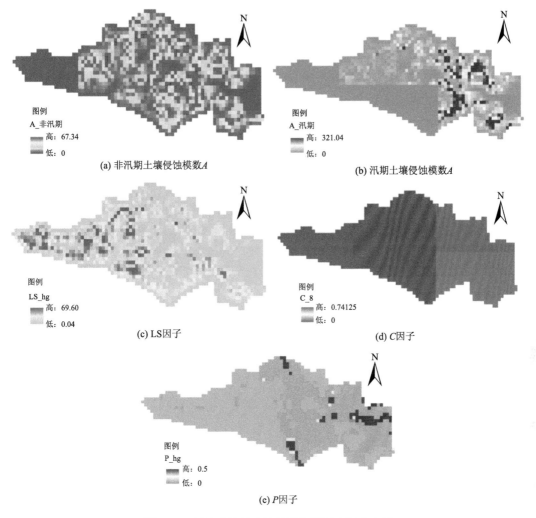

(a) 非汛期土壤侵蚀模数A

(b) 汛期土壤侵蚀模数A

(c) LS因子

(d) C因子

(e) P因子

图 5-19　杨柳小流域土壤侵蚀各因子空间分布图

　　根据流域土壤的理化性质，利用黏粒、粉砂、砂粒、有机碳的含量确定流域土壤可蚀性因子 K 为 0.6511，降雨侵蚀因子 R 和植被覆盖因子 C 各月对应不同的数值，确定 P 值的参数取值范围为 0～0.5，坡度坡长因子 LS 在 0.04～69.60 区间内变化，最终获得杨柳小流域不同月份的土壤侵蚀模数。对不同月份的土壤侵蚀模数进行加和得到杨柳小流域汛期和非汛期的土壤侵蚀模数，对应的侵蚀模数范围分别为 0～321.04 t/km² 和 0～67.34 t/km²，均值分别为 20.59 t/km² 和 7.18 t/km²，年土壤侵蚀模数为 27.77 t/(km²·a)，属于微度侵蚀(<1000 t/km²)。RUSLE 模型预测的是流域土壤侵蚀量，从土壤侵蚀量到输沙量，中途要经过泥沙滞留、冲刷、分选及搬运等输移过程，泥沙在物理特性和数量上均发生了较大变化，二者之间存在一定的转换系数(泥沙输移比)(焦菊英,2008)。虽然有众多学者对泥沙输移比的定义不同，但是其内在含义是一致的，即指某一段时期内河道某一断面实测输沙量与该流域的总侵蚀量之比，值的大小主要受区域土壤侵蚀能力和输沙能力共同控制(夏露,2019)。它是研究流域侵蚀产沙之间关系的重要数据，其大小反映

泥沙入河量的多少,以及应用于估算无资料区的输沙量大小(王志杰等,2013)。根据杨柳小流域实测的输沙模数 12.37 t/(km²·a)和模拟获得的土壤侵蚀模数 27.77 t/(km²·a)相除可得到杨柳小流域的年泥沙输移比为 0.445,根据长江水利委员会对长江流域长期定位的研究结果,长江流域的泥沙迁移比大约为 0.1~0.4(史志华等,2002),本文结论与之一致,表明在杨柳小流域利用通用土壤侵蚀流失方程是可行的。

2. 安康断面以上流域

安康断面以上流域的土壤类型有 34 种,根据准备的土壤质地可确定流域不同土壤类型砂粒、粉砂、黏粒和有机碳的空间分布图,利用土壤可蚀性因子的计算公式获得流域的土壤可蚀性因子 K。降雨侵蚀 R 因子采用流域 2003~2018 年的月平均降水和年平均降水数据获得。根据流域 DEM 进行填洼、流向、汇水面积及阈值、坡度、非累计坡长等计算,从而计算出流域的坡长坡度因子 LS(符素华等,2015)。基于 2018年月尺度 NDVI 数据求得流域植被覆盖度 VFC 值,从而确定不同月份的植被覆盖与管理因子 C 值,其值在 0~1 范围内。P 因子跟杨柳小流域计算时采取的一样。基于 ArcGIS 平台将上述各因子值的栅格图层进行相乘获得安康断面以上流域多年土壤侵蚀图层(图 5-20)。

根据流域土壤的理化性质,确定流域土壤可蚀性因子 K 范围为 0.36~0.65,降雨侵蚀因子 R 和植被覆盖因子 C 利用的是月尺度数据,P 值的参数取值范围为 0~1.0,坡度坡长因子 LS 范围为 0.064~668.72,最终获得安康断面以上流域不同月份的土壤侵蚀模数。对不同月份的土壤侵蚀模数进行加和得到流域汛期和非汛期的土壤侵蚀模数,对应的侵蚀模数均值分别为 80.66 t/km² 和 21.16 t/km²,多年土壤侵蚀模数为 101.82 t/(km²·a)。结合安康水文站 2003~2018 年实测的多年输沙模数 36.29 t/(km²·a)获得安康断面以上流域的年泥沙输移比为 0.36,结果表明 RUSLE 模型在研究区域是可行的。

5.2.5 营养物的校准与验证

建立不同空间尺度逆高斯产污模型,对模型进行校准,即对模型参数进行优化调整,主要涉及逆高斯函数中的 λ 和 μ,可根据水文水质数据进行参数率定。因为恒河流域缺少水质数据,本节采用杨柳小流域卡口站实测数据和安康水文站实测污染数据进行校验,参数率定采用 MATLAB 软件中的多步长优化算法确定,目标函数为 NSE。

1. 杨柳小流域

利用 DTVGM 计算出小流域的时段径流深,根据监测的水量水质数据获得小流域各污染物指标的标准负荷率过程(m³/s)。通过优化算法率定不同污染指标对应的参数值,如表 5-11 所示。

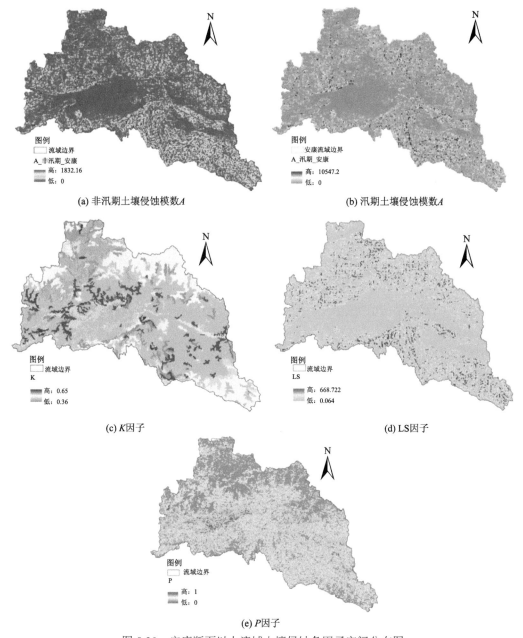

(a) 非汛期土壤侵蚀模数A

(b) 汛期土壤侵蚀模数A

(c) K因子

(d) LS因子

(e) P因子

图 5-20　安康断面以上流域土壤侵蚀各因子空间分布图

表 5-11　杨柳小流域污染物迁移转化过程的参数率定结果

指标	逆高斯函数参数 μ	逆高斯函数参数 λ
TN	0.2	0.18
NH_3-N	0.18	0.18
NO_3-N	0.19	0.14
TP	0.22	0.15
SRP	0.2	0.14

小流域污染物迁移转化过程的模拟主要从 20200710、20200721、20200812 和 20200921 四场径流过程进行，其模拟结果比较理想。以 20200921 场次为例进行模型模拟效果的说明，以 TN、NH₃-N、NO₃-N、TP 和 SRP 污染指标为研究对象，利用逆高斯产污模型模拟得到各污染物的负荷率过程(图 5-21)，对应的 NSE 分别为 0.80、0.81、0.91、0.75、0.82，模拟结果达到优良水平，对氮素的模拟效果稍高于磷素。统计不同场次径流过程中污染物迁移转化过程的 NSE、实测和模拟的污染峰值、峰值误差、峰值出现时间

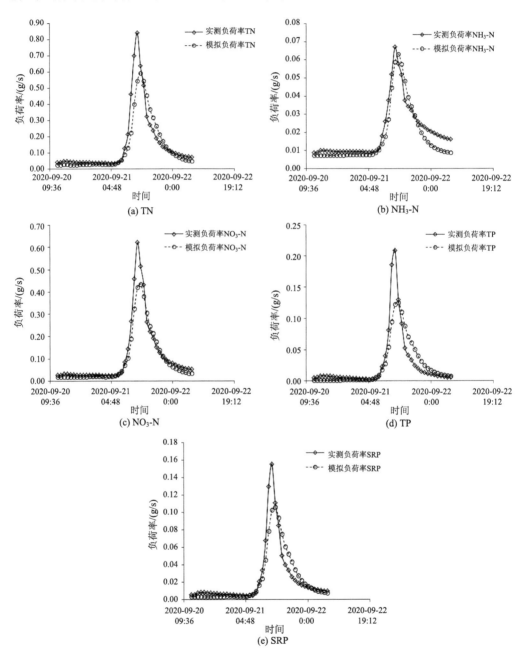

图 5-21 杨柳小流域 20200921 场次污染负荷率实测值与模拟值对比

等信息(表 5-12)，发现各污染物的模拟负荷率过程与实测负荷率过程拟合效果较好，TN、NH₃-N、NO₃-N、TP 和 SRP 等污染物模拟结果的 NSE 均值分别为 0.69、0.74、0.79、0.71 和 0.71，处于良好水平。小流域各种污染物的计算标准负荷率过程与流量过程精度大体相当，各污染物的污染负荷率峰值的误差均值均在±20%左右，污染物的峰值出现时间在±1h 内，进一步表明以净雨过程作为标准产污量过程，用逆高斯分布模型计算污染物在流域中的迁移转化过程是合理可行的。虽然资料条件有限(监测时间短、水量水质资料不完整)，但是不同污染物的计算负荷率过程获得了满意的结果，表明逆高斯产污模型对不同空间尺度流域不同类型污染物的适用性较好，选择的污染物指标能反映水环境水质状况。

表 5-12　杨柳小流域产污过程结果统计表

污染物	径流场次	NSE	峰值/(g/s)		峰值误差/%	峰现时间/h
			实测	模拟		
TN	20200710	0.53	0.0705	0.0727	3.08	+1
	20200721	0.81	0.3154	0.1937	−38.57	0
	20200812	0.64	0.5496	0.4735	−13.86	0
	20200921	0.80	0.8417	0.5947	−29.35	−1
	均值	0.69	0.4443	0.3336	−19.67	
NH₃-N	20200710	0.76	0.0180	0.0166	−7.71	+1
	20200721	0.90	0.0529	0.0437	−17.31	0
	20200812	0.50	0.1200	0.1459	21.61	0
	20200921	0.81	0.0671	0.0633	−5.74	−1
	均值	0.74	0.0645	0.0674	−2.29	
NO₃-N	20200710	0.66	0.0491	0.0461	−5.99	+1
	20200721	0.88	0.1587	0.1064	−32.96	0
	20200812	0.70	0.4108	0.3810	−7.26	0
	20200921	0.91	0.6221	0.4350	−30.08	−1
	均值	0.79	0.3102	0.2421	−19.07	
TP	20200710	0.62	0.0069	0.0063	−8.83	0
	20200721	0.85	0.0244	0.0155	−36.45	0
	20200812	0.61	0.0674	0.0707	4.87	0
	20200921	0.75	0.2093	0.1259	−39.83	−1
	均值	0.71	0.0770	0.0546	−20.06	
SRP	20200710	0.71	0.0042	0.0039	−7.73	0
	20200721	0.83	0.0236	0.0152	−35.36	0
	20200812	0.50	0.0488	0.0543	11.32	0
	20200921	0.82	0.1555	0.1064	−31.58	−1
	均值	0.72	0.0580	0.0450	−15.84	

杨柳小流域侵蚀形成的泥沙具有富集养分元素的特性(杨胜天等,2006)。根据杨柳小流域 2020 年流量数据计算出年径流量,利用数字滤波法将实测的年径流量划分为地表径

流量和基流量，确定杨柳小流域除去基流量的地表径流量为 133.94mm，采用式(5-41)和式(5-40)计算得到颗粒态氮磷富集系数为 2.03，与其他相关文献(李亚娇等,2020;王娟和卓静,2015;沈虹等,2010) 中使用的富集系数相差较小。根据监测的有机氮磷在表层10cm 土壤中的浓度分别为 0.556 kg/t 和 0.260 kg/t，结合 RUSLE 模型计算的土壤侵蚀量和富集系数，得到杨柳小流域颗粒态氮(PN) 和颗粒态(PP) 的流失量分别为 31.36 kg/(hm²·a) 和 14.66 kg/(hm²·a)，对应的 PN 和 PP 的年负荷分别为 4485 kg 和 2096 kg。

2. 安康断面以上流域

利用 DTVGM 计算出安康断面以上流域的时段径流深，根据监测的水量水质数据获得杨柳小流域污染物指标的标准负荷率过程(m³/s)，受限于资料的收集完整程度，从 2011～2018 年比较完整的污染指标数据只有 NH₃-N 和 TP。通过优化算法率定 NH₃-N 和 TP 对应的参数值，如表 5-13 所示。

表 5-13　汉江干流安康断面以上流域污染物迁移转化过程的参数率定结果

指标	逆高斯函数参数 μ	逆高斯函数参数 λ
NH₃-N	100	16
TP	31	29

安康断面以上流域污染物迁移转化过程的多年模拟结果比较理想，以 NH₃-N 和 TP 污染指标为研究对象，利用逆高斯产污模型模拟得到污染物的负荷率过程(图 5-22)，对应的 NSE 分别为 0.78 和 0.83，结果达到良的水平，对 TP 的模拟效果稍高于 NH₃-N。统计各年径流过程中污染物迁移转化过程的 NSE、实测和模拟的污染峰值、峰值误差、峰值出现时间等信息(表 5-14)，发现除了 2015 年和 2016 年外的 NH₃-N 和 TP 的模拟负荷率过程与实测负荷率过程拟合效果较好，个别年份的模拟效果达到优的水平，如 2013年 NH₃-N 和 TP 的 NSE 分别为 0.92 和 0.96。安康断面以上流域各年污染物的计算标准负荷率过程与流量过程精度大体相当，NH₃-N 和 TP 的负荷率峰值的误差均值分别为 –5.27% 和 7.04%，表明逆高斯分布模型在大尺度流域中计算污染物迁移转化过程是合理可行的。安康断面以上流域 NH₃-N 和 TP 的多年负荷为 2853.16 t 和 547.71 t。虽然资料条件受限，但是污染物的模拟负荷率过程获得了满意的结果，进一步表明逆高斯产污模型对不同空间尺度流域不同类型污染物的适用性较好。

根据流域多年流量数据确定流域除去基流量的地表径流量为 313.22mm，计算得到颗粒态氮磷富集系数为 1.82。基于研究区域不同土壤类型中的氮磷的背景含量，结合土壤侵蚀模数空间分布图，得到安康断面以上流域颗粒态氮磷污染负荷的空间分布。可知颗粒态氮磷负荷分布与土壤侵蚀空间分布具有一致性，土壤侵蚀造成的非点源氮磷污染负荷较大的地方均位于近河区域，因为沿河耕地、经济林地带和草地居多，受人类活动影响较多，又属于负荷输移末端，所以负荷含量较其他地方高。安康断面流域的颗粒态氮(PN) 和颗粒态(PP) 的流失量均值分别为 957.84 kg/(km²·a) 和 85.62 kg/(km²·a)，对应的 PN 和 PP 的年负荷分别为 3.41 万 t 和 0.3 万 t。

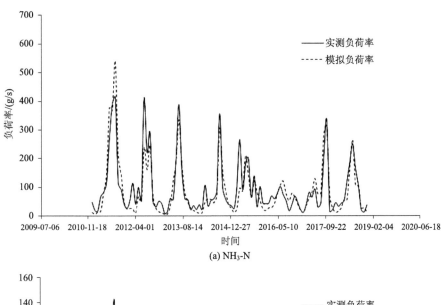

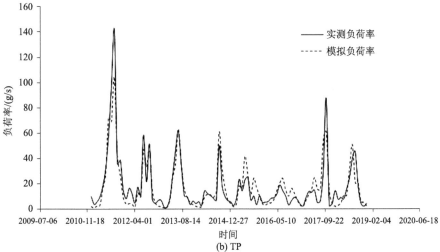

图 5-22　汉江干流安康断面以上流域污染负荷率实测值与模拟值对比

表 5-14　汉江干流安康断面以上流域产污过程结果统计表

| 污染物 | 年份 | NSE | 峰值/(g/s) | | 峰值误差/% | 峰现时间/月 |
			实测	模拟		
NH₃-N	2011	0.79	414.06	539.08	30.19	0
	2012	0.71	410.88	245.69	−40.20	−2
	2013	0.92	388.54	335.56	−13.64	0
	2014	0.86	356.16	305.80	−14.14	0
	2015	0.28	266.68	209.65	−21.39	−2
	2016	0.05	102.20	120.59	17.99	−1
	2017	0.85	335.28	315.07	−6.03	0
	2018	0.85	251.88	264.57	5.04	0
	均值	0.66	315.71	292.00	−5.27	0

污染物	年份	NSE	峰值/(g/s)		峰值误差/%	峰现时间/月
			实测	模拟		
	2011	0.86	141.43	104.29	−26.26	0
	2012	0.82	58.56	46.73	−20.21	−2
	2013	0.96	61.64	63.48	2.98	0
	2014	0.76	50.10	60.90	21.55	0
TP	2015	−0.14	24.88	41.73	67.76	+1
	2016	−0.30	18.83	24.16	28.34	−1
	2017	0.72	87.27	60.64	−30.51	0
	2018	0.52	45.16	50.86	12.64	+1
	均值	0.53	60.98	56.60	7.04	0

5.3　其他模型的改进及应用

5.3.1　TOPMODEL 和新安江模型在半湿润地区径流模拟中的应用比较

1. 引言

近几年来，关于不同水文模型在半湿润地区进行降雨径流过程模拟的比较研究多在中国东北地区、华东地区和华南地区，在西北地区应用较少，而且径流模拟多采用蓄满产流或者超渗产流机制的模型。本研究的重点是：① 以中国西北半湿润地区的陕西省西安市黑河金盆水库控制流域为研究对象，验证增加 Holtan 超渗产流模块的 TOPMODEL 模型在半湿润地区的适用性；② 为了减少 TOPMODEL 模型和新安江模型的调参工作量，对其参数进行敏感性分析，确定敏感性参数；③ 比较改进的 TOPMODEL 模型与新安江模型进行降雨径流过程模拟的效果。

2. 材料与方法

1) 研究流域及数据

陕西省西安市黑河金盆水库位于西安市周至县黑峪口境内，水库控制流域面积 1481km^2，流域内河网密集，河系呈羽毛状，支流多集中于右岸，右岸集水面积为左岸的 3 倍。流域气候属暖温带半湿润气候，山川气温相差较大，山区气温较低，平川地区气温较高，流域多年平均降水量 822.5mm，最大年降水量为 1180.9mm，最小年降水量为 526.2mm，降水量南多北少，降水主要集中在 6～9 月，6～9 月的降水量占全年降水量的 60%左右。流域的径流主要是由降雨形成，径流的年际变化较大，年内分配不均，枯季来水主要靠地下水补给。

为了能够较好的模拟研究流域的径流过程，收集了流域内 14 个雨量站及控制断面陈河水文站 2005～2011 年、2013 年汛期 6～9 月的数据，用于 TOPMODEL 模型和新安江模型在研究流域的模拟验证。通过数据整理，共整理出 21 场洪水过程，其中 2005～2009

年共 11 场，2010 年、2011 年、2013 年共 10 场；同时获得了流域 DEM 数字高程数据、遥感数据(包括土地覆被数据、流域不同时期归一化叶面指数数据等)以及土壤数据等，用于提取 TOPMODEL 模型的地形参数。

　　2) TOPMODEL 模型概述及建模准备

　　A. 模型原理及模型改进

　　TOPMODEL 模型是由 Beven 和 Kirkby (1979)开发的以地形和土壤为基础的半分布式流域水文模型，主要采用水量平衡和达西定律来描述流域的水文过程，并且基于 DEM 数据推求地形指数，以此来描述流域中径流趋势和自由重力排水作用径流沿流域坡向运动的规律，反映下垫面的空间变化对流域水文循环过程的影响。由于该模型的结构简单，参数少，物理意义明确，在水文领域中得到广泛的应用，且在湿润地区使用较多。TOPMODEL 模型假定在流域的任何一处的土壤均被分为非饱和层和饱和含水层，其中非饱和层又分为重力排水层和植被根系层。流域内的降水降落到地面，满足填洼、冠层截留和其他植物截留以后，下渗进入到流域植被根系层，一部分通过蒸发损失，一部分进入土壤非饱和层。在土壤非饱和层的水分，以一定的速率垂直下渗到饱和含水层，饱和含水层的水分通过侧向流动形成壤中流，随着降雨入渗的不断进行，饱和含水层的地下水位不断升高，从而在流域的低洼地带冒出，形成饱和坡面流，因此，流域的总径流是由壤中流以及饱和坡面流汇聚而成 (Metcalfe et al. 2015)。

　　TOPMODEL 模型采用的是变动产流面积的概念，理论上是蓄满产流机制，而在半湿润或半干旱地区时常发生超渗产流过程，为了使 TOPMODEL 模型能够适用于半湿润或半干旱地区，根据 TOPMODEL 模型对土壤分层的结构特点，将 Holtan 超渗产流模型加入到 TOPMODEL 模型中。Holtan 模型 (Ducharne, 2009)认为土壤蓄水量、与地面相通的孔隙以及根茎作用是影响入渗能力的主要因素，Holtan 和 Lopez 建立的修正经验方程为

$$f = G_1 \cdot A_a \cdot S_a^{1.4} + f_c \tag{5-54}$$

式中，f 为入渗率；G_1 为作物生长指数，其值在 0.1～1；A_a 是入渗能力与土壤表层缺水量的 1.4 次方之比，代表与地表连通的孔隙率和影响入渗的植被根系密度指数；S_a 为地表层缺水容量；f_c 为稳定入渗率。

　　在模拟过程中，将 TOPMODEL 模型中不同地形指数带上的植被根系层缺水量作为 Holtan 超渗产流模型公式(5-54)中的地表层缺水量 S_a，就可根据式(5-54)计算不同地形指数带上实际入渗率 f，当时段降水量大于入渗率 f 时，会形成地表超渗产流。

　　式(5-54)中 f_c 值和参数 A_a 分别参考表 5-15 和表 5-16 进行确定。

表 5-15　各水文土壤组 Holtan 入渗模型最终入渗率 f_c 值

水文土壤分组	f_c/(cm/h)
A	0.76
B	0.38～0.76
C	0.13～0.38
D	0～0.13

注：水文土壤分组为 SCS 模型中根据土壤入渗率对所有土壤进行的划分。

表 5-16　Holtan 入渗模型参数 A_a 估计

土地利用或覆盖	基本面积参数	
	差条件	好条件
休闲地	0.1	0.3
条播	0.1	0.2
小粒谷物	0.2	0.3
草(豆科)	0.2	0.4
草(草皮)	0.4	0.6
牧场(丛生禾草)	0.2	0.4
间断牧场(草皮)	0.2	0.6
永久牧场(草皮)	0.8	1
树木或森林	0.8	1

在采用改进的 TOPMODEL 模型计算时，将流域划分为若干个子流域，首先计算各子流域的超渗产流、饱和坡面流和壤中流，而后采用等流时线法进行坡面和河道汇流计算，求出流域出口处的总流量过程，计算流程图如图 5-23 所示。

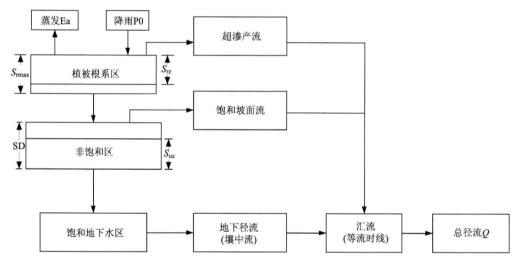

图 5-23　改进的 TOPMODEL 模型计算流程图

B. 子流域划分及地形参数提取

根据上述 TOPMODEL 模型原理的描述，为了降低流域降水量的空间分布不均匀对流域水文模拟过程的影响，将黑河金盆水库陈河水文站控制流域进行子流域划分，通常子流域划分个数多少会影响流域降雨径流过程的模拟，而且子流域个数过多会使参数成倍增加，本节根据文献(郝改瑞,2013)将陈河水文站控制流域划分为 7 个子流域和 5 个汇流河段，划分结果如图 5-24 所示。

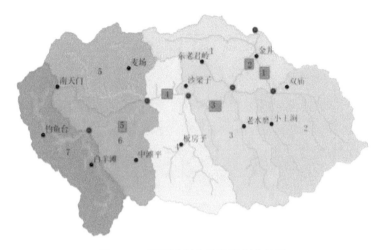

图 5-24　子流域划分及河段划分结果

TOPMODEL 模型的核心是流域地形参数提取，包括地形指数–面积比分布图和汇流长度–面积比分布图。"地形指数–面积比分布图"用来描述水文特性的空间不均匀性，"汇流长度–累计面积比分布图"用来描述流域汇流长度与汇流面积之间的空间关系。

根据研究流域 DEM（分辨率为：50m×50m）数据，采用 ArcGIS 软件提取各子流域地形指数–面积比分布图和汇流长度–面积比分布图，如图 5-25、图 5-26 所示。

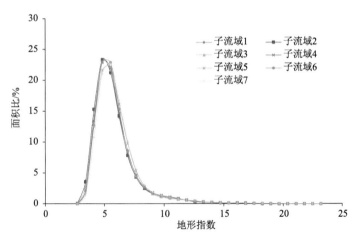

图 5-25　流域地形指数–面积比分布图

C. 模型参数率定

原来的 TOPMODEL 模型参数共有 7 个：S_{zm} 为流域土壤非饱和区最大蓄水深度（m）；T_0 为流域的饱和导水率（m^2/h），认为在全流域是均匀分布；T_d 为流域重力排水的时间滞时参数；SR_{max} 为流域内植被根系区的最大容水量（m）；SR_0 为流域植被根系区的初始缺水量（m），可由经验确定，通常与 SR_{max} 成比例；Rv 为流域的地表坡面汇流速度（m/h）；CHv 为流域主河道汇流速度（m/h）。改进后的 TOPMODEL 模型增加了 2 个参数，分别为：f_c 为流域的稳定入渗率（mm/h）；G_I 为作物生长指数。

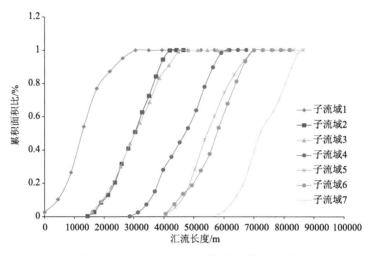

图 5-26 汇流长度–累积面积比曲线分布图

根据文献(齐伟等, 2014; Sobol', 2001)中对 TOPMODEL 模型参数采用 Sobol 方法进行全局敏感性分析结论, TOPMODEL 模型敏感参数有 S_{zm}、T_0、SR_0、Rv, 且具有"异参同效"的现象。因此文中采用 2005~2009 年汛期整理出 11 场洪水过程进行改进的 TOPMODEL 参数率定时, 首先在全流域上进行模型参数率定, 然后根据划分的子流域和模型参数的敏感性, 对各子流域上模型敏感参数进行调整率定, 最终确定研究流域上改进的 TOPMODEL 模型参数值如表 5-17 所示。

表 5-17 改进的 TOPMODEL 模型参数列表

序号	参数符号	子流域参数值						
		子流域 1	子流域 2	子流域 3	子流域 4	子流域 5	子流域 6	子流域 7
1	T_0	4.34	4.02	4.02	4.26	4.71	5.43	6.44
2	S_{zm}	0.014	0.005	0.0079	0.0387	0.0051	0.0387	0.0156
3	T_d	3	3	3	3	3	3	3
4	SR_{max}	0.0253	0.0053	0.0093	0.0059	0.0499	0.0051	0.03
5	Rv	3600	3600	3600	3600	3600	3600	3600
6	CHv	7000	7000	7000	7000	7000	7000	7000
7	SR_0	0.001	0.001	0.001	0.001	0.001	0.001	0.001
8	f_c	4.60	4.60	4.60	4.60	4.60	4.60	4.60
9	G_1	0.90	0.90	0.90	0.90	0.90	0.90	0.90

3)新安江模型

A. 模型原理简介

新安江模型是 1973 年由赵人俊教授等提出的一个集总式流域水文模型,最初为二水源新安江模型,包括地面径流和地下径流,在 1984 年提出三水源新安江模型,增加了壤中流,1986 年又提出四水源新安江模型,包括快速地下径流和慢速地下径流(赵人俊,1984)。产流计算采用蓄满产流方法。流域蒸发采用二层或三层蒸发模型,二层模型把流域蓄水容量分为上下两层,假定降雨时,先补充上层缺水量,满足上层后再补充下层,蒸散发则先消耗上层土壤蓄水量,蒸发完了再消耗下层土壤蓄水容量。三层模型是在二层模型的基础上增加了深层蓄水容量,当下层土壤蓄水量消耗殆尽,开始消耗深层土壤蓄水容量。水源划分以后进行汇流计算,汇流过程包括坡面汇流和河道汇流,其中坡面汇流包括地面径流、壤中流和地下径流,适用于湿润和半湿润地区(赵人俊,1984)。模型的核心是 2 条曲线:一条是流域蓄水容量曲线,表示降雨分布均匀时的产流面积的变化情况,从而进行蓄满产流计算;另一条是自由水容量曲线,控制径流的组成和分布,进行水源划分。它将流域划分为许多单元流域,对每个单元流域作产汇流计算,得出单元流域出口的流量过程,接着进行出口以下的河道洪水演算,求得流域出口的总流量过程(郝改瑞,2013)。本节采用三水源新安江模型,主要包括产流模块和汇流模块两部分,其中产流模块又包含蒸散发计算、分水源计算和产流计算,模型具体结构如图 5-27 所示。其中蒸散发计算采用三层蒸发模型,将水源划分为地表径流、壤中流和地下径流,而后进行产流计算,产流模型采用蓄满产流模型。在单元流域汇流中,地面径流的汇流采用瞬时单位线法,地下径流和壤中流的汇流采用线性水库法,河道汇流采用马斯京根法,从而求得流域出口的总流量过程。

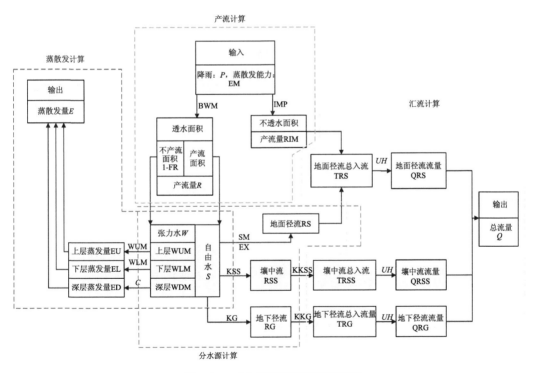

图 5-27　三水源新安江模型流程图

B. 参数敏感性分析

新安江模型涉及的参数有 16 个,按其产流和汇流过程进行参数说明,如表 5-18 所示，参数会随着子流域的增加而成倍增加，所以对此模型做具体的敏感性分析，可判别出影响模型模拟结果的主要参数，并且指导模型的调参工作，使模型尽可能快地达到理想的模拟效果。对于敏感参数应仔细分析，认真优选；对不敏感参数可根据一定算法固定下来，不参加优选。对新安江模型的产流模块(蒸散发、产流计算)和汇流模块(分水源、汇流计算)中涉及的参数分别进行全局和局部敏感性分析，确定模型的敏感参数。产流是用量来评价，这个量指的是一场洪水在地表面形成的总径流水深，单位是 mm 或 m，汇流过程用出口断面流量的模拟值和实测值的拟合程度来评价，采用 NSE 反映参数变化后模拟过程线的变化大小。

表 5-18 新安江模型参数统计表

序号		名称	标识符	取值范围	单位
1		下垫面上层土壤水蓄水容量	WUM	5~25	mm
2		下垫面下层土壤水蓄水容量	WLM	45~90	mm
3		下垫面深层土壤水蓄水容量	WDM	10~35	mm
4	蒸发、产流模块	流域蒸散发折减系数	k	0.1~1	—
5		深层蒸散发折减系数	c	0.08~0.15	—
6		土壤水蓄水容量曲线指数	B	0.1~0.45	—
7		不透水面积占全流域面积比例	IMP	0.0001~0.01	%
8		自由水蓄水容量	SM	10~35	mm
9	分水源模块	自由水蓄水容量曲线指数	EX	1~2	—
10		地下径流、壤中流的出流系数	KG、KSS	KG+KSS=0.7	—
11		线性水库个数	N	1~6	—
12		线性水库的调蓄系数	K	1~6	—
13	汇流模块	壤中流的消退系数	KKSS	0.001~0.998	—
14		地下径流的消退系数	KKG	0.95~0.998	—
15		马斯京根法河段蓄量常数	KE	0.9~1.5	—
16		马斯京根法河段比重因素	XE	0.2~0.45	—

a.局部敏感性分析

局部敏感性分析主要是在模型其他参数不变的情况下，将该参数在其最佳值附近进行人工扰动，从而计算在人工扰动情况下模型输出结果的变化率，通常用以下公式计算(Sivapalan et al., 2003)：

$$S_i = \frac{M(e_1,\cdots,e_i+\Delta e_i,\cdots,e_p)-M(e_1,\cdots,e_i,\cdots,e_p)}{M(e_1,\cdots,e_i,\cdots,e_p)}\frac{e_i}{\Delta e_i} \qquad (5-55)$$

式中，M 为模型的输出结果；Δe_i 为模型某一参数 e_i 的微小扰动；e_i 为模型的参数。将计算出的 S_i 进行分类，如表 5-19 所示。

表 5-19　敏感性分类

分类	指数	敏感性
Ⅰ	$0 \leqslant |s_i| < 0.05$	不敏感
Ⅱ	$0.05 \leqslant |s_i| < 0.20$	一般敏感
Ⅲ	$0.20 \leqslant |s_i| < 1$	敏感
Ⅳ	$|s_i| \geqslant 1$	极敏感

由于马斯京根算法中的参数子河段蓄量常数(KE)、河段比重因素(XE)和瞬时单位线中的参数线性水库个数(N)、线性水库调蓄系数(K)可通过一定的公式计算得出，所以不对其进行敏感性分析。利用 MATLAB 软件中的优化函数进行参数率定，在初始率定的参数基础上，对其余 12 个参数以 5%为固定步长对某一参数值进行扰动，其他参数固定不变，观察蒸散发产流模块参数变化对产流量的影响和分水源汇流模块参数变化对NSE 的影响，分别计算出各参数的敏感性值，并对敏感性值进行评价，结果如表 5-20所示。

表 5-20　新安江模型参数局部敏感性分析结果

模块	序号	标识符	初率定值	参数敏感度	敏感性
蒸散发产流模块	1	WUM	13	0.2135	敏感
	2	WLM	63	1.0293	极敏感
	3	WDM	20	0.3278	敏感
	4	k	0.7236	0.3159	敏感
	5	IMP	0.0001	0.0002	不敏感
	6	B	0.35	0.0263	不敏感
	7	c	0.1302	0	不敏感
分水源汇流模块参数	1	KG	0.45	0.3060	敏感
	2	KKG	0.9601	3.0938	极敏感
	3	KKSS	0.9969	2.2006	极敏感
	4	SM	20.0483	0.0011	不敏感
	5	EX	1	0.0002	不敏感

由表 5-20 可看出：蒸散发产流模块中 WLM 为极敏感参数；敏感参数为 WDM、WUM、k；不敏感参数为 IMP、B、c。分水源汇流模块中 KKG、KKSS 为极敏感参数；敏感参数为 KG；SM、EX 为不敏感参数。总体来看，WUM、WLM、WDM、k、KG、KKG、KKSS 在黑河金盆水库流域都是比较敏感的参数，与其他流域新安江模型敏感参数结果比较，部分参数属于区域性敏感参数。

b.全局敏感性分析

局部敏感性分析是针对一个参数的变化对模型模拟的影响，而全局敏感性分析则是检验多个参数的变化对模型运行结果总的影响，从而确定模型的敏感参数。全局敏感性分析同样针对新安江模型 12 个参数进行分析,采用 Griensven 等(2006)提出的 LH-OAT

分析方法，该方法融合了 Latin Hypercube(LH)抽样算法的强壮性，同时又加入了 OAT 算法的精确性。

LH-OAT 算法，其具体计算原理为(Lenhart et al., 2002)：①针对模型所有参数，将参数的可行域范围划分为 N 层；②对模型参数划分的每个层进行抽样一次(即一个 LH 抽样点，为包含所有 PN 个参数的参数集合)，进行 N 次抽样后，形成模型的 N 个参数集；③将 N 个参数集进行 PN 次参数调整改变,在每次调整改变过程中只调整改变一个参数。在每次调整改变参数时，都需要对模型模拟结果变化率进行计算，通过模型运行 N*(PN+1)次，并对结果进行平均值处理，即可得到模型参数全局敏感性分析结果。对于每局部一个 LH 抽样点 j，模型任意一个参数 e_i 的敏感度 $S_{i,j}$ 可采用下式进行计算：

$$S_{i,j} = \left| 100 \times \left[\frac{M(e_1, \cdots, e_i \times (1+f_i), \cdots, e_p) - M(e_1, \cdots, e_i, \cdots, e_p)}{\dfrac{M(e_1, \cdots, e_i \times (1+f_i), \cdots, e_p) + M(e_1, \cdots, e_i, \cdots, e_p)}{2}} \right] \times \frac{1}{f_i} \right| \tag{5-56}$$

式中，$M(*)$ 为模型的输出结果；e_i 为模型的不同参数，是一个预设的常数；f_i 为模型参数 e_i 的变化比例；j 为 LH 抽样点；$S_{i,j}$ 为参数 e_i 的 N 次敏感度计算结果的平均值。

运用 LH-OAT 方法对新安江模型中的参数进行全局敏感性分析，计算的关键步骤是参数的合理取值范围。根据表 5-18 中给出的新安江模型主要参数的取值范围，依据原理，将新安江模型的产流部分和汇流部分都以 LH-OAT 抽样参数区间分 10 层为例，说明新安江模型利用 LH-OAT 方法进行全局敏感性分析是可行的。通过试算发现抽样次数 N 的改变对结论影响很大，从模型稳定角度出发，选取参数区间分 200 层，蒸散发产流模块和分水源汇流模块参数全局敏感性结果如表 5-21 所示。

表 5-21　新安江模型参数全局敏感性分析结果

模块	排序	相对敏感度	标识符	参数名称
蒸散发产流模块	1	78.47	WLM	下垫面下层土壤水蓄水容量
	2	45.06	k	流域蒸散发折减系数
	3	43.57	WDM	下垫面深层土壤水蓄水容量
	4	34.94	WUM	下垫面上层土壤水蓄水容量
	5	5.72	B	土壤水蓄水容量曲线指数
	6	2.02	IMP	不透水面积百分数
	7	0	c	深层蒸散折减系数
分水源汇流模块	1	188.41	KKSS	壤中流消退系数
	2	20.79	KG	地下径流出流系数
	3	13.98	KKG	地下径流消退系数
	4	10.91	SM	自由水蓄水容量
	5	6.74	EX	自由水蓄水容量曲线指数

表 5-21 显示新安江模型蒸散发产流模块中，参数 WLM、k、WDM、WUM 较敏感，参数 B、IMP、c 相对不敏感；模型分水源汇流模块中，最敏感的参数是壤中流消退系数

KKSS，其次是地下径流出流系数 KG、地下径流消退系数 KKG 及自由水蓄水容量 SM，而参数 EX 相对不敏感。

对模型参数的局部和全局敏感性分析方法进行介绍，并通过这些方法对新安江模型参数的敏感性进行判定分析。参数进行敏感性分析后，确定黑河流域的主要敏感参数有：WUM、WLM、WDM、k、KKG、KKSS、KG。其中 WLM 对产流量的影响最大，分析原因可能是黑河流域封山造林，人为因素减少，植被破坏小，蓄水能力增强；KKG、KKSS、KG 对洪水过程的影响最大，原因可能为汇流方式不同，采用方法不同，过程影响明显。

C. 参数率定结果

新安江模型中敏感性参数进行优化选定，而不敏感参数直接固定下来，减少模型参数率定的计算量，模型选用的数据、流域的子流域划分、模型参数率定方法、模拟效果评价指标与改进的 TOPMODEL 模型参数率定过程相同。通过参数率定，得到研究流域上新安江模型参数和河道汇流参数如表 5-22 和表 5-23 所示。

表 5-22　新安江模型参数列表

序号	参数符号	子流域模型参数值						
		子流域 1	子流域 2	子流域 3	子流域 4	子流域 5	子流域 6	子流域 7
1	WUM	10	10	10	10	10	10	10
2	WLM	49.02	56.20	59.57	61.38	55.28	45.00	57.95
3	WDM	20	20	20	20	20	20	20
4	k	0.9	0.9	0.9	0.9	0.9	0.9	0.9
5	IMP	0.01	0.01	0.01	0.01	0.01	0.01	0.01
6	B	0.45	0.45	0.45	0.45	0.45	0.45	0.45
7	c	0.15	0.15	0.15	0.15	0.15	0.15	0.15
8	SM	10	10	10	10	10	10	10
9	EX	2	2	2	2	2	2	2
10	KG	0.30	0.40	0.30	0.33	0.30	0.40	0.30
11	KKSS	0.609	0.983	0.973	0.998	0.990	0.953	0.811
12	KKG	0.989	0.965	0.971	0.998	0.989	0.951	0.950
13	N	5	5	5	5	5	5	5
14	K	1.751	1.751	1.751	1.751	1.751	1.751	1.751

表 5-23　河道汇流参数

序号	参数符号	河道 1	河道 2	河道 3	河道 4	河道 5
1	KE	4.9075	1.5528	1.0548	1.9999	1.2236
2	XE	0.45	0.45	0.45	0.45	0.3476

3. 结果与讨论

一般湿润地区采用 NSE 来确定径流模拟精度，而对于半湿润地区还需要加入峰现时间、洪峰 RE 作为参考依据。根据研究流域 2005～2011 年、2013 年汛期整理出的 21 场洪水,对用于率定期的 11 场(2005～2009 年)和验证期的 10 场(2010 年、2011 年、2013 年)洪水模型模拟结果进行对比分析,统计率定期和验证期的各降雨径流场次模拟结果的评价指标如表 5-24 所示,并根据表 5-24 中的统计结果,绘制改进的 TOPMODEL 模型和新安江模型在率定期和验证期 NSE 变化区间箱体图,如图 5-28 所示。

表 5-24　改进的 TOPMODEL 模型和新安江模型洪水场次模拟结果评价指标统计表

模型	场次	洪峰量/(m³/s)			洪峰误差/%		峰现时间/h		NSE	
		实测	T	X	T	X	T	X	T	X
模型率定期	20050630	367	508	297	36	−19	+1	0	0.80	0.78
	20050925	1734	1527	1389	−12	−20	+3	+4	0.91	0.77
	20060721	144	181	100	21	−31	−1	0	0.75	0.87
	20060827	322	93	230	−72	−29	+5	+2	0.69	0.80
	20060921	293	339	305	16	4	0	−1	0.96	0.95
	20070701	335	214	254	−37	−24	+2	+4	0.75	0.73
	20070727	242	123	233	−50	−4	+4	+1	0.79	0.86
	20070805	758	879	634	15	−16	+2	−1	0.87	0.92
	20070829	129	142	126	4	−2	−1	−1	0.96	0.92
	20080719	612	783	575	27	−6	+1	+2	0.82	0.78
	20090911	358	348	266	−4	−26	+3	+1	0.92	0.80
	均值				−5.09	−15.69	+1.73	+1.00	0.84	0.83
模型验证期	20100716	198	220	117	11	−1	0	0	0.84	0.77
	20100722	623	548	472	−12	−24	0	−3	0.85	0.77
	20100812	304	418	239	38	−21	0	0	0.74	0.90
	20100817	647	547	526	−15	−19	+4	0	0.95	0.86
	20100905	296	384	203	30	−31	−2	−4	0.81	0.60
	20110728	1424	1700	1153	19	−19	+2	0	0.60	0.71
	20110909	1194	1133	963	−6	−19	0	−1	0.97	0.90
	20130717	669	616	416	−8	−38	+2	+2	0.89	0.75
	20130721	973	716	861	−26	−12	+5	+1	0.72	0.92
	20130917	194	330	133	70	−32	+3	−1	0.41	0.85
	均值				10.10	−25.59	+1.40	−0.60	0.78	0.80

备注: T 表示改进的 TOPMODEL 模型, X 表示新安江模型;峰现时间中,+表示洪峰滞后,−表示洪峰提前。

从表 5-24 的统计结果可以看到:在研究流域上,改进的 TOPMODEL 模型和新安江模型在率定期和验证期洪水模拟效果较好,结果令人满意。其中改进的 TOPMODEL 模型在模拟期和检验期的 21 场洪水中,NSE 大于 0.9 的共 6 场,在 0.7～0.9 的共 12 场,在 0.5～0.7 的共 2 场,小于 0.5 的 1 场,洪峰误差在±20%以内的洪水共 11 场,峰现时间在±3h 之内的洪水共 17 场;新安江模型在模拟期和检验期的 21 场洪水中,NSE 大于 0.9 的共 6 场,在 0.7～0.9 的共 14 场,在 0.5～0.7 的共 1 场,洪峰误差在±20%以内的洪水共 9 场,峰现时间在±3h 之内的洪水共 19 场。NSE 平均值在模型率定期分别为 $0.84(T)$ 和 $0.83(X)$,在模型验证期分别为 $0.78(T)$ 和 $0.80(X)$。新安江模型模拟结果整理上略好于改进的 TOPMODEL,但后者对洪峰的模拟精度略高。另外,两模型对洪峰值较大的洪水场次的模拟结果好于一般场次洪水,如大洪水场次 20050925 的实测洪峰量达 $1734m^3/s$,远大于其他洪水场次,利用两模型模拟的洪峰量分别为 $1527\ m^3/s$ 和 $1389\ m^3/s$,洪峰误差均在 ±20% 以内,同样的 20110728(实测洪峰量为 $1424\ m^3/s$)和 20110909(实测洪峰量为 $1194\ m^3/s$)两场洪水的洪峰误差也在±20%以内,一般场次洪水如 20130917 的洪峰量为 $194\ m^3/s$,但是洪峰误差却分别为 70% 和–32%,不如大洪水场次模拟效果。

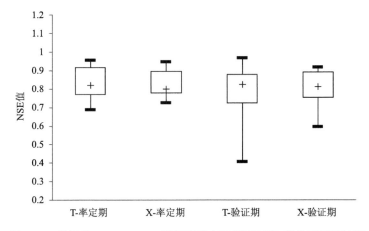

图 5-28　改进的 TOPMODEL 模型和新安江模型 NSE 变化区间箱体图

从图 5-28 可以看出:改进的 TOPMODEL 模型和新安江模型在率定期和验证期,评价指标 NSE 的结果均比较集中,其变化区间主要在 0.7～0.9,两个模型对研究流域的洪水过程模拟效果比较接近,表明改进的 TOPMODEL 模型和新安江模型均可用于研究流域及半湿润地区的降雨径流过程模拟。

4. 结论

(1)改进的 TOPMODEL 模型和新安江模型均能较好的模拟半湿润地区流域的径流过程,新安江模型整体模拟效果略好于改进的 TOPMODEL,TOPMODEL 模型对洪峰的模拟精度略高。两模型对洪峰值较大的洪水场次的模拟结果好于一般场次洪水。

(2)采用 Sobol 方法对 TOPMODEL 模型参数进行全局敏感性分析,TOPMODEL 模型敏感参数有 S_{zm}、T_0、SR_0、Rv。新安江模型参数的局部和全局敏感性分析分别利用扰动分析法和 LH-OAT 法,确定其主要敏感参数有:WUM、WLM、WDM、k、KKG、KKSS、KG。敏感性减少了两个模型参数率定的工作量,使模型尽快达到理想的模拟效果。

(3)流域水文模型作为水文学研究的热点与难点,同一模型在不同流域的模拟精度差别很大,同一流域不同模型的模拟精度差别也很大。每一种水文模型都有其特定的建构思路及适用范围,因此,应根据流域客观水文气象条件,选择合适的模型,或是改进原有模型，而不能简单地肯定或是否定某种水文模型。根据新安江模型和 TOPMODEL 模型在半湿润地区应用对比结果可以看到：两个模型均可用于半湿润地区，但以新安江模型为首选。如果在研究流域地形数据及下垫面数据齐全的条件下，可优先选择TOPMODEL 模型，因为该模型参数少易于参数优选和确定。

5.3.2　基于 RUSLE 的非点源颗粒态氮磷污染定量评估

1. 引言

黄土高原是我国乃至世界范围内土壤侵蚀最为严重的区域之一(Zhuang et al., 2013)，对其治理工作也持续多年，主要采用了工程措施、生物措施和封育措施。非点源污染是指累积在地表的污染物随着降雨所产生的地表径流或地下径流迁移进入受纳水体造成的污染，与点源污染相比，非点源污染具有形成复杂性、随机性、模糊性、污染负荷时空差异性显著等特点，使得对其进行研究与控制有较大的难度(李怀恩和李家科,2013;Hao et al., 2018; Wu and Chen, 2013)。根据负荷产生和迁移过程，非点源负荷可以分为溶解态和颗粒态两种类型。溶解态负荷主要是指水溶性污染物，颗粒态负荷则是指在侵蚀性降雨作用下，被冲刷剥蚀吸附在土壤及泥沙中的污染物，它伴随着泥沙迁移进入河道，最终造成水体污染。水土流失、土地利用及水肥管理方式是颗粒态非点源负荷形成的重要原因，它不仅携带了大量地表肥沃的土壤，同时还带走了大量累积在地表的污染物质。因此，有必要对土壤流失与颗粒态负荷的定量关系进行深入研究。

近年来在 GIS 和 RS 技术的支持下，大量学者利用 RUSLE 模型开展了广泛的土壤侵蚀研究(Shi et al., 2018; Ouyang et al.,2010; 闫瑞等,2017; 王涛,2018; 王涛等,2015; 李天宏和郑丽娜,2012; Li et al.,2018)，相关研究大都集中于对侵蚀面积、侵蚀总量、空间分布分析、与影响因子的关系等，但是关于北洛河流域的水土流失及颗粒态非点源污染负荷的研究较少，研究流域也主要集中在流域沿岸，忽视了污染负荷在迁移转化过程中所依赖的自然地理要素。因此，本研究借助于 GIS 软件，采用通用土壤流失方程(Wu and Chen,2012)和负荷输出经验方程(胥彦玲等,2006)对北洛河流域土壤侵蚀和颗粒态非点源负荷进行了定量预测和分析。按照自然地理要素和时空过程一致性原则，分别计算了模型 RUSLE 中的五个参数。影响土壤侵蚀的五大要素，通过空间叠加方法得到了流域土壤侵蚀状况，并在此基础上估算了颗粒态非点源氮磷负荷，对其空间分布、不同坡度，及不同土地利用类型下的变化特征进行分析，以期为流域水土保持和颗粒态氮磷非点源污染削减及控制提供理论依据。

2. 研究区域及数据来源

1) 研究区概况

北洛河流域地理范围在 107°14′E～110°10′E，34°40′ N～37°26′ N ，流域内海拔为332～1900 m[图 5-29(a)]，西北部地势较高，中部河谷区域地势较低。流域年平均气温为 14.1℃，多年平均(1970～2018 年)降水量为 527mm，年最大降水量为 715mm(1975年)，年最小降水量为 351mm(1997 年)，降水主要集中于每年的 6～10 月，且多以暴雨形式出现,同时也是土壤侵蚀的高发时期。北洛河是渭河最大的一级支流(Zuo et al. 2014; Wu et al. 2016),黄河二级支流,河段总长约 680.3km,主要流经甘肃庆阳市西峰区和陕西省的榆林、延安、铜川、渭南 5 个市的 18 个县区,包括华池、合水、定边、靖边、吴起、志丹、甘泉、富县、洛川、黄陵、黄龙、印台、宜君、白水、澄城、蒲城、大荔和合阳,至三河口入渭河,流域总面积为 26905km^2,陕西境内流域面积 24552km^2,河流由北向南跨越黄土高原区和关中平原两大地形区,分别以甘泉和白水为界,可将其分为上游、中游和下游三段。

北洛河流域土地利用类型 6 种,分别为耕地、林地、草地、水域、城乡居民用地及未利用土地[图 5-29(b)],其中耕地、林地及草地占比分别为 32.22%、26.56%、39.31%,三种类型占比为 98.09%。另外流域内分布有乔山、乔北、崂山和黄龙山四大天然次生林区,广泛分布于子午岭、崂山和黄龙山一带,植被类型多样(胡胜,2015)。因为黄土高原的土壤侵蚀比较严重,所以存在大面积的梯田,以及淤地坝。流域土壤位于半淋溶土、钙层土及初育土三个土带之间,主要土壤类型为黄绵土、褐土、新积土和黑垆土四类[图 5-29(c)]。其中,黄绵土主要分布在侵蚀严重的梁峁、沟坡、掌湾和源边,在流域中占比达到 70.5%;褐土分布在流域的中下游,占比为 12.9%;新积土主要沿着河流走向分布,占比 10.8%;黑垆土分布在黄土丘陵及残源和风蚀残丘处,占比为 4.2%。北洛河流域的耕作土壤具有易被侵蚀的特性,土壤熟化程度低,常处于发育—侵蚀—发育的循环特征。植被类型受到土壤类型的限制,黑沪土植被属于草原化草甸类型,植物种类多,以杂类草群落为主;褐土植被以旱生森林和灌丛草原为主,常见树种包括山杨、辽东栋、榆树、桦树等阔叶树,灌丛由酸枣、荆条等树种组成(陈妮,2013)。

2) 数据来源

北洛河流域的数字高程模型(DEM)、土壤类型、土地利用和植被指数(NDVI)数据集从中国科学院资源与环境科学数据中心(http://www.resdc.cn/Default.aspx)下载。其中,土地利用和 NDVI 是作为静态数据使用的。NDVI 数据是基于连续时间序列的遥感数据,它是动态的,可以反映植被在时间尺度上的分布和变化。考虑到时间是年度尺度,所以使用年度尺度的 NDVI 和土地利用。由于现有的土地利用数据包括 2000 年、2005 年、2010 年和 2015 年,而研究时间为 2009~2018 年,因此最终采用 2015 年的土地利用数据和 2018 年的 NDVI 数据。日雨量数据收集自 2009~2018 年的 11 个气象站[吴起、志丹、甘泉、富县、白水、洛川、黄陵、宜君、黄龙、澄城、大理,空间分布见图 5-29(a)]。收集了 2009~2018 年位于整个北洛河流域出口断面上的状头水文站的逐日流量数据和逐年输沙模数,它位于北洛河干流上,如图 5-29(a)所示。根据中国科学院土壤研究所的 1∶100 万土壤类型图,确定研究区有 14 种土壤类型。这 14 种土壤中颗粒态氮磷的浓度来自中国土壤数据库(http://vdb3.soil.csdb.cn/)和陕西省、甘肃省的土壤类型记录。在研究区地理位置的基础上,选择 14 种土壤类型的采样点,查询剖面养分数据,通过土壤-植物-空气-水(SPAW)软件(姜晓峰等,2014)分析得到土壤质地数据。将 DEM、土壤类型、土地利用、NDVI 数据重采样为 100m 分辨率后进行计算。气象站点的逐日降水数据处理为多年平均降水量,并进行空间插值,分辨率与其他空间数据统一。逐日流量数据是用来计算径流量,从而在颗粒态氮磷负荷计算时使用。

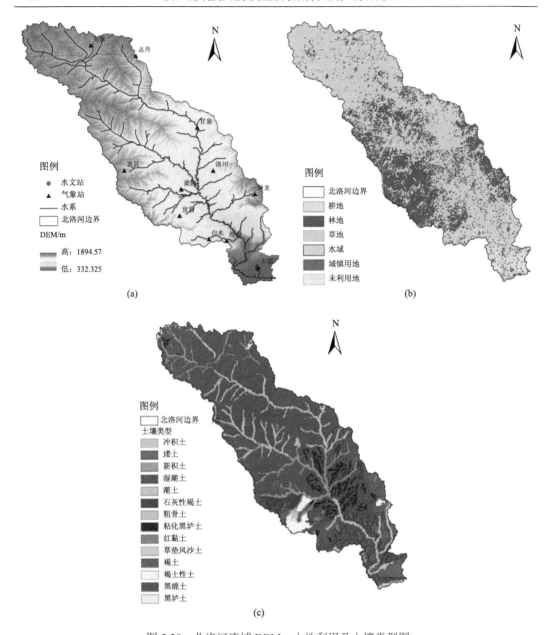

图 5-29　北洛河流域 DEM、土地利用及土壤类型图

3. 材料与方法

1) 修正的土壤流失方程

基于对土壤侵蚀过程的理解构建数学模型，使用过程中可根据侵蚀过程的判断和理解进行简化，从而判别土壤的侵蚀强度。修正的通用土壤流失方程(RUSLE)见 5.1.2 节的描述，坡度坡长因子 LS、降雨侵蚀因子 R、土壤可蚀性因子 K、植被覆盖与管理因子 C 的确定也如前面所述。

水土保持措施因子 P 是采用专门措施后的土壤侵蚀量与顺坡种植时的土壤侵蚀量的比值，P 值介于 $0\sim1$。P 值的选取对计算土壤侵蚀因子有较大的影响。通过不同学者的文献学习发现应用 RUSLE 模型时其余土地利用类型的 P 值差异性较小，而城镇用地采用的 P 值差异较大，因此针对城镇用地的 P 值进行敏感性分析。参考不同学者对城镇用地采用的不同 P 值(胥彦玲等,2006;王涛,2018)，在其他因子不改变的情况下，选择 P 值为 0、0.25、0.35、0.5、0.8 及 1.0 时计算研究流域的土壤侵蚀模数。统计出不同 P 值下城镇用地的土壤侵蚀量，并对 P 值与土壤侵蚀量进行相关性分析(图 5-30)，发现两者之间呈线性关系，随着 P 值增大土壤侵蚀量明显增加。北洛河流域属于中国北方地区，城镇用地及其他建设用地中建筑物、硬化路面及相关工程措施会减少侵蚀，从而起到防护作用。目前中国北方地区城镇建设面积中的相关侵蚀防护措施造成可侵蚀面积占比减少约为 50%，综合考虑最后确定城镇用地的 P 值取 0.5。不同土地利用条件下的 P 值如表 5-25 所示。

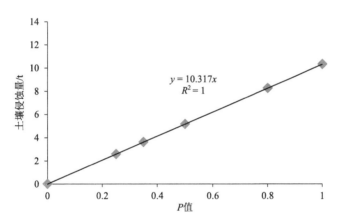

图 5-30　北洛河流域的土壤侵蚀量与 P 值的相关关系

表 5-25　北洛河流域水土保持措施因子 P 值的确定

用地类型	耕地	林地	草地	水体	城镇用地	未利用地
P	0.35	0.08	0.20	0.00	0.50	1.00

2) 氮磷污染负荷估算模型

土壤侵蚀计算是颗粒态氮磷负荷计算的基础，参考 SWAT 模型关于颗粒态氮磷负荷的计算，公式见 5.1.3 节颗粒态非点源污染模型中所述。根据收集的北洛河流域状头水文站的逐日流量数据计算出各年年平均径流深，并利用径流分割法将实测的多年平均径流量划分为地表径流量和基流量。北洛河流域处于干旱半干旱地区，流域河川径流主要由降水事件产生，地下水对河川径流补给占比较少(根据状头水文站 2009~2018 年的月最枯流量的平均值计算出占比约为 5%)，因此在计算年平均径流深时未考虑地下水对河川径流的影响。土壤侵蚀量是利用 RUSLE 模型计算出的 A 值与栅格单元的面积相乘得到。地表径流中的泥沙含量是按公式(5-41)计算得到。

4. 结果与讨论

1) 土壤侵蚀量估算

处理收集的各类数据，利用 RUSLE 模型中确定的各因子计算方法通过 ArcGIS 软件操作得到影响土壤侵蚀的五个因子的空间分布图，然后将五个因子进行连乘可获得不同年份北洛河流域的土壤侵蚀模数，如图 5-31 所示[其中图 5-31(b) 是 2013 年变化范围较大的 R 因子]。考虑北洛河流域的土壤侵蚀传输过程的连续性，对不同年份的输出结果进行多次滚动年平均计算，呈现了土壤侵蚀模数在不同时间尺度的时间分布变化(图 5-32)。从图 5-32 可以看出多年土壤侵蚀模数在 2013 年前变化较小，2013 年后逐渐减小。多年平均土壤侵蚀模数最大值出现在 2013 年，其原因是流域内局部地区出现特大暴雨，导致流域土壤侵蚀量大幅增加。

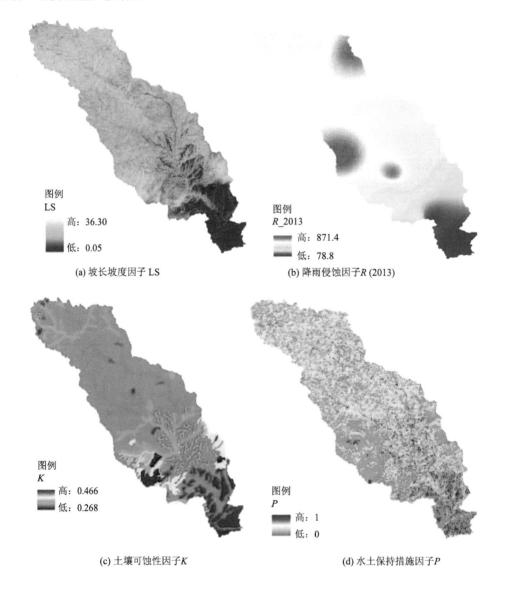

图例
LS
高: 36.30
低: 0.05

(a) 坡长坡度因子 LS

图例
R_2013
高: 871.4
低: 78.8

(b) 降雨侵蚀因子 R (2013)

图例
K
高: 0.466
低: 0.268

(c) 土壤可蚀性因子 K

图例
P
高: 1
低: 0

(d) 水土保持措施因子 P

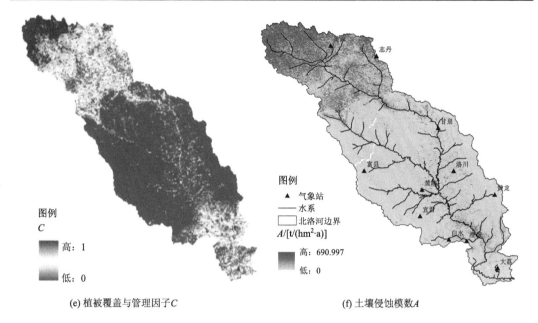

(e) 植被覆盖与管理因子*C*   (f) 土壤侵蚀模数*A*

图 5-31　土壤侵蚀各因子空间分布图

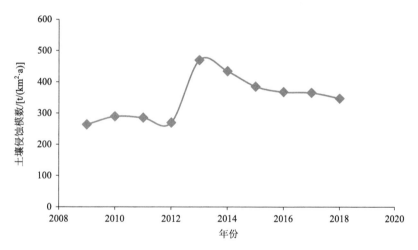

图 5-32　不同时间尺度下北洛河流域多年平均土壤侵蚀模数变化图

北洛河流域 2009～2018 年多年平均土壤侵蚀模数为 358.33t/(km²·a)，而 2009～2018 年北洛河流域状头水文站实测的多年平均输沙模数为 352.99 t/(km²·a)，两者之间 RE 为 1.15%，说明在北洛河流域利用 RUSLE 模型估算流域土壤侵蚀情况是可靠的，各因子的计算方法是合理的。以北洛河流域的行政单元为研究对象，将计算的土壤侵蚀模数结合行政单元面积计算出土壤侵蚀量(表 5-26)。从表 5-26 可以看出北洛河流域的土壤侵蚀总量达到 962 万 t，其中吴旗、定边及志丹三个县的土壤侵蚀量最大，对应的侵蚀量分别为 10.03 t/hm²、23.97 t/hm²、5.71 t/hm²，在整个流域土壤侵蚀总量中占比分别为 35.17%、27.71%、和 17.62%，总占比达到 80.50%，靖边县和华池县的侵蚀量(14.60 t/hm²、3.61 t/hm²)仅次于其他三个县，五个县的累积面积占流域总面积的 32.71%，但是水土流失面积竟然达到 88.43%。结合图 5-29(a)的 DEM 图和图 5-31(f)的土壤侵蚀模数图可以看出，发生侵蚀严重的区域均位于北洛河流域的上游，也是海拔较高的区域，从而进一步佐证了位于黄土高原的区域更易发生土壤侵蚀。

表 5-26　北洛河流域不同行政区土壤侵蚀量及颗粒态氮磷污染负荷

行政区	面积/km²	土壤侵蚀量/(万 t/a)	PN		PP	
			负荷/(t/a)	Ec/(kg/hm²)	负荷/(t/a)	Ec(kg/hm²)
靖边县	250	36.1	384.8	15.37	272.5	10.88
定边县	1123	266.5	2591.4	23.08	1814.7	16.16
吴旗县	3362	338.2	3957.7	11.77	2759.4	8.21
安塞县	43	0.3	4.8	1.11	3.1	0.73
志丹县	2954	169.4	2126.8	7.20	1475.2	4.99
延安市	75	0.0	0.6	0.07	0.4	0.05
华池县	1112	40.1	474.3	4.27	345.5	3.11
甘泉县	2283	21.4	303.1	1.33	220.2	0.96
合水县	1013	2.1	25.0	0.25	22.1	0.22
富县	4258	15.4	186.4	0.44	152.0	0.36
洛川县	1732	12.3	201.8	1.16	152.5	0.88
黄龙县	1394	2.1	41.4	0.30	25.1	0.18
黄陵县	2204	4.4	55.6	0.25	47.3	0.21
宜君县	1312	1.5	32.9	0.25	18.8	0.14
白水县	926	16.3	242.1	2.61	189.2	2.04
澄城县	1091	22.5	295.3	2.71	244.2	2.24
合阳县	215	4.6	49.4	2.30	49.9	2.32
铜川市	244	1.4	30.7	1.26	17.1	0.70
蒲城县	505	4.8	69.1	1.37	60.3	1.19
大荔县	808	2.3	34.1	0.42	39.8	0.49
合计	26905	961.6	11107.1		7909.3	

注: PN–颗粒态氮, PP–颗粒态磷, Ec–输出系数。

2)非点源氮磷污染负荷的空间分布

颗粒态有机污染物通常吸附在土壤颗粒上并通过径流迁移，这种形式的颗粒态氮磷负荷与土壤流失量密切相关。基于下载的中国土壤数据库及陕西和甘肃的土种志，其中主要利用中国土种数据库，该数据库以土种为单位，描述了地形地貌、土地利用、土壤主要性状等，以及典型剖面理化性质。应用时查找位于北洛河流域内的土种信息，获得不同土壤的颗粒态氮磷浓度，从而进行有机氮磷污染负荷计算。侵蚀形成的泥沙具有富集养分元素的特性，同雨前表土养分含量相比，侵蚀形成的泥沙养分含量较高，这种现象被称为泥沙富集作用，一般用某养分在侵蚀泥沙中的含量与其在被侵蚀土壤中的含量之比表示。根据北洛河流域状头水文站 2009~2018 年的地表径流，采用式(5-40)和式(5-41)计算得到颗粒态氮磷富集系数。本节流域计算得到的多年平均富集系数为 2.65，与其他相关文献中使用的富集系数相一致（胥彦玲等,2006；薛素玲，2006；史志华等,2002）。

　　根据研究区域不同土壤类型中的氮磷的背景含量，结合土壤侵蚀模数空间分布图，利用式(5-39)进行计算，得到北洛河流域非点源氮磷污染负荷的空间分布图(图 5-33)。从图中可以看出，颗粒态非点源氮磷负荷分布与土壤侵蚀空间分布具有一致性。土壤侵蚀造成的非点源氮磷污染负荷较大的地方也位于流域上游；流域中下游颗粒态氮磷负荷高的地方均沿着河流流向，因为沿河耕地、经济林带和草地居多，受人类活动影响较多，又属于负荷输移末端，所以负荷含量较其他地方高。输出系数(Ec)是指单位面积上不同营养物质的输出量(kg/hm^2)(Hua et al., 2019)。其大小受降水量、地形、土壤养分特性、水土保持措施、地表植被覆盖和土地利用等因素的影响。结合北洛河流域的行政区域，通过 MATLAB 程序对导出的数据进行平均值和总和的统计，得到研究区内各市县 PN 和 PP 的总负荷(表 5-26 和图 5-34)。结果显示，北洛河流域 PN 和 PP 的负荷分别为 11107.1 t 和 7909.3 t，输出系数分别为 4.13 kg/hm^2 和 2.94 kg/hm^2。其中，吴起县的 PN 和 PP 损失最高，分别达到 3957.7t 和 2759.4t，贡献率为 35.63%和 34.89%。其次，定边县和志丹县的 PN 和 PP 损失贡献率达到 42.48%和 41.6%。根据计算的颗粒物污染物负荷和研究流域的行政区域面积，可以得到 PN 和 PP 的输出系数(表 5-26)。可以发现，水土流失严重的 5 个县的输出系数也比较大，PN 输出系数由大到小分别为 23.08(定边)>15.37(靖边)>11.77(吴起)>7.20(志丹)>4.27(华池)，PP 输出系数为 16.16(定边)>10.88(靖边)>8.21(吴起)>4.99(志丹)>3.11(华池)。今后还应注意白水、澄城、合阳三县，输出系数超过 2.0kg/hm^2。综上所述，流域内 PN 和 PP 的空间分布与水土流失分布是同步的。土壤侵蚀严重的地区也是北洛河流域 PN 和 PP 负荷的贡献区。同时，它也是未来防控

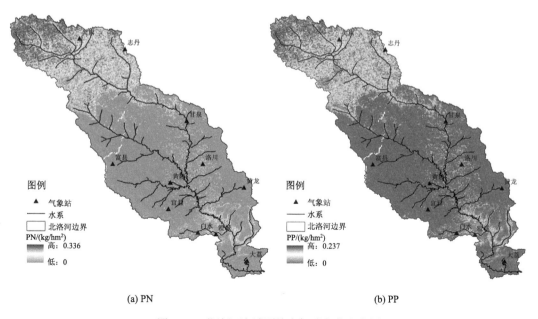

(a) PN　　　　　　　　　　　　　　　　　　(b) PP

图 5-33 　北洛河流域颗粒态氮磷负荷分布图

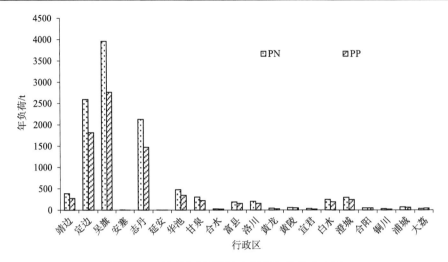

图 5-34　不同行政区颗粒态氮磷年负荷分布图

非点源污染和水土流失的关键源区。颗粒态氮磷负荷与土壤侵蚀率的线性关系分别为 $O_{PN}=0.001E_r+0.0004$ ($R^2=0.9916$) 和 $O_{PP}=0.0007E_r+0.0004$ ($R^2=0.9904$) (E_r 为土壤侵蚀率，R^2 为相关系数的平方，O_{PN} 为 PN 负荷的产出率，O_{PP} 为 PP 负荷的产出率)。根据土壤侵蚀率可以用来量化研究区的 PN 和 PP 负荷。

3) 不同坡度下的颗粒态氮磷变化

根据中华人民共和国水利部颁布的《土壤侵蚀分类分级标准》(SL190—2007)将坡度划分为 6 个等级 (0～5°，5°～8°，8°～15°，15°～20°，20°～25°和>25°)，统计不同坡度上的土壤侵蚀量及颗粒态氮磷负荷量(表 5-27)，可以看出 6 个坡度中 8°～15°区域面积最大，占比达 40%，对应的土壤侵蚀率为 3.35 t/hm²，颗粒态氮和颗粒态磷负荷贡献也最大，分别达到 39.18%和 38.94%。在 0～5°区域内，土壤侵蚀率为 0.45 t/hm²，对应的土壤侵蚀量最小，随侵蚀作用的颗粒态氮磷负荷也较小。在 5°～8°区域内，土壤侵蚀率为 1.58 t/hm²，带来的颗粒态氮磷负荷贡献 7.5%左右。在 15°～20°区域内，土壤侵蚀率为 6.02 t/hm²，带来的颗粒态非点源氮磷负荷贡献也较大，达到 30.5%。在 20°～25°区域内，土壤侵蚀量及随侵蚀作用的颗粒态氮磷负荷贡献均处于第三位。坡度大于 25°的区域所占面积最小，土壤侵蚀也不显著，携带的颗粒态氮磷贡献也最小，但是土壤侵蚀率为最大，达到 13.6 t/hm²。

在不同的坡度上，PN 和 PP 负荷具有不同的输出系数(表 5-27 和图 5-35)。由表 5-27 可知，随着坡度的增加，输出系数呈现先增大后减小的变化趋势。坡度 8°～15°区域的 PN 和 PP 输出系数最大。坡度为 8°～25°的区域上易发生土壤侵蚀，相对地携带的颗粒态非点源氮磷负荷也较多，达到 80%以上，PN 和 PP 的平均输出系数为 7.17 kg/hm²、5.06 kg/hm²。小于 8°的区域可能经过林还草政策实施后，植被覆盖度得到较快增长，有效减少了土壤侵蚀，对水土保持起到积极作用。在大于 25°的区域内，退耕后人为活动影响减少。在后续的水土保持和非点源控制工作中应加强对 8°～25°区域的预防和治理。

表 5-27　不同坡度下土壤侵蚀量及颗粒态氮磷污染负荷

坡度/(°)	面积/km²	土壤侵蚀量		PN			PP		
		侵蚀量/(万 t)	PCT/%	Ec/(kg/hm²)	负荷/t	PCT/%	Ec/(kg/hm²)	负荷/t	PCT /%
0~5	5321	23.9	2.49	0.837	445.6	4.01	0.692	368.1	4.65
5~8	3526	55.9	5.81	1.541	819.9	7.38	1.122	596.9	7.55
8~15	10761	360.7	37.52	8.178	4351.3	39.18	5.788	3079.8	38.94
15~20	5261	316.8	32.94	6.421	3416.4	30.76	4.521	2405.9	30.42
20~25	1741	164.2	17.08	3.158	1680.5	15.13	2.220	1181.0	14.93
>25	295	40.1	4.17	0.739	393.4	3.54	0.522	277.5	3.51
合计	26905	961.6	100	—	11107.1	100	—	7909.3	100

注: Ec 为输出系数, PCT 为土壤侵蚀量或颗粒态氮磷在总量中所占百分比。

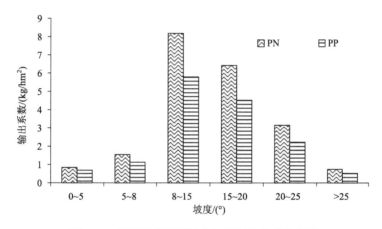

图 5-35　不同坡度下颗粒态氮磷污染负荷分布图

4) 不同土地利用类型下的颗粒态氮磷变化

将北洛河流域内的土地利用分为 6 个大类(耕地 AGRL、林地 FRST、草地 PAST、水域 WATR、城镇用地 URMD、未利用地 BALD),统计不同土地利用类型上的土壤侵蚀量及颗粒态氮磷负荷量(表 5-28,图 5-36)。从研究区域及数据来源一节中可知北洛河流域主要土地利用类型是耕地、林地和草地,其中面积排序为草地>耕地>林地,从表 5-28和图 5-36 可以看出土壤侵蚀量及颗粒态非点源氮磷负荷也主要来源于这三种土地利用类型,三者之和占到 98%以上。根据 PN 和 PP 的输出系数和土地利用面积的加权值,计算出三种土地利用类型的 PN 和 PP 平均输出系数分别为 4.54 kg/hm² 和 3.23 kg/hm²。其中,耕地是土壤侵蚀最严重的土地利用方式,土壤侵蚀率为 6.28 t/hm²,贡献率达到56.63%,PN 和 PP 的贡献也最大,已达到 53%左右。草地是次严重土壤侵蚀类型,污染负荷贡献率达到 40.21%。最后是林地,贡献率为 2%。不同土地利用上的 PN 和 PP 输出系数从大到小排序为耕地>草地>林地>城镇用地>未利用地。

结合研究流域内不同坡度、不同土地利用方式下的土壤侵蚀、PN 和 PP 负荷变化,可以制定合理有效的水土保持措施和非点源污染控制方案。通过对侵蚀严重的区域进行治理,可以改善对黄河中下游的影响,后续还需要针对河道中的沉积污染物、污染物的

表 5-28　不同土地利用类型下土壤侵蚀量及颗粒态氮磷污染负荷

土地利用类型	面积/km²	土壤侵蚀量		PN			PP		
		侵蚀量/(万 t)	PCT /%	Ec /(kg/hm²)	负荷/t	PCT/%	Ec /(kg/hm²)	负荷/t	PCT /%
耕地	8669	544.5	56.63	6.737	5840.3	52.58	4.839	4194.5	53.03
林地	7146	19.8	2.06	0.398	344.9	3.11	0.276	238.8	3.02
草地	10576	386.6	40.21	5.544	4806.3	43.27	3.898	3379.0	42.72
水域	122	0	0	0	0.0	0	0	0.0	0
城镇用地	365	8.7	0.91	0.119	103.2	0.93	0.101	87.9	1.11
未利用地	28	1.9	0.20	0.014	12.4	0.11	0.010	9.1	0.11
合计	26905	961.6	100	—	11107.1	100	—	7909.3	100

注: Ec 为输出系数, PCT 为土壤侵蚀量或颗粒态氮磷在总量中所占百分比。

输移过程及其对其他水体的贡献进行研究，对采取的措施进一步优化控制，从而实现黄河流域高质量发展的目标。

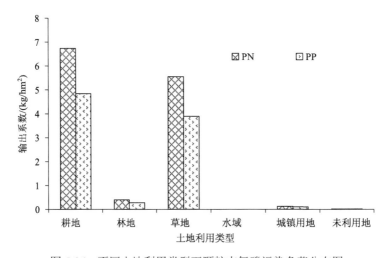

图 5-36　不同土地利用类型下颗粒态氮磷污染负荷分布图

5. 结论

　　基于 2009～2018 北洛河流域日降水、NDVI、DEM、土壤类型、土地利用等数据，利用修正通用流失方程(RUSLE)估算该流域土壤侵蚀状况，并利用颗粒态非点源负荷经验方程计算颗粒态氮磷负荷，分别探讨北洛河流域土壤侵蚀及颗粒态氮磷负荷的空间分布特征，并分析了不同坡度、不同土地利用下颗粒态氮磷负荷的变化。结果表明北洛河流域的年均土壤侵蚀量达到 962 万 t，土壤流失造成的 PN 和 PP 负荷年均值分别达到 11107.1 t 和 7909.3 t，对流域水环境造成严重的污染和破坏。北洛河流域水环境污染治理可参照"源头削减-过程保留-营养物质再利用-水体恢复"的策略。通过控制措施的优化，达到减少污染的目的。通过分析发现研究区域颗粒态氮磷负荷空间分布与土壤侵蚀分布具有一致性，土壤侵蚀严重的地区，也是北洛河流域非点源污染负荷的贡献区，同时也是今后水土流失和非点源污染防控的关键源区。但是，水土流失的空间分布也具有不均匀性和复杂性，需要从动态和静态两个方向对其空间分布进行研究。土壤侵蚀容易发生在坡度为 8°～25° 的区域，PN/PP 的 NPS 负荷已经达到 85% 以上。随着坡度的增加，PN 和 PP 负荷的输出系数呈先增大后减小的变化趋势。坡度 8°～15° 区域的 PN 和 PP 输出系数最大。耕地、林都和草地是容易发生土壤侵蚀的土地利用类型，它们对 PN 和 PP 负荷的贡献可以达到 98% 以上。对比不同土地利用类型的 PN 和 PP 输出系数，发现耕地的输出系数最大。

后续应该加强不同单一或组合因素（植被覆盖率、降水量、地形等）对非点源污染过程和土壤侵蚀的影响研究，增加土壤侵蚀空间分布的不均匀性和复杂性研究。根据提供的科学理论依据制定合理且高效的水土保持措施和非点源污染控制方案。对单一控制措施及其组合的效果进行了定量模拟和优化研究，以"径流小区-小流域-流域"的空间尺度为核心，评价不同尺度措施的实施效果。当不同控制措施之间的关联性不容忽视时，可以对措施之间的关联性进行量化，以优化后续措施的配置空间。以经济效益、环境效益和社会效益最大化为重点，建立了流域 NPS 污染控制的多尺度、多目标综合优化模型。结合点源污染控制，将整个流域作为一个系统进行研究，确定流域内点源和非点源污染的整体控制规划模式和方案，从而实现对水环境污染的有效控制和科学管理。通过对黄河流域水生态和水环境的保护，实现黄河流域高质量发展的目标。

5.4　本章小结

本章基于非点源污染的过程研究，构建流域分布式非点源污染模型，并进行适用性的检验，其中主要结论有：

（1）基于典型研究区的非点源污染过程研究，自主建立了分布式非点源污染模型，从降雨径流模块、土壤侵蚀模块和污染物迁移转化模块进行构建。降雨径流过程的产流模块选择了分布式时变增益水文模型 DTVGM，汇流模块选择了逆高斯分布瞬时单位线汇流模型，从模型原理及结构、蒸散发计算、产流计算、汇流计算四个方面对产汇流模块进行了构建。土壤侵蚀模块选择了 RUSLE 模型，结合 GIS 可获得不同栅格单元的侵蚀模数。从污染物迁移转化过程入手，颗粒态非点源污染模型考虑了土壤侵蚀与颗粒态污染物负荷间的关系，溶解态非点源污染模型中的产污过程与降雨径流过程的产流计算结合，汇污（污染物迁移）过程与汇流模型相统一。

（2）从不同空间尺度验证了分布式非点源污染模型的适用性，从数据库建立、模型参数率定、降雨径流过程的校准与验证、泥沙输移过程的校准与验证和污染物的校准与验证几个方面进行了展开。不同空间尺度产汇流过程的模拟结果如下：杨柳小流域 2020 年 6～11 月小时尺度的整体流量过程模拟的 NSE 为 0.74，RE 为 12.69%，校准期（6 场）和验证期（2 场）洪水过程模拟的 NSE 分别达到了 0.68 和 0.73，RE 为 13.08% 和 13.0%。恒河流域多年径流深的 RE 均值为 2.39%，2003～2018 年恒河流域年、月、日尺度流量过程的 NSE 分别为 0.94、0.93 和 0.73。安康断面以上流域多年径流深的 RE 均值为 7.79%，

2003～2018 年安康断面以上流域年、月、日尺度流量过程的 NSE 分别为 0.95、0.91 和 0.68。结果表明模型在年月尺度应用效果较优，在日、小时尺度的模拟结果可以满足要求。

（3）不同空间尺度土壤侵蚀过程的模拟结果如下：杨柳小流域模拟得到土壤侵蚀模数为 27.77 t/(km²·a)，与实测输沙模数 12.37 t/(km²·a) 结合获得杨柳小流域年泥沙输移比为 0.445。安康断面以上流域模拟的土壤侵蚀模数为 101.82 t/(km²·a)，结合安康水文站 2003～2018 年实测的多年输沙模数 36.29 t/(km²·a) 获得年泥沙输移比为 0.36。

（4）不同空间尺度污染物迁移转化过程的模拟结果如下：杨柳小流域 PN 和 PP 的流失量分别为 31.36 kg/(hm²·a) 和 14.66 kg/(hm²·a)，对应的 PN 和 PP 的年负荷为 4485 kg 和 2096 kg。安康断面流域的 PN 和 PP 的流失量分别为 957.84 kg/(km²·a) 和 85.62 kg/(km²·a)，对应的 PN 和 PP 的年负荷为 3.41 万 t 和 0.3 万 t。模拟杨柳小流域不同场次径流过程的污染物过程，确定 TN、NH_3-N、NO_3-N、TP 和 SRP 污染物 NSE 均值分别为 0.69、0.74、0.79、0.71 和 0.71，各污染物的负荷率峰值误差均值在 ±20% 左右，峰现时间在 ±1h 内。安康断面以上流域 NH_3-N 和 TP 污染过程模拟的 NSE 分别为 0.78 和 0.83，对应的负荷率峰值误差均值为 –5.27% 和 7.04%。

（5）通过新安江模型及 TOPMODEL 模型、RUSLE 模型在湿润半湿润地区、干旱半干旱地区的改进及应用分析，说明后续针对具体的研究区可完善基于时变增益和暴雨径流响应的流域分布式非点源污染模型，拓展其使用的广度和深度。

参 考 文 献

蔡崇法, 丁树文, 史志华, 等. 2000. 应用 USLE 模型与地理信息系统 IDRISI 预测小流域土壤侵蚀量的研究. 水土保持学报, 14(2): 20-25.

陈妮, 李谭宝, 张晓萍, 等. 2013. 北洛河流域植被覆盖度时空变化的遥感动态分析. 水土保持通报, 33(3): 206-210.

董群. 2011. 山东沂蒙山区祊河流域非点源氮磷污染负荷研究. 济南: 山东农业大学.

符素华, 刘宝元, 周贵云, 等. 2015. 坡长坡度因子计算工具. 中国水土保持科学, 13(5): 105-110.

郝改瑞. 2013. 黑河金盆水库预报模型精度影响因素分析. 西安: 西安理工大学.

郝改瑞, 李家科, 李怀恩, 等. 2018. 流域非点源污染模型及不确定分析方法研究进展. 水力发电学报, 37(12): 56-66.

胡胜. 2015. 基于 SWAT 模型的北洛河流域生态水文过程模拟与预测研究. 西安: 西北大学.

黄康. 2020. 基于 SWAT 模型的丹江流域面源污染最佳管理措施研究. 西安: 西安理工大学.

贾磊, 姚顺波, 邓元杰, 等. 2020. 渭河流域土壤侵蚀空间特征及其地理探测. 生态与农村环境学报, 37(1): 19-28.

姜晓峰, 王立, 马放, 等. 2014. SWAT 模型土壤数据库的本土化构建方法研究. 中国给水排水, 30(11): 135-138.

焦菊英, 景可, 李林育, 等. 2008. 应用输沙量推演流域侵蚀量的方法探讨. 泥沙研究, 4: 1-7.

李怀恩, 李家科. 2013. 流域非点源污染负荷定量化方法研究与应用. 北京: 科学出版社.

李怀恩, 沈冰. 1997. 流域暴雨产沙产污量过程的计算. 土壤侵蚀与水土保持学报, 3(2): 58-61, 66.

李怀恩, 沈冰, 沈晋. 1997. 暴雨径流污染负荷计算的响应函数模型. 中国环境科学, 17(1): 17-20.

李怀恩, 沈晋, 刘玉生. 1997. 流域非点源污染模型的建立与应用实例. 环境科学学报, 17(2): 141-147.

李抗彬. 2016. 流域分布式水文模型的改进及应用研究. 西安: 西安理工大学.

李明涛. 2011. 流域非点源污染模型的比较与不确定性研究. 北京: 首都师范大学.

李明涛. 2014. 密云水库流域土地利用与气候变化对非点源氮-磷污染的影响研究. 北京: 首都师范大学.

李天宏, 郑丽娜. 2012. 基于 RUSLE 模型的延河流域 2001—2010 年土壤侵蚀动态变化. 自然资源学报, 27(7): 1164-1175.

李亚娇, 张子航, 李家科, 等. 2020. 丹汉江流域非点源污染定量化与控制研究进展. 水资源与水工程学报, 31(2): 19-27, 35.

李占斌, 张秦岭, 李鹏, 等. 2017. 丹汉江流域水土流失非点源污染过程与调控研究. 北京: 科学出版社.

刘铭环. 2005. 竹竿河流域非点源污染研究. 北京: 清华大学.

毛飞剑. 2014. 东江上游水质评价及小流域土壤侵蚀非点源氮磷污染负荷估算. 上海: 上海交通大学.

齐伟, 张弛, 初京刚, 等. 2014. Sobol′ 方法分析 TOPMODEL 水文模型参数敏感性. 水文, 34(2): 49-54.

沈虹, 张万顺, 彭虹. 2010. 汉江中下游土壤侵蚀及颗粒态非点源磷负荷研究. 水土保持研究, 17(5): 1-6.

史志华, 蔡崇法, 丁树文, 等. 2002. 基于 GIS 的汉江中下游农业面源氮磷负荷研究. 环境科学学报, 22(4): 473-477.

宋林旭. 2011. 三峡库区香溪河流域非点源污染氮磷输出变化规律研究. 武汉: 武汉大学.

王纲胜, 夏军, 牛存稳. 2004a. 分布式水文模拟汇流方法及应用. 地理研究, 23(2): 175-182.

王纲胜, 夏军, 谈戈, 等. 2002. 潮河流域时变增益分布式水循环模型研究. 地理科学进展, 21(6): 573-582.

王纲胜, 夏军, 朱一中, 等. 2004b. 基于非线性系统理论的分布式水文模型. 水科学进展, 15(4): 521-525.

王娟, 卓静. 2015. 基于 RS 和 GIS 的陕北黄土高原退耕还林区土壤侵蚀定量评价. 水土保持通报, 35(1): 220-223.

王强, 夏军, 余敦先, 等. 2018. 时变增益模型在辽宁干旱半干旱流域的适用性研究. 南水北调与水利科技, 16(4): 35-41.

王涛. 2018. 基于 RUSLE 模型的土壤侵蚀影响因素定量评估: 以陕北洛河流域为例. 环境科学与技术, 41(8): 170-177.

王涛, 雷刚, 刘郁丛, 等. 2015. 退耕政策对延安地区土壤侵蚀影响. 中国农学通报, 31(23): 162-170.

王志杰, 简金世, 焦菊英, 等. 2013. 基于 RUSLE 的松花江流域不同侵蚀类型区泥沙输移比估算. 水土保持研究, 20(5): 50-56.

魏林宏, 张斌, 程训强. 2007. 水文过程对农业小流域氮素迁移的影响. 水利学报, 38(9): 1145-1150.

夏军. 2002. 水文非线性系统理论与方法. 武汉: 武汉大学出版社.

夏军, 乔云峰, 宋献方, 等. 2007a. 岔巴沟流域不同下垫面对降雨径流关系影响规律分析. 资源科学, 29(1): 70-76.

夏军, 王纲胜, 吕爱锋, 等. 2003. 分布式时变增益流域水循环模拟. 地理学报, 58(5): 789-796.

夏军, 叶爱中, 乔云峰, 等. 2007b. 黄河无定河流域分布式时变增益水文模型的应用研究. 应用基础与工程科学学报, 15(4): 457-465.

夏军, 叶爱中, 王纲胜. 2005. 黄河流域时变增益分布式水文模型(I)-模型的原理与结构. 武汉大学学报

（工学版），38（6）：10-15.

夏露. 2019. 基于绿水理论的砚瓦川流域生态水文过程对变化环境的响应. 西安：西安理工大学.

胥彦玲，李怀恩，倪永明，等. 2006. 基于 USLE 的黑河流域非点源污染定量研究. 西北农林科技大学学报（自然科学版），34（3）：138-142.

徐宗学. 2009. 水文模型. 北京：科学出版社.

薛素玲. 2006. 基于 GIS 的黑河流域非点源氮磷模拟. 西安：西安理工大学.

闫瑞，张晓萍，李够霞，等. 2017. 基于 RUSLE 的北洛河上游流域侵蚀产沙模拟研究. 水土保持学报，31（4）：32-37.

杨胜天. 2012. 生态水文模型与应用. 北京：科学出版社.

杨胜天，程红光，步青松，等. 2006. 全国土壤侵蚀量估算及其在吸附态氮磷流失量匡算中的应用. 环境科学学报，26（3）：366-374.

叶爱中，夏军，王纲胜. 2006. 黄河流域时变增益分布式水文模型（Ⅱ）-模型的校检与应用. 武汉大学学报（工学版），39（4）：28-32.

张戈，夏建新，王树东. 2018. 基于多源数据的黑河流域日尺度蒸散发量模拟. 南水北调与水利科技，16（6）：33-38.

张强. 2005. 黑河流域磷素输出连续模拟. 西安：西安理工大学.

张铁钢. 2016. 丹江中游小流域水—沙—养分输移过程研究. 西安：西安理工大学.

赵人俊. 1984. 流域水文模型——新安江模型与陕北模型. 北京：水利电力出版社.

朱丽. 2010. 华北土石山区流域防护林空间优化配置. 呼和浩特：内蒙古农业大学.

Amundson R, Berhe A A, Hopmans J W, et al. 2015. Soil and human security in the 21st century. Science, 348（6235）：647-654.

Beven K J, Kirkby M J. 1979. A physically based variable contributing area model of basin hydrology. Hydrolog Sci J, 24（1）：43-69.

Christine A, Pasquale B, Katrin M, et al. 2019. Using the USLE: Chances, challenges and limitations of soil erosion modelling. Int Soil Water Conserv Res. 7: 203-225.

Demirci A, Karaburun A. 2012. Estimation of soil erosion using RUSLE in a GIS framework: a case study in the Buyukcekmece Lake watershed, northwest Turkey . Enviro Earth Sci, 66（3）：903-913.

Ducharne A. 2009. Reducing scale dependence in TOPMODEL using a dimensionless topographic index. Hydrol Earth Syst Sc, 13（12）：2399-2412.

Griensven A V, Meixner T, Grunwald S, et al. 2006. A global sensitivity analysis tool for the parameters of multi-variable-catchment model. Journal of Hydrology, 324（1-4）：10-23.

Guo D W, Yu B F, Fu X D, et al. 2015. Improved Hillslope Erosion Module for the Digital Yellow-River Model. J Hydrol Eng, 20（6）：C4014011.

Hao G R, Li J, Song L, et al. 2018. Comparison between the TOPMODEL and the Xin'anjiang model and their application to rainfall runoff simulation in semi-humid regions. Environmental Earth Sciences, 77（7）：279.

Hao G R, Li J K, Li S, et al. 2020. Quantitative assessment of non-point source pollution load of PN/PP based on RUSLE model: a case study in Beiluo River Basin in China. Environmental Science and Pollution Research, 27（27）：33975-33989.

Hessel R, Jetten V, Liu BY, et al. 2003. Calibration of the LISEM model for a small loess plateau catchment.

Catena, 54 (1-2): 235-254.

Hua L, Li W, Zhai L, et al. 2019. An innovative approach to identifying agricultural pollution sources and loads by using nutrient export coefficients in watershed modeling. Journal of Hydrology, 571: 322-331.

Lenhart L, Eckhardt K, Fohrer N, et al. 2002. Comparison of two different approaches of sensitivity analysis. Physics and Chemistry of the Earth, 27: 645-654.

Li H L, Chen X, Bao A M, et al. 2007. Investigation of groundwater response to overland flow and topograp using a coupled MIKE SHE/MIKE 11 modeling system for an arid watershed. Journal of Hydrology, 34: 448-459.

Li W, Zhai L, Lei Q, et al. 2018. Influences of agricultural landuse composition and distribution on nitrogen export from a subtropical watershed in China. Science of the Total Environment, 642: 21-32.

Liu B Y, Nearing M A, Risse L M. 2000. Slope gradient effects on soil loss for steep slopes . Soil Sci Soc Am J, 64 (5): 1759-1763.

McCool D K, Brown L C, Foster G R, et al. 1987. Revised slope steepness factor for the universal soil loss equation. Transactions of the ASAE, 30 (5): 1387-1396.

Metcalfe P, Beven K, Freer J. 2015. Dynamic TOPMODEL: A new implementation in R and its sensitivity to time and space steps. Environmental Modelling & Software, 72: 155-172.

Ouyang W, Hao F, Skidmore A K, et al. 2010. Soil erosion and sediment yield and their relationships with vegetation cover in upper stream of the Yellow River. Science of the Total Environment, 409 (2): 396-403.

Renard K G, Foster G R, Weesies G A, et al. 1997. Predicting soil erosion by Water: A guide to conservation planning with the revised universal soil loss equation (RUSLE). Agricultural Handbook, USDA.

Shi W, Huang M, Barbour S L. 2018. Storm-based CSLE that incorporates the estimated runoff for soil loss prediction on the Chinese Loess Plateau. Soil and Tillage Research, 180: 137-147.

Simon S, Karsten H J, Inge S, et al. 2008. A remote sensing driven distributed hydrological model of the Senegal River basin. Journal of Hydrology, 354: 131-148.

Singh R, Subramanian K, Refsgaard J C. 1999. Hydrological modelling of a small watershed using MIKE SHE for irrigation planning . Agricultural Water Management, 41: 149-166.

Sivapalan M K, Takeuchi S W, Franks S W, et al. 2003. IAHS decade of prediction in ungauged basins (PUB), 2003-2012: Shaping an exciting future for the hydrological sciences. Hydrological Sciences Journal, 48 (6): 857-879.

Smith D D, Wischmeier W H. 1957. Factor's affecting sheet and rill erosion. Trans. Amer Geophys Union, 38 (6): 889-896.

Sobol′ I M. 2001. Global sensitivity indices for nonlinear mathematical models and their Monte Carlo estimates. Math Comput Simul, 55 (1): 271-280.

Williams J R, Renard K G, Dyke PT. 1983. EPIC: a new method for assessing erosion's effect on soil productivity. J Soil Water Conserv, 38 (5): 381-383.

Wischmeier W H, Smith D D. 1978. Predicting rainfall erosion losses: a guide to conservation planning with Universal Soil Loss Equation (USLE). Agriculture Handbook.

Wu L, Li P C, Ma X Y. 2016. Estimating nonpoint source pollution load using four modified export coefficient models in a large easily eroded watershed of the loess hilly‐gully region, China. Environ Earth Sci,

75(13): 1056.

Wu Y, Chen J. 2012. Modeling of soil erosion and sediment transport in the East River Basin in southern China. Science of the Total Environment, 441: 159-168.

Wu Y, Chen J. 2013. Investigating the effects of point source and nonpoint source pollution on the water quality of the EastRiver(Dongjiang) in South China. Ecol Indic,32: 294-304.

Zhuang Y H, Hong S, Zhang W T, et al. 2013. Simulation of the spatial and temporal changes of complex non-point source loads in a lake watershed of central China. Water Sci Technol, 67(9): 2050-2057.

Zuo D P, Xu Z X, Peng D Z, et al. 2014. Simulating spatiotemporal variability of blue and green water resources availability with uncertainty analysis. Hydrol Process, 29(8): 1942-1955.

第6章 流域非点源污染模型模拟研究及关键源区识别

基于流域非点源污染特征及迁移转化过程构建了基于时变增益和暴雨径流响应模块的流域分布式非点源污染模型，并对其进行了验证和适用性评价。除了自主构建非点源污染模型还可以利用国际上比较成熟的非点源污染模型，如 SWAT 模型、MIKE 模型、HSPF 模型等，本章主要对 SWAT 模型和 MIKE 模型的模型基本原理及结构进行了介绍，后续针对不同研究流域或区域进行了非点源污染模型模拟研究，并分析其时空分布特性，最终识别出不同区域的关键源区，为非点源污染的优化控制奠定一定的基础，从而达到水环境污染控制的目的。

6.1 SWAT 模型介绍及原理

6.1.1 概述

SWAT（soil and water assessment tool）（Arnold et al., 1998; Neitsch et al., 2002）是由美国农业部农业研究中心（USDA-ARS）开发的流域尺度模型。模型开发的目的是在具有多种土壤、土地利用和管理条件的复杂流域，预测长期土地管理措施对水、泥沙和农业污染物的影响。模型主要组成部分包括气候、水文、土壤温度和属性、植被生长、营养物、杀虫剂和土地管理等。模型作为一种非点源模型已被并入 BASINS（better assessment science integrating point and nonpoint sources），主要目的是在全国范围内分析和制定最大日负荷（TMDL）的标准和指导方针。

6.1.2 模型基本原理及结构

SWAT 用于模拟地表水和地下水的水质和水量，长期预测土地管理措施对具有多种土壤、土地利用和管理条件的大面积复杂流域的水文、泥沙和农业化学物质产量的影响，主要含有水文过程子模型、土壤侵蚀子模型和污染负荷子模型（郝芳华等,2006）。

1. 水文模型

水平衡在 SWAT 流域模拟中十分重要，流域的水文模拟，可以分为两个主要部分。第一部分为水文循环的陆地阶段，如图 6-1 所示，控制进入河道的水、泥沙和营养物、杀虫剂的量。第二部分为水文循环的河道演算阶段，可以定义为水、泥沙等在河道中运动至出口的过程。

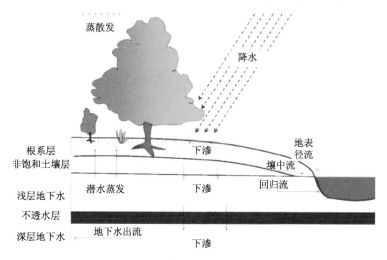

图 6-1　水文循环陆面部分结构示意图

1）水文循环的陆地阶段

SWAT 模型水文循环陆地阶段主要由 7 个部分组成：气候、水文、泥沙、作物生长、土壤温度、营养物、杀虫剂和农业管理。模拟的水文循环基于水量平衡方程：

$$SW_t = SW_0 + \sum_{i=1}^{t}(R_{day} - Q_{surf} - E_a - W_{seep} - Q_{gw}) \tag{6-1}$$

式中，SW_t 为土壤最终含水量，mm；SW_0 为土壤前期含水量，mm；t 为时间步长，d；R_{day} 为第 i 天降水量，mm；Q_{surf} 为第 i 天的地表径流，mm；E_a 为第 i 天的蒸发量，mm；W_{seep} 为第 i 天存在于土壤剖面底层的渗透量和侧流量，mm；Q_{gw} 为第 i 天地下水含量，mm。

A.天气和气候

流域气候提供了湿度和能量输入，这些因素控制着水量平衡，决定了水文循环不同过程的相对重要性。SWAT 模型需要的气候变量有：日降水、最高/最低温度、太阳辐射、风速和相对湿度。模型可以读入实测数据，也可以通过天气发生器在模拟过程中生成。SWAT 模型采用偏态马尔可夫链模型或指数马尔可夫链模型生成日降水，气温和太阳辐射采用正态分布产生，修正指数方程用来生成日平均风速，相对湿度模型采用三角分布，并且气温、辐射和相对湿度均根据干湿日进行调整。SWAT 模型根据日平均气温将降水分为雨或冻雨/雪，并允许子流域按照高程带分别计算积雪覆盖和融化。

B.水文

降水在降落过程中，可能被截留在植被冠层或者直接降落到土壤表面。土壤表面的水分将下渗到土壤剖面或者产生坡面径流。坡面流的运动相对较快，很快进入河道，产生短期河流响应。下渗的水分可以滞留在土壤中，然后被蒸散发，或者通过地下路径缓慢地运动到地表水系统。其中涉及的物理过程包括：冠层存储、下渗、再分配、蒸散发、侧向地下径流、地表径流和回归流等，各物理过程的具体描述详见文献（郝芳华等,2006;Neitsch et al., 2002）。

C.土地利用/植被生长

SWAT 模型采用简化的 EPIC 植物生长模型来模拟所有植被覆盖类型。模型能够区分一年生和多年生植物。一年生植物从种植日期生长到收获日期，或直到累积的热量单元等于植物的潜在热量单元；多年生植物全年维持其根系系统，在冬季月份中进行休眠；当日平均温度超过基温时，重新开始生长。植物生长模型用来评价水分和营养物质从根系区的迁移、蒸发及生物产量。

D.侵蚀

对每个水文响应单元(HRU)的侵蚀量和泥沙量采用修正的通用土壤流失方程进行计算。USLE 使用降水量作为侵蚀能量的指标，而 MUSLE 采用径流量来模拟侵蚀和泥沙产量。这种替代的好处在于：提高模型的预测精度，减少对输移比的要求，并能够估算单次暴雨的泥沙产量。水文模型支持径流量和峰值径流率，结合子流域面积，可以用来计算径流侵蚀力。

E.营养物质

SWAT 模型能够跟踪流域内几种形式的氮和磷的运动和转化，在土壤中氮从一种形态到另一种形态的转化是由氮循环来控制的，同样土壤中磷的转化由磷循环来控制。营养物可以通过地表径流和层间流进入河道，并在河道中向下游输移。

F.杀虫剂

SWAT 模型模拟地表径流携带杀虫剂进入河道(以溶液或吸附在泥沙的形式)，通过渗漏进入土壤剖面和含水层(在溶液中)。水循环陆地阶段的杀虫剂运动模型由 GLEAMS 模型改进而来。

G.农业管理

SWAT 模型可以在每个 HRU 中，根据采用的管理措施来定义生长季节的起始日期、规定施肥的时间和数量、使用农药和进行灌溉以及耕作的日程。在生长季节结束时，生物量可以从 HRU 中作为产量去除或者作为残渣留在地表。除了这些基本的管理措施外，还包括了放牧、自动施肥和灌溉，以及每种可能的用水管理选项。对土地管理的最新改进是集成了计算来自城市面雨区的泥沙和营养物负荷。

2) 水文循环的河道演算阶段

一旦 SWAT 模型确定了主河道的水量、泥沙量、营养物质和杀虫剂的负荷后，使用与 HYMO 模型相近的命令结构来演算通过流域河网的负荷。为了跟踪河道中的物质流，SWAT 模型对河流和河床中的化学物质的转化进行模拟。

SWAT 模型水文循环的演算阶段分为主河道和水库两个部分。主河道的演算主要包括河道洪水演算、河道沉积演算、河道营养物质和杀虫剂演算等；水库演算主要包括水库水平衡和演算、水库泥沙演算、水库营养物质和农药演算。

A.主河道的演算

河道洪水演算：随着水流向下游流动，一部分通过蒸发及在河道中的传播而损失，另一部分通过农业或人类用水而消耗。水流可以通过直接降水或点源排放得到补充。河道的流量演算可以采用变量存储系数法或 Muskingum 法计算。

河道沉积演算：沉积演算模型包括同时运行的两个部分(沉积和降解)，沉积部分依靠沉降速度，降解部分依靠 Bagnold 的河流功率概念。

河道营养物质演算：河流中营养物质的转化由河道内水质模块控制。SWAT 应用的河道内动力学修改自 QUAL2E 模型。模型模拟溶解态营养物和吸附态营养物，溶解态营养物与水一起输移，而吸附态营养物允许随泥沙沉积在河床。

河道杀虫剂演算：SWAT 采用的模拟杀虫剂运动和转化的算法来自 GLEAMS 模型，与营养物相似，总河道杀虫剂负荷被分为溶解态和吸附态部分。

B.水库演算

水库水平衡：包括入流、出流、表面降水、蒸发、库底渗漏、引水和回归流等。

出流演算：模型提供了 3 种方法估算水库出流。第一种为简单的读入实测出流，让模型模拟水平衡的其他部分；第二种针对不受控制的小水库设计，当水库容量超过常规库容时，以特定的释放速率发生出流，超过防洪库容的部分在一天内被释放。第三种针对有管理的大水库设计，采用月目标水量方法。

泥沙演算：水库的入流沉积量用 MUSLE 方程计算。出流的泥沙量为出流水量和泥沙浓度的乘积，出流浓度根据入流量和浓度的简单连续性方程来估算。

水库营养物质和农药演算：使用 Thomann 和 Mueller 的简单磷物质平衡模型，模型假定湖泊或水库内物质完全混合，可以用 TP 来衡量营养状态。

2. 土壤侵蚀模型

降雨径流产生的侵蚀采用修正的通用土壤流失方程(MUSLE)计算，公式为

$$Y = 11.8(Q \times \text{pr})^{0.56} K_{\text{USLE}} \times C_{\text{USLE}} \times P_{\text{USLE}} \times \text{LS}_{\text{USLE}} \tag{6-2}$$

式中，Y 为土壤侵蚀量，t；Q 为地表径流，mm；pr 为洪峰径流，m^3/s；K_{USLE} 为土壤侵蚀因子；C_{USLE} 为植被覆盖和作物管理因子；P_{USLE} 为保持措施因子；LS_{USLE} 为地形因子。

$$\text{sed} = 11.8 \cdot (Q_{\text{surf}} \cdot q_{\text{peak}} \cdot \text{area}_{\text{hru}})^{0.56} \cdot K_{\text{USLE}} \cdot C_{\text{USLE}} \cdot P_{\text{USLE}} \cdot \text{LS}_{\text{USLE}} \cdot \text{CFRG} \tag{6-3}$$

式中，sed 为土壤侵蚀量，t；Q_{surf} 为地表径流，mm；q_{peak} 为洪峰径流，m^3/s；area_{hru} 为 HRU 面积，hm^2；K_{USLE} 为土壤侵蚀因子；C_{USLE} 为植被覆盖和作物管理因子；P_{USLE} 为保持措施因子；LS_{USLE} 为地形因子；CFRG 为粗碎屑因子。各因子的计算方法详见文献(郝芳华等, 2006)和文献(Neitsch et al., 2002)。

3. 污染负荷模型

SWAT 模型可以模拟不同形态氮的迁移转化过程，地表径流流失、入渗淋失、化肥输入等物理过程，有机氮矿化、反硝化等化学过程以及作物吸收等生物过程，氮可以分为有机氮、作物氮和硝酸盐氮三种化学状态，氮的生物固定、有机氮向无机氮的转化以及溶解性氮随侧向壤中流的迁移等过程，有机氮又被划分为活泼有机氮和惰性有机氮两种状态，以及 $\text{NH}_3\text{-N}$ 挥发过程的模拟(图 6-2)。

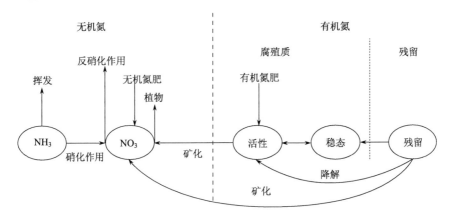

图 6-2　SWAT 模型模拟氮循环示意图（Neitsch et al., 2002）

磷可以分为腐殖质中的有机磷、不可溶解的无机磷和植物可利用的土壤溶液中的磷三种化学状态。磷可以通过施肥、粪肥和残余物施用等方式添加到土壤，通过植物吸收和侵蚀从土壤中移除。与高活性的氮不同，磷的溶解性在大多数环境中是有限的。磷可以与其他离子结合形成一些不可溶的化合物从溶液中沉淀。这些特性使得磷在土壤表面累积，从而易于地表径流的传输（图 6-3）。

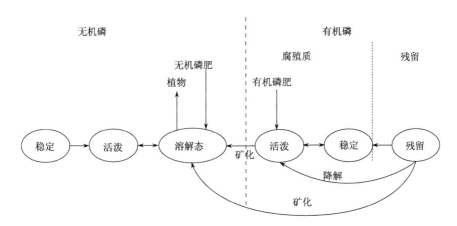

图 6-3　SWAT 模型模拟磷循环示意图（Neitsch et al., 2002）

SWAT 模型中河道水质模型部分采用 QUAL2E 模型计算。在有氧水体中，有机氮可以一步一步转化为 NH_3-N、亚硝酸盐和硝酸盐。有机氮也可以通过沉淀去除。磷循环与氮循环相似。藻类的死亡将藻类磷转化为有机磷，有机磷被矿化为可被藻类吸收的溶解态磷，有机磷也可以通过沉淀去除。营养物的具体迁移转化过程详见文献（Neitsch et al., 2002）。

6.2　MIKE 模型介绍及原理

6.2.1　概述

MIKE 软件是由 DHI 多名专家共同研发用于水相关的工程实际问题模拟软件,主要包括 MIKE 11、MIKE 21、MIKE FLOOD、MIKE URBAN、MIKE BASIN、MIKE SHE、Load Calculator 等,在城市内涝和流域水环境模拟等方向都得到广泛应用(穆聪等,2019)。

6.2.2　MIKE 11 模型基本原理及结构

1. MIKE HD(水动力)模块

MIKE HYDRO River 是 DHI 最新研发的 MIKE 系列软件,在保留并优化其前身 MIKE 11 所有功能基础上,新增了强大的数字高程图(DEM)处理的功能,主要用于提取断面、流域划分、追踪河道、自动耦合水文模型与水动力模型等方面。该模型在流域水资源保护和水环境模拟得到广泛运用(王俊钗,2017)。MIKE HYDRO River 包含 6 个基本模块(图 6-4),其中降雨径流模块(RR)用于降水产汇流模拟,水动力模块(HD)用于模拟水位和流量。

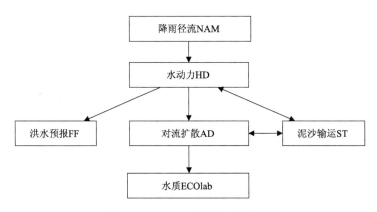

图 6-4　MIKE 11 模型主要结构图

MIKE HYDRO River HD 是模型的水动力计算模块,其他模块必须基于 HD 模块。它是 MIKE 11 模型中具备均质垂向、单层一维的模块,主要适用于区域流域、湖泊及大型河网等。HD 模块是基于圣维南方程组所建立的水动力模型。如果出现其他水流状况,应及时对计算方法进行完善使其更加符合实际情况。一维水动力模型所模拟的对象十分广泛,除城市河网、平原河网这类均质的水流,还有感潮河网和山区河网等流域,当构建的数值模型进行水动力模拟时,启动"全模拟"模式可以模拟各种情形下的水体运动规律。

HD 模块要满足如下基本假设:①流速等均匀分布,水压力与水深成正比。②河床坡度小。③水流为渐变流动。基于以上假设推导出了水流连续方程,并遵循动量守恒定律推导出动量方程。

连续方程：

$$\frac{\partial A}{\partial t} + \frac{\partial Q}{\partial x} = q \tag{6-4}$$

动量方程：

$$\frac{\partial Q}{\partial t} + \frac{\partial}{\partial x}\left(\frac{\partial Q^2}{A}\right) + gA\frac{\partial Z}{\partial x} + g\frac{|Q|Q}{ARC^2} = 0 \tag{6-5}$$

式中，t 为时间，s；A 为过水断面面积，m^2；Q 为断面平均流量，m^3/s；Z 为水位，m；q 为旁侧入流流量，m^3/s；C 为谢才（Chezy）系数；R 为过水断面的水力半径，m；g 为重力加速度，m/s^2。

MIKE HYDRO River 水动力模型需要的数据如表 6-1 所示。

表 6-1　建模资料一览表

数据名称	说明
流域数据	ArcGIS 或 AutoCAD 电子地图或流域纸图
	水工建筑物和水文测站的地理坐标等信息
河道地形数据	河道大断面资料用于反应沿程变化
水文测量数据	用于设置边界条件
	用于模型率定和验证

HD 模块的理论基础属于一阶线性双曲线型偏微分方程，无法求得天然河道水流状态下的解析解，MIKE 模型采用六点 Abbott-lonescu 有限差分格式离散求解，按顺序交替计算水位和流量，如图 6-5 所示，其中 h 点为水位计算点和 Q 点为流量计算点。计算网格点的划分理论为：① 河段上下游端点、其他河道交汇点以及实测断面资料点为计算水位点。② 模型根据计算最大步长距离自动插入的点为计算水位点。③ 两个流量点之间采用连续方程求解，两个水位点之间采用动量方程求解，计算速度与稳定性皆优于常规四点差分格式（姚力玮,2017;张斯思,2017）。图 6-6 是求解圣维南方程组的示意图（刘富强等,2016）。

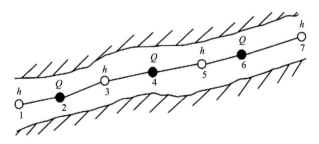

图 6-5　Abbott-lonescu 离散格式示意图

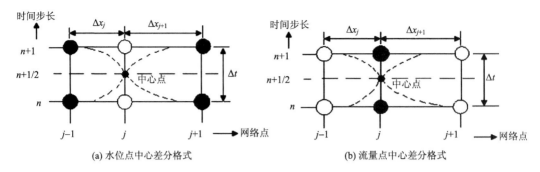

(a) 水位点中心差分格式　　　　　　　　　　(b) 流量点中心差分格式

图 6-6　求解圣维南方程组示意图

Abbott-lonescu 格式是无条件稳定的,在较大的柯朗数下计算仍然能保持稳定,但当时间步长取值过大引起 RE 较大时,方程收敛速度会较慢,在明渠水流计算中,柯朗数是检查模型是否稳定的一个依据(杨东光,2020;张硕,2013)。

2. MIKE RR(降雨径流)模块

降雨径流模块内包含多种计算模块,分别是 NAM 模块、UHM 模块、Urban 模块等。20 世纪 70 年代 NAM 模块首次被专家提出,应用比较广泛,之后经过后来学者的不断研究和工程实践得到完善。已经成熟的 NAM 径流模型,构建时需要收集研究区域的降水量、蒸发量以及相关模型参数等数据资料,模型模拟结果可以反映区域水文循环各种特点(图 6-7)。NAM 径流模型的研究对象包括地表水、地下水等,用来模拟不同河网水系中的物质。NAM 模块不仅可以与 MIKE HYDRO River 中其他模块一起模拟,还作为旁侧入流输入到河段的水力或水质计算中,也能直接输出 DFS 系列文件,导入到其他MIKE 模型中(褚金镝,2019)。

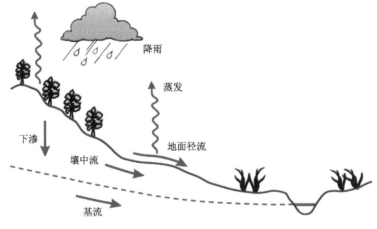

图 6-7　NAM 模块的水文过程

通过计算积雪、地表以及根区等储水层的含水量来模拟产汇流过程,输出坡面流、壤中流、基流等信息(杨小芳,2018)。

1) 积雪储水层

利用基准值 T_0，当温度高于 T_0 时，则发生融雪，超过最大储水容量时将产生融雪径流 P_s，进入地表储水层。融雪量 Q_{melt} 计算公式为

$$Q_{melt} = \begin{cases} C_{snow}(T-T_0) & T > T_0 \\ 0 & T \leqslant T_0 \end{cases} \tag{6-6}$$

式中，C_{snow} 为融雪系数，mm/(c·d)；T_0 为临界温度，℃。

融雪径流 P_s 计算公式为

$$P_s = \begin{cases} Q_{melt} & WR \geqslant C_{WR}S_{snow} \\ 0 & WR < C_{WR}S_{snow} \end{cases} \tag{6-7}$$

式中，S_{snow} 为储雪量，mm；新的储雪量 S_{snow} 为原储雪量减去产生的融雪径流；C_{WR} 为积雪持水系数，范围在 0~1；WR 为积雪含水量，mm。

2) 地表储水层

当地表储水量大于地表最大储水量时（$U > U_{MAX}$），净雨量 P_N 多余部分会产生下渗，另一部分变成坡面流。坡面流 QOF 计算公式如下：

$$QOF = \begin{cases} CQOF \dfrac{\dfrac{L}{L_{MAX}} - TOF}{1 - TOF} P_N & \dfrac{L}{L_{MAX}} > TOF \\ 0 & \dfrac{L}{L_{MAX}} \leqslant TOF \end{cases} \tag{6-8}$$

式中，CQOF 为坡面流系数；L 为根区含水量；L_{MAX} 为根区最大含水量，mm；TOF 为形成坡面流的根区临界值；P_N 为净降雨，mm/d。

壤中流 QIF：

$$QIF = \begin{cases} (CKIF)^{-1} \dfrac{\dfrac{L}{L_{MAX}} - TIF}{1 - TOF} U & \dfrac{L}{L_{MAX}} > TIF \\ 0 & \dfrac{L}{L_{MAX}} \leqslant TIF \end{cases} \tag{6-9}$$

式中，CKIF 为壤中流汇水常数，h；TIF 为壤中流根区阈值，范围在 0~1；U 为地表储水层的含水量，mm。

3) 根区储水层

根区储水层含水率受地表储水层和地下水影响。

含水率变化 ΔL：

$$\Delta L = (P_N - QOF) - G \tag{6-10}$$

式中，P_N 为净降雨；QOF 为坡面流；G 为地下水交换。

4) 地下储水层

地下储水层位于最下层，受降雨下渗带来的补给和地下水供水影响。

地下水补给 G：

$$G = \begin{cases} (P_{N} - QOF)\dfrac{\dfrac{L}{L_{MAX}} - TG}{1 - TG} & \dfrac{L}{L_{MAX}} > TG \\ 0 & \dfrac{L}{L_{MAX}} \leqslant TG \end{cases} \tag{6-11}$$

式中，TG 为地下水补充根区阈值，取值在 0.0～1.0。

基流 BF：

$$BF = \begin{cases} (GWLBF_0 - GWL)S_y(CK_{BF})^{-1} & GWL \geqslant GWLBF_0 \\ 0 & GWL < GWLBF_0 \end{cases} \tag{6-12}$$

式中，GWL 为地下水埋深；$GWLBF_0$ 为基流产流临界水深；S_y 为基流产流系数；CK_{BF} 为基流时间常数，h。

5) 蒸散发计算

受地表蓄水层蓄水量 U 与潜在蒸发量 E_p 的大小关系影响，E_α 与根区含水量的饱和程度有关。

$$E = \begin{cases} E_p & U \geqslant E_p \\ U + E_\alpha & U < E_p \end{cases} \tag{6-13}$$

$$E_\alpha = (E_p - U)\dfrac{L}{L_{MAX}} \tag{6-14}$$

式中，E_p 为潜在蒸发量，mm；E_α 为根区补给的实际蒸发量；U 为地表储水层的含水量。

3. MIKE FF（洪水实时预报）模块

洪水实时预报作为 MIKE 11 模型的一个重要板块，能够进行实时预警预报。由以下部分组成：

(1) 实施管理系统，其作用是将处理后的数据录入系统并储存，同时对数据库进行实时管理；

(2) 根据标准进行划分水域并计算子流域的平均面雨量；

(3) 变换水位与流量的关系；

(4) 进行降雨径流预报，即 NAM 预报；

(5) 通过 HD 水动力模块进行河流演算，并计算水库入库径流量；

(6) 预见期生成后，分析上下边界和其他各类边界的时间序列；

(7) 预见期生成后，计算模型边界的入流量及模型区域的降水量；

(8) 提取洪水预报结果并生成日报表，并进行数据处理分析。

4. MIKE AD（对流扩散）模块

对流扩散模块（AD）的功能特点是：①针对黏性泥沙输运过程进行模拟；②模型原理是一维对流扩散方程，基于此可以对具有较高浓度梯度的污染物进行准确的计算。

5. MIKE ST（非黏性泥沙输运）模块

ST 模块包括多种著名模型，比如 Ackers-White 等提出的泥沙模拟公式。非黏性泥沙输运模块的功能特征有：

(1)能够实时提供泥沙水动力模型模拟时河床阻力和河道断面信息；

(2)模型运行时能够描述各种标准下非黏性泥沙的迁移分布信息和不同尺寸泥沙颗粒的时空分布情况；

(3)模型输出结果还有河底高程变化、泥沙输移效率和各等级颗粒状态等数据。

6. MIKE LOAD（负荷）模块

在水环境治理中，污染负荷的估算与评估是流域水体水质评估的基础和关键。DHI 开发了 MIKE LOAD 污染负荷评估模型，模型基于多种污染负荷计算方法，可计算点源、非点源污染的污染负荷总量以及入河量，对于非点源污染源，可以自动将模型范围内的污染负荷分配到子流域中，对于点源污染源可以直接设定污染源的排水量和相应的浓度。

该模型主要用于评估流域和城市内非点源污染负荷，可与 MIKE HYDRO River 直接耦合。模型主要功能：①采用多种方法估算流域内各种点源、非点源污染的污染负荷总量及入河量；②自动将流域范围内分区的污染负荷按照面积权重分配到用户划定的集水区内，结合降雨径流、地形坡度、污染物的流出率及输运，确定污染负荷入河量和负荷量；③流域模块可选择是否与 MIKE 11 模型耦合，为河道水质模型提供负荷边界；④能够计算年尺度下雨水、生活污水及工业废水三种污染源的污染负荷产生量，估算雨水管、污水管及合流管的入管量，以及估算雨水直排、污水溢流及污水处理厂的尾水入河量；⑤提供场次降水下城市地表径流量及污染负荷的产生量及入河量计算；⑥提供操作简单的图像用户界面，容许快速计算设定方案；⑦适用于不同尺度和时间段的污染负荷估算。

模型输入数据主要包括集水区分区数据、河网、地形、行政区、用地类型、污染源、降水等，数据类型以及格式要求详情如表 6-2 所示。

表 6-2　MIKE LOAD 建模资料表

输入数据类型	输入数据格式	说明
研究区域范围	Shape 格式	研究区域范围图
集水区划分	Shape 格式	流域分区(排水分区图)
行政区划	Shape 格式	行政区划图
河网数据	模型文件或者 Shape 格式	河道名称、河道里程等
地形资料	ASCII 格式	数字高程数据(DEM)
用地类型	Shape 格式	用地类型图
降水数据	excel 格式	年降水量、实测场次降水等
径流数据	模型结果文件或者 excel 格式	径流结果
生活污染源	Shape 格式	人口数及分布、单位人口污染负荷产生量
农业污染源	Shape 格式	耕地面积及化肥施用量、入河系数、农业非点源污染排放随时间变化等
畜禽污染	Shape 格式	各类畜禽存栏量、各类畜禽的单位负荷量、入河系数、畜禽污染排放随时间变化等
点污染源	Shape 格式	工业和企业污水处理厂排口位置、排放量、排放浓度等

流域内污染输移可采用以下方法：

1）入河系数法

入河系数是指污染负荷随降雨径流进入河道的比率，应用于随降雨径流的面污染源和分散的点污染源，范围为0～1，1代表没有滞留，0代表完全滞留。

其计算公式为

$$L_r = \frac{L_{\text{sub}}}{S_{\text{sub}}} \tag{6-15}$$

式中，L_r 为入河系数；L_{sub} 为子流域非点源污染入河量；S_{sub} 为子流域非点源污染产生量。

2）距离降解法

距离降解法认为污染物的入河量与传输距离有关。根据导入的 DEM 与河网文件自动生成距离栅格与坡度栅格图，网格大小与 DEM 一致，默认水温为 20℃。

一阶距离降解方程：

$$m_{\text{river}} = \sum m_{\text{load}} e^{\left(-KD\frac{1}{G}1.05^{T-20}\right)} \tag{6-16}$$

式中，m_{river} 为河道入流的通量；m_{load} 为单元网格流出的通量；K 为一阶降解系数；D 为网格到河道的最短距离，m；G 为地形坡度；T 为平均温度，℃。

6.2.3　MIKE SHE 模型原理

MIKE SHE 由水动力模块（WM）及水质模块（WQ）组成（Ma et al.,2016）。涵盖了水文循环的基本过程，包括蒸散发（ET）、坡面流（OL）、非饱和流（UZ）、地下水流（SZ）、明渠流（OC）以及它们之间相互的联系，如图 6-8 所示。

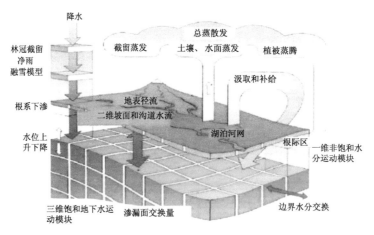

图 6-8　MIKE SHE 结构示意图

1）蒸散发（ET）

MIKE SHE 中的蒸散发（ET）模块的模拟过程按照以下步骤进行：①一部分降雨被植被叶片截留，再蒸发到大气；②穿透植被冠层的雨水到达地表，部分形成地表径流，部分下渗至土壤非饱和带；③非饱和带的水分，部分通过土壤蒸发，部分经过植被蒸腾；④最后剩余的渗透水会下渗至饱和带，进行水分交换，参与补充饱和带水分的过程。

蒸散发模块提供两种计算方法：

A. Rutter 模型与 Penman-Monteith 公式

将 Rutter 模型用于计算冠层截水量，公式为

$$\frac{\partial C}{\partial t} = Q - Ke^{b(C-S)} \tag{6-17}$$

其中：

$$Q = \begin{cases} P_1 P_2 (P - E_p C / S), C \leqslant S \\ P_1 P_2 (P - E_p), C > S \end{cases} \tag{6-18}$$

式中，P_1 为地表植被覆盖率；P_2 为叶片面积之和与其覆盖的地面面积之和的比；P 为雨强强度，mm/s；E_p 为潜在蒸散发能力；C 为冠层实际含水量，mm；S 为冠层蓄水含量，mm。

将 Penman-Monteith 公式用于预测实际蒸散发率 E_a，公式如下：

$$E_a = \frac{\Delta R_n + \dfrac{\rho C_p \delta_e}{r_a}}{\lambda \left[\Delta + \gamma(1 + \dfrac{r_s}{r_a}) \right]} \tag{6-19}$$

式中，R_n 为净辐射区地面辐射的通量，W/m²；ρ 为大气密度，kg/m³；C_p 为恒定压力下的比热，J/(kg·℃)；δ_e 为空气饱和气压差，Pa；r_s 为冠层阻力，s/m；r_a 为空气动力学阻力，s/m；λ 为水的汽化潜热，J/kg；Δ 为气温-比湿关系曲线的斜率，kPa/℃；γ 为干湿表常数，kPa/℃。

实际蒸散发总和公式如下：

$$E_t = P_1 P_2 E_p CS + P_1 P_2 E_a (1 - \frac{C}{S}) + E_s (1 - P_1 P_2) \tag{6-20}$$

式中，E_s 为土壤蒸发量。

B. Kristensen-Jensen 模型

实际蒸散发量主要由潜在蒸散发能力、根系土壤含水量两个因素控制。计算分为三层：

第一层：截留蒸发。冠层截留是一个雨水填充冠层截留蓄水容量 S 的过程，S 的大小与叶面积指数和截留系数密切相关，公式为

$$S = S_{int} \text{LAI} \tag{6-21}$$

式中，S_{int} 为截留系数，mm，一般取值为 0.05mm；LAI 为叶面积指数。

计算冠层表面的蒸散发的公式为

$$E_{can} = \min(S, E_p dT) \tag{6-22}$$

式中，E_{can} 为植物冠层表面的蒸发量；E_p 为潜在蒸散发能力。

第二层：植被蒸腾。在模型基础上，Singh 等认为：植被蒸腾量的决定因子主要有 3 个，分别是：叶面积指数、根系区土壤含水量以及根系密度，所以其计算公式

如下：

$$E_{at} = f_1(\text{LAI})f_2(\theta)(\text{RDF})E_p \tag{6-23}$$

式中，$f_1(\text{LAI})$ 为叶面积指数函数；$f_2(\theta)$ 为土壤含水量函数；RDF 为根系分布函数。

上述 3 个函数的具体关系如下：

$$f_1(\text{LAI}) = C_2 + C_1\text{LAI} \tag{6-24}$$

$$\text{RDF}_{\text{vnode}} = \frac{\displaystyle\int_{Z_1}^{Z_2}\left\{\log^{-1}\left[\log(\text{Sr}_0) - A_{rt}z\right]\right\}\mathrm{d}z}{\displaystyle\int_0^{Z_{rt}}\left\{\log^{-1}\left[\log(\text{Sr}_0) - A_{rt}z\right]\right\}\mathrm{d}z} \tag{6-25}$$

$$f_2(\theta) = 1 - \left(\frac{\theta_F - \theta}{\theta_F - \theta_W}\right)^{\frac{C_3}{E_p}} \tag{6-26}$$

式中，Sr_0 为表层土壤的水分提取量；A_{rt} 为根系质量沿垂向的分布；θ_F 为田间持水率；θ_W 为植被凋萎点的含水量；C_1、C_2、C_3 为经验参数，mm/d，一般取值分别为 0.3、0.2 和 20。

第三层：土壤蒸发。土壤蒸发只发生在表层土壤上，相关计算公式如下：

$$E_s = E_pf_3(\theta) + \left[E_p - E_{at} - E_pf_3(\theta)\right]f_4(\theta)\left[1 - f(\text{LAI})\right] \tag{6-27}$$

$$f_3(\theta) = \begin{cases} 0, \theta < \theta_M \\ C_2(\theta/\theta_W), \theta_M \leqslant \theta \leqslant \theta_W \\ C_2, \theta > \theta_W \end{cases} \tag{6-28}$$

$$f_4(\theta) = \begin{cases} 0, \text{其他} \\ \dfrac{\theta - 0.5(\theta_W + \theta_F)}{\theta_F - 0.5(\theta_W + \theta_F)}, \theta \geqslant 0.5(\theta_W + \theta_F) \end{cases} \tag{6-29}$$

式中，θ_M 为剩余土壤含水量。

2）坡面流（OL）

坡面流是初期雨水在扣除叶片截留、地面填洼、土壤入渗之后，在重力的作用下，沿具有一定坡度的坡面流动而最终汇入河道的水流。MIKE SHE 模型用 OL 模块模拟坡面流在各种地势间的流动，一般来说，地形地势、糙率以及沿程的下渗和蒸发损失都会对其产生影响。模型利用连续方程与动量方程（扩散波）描述坡面流的运动过程，方程如下：

$$\begin{cases} \dfrac{\partial h}{\partial t} + \dfrac{\partial(uh)}{\partial x} + \dfrac{\partial(vh)}{\partial y} = q \\ \dfrac{\partial h}{\partial x_i} = S_{ox} - S_{fx} \\ \dfrac{\partial h}{\partial x_y} = S_{oy} - S_{fy} \end{cases} \tag{6-30}$$

式中，h 为河道过水断面水位（m）；u、v 为 x、y 方向的水流流速；q 为水平方向上单位面积入流的源汇项，$\text{m}^3/(\text{s}\cdot\text{m}^2)$；$S_{ox}$、$S_{oy}$ 为 x、y 方向的坡度；S_{fx}、S_{fy} 为 x、y 方向的摩

擦比降。

需要注意的是，OL 模块可单独运行或与其他模块联用，但如果将 MIKE SHE 与 MIKE HYDRO River 耦合，则必须添加坡面流模块，计算出汇入河道的旁侧入流。

3) 非饱和带(UZ)

非饱和带是指介于地表与饱和带之间的土壤层区域，以非均质的类型为主。可以将径流、蒸发、下渗等重要的水文过程串联起来。在非饱和带中，由于受到下渗水量、蒸发水量等因素的影响，会造成土壤含水率的反复波动，导致该非饱和带的水流运动具有一定的复杂性。模块中可选择 2 种计算方法：

A. Richards 法

$$C\frac{\partial \psi}{\partial t}=\frac{\partial}{\partial z}(K\frac{\partial \psi}{\partial z})+\frac{\partial K}{\partial z}-S \tag{6-31}$$

式中，C 为土壤蓄水容量，m^{-1}；$\psi(z, t)$ 为非饱和土壤总水势水头，m；$K(\theta, z)$ 为水力传导率，m/s；θ 为土壤含水量；$S(z, t)$ 为土壤蒸发与根部吸收的源汇项。

MIKE SHE 模型拥有输入土壤数据的编辑器，为.uzs 后缀类型文件，根据获得的土壤水动力参数建立土壤数据库,不同土壤类型的剖面土壤水动力学特性-水力传导率函数和土壤水保持曲线被用于求解 Richards 方程。两曲线的参数可以通过实测获得或者 SPAW 土壤软件计算获得。

B. 重力流法

重力流法是比 Richards 方程法更为简化的一种方法，它假定垂向上的水力梯度没有差别，然而没有考虑毛细管力的作用，适用于模拟精度要求不高，不着重模拟非饱和带的研究区域。

4) 饱和带

饱和带就是地下水区域，是位于潜水面以下的饱水区。丰水期时，河流水补给地下水；枯水期反之，地下水补充河流水。饱和带(SZ)模块可以提供地下水位的动态模拟、饱和带水流运动、河道水与地下水的动态交换等的模拟。同样有 2 种计算方法：

A. 有限差分法

运用三维 Boussinesq 方程可以模拟地下水的动态变化，运用隐式有限差分法迭代求解：

$$\frac{\partial}{\partial x}(K_{xx}\frac{\partial h}{\partial x})+\frac{\partial}{\partial y}(K_{yy}\frac{\partial h}{\partial y})+\frac{\partial}{\partial z}(K_{zz}\frac{\partial h}{\partial z})-Q=S\frac{\partial h}{\partial t} \tag{6-32}$$

式中，K_{xx}、K_{yy} 和 K_{zz} 分别为沿 x 轴、y 轴和 z 轴方向的导水率；h 为饱和带水头，m；Q 为源汇项；S 为蓄水系数。

B. 线性水库法

近些年来，利用无人机等高科技产品，可以收集到质量较高的高程图、土地利用图、土壤类型图等，但是众多流域关于地下水的资料获取还比较难。可以选用线性水库法进行计算，方法的基本思想是把饱和地带看作一个概念性水库，并以线性函数表示蓄水量与出流量的关系。还可以对集水区进一步地细分，形成多个子集水区，根据子集水区的深度，将其进一步分为不同水库。需要注意的是该方法不能与非饱和带的 Richards 方程法联用。

5）河道流（OC）

MIKE SHE 模型着重强调流域尺度水文过程的模拟，忽略了对河道流量、水位的水动力情况、污染物的迁移转化情况的模拟，目前还不能实现对水工建筑物的模拟。MIKE HYDRO River 则可利用一维圣维南方程对河道水动力及水质情况进行模拟。为了弥补这一不足，运用 MIKE SHE 河道与湖泊模块，将 MIKE SHE 与 MIKE HYDRO River 进行耦合。

MIKE SHE 与 MIKE HYDRO River 是通过在两个相邻单元格边界上设置的河道连接进行耦合（图 6-9），根据河道走向投影在 MIKE SHE 计算网格边界，吻合程度取决于计算网格大小。一般来说，网格点越大、越疏松，河道吻合程度更低，对河网的描述也更不准确。所以大多情况下网格点尽量小一些，运行出来的结果才更准确。但同时，网格数也不是越小越好，还要考虑网格精度过剩问题，这样不但使得模型可能存在过度计算反而结果不准确的问题，同时模型的工作量也将大幅提升。根据流域的实际情况，对网格点大小做出正确判断。

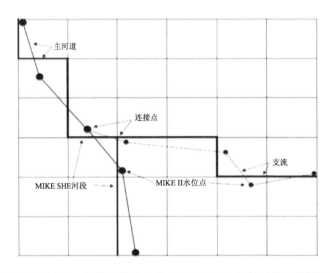

图 6-9　MIKE HYDRO River 河道计算水位点、MIKE SHE 计算网格与连接河道关系示意图

MIKE SHE 与 MIKE HYDRO River 两者耦合的步骤大致为：① 将 MIKE SHE 的坡面流作为 MIKE HYDRO River 的旁侧入流汇入河道；② MIKE HYDRO River HD 模块计算出河道流量、水位等信息后，将数据传递回 MIKE SHE，并将 MIKE SHE 计算得到的网格水位与河道水位、河道岸堤高程进行对比，得到淹没范围及水深；③ MIKE SHE 计算水文过程中其他部分的水量，通过 MIKE HYDRO River HD 模块的一维圣维南方程组的源汇项与其实现水量交换。

6.3　基于 SWAT 模型的鹦鹉沟小流域非点源污染模拟

为了克服试验监测存在的误差并总结小流域内长期的非点源污染特征，以实测数据为基础,构建鹦鹉沟小流域的 SWAT 模型,经过率定验证后,对小流域内的径流、泥沙及污染负荷等进行预测与分析,为后期优化控制方案的制定提供理论基础。

6.3.1　模型数据准备

1. 空间数据库

SWAT 模型基础数据众多,空间数据包括数字高程、土地利用和土壤类型等(荣易等,2020)。数字高程模型 DEM 为研究的基础数据,可利用其进行边界及水系提取(张宏鸣等,2012)。鹦鹉沟小流域的 DEM 资料源自地理空间云,分辨率为 30m,如图 6-10所示。

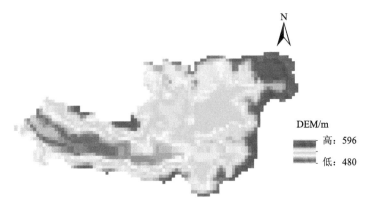

图 6-10　鹦鹉沟小流域 DEM

土地利用类型影响着地表径流的形成过程,对模拟结果有着重要的影响。在运行过程中,需要将土地利用分布图和相应的类型索引表通过 Landuse 数据库中分类代码号进行链接。鹦鹉沟小流域的 2015 年土地利用数据源自中国科学院资源环境数据中心,分辨率为 30m,如图 6-11 所示。根据模型中的识别标准,将其重分类为 4 类并与识别代码一一对应。其中耕地和林地的面积之和占比高达 88.96%,如表 6-3 所示。

表 6-3　鹦鹉沟小流域土地利用模型代码及占比

类别	模型代码	土地利用类型	面积占比/%
1	AGRL	耕地	37.50
2	FRST	林地	51.46
3	PAST	草地	5.39
4	URML	居民区	5.65

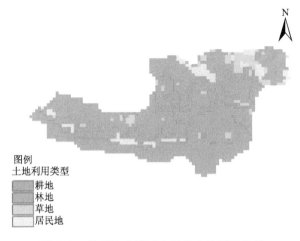

图 6-11　鹦鹉沟小流域内部的土地利用分布

鹦鹉沟小流域的土壤类型资料从世界土壤数据库中获取，分辨率为 1km。由于自然土壤数据与模型识别的数据格式不相符，应对其重新分类，并且建立与土壤类型相对应的数据库，可利用 SPAW 软件得出。基于不同的土壤物理性质将其分为 2 类，分布情况如图 6-12 所示，土壤类型特征及面积占比如表 6-4 所示。

图 6-12　鹦鹉沟小流域内部的土壤类型分布

表 6-4　鹦鹉沟小流域土壤类型模型代码及占比

类别	土壤类型	名称	面积占比/%
1	CMe	饱和雏形土	95.14
2	CMd	不饱和雏形土	4.86

2. 属性数据库

属性数据包括日降水量、温度、湿度、太阳辐射、风速等气象资料，径流、泥沙、污染物含量等水文水质资料，人为耕作、施肥等作物管理资料等。

在径流小区内部安装了 HOBO 气象站，并且选取商南气象站点的逐日数据对构建的天气发生器进行查漏补缺，以保证模型的正常运行。

在不同种农作物的种植及管理条件下，氮、磷素的流失程度相差较大。因此，在进行 SWAT 模型模拟前需进行实地考察。本次模拟仅对耕地类型中有关农作物的管理参数进行调整，其余均采用系统默认值（王忙生等,2018）。小流域内的农业种植具体管理措施如表 6-5 所示。

表 6-5　研究区域农作物管理措施

时间	管理措施	措施量
6 月上旬	种植玉米、施用氮肥或尿素	氮肥 50kg/亩或尿素 45～75kg/亩
8 月初	玉米追肥、施用尿素	尿素 10～15kg/亩
10 月初	收割玉米	—
10 月上旬	翻耕、施用氮磷基肥、种植小麦	氮肥 40～50kg/亩和磷肥 10kg/亩
次年春	小麦追肥、施用尿素	尿素 10kg/亩
6 月初	收割小麦	—

注：1 亩≈0.0667hm^2。

3. 空间属性离散化

1) 子流域划分

首先根据 DEM 图得出水系分布，在确定阈值后，以鹦鹉沟小流域把口站为流域出口，将其划分为 5 个子流域，模拟面积为 153.91hm^2，在实际流域中占比为 85.08%，模拟精度较高，合理性较强，如图 6-13 所示。其中 3 号子流域面积最大，为 56.03hm^2，2 号子流域面积最小，为 1.69hm^2，如表 6-6 所示。

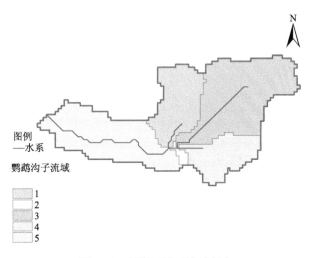

图 6-13　研究区域子流域划分

表 6-6   研究区域子流域的面积及占比

子流域编号	面积/hm²	占比/%
1	27.53	3.05
2	1.69	4.02
3	56.03	5.35
4	22.06	1.25
5	46.61	0.99

2)HRU 分配

根据各项基本资料,设定阈值为 10%,即大于该阈值的类型将被保留,小于的则被忽略,由此得到具有单一性质的水文响应单元(郑思远等,2019)。这种方法既保证了模拟的准确度,又降低了模型运行的工作量。根据划分阈值将 5 个子流域进一步分割成 55 个 HRUs。根据研究区域的地形,将坡度划分为三级,分别为 0~15°、15°~30°、>30°,如图 6-14 所示。

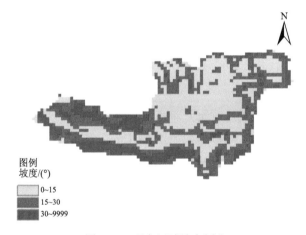

图 6-14   研究区域坡度划分

6.3.2   模型率定及验证

1. 参数敏感性分析

SWAT 模型内部参数种类繁多。由于自然本底值差异及测量误差等不可控因素,致使参数值并不能严格确定。为了提高模型结果的可信度,在对各项参数进行率定验证后才可进行实际应用(李紫妍等,2019)。各种参数类型对模拟结果的影响程度差异较大,因此只有选择影响性大的敏感参数进行调整才能够加速模型率定验证的进程。

各项参数敏感性的排序工作通过 SWAT-CUP 来完成。参考校准手册选取了 33 个参数。其中,径流参数 16 个,泥沙参数 7 个,其余为污染物参数。采用 SUFI-2 算法,设置 500 次迭代,得出参数敏感性的排列顺序,在后续工作中主要调节敏感性排序前 10

位的参数即可。

2. 模型率定验证结果

径流量与泥沙量之间有较为直接的相关关系，两者又会对污染物负荷量的模拟结果产生影响。所以首先进行径流量的校准，其次为泥沙量，最后才是污染物负荷量。若模拟的结果达不到预定的评判标准，则会对部分参数采取一定的调整，由此往复直至完成校验为止，这样才能保证后续模拟结果的准确性及合理性。本次模拟综合使用人工与自动校准这两种方法。首先选择 SUFI-2 算法对实测值及模拟值进行自动校准，之后参考相关文献及系统给出的推荐范围值进行人工校准，循环往复，直到模型精度达标。本次模拟过程主要采用 R^2 和 NSE 两项指标来评价模拟效果，公式见 5.2.2 节式(4-33)。

根据鹦鹉沟小流域把口站的实测数据进行率定验证。设置预热期为 2016 年，模拟期为 2017~2020 年。其中，率定期为 2017~2018 年，验证期为 2019~2020 年。按照先径流、次泥沙、后污染物的顺序进行。SWAT 模型污染物的模拟项目中包含各形态氮素、磷素污染负荷，需要充分考虑各项参数之间的联系以及现有数据与流量资料的匹配程度。因此，本研究以 TN、TP 的基础数据进行污染物的率定验证。径流、泥沙及污染物(TN、TP)的率定验证结果及拟合程度如表 6-7 及图 6-15 所示。

表 6-7 率定验证结果

项目	字段	最敏感参数	研究时期	R^2	NSE
径流	FLOW_OUT	SOL_BD.sol	率定期	0.83	0.79
			验证期	0.87	0.55
泥沙	SED_OUT	SLSUBBSN.hru	率定期	0.87	0.72
			验证期	0.85	0.62
TN	TN_OUT	USLE_K.sol	率定期	0.90	0.76
			验证期	0.79	0.76
TP	TP_OUT	USLE_K.sol	率定期	0.95	0.80
			验证期	0.74	0.71

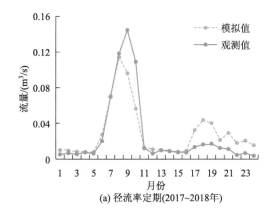

(a) 径流率定期(2017~2018年)

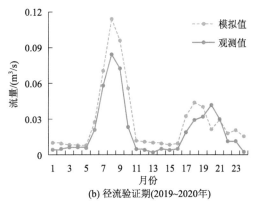

(b) 径流验证期(2019~2020年)

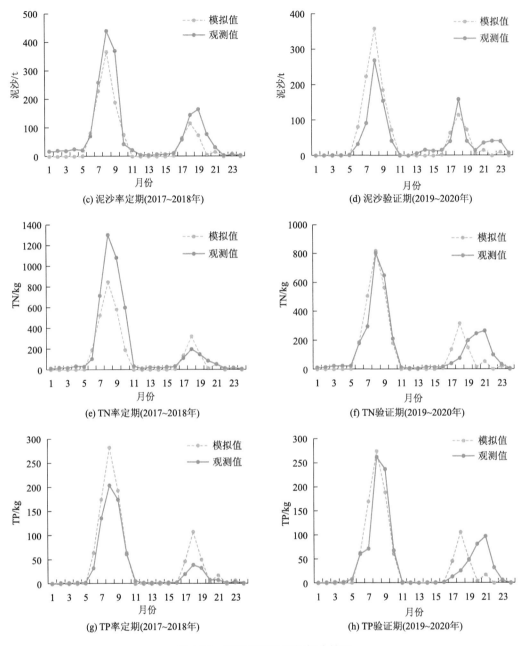

(c) 泥沙率定期(2017~2018年) (d) 泥沙验证期(2019~2020年)

(e) TN率定期(2017~2018年) (f) TN验证期(2019~2020年)

(g) TP率定期(2017~2018年) (h) TP验证期(2019~2020年)

图 6-15 率定期及验证期拟合情况

由此可得，鹦鹉沟小流域的径流、泥沙及污染物(TN、TP)的率定验证结果均满足要求，拟合程度较好。说明 SWAT 模型对小流域的模拟具有一定的可信度，后续的研究结论对该区域的实际管控具有参考价值。

6.3.3　时间分布特征及相关性分析

1. 泥沙及各形态氮素、磷素时间分布特征

利用 SWAT 模型模拟得到鹦鹉沟小流域 2017～2020 年的各形态氮素、磷素非点源污染负荷总量，如表 6-8 所示。

表 6-8　不同年份的各形态氮素、磷素负荷量模拟结果

年份	降水量/mm	硝氮/kg	氨氮/kg	有机氮/kg	矿物质磷/kg	有机磷/kg	泥沙/t
2017	1111.90	43.87	21.25	18360.89	27.77	6120.34	7544.60
2018	756.70	38.98	4.41	2745.72	4.84	918.00	1878.67
2019	694.40	21.57	8.82	5789.59	10.00	1933.32	3749.13
2020	631.30	30.73	4.57	2249.51	4.65	750.42	1486.73

2017 年降水量最大，为 1111.90mm，因此泥沙及各形态氮素、磷素污染输出量值最高。2020 年则最低。2019 年虽然降水总量小于 2018 年，但是降水事件主要集中发生在 6～9 月，并且侵蚀性降水场次多，占比大。因此泥沙及各形态氮素、磷素污染输出量值高于 2018 年。氮污染负荷量整体上约为磷污染负荷量的 3 倍，不同形态的氮素、磷素输出量中占比最大的分别为有机氮和有机磷(王蕾等,2015)。

对模拟结果中的降水量、泥沙量和各形态氮素、磷素污染负荷输出情况进行统计，如图 6-16 及图 6-17 所示。

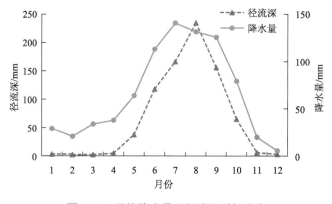

图 6-16　月均降水量及径流深时间分布

由图 6-16 及图 6-17 可得，其变化趋势相类似，整体上为单峰变化曲线。泥沙、有机氮、有机磷、NH$_3$-N、矿物质磷的负荷量和径流深均在 8 月达到峰值，NO$_3$-N 负荷量则为 7 月最多。各形态氮素、磷素污染负荷的年内分布情况与泥沙息息相关。

泥沙量和各形态氮素、磷素污染负荷量分布不均,在汛期(5～10 月)内占比高达 90% 以上。尤其是在 6～9 月内，更是远远超出其他月份的输出量值。由此可以得出，降水量与径流量的激增是导致非点源污染形成的主要因素。在该时期内进行合理的防控可使得

水污染的危害程度大幅度降低。汛期内泥沙和各形态氮素、磷素污染负荷量月均占比情况如图 6-18 所示，各形态氮素、磷素污染负荷量汛期占比如表 6-9 所示。

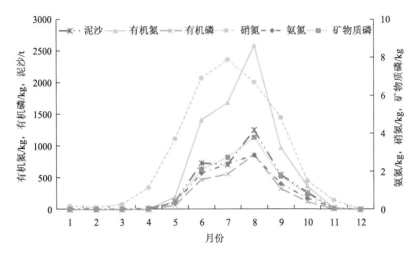

图 6-17　月均泥沙和各形态氮系、磷素污染负荷量时间分布

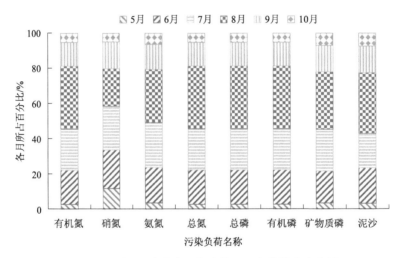

图 6-18　不同污染物在汛期内的月际负荷量流失比例

表 6-9　各形态氮素、磷素污染负荷量汛期占比

名称	降水量/mm	硝氮/kg	氨氮/kg	有机氮/kg	矿物质磷/kg	有机磷/kg	泥沙/t
汛期	652.80	31.58	9.48	7254.22	11.65	2420.08	3637.30
总计	798.58	33.79	9.76	7286.43	11.82	2430.52	3664.78
比例/%	81.74	93.47	97.12	99.56	98.60	99.57	99.27

由表 6-9 可得，汛期非点源污染负荷贡献度最大的为有机磷，高达 99.57%。汛期硝氮负荷贡献度最低，为 93.47%。其中，7、8 每个月的各种污染输出量的比例均占汛期总量的 20%以上，5 月的污染输出量在汛期中的占比最小。8 月泥沙量和各形态氮素、

磷素污染负荷的流失量达到峰值状态,其中有机氮素、磷素输出量均占全年的 35.62%,NH₃-N 为 29.36%,矿物质磷为 32.19%,泥沙为 23.07%。而硝氮输出量则在 7 月达到全年占比的最高值 23.37%。

2. 相关性分析

为了深入探究各影响因素之间的相关程度,采用 SPSS22 进行分析,结果如表 6-10 所示。

表 6-10　降水、径流、泥沙与各项污染负荷量相关性分析

相关性	径流	泥沙	硝氮	氨氮	有机氮	有机磷	矿物质磷
降水	0.906	0.921	0.749	0.937	0.957*	0.957*	0.948
径流	—	0.707	0.860	0.710	0.750	0.750	0.731
泥沙	—	—	0.940	0.993**	0.988**	0.988**	0.990**

**在 0.01 级别,相关性显著;*在 0.05 级别,相关性显著。

由表 6-10 中得出,泥沙与各形态氮素、磷素的相关程度均较高,相关性系数均达到 0.9 以上,其中泥沙与 NH₃-N 的相关性最高为 0.993,表明泥沙与各项非点源污染负荷的影响程度最大。径流与各项影响因素之间也重度相关。降水、径流和泥沙之间的相关性为 0.7 以上,且三者之间存在一定的相互关系。在降雨径流量大时,冲刷土壤的能力强,易引发水土流失,各形态氮素、磷素等污染负荷随径流及泥沙迁移进入河道,由此造成非点源污染情况。

6.3.4　空间分布特征及关键源区识别

以 2017~2020 年的年均模拟结果为基础数据,利用 ArcGIS 阐明泥沙及各形态氮素、磷素输出量的空间分布特征,识别出主要的污染源区。

1. 泥沙及各形态氮素、磷素空间分布特征

统计各分区内泥沙及各形态氮素、磷素污染负荷含量,总结不同分区中的主要污染负荷影响程度,具体如图 6-19 所示。

由图 6-19 中可以看出,各分区的产水量基本上与泥沙量呈现相同的空间分布规律。泥沙在各分区中的输出量相较于其他污染物负荷差值较大,在 5 号分区中达到最大值 42.55kg/hm²。有机氮负荷量则在各分区中含量相差无几,仅为 0.94kg/hm²。在各形态氮素的污染负荷中,有机氮含量最高,平均值为 21.64kg/hm²,高于硝氮平均值 0.64kg/hm² 一个数量级。硝氮在 2 号分区中的输出量值最大。非点源污染中的磷素输出量明显小于氮素,有机磷及矿物质磷含量在各分区的污染负荷中占比较小,并且在各区域内的分布情况较为平均。有机磷在各分区含量的平均值为 2.64kg/hm²,矿物质磷的平均值为 4.58kg/hm²。

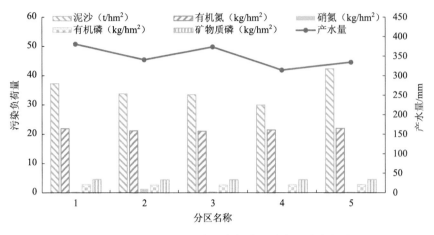

图 6-19　各分区泥沙及各形态氮素、磷素污染负荷量

2. 关键源区识别

以 5 个子流域为研究单元，选取模拟结果中的泥沙、有机氮、硝氮、有机磷、矿物质磷的年平均量为参数值，分析鹦鹉沟小流域泥沙及各形态氮素、磷素负荷的空间分布特征。利用 GIS 将其根据数值进行污染程度分级，主要为轻度、中度、重度三级，划分标准如表 6-11 所示，由此可识别出各项污染的关键源区，分布如图 6-20 所示。

表 6-11　污染程度分级划分标准

分级标准	轻度	中度	重度
泥沙/(t/hm²)	<30.14	30.14~37.52	>37.52
有机氮/(kg/hm²)	<21.30	21.30~21.55	>21.55
有机磷/(kg/hm²)	<2.59	2.59~2.64	>2.64
硝氮/(kg/hm²)	<0.17	0.17~0.56	>0.56
矿物质磷/(kg/hm²)	<4.50	4.50~4.56	>4.56

从图 6-20 中得出，泥沙输出量为重度污染的区域主要分布在小流域下游的 5 号分区，受人为影响较强，土壤质地松散，极易受到降雨径流的冲刷，因此泥沙的单位面积负荷量较高(徐金鑫等,2019)。

有机氮与有机磷空间分布规律相似，1 号和 5 号分区污染严重，均与泥沙的关键源区分布有所重合，负荷量输出较大的区域往往处于支流交汇区。重度污染的子流域面积大，土地利用类型多为种植玉米和花生的耕地，化肥用量高。尤其是在降水量及降水强度较大的子流域内，有机氮、磷极易伴随径流和泥沙进入水体，造成水环境的极度恶化。

硝氮负荷的污染关键源区 2 号分区面积小且坡度大，受冲刷影响严重，从而该子流域负荷输出量最高。但其他子流域多为中度污染，危害程度相比有机氮、磷较低。矿物质磷的关键源区为 1 号分区，与有机磷的关键源区有部分相同区域，中度污染程度的面积范围较大。矿物质磷的多数吸附在泥沙表面，化学性质稳定，在泥沙输出的过程中，常常伴随着磷素的迁移(陈岩等,2019)。

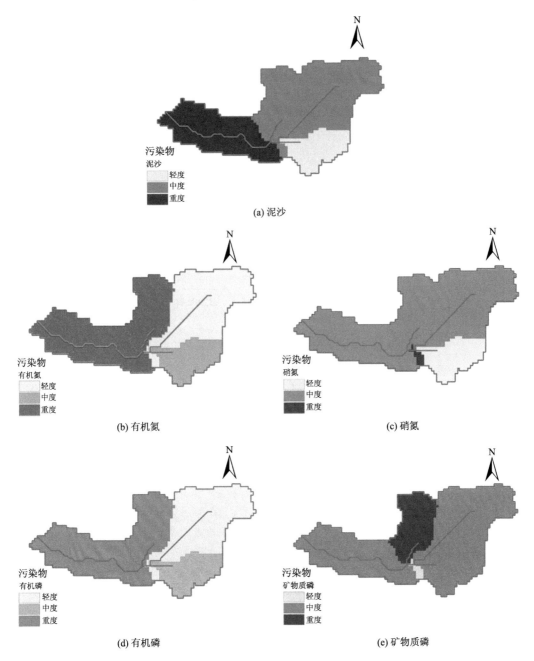

图 6-20　年平均泥沙及各形态氮素、磷素负荷分布图(t/hm²)

6.3.5　不同土地利用类型的非点源污染特征及关键污染负荷识别

不同土地利用类型下，各项非点源污染物的输出量不同。鹦鹉沟小流域内的土地利用类型大致分为耕地、林地、草地和居民区,在全流域面积的占比分别为 37.50%、51.46%、5.39%和 5.64%。

1. 非点源污染负荷分布特征

基于模拟结果,得出鹦鹉沟小流域 2017~2020 年内各种土地利用条件下的泥沙、各形态氮素、磷素污染负荷的贡献程度,如图 6-21 所示。

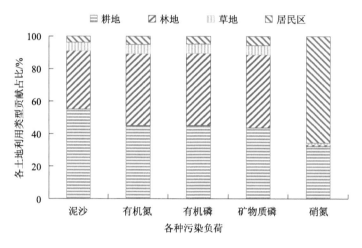

图 6-21　各种土地利用条件下各种污染负荷的贡献度

由图 6-21 可知,各种非点源污染负荷的输出值均与土地利用类型相关联。耕地面积占比小于林地,但其泥沙和各形态氮素、磷素污染负荷输出量值却最大。贡献度中占比最小的 NO₃-N 为 32.26%,其余均达到 40%以上。林地面积最大,但其硝氮含量仅不足 2%,其余各项污染负荷比例在 36.08%~44.50%。草地的各种污染负荷贡献度较为平均,都维持在 5%左右。居民区的硝氮负荷输出占比最大达到 65.70%,其余的与草地的负荷输出量持平。

统计不同土地利用类型的泥沙及各形态氮素、磷素污染负荷的单位面积输出量,且识别出关键影响因素,分析总结各项污染负荷的形成原因,具体数值如表 6-12 及图 6-22 所示。

表 6-12　各土地利用类型的年均单位面积污染负荷量

土地利用类型	泥沙/(t/hm²)	有机氮/(kg/hm²)	有机磷/(hg/hm²)	矿物质磷/(hg/hm²)	硝氮/(g/hm²)
耕地	51.01	24.80	30.36	49.02	48.09
林地	24.38	17.84	21.84	36.81	1.03
草地	32.90	21.68	26.54	44.81	11.32
居民区	23.45	18.37	21.33	42.15	65.03

注:1hg=10⁻¹kg,全书同。

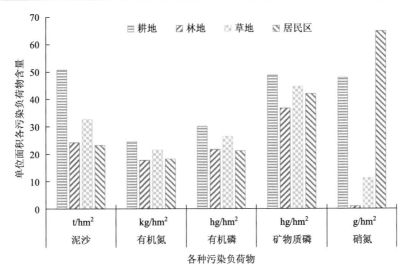

图 6-22 年均各种污染负荷单位面积负荷量

由图 6-22 可知，不同土地利用条件下泥沙及各形态氮素、磷素的单位面积输出量相差甚远，泥沙在耕地类型下的输出量最高为 51.01t/hm²，远超其他用地类型。有机氮、有机磷及矿物质磷在四种土地利用条件下的输出量较为平均，大体趋势为：耕地>草地>林地>居民区。硝氮在居民区内的单位面积输出最高为 65.03g/hm²，成为在该种土地利用条件下的主要管控污染源。

综上所述，影响各项污染负荷输出程度的首要因素是发生在耕地上的农业生产。在这个过程中，人为翻耕土地会破坏土壤内部结构，施用工业化肥会增加污染来源。在多重因素的作用下，各项非点源污染的输出量会急剧升高。而林地、草地类型仍保留原本土壤结构，并且植被覆盖率高，能够有效缓解地表径流的冲刷作用，同时也可减少非点源污染负荷的输出(赵晓芳，2019)。

2. 关键污染负荷识别

在评价确定主要污染物时，通常将各项污染物进行等标处理后排列比较。计算公式如 4.6.3 中等标负荷法所描述。鹦鹉沟小流域的水质等级以Ⅳ类为主，以《地表水环境标准》中Ⅳ类的阈值浓度进行等标计算，TN 对应的是 1.5mg/L，TP 对应的是 0.3mg/L。

2017~2020 年等标污染负荷评价结果显示，在鹦鹉沟小流域磷素污染的环境影响程度大于氮素。不同土地利用条件下，TN 和 TP 的贡献度占比如图 6-23 所示。年均 TN 负荷贡献度占比为 44.19%，TP 占比约为 55.81%，如何有效管控磷素的输出成为该区域的研究重点问题。

由图 6-23 可知，不同土地利用类型中氮素及磷素的污染程度贡献占比相差较大。其中，林地类型中的 TP 负荷的贡献占比超过 60%，而居民区的 TN 贡献占比最高。耕地、林地和草地的磷素排放源主要为磷肥的施用。居民区则应该通过监管生活污水的排放及畜禽养殖情况来控制氮素的输出。过多的氮素、磷素进入水体环境后，轻则造成富营养化，重则会危害动植物及人体的健康。鉴于此，非点源污染治理方案应根据各种污染源的情况有针对性地制定并有效实施。

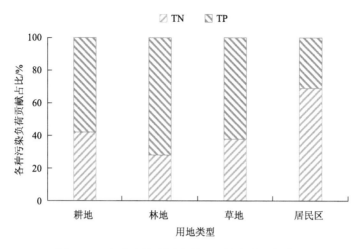

图 6-23　各种土地利用条件下污染负荷贡献占比

6.3.6　小结

（1）收集鹦鹉沟小流域的建模资料，成功构建 SWAT 非点源污染分布式模型。将鹦鹉沟小流域分为 5 个子流域，后又根据 10%的阈值将 5 个子流域划分为 55 个 HRUs，并将坡度划分为三级。模拟面积占实际流域面积的 85.08%，代表性强，模拟结果具有可信性。

（2）以小流域把口站 2017～2020 年的实测资料为基础，分别对径流、泥沙及污染物（TN、TP）进行参数敏感性分析，排序后得出影响各项指标的最佳敏感参数，并利用 R^2 和 NSE 对率定验证结果进行评价。其中，率定期的拟合程度优于验证期，率定验证结果均满足标准要求。

（3）SWAT 模型模拟小流域 2017～2020 年的各形态氮素、磷素非点源污染负荷结果表明，径流、泥沙和各形态氮素、磷素污染负荷变化趋势相类似，整体上为单峰变化曲线，均在 8 月达到峰值。年内分布不均匀，汛期的污染负荷量在全年的占比中基本达到 90%以上。在时间分布上径流对泥沙和各形态氮素、磷素污染负荷的影响程度小于降水，并且泥沙与各形态氮素、磷素污染负荷的相关程度最高。

（4）各分区的产流量基本上与泥沙含量呈现同步的空间分布规律。各子流域单位面积的泥沙负荷分布差异较大，产沙量最大的子流域为 42.55t/hm²，最低的子流域为 30.14t/hm²。有机氮与有机磷空间分布规律相似，均与泥沙的关键源区分布有所重合，负荷量输出较大的 5 号分区处于下游及支流交汇区。

（5）各种污染负荷的流失与土地利用类型关联密切，泥沙及各形态氮素、磷素污染单位面积负荷输出量分布不均，耕地类型产出的污染负荷量最大。采用等标评价法识别出磷素的污染程度要大于氮素。年均 TN 负荷贡献度占比为 37.58%，TP 占比为 62.42%。各种土地利用条件下氮素及磷素的污染程度贡献占比相差不大。

6.4　丹江流域非点源污染模拟

6.4.1　基于 SWAT 模型的丹江流域非点源污染模拟

1. 模型数据准备

利用 SWAT 模型模拟丹江流域非点源污染，需要构建丹江流域空间及属性数据库，数据来源如 6.3 所述，其中水文数据来源于长江流域汉江上游水文年鉴。

1) 空间数据库

A. 数字高程模型

本研究采用的是分辨率为 30m×30m 的 DEM，利用 ArcGIS 软件进行填洼、流向、累积量计算、提取、裁剪、投影变换等一系列操作，如图 4-34 所示。其中利用的通用横轴墨卡托投影(UTM)；投影坐标系为 WGS_1984_UTM_Zone_49N，地理坐标系为 D-WGS-1984。

B. 土地利用类型

丹江流域土地利用图同样采用中国科学院资源环境科学数据中心的 2015 年土地利用图，分辨率为 1km×1km(图 6-24)，基于《土地利用现状分类》(GB/T 21010—2017)，将土地利用类型重分类为 6 类，其中流域内耕地面积占比 21.16%，林草地占比 77.85%，三者之和占比高达 99.01%，如表 6-13 所示。

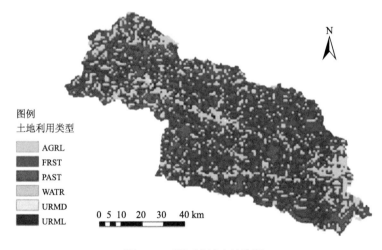

图 6-24　丹江流域土地利用

表 6-13　丹江流域土地利用类型分布特征

编码	模型中的代码	土地类型	面积占比/%
1	AGRL	耕地	21.16
2	FRST	林地	35.86
3	PAST	草地	41.98

编码	模型中的代码	土地类型	面积占比/%
4	WATR	水域	0.16
5	URMD	城镇用地	0.11
6	URML	农村居民点	0.72

注：因数值修约表中个别数据略有误差。

C. 土壤类型

土壤的理化性质会影响到地表径流发生和下渗淋溶过程，进而影响非点源污染物的迁移转化。研究区域数据来源世界土壤数据库 HWSD，分辨率为 1 km×1 km。基于不同的土壤物理性质将研究区域内的土壤类型分为 18 类，土壤类型分布特征如表 6-14 所示，土壤属性参数如表 6-15 所示，流域土壤类型如图 6-25 所示。

表 6-14　丹江流域土壤类型分布特征

分类编号	土壤类型	英文名	中文名	面积占比/%
1	ATc	Cumulic Anthrosols	堆积人为土	1.01
2	CMc1	Calcaric Cambisols1	石灰性雏形土1	13.56
3	CMc2	Calcaric Cambisols2	石灰性雏形土2	3.12
4	CMd	Dystric Cambisols	不饱和雏形土	5.98
5	CMe1	Eutric Cambisols1	饱和雏形土1	14.14
6	CMe2	Eutric Cambisols2	饱和雏形土2	2.31
7	CMe3	Eutric Cambisols3	饱和雏形土3	4.43
8	FLc1	Calcaric Fluvisols1	石灰性冲积土1	3.67
9	FLc2	Calcaric Fluvisols2	石灰性冲积土2	2.82
10	LVk1	Calcic Luvisols1	石灰性淋溶土1	2.00
11	LVk2	Calcic Luvisols2	石灰性淋溶土2	3.59
12	LVk3	Calcic Luvisols3	石灰性淋溶土3	1.26
13	LVh1	Haplic Luvisols1	活性淋溶土1	0.88
14	LVh2	Haplic Luvisols2	活性淋溶土2	20.50
15	LVh3	Haplic Luvisols3	活性淋溶土3	4.75
16	LVa	Albic Luvsiols	漂白淋溶土	2.38
17	RGc	Calcaric Regosols	石灰性粗骨土	1.75
18	RGe	Eutric Regosols	饱和粗骨土	11.85

表 6-15　SWAT 模型土壤属性参数

序号	代码	模型定义	注释
1	SNAM	土壤名称	查找属性表
2	NLAYERS	分层数	查询 HWSD
3	HYDGRP	水文学分组	公式计算
4	SOL_ZMX	土壤剖面最大根系深度(mm)	查询 HWSD
5	ANION_EXCL	阴离子交换孔隙度	0.5

续表

序号	代码	模型定义	注释
6	SOL_CRK	土壤压缩量	0.5
7	TEXTURE	土壤层的结构	查询 HWSD
8	SOL_Z	土壤表层到底层深度	查询 HWSD
9	SOL_BD	土壤湿密度	SPAW 软件计算
10	SOL_AWC	土壤有效持水量	SPAW 软件计算
11	SOL_K	饱和水力传导	SPAW 软件计算
12	SOL_CBN	有机碳含量	有机质乘 0.8
13	CLAY	黏土<0.002(mm)	查询 HWSD
14	SILT	壤土 0.002~0.05(mm)	查询 HWSD
15	SAND	沙土 0.05~2(mm)	查询 HWSD
16	ROCK	砾土>2.0(mm)	查询 HWSD
17	SOL_ALB	地表反射率	0.01
18	USLE_K	ULSE 方程中土	公式计算
19	SOL_EC	电导率(dS/m)	查询 HWSD

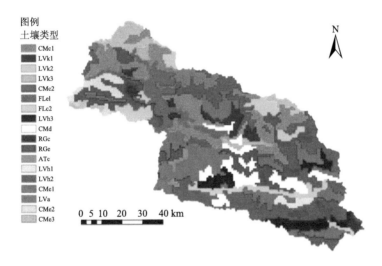

图 6-25　丹江流域土壤类型

2) 气象数据

SWAT 模型气象数据包括：日降水量、日最高最低气温、日太阳辐射量、日风速和日相对湿度等。为了计算出研究区气象站点较准确的月均气象数据，选取了商州、丹凤、商南、洛南、山阳 5 个站点 1974~2018 年共 45 年时间序列的逐日数据构建丹江流域的天气发生器数据库，模型模拟时间为 2006~2018 年，各气象站基础资料如表6-16所示。

表 6-16　丹江流域气象站资料

站点	经度/(°)	纬度/(°)	海拔/m
商州	109.97	33.87	742
丹凤	110.33	33.70	639
商南	110.90	33.53	523
洛南	110.15	34.10	963.4
山阳	109.87	33.55	660.2

3) 子流域划分

SWAT 模型结合 GIS 软件基于 DEM 提取流域水系，随后设定流域阈值以及流域出口点，划分子流域。研究表明，子流域对氮、磷等污染物以及泥沙有较大的影响。根据相关研究推荐的最优流域阈值面积以及参考汉丹江流域 SWAT 模型的推荐值，以荆紫关水文站为流域出口，取流域阈值 21024hm²，划分子流域 21 个，模型模拟的总面积为 7027km²，占总流域面积的 99.17%，可以代表整个研究流域，如图 6-26 所示。其中 14 号子流域面积最大，为 1031.01km²，17 号子流域面积最小，为 27.22km²，如表 6-17 所示。

表 6-17　研究区域子流域特征值

子流域编号	流域面积/km²	面积比/%	平均高程/m
1	214.11	3.05	1096.95
2	282.54	4.02	1078.62
3	375.91	5.35	1135.81
4	87.86	1.25	1102.88
5	69.43	0.99	860.96
6	579.13	8.24	1171.79
7	299.44	4.26	996.44
8	217.39	3.09	1073.00
9	331.10	4.71	943.28
10	261.16	3.72	1176.73
11	529.98	7.54	913.69
12	892.88	12.71	1007.01
13	342.40	4.87	858.48
14	1031.01	14.67	1012.64
15	364.83	5.19	865.93
16	275.78	3.92	733.00
17	27.22	0.39	647.59
18	143.31	2.04	674.65
19	283.31	4.03	689.46
20	218.92	3.12	838.07
21	199.48	2.84	532.26

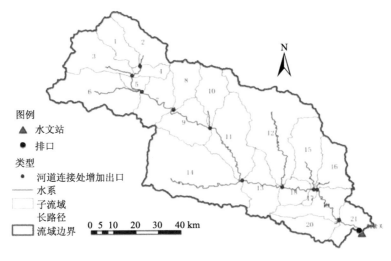

图 6-26　研究区域子流域划分

4) 水文响应单元划分

SWAT 模型又将子流域划分为具有相同土地利用、土壤类型、坡度的区域，显著提高模型的预测精度。在丹江流域采用多水文响应单元划分方法，设定土地利用、土壤、坡度阈值为 10%，则子流域中大于该阈值的土地利用、土壤类型和坡度将被保留，小于该阈值的模型不予考虑，重新计算分配面积比例；丹江流域 21 个子流域划分为 614 个 HRUs。

5) 农业管理数据

丹江流域地处秦岭南坡，以传统种植业为主，丹江流域内商洛市主以种植粮食为主，夏粮是小麦，秋粮是玉米。商洛市 2009～2017 年农业种植情况如表 6-18 所示。本研究通过 SWAT 模型设定实施各种管理措施的时间来模拟冬小麦、夏玉米轮作过程，如表 6-5 所示。研究区域畜耕翻深 15～20cm，人力耕作翻深 12～15cm。

表 6-18　商洛市主要农作物种植情况　　　　　　　　（单位：hm²）

年份	总播种面积	粮食	夏粮	小麦	秋粮	稻谷	玉米
2009	282490	216660	105580	80780	111080	760	69720
2010	286200	221860	106550	79550	115310	750	72960
2011	275250	208440	103230	72390	105210	750	72940
2012	279220	209810	103840	68420	105980	620	70970
2013	283810	209920	102070	65900	107850	590	73020
2014	282880	209530	98360	59500	111170	530	75440
2015	285950	206930	97100	57290	109840	510	73800
2016	278790	203030	95020	55510	108010	410	73300
2017	279890	201740	94600	50550	107140	360	72390

2. 模型参数敏感性分析

对模型中径流、泥沙和营养物参数的敏感性分析同样采用辅助软件 SWAT-CUP。采用全局敏感性分析，其中 t-Stat 值绝对值越大，敏感性程度越大；P-Value 值越接近 0，敏感性越显著。研究参考涉及丹江流域的相关文献（张桂轲,2016;张东海,2013）和 SWAT 校准指南的推荐参数，选取 40 个参数进行敏感性分析。其中修改方法 v、r 分别代表赋值和乘以百分比浮动值，如表 6-19 所示。

表 6-19　可用于模型敏感性分析的参数

序号	参数	定义	位置	方法	范围	率定对象
1	CN2	SCS 径流曲线系数	mgt	r	−0.2～0.2	径流
2	ALPHA_BF	基流 α 系数	gw	v	0～1	径流
3	GW_DELAY	地下水滞后系数	gw	v	30～450	径流
4	GWQMN	浅层地下水径流系数	gw	v	0～2	径流
5	SOL_K	饱和水力传导系数	sol	r	−0.8～0.8	径流
6	SOL_AWC	土壤可利用水量	sol	r	−0.2～0.4	径流
7	ESCO	土壤蒸发补偿系数	hru	v	0～1	径流
8	SFTMP	降雪气温	rte	v	−5～5	径流
9	CH_K2	河道有效水力传导系数	sol	r	0.01～150	径流
10	SOL_BD	表层土壤湿容重	rte	r	−0.5～2.5	径流
11	ALPHA_BNK	河道调蓄系数	rte	v	0～1	径流
12	GW_REVAP	地下水再蒸发系数	rte	v	0.02～0.2	径流
13	CH_N2	主河道曼宁系数值	bsn	v	0～0.3	径流
14	REVAPMN	浅层地下水再蒸发系数	gw	v	190～579	径流
15	SOL_ALB	潮湿土壤反映率	sol	r	0～0.25	径流
16	BIOMIX	生物混合效率系数	mgt	v	0～1	径流
17	CANMX	最大冠层蓄水量	hru	v	0～100	径流
18	USLE_C	植物覆盖因子最小值	crop	v	0.003～0.45	泥沙
19	SPCON	泥沙输移线性系数	bsn	v	0.001～0.01	泥沙
20	SPEXP	泥沙输移指数系数	bsn	r	1.0～1.5	泥沙
21	CH_EROD	河道冲刷系数	rte	r	0.05～0.6	泥沙
22	CH_COV	河道覆盖系数	rte	v	−0.01～1	泥沙
23	SLSUBBSN	平均坡长	hru	r	10～150	泥沙
24	USLE_P	USLE 水土保持措施因子	mgt	v	0～1	泥沙
25	RSDCO	作物残留矿化率	bsn	r	0.02～0.10	泥沙
26	APM	坡面峰值流量系数	bsn	v	0.50～2.00	泥沙
27	PRF	河道峰值流量系数	bsn	v	0.00～2.00	泥沙
28	USLE_K	土壤侵蚀因子	soil	r	0～0.65	泥沙
29	NPERCO	氮渗透系数	bsn	v	0～1	氮
30	SOL_ORGN	土壤有机氮的起始浓度	chm	v	20～100	氮

序号	参数	定义	位置	方法	范围	率定对象
31	BC1	氨氮生物氧化速度	swq	v	0.1～1	氮
32	N_UPDIS	氮吸收分布参数	bsn	v	20～100	氮
33	SDNCO	反硝化的土壤含水量阈值	bsn	v	0～1	氮
34	ERORGN	氮渗透系数	hru	v	0～5	氮
35	PPERCO	磷渗透系数	bsn	v	10～18	磷
36	PHOSKD	土壤磷分配系数	bsn	v	100～200	磷
37	SOL_ORGP	土壤有机磷的起始浓度	chm	v	0～100	磷
38	SOL_LABP	土壤易分解磷的起始浓度	chm	v	0～100	磷
39	PSP	磷的有效性指数	bsn	v	0.01～0.7	磷
40	ERORGP	磷富集率	hru	v	0～5	磷

运用 SWAT-CUP 中的 SUFI-2 算法进行参数的敏感性分析，考虑了参数的不确定性因素，基于径流、泥沙、营养物的输出量进行参数敏感性分析，迭代次数为 500 次，参数敏感性排序及显著性程度结果如表 6-20～表 6-22 所示。

表 6-20　径流敏感性分析结果

敏感性排序	参数	t-Stat	P-Value
1	CN2.mgt	2.88	0.006
2	GW_REVAP.gw	1.84	0.073
3	SOL_BD.sol	−1.59	0.119
4	CANMX.hru	1.29	0.203
5	SOL_K.sol	−1.28	0.210
6	ESCO.hru	1.21	0.235
7	REVAPMN.gw	−0.88	0.284
8	GW_DELAY.gw	0.67	0.307
9	GWQMN.gw	0.49	0.326
10	CH_K2.rte	0.18	0.455

表 6-21　泥沙敏感性分析结果

敏感性排序	参数	t-Stat	P-Value
1	CN2.mgt	−9.65	0.010
2	SOL_BD.sol	6.38	0.028
3	ESCO.hru	−5.94	0.030
4	CH_K2.rte	−4.70	0.040
5	SOL_K.sol	2.96	0.056
6	CH_ERODMO.rte	−2.46	0.059
7	SPEXP.bsn	−1.65	0.109
8	GW_DELAY.gw	−1.36	0.184

敏感性排序	参数	t-Stat	P-Value
9	CH_COV1.rte	−1.27	0.214
10	GWQMN.gw	1.11	0.277
11	GW_REVAP.gw	−0.93	0.359
12	REVAPMN.gw	−0.92	0.363

表 6-22　营养物敏感性分析结果

敏感性排序	参数	t-Stat	P-Value
1	CH_K2.rte	3.04	0.006
2	SOL_K.sol	−2.23	0.037
3	GWQMN.gw	−2.12	0.045
4	BC4.swq	2.04	0.054
5	SPCON.bsn	−1.74	0.096
6	BC1.swq	1.63	0.117
7	ERORGP.hru	−1.55	0.135
8	NPERCO.bsn	−1.46	0.158
9	GW_DELAY.gw	1.43	0.167
10	SDNCO.bsn	−1.42	0.169
11	SOL_BD.sol	1.41	0.173
12	REVAPMN.gw	1.19	0.245
13	CN2.mgt	1.12	0.274
14	PHOSKD.bsn	−1.10	0.284
15	CANMX.hru	0.96	0.347
16	PSP.bsn	0.85	0.406
17	SOL_ORGN.chm	0.77	0.451
18	N_UPDIS.bsn	−0.63	0.534

3. 模型结果的率定与验证

模型参数校准需要进行参数的率定与验证。运行初期需要设置预热期(2~3 年),应用 SWAT-CUP 软件中的 SUFI-2 算法模拟输出结果,对比观测值与模拟值,参照最佳模拟参数值和推荐参数范围值进行重复率定,直到模型精度合理。率定顺序为径流、泥沙、营养物。本研究采用 3 个指标来评价模型的模拟效果,分别是 RE、确定性系数和 NSE,其计算公式见 5.2.2 节和式(4-33)。

1)径流

采用荆紫关水文站的水量水质数据进行模拟,模型模拟预热期为 3 年(2006~2008 年),模拟时长为 2009~2018 年。流量参数校准为 SWATOutput 中 rch 文件的 FLOW_OUT(m³/s)字段,受资料所限,率定期为 2009~2012 年,验证期为 2013~2014 年,2016 年和 2018 年。

由参数敏感性分析知 CN2.mgt、GW_REVAP.gw、SOL_BD.sol、CANMX.hru SOL_K.sol 等为较敏感的参数，通过模型调参得到径流实测值与模拟值的评价结果，如图 6-27，图 6-28 和表 6-23 所示。径流率定验证表明拟合结果较好，R^2 达到 0.8 以上，NSE 达到 0.7 以上，RE 也是在±20%以内。符合模型的精度要求，能较好地模拟流域的径流量。

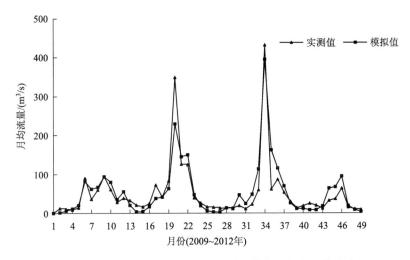

图 6-27 径流率定期(2009～2012 年)模拟值与实测值对比

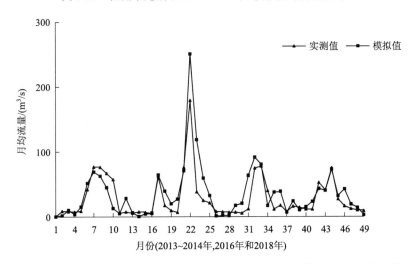

图 6-28 径流验证期(2013～2014 年,2016 年和 2018 年)模拟值与实测值对比

表 6-23 径流率定期和验证期模拟评价指标

模拟期	RE	R^2	NSE
率定期 2009～2012 年	−5.40%	0.86	0.86
验证期 2013～2014 年，2016 年和 2018 年	−15.30%	0.80	0.73

2) 泥沙

泥沙是氮磷等营养物流失的主要载体,本身就是重要的一种非点源污染,泥沙参数的准确性直接影响到水质的校准。泥沙参数校准在 rch 文件的 SED_OUT(t)字段,率定期为 2009~2011 年,验证期为 2012~2014 年。

通过调整 CH_COV1.rte、SPEXP.bsn、CH_ERODMO.rte 等敏感性参数,得到泥沙率定验证模拟结果,如图 6-29、图 6-30 和表 6-24 所示。泥沙月均模拟 RE 在 ±20%内,$R^2 \geqslant 0.6$ 且 NSE $\geqslant 0.5$,满足模型模拟精度要求,模型对流域泥沙的模拟有较强的适应性。

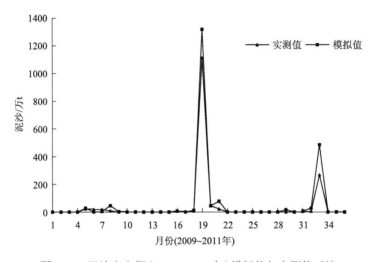

图 6-29 泥沙率定期(2009~2011 年)模拟值与实测值对比

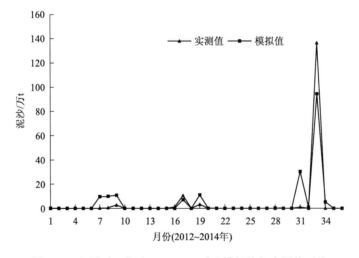

图 6-30 泥沙验证期(2012~2014 年)模拟值与实测值对比

表 6-24 泥沙率定期和验证期模拟评价指标

模拟期	RE	R^2	NSE
率定期 2009~2011 年	−19.80%	0.85	0.83
验证期 2012~2014 年	−15.30%	0.80	0.74

3）营养物

SWAT 模型包含氮、磷等各种营养物，各种形态的氮素、磷素相互之间转化，需要考虑到参数之间的变化关系。考虑近期水质资料的代表性和资料的有限性，以及与流量资料的匹配度，本研究对 NH_4^+-N 和 TP 进行营养物的参数校准，分别位于 rch 文件的 NH_4^+-N_OUT（kg）字段和 TP_OUT（kg）字段，率定期为 2013~2014 年，验证期为 2016 年和 2018 年。SWAT 模型营养物率定过程需要实测的非点源污染负荷数据，研究采用的水质资料中包含了点源和非点源污染负荷，因此需要进行非点源污染负荷的分割。采用数字滤波法（Nathan,1990）分割出地表径流和基流（图 6-31），平均浓度法（李怀恩,2000）估算非点源污染负荷；基于月均流量与污染物浓度之积得到月总负荷量，年内枯季污染物浓度作为点源浓度，乘以对应基流得到年内点源污染负荷量，再用年内污染物各月总负荷量减去月点源污染负荷得到月非点源污染负荷量。进而对分割出的逐月非点源污染负荷量进行参数率定与验证（杜娟,2013）。

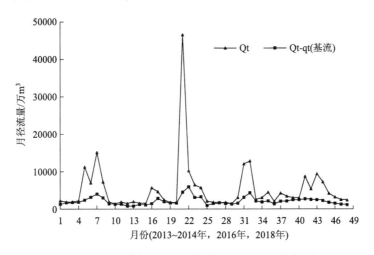

图 6-31 基于数字滤波法的荆紫关水文站月基流分割

A.NH₃-N

通过调整 BC1.swq、NPERCO.bsn、SDNCO.bsn 等营养物参数对 NH₃-N 进行率定验证，如图 6-32、图 6-33 和表 6-25 所示。可以看出 NH₃-N 率定期 RE、R^2、NSE 分别为 16.20%、0.80 和 0.68，NH₃-N 验证期 RE、R^2、NSE 分别为−5.80%、0.82 和 0.60，综合评价达到精度要求、模拟效果较好。

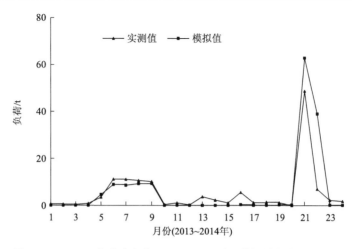

图 6-32　NH₃-N 负荷率定期(2013～2014 年)模拟值与实测值对比

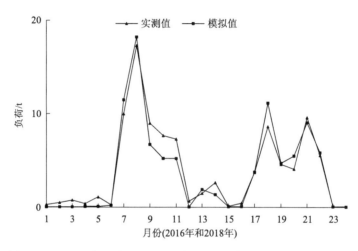

图 6-33　NH₃-N 负荷验证期(2016 年和 2018 年)模拟值与实测值对比

表 6-25　NH₃-N 率定期和验证期模拟评价指标

模拟期	RE	R^2	NSE
率定期 2013～2014 年	16.20%	0.80	0.68
验证期 2016 年和 2018 年	−5.80%	0.82	0.60

B.TP

通过调整 ERORGP.hru 、PHOSKD.bsn 、PSP.bsn 等参数使 TP 实测值与模拟值吻合,率定验证结果如图 6-34、图 6-35 和表 6-26 所示。可以看出 TP 率定期 RE、R^2、NSE 分别为 4.80%、0.92 和 0.62,TP 验证期 RE、R^2、NSE 分别为 0.10%、0.87 和 0.71,综合评价达到精度要求、模拟效果较好。

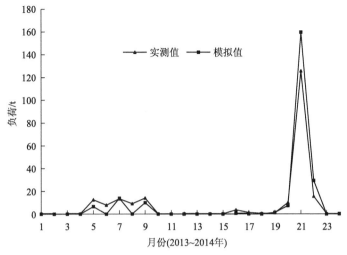

图 6-34　TP 负荷率定期(2013～2014 年)模拟值与实测值对比

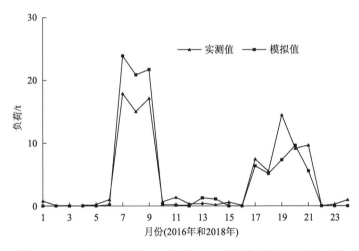

图 6-35　TP 负荷验证期(2016 年和 2018 年)模拟值与实测值对比

表 6-26　TP 率定期和验证期模拟评价指标

模拟期	RE	R^2	NSE
率定期 2013～2014 年	4.80%	0.92	0.62
验证期 2016 年和 2018 年	0.10%	0.87	0.71

综上所述,对流域流量、泥沙和非点源污染负荷进行了率定验证,模拟效果较好,表明 SWAT 模型对流域模拟适应性较强。最终确定相关的敏感性参数,如表 6-27 所示。

表 6-27　模型参数率定值

参数	定义	率定值	方法
CN2.mgt	SCS 径流曲线系数	−0.109	r
GW_DELAY.gw	地下水滞后系数	24.287	v

参数	定义	率定值	方法
ESCO.hru	土壤蒸发补偿系数	0.052	v
CH_K2.rte	河道有效水力传导系数	99.737	v
CANMX.hru	最大冠层蓄水量	6.892	v
GW_REVAP.gw	地下水再蒸发系数	0.040	v
SOL_BD.sol	表层土壤湿容重	0.101	r
REVAPMN.gw	浅层地下水再蒸发系数	2.063	v
GWQMN.gw	浅层地下水径流系数	284.361	v
SOL_K.sol	饱和水力传导系数	0.154	r
SPCON.bsn	泥沙输移线性系数	0.015	v
SPEXP.bsn	泥沙输移指数系数	1.121	v
CH_COV1.rte	河道冲刷系数	0.046	v
CH_ERODMO.rte	河道覆盖系数	0.220	v
SOL_ORGN.chm	土壤有机氮的起始浓度	78.942	v
NPERCO.bsn	氮渗透系数	0.568	v
BC1.swq	氨氮生物氧化速度	0.543	v
N_UPDIS.bsn	氮吸收分布参数	59.790	v
PHOSKD.bsn	土壤磷分配系数	182.317	v
PSP.bsn	磷的有效性指数	0.220	v
ERORGP.hru	磷富集率	3.212	v
BC4.swq	有机磷的矿化速度	0.609	v

4. 流域非点源污染特征分析及关键源区识别

1) 时间分布特征

基于率定验证好的参数,重新运行 SWAT 模型。通过模拟流域内不同年份的非点源污染负荷,分析流域内径流、泥沙和营养物的时空变化特征,识别关键源区,为非点源污染控制管理提出科学的建议。运行 SWAT 模型模拟丹江流域 2013 年、2014 年、2016年和 2018 年的氮磷非点源污染负荷,模拟结果如表 6-28、图 6-36 和图 6-37 所示。

表 6-28　不同年份的氮磷负荷模拟结果

年份	降水量/mm	硝氮/t	亚硝氮/t	氨氮/t	有机氮/t	矿物质磷/t	有机磷/t
2013	684.02	1309.84	4.59	40.95	18.43	8.43	22.23
2014	806.11	2194.70	45.08	99.03	97.16	143.33	55.49
2016	721.83	1749.12	4.44	47.38	57.50	24.83	42.10
2018	762.55	1816.34	1.87	43.41	26.86	10.54	25.80

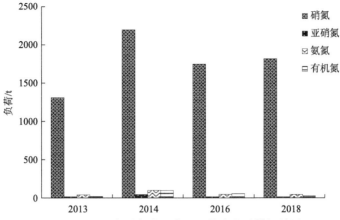

图 6-36　不同年份氮素非点源污染负荷量模拟结果

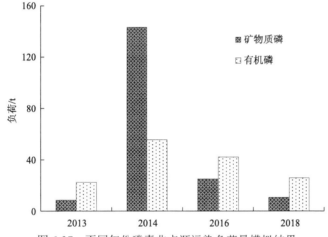

图 6-37　不同年份磷素非点源污染负荷量模拟结果

由表 6-28、图 6-36 和图 6-37 可知，2014 年的氮素、磷素污染负荷量最大，2013 年的氮素、磷素污染负荷量最低，随降水量大小变化，氮素污染负荷量整体上大于磷污染负荷，不同类型的氮负荷中硝氮占有最大比例，磷素负荷中 2014 年矿物质磷负荷占比较高，主要是由于降水量相对较大，矿物质磷产出多，其他年份有机磷占比较高。

运行模型提取 SWATOutput 中 rch 文件的各类参数值，统计月均降水量、径流深、泥沙和非点源污染负荷的模拟结果如表 6-29 所示，不同污染物的月负荷流失比例如图 6-38 所示，月均降雨径流时间分布如图 6-39 所示，月均泥沙和非点源污染负荷时间分布如图 6-40 所示。

表 6-29　月均降水量、径流深、泥沙和非点源负荷污染负荷模拟计算结果

月份	降水量/mm	径流深/mm	泥沙/t	硝氮/t	亚硝氮/t	氨氮/t	有机氮/t	有机磷/t	矿物质磷/t
1	16.84	72.64	24578	12.37	0.23	0.64	0.26	0.02	0.40
2	15.00	48.89	8748	73.50	0.15	0.46	1.11	0.03	0.33
3	19.51	71.16	15988	188.00	0.02	0.04	1.08	0.15	0.01

续表

月份	降水量/mm	径流深/mm	泥沙/t	硝氮/t	亚硝氮/t	氨氮/t	有机氮/t	有机磷/t	矿物质磷/t
4	64.99	312.69	147487	188.80	1.38	0.83	3.87	2.52	6.05
5	106.57	327.07	325673	45.72	0.40	2.32	3.95	2.73	1.75
6	92.27	366.14	171463	252.60	0.43	4.81	6.20	4.82	1.71
7	116.78	646.35	309160	239.17	1.44	7.88	6.16	6.35	5.70
8	84.34	498.04	207600	185.77	1.50	7.21	6.82	5.82	6.41
9	139.45	908.84	850217	333.72	4.86	20.49	9.11	8.40	15.47
10	53.09	466.60	221480	147.90	2.80	9.17	7.00	2.60	7.90
11	29.15	274.64	152240	92.17	0.77	3.10	3.36	2.30	1.02
12	5.65	82.00	45580	7.79	0.02	0.72	1.08	0.67	0.00
总计	743.63	4075.07	2480214	1767.50	14.00	57.69	49.99	36.41	46.78
丰水期	485.93	2885.97	1759920	1159.16	11.04	49.56	35.29	27.99	37.20
比例/%	65.35	70.82	70.96	65.58	78.86	85.92	70.59	76.87	79.53

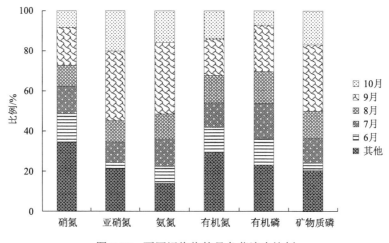

图 6-38　不同污染物的月负荷流失比例

由表 6-29 可知，降水量、径流深、泥沙量和非点源污染负荷年内分布不均匀，主要集中在丰水期(6～10 月)，各模拟值在丰水期内都达到 65%以上，其中降水量比例占全年的 65.35%，径流深占比 70.82%，泥沙产量占比 70.96%，硝氮负荷占全年比例 65.58%，亚硝氮负荷占比 78.86%，氨氮负荷占比 85.92%，有机氮负荷占比 70.59%，有机磷负荷占比 76.87%，矿物质磷负荷占比 79.53%。丰水期降水量、泥沙量和非点源污染负荷远大于其他月份，说明降雨径流与非点源污染负荷的产生密切相关。

图 6-38 可以看出丰水期内不同污染物的月负荷流失比例，6～10 月中每个月的有机氮流失负荷比例占全年比例 10%以上，其中 9 月非点源污染负荷占全年流失比例最高，硝氮负荷占全年的 18.88%，亚硝氮负荷占比 34.75%，氨氮负荷占比 35.52%，有机氮负荷占比 18.22%，有机磷负荷占比 23.07%，矿物质磷负荷占比 33.08%。

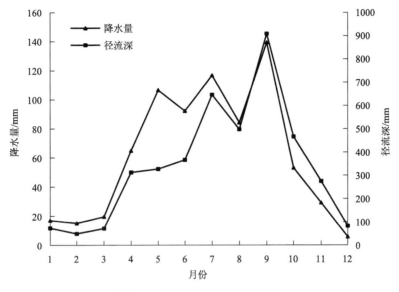

图 6-39　月均降雨径流时间分布

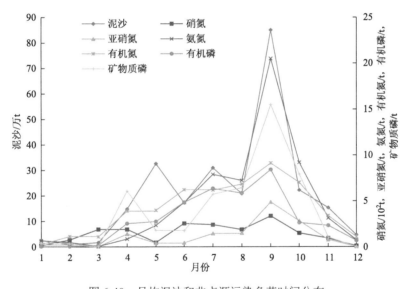

图 6-40　月均泥沙和非点源污染负荷时间分布

由图 6-39 和图 6-40 可以看出，降水量、径流深、泥沙量和氮磷非点源污染负荷变化趋势始终与降雨保持一致，整体呈现先增加后减少的趋势，反映了降雨是影响流域水文过程的首要条件。泥沙、硝氮、亚硝氮和矿物质磷表现为 1～6 月上下波动，6～9 月逐渐上升，9 月为峰值，9～12 月逐渐降低；而氨氮、有机氮和有机磷变化特征相同，1～9 月逐渐上升，在 9 月达到最大值，9～12 月逐渐降低，泥沙与非点源污染负荷的变化特征与降雨径流密切相关。

为进一步研究降水、径流、泥沙与非点源污染负荷的相关性，利用 SPSS22 对研究流域各因素做时间上的相关性分析，如表 6-30 所示。

表6-30 研究流域降水量、径流深、泥沙量和非点源污染负荷的时间相关性

相关性	径流	泥沙	硝氮	亚硝氮	氨氮	有机氮	有机磷	矿物质磷
降雨	0.891**	0.833**	0.713**	0.637*	0.732**	0.848**	0.911**	0.716**
径流	—	0.905**	0.775**	0.875**	0.927**	0.942**	0.956**	0.907**
泥沙	—	—	0.648*	0.873**	0.920**	0.792**	0.836**	0.874**

**相关性显著水平为0.01，*相关性显著水平为0.05。

从表6-30可以看出，降水量、径流深和泥沙量在0.01置信区间水平上的相关性达到0.8以上，高度相关，说明降水量和径流深对泥沙输出影响较大；其中降雨量与有机磷相关性达到0.911，有机氮为0.848，相关性较为显著，与硝氮、亚硝氮、氨氮和矿物质磷的相关性也有0.6以上，为重度相关。径流深与泥沙量、氨氮、有机氮、有机磷和矿物质磷相关性高达0.9以上，有显著的相关性，说明时间分布上径流深对泥沙量和非点源污染负荷的影响大于降雨，降雨形成的径流是污染物运移的直接载体。泥沙量与亚硝氮、氨氮、有机磷和矿物质磷的相关性在0.8以上，为高度相关，硝氮和有机氮的相关性在0.6以上，为中度相关，说明泥沙量在时间分布上对非点源污染负荷影响较大。

2) 空间分布特征

利用构建的SWAT模型模拟丹江流域的非点源污染负荷，结合ArcGIS软件分析非点源污染的空间分布规律，以2013年、2014年、2016年和2018年的年均模拟结果为研究对象，流域非点源污染负荷的空间变化主要与降水量和土壤植被有关。因此，模拟流域降水量、径流深、泥沙量和非点源污染负荷的空间分布。

A. 流域降雨径流的空间分布

选取研究流域内2013年、2014年、2016年和2018年的21个子流域单元输出文件，提取SWATOutput中Sub文件的PRECIP(降水量)和WYLD(产水量)参数值，结合ArcGIS分析流域降雨径流的分布特征，如图6-41、图6-42所示。

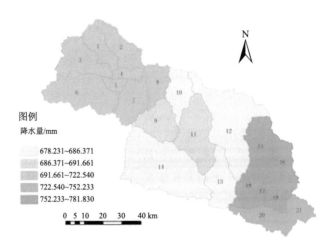

图6-41 年平均降水量分布图

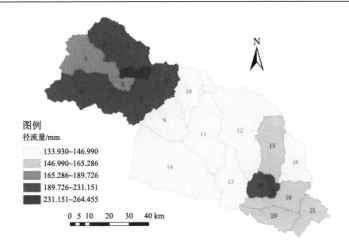

图 6-42　年平均产水量分布图

由图 6-41 可以看出，降水量在 678～781mm，研究区域东南地区降水量最大，集中在 15～19 号子流域，位于商南县，境内耀岭河站周围降水量属于高值区；降水量较少区域在 10 号、12～14 号子流域，属于河谷区域降水低值区；流域降水分布极为不均匀，整体降水量河谷低于四周，降水量与海拔高度呈正相关关系。

由图 6-42 可知，流域内子流域径流量在 106～250mm，径流深与降水量空间变化趋势基本一致，呈现一定的正相关关系。4 号及上游区域降水量不小，且地形坡度大，有支流板桥河、南秦河汇入增加径流量；17 号和 18 号子流域降水量大，有支流武关河和清油河汇入。

B. 流域泥沙的空间分布

选取 SWATOutput 中 Sub 文件的 SYLD(泥沙)参数值，以 21 个子流域为单元结合 ArcGIS 分析流域泥沙负荷的分布特征，如图 6-43 所示。

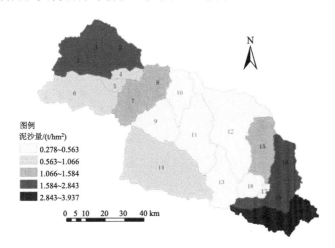

图 6-43　年平均泥沙负荷分布图

从流域泥沙负荷分布图看出，各子流域单位面积的泥沙负荷分布差异较大，产沙强度最大的子流域高达 $3.937t/hm^2$，最低的子流域为 $0.278t/hm^2$；泥沙负荷分布与降雨径流有一定的相似性，主要集中在降水量多，产流量大的区域，同时又有不同之处，14 号子流域海拔高差达到 1352m，受地形坡度影响，土壤侵蚀现象严重，1 号、2 号、3 号子流域土壤多为淋溶褐土和棕壤性土，最高海拔达到 1955m，降水量不低，土壤可蚀性高，所以泥沙负荷较高；说明泥沙负荷的产出是降雨径流、地形坡度、土壤类型等下垫面因素共同作用的。

C. 流域氮素、磷素空间分布

选取 SWATOutput 中 Sub 文件的 ORGN（有机氮）、NSURQ（地表径流硝酸盐含量）参数值，以 21 个子流域为单元结合 ArcGIS 分析流域氮负荷的分布特征，如图 6-44、图 6-45 所示。由图可知，有机氮负荷的输出与泥沙的分布有很高的一致性，有机氮负荷产出较大的区域是 2 号、3 号、19 号和 21 号子流域，该区域降水量大，产水量大，坡耕地

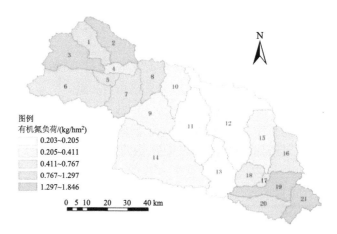

图 6-44　年平均有机氮负荷分布图

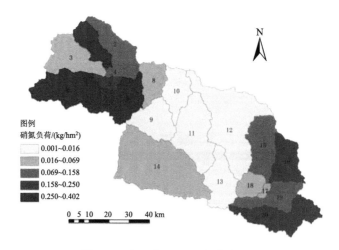

图 6-45　年平均 NO_3-N 负荷分布图

水土流失严重，土壤中的氮素流失进入河道。NO₃-N 负荷的输出与土壤中 NO_3-N 含量、土壤侵蚀有关，1 号、6 号和 7 号子流域 NO_3-N 产出较大，该区域玉米种植比例高，耕地面积比例较高，土壤中 NO_3-N 含量大，且降水量多，所以 NO_3-N 负荷较大。

选取 SWATOutput 中 Sub 文件的 ORGP（有机磷）、SEDP（矿物质磷）、SOLP（可溶磷）参数值，以 21 个子流域为单元结合 ArcGIS 分析流域磷负荷的分布特征，如图 6-46、图 6-47、图 6-48 所示。

由图 6-46 可知，有机磷负荷输出与泥沙负荷分布有很高的一致性，受雨强和土壤侵蚀性影响较大，由于磷化学性质没有氮活泼，水溶性小，容易吸附在土壤上，以颗粒态为主；降雨径流冲刷带动泥沙产出的同时，输移有机磷进入河道，其中 1 号、2 号、3 号、20 号和 21 号子流域有机磷含量较高，区域降水量大且支流汇入，大量泥沙携带着有机磷。

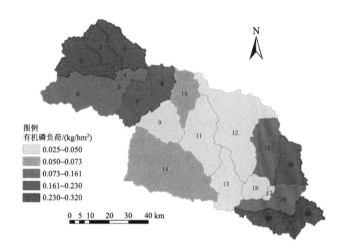

图 6-46　年平均有机磷负荷分布图

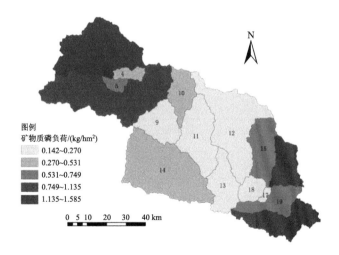

图 6-47　年平均矿物质磷负荷分布图

图 6-47 为矿物质磷的输出负荷分布图,与泥沙分布非常相似,主要集中在 1 号、2 号、3 号和 20 号子流域,该地区降水量大且泥沙负荷产出高,吸附在固体颗粒表面的矿物质磷随泥沙的输移进入河道,增加矿物质磷的含量。图 6-48 中可溶磷负荷主要分布在 2 号、5 号子流域,与降雨径流的有直接关系,该子流域的降雨径流产出量较大的同时,输移可溶磷的负荷也是较大。

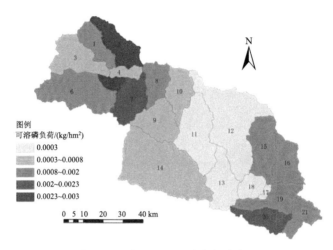

图 6-48　年平均可溶磷负荷分布图

为进一步研究径流量、泥沙量与非点源污染负荷在子流域上的相关性,利用 SPSS22 对研究流域各因素做空间上的相关性分析,如表 6-31 所示。可以看出径流量与泥沙量在 0.01 置信区间水平上相关性达到 0.576,为中度相关,径流量与氮磷均呈正相关,但相关性不显著,说明流域上径流量对泥沙量影响较大,对氮磷非点源污染负荷影响较小。泥沙量与氮磷都有较显著的相关性,其中泥沙量与有机磷、矿物质磷相关性达到 0.8 以上,为高度相关,与有机氮、硝氮、可溶磷相关性也达到 0.5 以上,为中度相关,说明泥沙量对氮磷非点源污染负荷在空间上的影响较大,主要因为降水量大、产流量大时,随降雨径流冲刷土壤的能力强,易引发水土流失,氮磷等随泥沙输移进入河道,造成非点源污染。

表 6-31　研究流域径流量、泥沙量和非点源污染负荷的空间相关性

相关性	泥沙量	有机氮	硝氮	有机磷	可溶磷	矿物质磷
径流量	0.576[**]	0.397	0.313	0.256	0.18	0.248
泥沙量	—	0.783[**]	0.606[**]	0.860[**]	0.582[**]	0.818[**]

**相关性显著水平为 0.01。

3) 关键源区识别

A. 关键源区识别方法

为了深入了解流域非点源污染空间分布特点,加强对各区县非点源污染的等级划分和非点源污染控制管理,基于流域 SWAT 模型的输出结果,研究采用单位面积负荷指数

法识别流域内的关键源区(Giri et al.,2015)。选取研究流域 2013 年、2014 年、2016 年和 2018 年 SWATOutput 中 Sub 文件的 ORGN(有机氮)、NSURQ(地表径流硝酸盐)、LAT-Q-NO$_3$(侧向流硝酸盐)和 GWNO$_3$(地下水硝酸盐)参数值总和作为 TN 的年均单位面积流失强度负荷，以及 ORGP(有机磷)、SEDP(矿物质磷)、SOLP(可溶磷)参数值总和作为 TP 的年均单位面积流失强度负荷，采用自然裂点分级法，划分氮磷流失强度为五个等级，将单位面积污染物负荷产出高的子流域作为流域非点源治理的优先区域，确定流域的关键源区，为流域非点源污染控制技术方法提供科学依据。评价指标等级划分如表 6-32 所示。

表 6-32　评价指标等级划分

评价指标	流失强度分级标准				
	轻度	较轻	中度	较重	重度
TN/(kg/hm^2)	0.598~1.972	1.972~3.449	3.449~5.155	5.155~9.013	9.013~12.005
TP/(kg/hm^2)	0.167~0.322	0.322~0.458	0.458~0.905	0.905~1.357	1.357~1.908

B. 关键源区识别结果

根据评价指标的等级划分标准，丹江流域 TN 和 TP 的关键源区划分结果如图 6-49、图 6-50 所示。

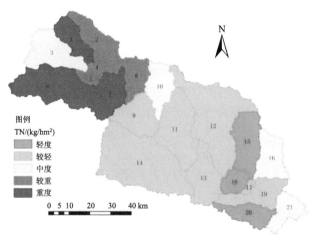

图 6-49　丹江流域 TN 流失强度等级图

由图 6-49 可知，研究区域 TN 负荷流失强度在 0.598~12.005kg/hm^2，主要分布在流域上游，1 号、6 号、7 号子流域流失强度最为严重，单位面积负荷达到 9.013~12.005kg/hm^2，3 个重度子流域面积占全流域的 15.55%，但 TN 负荷量占比达到 29.68%，其中耕地占子流域的 25%，也是超过耕地流域占比的 21.16%。子流域位于商州区境内，地形坡度高，以农业用地为主，耕地条件较差，坡耕地面积占比达到 63.8%，流域上游径流量较大，随降雨径流冲刷易引发水土流失；区域受人类农业生产活动影响大，种植业发达，TN 负荷贡献最大的污染源为农业用地(唐肖阳等,2018)，其中耕地中氮污染负

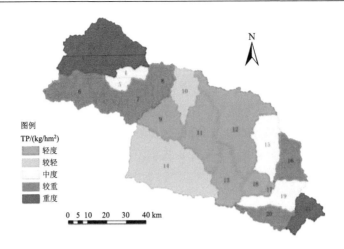

图 6-50　丹江流域 TP 流失强度等级

荷比例达到 80%以上，单位面积产出的 NO_3-N 负荷高达 18.643kg/hm^2，因此，造成该区域氮污染较为严重。前面 4.3.2 节丹江流域水质分析时商州张村断面出现污染状况，其中 NH_3-N 污染指数最大；郑淋峰(2019)预测未来土地利用变化下的非点源污染空间分布时，发现丹江上游是 TN 的高危区。

图 6-50 可以看出 TP 污染情况相对较轻，研究区域 TP 负荷流失强度在 0.167~1.908kg/hm^2，TP 流失强度和 TN 相似，主要分布在流域上游 1 号、2 号、3 号子流域以及下游 21 号子流域，单位面积负荷达到 1.357~1.908 kg/hm^2，4 个重度子流域面积占全流域的 15.26%，产出的 TP 负荷量却达到 36.72%，其中耕地占子流域的 26.52%大于流域占比的 21.16%。子流域位于商州区、洛南县和商南县境内，海拔高差大，耕地质量差，商南县坡耕地面积占比达到 65.6%，洛南县坡耕地面积更是高达 83.5%，位列全市之首；区域人类活动强烈，种植业和畜禽养殖业发达，洛南县全年农用化肥施用折纯量最大，过量的化肥易引起磷养分流失造成非点源污染，流域耕地中磷负荷比例在 57%以上，单位面积矿物质磷负荷达到 2.3167kg/hm^2，其中商南县 TP 耕地年平均负荷高达 199 kg/hm^2，畜禽养殖排污染物放量全市最多，而 TP 负荷贡献中最大的污染源为畜禽养殖，磷污染较为严重(王忙生等,2018;唐肖阳等,2018)。同样水质分析中 TP 是张村断面水质污染的重要因素，预测 TP 空间分布主要在商州主城区(郑淋峰,2019)。

综上所述，研究流域非点源污染的关键源区为 1 号、2 号、3 号、6 号、7 号、21 号子流域，6 个子流域面积占全流域的 27.76%，产出的 TN 负荷量占研究流域比例为 49.39%，TP 负荷量占研究流域比例为 45.49%，氮磷负荷占比接近一半，因此将此 6 个子流域定为关键源区。

5. 不同土地利用类型的非点源污染特征

不同土地利用类型对于非点源污染负荷量的产出贡献是不同的，因此针对流域不同类型的土地利用开展非点源污染负荷研究。由表 6-13 可知，研究流域的土地利用类型主要为耕地、林地和草地，三者之和占全部比例的 99.01%，其中耕地面积占比 21.16%，林地占比 35.86%，草地占比 41.98%，同时划分子流域时土地利用的阈值设为 10%，因此研究考虑耕地、林地、草地的非点源污染负荷。研究区域内各区县不同土地利用类型比例如表 6-33 所示。

表 6-33　研究区域内各区县不同土地利用类型比例　　（单位：%）

区县	耕地	林地	草地
商州区	24.58	30.55	42.75
洛南县	27.26	35.33	37.41
丹凤县	18.33	41.17	39.79
山阳县	17.81	34.82	47.17
商南县	25.04	32.42	42.03

从表 6-33 中看出，商州区、洛南县和商南县中耕地面积比例大于流域平均占比 21.16%，相应的林草地面积小于流域平均占比；丹凤县和山阳县耕地面积占比小于流域平均占比，林草地面积占比大于流域平均占比。

基于 SWATOutput 中的 HRU 文件，提取模型中 614 个水文响应单元的输出成果，统计研究流域 2013 年、2014 年、2016 年和 2018 年内不同土地利用类型的年均泥沙、氮磷非点源污染负荷比例和单位面积负荷量，比较非点源污染负荷量的贡献率。结果如表 6-34、表 6-35 所示。

表 6-34　不同土地利用类型的年均非点源污染负荷量比例　　（单位：%）

土地利用类型	泥沙	有机氮	硝氮	可溶磷	有机磷	矿物质磷
耕地	68.60	81.89	97.11	57.28	69.22	76.26
林地	0.41	0.34	0.71	15.05	0.76	0.49
草地	30.98	17.77	2.18	27.66	30.02	23.25

注：因数值修约表中个别数据略有误差。

由表 6-34 可知，泥沙和氮磷非点源污染负荷的流失与土地利用类型关联密切，三种土地利用方式中耕地面积占比 (21.16%) 最小，但产出的泥沙和非点源污染负荷贡献最大，可溶磷负荷量占比最小达到 57.28%，其他非点源污染负荷占比在 68% 以上，其中硝氮更是高达 97.11%。草地面积占比 (41.98%) 最大，污染负荷贡献量其次，硝氮负荷量占比最低占 2.18%，其他非点源污染负荷量占比在 17.77%～30.98%。林地面积占比次之 (35.86%)，可溶磷负荷贡献率为 15.05%，其他非点源污染负荷占比都小于 1%，贡献率最低。综上可以看出，土地利用类型中的耕地产生的非点源污染负荷量较草地和林地大，不同的土地利用类型中非点源污染负荷比例不一，主要是受人类农业生产活动的影响。研究流域属于土石山区、地形破碎，耕地面积大，过度施用农药化肥，且不合理的施肥方式将降低肥料的利用率，降雨径流冲刷易引发水土流失，氮磷等养分随径流迁移、泥沙输移携带流失，导致非点源污染负荷增高；而林地受人类农业生产活动影响最小，施用化肥量较低，植被茂盛，截留降雨作用强，植物根系降低土壤冲刷力度，减少土壤侵蚀的同时降低氮磷流失。

表 6-35　不同土地利用类型的年均非点源污染单位面积负荷量

土地利用类型	泥沙/(t/hm²)	有机氮/(kg/hm²)	硝氮/(kg/hm²)	可溶磷/(kg/hm²)	有机磷/(kg/hm²)	矿物质磷/(kg/hm²)
耕地	4.0171	2.3942	18.6430	0.0026	0.4265	2.3167
林地	0.0141	0.0058	0.0800	0.0004	0.0027	0.0088
草地	0.8977	0.2571	0.2068	0.0006	0.0915	0.3494

由表 6-35 可知，不同土地利用类型中非点源污染单位面积负荷的产出量差异明显，耕地中单位面积产出的非点源污染负荷最大，其中硝氮和泥沙分别高达 18.643kg/hm² 和 4.0171kg/hm²，草地贡献较小，普遍在 0.1～0.9kg/hm² 范围内，林地单位面积产生的非点源污染负荷更是微乎即微，全部都在 0.2kg/hm² 以下。相关研究表明，耕地面积与非点源污染负荷呈正相关关系，随面积增大而增大，而林地、草地面积与非点源污染负荷呈现负相关关系，随面积增大而减小；说明耕地是非点源污染负荷主要产出方式，林草地具有涵养水源的功能，一定程度上可以减少非点源污染负荷的输出。

6. 小结

(1)在丹江流域采用 SWAT 模型进行非点源污染模拟，结果显示径流率定期和验证期的确定性系数分别为 0.86 和 0.80，NSE 分别为 0.86 和 0.73，RE 分别为-5.40%和-15.30%；泥沙率定期和验证期确定性系数分别为 0.85 和 0.80，NSE 分别为 0.83 和 0.74，RE 分别为-19.8%和-15.30%；NH_3-N 率定期和验证期确定性系数分别为 0.80 和 0.82，NSE 分别为 0.68 和 0.60，RE 分别为 16.20%和-5.80%；TP 率定期和验证期确定性系数分别为 0.92 和 0.87，NSE 分别为 0.62 和 0.71，RE 分别为 4.80%和 0.10%。综合评价各指标均满足模型精度要求，基于 SWAT 模型的丹江流域非点源污染负荷模拟具有一定的合理性。

(2)丹江流域非点源污染的时间分布特征：降水量、径流深、泥沙量和非点源污染负荷年内分布不均匀，主要集中在丰水期(6～10 月)，占比达到 65%以上。在非点源污染负荷影响中，整体表现为径流＞泥沙＞降雨。空间分布特征：流域降雨分布整体呈现山区向河谷递减的趋势，氮磷负荷分布与泥沙产出量较高的地区大致相同。径流对氮磷非点源污染负荷影响较小，泥沙对氮磷非点源污染负荷在空间上的影响较大。

(3)土地利用类型中耕地对非点源污染负荷贡献最大，各非点源污染负荷占比达到 57.28%以上，其次为草地，林地最小。耕地中单位面积产出的非点源污染负荷最大，草地和林地较小。

(4)采用单位面积负荷指数法识别流域内的关键源区，划分氮磷流失强度为五个等级。结果表明，1 号、2 号、3 号、6 号、7 号、21 号子流域为关键源区，6 个子流域面积占全流域的 27.76%，产出的 TN 负荷量占研究流域比例为 49.39%，TP 负荷量占研究流域比例为 45.49%。

6.4.2 基于 MIKE 模型的丹江流域非点源污染模拟

1. 构建模型的步骤

1）模型范围与网格

无论是使用 MIKE SHE 模型的一个子模块，还是 5 个模块组合使用，都必须要定义模型范围（Zhao et al.,2012），模型范围给出了模型的水平范围和坡面流、非饱和流、饱和地下水流的离散水平（Liu et al., 2021）。模型的地理坐系为 WGS_1984，投影坐标系为 WGS_1984_UTM_Zone_49N。

丹江流域 DEM 精度为 30×30m，通过 DEM 提取出丹江流域的模型范围图，将生成的模型范围 shp 文件输入 MIKE SHE 模型中（图 6-51），设定单个网格尺寸（cell size）为 729m，X、Y 方向（NX 和 NY）均设为 200 列，地图投影类型选取 UTM-49。

2）地形

运用 ArcGIS 软件进行水文过程处理获得丹江流域 DEM 图，将储存高程信息的字段转换成 MIKE 特异识别的双精度格式，文件格式采用点/线 shp 的形式进行输入（图 6-52），采用双线性插值法（bilinear）进行插值，设置搜索半径（search radius）为 1000m，对网格进行内插。

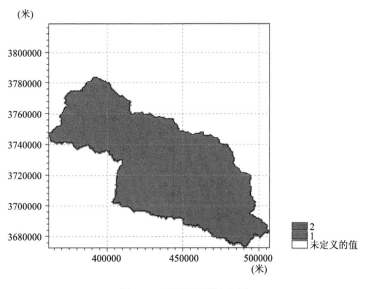

图 6-51 模型范围输入图

3）气候

气候模块的输入数据包括气象站的逐日降水量和潜在蒸发量，数据采用分布式输入形式，由于研究区域融雪量少，所以不考虑融雪模块的计算。

A. 降水数据

选取丹江流域 5 个气象站（商州区、丹凤县、商南县、洛南县和山阳县），具体地理位置信息如图 6-53 所示，利用"泰森多边形"确定各气象站控制面积。将各站点 1974～

2018 年共 45 年时间序列的逐日降水数据制备成 MIKE SHE 模型特有的 dfs0 文件格式，如图 6-54 所示。

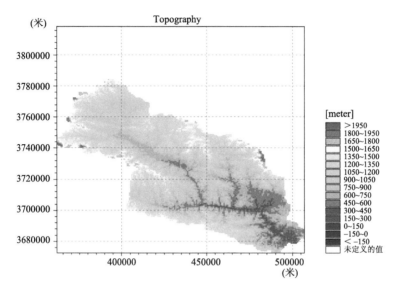

图 6-52　流域 DEM 输入图

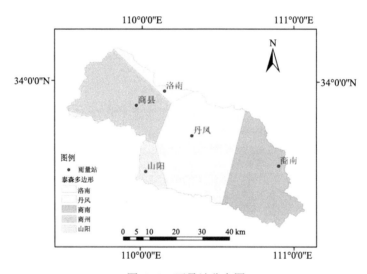

图 6-53　雨量站分布图

B. 潜在蒸发数据

5 个站点的蒸发数据有小型蒸发量和大型蒸发量两种类型，由于大型蒸发量有一些年份数据有缺失，最终采用小型蒸发量数据。采用联合国粮食及农业组织（FAO）推荐的 Penman-Monteith 方法（王志杰等,2021），计算 5 个站点的潜在蒸发量，制作 dsf0 文件输入模型，如图 6-55 所示。

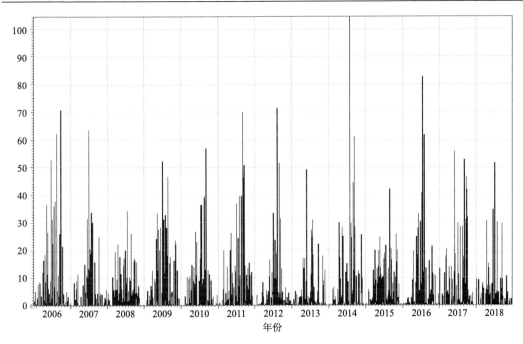

图 6-54　降水数据输入图(以商州为例)

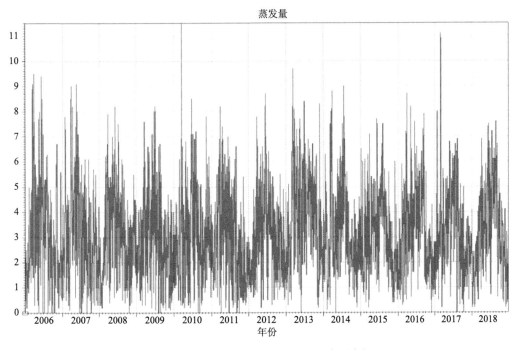

图 6-55　潜在蒸发量数据输入图(以商州为例)

4)土地利用

土地利用模块需考虑植物蒸腾和根系截留,所以输入土地利用数据区分不同土地利用类型对降雨径流过程带来的影响。丹江流域土地利用如图 6-24 所示,转换为 shp 文件,基于《土地利用现状分类》(GB/T 21010—2017)，将土地利用类型重分类为 6 类。流域内耕地、林地、草地面积之和占比高达 99.01%，如表 6-36 所示。MIKE SHE 模型还需要设置叶面积指数和根系深度系数(柏慕琛,2017)，可根据丹江流域或相似地区的相关文献设置(表 6-36)。

表 6-36 丹江流域土地利用类型分布特征

ID	土地类型	面积占比/%	叶面积指数(LAI)	根系深度(RD)
1	耕地	21.16	2	300
2	林地	35.86	6	800
3	草地	41.98	2	300
4	水域	0.16	0.8	100
5	城镇用地	0.11	0.8	100
6	农村居民点	0.72	0.8	100

注：因数值修约表中个别数据略有误差。

5)河道流(MIKE HYDRO River)

MIKE SHE 模型的河道流模块采用 MIKE HYDRO River 来完成,建模需要以下文件:

A. 河网文件

河网文件是 MIKE HR 所有文件中最复杂最重要的一个文件，它定义了河网的各种重要属性，如干流、支流数量及连接位置、河道里程及计算节点等。将流域初始河网进行概化，根据收集的断面、流量、水位等数据，在保证完整模拟河道的水动力特征的基础上，去掉短小、不重要的小支流，最终留下 1 条干流 6 条支流组合的河网，支流分别都与干流直接相连，分别是银花河、县河、清油河、板桥河、武关河和南秦河，生成的河网文件及设置界面如图 6-56 所示。

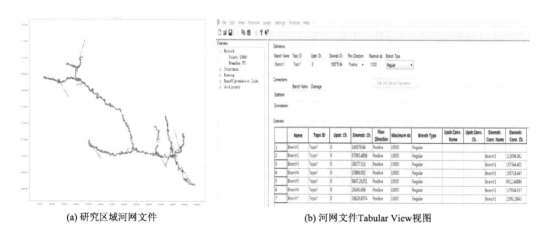

(a) 研究区域河网文件　　　　(b) 河网文件Tabular View视图

图 6-56 河网文件及设置

B. 断面文件

断面文件主要反映河道的位置分布和形状特点，主要参数包括断面里程数、起点距及河底高程(杨小芳,2018)。实测断面资料来自长江流域汉江区水文年鉴,资料无法获取的河段断面利用模型的自动生成断面功能,按照每 20000m 的间距生成 1 个断面,共计 34 个断面,典型断面如图 6-57 所示。

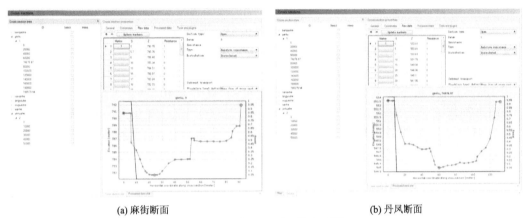

(a) 麻街断面　　　　　　　　　　　　　　　(b) 丹凤断面

图 6-57　实测断面文件生成图

C. 边界文件

边界文件涉及标准边界及耦合边界,耦合边界在下文表述。在数据较充足的情况下,使用模型推荐的"上游流量边界+下游水位边界"的组合,将有数据支撑的支流对应点位的流量数据输入系统,确定输入边界为:麻街(起始断面)流量边界、荆紫关(截止断面)水位边界和银花河、板桥河和武关河(支流断面)流量边界,其余缺失数据支流均设置为闭合边界(closed),相关设置界面如图 6-58 所示。

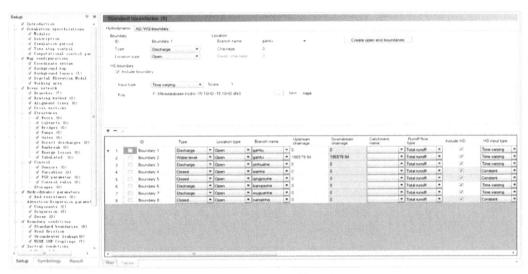

图 6-58　水动力边界文件设置界面

D. 参数文件

参数文件中需要设置两个初始条件和两个模型参数。综合考虑设置初始水位为 0.05m,初始流量为 0.5m³/s。两个参数为河道曼宁系数及河道渗漏系数。曼宁系数是反映河道粗糙情况对水流影响的一个系数，与河道弯曲程度、光滑度及水生植被的繁茂程度有关，一般来说，越光滑的河道 n 值越小，反之则越大。最终确定曼宁系数取值 0.02，渗漏系数取值 0.000001。

E. 模拟文件

主要设定模型模拟时间、计算时间步长及类型、模型输出结果的时间步长及模型结果文件存储位置，是水动力模块设置的最后一步。由于丹江流域年际、年内水量较平均，选择默认的固定时间步长类型，时间步长设为 1min。为了获得逐日水量水质模拟结果，运用 1day=1440min 的换算公式，输出结果时间步长设为 1440。

6）坡面流

坡面流模块设置较为简单，主要为坡面曼宁系数（Manning number）、滞洪蓄水（detention storage）和初始水深（initial water depth）3 个参数的设定。坡面曼宁系数与上文的河道曼宁系数设置相类似，M 的取值范围仍为 10～100m$^{1/3}$/s，一般情况而言，坡面流的 M 值的取值略小于河道明渠流 M。滞洪蓄水深度则要考虑在地表径流流向相邻单元格之前，必须小于积水深度。地表初始水深是计算坡面流的初始条件，通常设为 0mm。根据以上定义，并参考相似地区文献的取值，确定本次模拟中坡面曼宁系数、滞洪蓄水和初始水深分别初步设置为 30m$^{1/3}$/s、0mm 和 0mm。

7）非饱和带

研究区域的土壤类型分布图同 SWAT 模型模拟中的一样。通过土壤理化分析将流域内的土壤类型分为 18 种，并将 18 种土壤均设置为 2 层：0～0.3m，0.3～20.3m。不同土壤类型的碎石（clay）、盐土（silt）、砂土（sand）及石块（rock）相应的百分比、有机碳含量、电导率等参数输入土壤水文特性软件 SPAW 中，计算出 MIKE SHE 模型需要的土壤水动力参数，结果如表 6-37 所示。

表 6-37　丹江流域土壤类型分布特征

分类编号	土壤类型	中文名	面积占比/%	饱和含水量	饱和导水率/(m/s)
1	ATc	堆积人为土	1.01	0.38	2×10^{-8}
2	CMc1	石灰性雏形土 1	13.56	0.416	2.44×10^{-8}
3	CMc2	石灰性雏形土 2	3.12	0.395	1.13×10^{-7}
4	CMd	不饱和雏形土	5.98	0.431	4.04×10^{-8}
5	CMe1	饱和雏形土 1	14.14	0.42	2.85×10^{-8}
6	CMe2	饱和雏形土 2	2.31	0.42	6.77×10^{-8}
7	CMe3	饱和雏形土 3	4.43	0.403	1.36×10^{-7}
8	FLc1	石灰性冲积土 1	3.67	0.406	1.85×10^{-7}
9	FLc2	石灰性冲积土 2	2.82	0.41	2.59×10^{-8}
10	LVk1	石灰性淋溶土 1	2.00	0.402	2.59×10^{-8}
11	LVk2	石灰性淋溶土 2	3.59	0.397	1.37×10^{-7}
12	LVk3	石灰性淋溶土 3	1.26	0.402	2.69×10^{-8}
13	LVh1	活性淋溶土 1	0.88	0.4	1.54×10^{-7}
14	LVh2	活性淋溶土 2	20.50	0.414	2.71×10^{-7}

续表

分类编号	土壤类型	中文名	面积占比/%	饱和含水量	饱和导水率/(m/s)
15	LVh3	活性淋溶土 3	4.75	0.475	2.39×10^{-8}
16	Lva	漂白淋溶土	2.38	0.414	2.71×10^{-7}
17	RGc	石灰性粗骨土	1.75	0.413	2.76×10^{-8}
18	RGe	饱和粗骨土	11.85	0.415	3.34×10^{-8}

土壤数据输入的是.uzs 后缀类型文件，根据土壤水动力参数建立土壤数据库，不同土壤类型的剖面土壤的水动力学特性-水力传导率函数和土壤水保持曲线选用 Van-Genuchten 函数来描述，如图 6-59 所示。

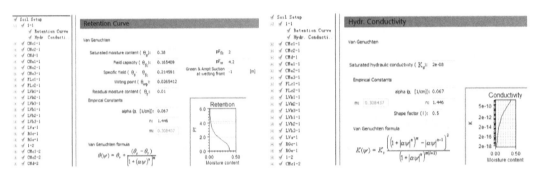

图 6-59　土壤水力学参数设置界面

8）饱和带

饱和带地下水运动模块包括地质层(geological layers)和数值层(computational layers)。地质层需要定义参数包括含水层底标高、水平水力传导度、垂直水力传导度、单位产水量及单位储水量，由于缺乏丹江流域地下水文资料，参照相关文献研究，后 4 个参数初步设置为 5×10^{-6} m/s、5×10^{-5} m/s、0.2 和 1×10^{-4} m^{-1}。一般情况下土壤定义范围超过地下水位深度，模型即可正常计算(还要分析地下水位可能的波动范围，譬如年初降水少，地下水补给少可能会导致水位持续下降带来的问题)，上文中将土壤的深度定义为地下 20.3m，则含水层底标高不应低于-20.3m，最终设置为-10m。数值层独立于地质层，参考相关文献设置地下水埋深为-3m，并设置相应的边界条件。

9）MIKE 水质(AD)模块

MIKE AD 模块可以模拟物质在水体中的对流和扩散过程，通过设定恒定的衰减常数或者设置衰减系数为 0 来模拟非保守物质和保守物质，把 MIKE AD 模块作为一个水质模型使用。MIKE AD 模块是在水动力模块的基础上对于水质情况的进一步模拟，主要需要设定的有两部分内容：AD 参数及 AD 边界。可通过以下 5 个步骤进行：

A. 确定模拟物质

根据收集到的水质数据，选用 NH_3-N、TP 及 COD 三种组分参与模拟，类型(type)选用 Concentration，单位(unit)选择 mg/L。

B. 设置扩散系数

扩散系数是率定参数，可通过经验确定，也可通过以下公式计算：

$$D=aV^b \tag{6-33}$$

式中，V 为流速，m/s，来自 HD 的计算结果；a 为分散系数，无量纲；b 为幂数，无量纲；D 为扩散系数，对于小溪 D 一般取值为 $1\sim5m^2/s$；河流 D 一般取值为 $5\sim20m^2/s$。

将扩散系数 D 初始值设为 $10m^2/s$，Minimum dispersion coefficient 及 Maximum dispersion coefficient 表示最小和最大扩散系数值，如果根据式(6-33)计算出来的 D 值超出此范围，则取最大或最小值，分别取值 0、100。

C. 设置衰减系数

对于保守物质，直接定义衰减系数为 0，对非保守物质组分则需要定义合适的衰减系数。NH₃-N、TP 及 COD 的衰减系数均采用全域值，初始值分别设置为：0.025/h、0.015/h 和 0.017/h。

D. 设置初始条件

初始值应取模拟起始时间水质指标的监测平均值，根据收集的水质资料，计算出模拟起始时间点的 NH₃-N、TP 及 COD 的浓度，分别为：0.36mg/L、0.12 mg/L 和 11.5mg/L。

E. 设置 AD 水质边界

在已经建立的水动力边界文件基础上再增加水质边界条件，上文中设置的所有水动力边界处必须同时配有水质边界。外部边界处必须设置所有模拟水质组分信息，内部边界（点源、非点源等）处则无须设置所有模拟组分的污染物浓度。水质数据来源于陕西省环境监测总站所提供的丹江流域逐月 NH₃-N、TP 及 COD 的浓度数据。

10) MIKE SHE/MIKE HYDRO River 耦合

若水动力水质模型和水文模型进行耦合，则需要在两个模型中进行设置使两者连接起来。在 MIKE HYDRO River 的 MIKE SHE Couplings 界面中依次添加干流及支流，MIKE SHE 可以与 MIKE HYDRO River 的所有河道或者部分河道耦合，也可以与某条河道的部分河段耦合，所有河道均与 MIKE SHE 耦合，参与水力计算。所有干支流的传导方式选用"Aquifer+ river bed"，渗漏系数(Leakage coefficient)的初始值取 1×10^{-6}，其他参数均暂取系统模拟默认值。在 MIKE SHE 中勾选河流与湖泊模块(River and Lakes)，将建立好的 MIKE HYDRO River 模型文件导入，次过程两者的模拟时间要统一，运行得到模拟结果，如图 6-60。

2. 模型参数率定与验证

1) 水动力模块(HD)

在水动力模块中，设置 2007～2014 年为率定期，2015～2018 年为验证期。率定验证的断面为丹江干流中游的丹凤断面，率定验证的指标为逐日流量。选取确定性系数和 NSE 进行评价，见 5.2.2 节和式(4-33)所述。模型水动力模块的率定及验证结果如图 6-61、图 6-62 所示。丹凤断面逐日径流量率定期、验证期 $R^2\geq0.6$，NSE≥0.5，说明模型具备可靠性，评价指标的具体数值如表 6-38 所示。

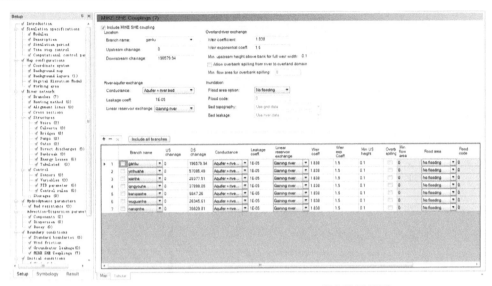

图 6-60　MIKE SHE/MIKE HYDRO River 耦合设置界面

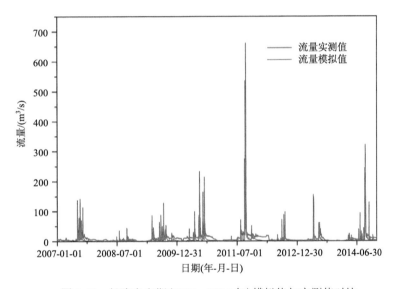

图 6-61　径流率定期(2007～2014 年)模拟值与实测值对比

表 6-38　径流率定期和验证期模拟评价指标

模拟期	R^2	NSE
率定期 2007～2014 年	0.80	0.73
验证期 2015～2018 年	0.70	0.66

2) 水质模块(AD)

在水质模块设置 2013 年 6 月至 2014 年作为率定期，2017 年作为验证期。率定验证的断面为仍为丹凤断面，率定验证的指标为逐月的 NH$_3$-N 及 TP 浓度。选取 PBIAS 指标来评价模块模拟效果，计算公式为

$$\text{PBIAS} = \left| \frac{\sum_{i=1}^{n} (Q_{\text{obs},i} - Q_{\text{sim},i})}{\sum_{i=1}^{n} Q_{\text{obs},i}} \right| \times 100\% \tag{6-34}$$

式中，$Q_{\text{obs},i}$ 为实测值；$Q_{\text{sim},i}$ 为模拟值。

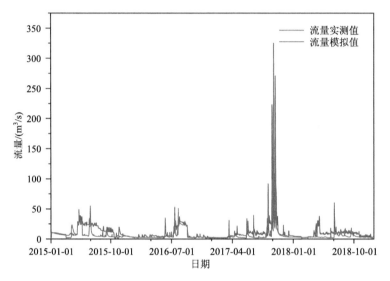

图 6-62　径流验证期(2015～2018 年)模拟值与实测值对比

一般来说，PBIAS 小于 25%表示模拟结果非常好，25%～40%表示精度良好，40%～70%表示比较合适，大于 70%则说明结果差。

水质模块的率定及验证期模拟结果如图 6-63、图 6-64 所示。率定期丹凤断面 NH_3-N 和 TP 浓度的 PBIAS 分别为 19.77%和 17.15%，验证期分别为 23.71%和 20.81%。PBIAS 值均小于 25%，说明模型对丹江流域水质的模拟也满足精度要求。

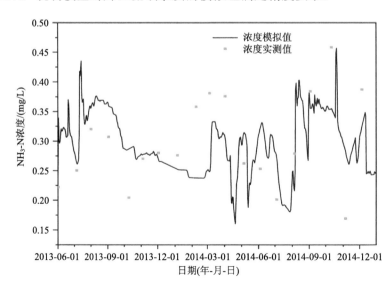

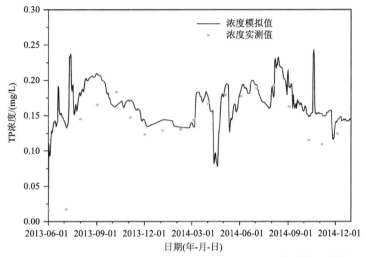

图 6-63　NH$_3$-N、TP 负荷率定期(2013 年 6 月～2014 年)模拟值与实测值对比

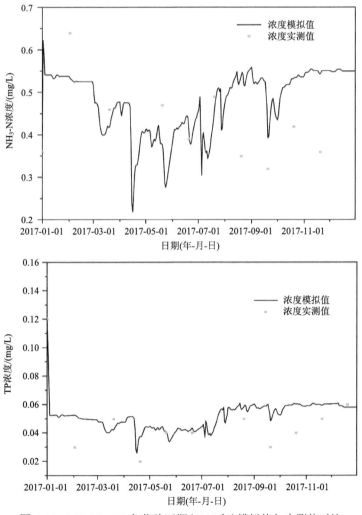

图 6-64　NH$_3$-N、TP 负荷验证期(2017 年)模拟值与实测值对比

综上所述,MIKE SHE 模型的水动力模块及水质模块的模拟精度均满足要求,最终模型参数的率定结果如表 6-39 所示。

表 6-39   模型参数率定结果

模块	参数名称	率定范围	率定值
MIKE HYDRO River(河道)	河道曼宁系数(m$^{1/3}$/s)	10～100	20
	河床渗漏系数(s^{-1})	1×10^{-11}～1×10^{-6}	1×10^{-5}
	NH$_3$-N 和 TP 衰减系数(h^{-1})	—	0.019、0.02
	NH$_3$-N 和 TP 扩散系数(m^2/s)	5～20	15
坡面流	坡面曼宁系数(m$^{1/3}$/s)	10	30
	滞洪蓄水	0～30	0
	初始水深(m)	0	0
非饱和带	饱和含水量	0.1～0.8	具体取值见表 6-37
	饱和导水率(m/s)	1×10^{-8}～1×10^{-3}	具体取值见表 6-37
饱和带	水平水力传导度(m/s)	1×10^{-8}～1×10^{-3}	6×10^{-4}
	垂直水力传导度(m/s)	1×10^{-9}～1×10^{-4}	1×10^{-4}
	给水度	0.01～0.5	0.2
	储水系数	1×10^{-6}～1×10^{-2}	1×10^{-4}

3. 模型结果初步分析

1)丰、平、枯代表年的划分

基于丹江流域水文站 1988～2018 年 31 年的年径流量,采用 PIII 型曲线确定出不同的典型年,2017 年径流量为 4.73 亿 m^3,确定为丰水年(P=28.13%);2014 年年径流量为 3.77 亿 m^3,确定为一般年(P=50.00%);2016 年径流量为 2.33 亿 m^3,确定为枯水年(P=78.13%)。

2)径流量与污染负荷的响应关系分析

通过典型断面逐日流量及浓度的输出结果,探究径流量与污染负荷的响应关系。提取丰(2017 年)、平(2014 年)、枯(2016 年)三种水文年工况下丹凤断面及流域出口荆紫关断面的逐日流量及 NH$_3$-N 和 TP 的逐日浓度结果,流量与浓度相乘得到负荷量,将流量过程与负荷量过程结合进行分析,结果如图 6-65 至图 6-70 所示。

2017 年丹凤断面 NH$_3$-N 和 TP 逐日污染负荷随流量过程有 3 次显著增大现象,分别出现在 9 月 11 日(3.45t,1.61t),9 月 15 日(5.04t,2.23t)和 10 月 20 日(4.93t,2.63t),可以看出这 3 次负荷的增大均处于汛期(6～10 月),汛期占比 100%。丰水年汛期径流量为 2.37 亿 m^3,对应的 NH$_3$-N 和 TP 污染负荷为 51.25t、24.56t,负荷占全年比例分别为 82.36%和 80.73%,远高于非汛期污染负荷。2017 年 9 月 15 日出现 257.869m^3/s 的最大洪峰量,对应的 NH$_3$-N、TP 日最大负荷量也出现在同一天,分别为 5.04t、2.23t,污染负荷和流量峰值在丰水年对应较好,说明降雨径流与污染负荷的产生密切相关。

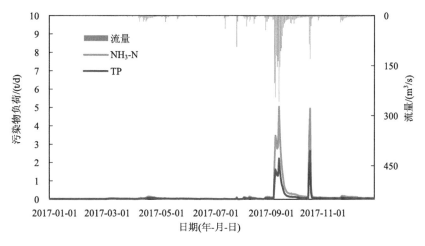

图 6-65 2017 年(丰水年)丹凤断面流量-污染负荷变化情况

2014 年丹凤断面 NH₃-N 和 TP 逐日污染负荷过程波动较大,主要有 5 次显著增大过程,分别出现在 7 月 6 日(0.96t、0.57t),9 月 9 日(0.94t、0.54t)、9 月 25 日(0.98t、0.57t)、10 月 5 日(2.66t、1.43t)及 10 月 13 日(2.18t、1.19t),可以看出增大过程均处于汛期(6~10 月),汛期占比 100%。2014 年汛期径流量为 2.14 亿 m³,对应的 NH₃-N 和 TP 污染负荷为 34.84t、19.76t,负荷分别占全年比例 71.72%和 70.81%,远高于非汛期的污染负荷。2014 年 10 月 5 日出现 300.1m³/s 的最大洪峰流量,NH₃-N、TP 日最高负荷量也出现在同一天,分别为 2.66t、1.43t,同样说明降雨径流与污染负荷的产生密切相关。

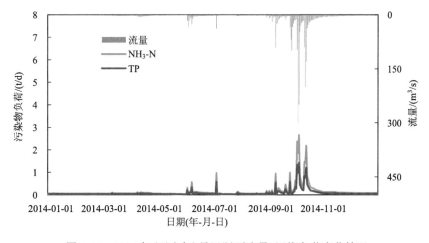

图 6-66 2014 年(平水年)丹凤断面流量-污染负荷变化情况

2016 年丹凤断面 NH₃-N 和 TP 逐日污染负荷波动较大,主要有 4 次显著增大过程,分别出现在 7 月 11 日(0.58t、0.31t),7 月 17 日(0.47t、0.22t)、7 月 31 日(0.93t、0.50t)及 8 月 6 日~9 月 10 日(0.34~0.41t、0.18~0.22t),同样处于汛期。2016 年的汛期径流量为 1.50 亿 m³,对应的 NH₃-N 和 TP 污染负荷为 25.01t、13.54t,负荷分别占全年比例 73.33%和 72.60%。2016 年 7 月 15 日出现 53.109m³/s 的最大洪峰流量,NH₃-N、TP 日最

高负荷量出现在 7 月 31 日，分别为 0.93t、0.50t，可能是降雨径流过程存在一定的滞后性，部分污染物在降雨初期与土壤颗粒吸附，负荷过程滞后于流量过程。

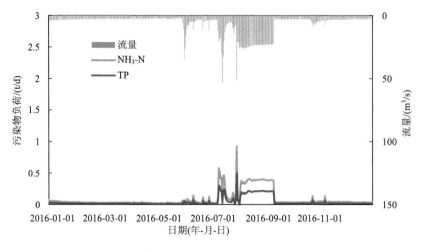

图 6-67　2016 年(枯水年)丹凤断面流量-污染负荷变化情况

2017 年荆紫关断面 NH₃-N 和 TP 逐日污染负荷有 5 次显著增大过程，分别出现在 7 月 7 日(2.39t、1.36t)，9 月 11 日(4.54t、2.5t)，9 月 28 日(10.67t、5.78t)，10 月 2 日(20.21t、11.23t)及 10 月 13 日(5.37t、2.96t)，主要发生在汛期。2017 年汛期径流量为 7.81 亿 m³，对应的 NH₃-N 和 TP 污染负荷为 174.88t、100.61t，负荷比分别为 81.81%和 80.15%。2017 年 9 月 28 日出现最大洪峰流量 566.755m³/s，NH₃-N、TP 日最高负荷量出现于 10 月 2 日，分别为 20.21t、11.23t，可能是降雨径流过程滞后性导致。

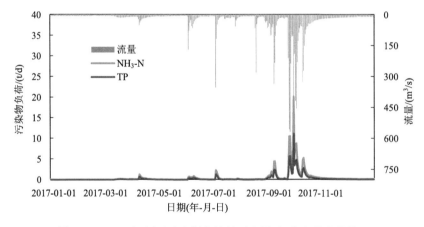

图 6-68　2017 年(丰水年)荆紫关断面流量-污染负荷变化情况

2014 年荆紫关断面 NH₃-N 和 TP 逐日污染负荷有 4 次的显著增大，分别出现在 4 月 20 日(0.87t、0.50t)，9 月 13 日(7.65t、4.04t)，9 月 16 日(12.35t、6.48t)及 10 月 20 日(6.04t、3.50t)，有 3 次处于汛期，汛期占比 75%。2014 年的汛期径流量为 4.86 亿 m³，对应的 NH₃-N 和 TP 污染负荷为 116.31t、84.97t，负荷占比分别是 77.94%和 75.82%。2014 年 9

月 16 日出现 474.81m³/s 的最大洪峰流量，NH₃-N、TP 日最高负荷量同样在这天发生，分别为 12.35t、6.48t，同样说明降雨径流与污染负荷的产生密切相关。

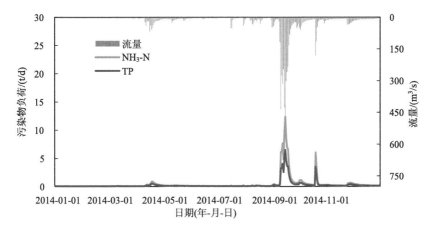

图 6-69　2014 年（平水年）荆紫关断面流量–污染负荷变化情况

2016 年荆紫关断面 NH₃-N 和 TP 逐日污染负荷有 7 次的增大，但是变化幅度均小于丰水年和平水年，分别出现在 6 月 4 日（0.85t、0.50t），6 月 14 日（0.53t、0.33t），7 月 11 日（2.99t、1.67t）及 7 月 15 日（4.65t、2.62t），8 月 3 日（1.58t、0.91t）及 8 月 6 日（1.65t、0.96t）及 11 月 1 日（0.31t、0.19t），有 6 次处于汛期（6～10 月），汛期占比 86%。2016 年的汛期径流量为 2.87 亿 m³，对应的 NH₃-N 和 TP 污染负荷为 56.14t、33.98t，负荷占比为 72.26% 和 69.85%。2016 年 7 月 15 日出现 398.7m³/s 的最大洪峰流量，NH₃-N、TP 日最高负荷量也出现在同一天，分别为 4.65t、2.62t，污染负荷和流量峰值在枯水年对应较好。

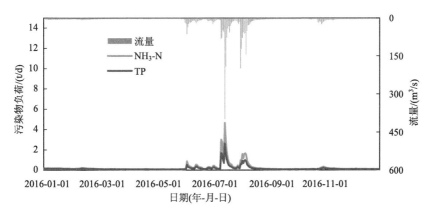

图 6-70　2016 年（枯水年）荆紫关断面流量–污染负荷变化情况

为进一步研究径流与污染负荷的相关性，利用 SPSS22 对丰、平、枯水文年荆紫关断面逐日流量及逐日污染物负荷做相关性分析，如表 6-40 所示。

表 6-40　不同水平年各影响因素相关性分析

水文年	相关因素	NH₃-N 负荷	TP 负荷
丰水年	径流	0.907**	0.905**
平水年	径流	0.963**	0.960**
枯水年	径流	0.877**	0.876**

**相关性显著水平为 0.01，*相关性显著水平为 0.05。

从表 6-40 可以看出，丰水年、平水年及枯水年的流量与 NH₃-N、TP 污染负荷的拟合程度都较高，相关性系数达到 0.8 以上，均达到了显著相关的水平，其中 NH₃-N 污染负荷与径流的相关性略高于 TP。总体来看，两种污染物年总负荷量及汛期负荷量比例的年际排序为：丰水年>平水年>枯水年，均呈现出汛期污染物负荷远大于非汛期的特点，再次印证降雨径流是非点源污染发生的重要驱动力。

将基于 MIKE SHE 模型算出的荆紫关丰、平、枯水文年的污染负荷量与上文 4.3.4 节径流分割法估算结果做对比，互相验证其合理性，结果如表 6-41 所示。两种方法估算结果较为相近，RE 在 30%以下。除 2017 年 NH₃-N 径流分割法的结果大于 MIKE SHE 模型结果，其余情况模型法结果均大于径流分割法。其原因可能是在使用径流分割法时没有考虑人类活动、污染物在水体的迁移转化等因素，导致其结果偏小；将逐月水质数据作为丰、平、枯水期的基础数据计算污染负荷，与模型逐日尺度数据有一定差距。

表 6-41　丹江流域荆紫关断面丰、平、枯典型年污染负荷结果对比

年份	指标	径流分割法	MIKE SHE 模型法	RE/%
2017 年 (P=28.13%)	NH₃-N	278.64t	243.77t	−12.51
	TP	111.9t	125.52t	12.17
2014 年 (P=50.00%)	NH₃-N	136.87t	149.22t	9.02
	TP	71.98t	84.97t	18.05
2016 年 (P=78.13%)	NH₃-N	65.73t	77.76t	18.30
	TP	38.71t	48.69t	25.78

4. 非点源污染时空特征分析

1）MIKE LOAD 模型建立

A. 空间数据

空间数据包括模型范围及河网图、集水区图(子流域图)、DEM 和县分区图等。根据 DEM 自动生成对应的距离栅格图和坡度栅格图，为后续的距离降解部分计算提供基础。

B. 属性数据

污染负荷模型涉及属性数据主要有各区(县)农村人口数量、单位人口污染负荷产生量；各类畜禽(如猪、牛、羊、家禽)存栏量、不同种类畜禽单位污染负荷产生量；各区(县)耕地、林地、草地和园地的面积、单位面积污染负荷产生量以及点源排放信息等。

参照《第一次全国污染源普查农业污染源肥料流失系数手册》及《第一次全国污染源普查畜禽养殖业源排污系数手册》确定了丹江流域单位人口污染负荷产生量、单位畜禽污染负荷产生量和单位面积污染负荷产生量，如表 6-42 所示。农村人口数量、不同种类畜禽数量包括猪、羊、牛及家禽等资料均来源于《陕西省统计年鉴》《商洛市统计年鉴》和国民经济和社会发展统计公报，各区(县)耕地、林地、草地、园地的面积数据利用 2017年陕西省土地利用 GIS 导出数据，如表 6-43 所示。

涉及非点源污染的部分可根据收集到的数据类型选择合适的计算方法。农村生活和畜禽养殖非点源污染采用单位负荷估算法，农田林地非点源污染采用单位面积法。

将建立的耦合模型模拟出的径流结果导入 LOAD 模型中，输入径流数据的时间尺度需覆盖评估时间尺度。导入后，各集水区会显示在径流结果列表中，右侧会显示对应的径流时间序列及其曲线。

表 6-42　单位负荷产生量

污染物	畜禽污染/[g/(d·个)]				农村生活/[g/(d·人)]	农田林地/[kg/(km²·a)]			
	牛	羊	猪	家禽		耕地	林地	草地	园地
COD	96.55	1.95	12.36	0.55	44.93	1800	910	620	1000
NH₃-N	10.38	1.12	3.26	0.01	2.47	321	34	68	150
TN	27.97	1.1	2.03	0.11	5.86	2094	227	158	1030
TP	0.47	0.11	0.3	0.02	0.47	57	13	40	103

表 6-43　研究区人口及畜禽养殖统计表

区(县)	畜禽存栏量/万头				农村人口/人	农田林地面积/km²			
	牛	羊	猪	家禽		耕地	林地	草地	园地
丹凤县	2.09	6.35	33.23	550	161683	429.69	956.44	898.59	1.58
洛南县	0.27	0.37	2.83	7.04	16506	25.55	39.92	39.22	1.01
山阳县	1.23	10.3	30.79	133.96	188724	115.54	202.44	294.07	0.59
商南县	1.90	3.94	24.81	110.00	121545	394.93	604.42	739.67	3.33
商州区	0.94	2.60	12.34	57.00	233700	497.62	689.3	923.23	17.64
淅川县	0.37	0.40	3.56	8.00	18000	15.04	27.99	3.76	1.02

C. 参数数据

a.流失系数

流失系数是指污染物从产生到流出的比例系数，1 代表全部流出，0 代表没有流出。污染物流出量与污染源类型、土壤性质、堆积方式等因素有关。各区县流出系数略有不同，进行合理取值，如表 6-44 所示。

表 6-44　流失系数统计表

区(县)	COD	NH₃-N	TN	TP
丹凤县	1	1	1	1
洛南县	0.9	0.9	0.9	0.9
山阳县	0.9	0.9	0.9	0.9
商南县	0.9	0.9	0.9	0.9
商州区	1	1	1	1
淅川县	1	1	1	1

b.污染物组分降解系数

"入河方式"模块采用距离降解的计算方法。各子流域的污染物从产生地经过截留作用和降解作用后，在河网(干流、支流)边界处汇入河网，模型需设定降解系数，具体与污染源和污染指标有关，以相似地区的相关文献(于敏,2008)及《第二次全国污染源普查：农业源污染物入水体负荷核算方法及系数体系构建》作为参考，最终确定污染组分降解系数，如表 6-45 所示。

表 6-45　污染组分降解系数统计表

污染源	COD	NH₃-N	TN	TP
畜禽养殖	0.01	0.16	0.1	0.07
农村生活	0.02	0.15	0.1	0.06
农田林地	0.01	0.16	0.1	0.06

本研究农田林地/畜禽养殖污染负荷的排放是通过降雨径流带入河道，农村生活产生的污水排放和降雨径流关联不大，模型中以"干物质"的形式进行后续计算。

2)模型结果合理性分析

通过 MIKE LOAD 模型输出的各污染物入河负荷量，与上文 4.3.4 节径流分割法及 MIKE SHE 模型计算出的流域出口断面的负荷量进行对比，验证 MIKE LOAD 输出结果的合理性，结果见表 6-46。发现 MIKE LOAD 模型结果大于其他两种方法。MIKE LOAD 模型与其他两种方法估算的负荷量较为相近，RE 在 30%以下，模型结果具有一定的合理性，可运用该模型分析非点源污染的时空分布特征。

表 6-46　污染组分降解系数统计表

年份	指标	MIKE LOAD 模型	径流分割法	RE/%	MIKE SHE 模型	RE/%
	COD	17284.28	15948.07	−7.73	—	—
2017	NH₃-N	335.64	278.64	−17.07	243.77	−27.45
	TP	141.24	111.9	−20.64	125.52	−10.98

3）非点源污染时间分布特征

以丰水年（2017 年，$P=28.13\%$）为例，考虑距离降解对入河量进行估算，按区县提取 2017 年逐月 COD、NH$_3$-N、TN 和 TP 的入河负荷量模拟结果，整理得到整个流域 2017 年 4 种污染物逐月的入河量，结果如图 6-71 所示。

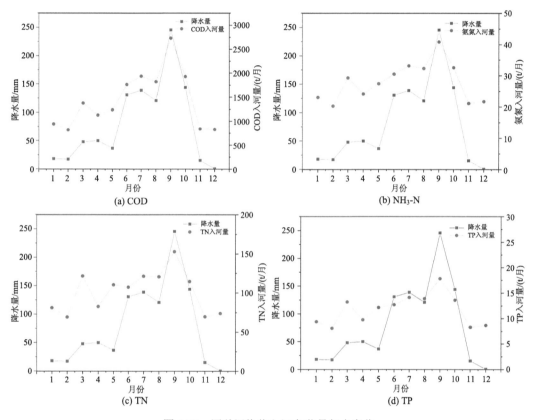

图 6-71　四种污染物入河负荷量年内变化

通过污染负荷加和，确定 2017 年丹江流域 COD、NH$_3$-N、TN 和 TP 入河总量分别为 17284.28t、335.64t、1221.46t 和 141.24t。从图 6-71 变化过程看，四种污染物污染负荷月变化趋势基本保持一致，均与月降水量保持高度同趋性，说明入河负荷量与降水量成正相关，呈现先增大而后减小的趋势，非点源污染入河负荷量基本集中汛期，杨东光（2020）和韩蕊翔（2021）在长河流域和汉江洋县以上断面流域也得到了与本研究相似的年内污染负荷变化规律。具体来说，随着 3～4 月降水量的增大，入河负荷量持续升高，尤其当进入汛期之后，入河负荷的增长更为迅速，且在 9 月的时候，入河负荷量达到最大值，此时 COD 入河负荷为 2728.17 t/m，NH$_3$-N 入河负荷为 40.8t/m，TN 入河负荷为 152.59t/m，TP 入河负荷 17.77t/m；随后随着雨季的结束，降水量减小，入河负荷量也同步减小，且在 11 月的时候，入河负荷量达到最小值，此时 COD 入河负荷为 834.78t/m，NH$_3$-N 入河负荷为 21.06t/m，TN 入河负荷为 69.45t/m，TP 入河负荷 8.26t/m。

通过查阅研究区域内农业种植情况及畜禽养殖情况的统计资料发现，入河负荷量在

3 月有一次较明显的增长，主要原因包括：①丹江流域 3 月下旬开始种植大豆，需要翻耕及施基肥尿素(措施量为尿素 10kg/亩)，翻耕后的疏松土壤在降雨作用下引起 NH$_3$-N、TN、TP 和 COD 严重流失；②大规模的猪、牛、羊、禽的养殖活动也在 3 月开展，大大造成污染物入河量的激增。4 月，多数农田处于蓄水期，大量的雨水被储存在田间，流出农田的径流减少，进入河流的污染物也就相应减少。从 5 月开始，随着雨季的来临，降水量逐渐增加，超过农田能容纳的水量，产生田间径流后夹带土壤中的污染物进入河道，并在 9 月入河污染负荷量达到最高水平。9 月之后，降水量降低，入河污染负荷量也随之减小。

综上分析可知年内 COD、NH$_3$-N、TN 和 TP 入河负荷量与降水量呈正相关，农村生活污水和畜禽养殖对污染物的入河负荷量有较大的影响。因此，提高农业施肥效率、改善农村生活污水及畜禽养殖的处理效果等对削减非点源污染入河量意义重大。

4) 非点源污染空间分布特征

选取 2017 年(丰水年，P=28.13%)作为典型年份，按区县、污染源将该年的 COD、NH$_3$-N、TN 及 TP 非点源污染负荷进行输出，以探究丹江流域非点源污染的空间分布，结果如图 6-72 所示。

2017 年丹江流域内 COD、NH$_3$-N、TN、TP 负荷量分别为 28057t、3094t、7666t 和 565t。从图 6-72 可以看出各行政区总污染负荷排序为：丹凤县>商南县>商州区>山阳县>淅川县>洛南县，贡献最大的行政区丹凤县 COD、NH$_3$-N、TN 及 TP 负荷分别为 8238t/a、898t/a、2312t/a、183t/a。其中畜禽养殖、农村生活和农田林地 COD 负荷分别是 3384t/a、2652t/a 和 2203t/a，NH$_3$-N 为 520t/a、146t/a 和 232t/a，TN 为 706t/a、346t/a 和 1260t/a，TP 为 83t/a、28t/a 和 73t/a。洛南县 COD、NH$_3$-N、TN 及 TP 负荷贡献最小，分别为 660t/a、81t/a、147t/a 和 10t/a，其中畜禽养殖、农村生活和农田林地 COD 负荷分别为 240t/a、271t/a

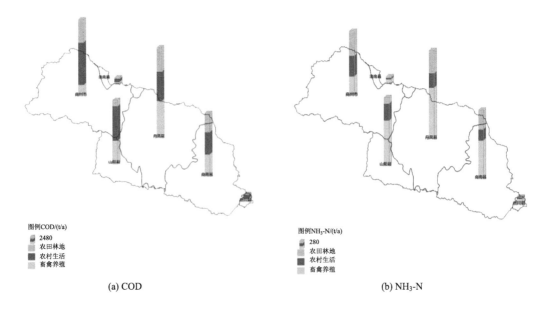

图例 COD/(t/a)
■ 2480
农田林地
农村生活
畜禽养殖

图例 NH$_3$-N/(t/a)
■ 280
农田林地
农村生活
畜禽养殖

(a) COD　　　　　　　　　　　　　　(b) NH$_3$-N

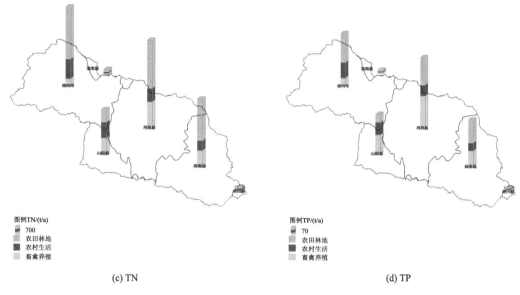

(c) TN　　　　　　　　　　　　　　　　(d) TP

图 6-72　研究区非点源污染分布图

和 108t/a，NH₃-N 分别为 46t/a、15t/a 和 12t/a，TN 分别为 53t/a、35t/a 和 70t/a，TP 分别为 4t/a、3t/a 和 4t/a。究其原因，丹凤县、商南县、商州区为丹江流域非点源污染的重点关注对象，其畜禽养殖业发达、农村人口密度较大、农业耕地面积大、坡度陡且坡长较长，这种地形条件在降雨，特别是暴雨来临时极易发生水土流失，携带大量的污染物进入水体。相对而言，洛南县、淅川县在流域范围内本身面积就比较小，人口也较少，经济发展水平也不是太高，从而产生的污染负荷量较低。

从各污染源对非点源污染的贡献率分析(图 6-73)，丹江流域各县区畜禽养殖和农村生活的污染负荷贡献率均相对较高，农田林地的污染负荷贡献率则较低，但三者差异不是特别大。农业非点源污染负荷总量为 39400.28t/a。其中，在各污染源中，畜禽养殖污染负荷为 12959.33t/a，农村生活污染负荷 14515.57t/a，农田林地污染负荷为 11925.38t/a。

由图 6-73 可见，COD 污染主要来源于农村生活，贡献率达 43%；NH₃-N 污染主要来源于畜禽养殖，贡献率达 54%；TN、TP 污染主要来源于农田林地，贡献率分别达到 54% 和 42%。畜禽养殖污染对 NH₃-N 的贡献率超过总量的 50% 以上，农田林地对 TN、TP 贡献率的影响明显大于畜禽养殖和农村生活，各污染源对 COD 的贡献度则较为平均。

综上所述，流域首要防治对象为农村生活污染和畜禽养殖污染。为高效控制农业非点源污染，减少化肥的流失、提高农村生活污水的处理效率，提高畜禽粪便的有效回收处理则显得尤为重要。

5) 等标负荷分析

等标负荷计算见 4.6.3 节的描述。将上文模型计算得出的 2017 年(丰水年，P=28.13%)各县三种污染源的 COD、NH₃-N、TN 和 TP 的污染负荷进行统计，根据公式计算出丹江流域非点源污染等标负荷量，如图 6-74 至图 6-76 所示。

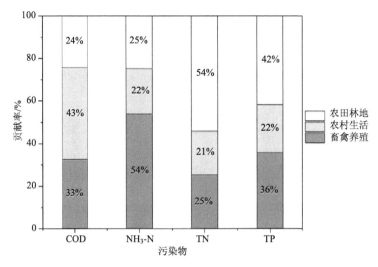

图 6-73　不同污染源对非点源污染的贡献率占比图

注：因数值修约图中个别数据略有误差

由图 6-74 至图 6-76 可知，2017 年丹江流域非点源污染 COD、NH₃-N、TN 和 TP 等标污染负荷分别为 18.72 亿 m³、61.9 亿 m³、153.42 亿 m³ 和 56.4 亿 m³。6 个县中等标负荷总量最大的为丹凤县，达到 88.09 亿 m³，负荷总量最小的地区为洛南县，仅为 6.13 亿 m³。从非点源污染源与污染物两个角度分析比较丹江流域各县的等标排放量情况，发现各地区等标排放量存在明显差异。如畜禽养殖污染等标负荷量差异较大，丹凤县达到 35.08 亿 m³，而洛南县仅为 2.54 亿 m³，在农田林地污染等标负荷量排序中，商州区达到 41.25 亿 m³，而淅川县仅为 1.04 亿 m³；TN 等标污染负荷中，丹凤县达到 46.24 亿 m³，淅川县仅为 2.94 亿 m³；TP 等标污染负荷中，丹凤县达到 18.4 亿 m³，淅川县仅为 0.9 亿 m³。

从污染物角度深入分析，由图可知，丹凤县、商南县和淅川县的 COD 等标污染负荷贡献最大的为畜禽养殖，而洛南县、山阳县及商州区为农村生活；丹凤县、洛南县、山阳县、商南县和淅川县的 NH₃-N 等标污染负荷来源最大为畜禽养殖，商州区为农田林地；丹凤县、洛南县、商南县和商州区的 TN 等标污染负荷贡献最大的为农田林地，而山阳县和淅川县则为畜禽养殖；商州区、商南县的 TP 等标污染负荷贡献最大的为农田林地，而丹凤县、洛南县、山阳县和淅川县为畜禽养殖。综上所述，NH₃-N 和 TN 等标污染负荷的污染源来源具有明显的规律性，即绝大多数区(县)NH₃-N 都来源于畜禽养殖，TN 来源于农田林地，COD 和 TP 则没有较为明显的来源提示。

各县区的污染负荷来源主要以农田林地和畜禽养殖为主。其中，洛南县、山阳县和淅川县的畜禽养殖污染源对本县的 NH₃-N 负荷贡献率都超过了 60%，分别为 63.01%、66.28% 和 72.5%，商南县和商州区的畜禽养殖污染源对本县的 TN 贡献率也都超过了 60%，分别为 60.83% 和 65.40%。淅川县的畜禽养殖污染源对本县的 TP 负荷贡献率达到 55.56%，商州县的农田林地污染源对该地区的 TP 负荷贡献率为 55.88%。综上，对于不同的区县应该采取因地制宜的控制措施，最大程度地降低污染状况。

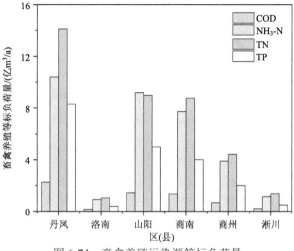

图 6-74　畜禽养殖污染源等标负荷量

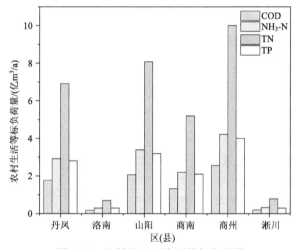

图 6-75　农村生活污染源等标负荷量

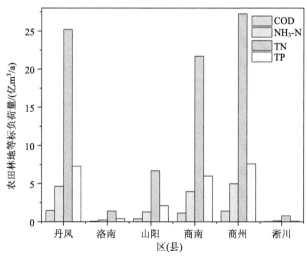

图 6-76　农田林地污染源等标负荷量

2017 年丹江流域非点源污染物等标排放量与等标污染负荷比如表 6-47 所示。可以看出，2017 年丹江流域非点源污染物等标排放总量为 290.43 亿 m^3。污染源方面，COD 的主要污染源依次为农村生活(43.24%)、畜禽养殖(32.62%)、农田林地(24.14%)；NH_3-N 的主要污染源依次为畜禽养殖(53.83%)、农田林地(24.59%)、农村生活(21.58%)；TN 的主要污染源依次为农田林地(54.11%)、畜禽养殖(25.24%)、农村生活(20.65%)；TP 的主要污染源依次为农田林地(41.67%)、畜禽养殖(35.82%)、农村生活(22.52%)。综合分析各污染源的等标污染负荷比可知，农田林地为最主要的污染源(43.47%)，在此污染源中 COD、NH_3-N、TN 和 TP 占比分别为 3.58%、12.05%、65.75%和 18.61%；其次为畜禽养殖(33.86%)，在此污染源中 COD、NH_3-N、TN 和 TP 占比分别为 6.21%、33.88%、39.37%和 20.54%；最后则为农村生活(22.67%)，在此污染源中 COD、NH_3-N、TN 和 TP 占比分别为 12.29%、20.29%、48.12%和 19.29%。因此，畜禽养殖、农田林地成为丹江流域非点源污染的主要污染源。丹江流域非点源污染物等标排放总量情况为 TN＞NH_3-N＞TP＞COD，4 种污染物的负荷占比分别为 52.82%、21.31%、19.42%和 6.44%。因此，TN 和 NH_3-N 是丹江流域非点源污染的主要污染物，两者贡献率达到 74.13%，仅 TN 的贡献率就超过 50%，是流域最主要的污染物。

表 6-47　2017 年丹江流域非点源污染物等标排放量与等标污染负荷比

污染源	等标排放量/$10^6 m^3$					等标污染负荷比/%				
	COD	NH_3-N	TN	TP	合计	负荷比%	COD	NH_3-N	TN	TP
畜禽养殖	610.47	3332	3872	2020	9834.47	33.86	32.62	53.83	25.24	35.82
农村生活	809.27	1336	3168	1270	6583.27	22.67	43.24	21.58	20.65	22.52
农田林地	451.87	1522	8302	2350	12625.87	43.47	24.14	24.59	54.11	41.67
合计	1871.61	6190	15342	5640	29043.61	100	100	100	100	100
负荷比/%	6.44	21.31	52.82	19.42	100	—	—	—	—	—

5. 小结

本节成功构建了丹江流域 MIKE SHE/MIKE HYDRO River 耦合模型和丹江流域 MIKE LOAD 污染负荷模型，分析了非点源污染的时空分布特征和等标负荷量，主要的结论如下：

(1)水动力方面，丹凤断面逐日径流量率定期 R^2 为 0.80，NSE 为 0.73；验证期 R^2 为 0.70，NSE 为 0.66，说明模型能较好地模拟丹江流域的日径流过程。水质方面，率定期丹凤断面 NH_3-N 和 TP 浓度的 PBIAS 分别为 19.77%和 17.15%，验证期分别为 23.71%和 20.81%，说明模型模拟能满足精度要求。

(2)荆紫关断面丰水年、平水年及枯水年的流量与 NH_3-N、TP 污染负荷相关性系数达到 0.8 以上，均达到了显著相关的水平，其中 NH_3-N 污染负荷与径流的相关性略高于 TP。总体来看，两种污染物年总负荷量及汛期负荷量比例的年际排序为：丰水年＞平水年＞枯水年，且汛期污染负荷远大于非汛期。对比径流分割法与模型的估算结果，发现

RE 小于 30%。

（3）2017 年丹江流域内 COD 负荷产生量为 28057t，NH_3-N 负荷产生量为 3094t，TN 负荷产生量为 7666t，TP 负荷产生量为 565t。主要污染负荷集中在丹凤县、商南县以及商州区，COD 主要来源是农村生活，NH_3-N 为畜禽养殖，TN、TP 则为农田林地。四种污染物的入河负荷变化趋势均与降水量保持高度同趋性，总体呈现为汛期负荷高，非汛期负荷低的特征。

（4）丹江流域非点源污染物等标排放总量情况为 TN＞NH_3-N＞TP＞COD，4 种污染物的负荷占比分别为 52.82%、21.31%、19.42% 和 6.44%。TN 和 NH_3-N 是丹江流域非点源污染的主要污染物，两者的贡献率达到 74.13%，TN 贡献率就超过 50%。

6.4.3　不同模型非点源污染模拟结果对比分析

具体的流域，往往有其特定的气候、地形地貌和水文等特征条件，因此，在对特定流域的非点源过程进行模拟时，就需要对不同模型的模拟效果进行类别分析，以选取适合该流域的模型。两个模型在同一流域上使用时，所需要的数据库不同，SWAT 模型需要空间数据库（DEM、土地利用、土壤类型）、气象数据、子流域划分、水文响应单元划分、农业管理数据等，而 MIKE 模型除了 DEM、土地利用、土壤类型、气象数据外，还需要河道断面信息、坡面流、非饱和带、饱和带以及水质模块等的信息和参数。

利用 SWAT 模型对荆紫关断面以上流域进行非点源污染模拟，对径流、泥沙、营养物等过程进行模拟，而 MIKE 模型的水动力模块和水质模块率定验证采用丹凤断面的数据进行模拟，根据前文介绍的模拟结果，发现两者的综合评价指标均满足模型精度要求。通过 SWAT 模型结果分析非点源污染时空特征，发现其时间特征表现为降水量、径流深、泥沙量和非点源污染负荷年内分布不均匀，主要集中在丰水期，氮磷负荷分布于泥沙产出量较高的地区，泥沙对非点源污染负荷空间分布影响大。MIKE 模型中 NH_3-N 和 TP 的污染物负荷也表现为汛期大于非汛期，年内 COD、NH_3-N、TN 和 TP 入河负荷量与降水量呈正相关，丹凤县、商南县、商州区的非点源污染负荷值大，COD 污染主要来源于农村生活，NH_3-N 污染主要来源于畜禽养殖，TN、TP 污染主要来源于农田林地。丹江流域主要防治对象为农村生活污染和畜禽养殖污染。通过同一流域应用不同模型的模拟结果对比分析发现，模型结构算法对模拟效果影响明显，模型使用条件及模型参数均不同，要根据具体的资料进行模型选用及处理。

6.5　汉江洋县断面以上流域非点源污染模拟

6.5.1　基于 SWAT 模型的汉江洋县断面以上流域非点源污染模拟

1. 模型数据准备

SWAT 模型模拟计算需要输入空间数据和属性数据，其中 DEM 和土地利用数据采用 30m 的分辨率。

1）空间数据库

数字高程数据（DEM）是建立 SWAT 模型的基础，如图 4-88 所示。投影坐标系选择 WGS_1984_UTM_Zone_48N，地理坐标系为 D-WGS-1984。

2）土地利用数据

土地利用数据的分类基于中国土地利用/土地覆盖数据分类系统，在该流域包括水田、旱地、灌木林、疏林地等共 19 种地类，分为耕地、林地、草地、水域、建设用地和未利用土地六大类，2018 年土地利用情况如图 6-77 所示。

3）土壤类型数据库

该流域土壤数据来自寒区旱区科学数据中心（http://data.casnw.net）中基于世界土壤数据库（HWSD）的中国土壤数据集（v1.1），分辨率为 1 km。基于 HWSD 数据库的分类标准将该流域内土壤进行分类，其中包括 21 种土壤类型，如图 6-78 所示。将所有土壤类型统计于表 6-48。该流域土壤以弱发育淋溶土为主，面积占比超过 40%。饱和始成土和漂白淋溶土占比均超过 10%。其他种类土壤占比均不超过 10%。

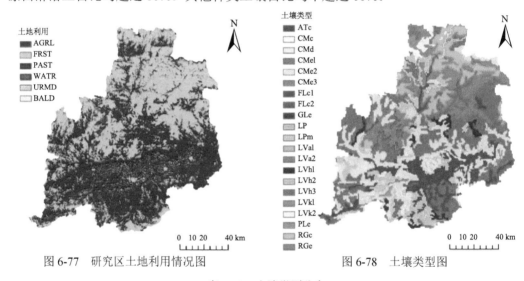

图 6-77　研究区土地利用情况图　　　　图 6-78　土壤类型图

表 6-48　土壤类型分布

序号	代码	名称	占比/%	序号	站点	名称	占比/%
1	ATc	石灰性冲积土	9.32	12	LVa1	漂白淋溶土 1	8.07
2	CMc	石灰性始成土	0.35	13	LVa2	漂白淋溶土 2	6.24
3	CMd	不饱和始成土	7.01	14	LVh1	弱发育淋溶土 1	2.23
4	CMe1	饱和始成土 1	0.17	15	LVh2	弱发育淋溶土 2	9.18
5	CMe2	饱和始成土 2	11.10	16	LVh3	弱发育淋溶土 3	30.89
6	CMe3	饱和始成土 3	3.63	17	LVk1	石灰性淋溶土 1	0.53
7	FLc1	石灰性冲积土 1	1.98	18	LVk2	石灰性淋溶土 2	0.67
8	FLc2	石灰性冲积土 2	0.15	19	PLe	饱和黏盘土	0.28
9	Gle	饱和潜育土	0.04	20	RGc	石灰性粗骨土	1.42
10	LP	薄层土	2.80	21	RGe	饱和粗骨土	3.89
11	LPm	松软薄层土	0.07				

4)气象数据库

在 SWAT 模型中，降水量和气温数据为必须数据，若其他数据有缺失可通过天气发生器模拟得到。为确保模型的模拟精度，应保证气象站尽可能全面覆盖流域范围，因此最终选择太白、宁强等 11 个站点 1980～2018 年共 38 年时间序列数据。各气象站基础资料见表 3-1，站点分布如图 6-79 所示。将当地各气象站提供的实测数据输入进行建模。

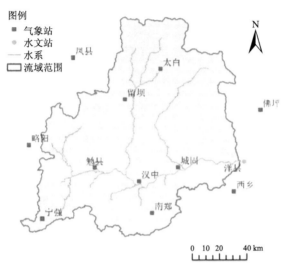

图 6-79　气象站点分布图

5)农业管理数据

由于该流域大部处于陕西省汉中市内，因此采用汉中市农业管理相关数据进行数据库的建立。经查阅 2018 年汉中市统计年鉴中农业经济中主要农作物种植情况，如表 6-49 所示。

表 6-49　研究区农作物种植情况　　　　　　（单位：t）

地区	夏粮	秋粮	
	小麦	稻谷	玉米
汉中市	135175	532348	224139

从表 6-49 可知汉中市夏粮和秋粮作物分别为小麦、稻谷和玉米，以稻谷为主，播种量超过 50 万 t；其次为玉米，播种量超过 20 万 t；最后是小麦，播种量超过 10 万 t。根据各作物播种量在 SWAT 模型的农业管理措施模块中，设定管理措施的时间来模拟作物轮作过程。同时查阅汉中统计年鉴当地的化肥施用水平，如表 6-50 所示，汉中市化肥施用超过 10 万 t。因此取化肥年施用量为 10 万 t。作物施肥通常分为两个过程，即夏季基肥和秋季追肥；夏季基肥通常施用总施用量的 70%，化肥种类以尿素等氮肥为主；秋季追肥通常施用总施用量的 30%，化肥种类以磷肥为主。播种操作采用传统耕种模式。收获操作采用收割并移除地上部分模式。

表 6-50 化肥施用水平 （单位：t）

地区	2018 年	2017 年	2016 年	2015 年	2014 年	2013 年	2012 年	2011 年	2010 年	2009 年
汉中市	110438	111667	112137	112707	111744	112195	113893	96908	84875	82755

6）子流域划分

在建立 SWAT 模型时，加载 DEM 并自动进行子流域的自动划分。基于河流定义设定流域面积阈值和流域出口，其中流域面积阈值一般取流域面积的 2%、3%或 5%，本研究默认为 2%。流域出口为洋县水文站。最终将研究区域划分为 25 个子流域，如图 6-80 所示。

图 6-80 研究区子流域划分图

7）水文响应单元划分

水文响应单元（HRU）是指各自独立，且被假定为存在相似水文特征及单一且均匀下垫面特征的小单元。HRU 是不同土地利用类型、土壤属性和坡度属性之间的排列组合。在进行 HRU 的划分后，才可以运行模型。土地利用类型和土壤属性不设置最小阈值，所有土地利用类型及土壤类型均保留；坡度分为三级，为 0～5%、5%～15%、15%～99.99%。最终 25 个子流域划分为 2215 个 HRUs。将所需的地理高程、土壤、气象等数据导入之后即可进行模型的运行。

2. 模型率定及验证

SWAT-CUP 工具是专门为 SWAT 模型所开发的专门程序，用来进行 SWAT 中的参数率定及敏感性分析（赵堃等，2017）。它可以准确进行 SWAT 的参数率定。与其他算法相比，SUFI- 2 算法相对简单，运行次数较少，模拟效果相对较好，得到了世界范围内的广泛使用(左德鹏和徐宗学,2012;Yang et al.,2008)。因此本节使用 SUFI2 算法进行自动率定并结合手动率定进行参数校准(Nairet al.,2011)。

1)参数敏感性分析

在 SUFI-2 算法中，有 3 种方法可以选择，分别是"one-at-a-time"(OAT)分析、全局敏感性分析、观察散点图分析，这三种方法各有其独到之处。本次采用全局敏感性分析，结果用 t-Stat 和 P-Value 两个指标来衡量，俗称 T 统计量及 P 值。采用 T 统计量的绝对值作为敏感性的参考，参数 T 统计量的绝对值越大，敏感性越高；同时采用 P 值来指示 T 统计量的显著性。参数的 P 值越接近 0，显著性越大(金潇,2012)。针对该流域径流量、泥沙、TN 和 TP 四个指标进行参数敏感性分析，模型均迭代 200 次以上，可以自动得到各参数的敏感性排序及显著程度。其中 v、r、a 分别代表对率定参数值进行值替换、乘值和加值。最终结果表明与径流敏感的参数 7 个、与泥沙敏感的参数 7 个、与 TN 敏感的参数 5 个、与 TP 敏感的参数 4 个，具体如表 6-51 所示。

表 6-51　敏感性分析结果

敏感性排序		参数	定义变量	方法	t-Stat	P-Value
与径流相关的敏感性参数	1	ALPHA_BF.gw	基流衰退常数	v	3.04	0.006
	2	GW_DELAY.gw	地下水延迟时间	v	−2.23	0.037
	3	GWQMN.gw	浅层含水层的水位阈值	v	−2.12	0.045
	4	SOL_AWC().sol	土壤有效含水量	v	2.04	0.054
	5	CN2.mgt	SCS 径流曲线系数	r	−1.74	0.096
	6	CH_K2.rte	主河道水力传导度	v	1.63	0.117
	7	ESCO.hru	土壤蒸发补偿系数	v	−1.55	0.135
与泥沙相关的敏感性参数	1	SPEXP.bsn	泥沙输移指数系数	v	−9.65	0.010
	2	SPCON.bsn	泥沙输移线性系数	v	6.38	0.028
	3	CH_COV1.rte	河道覆盖系数	v	−5.94	0.030
	4	SLSUBBSN.hru	平均坡长	r	−4.70	0.040
	5	SOL_AWC().sol	土壤可利用水量	v	2.96	0.056
	6	SOL_K().sol	饱和水力传导系数	r	−2.46	0.059
	7	USLE_K().sol	土壤侵蚀因子	r	−1.65	0.109
与 TN 相关的敏感性系数	1	SOL_ORGN().chm	土壤有机氮的起始浓度	v	−9.65	0.010
	2	NPERCO.bsn	氮渗透系数	v	6.38	0.028
	3	BC1.swq	氨氮生物氧化速度	v	−5.94	0.030
	4	N_UPDIS.bsn	氮吸收分布参数	v	−4.70	0.040
	5	ERORGN.hru	氮渗透系数	v	2.96	0.056
与 TP 相关的敏感性系数	1	PPERCO.bsn	磷渗透系数	v	2.88	0.006
	2	PHOSKD.bsn	土壤磷分配系数	v	1.84	0.073
	3	ERORGP.hru	磷富集率	v	−1.59	0.119
	4	PHOSKD.bsn	土壤磷分配系数	v	1.29	0.203

2) 模型率定验证结果

由于水文过程比较复杂，涉及参数众多，因此必须通过一定的评价指标来反映模型模拟值与实测值之间的拟合效果(郝改瑞等,2018)。采用 R^2、NSE、RE 3 个指标来评价模型的模拟效果，见前面所述。

虽然 SWAT 模型的应用范例很多，但在演算模块上及算法上还存在很大的不确定性及误差，导致率定结果存在较大的差异性(杨军军等,2013)。SWAT 模型的不确定性分析通常包括数据准备、子流域划分和数据尺度转换及参数校准三个方面(杨凯杰和吕昌河,2018)。如 Zhang 等(2014)分析了 DEM 数据的分辨率对模拟结果精度的影响，设置了 17 组 DEM 数据，范围为 30~1000m，发现 DEM 分辨率在 30~100m 时，TP 模拟误差在 10%，而随着分辨率增大，误差也逐渐增大，最高误差可达 1420%。Jha 等(2004)在 4 个不同流域应用 SWAT 模型进行了子流域的划分，发现子流域划分阈值≤5%时，模拟泥沙、NO₃-N 等污染负荷精度良好；并且划分阈值越大，误差越大。Gong 等(2012)发现在异质性较大的流域内，多站点率定误差较小，而异质性较小或面积较小的流域内，单站点率定误差较小(乔卫芳等,2013)。

将 1980~2018 年的日降水、温度、相对湿度和太阳辐射等气候数据以及土壤、土地利用数据等导入 SWAT 模型，对各参数进行校准。其中径流率定期为 2003~2017 年，泥沙率定期为 2003~2015 年，NH₃-N 及 TP 的率定期为 2011~2017 年。以出口断面洋县站的实测值进行标定。实测值与模拟值模拟结果如图 6-81 和表 6-52 所示。径流、泥沙、NH₃-N 及 TP 的 R^2>0.7，NSE>0.6，RE<±20%，精度良好，因此模型适用于模拟汉江洋县断面以上流域的非点源污染状况。

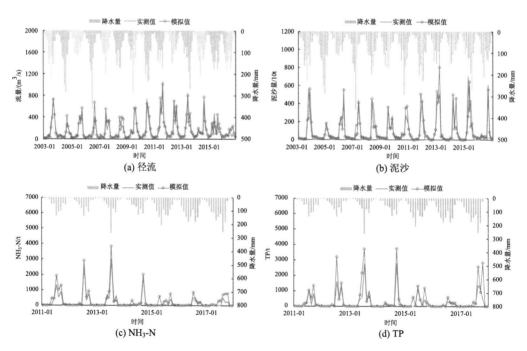

图 6-81 各参数率定验证结果图

表 6-52　模型校准与验证结果

站点	指标	模拟期	R^2	NSE
洋县	流量	率定期(20030101～20131231)	0.81	0.75
		验证期(20140101～20170101)	0.89	0.89
	输沙量	率定期(20030101～20111231)	0.71	0.70
		验证期(20120101～20150101)	0.81	0.75
	NH₃-N	率定期(20110101～20141231)	0.69	0.66
		验证期(20150101～20180101)	0.75	0.72
	TP	率定期(20110101～20141231)	0.75	0.70
		验证期(20150101～20180101)	0.65	0.63

3. 非点源污染负荷估算合理性分析

经输出系数法和 SWAT 模型对汉江洋县断面以上流域进行非点源污染负荷的计算后，对计算结果进行对比分析验证，结果如表 6-53 所示。选取 2018 年该流域 TN、TP 及 NH₃-N 污染负荷进行验证。两方法计算结果的 RE 在±30%以内，结果合格，可用来分析该流域非点源污染特征。标准值结果较大是因为入河损失、降解损失以及地形降雨等自然因素导致实际入河负荷较该方法计算结果略小。总而言之，计算结果误差在可控范围内，具有相对合理性。

表 6-53　非点源污染负荷计算结果对比

指标	标准值	输出系数法		SWAT 模型	
		计算结果	RE/%	计算结果	RE%
TN	16632.87	12087.60	28.33	14299.45	15.03
TP	667.19	846.85	26.93	818.35	22.66
NH₃-N	3798.98	3063.17	19.84	3834.62	0.94

4. 流域非点源污染特征分析及关键源区识别

1)时间分布特征

汉江上游受季风大陆性气候影响，呈现四季分明的特征，其北部为山地暖温带温和湿润气候区，南部为北亚热带温热湿润气候区。虽然全年雨量充沛，但具有降水年内分配不均、年际变化大的特点(赵爱莉等,2020;韩蕊翔,2021)。图 6-82 和图 6-83 为该流域 2011～2018 年降雨径流关系图和降水-泥沙关系图。可以看出降水及径流量主要集中在 7～9 月。经计算，径流的平均年内分配不均匀系数(Cv)为 0.83，泥沙的平均年内分配不均匀系数(Cv)为 1.06，两者均不均匀。该地区 7～9 月为产水产沙期，体现了该地区河道内多水多沙、少水少沙的特点(程思等,2021)。

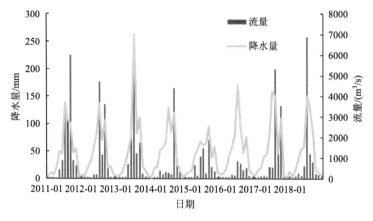

图 6-82　2011～2018 年降雨径流关系

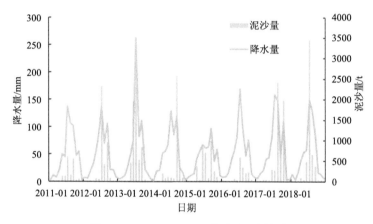

图 6-83　2011～2018 年降水-泥沙关系

　　图 6-84 和图 6-85 为汉江洋县断面以上流域 2011～2018 年多年年内平均氮磷素非点源污染负荷量变化图，图 6-86 为 2011～2018 年氮磷负荷变化图，图 6-87 为多年年内平均泥沙及氮磷比例变化图。污染负荷量年内分配不均，丰水期(6～9 月)污染负荷流失显著，

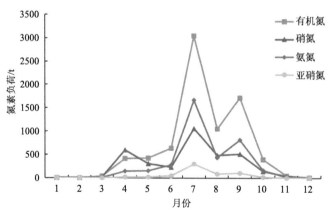

图 6-84　各形态氮多年年内平均变化图

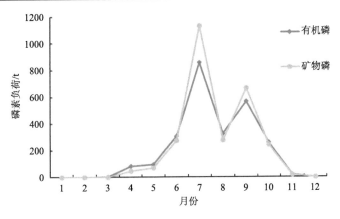

图 6-85　各形态磷多年年内平均变化图

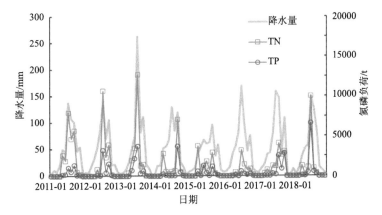

图 6-86　2011～2018 年氮磷负荷变化图

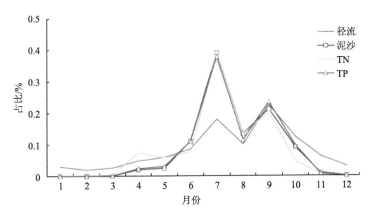

图 6-87　年内月均泥沙和非点源污染负荷变化图

7 月和 9 月流失负荷量尤为突出。在整个丰水期间，径流量占比 84.08%，泥沙量占比 84.97%，TN 流失量占比 80.36%，TP 流失量占比 83.83%。其中 7 月泥沙流失率就占到了总流失量的 39.09%，TN 为 39.15% ，TP 为 37.83%。对于 TN 和 TP 污染指标而言，枯水季(12 月至翌年 3 月)流失率均最小，TN 为 0.79%，TP 为 0.14%。

对各非点源污染指标及降水、径流、泥沙进行相关性分析,如表 6-54 所示。泥沙、降水均与各氮磷污染要素相关性较强,在 0.01 置信区间水平上的相关性均达到 0.6 以上,高度相关。进一步印证了降水是非点源污染的主要动力,泥沙与径流是非点源污染负荷的载体。非点源污染负荷在时间分布上与泥沙相关性更强,因此不能忽视对水土保持及泥沙的治理(田乐,2020;Hou et al.,2020)。

表 6-54　降水、径流、泥沙和非点源污染负荷的时间相关性

相关性	径流	泥沙	有机氮	亚硝酸氮	硝氮	氨氮	有机磷	矿物质磷
降雨	0.521**	0.687**	0.751**	0.746**	0.644**	0.753**	0.628**	0.659**
径流	—	0.749**	0.593**	0.433**	0.378**	0.526**	0.736**	0.582**
泥沙	—	—	0.742**	0.802**	0.605**	0.800**	0.931**	0.952**

**相关性显著水平为 0.01。

2)空间分布特征

利用构建的 SWAT 模型,结合 ArcGIS 软件分析非点源污染的空间分布规律,以 2011～2018 的年均模拟结果为研究对象,模拟流域径流、泥沙和非点源污染负荷等相关要素的空间分布。分析多年以来平均非点源污染负荷的空间分布特征。

提取输出的降水量和产流量分析流域降雨径流的分布特征(图 6-88、图 6-89),同时增加流域坡度分布图(图 6-90)进行辅助分析。由图 6-88、图 6-89 可以看出,研究区域多年平均降水量在 345～625mm,南部区域降水显著高于北部,西部区域高于东部。降水量、产流量最高的是 23 号、24 号子流域,各子流域多年平均径流深度则在 99～352mm。图 6-90 为该流域坡度分布图,坡度分布极不均匀,北部和南部均为山麓,形成了极大落差,汉江支流在坡度落差的情况下在汉中盆地汇流,形成集水区。尤以南部落差大,其支流汇入干流增加径流量,形成产流,进而导致 23 号、24 号子流域产流量增大。从胡砚霞等(2022)的研究发现降水对产流量的贡献率超 90%,土地利用对产流量贡献率不足 10%。与本研究的产流量空间分布特征相印证。

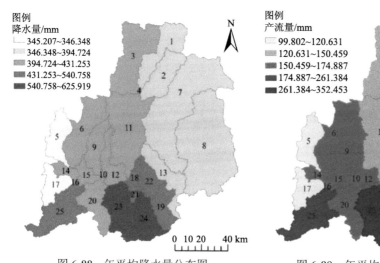
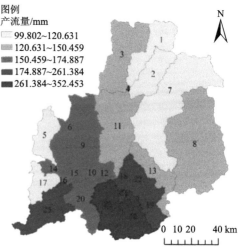

图 6-88　年平均降水量分布图　　　　　　图 6-89　年平均产流量分布图

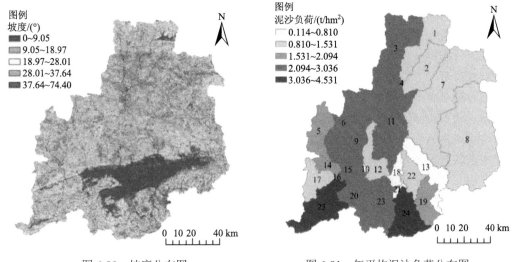

图 6-90　坡度分布图　　　　　　　　　图 6-91　年平均泥沙负荷分布图

流域泥沙的空间分布如图 6-91 所示。各子流域泥沙负荷空间分布具有差异性，泥沙负荷量最大达 4.531t/hm²，最低的仅有 0.114t/hm²，24 号、25 号子流域泥沙负荷较大，20 号、23 号次之。该流域北侧为秦岭南麓，南侧为米仓山北麓，土地利用类型以林地为主，其中以针叶林最多，阔叶林、灌木林较少。针叶林林冠小，降水对地表更容易形成直接冲刷，所以流域的输沙量有明显的增大。根据李鸿雁等(2016)研究可知，土壤类型与水土流失、泥石流的产生存在关联，水土流失发生区的主要土壤类型为弱发育淋溶土，流域内 23 号、24 号、25 号子流域弱发育淋溶土含量丰富，也正印证了此观点。

流域氮负荷的空间分布如图 6-92、图 6-93，由图可知有机氮与硝氮的分布方式有较大差别，18 号、21 号、22 号子流域硝氮含量高。这些子流域主要土地利用方式为耕地，施用的氮肥氧化后会变成 NO₃-N，位于汉中市南郑县。南郑县相较于其他地区，施肥量

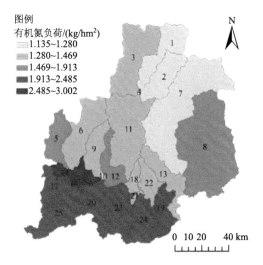

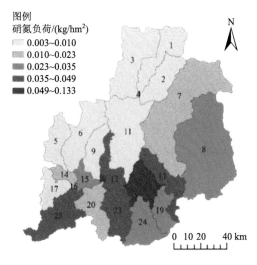

图 6-92　年平均有机氮负荷分布图　　　　　图 6-93　年平均硝氮负荷分布图

较高，因此硝氮含量相对较高。14 号、15 号、16 号子流域有机氮含量高，主要来源是蛋白质及尿素，所属为宁强县，畜禽养殖业发达。当地农业的差异化导致硝氮负荷与有机氮负荷分布特征不一致。

流域磷负荷的空间分布如图 6-94、图 6-95、图 6-96 所示。有机磷、矿物质磷、可溶磷的空间分布有所差异，也有着极大相关性。25 号子流域有机磷负荷最高；23 号、24 号、25 号子流域可溶性磷负荷最高；24 号、25 号子流域矿物质磷负荷最高。其中有机磷和矿物质磷与泥沙负荷空间分布极为类似，可溶性磷与降水量空间分布类似。对各子流域产水深度、泥沙量及非点源污染负荷进行统计，结果表明流域内各非点源污染要素分配不均，具有较强的空间特征，非点源污染的产生与地形因子、气候因子及土地利用方式等因素密切相关。因此，通过控制水土流失可减轻流域营养盐负荷。

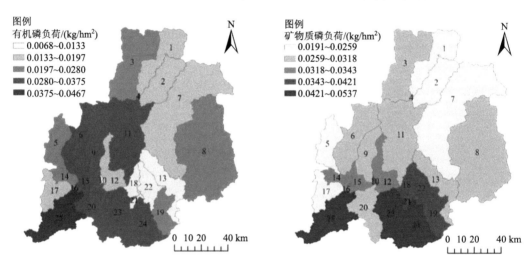

图 6-94　年平均有机磷负荷分布图　　　　　　　图 6-95　年平均矿物质磷负荷分布图

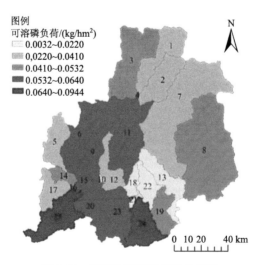

图 6-96　年平均可溶磷负荷分布图

3) 关键源区识别

TN 及 TP 的计算如前所述。利用 2011～2018 年的不同形态氮磷负荷计算 TN 及 TP 的年均单位面积流失强度负荷，可以识别出流域内各污染指标的关键源区。将氮磷流失强度根据自然裂点法划分为五个等级，划分依据如表 6-55 所示。根据该等级划分标准，得到研究区 TN 和 TP 的划分结果(图 6-97)。

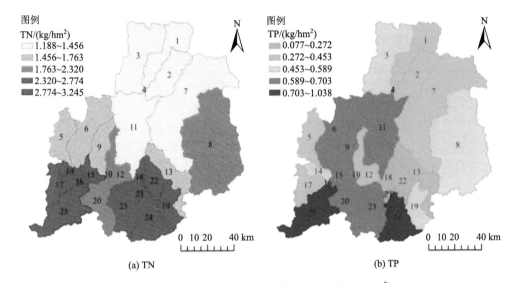

图 6-97　TN、TP 多年平均负荷的空间分布(kg/hm²)

表 6-55　氮磷流失强度等级划分　　　　　　　　　　　　(单位：kg/hm²)

评价指标	流失强度等级分级标准				
	轻度	较轻	中度	较重	重度
TN	1.188～1.456	1.456～1.763	1.763～2.320	2.320～2.774	2.774～3.245
TP	0.077～0.272	0.272～0.453	0.453～0.589	0.589～0.703	0.703～1.038

通过计算可知流域内 TN、TP 平均负荷流失量分别为 0.2253t/km² 和 0.0383t/km²。由图 6-97 可知，TN、TP 的主要污染负荷流失区处于流域南部。对于 TN 来说，8 号、14 号、15 号、16 号、17 号、18 号、19 号、21 号、22 号、23 号、24 号及 25 号子流域污染负荷流失较严重，负荷流失率达到了 2.320～3.245 kg/hm²，大部分子流域隶属于宁强县及南郑区，少部分位于洋县。对于 TP 来说，6 号、9 号、11 号、15 号、16 号、20 号、23 号、24 号及 25 号子流域污染负荷流失最严重，负荷流失率达到了 0.589～1.038kg/hm²，大部分也隶属于宁强县及南郑区，并且勉县及留坝县部分地区污染负荷流失也较严重。由前文所述知流域氮污染严重超标，出口断面 TN 含量为Ⅲ级水质标准，而 TP 污染负荷较小，因此结合二者计算结果，对各子流域进行分区。具体风险分区情况及各子流域总体特征如表 6-56 所示。其中Ⅰ、Ⅱ、Ⅲ级风险源区总面积约为 7324.37km²，占流域总面积的 45.94%，输出污染负荷 TN、TP 在流域污染负荷的占比分别达 59.09%、69.36%。TN 污染负荷的关键源区为宁强县、南郑区、汉台区及勉县小部，TP 污染负荷的关键源

区为宁强县、南郑区以及勉县和留坝县大部，在污染防治时应重点关注这些区域。

表 6-56　风险源区划分及特征

风险源区	子流域编号	子流域特征
I 级	14、15、16、23、25	降水量大，地形起伏大，耕地占比相对较大，易发生非点源污染负荷流失
II 级	17、18、19、21、22、24	林地草地覆盖率低，畜禽养殖业繁荣，化肥施用量大
III 级	8、10、12、20	主要市区所在地，人口密度大，缺乏完善的污水处理措施，污水直排现象较多
IV 级	5、6、9、13	存在零星畜禽养殖基地及少量耕地，但人口密度小，植被覆盖率较高
V 级	1、2、3、4、7、11	植被覆盖率较高，耕地比例较小，非点源污染负荷流失较少

造成污染负荷这种分布状况的主要原因是：①流域北部各子流域多为林地及草地，对土壤具有较好的水土保持作用，产沙量少，氮磷污染负荷缺乏来源和输移条件，非点源污染负荷量较低。但个别子流域坡度较大，为径流及泥沙输移提供了条件，因此北部诸多子流域污染负荷量较低。②降水量从西南到东北方向逐渐递减，具有明显的空间分布差异性，非点源污染负荷与降水量空间分布具有一定相关性。③由于环境污染的累积效应，上游的污染负荷虽然在输移过程中会有一定流失，但仍然依靠水体输移，加上其他支流产生的负荷，导致下游污染负荷量累积得越来越多，干流负荷量明显多于上游支流污染负荷量。④南部关键源区子流域的土地利用方式多为耕地及建设用地，地形为平坦的草原，利于农业活动的开展。

5. 小结

(1)根据实测径流、泥沙、TN 及 TP 数据对模型输出数据进行率定验证，结果均满足 $R^2 > 0.7$，NSE > 0.6，RE 在 ±20% 左右，说明该模型满足研究区的适用要求。

(2)将前文计算的非点源污染负荷、SWAT 模型模拟结果与标准值进行比对，误差在 30% 以内，均在可接受范围内。说明基于 SWAT 模型的非点源污染特征符合研究区实际情况。

(3)径流量、泥沙量和氮磷污染负荷量年内分布不均匀，整个丰水期污染负荷流失量在 80% 以上。在 2011~2018 年间，径流量、输沙量及氮磷污染负荷量与降水量具有相同的变化趋势。非点源污染负荷具有明显的空间分布特征，且与坡度、降水量等要素具有一定相关性。

(4)采用单位面积负荷指数法确定氮磷污染关键源区，最终确定 14 号、15 号、16 号、23 号、25 号子流域为污染关键源区。本研究划分的 I～III 级关键源区占流域总面积的 45.94%，输出 TN、TP 分别为污染总负荷的 59.09%、69.36%。TN 污染的关键源区为宁强县、南郑区、汉台区及勉县小部，TP 污染的关键源区为宁强县、南郑区以及勉县和留坝县大部。

6.5.2　基于 MIKE 模型的汉江洋县断面以上流域非点源污染模拟

1. 模型数据准备

该模型需要数据如丹江流域模型构建所述，各项数据整理结果如表 6-57 所示，如

SWAT 模型一样准备 DEM、土地利用、流域划分等空间属性图，此处不赘述。

表 6-57　研究区人口及畜禽养殖统计表

县区	土地利用/km²					牲畜/万只				农村人口/万人
	耕地	林地	草地	城镇用地	未利用地	大牲畜	猪	羊	禽类	
凤县	13.7	701.75	10.84	1.55	0	0.28	0.83	0.46	4.44	0.98
略阳	49.27	723.24	3.95	4.23	0.01	0.76	0.88	0.84	58.92	3.57
太白	36.77	1083.21	22.13	5.31	3.1	0.02	0.92	0.58	3.35	1.21
勉县	400.4	1806.34	47.78	58.17	0.19	2.63	23.05	0.97	109.1	18.18
宁强	102.2	811.5	17.23	12.96	0.42	0.88	5.24	0.98	27.58	7.22
留坝	17.19	1829.95	17.3	7.56	0.21	1.7	11.27	1.89	53.32	1.84
汉台	70.02	75.7	5.39	25.99	0.15	0.38	2.61	0.16	35.63	8.05
南郑	289	509.48	23.73	38.33	0.23	0.83	6.77	0.86	29.52	8.15
周至	4.57	233.92	3.61	0.52	0	0.09	0.28	0.15	1.48	0.33
城固	207.6	224.44	15.98	77.06	0.44	1.13	7.74	0.47	105.6	23.87
洋县	87.43	94.52	6.73	32.45	0.19	0.47	3.26	0.2	44.49	10.05

2. 研究区 MIKE 11 模型的构建

1）HD 一维水动力模型构建

MIKE 11 一维水动力模型建模主要涉及到河网、断面、边界和参数文件的设置，然后运行。

A. 河网文件

利用 91 卫图软件进行河网描绘，获得河网的.shp 文件。将河网.shp 文件中的河道生成点，根据河道上下游的位置进行手动连接这些点，生成所需要的河道，依据实际情况修改河道名称和里程数。利用连接工具连接河道，最终形成河网文件(.nwk11)，河道及河网文件如图 6-98 所示。

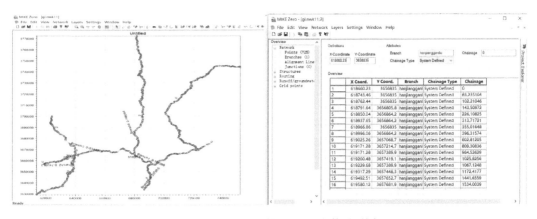

图 6-98　研究区河道图及河网文件设置图

B. 断面文件

导入断面坐标到断面文件中，严格控制断面与河道的里程对应。同时，采用线性差值使得计算水位点和流量点分布密度合理，保证至少 1000 m 设置一个断面。根据研究区的 DEM，结合实际测量考察情况对关键点进行修正，得到断面剖面图，具体如图 6-99 所示。

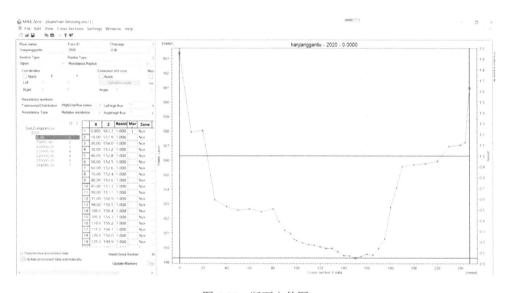

图 6-99　断面文件图

C. 边界文件

边界文件为河道上下游边界的时间序列文件。模型的上游边界采用时间-流量资料，下游边界采用时间-水位资料，时间序列文件的设置如图 6-100 所示。

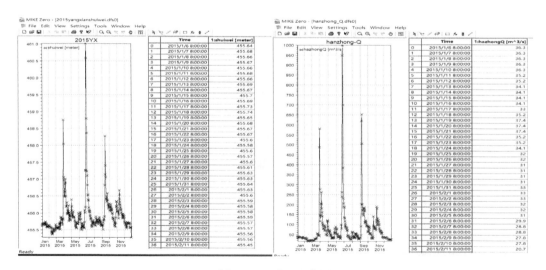

图 6-100　边界文件图

D. 参数文件

参数文件包括初始流量、初始水深和河道糙率,分别设置为 0.05 m³/s、0.5 m 和 0.035。

E. 模拟文件

将上述生成的文件信息整合成一个整体,导入到模拟文件中,设置模拟时段和时间步长,为了使模型能稳定运行,该模拟周期为 1 年,时间步长为 1 h。

2) AD 一维水质模型构建

MIKE 11 AD 模型模拟水体中污染物的迁移输运过程,设置一个不变衰减系数来模拟污染物,主要建模工作有水质相关参数的定义、纵向扩散系数、初始条件、衰减系数和边界条件。步骤如下:

A. 水质参数

通过水质模型对研究水域内的水质进行数值模拟时,需要对水域内的污染因子进行分析确定,筛选出有较强代表性的污染因子。遵循以下原则进行筛选:①一致性原则。污染因子筛选过程中务必保证数据来自实际水域内的真实勘测报告,尽可能还原研究区域的真实水质情况。②代表性原则。水域内的污染因子代表着水体的真实情况,指标对水质影响越大的越具有代表性。根据水质监测数据及《汉中市"十四五"水生态保护手册》,河流中 NH_3-N 和 COD 是该区域主要的污染因子。因此,设置模拟的水质参数为 NH_3-N 和 COD。

B. 纵向扩散系数

纵向扩散系数是模型中不可或缺的水动力参数,其数值可以体现水体中溶解性或悬浮物质的纵向混合程度,其大小不同表明其污染物浓度在时空分布上的不同分布规律。定义纵向扩散系数,需要分析水体中污染物转化能力的影响,结合河道自身的实际情况,采用准确的方法来设置该参数,确定参数的方法有经验公式法、示踪试验法和理论公式法,后两种方法虽能全面体现河道本身特征,但做试验所消耗的人力物力财力都很大,对于小河道的模拟是没有必要的。相反,经验公式法需要确认的参数比较少,易操作,可用于离散参数的确定,其公式见式(6-33)。

C. 初始条件

根据实测资料输入每条河道的初始浓度,同时输入河段名以及河道的里程值。

D. 衰减系数

衰减系数 K 能够衡量水环境中污染物经过物理、化学和生物处理后的衰减程度,体现外部污染源的进入导致污染物沿水体流动方向的变化和迅速衰减过程。衰减系数 K 可根据不同污染物和不同水动力条件进行定义,确定其值的方法有经验系数法、试算法和率定法。本研究采用试算法,通过模型的率定和验证,得出 COD 和 NH_3-N 的衰减系数。

E. 边界条件

AD 模型中的水质边界文件是在水动力模型的水文边界上进行添加的。在水动力模块正常运行的情况下,把水质边界数据添加在水动力模块的边界文件上。边界文件的外部边界必须导入全部水质污染指数数据,但内部边界可以只添加几种污染物指数的数据,而不是全部的污染物成分。

3）水质数值模拟步骤

水质数值模拟一共包含有 4 个步骤：

步骤 1：构建 MIKE 11 一维水动力学模型。根据河网资料、流量和水位资料等信息，完善河网文件、断面文件、边界文件以及参数文件的设置，并将其导入 MIKE 11 水动力模块进行模拟。

步骤 2：构建 MIKE 11 一维水质模型。根据实测水质资料，在水质模块中设置好相关参数和边界条件。

步骤 3：构建 MIKE 11 水动力水质模型。将已经设置完成的水动力模块（HD）和水质模块（AD）导入运行模块中，确定模拟周期和时间步长，保证模型能够正常运行。

步骤 4：模型参数率定和结果提取。将模型模拟结果与实测数据进行对比分析，对模型相关参数进行率定，最后运行模型，在 MIKE VIEW 中查看模拟结果。

3. 模型参数率定与验证

本研究选择经验法和模型计算法来率定河床糙率、扩散系数和衰减系数三个参数，用 R^2 和 NSE 对拟合结果进行评价。一般认为，$R^2 \geqslant 0.6$、$NSE \geqslant 0.5$ 时，模型的模拟结果是可以接受的（张斯思，2017）。

1）水动力模块（HD）

河床糙率是河道水动力计算的主要参数，针对汉江干流不同河段的特征，分别对汉江源头至黄金峡断面的河道糙率（即曼宁系数）进行率定。在初始参数的基础上进行多次调参试算，率定结果如表 6-58 所示。

表 6-58 汉江黄金峡断面以上的曼宁系数表

烈金坝—梁西渡	梁西渡—南柳渡	南柳渡—黄金峡
0.018	0.024	0.025

利用 2015 年黄金峡断面实测流量率定水动力模型，2016 年实测流量进行验证，如图 6-101 所示。结果表明率定期 R^2 为 0.91，NSE 为 0.78；验证期 R^2 为 0.94，NSE 为 0.76，模拟值和实测值整体拟合效果较好，模拟效果比较理想，可以继续进行 AD 模块的率定验证。

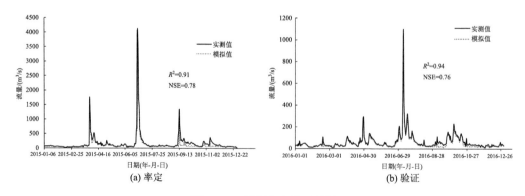

图 6-101 模型率定验证结果

2) 对流扩散模块（AD）

污染物衰减系数和纵向扩散系数是对流扩散模块需要进行率定验证的参数。通过率定，模型纵向扩散系数取 10.3 m²/s，不同区段 NH₃-N 和 COD 的综合衰减系数取值如表 6-59 所示。

表 6-59　综合衰减系数表　　　　　　　　（单位：d^{-1}）

污染物	烈金坝—梁西渡	梁西渡—南柳渡	南柳渡—黄金峡
NH₃-N	0.068	0.066	0.065
COD	0.071	0.068	0.068

选择梁西渡、南柳渡、黄金峡三个断面的 2015 年和 2016 年 NH₃-N 和 COD 的实测值进行率定和验证，率定结果如图 6-102～图 6-104 所示，验证结果如图 6-105～图 6-107 所示。

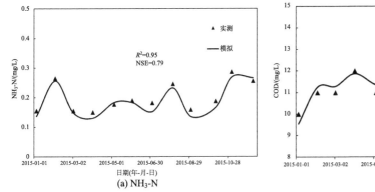
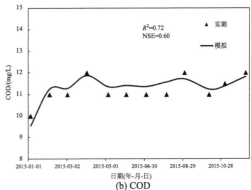

图 6-102　梁西渡断面 NH₃-N、COD 率定结果

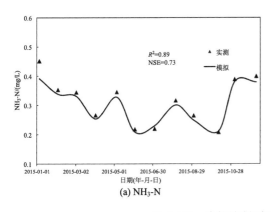
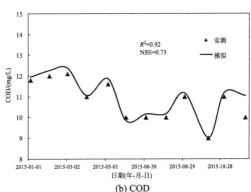

图 6-103　南柳渡断面 NH₃-N、COD 率定结果

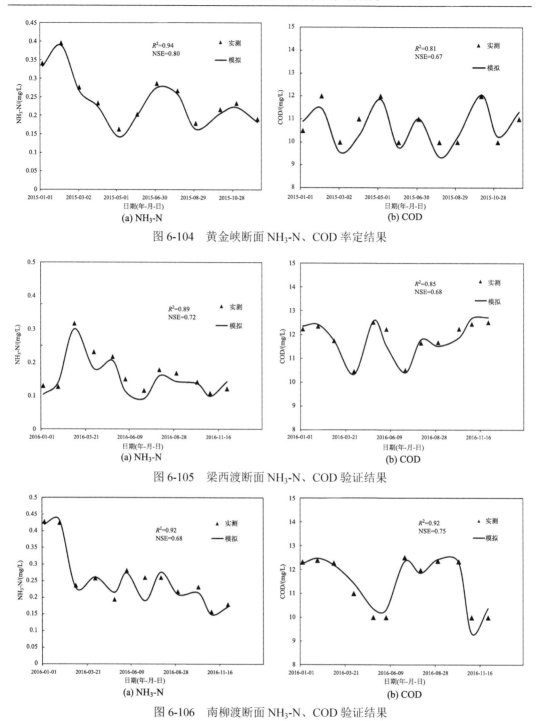

图 6-104　黄金峡断面 NH₃-N、COD 率定结果

图 6-105　梁西渡断面 NH₃-N、COD 验证结果

图 6-106　南柳渡断面 NH₃-N、COD 验证结果

　　从率定结果可以看出，梁西渡断面 NH₃-N 和 COD 的 R^2 分别为 0.95、0.72，NSE 分别为 0.79、0.60；南柳渡断面 NH₃-N 和 COD 的 R^2 分别为 0.89、0.92，NSE 分别为 0.73、0.73；黄金峡断面 NH₃-N 和 COD 的 R^2 分别为 0.94、0.81，NSE 分别为 0.80、0.67。模拟值变化规律与实测值基本相符，但还存在一些误差，主要原因有：一是由于点源资料

有限，导致部分断面数据不够准确，存在误差；二是模型涉及多方面的要素和参数，参数之间又有相关关系，增加了模型率定验证难度。根据结果可知，模型误差在范围内，所以可以很好地模拟河道的水质和水量状况。

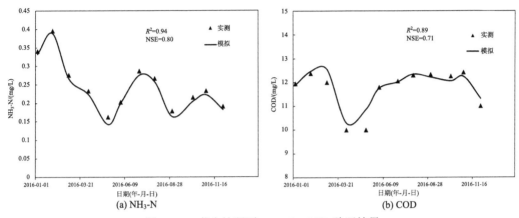

图 6-107　黄金峡断面 NH₃-N、COD 验证结果

从验证结果可以看出，梁西渡断面 NH₃-N 和 COD 的 R^2 为 0.89、0.85，NSE 分别为 0.72、0.68；南柳渡断面 NH₃-N 和 COD 的 R^2 为 0.92、0.92，NSE 分别为 0.68、0.75；黄金峡断面 NH₃-N 和 COD 的 R^2 为 0.94、0.89，NSE 为 0.80、0.71。可知该模型能够描述汉江的水动力水质的变化规律，可用于后期水环境容量的计算和非点源污染控制方案效果的研究。

4. 典型水文年的划分

基于洋县断面 1969～2018 年的降水量数据，利用适线法和 P-III 型曲线确定典型水文年(图 6-108)，根据典型年降水量判别标准(表 6-60)对 2005～2018 年进行水文年划分，

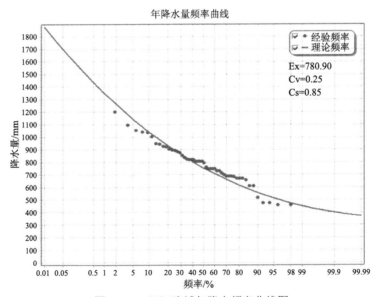

图 6-108　汉江流域年降水频率曲线图

划分结果如表 6-61 所示,其中 2011 为丰水年(P=22.99%);2016 年为枯水年(P=81.62%);
2017 年为平水年(P=55.76%)。

表 6-60　典型年降水量标准表

典型年		设计频率	P-III型曲线设计降水量/mm
丰水年	特丰年	<12.5%	>1008.04
	偏丰年	12.5%~37.5%	816.38~1008.04
平水年	平水年	37.5%~62.5%	696.32~816.38
枯水年	偏枯年	62.5%~87.5%	571.69~696.32
	特枯年	>87.5%	<571.69

表 6-61　2005~2018 年水文年划分

年份	降水量/mm	频率 P/%	水文年
2005	742.08	52.45	平水年
2006	666.23	69.13	偏枯年
2007	802.58	40.09	平水年
2008	681.7	65.47	偏枯年
2009	741.82	52.51	平水年
2010	455.22	98.81	特枯年
2011	908.2	22.99	偏丰年
2012	801.88	40.22	平水年
2013	715.84	58.18	平水年
2014	770.84	46.39	平水年
2015	455.7	98.97	特枯年
2016	605.45	81.62	偏枯年
2017	726.86	55.76	平水年
2018	470.39	98.13	特枯年

5. 非点源污染时空特征

1)MIKE LOAD 模型建立

Load Calculator 污染负荷评估模型主要用于评估流域与城市内污染物负荷。可分为
流域和城市两大模块。非点源污染负荷评估模型默认污染源分为农田林地、农村生活、
畜禽养殖与城镇地表径流,可以根据需要进行添加或者删除。针对不同的污染源种类,
提供四种常见的计算方法:单位负荷估算法、总量估算法、单位面积法及平均浓度法。
确定农田林地采用单位面积法、农村生活与畜禽养殖采用单位负荷估算法、城镇地表径
流采用平均浓度法进行估算。

单位面积法:新增并输入各统计分区地块种类、面积及其单位面积单位时间污染
负荷。

单位负荷估算法：新增并输入各统计分区个体种类、数量及其单位污染负荷。

平均浓度法：软件会自动根据区域设置中导入的城镇用地类型图计算出不同分区不同用地类型的面积(单位：km^2)。用户需要自定义各个用地类型的径流系数与径流负荷浓度(单位：mg/L)，也可对其进行批量修改。

总量估算法：新增并输入各统计分区源头物质种类、总量及其折算到各污染物质的折算系数。四种方法都可以选择输入时间分布序列，设置时间权重以考虑时间变化。

入河方式：流域内污染的输运可自定义为入河系数模拟，也可基于流域数字高程模型，从污染发生源到进入受纳水体过程的采用基于输运距离的衰减率模拟，并考虑温度影响。本研究基于流域数字高程模型，采用距离衰减率来进行模拟，衰减率采用经验值，温度设置为20℃。

入河系数：入河系数可应用于各污染源和分散点污染源类型，各类污染物指标的径流系数均随空间变化，通过对不用区域赋值来实现。因此，采用入河系数模拟时，需要定义集水区污染源下各类污染物的入河系数。1 代表没有滞留，0 代表完全滞留。该研究区内试验存在限制，所以采用文献法来确定入河系数。NH_3-N 和 COD 的入河系数参照臧梦圆和李颖(2021)的研究结果，其中农业入河系数为0.2，生活污染、畜禽养殖入河系数为0.1。

是否随降雨径流入河：是否随降雨径流入河功能表示各类污染源是否通过降雨径流进入水体。在模型中，默认肥料/畜禽污染负荷的排放通过降雨径流带入河道，生活/点源污染的排放不受降雨径流的影响。

径流数据：打开软件进行水文模型搭建，也可直接导入径流结果，径流数据时间尺度需要覆盖评估时间尺度。导入后，与集水区图名称对应的各集水区会显示在径流结果列表中，当鼠标点击不同的集水区子标签时，右侧会显示对应的径流时间序列及其曲线。本研究采用和 MIKE 11 耦合的方式来添加径流数据。

根据收集的水质资料，最终使用的 NH_3-N 和 COD 的输出系数如表2-7所示。

2)非点源污染时间分布特征

在 2005～2018 年间，丰水年、平水年和枯水年的发生频次分别为 1、7 和 6。基于模拟结果，对流域平水年(2017 年)NH_3-N 及 COD 的年内污染负荷变化过程进行分析(图6-109、图6-110)。结果表明 NH_3-N 和 COD 的污染负荷月变化与月降水量变化趋势基本保持一致，降水量大的月份非点源污染入河负荷也较大，反之也成立。随着降水量增大，3 月入河负荷达到峰值，NH_3-N 和 COD 入河负荷分别为 176.82 t 和 3508 t；5 月入河负荷再次达到峰值，7 月后月污染负荷减小并逐渐平稳，2 月和 11 月非点源污染入河量最小。

结合研究区农业种植及畜禽养殖情况分析，3 月入河负荷陡增主要是因为 3 月中下旬会进行农田翻耕和播种，疏松土壤在降雨作用下引起氮磷和 COD 严重流失，除此之外，大规模的畜禽养殖活动也在 3 月开展。平水年(2017 年)3 月降水量与 5 月降水量相差不大，NH_3-N 与 COD 随降雨径流输出强度较大，因为 4 月农田处于蓄水阶段，大部分降雨储存在农田，农田径流量相对较小，污染物流失量较少。5 月随着降水量增加，农田携带污染负荷进入地表水体，入河污染负荷量激增达到第二个峰值，且入河污染负荷量仅次于3月。与上半年相比,7~9月雨季降水频次增加,但是农作物需水量增加,且该时段农田无须施加化肥,土壤中营养盐逐渐减少,流域入河负荷相对较少。

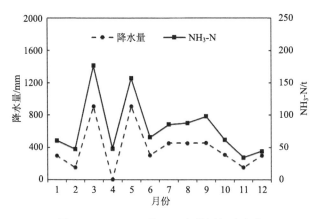

图 6-109　NH₃-N 的入河负荷量年内变化

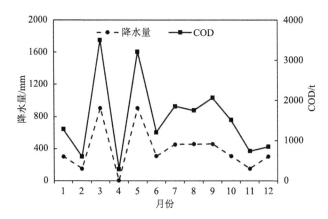

图 6-110　COD 的入河负荷量年内变化

综上所述,年内 NH₃-N 和 COD 流失量与降水量呈正相关,农田施肥和畜禽养殖对 NH₃-N 和 COD 的入河量也有较大的影响。因此,加强农业施肥的利用率及水肥协调管理、地表径流管理和畜禽养殖排污控制等对削减非点源污染入河负荷量意义重大。

3)非点源污染空间分布特征

研究区各行政区 2017 年的污染负荷结果见图 6-111 和图 6-112,其中 NH₃-N 总量为 3424.33 t/a,COD 总量为 71770.90 t/a。生活污染、农业非点源污染、城镇地表径流、畜禽养殖带来的非点源污染 NH₃-N 总量分别为 876.18 t/a、1324.67 t/a、291.52 t/a、931.97 t/a,分别占非点源污染总负荷的 25.59%、38.68%、8.51%、24.77%。生活污染、农业非点源污染、城镇地表径流、畜禽养殖带来的 COD 总量分别为 20861.32 t/a、14250.98 t/a、17780.23 t/a、18878.41 t/a,分别占非点源污染负荷的 29.07%、19.86%、27.22%、26.30%。从而可知农业污染是 NH₃-N 的主要来源,生活污染和畜禽养殖是 COD 的主要来源。非点源污染负荷空间分布不均,主要集中在勉县、留坝县和城固县。各行政区中,勉县、留坝县和城固县非点源污染占比较大，NH$_3$-N 占比分别达到 24.9%、11.76%和 14.60%，COD 占比分别达到 21.47%、10.72%和 14.80%。其中勉县和留坝县的 NH$_3$-N 污染主要来自于农业和畜禽养殖，而城固县的 NH$_3$-N 污染主要来自生活污染。

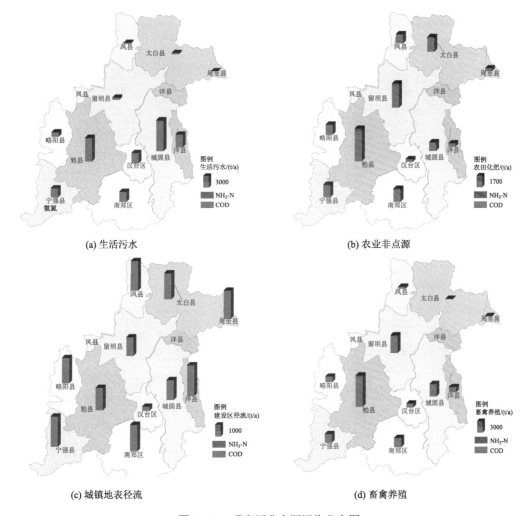

(a) 生活污水　　　　　　　　　　　　　　　(b) 农业非点源

(c) 城镇地表径流　　　　　　　　　　　　　(d) 畜禽养殖

图 6-111　研究区非点源污染分布图

选择 2011 年、2016 年和 2017 年作为丰水年、平水年、枯水年的代表年份，分别计算研究区的非点源污染，结果如图 6-113 所示。不同水平年流域 NH$_3$-N 负荷明显不同，丰水年负荷最大，达到 4586.03t，平水年负荷次之，有 3901.62t，枯水年负荷最小，为 3424.33t。同一水平年，汉江洋县断面以上流域非点源污染负荷产生量的空间分布差异较大，污染负荷排序为：勉县＞城固县＞留坝县＞宁强县＞洋县＞略阳县＞太白县＞汉台区＞凤县＞周至县。勉县的非点源污染负荷最大，丰水年、平水年、枯水年的污染负荷分别为 1089.92t、993.328t、855.201 t；城固县的非点源污染负荷次之，丰水年、平水年、枯水年污染负荷分别为 669.35t、562.71t、499.90 t；周至县的非点源污染负荷最小，丰水年、平水年、枯水年污染负荷分别为 130.97t、85.70t、66.80 t。

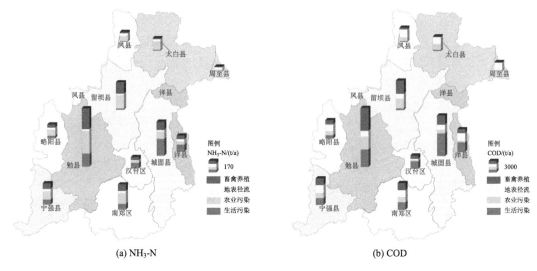

(a) NH₃-N

(b) COD

图 6-112　研究区内源污染分布

除负荷总量外,流域各行政区单位面积污染负荷,既贡献强度也是流域负荷空间分布的重要指标,该指标对流域污染"重灾区"的识别同样有重要的意义。勉县 NH₃-N 污染负荷贡献强度最大,丰水年、平水年、枯水年贡献强度分别为 0.45 t/(km² · a)、0.41 t/(km² · a)、0.36 t/(km² · a);汉台区次之,丰水年、平水年、枯水年 NH₃-N 贡献强度分别为 0.44 t/(km² · a)、0.38 t/(km² · a)、0.33 t/(km² · a);周至县最小,丰水年、平水年、枯水年 NH₃-N 贡献强度分别为 0.044 t/(km² · a)、0.028 t/(km² · a)、0.022 t/(km² · a)。

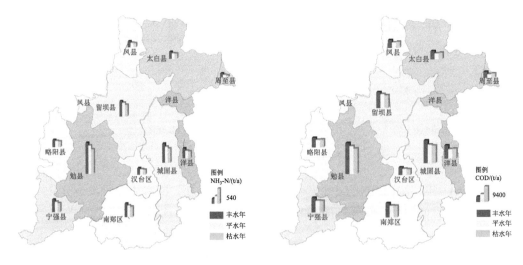

图 6-113　典型水平年 NH₃-N 污染负荷分布图　　　图 6-114　典型水平年 COD 污染负荷分布

图 6-114 是丰水年、平水年、枯水年流域各行政区 COD 污染负荷的空间分布情况。其中丰水年污染负荷最大,全年累计 90437.9 t,平水年次之,全年累计 73162.5 t,枯水年最小,全年累计 71770.9 t。同一水平年 COD 负荷的空间分布差异也较大,负荷排序

为：勉县＞城固县＞留坝县＞宁强县＞洋县＞略阳县＞太白县＞凤县＞汉台区＞周至县，勉县非点源污染负荷最大，丰水年、平水年、枯水年污染负荷分别为 18759.6t、16877.4t、15410.3 t；城固县非点源污染负荷次之，典型丰水年、平水年、枯水年污染负荷分别为 13727.7t、11154.8t、10623.9 t；周至县非点源污染负荷最小，典型丰水年、平水年、枯水年污染负荷分别为 3446.78t、2019.12t、2472.91 t。

从 COD 污染负荷的贡献强度来说，汉台区污染负荷贡献强度最大，丰水年、平水年、枯水年贡献强度分别为 8.88 t/(km²·a)、7.34 t/(km²·a)、6.90 t/(km²·a)，勉县污染负荷贡献强度次之，丰水年、平水年、枯水年贡献强度分别为 7.81 t/(km²·a)、7.03 t/(km²·a)、6.42 t/(km²·a)，周至县污染负荷贡献强度最小，丰水年、平水年、枯水年贡献强度分别为 1.15 t/(km²·a)、0.67 t/(km²·a)、0.82 t/(km²·a)。

6. 小结

构建研究区污染负荷评估模型和 MIKE 11 模型，用断面实测资料对模型进行率定验证，确定模型相关参数，采用 R^2 和 NSE 对率定验证结果进行分析，确保模型的可靠性。

(1)阐述了模型的构建思路，利用 2015 年断面流量资料对模型进行率定，模型率定结果的 R^2 为 0.91，NSE 为 0.78，确定河道烈金坝—梁西渡段、梁西渡—南柳渡段、南柳渡—黄金峡段的曼宁系数分别为 0.018、0.024 和 0.025。用 2016 年断面流量资料对模型进行验证，验证结果的 R^2 为 0.94，NSE 为 0.76。模拟值和实测值整体拟合效果较好。

(2)选择梁西渡、南柳渡、黄金峡三个断面的 2015 年和 2016 年 $NH_3\text{-}N$ 和 COD 的实测值进行率定和验证，模型率定验证的结果 R^2 均大于等于 0.72，NSE 均大于等于 0.6。模型基本能够描述汉江的水动力水质的时空变化规律，可用于后期水环境容量计算和非点源污染控制措施效能的研究。

(3)采用 Load Calculator 模型计算汉江洋县断面以上流域非点源污染负荷，非点源污染负荷 $NH_3\text{-}N$ 总量为 3424.33 t/a，COD 总量为 71770.90 t/a，农业非点源污染是 $NH_3\text{-}N$ 的主要来源，生活污染和畜禽养殖是 COD 的主要来源。在研究区中非点源污染负荷分布不均，主要集中在勉县、留坝县和城固县。汉江洋县断面以上流域 $NH_3\text{-}N$ 和 COD 的污染负荷月变化与月降水量变化趋势基本保持一致。3 月随着降水量的增大，入河负荷达到峰值，5 月入河负荷再次达到峰值。7 月后月污染负荷减小并逐渐平稳，2 月和 11 月非点源污染入河量最小。

6.5.3　不同模型非点源污染模拟结果对比分析

与丹江流域类似，在汉江洋县断面以上流域利用了 SWAT 模型和 MIKE 模型进行了模拟。根据实测径流、泥沙、TN 及 TP 数据对 SWAT 模型输出数据进行了率定验证，率定验证结果均满足 $R^2>0.7$，NSE>0.6，RE 在 ±20%左右，说明该模型满足研究区的适用要求。MIKE 模型利用 2015 年、2016 年断面流量资料对模型进行率定验证，模型率定结果的 R^2 为 0.91，NSE 为 0.78，验证结果的 R^2 为 0.94，NSE 为 0.76。对梁西渡、南柳渡、黄金峡三个断面的 2015 年和 2016 年 $NH_3\text{-}N$ 和 COD 的实测值进行率定和验证，模型率定验证的结果 R^2 均大于等于 0.72，NSE 均大于等于 0.6。发现两个模型的综合评价指标均能满足精度要求。

通过 SWAT 模型结果分析非点源污染时空特征，发现径流量、泥沙量和氮磷污染负荷量年内分布不均，整个丰水期污染负荷流失量在 80%以上。在 2011～2018 年间，径流量、输沙量及氮磷污染负荷量与降水量具有相同的变化趋势。在空间上，非点源污染负荷具有明显的空间分布特征，且与坡度、降水量等要素具有一定相关性。TN 污染负荷的关键源区行政区划上为宁强县、南郑区、汉台区及勉县小部。TP 污染负荷的关键源区行政区划上为宁强县、南郑区以及勉县和留坝县大部。而 MIKE 模型模拟结果显示农业非点源污染是 NH_3-N 的主要来源，生活污染和畜禽养殖是 COD 的主要来源。在研究区中非点源污染负荷分布不均，主要集中在勉县、留坝县和城固县。通过同一流域应用不同模型的效果需要进行对比分析发现，模型结构算法对模拟效果影响明显，要根据具体的资料进行模型选用及处理。

6.6　基于 MIKE 模型的洋县至安康断面间流域非点源污染研究

6.6.1　模型建立与参数估算

1. HD（水动力）模块的建立

模拟河段自汉江干流洋县水文站始至安康水文站，全长 301424.83m，建立对应河段的水动力模型。

1）河网概化

河网是一维河道水文水动力及水质计算的基础。由于研究区域内河网密集，河流之间纵横交错，很多较小河流无法判别主河道，且缺乏水文资料。因此在实际模拟时，对河网进行概化处理（熊鸿斌等，2017）。综合考虑对汉江干流影响较大且资料齐全的支流，概括为汉江干流、酉水河、子午河、牧马河、池河、任河、诸河。其中汉江干流长301424.83m，酉水河与干流连接在干流 32283.23m 处，长 98763.57m；子午河与干流连接在干流 62860.65m 处，长 119384.09m；牧马河与干流连接在干流 76627.76m 处，长56021.07m；池河与干流连接在干流 126467.96m 处，长 74264.04m；任河与干流连接在干流 222090.99m 处，长 69107.56m；诸河与任河连接在干流 60307.13m 处，长 107294.28m。河网长度和坐标等信息根据实地调查数据、收集到的 GIS 数据、水文年鉴以及结合 Google Earth 确定。在模型中，首先通过导入 ASCII 格式的 DEM 数据，经数据处理后激活河网功能栏的河道追踪，然后根据所收集的河网数据描绘河网，并在通用信息页定义河网信息，包含河道名称、河道实际长度、走向和连接关系等。

2）断面文件

断面原始数据来源于 2011～2018 年汉江水文年鉴，包含水文测站的测点数据，如：断面标号、起点距、河岸高程等。共收集大断面资料 10 处，通过插值及实测一共获得22 处，通过设置基准面信息使得模型能顺利运行。每个断面都由断面所在河流名称和河流位置里程唯一确定，图 6-115 为模型断面设置界面，大断面资料展示图以洋县水文站点为例，如图 6-116 所示。

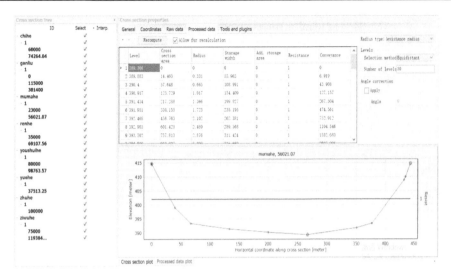

图 6-115　模型断面设置界面

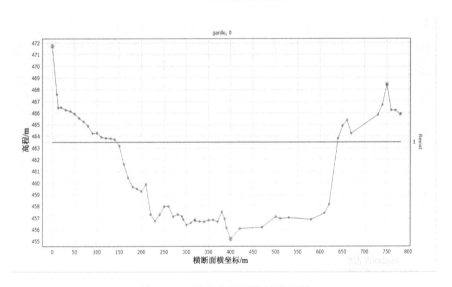

图 6-116　洋县大断面资料展示图

3）边界条件

边界条件包含 4 个节点：标准边界、风阻、渗漏、MIKESHE 耦合边界。水动力模型的标准边界分为内、外部边界两部分。根据边界值是否随时间变化分为恒定值和变值两种，渗漏及风阻可设置为恒定值，其余皆通过编辑时间序列文件或设置周期变化值来确定。外部边界即自由端点处的信息，本研究共包含 8 个外部边界，分别对应汉江干流入流与出流处，6 条支流入流处，这些不与其他河道相连的河道端点，必须给定某种特定水文数据或设置为闭合边界，然后根据所收集流量、水位或水位流量关系等资料进行设置，将汉江上游洋县水文断面设置为流量边界，下游的安康水文断面设置为水位边界，其余支流设置为闭合边界，皆为逐日数据。闭合边界指无水流流入的河流源头。本节内部边界仅包含 NAM 模型提供的降雨径流数据。

4)水动力参数

水动力参数主要是设置河床糙率和模拟的初始条件，河床糙率通过设置局部或全局的曼宁系数来调整，曼宁系数根据河道糙率推算而来，可率定得到。初始条件包括初始水位和初始流量，初始流量可以接近零，初始水位应高于河床。通过参考水文年鉴所记载的河道糙率，分析计算得到曼宁系数变化范围，再根据试错法不断调整参数，对于初始条件则设置为近 10 年最枯月的平均流量和水位，也可以设置为零。

5)模拟文件

设置好河网、断面、边界条件和水动力参数后，将模型输出流量及水位数据用于率定验证。设置模型时间步长和模拟起止时间分别为 1min 和 5000m，结果输出步长为 1440 个计算步长，起止时间为 2011-01-01 至 2014-12-31。将 2011～2014 年设为模型率定期，完成设置后，进入运行模拟界面根据计算机 CPU 设置相关计算线程，最后根据结果进一步率定模型参数，不断优化模拟结果。

2. RR(降雨径流)模块的建立

RR(Rainfall-Runoff)模块中的 NAM 模型建模过程分为数据准备、划分子流域和模块设置三部分。

1)数据准备

NAM 模块基础数据包括流域数据与水文气象数据两部分。气象数据为 13 个站点 2011～2018 年的逐日实测数据，流域数据来源于课题组内部，初始条件通过参考国内外相关文献资料进行设置。

2)子流域划分

基于数字高程模型(DEM)在 ArcGIS 软件中进行洼地填充、流向分析等操作，然后根据集水面积阈值，最终将流域划分为 8 个子流域(图 6-117)。其中 1 号、2 号、3 号、

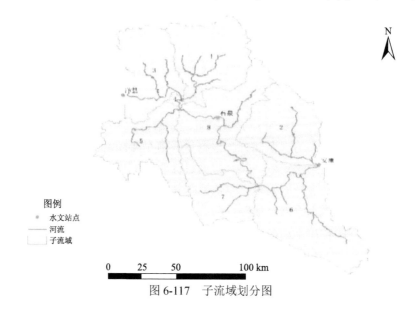

图 6-117　子流域划分图

5 号、6 号、7 号、8 号子流域的面积分别为 2986.98km²、2808.67km²、2585.55km²、2752.94km²、4322.82km²、1970.24km²、3788.25km²。4 号子流域的面积最小，仅为 90.95km²。在 MIKE 模型中通过选取河道上的流域出口点自动生成子流域与手动描绘子流域两个功能，绘制 8 个子流域，并将其与内部河道连接起来，其中 1 号连接子午河，2 号连接恒河与月河，3 号连接酉水河与金水河，4 号涵盖部分子午河与干流河道，5 号连接牧马河，6 号除连接部分汉江干流外还有岚河，7 号连接渚河与任河，8 号连接池河与部分汉江干流。最后以流域出口安康水文站点的数据率定验证降雨径流模块。

3）模块设置

NAM 模块中包含地表——根区、地下水和融雪灌溉等 6 个设置界面。本次只考虑地表—根区储水层与地下水储水层，以下为模块的输入过程：

A. 地表—根区储水层（surface-rootzone）

参数包括储水与径流参数两部分。地表储水层最大储水量（U_{max}）统一设置为 10mm，根区最大含水量（L_{max}）参考相关研究后，设置为 101mm。径流参数关系到地表产汇流过程，首先是坡面流系数（CQOF），1~8 号子流域分别设置为 0.55、0.6、0.45、0.45、0.5、0.3、0.6、0.3。壤中流汇水常数（CKIF）和坡面流的根区临界值（TOF）分别设置为 500、10。壤中流根区阈值（TIF）及坡面流汇水常数（$CK_{1,2}$）皆为零。

B. 地下水储水层（ground water）

可编辑各子流域的地下水储水层 NAM 参数。对于降雨径流过程最为关键的两个参数 TG 和 CKBF 分别设为 0 和 300。

4）初始条件页

对于地表储水层相对含水率 U/U_{max}，考虑到实际情况设置为统一值 0.3。根区储水层相对含水率 L/L_{max}，初始时刻坡面流 QOF、壤中流 QIF 皆设置为零。基流 BF 和底层基流 BF-low 设置为 10。表 6-62 列出了模型参数详情与取值范围（孙映宏等,2009）。

表 6-62 NAM 模型参数详情表

区域	参数	取值范围
地表、根区储水层	U_{max}	10~25
	L_{max}	50~250
	CQOF	0~1
	CKIF	500~1000
地表、根区储水层	TOF	0~1
	TIF	0~1
	$CK_{1,2}$	3~50
地下储水层	TG	0~1
	CKBF	500~5000

续表

区域	参数	取值范围
	U/U_{max}	0~1
	L/L_{max}	0~1
初始条件	QOF	0
	QIF	0
	BF	0~20
	BF-low	0~20

5）自动率定界面

NAM 模块所有参数都具有物理意义，考虑到实际情况资料难以获得，且参数值反映的并不是一个分布式的条件，而是代表总体情况，因此必须通过迭代的方法进行优化（梁彬锐，2008）。自动率定参数包括：U_{max}、L_{max}、CQOF、CKIF、$CK_{1,2}$、TOF、TIF、TG、CKBF。模块自动率定有四项目标或原则，分别为：总水量平衡、过程线吻合、流量峰值吻合、低流量吻合（Pramanik et al.,2010）。通过设置 3500 次的最大模型迭代次数，获得了较为合理的模拟结果，再根据参数的物理意义及其对模拟结果的影响逐一手调，直至获得最优的模拟结果。

6）时间序列文件导入

导入 NAM 模块所需的时间序列文件，包括水文数据、降雨、蒸发和实测流量等。选取安康、城固、佛坪等 13 个站点 1971~2018 年的逐日数据构建气象数据库。各气象站基础资料如表 3-1 所示，泰森多边形划分结果如图 6-118 所示。

图 6-118　气象站点泰森多边形划分图

3. LOAD（负荷）模型的建立

MIKE LOAD 模型可基于水文结果，模拟和计算污染物质在水体中的对流扩散过程，计算各种点源与非点源污染的负荷总量与入河量。选择常见的 NH$_3$-N、TN、TP 及 COD 四种污染物质，以 2017 年数据为例，导入资料包括研究区域范围、统计分区图、集水区图、河网图、数字高程图等。根据单位负荷估算法和单位面积法计算农田林地、农村生活、畜禽养殖三种污染源，计算公式如前文输出系数法的描述。

土地利用数据来自全球生态环境遥感监测平台，畜禽养殖和农村生活从陕西省统计年鉴或当地统计公报获得。单位污染负荷取值如表 2-7 所示，农田林地、畜禽养殖和农村生活对应的入河系数分别为 0.2、0.08 和 0.2。将子流域径流数据作为分布式边界条件输入 LOAD 模块中，8 个子流域的径流数据以 1h 为一个步长，输出为模型特有的 dfs 系列文件，导入后会显示在径流结果列表中，非点源污染类型中的畜禽养殖污染和农田林地污染随降雨径流进入河道，最终确定其径流量。对于农田林地污染源中生活污水排放部分，会添加一个恒定流量将通量转换为浓度。在所有资料导入完成的情况下，首先确认模型文件步长是否统一，坐标系是否均为 WGS-1984-UTM-48N 投影坐标系，确认无误后开始模拟，对于每个子流域，会累加与之重合的区域内各种污染源所产生的污染负荷，并生成代表污染负荷通量的时间序列文件。

6.6.2　模型率定和验证

模型估算结果的精确度与可靠性需要运用数学方法进行分析验证，采用 R^2、NSE 来评价模型的径流估算效果，以 RE 来评价模型的负荷估算结果，评价标准如表 6-63 所示。

表 6-63　模拟结果评价指标表

指标名称	评价范围	优	良	合格	不合格
R^2	流量	>0.7	0.6～0.7	0.5～0.6	<0.5
NSE	流量	>0.9	0.7～0.9	0.5～0.7	<0.5
|RE|	负荷	<20	20～30	30～40	>40

模型率定涉及多个环节参数，根据所收集的资料数据，选取 2011～2014 年为率定期，率定结果如图 6-119 所示，其 R^2 达到优，NSE 为良。耦合模型以 2016～2017 年为径流验证期，验证结果如图 6-120 所示，其结果稍差于率定期，但是综合看来仍然达到合格水平，模型参数取值范围及最终评价指标如表 6-64 和表 6-65 所示。

表 6-64　MIKE 模型参数取值

模块	区域	参数	取值范围
水动力	河道流	河床糙率	30～35
		河床透水系数	0.00001

续表

模块	区域	参数	取值范围
降雨径流	地表、根区储水层	U_{max}	8~10
		L_{max}	100
		CQOF	0.3~0.6
		CKIF	300~500
		TOF	0.35
		TIF	0
		$CK_{1,2}$	10
	地下储水层	TG	0
		CKBF	300~5000

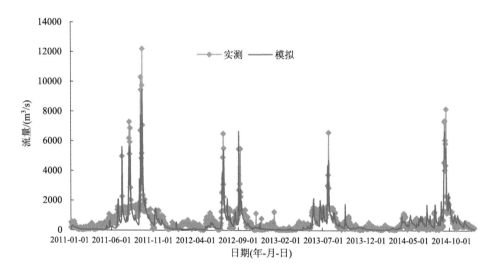

图 6-119　率定期模拟流量和实测流量对比图

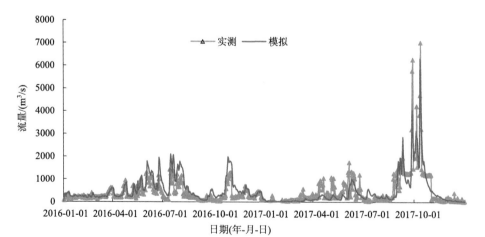

图 6-120　验证期模拟流量和实测流量对比图

表 6-65　率定期与验证期模拟流量评价指标

指标	NSE	R^2
率定期	0.75	0.77
验证期	0.60	0.66

如表 6-65 所示，流量验证期结果较差，可能由于资料缺失导致，如 2016 年气象站点蒸发数据大面积缺失。除此之外在模型建立中未考虑水库调度等情况，故在洪水发生时段及洪峰模拟等方面模型的偏差较大。以 2017 年为例，将模型负荷输出结果与径流分割法计算结果对比，年 NH_3-N 与 TP 负荷 RE 绝对值分别为 3.11%和 10.56%，均低于 20%，模拟结果为优。由于径流分割法计算结果缺少 2016~2017 年 TN 及 2017 年 COD 数据，故无法评价其模拟效果。总体来说，耦合模型不论是在径流方面还是负荷方面都有较好的模拟结果，适用性较强，是一种有效的非点源污染模拟和预测方法。

6.6.3　洋县–安康断面间流域非点源污染定量化研究

1. 模拟结果分析

以 2017 年为例，在对模型校准验证基础上，输出结果如表 6-66 所示。通过 2017 年研究区域污染负荷的分析研究，为流域水污染控制指明方向。

表 6-66　研究区域 TN、NH_3-N、TP、COD 负荷产生量及入河量

污染源	产生量/(t/a)				入河量/(t/a)			
	TN	NH_3-N	TP	COD	TN	NH_3-N	TP	COD
畜禽养殖	5489	5046	506	396587	439	404	40	31727
农村生活	3590	1510	285	27512	718	302	57	5502
农田林地	11845	1236	377	26302	2369	247	75	5260
总和	20924	7792	1168	45040	3526	953	173	42490

注：表中个别数据因数值修约略有误差。

2017 年流域 8 个子单元 TN、NH_3-N、TP 及 COD 污染负荷的空间分布状况因各子流域划分面积、下垫面条件、降雨蒸发条件等不同，污染负荷的贡献差异较大，4 号子流域面积最小，污染物负荷产生量最小，TN、NH_3-N、TP 及 COD 分别为 105t/a、39t/a、5t/a、2400t/a。2 号子流域 TN、NH_3-N、TP 及 COD 负荷产生量最大，分别为 3885t/a、1504t/a、222t/a、86900t/a。各子流域单元污染负荷排序为：2>8>6>5>7>3>1>4。研究区域涉及行政区污染负荷贡献图如图 6-121~图 6-124 所示，可以看出畜禽养殖是 COD、NH_3-N 以及 TP 三种污染物最主要的污染源，TN 最主要的污染源是农田林地污染。贡献最大的行政区是安康市区，TN、NH_3-N、TP 及 COD 负荷分别为 4724t/a、1799t/a、275t/a、98091t/a。其中畜禽养殖、农村生活和农田林地的 TN 负荷分别是 1202t/a、1209t/a 和 2313t/a，NH_3-N 为 1049t/a、509t/a 和 241t/a，TP 为 109t/a、96t/a 和 70t/a。COD 为 6299t/a、9269t/a 和 4395t/a。佛坪县 TN、NH_3-N、TP 及 COD 负荷贡献最少。

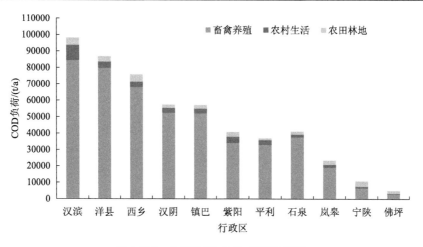

图 6-121 各行政区 COD 负荷贡献图

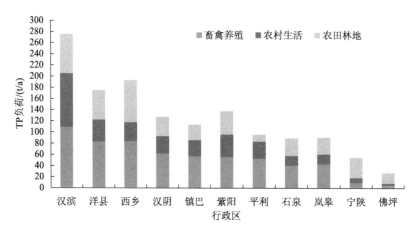

图 6-122 各行政区 TP 负荷贡献图

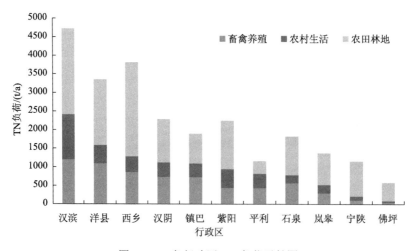

图 6-123 各行政区 TN 负荷贡献图

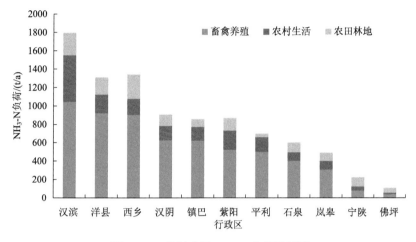

图 6-124　各行政区 NH₃-N 负荷贡献图

2. 等标负荷分析

等标污染负荷法见 4.6.3 节中的评价方法介绍，其计算结果如表 6-67 和表 6-68 所示。

表 6-67　不同污染源的等标负荷量　　　　（单位：m³/a）

行政区	畜禽养殖					农村生活					农田林地				
	COD	NH₃-N	TN	TP	合计	COD	NH₃-N	TN	TP	合计	COD	NH₃-N	TN	TP	合计
汉滨	315	1049	1202	545	3111	463	509	1209	480	2662	155	241	2313	351	3060
佛坪	11	42	41	25	119	17	19	45	18	99	88	52	495	94	729
汉阴	195	629	739	312	1874	146	160	381	151	839	102	122	1169	173	1565
岚皋	76	311	293	214	894	85	94	223	88	490	131	90	859	152	1232
宁陕	25	83	102	48	258	42	46	110	44	242	171	99	945	181	1396
平利	112	503	431	262	1309	148	163	387	154	852	58	36	341	64	498
石泉	144	406	562	201	1313	84	93	220	87	484	101	109	1042	159	1410
西乡	236	908	864	421	2428	159	175	416	165	916	230	264	2536	379	3409
洋县	290	925	1096	417	2728	186	205	487	193	1071	159	185	1771	266	2382
镇巴	187	624	732	285	1827	139	153	364	144	800	112	83	797	137	1129
紫阳	117	525	435	278	1355	194	212	505	201	1112	150	136	1306	210	1802
合计	1708	6004	6497	3009	17217	1666	1828	4347	1726	9567	1457	1417	13573	2165	18612

注：因数值修约表中个别数据略有误差。

表 6-68　非点源污染等标负荷量总表　　　　（单位：m³/a）

污染物	畜禽养殖	农村生活	农田林地	合计	占比
COD	1707.97	1665.56	1456.51	4830.04	0.11
NH₃-N	6003.57	1828.05	1417.17	9248.79	0.20
TN	6497.01	4346.70	13573.02	24416.73	0.54
TP	3008.72	1726.49	2165.33	6900.54	0.15

从表 6-67 和表 6-68 可以看出, 农田林地污染源的污染物排放量最多, 占总量的 41.00%, 是威胁水环境的最大污染源。其次为畜禽养殖污染源, 占比为 37.93%。农田林地污染源中污染物 TN、NH_3-N、TP 及 COD 占比分别为 72.93%、7.61%、11.63% 和 7.83%, 畜禽养殖污染源中 TN、NH_3-N、TP 及 COD 占比分别为 37.74%、34.87%、17.48% 和 9.92%, 农村生活污染源中 TN、NH_3-N、TP 及 COD 占比分别为 45.44%、19.11%、18.05% 和 17.41%。三种污染源均呈现出相似规律, 例如, 氮素污染严重, 尤其是 TN 在总污染物中占比达到 53.79%。研究区域各行政区贡献量差异较大, 其中安康贡献最大, 畜禽养殖、农村生活及农田林地的污染源分别为 3111.19m³/a、2661.91m³/a 和 8833.08m³/a。佛坪县是对畜禽养殖污染源、农村生活污染源以及农田林地污染源贡献最小, 分别为 118.84m³/a、98.92m³/a 以及 947m³/a。

6.6.4 小结

基于降雨径流、水动力与污染负荷耦合的 MIKE 模型在汉江流域具有较强的适用性。水质分析结果表明目前研究区域内的水质状况相对较差, TN 是最为严重的污染物, 占比为 40.72%, 其次是 NH_3-N、TP 和 COD。目前非点源污染最主要污染源是农田林地污染源, 占总量的 41.00%。TN 是最为严重的污染物, 占比为 40.72%, 其次是 NH_3-N、TP 和 COD。

6.7 基于 SWAT 模型的安康断面以上流域非点源污染研究

6.7.1 模型构建

1. 空间数据库

数字高程模型 (digital elevation model, DEM) 是提取水系、划分子流域和水文模拟的基础数据, 同时也是构建 SWAT 模型所需的基础空间数据 (尹才, 2016)。DEM 采用 UTM/WGS84 投影, 土地利用数据来自 GLOBELAND 数据库 (http://www.globallandcover.com/), 选择 2020 年的土地利用栅格图, 如图 5-5 所示, 参照数据库提供的土地利用分类依据, 将研究区内土地利用类型重分类为 6 种, 如表 6-69 所示。流域内林地面积占比最大, 为 77.07%, 其次是耕地, 面积占比为 17.04%。DEM 数据和土地利用数据栅格大小均为 30 m×30 m。

表 6-69　土地利用信息

类型	名称	占比/%
耕地	AGRL	17.04
林地	FRST	77.07
草地	PAST	3.99
水体	WATR	0.63
城镇用地	URMD	1.26
裸地	BALD	0.01

采用的土壤数据来自世界 HWSD 土壤数据库，土壤栅格大小为 1 km×1 km。基于 WSD 数据库的分类标准，将研究区域内的土壤类型分为 25 类，具体土壤类型见表 6-70，其空间分布如图 6-125 所示。薄层土多分布在高山地区，水土保持能力差，易被侵蚀；淋溶土黏粒沉淀明显，石灰淋溶充分；始成土多为棕色或褐色，土壤质地适中；冲积土生物作用弱，多分布在林草地用于维护生态平衡。流域内以弱发育淋溶土为主，占比为 57.41%，其次为不饱和始成土，在空间中占 9.31%，漂白淋溶土占比为 8.89%。

表 6-70　土壤类型及占比

代码	土壤名称	占比/%	代码	土壤名称	占比/%
ATc	石灰性冲积土	5.22	LVa2	漂白淋溶土	1.37
CMc	石灰性始成土	0.25	LVh1	弱发育淋溶土	17.75
CMd	不饱和始成土	9.31	LVh2	弱发育淋溶土	39.57
CMe1	饱和始成土	0.29	LVh3	弱发育淋溶土	0.09
CMe2	饱和始成土	2.62	LVk1	石灰性淋溶土	0.23
CMe3	饱和始成土	3.02	LVk2	石灰性淋溶土	0.01
CMu	腐殖质始成土	0.04	LXf	铁淋洗土	0.81
FLc1	石灰性冲积土	0.08	LVg	潜育淋溶土	0.71
FLc2	石灰性冲积土	0.07	PLe	饱和黏盘土	2.78
Gle	饱和潜育土	0.93	RGc	石灰性粗骨土	4.91
LP	薄层土	0.95	RGe	饱和粗骨土	0.51
LPm	松软薄层土	0.14	VRe	饱和变性土	0.82
LVa1	漂白淋溶土	7.52			

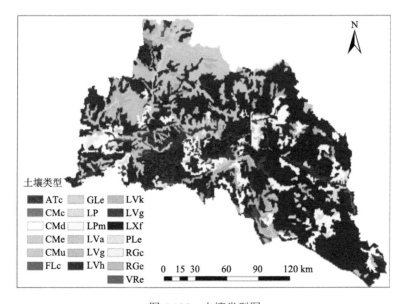

图 6-125　土壤类型图

2. 属性数据库

SWAT 模型所需要的属性数据包括气象数据、土壤理化性质、农业管理数据。其中气象数据包括：逐日降水量、日气温数据(最高气温、最低气温)、日相对湿度、日太阳辐射量、日平均风速和气象站点数据。选择安康、汉中、紫阳、宁陕等 19 个站点 1971～2018 年长序列日尺度气象数据。站点空间分布如图 5-5(a)所示。

土壤数据主要包括两方面：物理属性数据和化学属性数据。土壤理化属性数据参照 HWSD 土壤数据库所提供的基础数据，利用 SPAW 软件计算 SWAT 模型所需土壤的全部理化属性。主要参数有有机碳含量(SOL_CBN)、土壤水文分组(HYDGRP)、地表反射率(SOL_ALB)、土壤可蚀性因子(USLE_K)、土壤层的结构(TEXTURE)、土壤湿密度(SOL_BD)、土层可利用的有效水(SOL_AWC)、饱和传导系数(SOL_K)以及电导率(SOL_EC)等(尹才,2016;李爽,2012)。

农业管理数据来自陕西省、安康市和汉中市统计年鉴中农作物种植情况以及化肥施用信息。研究区域内主要种植作物为小麦、玉米、冬小麦。作物施肥主要有基肥和追肥两种方式，基肥以氮肥为主，追肥以磷肥或尿素为主，氮肥以及磷肥的施用量分别取化肥施用水平的 70%和 30%。作物耕地方式主要为机耕和畜耕，两种耕地方式所对应的耕地翻深分别为 25 cm 和 20cm。

3. 子流域与水文响应单元划分

设定流域阈值为研究区域面积的 2%，流域出口为安康水文站，子流域与水文响应单元(HRU)划分步骤采用 SWAT 模型内置模块。最终将研究区域划分为 31 个子流域。水文响应单元(HRU)指有特定下垫面特征的小单元，每个小单元网格具有相似的水文特征，单元内设定了单一的土地利用类型、土壤类型和坡度。一般情况下，在画定 HRU 时需要设定阈值，小于此阈值的 HRU 单元默认被剔除，为了模拟结果更精确，将阈值设定为 0，最终划分 3813 个 HRU。子流域划分结果如图 6-126 所示。

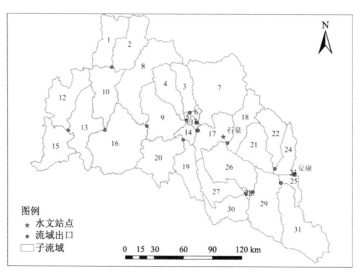

图 6-126　子流域划分

6.7.2　模型率定与验证

1. 模型率定验证方法

采用 SWAT-CUP 自动率定和 Manual Calibration 人工率定相结合方法进行模型校准与验证。设置模型预热期为 2009 年和 2010 年，在 SWAT-CUP 中选择 rch 文件进行率定验证，用于率定验证的径流、泥沙、污染物数据均为月尺度。通过评价指标来体现模拟值与实测值之间的拟合效果。采用 R^2、NSE 以及 RE 3 个指标来评价模型的模拟效果。

2. 参数敏感性检验

参数敏感性分析旨在筛选出对模拟目标序列影响较大的参数，从而能够有针对性地调整参数，最终获得优化后的参数，提高模型的精确度。手动率定验证效率低，工作量大，而自动率定容易造成参数超限。因此本研究采用自动与手动相结合的方式进行模型率定验证，自动率定依靠 SWAT-CUP 软件内置的 SUFI-2 算法实现参数率定并辅助进行参数敏感性分析，手动率定借助 Manual calibration 进行。在 SWAT-CUP 的全局敏感性分析结果中，t-Stat 绝对值越大则敏感度越高，P-Value 值越接近 0 则显著性越好。本研究对流量、泥沙、TN 和 TP 四个指标分别进行参数敏感性分析，SUFI-2 算法迭代次数为500 次，输出全局敏感性结果，参数取值范围以及敏感性结果如表 6-71 所示，其中 R 代表百分比浮动，V 代表直接赋值。

表 6-71　参数敏感性分析

指标	参数	t-Stat	P-Value	排序	指标	参数	t-Stat	P-Value	排序
径流	R_CN2	−5.51	0.000	1	泥沙	R_USLE_P	−8.33	0.000	1
	V_ALPHA_BF	4.65	0.006	2		R_CN2	−7.14	0.000	2
	V_GWQMN	−4.08	0.017	3		V_CH_K2	−5.76	0.000	3
	V_CH_N2	−3.61	0.021	4		V_SPCON	−3.59	0.004	4
	V_GW_REVAP	3.56	0.051	5		R_USLE_K	−2.5	0.026	5
	V_ESCO	−3.01	0.053	6		V_CH_N2	1.87	0.063	6
	V_GW_DELAY	2.301	0.060	7		V_SOL_K	1.67	0.098	7
	R_SOL_BD(1)	2.02	0.102	8		V_CH_ERODMO	1.54	0.125	8
	R_SOL_AWC(1)	−2.92	0.115	9		V_RSDCO	0.62	0.533	9
TN	R_CN2	−4.12	0.000	1	TP	R_USLE_P	−5.10	0.000	1
	R_USLE_P	−3.66	0.000	2		R_CN2	−4.82	0.000	2
	V_NPERCO	−3.38	0.001	3		V_ERORGP	−4.33	0.001	3
	V_ERORGN	−2.64	0.001	4		V_SDNCO	3.62	0.001	4
	N_UPDIS	−1.92	0.059	5		V_CH_K2	3.12	0.003	5
	V_PHOSKD	1.63	0.109	6		V_PSP	2.31	0.015	6
	V_CH_N2	1.47	0.146	7		V_OV_N	1.76	0.083	7
	V_BC1	0.39	0.304	8		V_BC1	0.81	0.104	8
	V_BC4	0.36	0.416	9		V_BC4	0.50	0.216	9

3. 模型率定结果

本研究提取了 rch 文件中安康水文站所在的 23 号子流域出口断面的流量、泥沙、TN 和 TP 负荷数据，与实测数据进行对比计算，通过优化敏感参数，调整模型精度，使实测值与模拟值呈现较好的拟合度。

1）流量

流量序列率定期为 2011-01～2014-12，验证期为 2015-01～2018-03。模拟与实测序列均为月尺度数据，流量序列模拟结果见图 6-127。流量过程在率定期和验证期拟合结果较好，率定期和验证期 R^2 以及 NSE 均达到 0.8 以上，率定期及验证期 RE 分别为–0.18 及 0.21，模型精度较高，能较好地模拟流域流量序列。

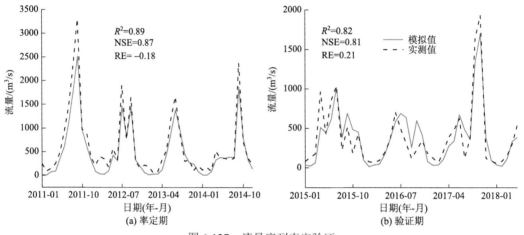

图 6-127 流量序列率定验证

2）泥沙

泥沙序列率定期为 2011-01～2013-05，验证期为 2013-06～2014-12。月尺度输沙量的模拟与实测序列对比结果如图 6-128 所示。可以看出，月尺度泥沙模拟序列与实测序列的评价指标 $R^2 \geq 0.7$ 且 NSE ≥ 0.7，率定期和验证期 RE 为–0.09 和–0.12，满足模型模拟精度要求，可用于该流域泥沙序列的模拟。

3）污染物

本研究选择 TN、TP 作为 SWAT 污染物率定验证的目标序列。率定验证所需的水质实测数据来自陕西省环境监测总站逐月的 TN 和 TP 浓度，该监测数据为污染物总浓度，包含了非点源和点源两部分。本研究主要对非点源污染展开进行分析，所以采用平均浓度法将非点源污染负荷从总污染负荷中分割出来，方法如 4.3.4 节所描述。

首先利用数字滤波法进行基流分割，如图 6-129 所示，月平均径流乘污染物浓度得到月负荷量，将年内枯季污染物浓度作为点源浓度，并与基流相乘得到点源污染负荷，总负荷减点源污染负荷得到非点源污染负荷量(黄康,2020;石蒙蒙,2016)。

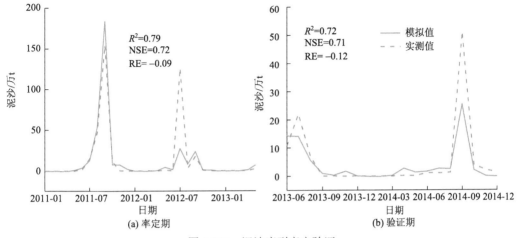

图 6-128　泥沙序列率定验证

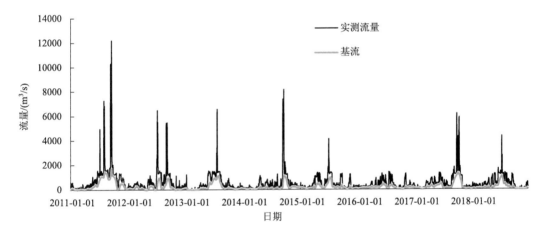

图 6-129　安康水文站实测流量基流分割

　　TN 率定期为 2013-01～2014-10，验证期为 2015-01～2016-12。月尺度 TN 输出负荷的实测值与模拟值的对比结果如图 6-130 所示，通过对污染物的敏感参数进行调整，TN 率定期及验证期 $R^2>0.7$，NSE>0.6，率定期和验证期 RE 为 0.25 和 0.31，因此评价指标达到了模型精度的要求。

　　TP 率定期为 2011-01～2014-12，验证期为 2015-01～2018-02。通过调整参数对 TP 负荷进行率定验证，多年月平均 TP 输出负荷的实测值与模拟值的拟合过程如图 6-131 所示。可以看出 TP 率定期 $R^2>0.7$，NSE>0.5，TP 率定期和验证期 RE 为 0.11 和 0.29，综合评价达到模型精度要求。

　　通过对比流量、泥沙、TN 和 TP 负荷的模拟值与实测值结果，利用自动、手动相结合的方法对参数进行率定验证，最终模拟结果均在模型精度范围之内，模拟效果较好。最终模型使用的参数值如表 6-72 所示。

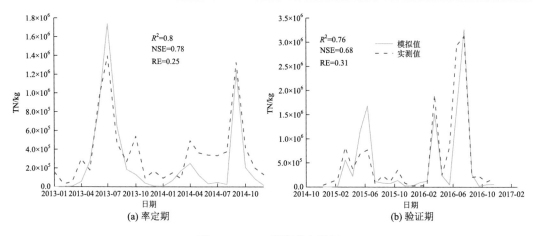

图 6-130　TN 序列率定验证

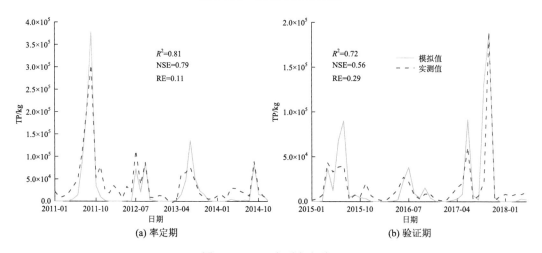

图 6-131　TP 序列率定验证

表 6-72　模型参数率定验证值

序号	参数	含义	参考范围	最终值
1	CN2	SCS 径流曲线数	−0.2~0.2	-0.05
2	ALPHA_BF	基流系数	0~1	0.436
3	GWQMN	浅层地下水径流系数	0~5000	695
4	CH_N2	主河道曼宁系数值	0~0.3	0.258
5	GW_REVAP	地下水再蒸发系数	0.02~0.2	0.02
6	ESCO	土壤蒸发补偿系数	0~1	0.95
7	USLE_P	水土保持措施因子	0~1	0.39
8	CH_K2	河道有效水力传导系数	−0.01~150	0
9	SPCON	泥沙输移线性系数	0.001~0.01	0.005
10	USLE_K	土壤侵蚀因子	0~0.65	0.16
11	SOL_K	饱和水力传导系数	0~100	13.5
12	NPERCO	氮的下渗系数	0~1	0.05

续表

序号	参数	含义	参考范围	最终值
13	ERORGN	氮渗透系数	0~5	0
14	N_UPDIS	氮吸收分布参数	20~100	20
15	PHOSKD	土壤磷分配系数	100~200	175
16	ERORGP	磷富集率	0~5	0.075
17	SDNCO	反硝化作用的土壤含水量阈值	0~1	0.345
18	PSP	磷的有效性指数	0.01~0.7	0.4
19	BC1	氨氮生物氧化速度	0.1~1	0.1
20	BC4	有机磷矿化速度	0.01~0.7	0.421

6.7.3　非点源污染特征分析及关键源区识别

1. 非点源污染时间变化分析

通过对流域内 2011~2018 年降雨径流数据进行分析发现,汉江流域安康段以上区域多年降水量在 655.1~1068.7mm,其中 2013 年为最小值 655.1mm,2011 年为最大值 1068.7mm,汛期(5~10 月)降水量平均占比为 82.4%。流域内年流量在 366.8~961.4m³/s,2016 年为最小值,2011 年为最大值,汛期(5~10 月)流量占比超过 70%。流域内径流与降水呈现出了明显的相关性,降水和流量的峰值都能较好地对应,汛期降雨充沛且径流大,并且径流存在一定的滞后性(图 6-132)。

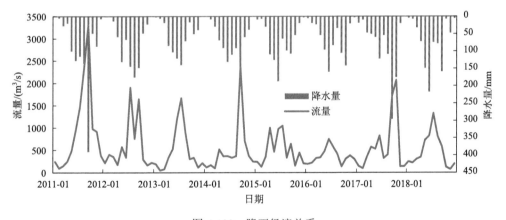

图 6-132　降雨径流关系

类似地,进而分析 TN、TP 与降雨径流之间的变化关系,结果如图 6-133 和图 6-134 所示。从图中可以看出,TN、TP 呈现出与降雨径流趋势相似的波动变化规律,TN 和 TP 在 6 月~10 月内的平均占比分别为 86.7%和 91.1%,可见降雨径流的大小直接影响污染物的年际年内变化。2011~2018 年 TN 月平均输出负荷最大值为 14310t,出现在 2011 年 9 月,最小值为 0.531t,出现在 2012 年 12 月。TP 月平均输出负荷最大值出现在 2011 年 9 月(577t),最小值出现在 2013 年 12 月(0.00385t)。与降雨径流序列相比,污染物年际最大值出现的时间与降雨径流年际最大值出现时间一致。除 TP 外，污染物最小值出现的时间与降雨径流的年际年内变化并没有完全对应，由于非点源污染受人类活动和下垫面特征影响较大，而且 TN、TP 两种污染物的最值之间相差倍数过大，这在一定程度上体现了非点源污染的强波动性以及不确定性。

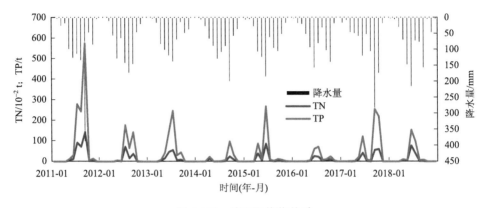

图 6-133　降雨污染物关系

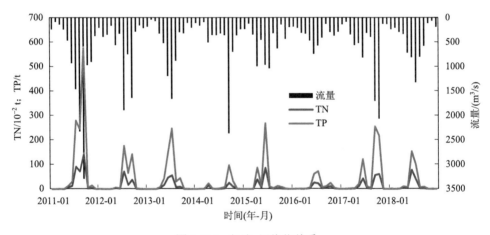

图 6-134　径流-污染物关系

非点源污染主要受农业活动、地表径流及下垫面等状况的影响，2011～2018 年汉江流域安康段非点源 TN、TP 负荷与施肥量变化状况如图 6-135 所示。2011～2018 年间化肥的使用量趋势比较稳定，平均施用量为 25.243 万 t，TN、TP 两种污染物的波动趋势更为接近，且在该时间段内的波动趋势与化肥施用量相比更明显，两种污染物的年际变化趋势与化肥施用量一致性较低，只有 2015 年和 2016 年，二者的变化趋势相同。化肥施用量与非点源污染负荷之间并无明显的相关关系，这主要是由于非点源污染需要以降雨径流为驱动力或者依靠地下径流将营养物质带入受纳水体，如缺少降雨径流的冲刷作用，则污染物会留在农田或者被土壤吸附。

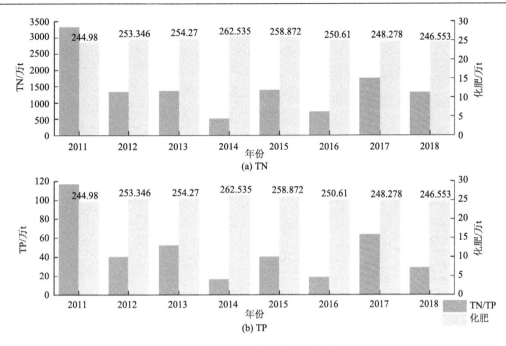

图 6-135　污染物-施肥量关系

分别对污染物与降雨、径流、施肥量进行线性拟合，并得到 R^2，由于污染物、径流、降雨、施肥量之间的量纲存在数量级差异，因此在分析之前对数据进行标准化处理，结果如表 6-73 所示。根据线性拟合结果进行分析，施肥量与 TN、TP 之间的相关性较小，并无直接。而降雨径流与 TN、TP 之间的相关性较强，降雨对污染物的平均解释率为 0.57，而径流对污染物的平均解释率为 0.87，径流与污染物之间的相关性要大于降雨。相比 TN，非点源 TP 受降雨径流的影响更大，考虑到 N、P 不同形态的特征，NO_3-N 穿透性较强，更容易下渗进入土壤，一定程度上降低了 TN 由降雨冲刷作用带入到水体中的比例。由于受到降雨以及地表径流的影响，流域内 TP 污染波动也比 TN 大，TN 年际最大值与最小值相差 6.5 倍，而 TP 为 7 倍。

表 6-73　污染物与四种因素之间的线性拟合

指标	因素	拟合方程	R^2
TN	降雨	$y = 0.7321x + 0.0024$	0.551
	径流	$y = 0.9439x + 0.03$	0.867
	施肥量	$y = -0.5631x + 0.5775$	0.316
TP	降雨	$y = 0.733x - 0.0323$	0.583
	径流	$y = 1.0118x - 0.0265$	0.872
	施肥量	$y = -0.5273x + 0.5281$	0.319

除年际之间外，非点源污染在年内的时间变化也呈现出一定的规律。基于安康水文站 1956～2018 年的年流量数据，采用 P-III 型曲线确定出不同的典型年，2017 年为丰水

年(P=26.6%)；2014 年为平水年(P=57.8%)；2018 年为枯水年(P=76.6%)，如图 6-136 所示。利用丰、平、枯三期的典型年做年内非点源污染的变化分析，非点源 TN 与 TP 污染负荷的变化趋势如图 6-137 所示。

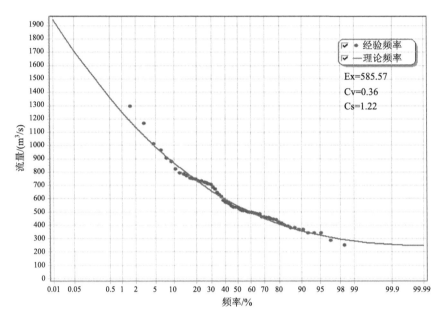

图 6-136　安康水文站年径流频率曲线

　　丰水期、平水期、枯水期年内 TN、TP 负荷与流量序列变化趋势具有一致性，其中丰水期、平水期内变化趋势的一致性较强，其中 TN 的符合趋势优于 TP。TN、TP 污染主要发生在汛期(5~10 月)，但是在平水期可以发现 4 月 TN、TP 负荷增加明显，变化幅度大，枯水期 4 月 TN、TP 负荷变化幅度小。丰水期内 TN 与流量的相关关系优于 TP，10 月 TP 负荷与流量序列一致性较低，在枯水期 7 月 TN、TP 负荷同样存在类似情况。丰水期 10 月流量为 2071m³/s，降水量为 162mm，10 月流量为 2017 年最大值，而 9 月降水量为 296mm，2018 年 7 月流量为 1326m³/s，降水量为 74.7mm，6 月降水量为 217.8mm，远大于 7 月。两个时期由于流量序列滞后于降雨，导致部分污染物在雨水的驱动力下渗入土壤或者与土壤颗粒吸附，导致地表径流形成时，出现污染负荷与径流不匹配的情况。

　　平水期 4 月 TN、TP 负荷分别为 1304t 和 22.8t，远大于汛期 5~8 月，认为该值为异常值。2014 年 4 月流量为 514.9 m³/s，降水量为 68.7mm，出现了 4 月径流大降水量小的现象。所以，平水期 4 月流量序列大部分来自于基流，基流中携带大量的氮磷污染物进入水体，导致 4 月污染负荷高(李爽,2012)。

　　2. 非点源污染空间变化分析

　　本研究的模拟期为 2011~2018 年，考虑到研究区域内下垫面特性在模拟时间段内的变化较小，决定以子流域为单元进行多年平均非点源污染空间分析。在 SWAT 模型中选取降水序列、地表径流序列、泥沙序列、ORGN(有机氮)、NSURQ(硝酸盐)、

LAT_Q_NO3（侧向流硝酸盐）、GWMO3（地下水硝酸盐）、ORGP（有机磷）、SEDP（矿物质磷）和 SOLP（溶解性磷）进行空间分析，TN、TP 指标的汇总如前所述（黄康，2020;Zeiger et al.,2021）。研究区域 SWAT 模型结果空间分布如图 6-138 所示。

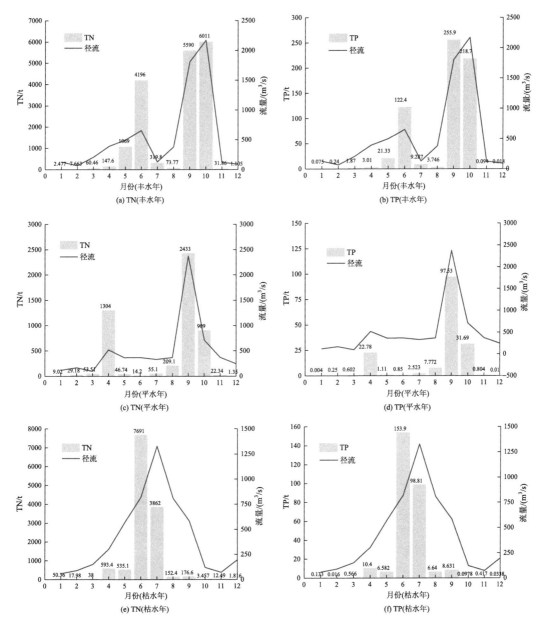

图 6-137　TN、TP 负荷-径流年内过程关系

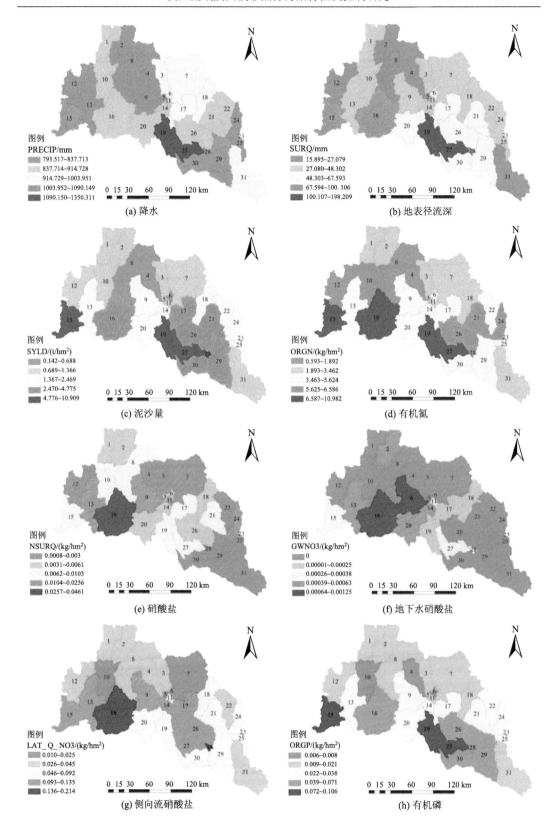

(a) 降水

(b) 地表径流深

(c) 泥沙量

(d) 有机氮

(e) 硝酸盐

(f) 地下水硝酸盐

(g) 侧向流硝酸盐

(h) 有机磷

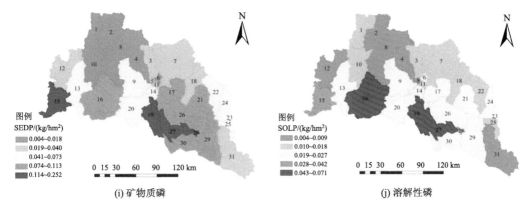

(i) 矿物质磷　　　　　　　　　　　　　　　(j) 溶解性磷

图 6-138　非点源污染多年平均输出空间分布特征

流域内降水量主要集中在流域北部、南部以及东南部地区（3 号、6 号、7 号、17 号、18 号、19 号以及 27～31 号子流域），全流域平均降水量为 933 mm。流域内降雨空间分布与径流深、泥沙空间分别呈现出正相关关系，尤其在 15 号、19 号以及 27～31 号子流域内，该相关性较强。这些区域降水量在 896～1350mm 且坡度较高，均大于 20°，因此地表径流和产沙量较大。最大降雨以及最大地表径流深均出现在 27 号子流域，分别为 1350.3mm 以及 198.1mm。由于 27 号子流域降雨充沛且地表产流大，具备促使非点源污染物迁移转化的驱动力，从图中可以看到 27 号子流域各形态氮素、磷素以及产沙量都较大，特别是矿物质磷、侧向流硝酸盐、有机磷以及有机氮。

全流域地下水硝酸盐输出较少，氮素中占主导的形态有有机氮，且氮污染强度大于磷污染，这主要是因为流域内农业施肥过程中氮肥占 70%，导致大量氮素在降雨径流的作用下流失。氮素、磷素空间分布与降雨、径流存在一定的相关关系，降雨多、地表产流深的子流域氮素、磷素污染普遍较严重，其中 16 号、19 号及 27 号子流域最具代表性。16 号、19 号、27 号子流域"源"景观面积分别为 1361.2 km²、107.4 km² 和 156.4km²，占子流域面积的 48.1%、11% 以及 16%。造成 16 号子流域污染物流失严重的原因是流域内"源"景观分布较多，农业活动导致污染物产生较多。19 号及 27 号子流域降雨、地表径流以及产沙量均为全流域最大值，这为非点源污染产生以及迁移提供了良好驱动力，虽然"源"景观在 19 号及 27 号子流域内并不占主导地位，但是降雨、径流及泥沙条件容易产生降雨侵蚀及土壤可蚀性，氮素、磷素容易被土壤吸附以及被地表水冲刷，最终导致污染物流失严重。

氮的流失强度分布和泥沙分布基本一致，集中于 15 号、16 号、19 号、27 号和 28 号子流域，这些区域"源"分布较多，高强度农业活动导致施肥量大，土壤中的氮素含量较高。硝酸盐的输出与土壤中 NO_3-N 含量、土壤可蚀性有关。流域有机磷和矿物质磷的空间分布与地表径流深、泥沙空间分布的相关性较强。磷素以矿物质磷为主，容易与土壤颗粒吸附，在降雨径流的作用下，有机磷和矿物质磷易随泥沙输移进入受纳水体。溶解性磷的流失强度与地表径流深的分布一致，16 号、19 号和 27 号子流域地表径流产流大，导致地表径流中携带大量溶解性磷。16 号及 19 号子流域地下水硝酸盐单位面积输出量最大，主要是因为该区域河网复杂且"源"景观集中，大量氮肥的施用导致部分氮素下渗，造成污染。此外，氮磷污染较强的区域均靠近河道，其"源"景观至水体的成本距离较小，导致污染物进入水体的阻力变小，非点源污染严重。从氮素、磷素整体空间分布来看，氮素、磷素污染物主要分布在"源"景观集中、距河道距离近以及土壤侵蚀严重的区域，如汉中市、南郑县、安康市以及紫阳南部地区，其中汉中市南郑县以及安康市 2011～2018 年年均施肥折算量均超过 15000t，下垫面及人类活动导致了大量氮磷污染物的流失。

　　研究区内各子流域内降雨、地表径流深以及泥沙空间分布与不同形态的氮素、磷素污染强度具有一定的相关关系。主要体现在：有机氮流失强的区域主要分布在土壤可蚀性强以及"源"景观分布多的区域，与地表径流深以及产沙量一致性较强。相比之下，硝酸盐及地下水硝酸盐分布与地表径流和泥沙分布之间的一致性较弱，侧向流硝酸盐与地表径流之间存在一致性。有机磷和矿物质磷的流失强度与泥沙流失强度的相关关系较为显著，溶解性磷与降雨径流存在一定相关性。因此，水量以及土壤可蚀性空间分布的不均匀性是导致污染物空间分布差异性较强的因素之一。将不同形态的营养物质进行汇总，并进行单位换算，得到流域内 TN、TP 负荷空间分布，结果如图 6-139 所示。

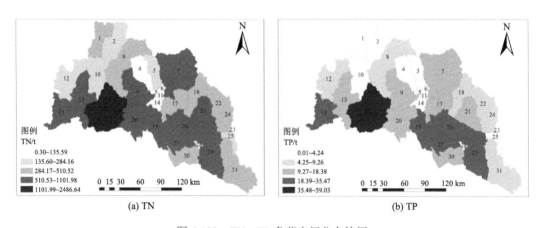

图 6-139　TN、TP 负荷空间分布特征

　　流域内 TN、TP 负荷空间分布一致性强，呈现出汉江干流以北污染负荷整体小于汉江干流以南区域。TN 负荷最大的四个子流域分别是 16 号、19 号、26 号及 29 号子流域，这些子流域所产生的 TN 负荷分别为 2486.6t、1093.9t、1102t 以及 1013.9t，占全流域 TN 负荷的 34.1%，其中 TN 单位面积输出量最大的子流域为 19 号，其单位面积输出量为 11.06kg/hm^2，占全流域的 7.7%。TP 单位面积输出量最大的子流域为 27 号，单位面积输出量为 0.37 kg/hm^2，而负荷最大的四个子流域分别是 15 号、16 号、27 号及 29 号子流域，其 TP 负荷分别为 33.2 t、59 t、35.5 t 及 31.8t。

　　TN、TP 负荷较高的区域主要集中在"源"景观集中、人口密集、农业发达以及土壤可蚀性高的区域。这些区域地表产流多，降雨频繁，"源"景观产生的污染物容易累积或下渗，在降雨径流的冲刷作用下最终进入受纳水体，恶化水质。污染物在迁移过程中还会受到土壤理化性质的影响，使得不同形态的污染物与土壤吸附，这将对流域生态及水环境造成长期影响。

3. 关键源区识别

将 MCR 模型、NPPRI 计算结果以及流域 SWAT 模型的输出结果相结合，利用 ArcGIS 空间叠加分析进行关键源区识别（姜晓峰，2016；Giri et al.，2015；Xu et al.，2016；Wei et al.，2016），综合考虑下垫面特征以及 TN、TP 污染现状，有针对性地进行非点源污染控制措施模拟，以确保措施的有效性。以 TN、TP 为指标，将 MCR 模型、NPPRI 结果以及 SWAT 输出结果划分为五个等级（表 6-74），利用 ArcGIS 将不同等级指标进行重分类，并进行空间叠加，最终得到研究区 TN、TP 的关键源区识别结果（图 6-140）。

表 6-74　关键源区识别指标等级划分

指标	划分等级				
	Ⅰ级	Ⅱ级	Ⅲ级	Ⅳ级	Ⅴ级
最小累积阻力值	272585～408877	176379～272585	107431～176379	49707～107431	0～49707
NPPRI 值	−0.677～−0.083	−0.083～0.128	0.128～0.301	0.301～0.572	0.572～1.233
TN/(kg/hm^2)	0.609～2.372	2.372～3.520	3.520～5.734	5.734～6.759	6.759～11.063
TP/(kg/hm^2)	0.017～0.036	0.036～0.076	0.076～0.129	0.129～0.209	0.209～0.369

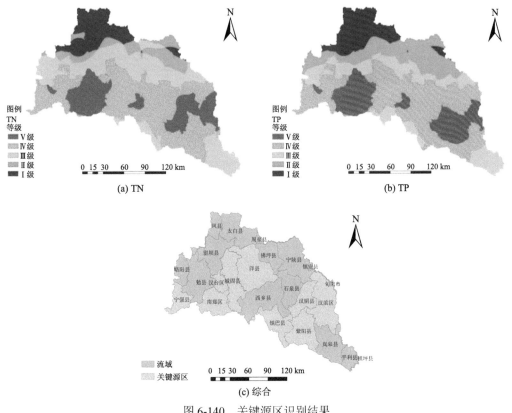

图 6-140　关键源区识别结果

研究区 TN Ⅳ级和Ⅴ级单位面积输出量为 5.734～11.063 kg/hm²,主要分布在汉江干流南部区域,其中 15 号、19 号子流域北部、27 号子流域东北部、26 号子流域东部以及 9 号、13 号、16 号、21 号、24 号、25 号、28 号子流的 TN 污染最为严重,Ⅳ级和Ⅴ级的区域面积为 19369.6km²,占全流域面积 54.2%,产生的 TN 负荷占输出总量的 78.3%。TP Ⅳ级和Ⅴ级区域单位面积输出量为 0.129～0.369 kg/hm²,TP 污染严重区域与 TN 类似,其中 5 号、6 号、9 号、11 号、13～16 号、21～30 号子流域的 TP 污染较为严重,Ⅳ级和Ⅴ级区域的面积占流域面积的 54.3%,产生的 TP 负荷占总输出的 61.7%。

因此,综合对比不同污染等级区域的 TN、TP 负荷量,结合流域下垫面特征,非点源污染关键源区主要分布在宁强县、南郑区、汉台区、城固县西南部、洋县南部、石泉县南部、汉阴县、镇巴县北部、紫阳县东北部、岚皋县西部以及汉滨区西南和东南部。关键源区面积占全流域的 35.9%,产出的 TN、TP 负荷总量占流域负荷的 54.2%和 60.7%,占比超过一半。

6.7.4 小结

本节在安康断面以上流域建立 SWAT 模型,对输出值进行时空分析,识别关键源区,结果表明:

(1)径流序列率定期和验证期 R^2 以及 NSE 均达到 0.8 以上;泥沙序列在模拟期的评价指标达到 0.7 以上,满足模型模拟精度要求;TN 率定期及验证期 $R^2>0.7$,$NSE>0.6$,TP 率定期 $R^2>0.7$,$NSE>0.5$,SWAT 模型能达到精度要求。

(2)污染负荷与径流序列变化趋势一致,各形态污染物空间分布一致性强。流域内关键源区主要分布在宁强县、南郑区、汉台区、城固县西南部、洋县南部、石泉县南部、汉阴县、镇巴县北部、紫阳县东北部、岚皋县西部以及汉滨区西南和东南部。

6.8　本　章　小　结

本章主要利用 MIKE 模型和 SWAT 模型,模拟了鹦鹉沟小流域、丹江流域、汉江洋县断面以上流域、汉江洋县至安康断面区域、安康断面以上流域的非点源污染过程,率定验证结果均满足评价指标的范围。其中丹江流域非点源污染的关键源区为 1、2、3、6、7、21 号子流域,6 个子流域面积占全流域的 27.76%,产出的 TN、TP 负荷量占研究流域比例分别为 49.39%和 45.49%,关键子流域位于商州区、洛南县和商南县境内。丹江流域农村生活对 COD 污染的贡献率达 43%,畜禽养殖对 NH₃-N 污染的贡献率达 54%,农田林地对 TN、TP 污染的贡献率分别达到 54%和 42%。汉江洋县断面以上流域风险源区总面积约为 7324.37km²,占流域总面积的 45.94%,输出污染负荷 TN、TP 在流域污染负荷的占比分别达 59.09%、69.36%。TN 污染负荷的关键源区为宁强县、南郑区、汉台区及勉县小部,TP 污染负荷的关键源区为宁强县、南郑区以及勉县和留坝县大部。汉江洋县至安康断面间的关键源区集中于勉县、留坝县和城固县。安康断面以上流域的非点源污染关键源区主要分布在宁强县、南郑区、汉台区、城固县西南部、洋县南部、石泉县南部、汉阴县、镇巴县北部、紫阳县东北部、岚皋县西部以及汉滨区西南和东南部。

综上所述，因为各研究流域有些关键源区是重合的，但不影响其针对这些关键源区进行防治，从贡献较大的农村生活污染和畜禽养殖污染入手，采取减少化肥的流失、提高农村生活污水的处理效率，提高畜禽粪便等有效回收处理的措施控制非点源污染。

参 考 文 献

柏慕琛. 2017. 基于分布式水文模型的生态需水研究. 武汉: 武汉大学.

陈岩, 赵琰鑫, 赵越, 等. 2019. 基于 SWAT 模型的江西八里湖流域氮磷污染负荷研究. 北京大学学报 (自然科学版), 55(6): 1112-1118.

程思, 于兴修, 李振炜, 等. 2021. 流域输沙量变化归因分析方法综述. 地理科学进展, 40(12): 2140-2152.

褚金镝. 2019. 基于 Mikell 的中卫市沙坡头区(黄河南岸)水环境容量动态研究. 银川: 宁夏大学.

杜娟. 2013. 渭河流域水质水量分布式模拟研究. 西安: 西安理工大学.

韩蕊翔. 2021. 汉江流域面源污染特征及控制方案研究. 西安: 西安理工大学.

郝芳华, 程红光, 杨胜天. 2006. 非点源污染模型——理论方法与应用. 北京: 中国环境科学出版社.

郝改瑞, 李家科, 李怀恩, 等. 2018. 流域非点源污染模型及不确定分析方法研究进展. 水力发电学报, 37(12): 54-64.

胡砚霞, 于兴修, 廖雯, 等. 2022. 汉江流域产水量时空格局及影响因素研究. 长江流域资源与环境, 31(1): 73-82.

黄康. 2020. 基于 SWAT 模型的丹江流域面源污染最佳管理措施研究. 西安: 西安理工大学.

姜晓峰. 2016. 阿什河流域非点源污染分布特征解析与防控策略. 哈尔滨: 哈尔滨工业大学.

金潇. 2012. 基于土地利用变化的巢湖流域(合肥市)非点源磷污染负荷研究. 合肥: 合肥工业大学.

李鸿雁, 原若溪, 王小军, 等. 2016. 吉林省泥石流易发区的降雨特征分析. 自然资源学报, 31(7): 1222-1230.

李怀恩. 2000. 估算非点源污染负荷的平均浓度法及其应用. 环境科学学报, 20(4): 397-400.

李舒, 李家科, 郝改瑞. 2020. 陕西省丹汉江流域非点源污染负荷估算及评价. 环境科学与技术, 43(S2): 243-249.

李爽. 2012. 基于 SWAT 模型的南四湖流域非点源氮磷污染模拟及湖泊沉积的响应研究. 济南: 山东师范大学.

李紫妍, 刘登峰, 黄强, 等. 2019. 定量评估参数不确定性传递对径流模拟的影响. 水力发电学报, 38(3): 53-64.

梁彬锐. 2008. MIKE11 模型在沙井河片区防洪排涝工程中的应用. 中国农村水利水电, (7): 81-83.

刘富强, 张晓雷, 毛羽, 等. 2016. 基于水沙数值模拟的某水库典型洪水过程冲淤特性研究. 华北水利水电大学学报(自然科学版), 37(5): 46-50.

穆聪, 李家科, 邓朝显, 等. 2019. MIKE 模型在城市及流域水文——环境模拟中的应用进展. 水资源与水工程学报, 30(2): 71-80.

乔卫芳, 牛海鹏, 赵同谦. 2013. 基于 SWAT 模型的丹江口水库流域农业非点源污染的时空分布特征. 长江流域资源与环境, 22(2): 219-225.

荣易, 秦成新, 孙傅, 等. 2020. SWAT 模型在我国流域水环境模拟应用中的评估验证过程评价. 环境科学研究, 33(11): 2571-2580.

石蒙蒙. 2016. 基于 SWAT 模型的北汝河流域非点源污染研究. 郑州: 河南农业大学.

孙磊. 2017. 不同土地利用类型蒸散变化对稻田流域关键生态水文过程的影响模拟. 南京: 南京信息工程大学.

孙映宏, 姬战生, 周蔚. 2009. 基于 MIKE11 HD 和 NAM 耦合模型在河流施工围堰对防洪安全影响分析中的应用与研究. 浙江水利科技, (2): 30-34.

唐肖阳, 唐德善, 鲁佳慧, 等. 2018. 汉江流域农业面源污染的源解析. 农业环境科学学报, 37(10): 2242-2251.

田乐. 2020. 基于 SWAT 模型的布尔哈通河干流流域面源污染时空分布特征研究. 延吉: 延边大学.

王俊钗. 2017. 强干扰区域水动力水环境数值模拟研究. 武汉: 武汉大学.

王蕾, 关建玲, 姚志鹏, 等. 2015. 汉丹江(陕西段)水质变化特征分析. 中国环境监测, 31(5): 73-77.

王忙生, 张双奇, 杨继元, 等. 2018. 丹江上游商洛市畜禽粪便排放量与耕地污染负荷分析. 中国生态农业学报, 26(12): 1898-1907.

王志杰, 李畅游, 贾克力, 等. 2012. 呼伦湖水面蒸发量计算及变化特征分析. 干旱区资源与环境, 26(3): 88-95.

熊鸿斌, 张斯思, 匡武, 等. 2017. 基于 MIKE11 模型入河水污染源处理措施的控制效能分析. 环境科学学报, 37(4): 1573-1581.

徐金鑫, 丁文峰, 林庆明. 2019. 丹江流域水沙变化特征分析. 长江流域资源与环境, 28(8): 1956-1964.

杨东光. 2020. 基于 MIKE11 的长河水环境模拟与污染控制研究. 郑州: 华北水利水电大学.

杨军军, 高小红, 李其江, 等. 2013. 湟水流域 SWAT 模型构建及参数不确定性分析. 水土保持研究. 20(1): 82-88+93.

杨凯杰, 吕昌河. 2018. SWAT 模型应用与不确定性综述. 水土保持学报, 32(1): 17-24+31.

杨小芳. 2018. 基于 Mike 模型的污染物扩散模拟研究. 武汉: 武汉大学.

姚力玮. 2017. 基于 MIKE11 的嫩江干流水环境容量模型改进研究. 北京: 华北电力大学.

尹才. 2016. 基于 SWAT 和信息熵的非点源污染最佳管理措施的研究. 上海: 华东师范大学.

于敏. 2008. 松花江流域水环境管理系统. 上海: 同济大学.

臧梦圆, 李颖. 2021. 农业面源污染负荷估算及控制对策研究. 山东农业科学, 53(2): 142-147.

张东海. 2013. SWAT 模型水文过程的尺度效应分析. 西安: 陕西师范大学.

张桂轲. 2016. 长江流域上游非点源污染及其对水文过程的响应研究. 北京: 清华大学.

张宏鸣, 杨勤科, 李锐, 等. 2012. 基于 GIS 和多流向算法的流域坡度与坡长估算. 农业工程学报, 28(10): 159-164.

张硕. 2013. 基于 MIKE 软件建立辽河流域水质模型的研究. 沈阳: 东北大学.

张斯思. 2017. 基于 MIKE11 水质模型的水环境容量计算研究. 合肥: 合肥工业大学.

赵爱莉, 张晓斌, 郝改瑞, 等. 2020. 1971-2018 年汉江流域陕西段降水时空特征分析. 水资源与水工程学报, 31(6): 80-87.

赵堃, 苏保林, 申萌萌, 等. 2017. 一种 SWAT 模型参数识别的改进方法. 南水北调与水利科技, 15(4): 49-53.

赵晓芳. 2019. 黄土高原沟壑区小流域土壤氮磷空间分布及流失研究. 杨凌: 西北农林科技大学.

郑淋峰. 2019. 丹江流域农业非点源污染与景观格局的响应研究. 西安: 西安理工大学.

郑思远, 王飞儿, 俞洁, 等. 2019. 水文响应单元划分对 SWAT 模型总氮模拟效果的影响. 农业环境科学学报, 38(6): 1305-1311.

左德鹏, 徐宗学. 2012. 基于 SWAT 模型和 SUFI－2 算法的渭河流域月径流分布式模拟. 北京师范大学学报(自然科学版), 48(5): 490-496.

Arnold, J. G. , Williams, J. R. , Srinivasan, R. et al. 1998 Large area hydrologic modeling and assessment part I: Model development . Journal of the American Water Resources Association, 34(1): 73-89.

Giri S, Nejadhashemi A P, Zhang Z, et al. 2015. Integrating statistical and hydrological models to identify implementation sites for agricultural conservation practices. Environmental Modelling & Software, 72: 327-340.

Gong Y, Shen Z, Liu R, et al. 2012. A comparison of single-and multi-gauge based calibrations for hydrological modeling of the Upper Daning River Watershed in China's Three Gorges Reservoir Region. Hydrology Research, 43(6): 822-832.

Hou J, Xu X Y, Lan L, et al. 2020. Transport behavior of micro polyethylene particles in saturated quartz sand: impacts of input concentration and physicochemical factors. Environmental pollution, 263: 114499.

Jha M, Gassman P W, Secchi S, et al. 2004. Effect of watershed sub-division on SWAT flow, sediment, and nutrient tpredictions. Journal of the American Water Resources Association, 40(3), 811-825.

Liu R F, Li Z S, Xin X K, et al. 2021. Water balance computation and water quality improvement evaluation for Yanghe Basin in semiarid area of North China using coupled MIKE SHE/MIKE 11 modeling. Water Supply, 22(1):1062-1074.

Ma L, He CG, Bian HF, et al. 2016. MIKE SHE modeling of ecohydrological processes: Merits, applications, and challenges. Ecological Engineering, 96: 137-149.

Nair S S, King K W, Witter J D, et al. 2011. Importance of crop yield in calibrating watershed water quality simu-lation tools. JAWRA Journal of the American Water Resources Association, 47(6): 1285-1297.

Nathan R J, Mcmahon T A . 1990. Evaluation of automated techniques for base flow and recession analyses. Water Resources Research, 26(7) : 1465-1473.

Neitsch S L, Arnold J G, Kiniry J R, et al. 2002. Soil and water assessment tool theoretical documentation version 2000. College Station: Texas Water Resources Institute.

Pramanik N, Panda R K , Sen D. 2010. One Dimensional Hydrodynamic Modeling of River Flow Using DEM Extracted River Cross-sections. Water Resources Management, 24(5): 835-852.

Wei P, Ouyang W, Hao F H, et al. 2016. Combined impacts of precipitation and temperature on diffuse phosphorus pollution loading and critical source area identification in a freeze-thaw area. Science of the Total Environment, 553: 607-616.

Xu F, Dong G X, Wang Q R, et al. 2016. Impacts of DEM uncertainties on critical source areas identification for non-point source pollution control based on SWAT model. Journal of Hydrology, 54: 355-367.

Yang J, Reichert P, Abbaspour K C, et al. 2008. Comparing uncertainty analysis techniques for a SWAT application to the Chaohe Basin in China. Journal of Hydrology, 358(1): 1-23.

Zeiger S J, Owen M R, Pavlowsky R T. 2021. Simulating nonpoint source pollutant loading in a karst basin: A SWAT modeling application. Science of the Total Environment, 785(4): 147295.

Zhang P, Liu R, Bao Y et al. 2014. Uncertainty of SWAT model at different DEM resolutions in a large moun-tainous watershed. Water Research, 53(15): 132-144.

Zhao H, Zhang J, James RT, et al. 2012. Application of MIKE SHE/MIKE 11 Model to Structural BMPs in S191 Basin, Florida. Journal of Environmental Informatics, 19(1): 10-19.

第7章 基于"源-汇"景观理论的非点源污染风险评价

非点源污染因范围广、随机性及潜伏性强、防治困难，近年成为影响水环境的重要污染源。以汉江流域安康段以上为例，首先对土地利用/景观格局特征进行分析，并开展基于景观格局的非点源污染风险识别与评价分析。基于"源-汇"景观理论构建景观空间负荷对比指数，借助非点源污染风险指数对汉江流域安康段非点源污染进行评估，探究非点源污染与景观格局之间响应关系。结合不同类型"源-汇"景观对主要污染源磷、氮的排污权重，对比每个子流域的"源""汇"景观污染负荷风险，分析污染物在子流域空间的盈亏平衡状况，结合流域中景观单元养分流失与空间距离、所在坡面的坡度大小的关系，计算非点源污染风险指数，实现非点源风险区域的识别；再基于洛伦兹曲线，通过"源-汇"景观类型在不同坡度、距水源地不同距离的分布分析景观布局对非点源污染的影响，实现水源地非点源污染分析的评价，为流域管理、规划提供依据。

7.1 汉江流域安康段以上流域土地利用/景观格局特征

7.1.1 研究方法

采用 2000 年、2010 年、2020 年三期土地利用栅格数据对汉江安康段以上流域土地利用时空演变特征进行分析。其中三期土地利用栅格数据来自 GLOBELAND 数据平台（http://www.globallandcover.com），栅格大小为 30m×30m，将土地利用类型分为耕地、林地、草地、水体、建筑用地以及未利用地。

利用 Fragstats 软件，分别计算景观尺度和类别尺度的景观格局指数，包括最大斑块指数（LPI），景观形状指数（LSI），散布和并列指数（IJI），斑块密度（PD）、边缘密度（ED）、分离度（DIVISION）和聚集指数（AI）、蔓延度（CONTAG）和香农多样性指数（SHDI）等指数对研究区域 20 年内景观格局演变进行分析。

7.1.2 土地利用特征分析

流域内不同土地利用类型面积差异较大，2000~2020 年间，林地面积占比最大，平均占流域面积的 77.15%，其次为耕地，水体占比最小，平均占比为 0.58%。2020 年耕地、林地、草地三种类型土地所占面积为 35081km^2，在流域内的占比高达 80%以上。建设用地和耕地主要分布在河道两岸，该区域平均高程为 531.5m，平均坡度为 14°，山区主要以林草地为主，土地利用分布如图 7-1 所示。

研究区域内 2000~2020 年间土地利用属性信息如表 7-1 所示。2000~2010 年，流域内耕地、水体及建设用地变更较为明显，其中耕地面积减少 4%，水体增加 49.7 km^2，建设用地增加 309.1 km^2，此外，林地和草地均小幅降低。2000 年土地利用分类中没有未利用地信息,到 2010 年,未利用地面积为 1.9 km²。2010～2020 年土地利用变化不显著,只有耕地、林地、草地和建设用地出现小幅变动。借助 ArcGIS,统计三期土地利用数据的转移信息,得到土地利用转移矩阵,如表 7-2 和图 7-2 所示。

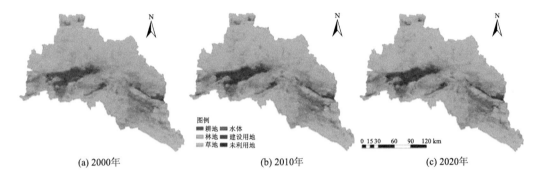

(a) 2000年　　　　　　　(b) 2010年　　　　　　　(c) 2020年

图 7-1　2000～2020 年土地利用信息

表 7-1　2000～2020 年土地利用属性

年份	指标	耕地	林地	草地	水体	建设用地	未利用地
2000	面积/km²	6324.5	27647.1	1471.1	175.8	142.8	—
	比例/%	17.686	77.310	4.113	0.492	0.399	—
2010	面积/km²	6093.5	27561.9	1426.6	225.5	451.9	1.9
	比例/%	17.039	77.072	3.989	0.631	1.264	0.005
2020	面积/km²	6093.4	27562	1426.5	225.5	452.0	1.9
	比例/%	17.038	77.073	3.988	0.631	1.265	0.005

表 7-2　2000～2020 年土地利用转移矩阵　　　　　（单位：km²）

指标	耕地	林地	草地	水体	建设用地	未利用地	2020 年总计
耕地	—	573.71	127.95	19.67	294.26	0.48	1016.07
林地	568.53	—	539.34	63.37	12.83	0.89	1184.96
草地	167.26	508.93	—	26.20	24.41	0.29	727.09
水体	25.30	16.15	14.18	—	4.21	0.30	60.14
建设用地	23.86	1.05	1.13	0.56	—	—	26.60
2000 年总计	784.95	1099.84	682.60	109.80	335.71	1.96	3014.87

注:因数值修约表中个别数据略有误差。

利用土地利用转移矩阵,得出 2000～2020 年不同土地利用类型的转移趋势和转移面积统计结果。结果表明 2000～2020 年,研究区域内土地利用转移主要以耕地、林地和草地为主,草地和林地、耕地和林地之间的相互转化明显。2000 年起,有 784.95 km² 耕地、1099.84 km² 林地和 682.6 km² 草地发生转移,三种土地利用类型的变化率分别为 2.7%、7.2% 和 6.1%,林地的转移率最高。其中林地转变为耕地和草地的转出面积最大。耕地主要转为林地、草地和建设用地,转化率分别为 56.5%、12.6% 和 28.9%。水体转入面积中,林地贡献的转移面积最大，此外，1.9%的耕地转为水体，0.05%的耕地转移为未利用地。通过统计净转移面积，2000～2020 年间，研究区域内耕地和建设用地的转移面积较大，分别为-231.1 km² 和 309.11km²，其次为林地、草地和水体，其净转移面积分别为-85.1 km²、-44.5 km² 以及 49.7 km²，水体和建设用地在研究时段内均有所增加。

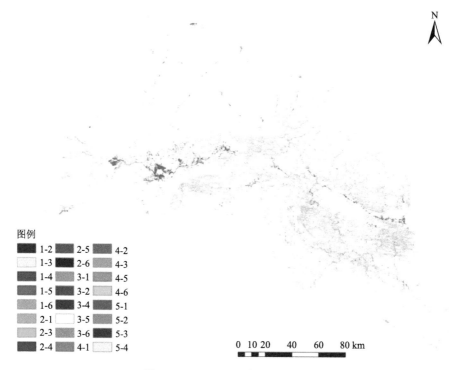

图 7-2　2000～2020 年土地利用转移

注：图中 1 为耕地，2 为林地，3 为草地，4 为水体，5 为建设用地，6 为未利用地

7.1.3　景观格局特征分析

1. 景观格局演变

类别尺度计算结果显示(表 7-3)，PD 指数 2000～2020 年内有所减小，根据研究时段内土地利用演变情况，耕地、林地以及草地均有所减小，水体、建设用地以及未利用地的占比增加，导致流域内景观的破碎程度增强。虽然耕地、林地、草地面积有所减小，但是三者在流域内所占比例仍为最大，所以 LPI 指数和 AI 指数并未出现明显的变化。ED 以及 LSI 指数均能表示景观形状信息，ED 和 LSI 指数在 2000～2020 年先上升后下降，这种现象表明研究区域内景观斑块形状经历了从复杂到稳定的过程。该现象主要体现在 2000～2010 年，土地利用变化明显，区域景观斑块复杂化，但 2010 年后土地利用变化区域稳定，所以 ED 和 LSI 指数相比 2010 年有所减小。流域的 CONTAG 指数呈现增长趋势，特别是 2000～2010 年的增长趋势较为明显，表明该阶段不同景观类型的斑块连接性变化显著，　DIVISION 和 SHDI 指数小幅度增加主要体现在流域景观受人类活动

的影响,导致不同景观斑块趋于分离且景观多样性有所加强。林地和草地主要分布在高坡度地区,受到了垂直地带性的影响,同时导致了 IJI 指数的减小,该现象与各景观类型的空间分布存在显著的相关关系。

表 7-3　2000~2020 年类别尺度景观格局指数

年份	PD	LPI	ED	LSI	CONTAG	IJI	SHDI	AI	DIVISION
2000	6.354	43.767	41.123	196.570	70.998	51.502	0.685	93.820	0.714
2010	5.997	43.685	42.119	201.366	72.834	44.825	0.719	93.670	0.723
2020	5.922	43.682	41.325	197.524	72.937	44.797	0.719	93.791	0.724

由于未利用地面积占比小,其景观格局指数代表性较小,所以并未将未利用地的景观格局指数结果列入统计范围之内,2000~2020 年景观尺度计算结果如表 7-4 所示。

表 7-4　2000~2020 年景观尺度景观格局指数

年份	景观类型	PD	LPI	ED	LSI	IJI	DIVISION	AI
2000	耕地	0.574	3.586	24.583	276.538	46.831	0.998	89.602
	林地	0.696	43.767	35.119	191.048	56.535	0.715	96.570
	草地	4.969	0.132	20.634	481.657	45.485	1	62.373
	水体	0.107	0.101	1.598	107.623	76.886	1	75.797
	建设用地	0.009	0.045	0.312	23.297	47.250	1	94.388
2010	耕地	0.656	2.747	26.350	301.91	43.542	0.999	88.429
	林地	0.656	43.685	35.739	194.764	47.393	0.724	96.498
	草地	4.531	0.162	19.688	466.557	38.958	1	62.979
	水体	0.124	0.361	1.281	76.230	72.460	1	84.930
	建设用地	0.029	0.154	1.174	49.427	39.465	1	93.153
2020	耕地	0.633	2.768	25.765	295.198	43.528	0.999	88.687
	林地	0.649	43.68	35.064	191.046	47.411	0.725	96.565
	草地	4.497	0.169	19.435	460.728	38.941	1	63.454
	水体	0.118	0.355	1.249	74.306	72.542	1	85.313
	建设用地	0.026	0.156	1.130	47.587	39.693	1	93.414

结合表 7-4 及图 7-3,研究时段内草地的斑块密度相比其他土地利用类型均较大,但是草地的聚合指数却较低,表明草地分布零散,是较为复杂的景观类型。水体的散布与并列指数最大,由于水体在流域内所占比例较小,其聚合指数大小与草地最相近,所以水体附近不同景观类型混合程度高。散布与并列指数最小的三种土地利用类型分别为耕地、草地及建设用地,说明这些景观类型受到了垂直地带性的作用,容易受到人类活动的影响。此外,研究区域内林地面积占比最高,其景观斑块数最多并拥有最低的斑块离散度,所以林地的 LPI 指数是所有景观类型中最大的。耕地、林地、草地面积占比大,其景观形状指数远大于其他土地利用类型,该结果与三种土地类型在整个景观中的占比

有关。景观分离度指数不仅与面积有直接关系，还与景观的连接度、斑块完整性有关，所以水体、建设用地以及草地景观的破碎度高于其他景观类型。

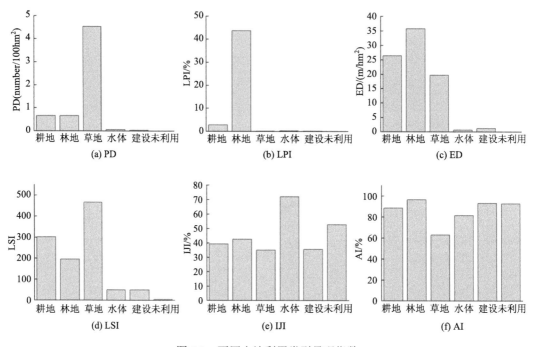

图 7-3　不同土地利用类型景观指数

由于耕地和林地的面积过大，研究区域内的景观组成和配置存在差异，研究区域内景观格局复杂性较强。而 IJI 指数和 AI 指数都反映了景观类型的聚合程度及景观斑块的空间结构，且在研究区域内各景观类型混合度较高。研究区域内虽然包含了大面积的林地，但是景观格局组成复杂，且各景观类型在水体附近混合度较大，在农业生产和人类活动的影响下产生污染的风险较大。

2. 景观格局与径流的关系

选择反映景观斑块形状以及景观之间连接状态的指数，即 PD、ED、LSI、IJI、AI 以及 DIVISION 指数，结合径流量进行分析，结果如图 7-4 所示。径流量与 PD、IJI 之间的相关系数分别为 0.0059 和 0.047，PD 和 IJI 指数与径流量之间无相关关系，两种指数的增加与减少并不能直观反映径流量的变化。但是随着景观分离度不断增加，径流量将出现上升趋势，径流量与 DIVISION 指数之间的相关性较弱。从 LSI、ED 与径流量之间的拟合关系可以得到，景观斑块复杂程度高，流域内景观类型丰富度高，就会促进地表径流的形成。AI 指数在增长的过程中，会导致斑块经历分散到完整的过程，斑块聚合过程中会导致景观破碎化，不易地表径流的形成，斑块聚合后期，会逐渐使景观完整，导致地表径流增大。

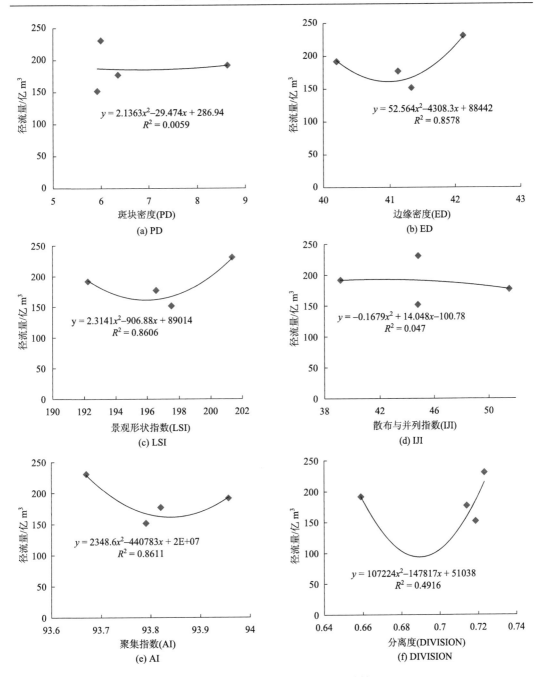

图 7-4　景观格局指数与径流的相关性

7.2　非点源污染负荷估算

20 世纪 70 年代初，输出系数法诞生，并在美国和加拿大首先进行了应用。针对初期输出系数法的不足，许多学者对输出系数法进行了改进，Johnes(1996)提出的输出系数法最具有代表性。该模型将不同作物的耕地采用不同的输出系数；不同牲畜、家禽的数量和分布也对应了不同的输出系数；人口的输出系数则主要根据生活污水的排放和处理状况来选定。改进后的输出系数法提高了模型对土地利用状况发生改变的灵敏性。模型方程公式如式(4-40)所示。

本研究综合考虑降雨和坡度对污染物输出的影响，使用改进的输出系数法对流域非点源污染负荷进行估算(蔡明等,2004;刘洋等,2021)，公式如下：

$$L=\alpha\beta\sum_{i=1}^{n}E_i[A_i(I_i)]+p \tag{7-1}$$

$$\alpha=R_j / \overline{R} \tag{7-2}$$

$$\beta=\theta_j^b / \overline{\theta}^b \tag{7-3}$$

式中，α 为降雨影响因子；β 为地形影响因子；R_j 为空间单元 j 的多年平均降水量，mm；$\overline{R}$ 为全流域平均降水量，mm，θ_j 为空间单元 j 的平均坡度；$\overline{\theta}$ 为全流域平均坡度；b 为常量，此处 $b=0.6104$(丁晓雯等,2008)；其他符号同上。

研究区域内各雨量站多年平均降水量范围为 619.22～1285.78mm，根据泰森多边形法求得全流域年平均降水量为 873.35mm，α 取值范围为 0.71～1.47；流域坡度范围为 0～82°，平均坡度为 23°，将流域坡度划分为 4 类，分别为 0～5°($\beta=0.5$)，5°～15°($\beta=0.9$)，15°～25°($\beta=1.2$)以及坡度＞25°($\beta=1.6$)。

输出系数的确定是评估非点源污染负荷的关键，结合研究区的自然环境和农业发展特征，本文通过参考文献、地区统计年鉴以及《全国农田面源污染排放系数手册》确定 TN、TP、NH_3-N 以及化学需氧量(COD)的输出系数(中华人民共和国生态环境部等,2020)。由于研究区域内农业为主要社会经济来源，所以本章重点从农业生产、畜禽养殖以及农村生活三方面考虑非点源污染负荷贡献，将农业用地分为耕地、林地、草地和园地，畜禽养殖分为猪、牛、羊和家禽。区域内耕地化肥施用量多，而草地多以天然形成为主，化肥施用量较少。园地则主要包括果园、桑园及茶园，其单位面积施肥量与耕地相当，林地施肥量介于园地和天然草地之间(陕西省统计局,2017)。综上所述，不同污染源输出系数取值如 2.3.2 节表 2-7 所示。

将 24 个县市的不同污染源的污染物输出量作为样本，流域内不同污染源 TN、NH_3-N、TP 以及 COD 的平均输出负荷分别为 5.59 万 t、1.54 万 t、0.243 万 t 以及 15.27 万 t。其中，农业生产所贡献的 TN 污染占比最高，农村生活贡献的 TN 负荷占比最低，农业、畜禽养殖以及农村生活产生的 TN 平均负荷分别为 3.49 万 t、1.27 万 t 及 0.83 万 t。畜禽养殖贡献的 TP 和 NH_3-N 负荷占比最大，分别为 0.095 万 t 和 0.94 万 t，农业生产对 TP 负荷的贡献为 0.093 万 t，二者差异较小。对于 NH_3-N 负荷，农业和农村生活产生的污染分别为 0.31 万 t 和 0.29 万 t。从输出负荷来看，畜禽养殖和农村生活对 COD 的贡献分别为 5.53 万 t 和 5.34 万 t，农业生产所输出的 COD 负荷为 4.4 万 t(表 7-5)。

农业施肥和农药的使用使得流域内 TN 和 TP 污染负荷严重，畜禽养殖的污染输出主要体现在 NH_3-N。对于 TN 和 TP 污染，三种污染源体现出了相同的规律，即农业生产＞畜禽养殖＞农村生活，三种污染源对 COD 污染的贡献差异不明显。虽然农村生活的污染物平均输出量占比相比较小，但是农村生活在四种污染物中均出现异常值，表明农村生活对四种污染物的输出均存在极大值。农村生活对 TN、NH₃-N、TP 和 COD 的最大贡献分别为 39.9%、59.2%、52.1%以及 63.5%，但除 COD 外，农村生活源在其他污染物中的平均占比却较小，并且其他污染源鲜见有类似的现象，该结果说明区域农村人口以及农村居民用地分布整体分散，是较为严重的污染源(表 7-5 和图 7-5)。

表 7-5 不同污染源输出负荷统计

污染源	指标	TN	TP	NH₃-N	COD
农业生产	输出负荷/t	34904.04	930.5304	3082.677	43985.42
	平均占比/%	66.44	44.99	26.65	37.64
畜禽养殖	输出负荷/t	12677.18	951.3944	9405.399	55318.1
	平均占比/%	19.32	34.17	53.86	31.05
农村生活	输出负荷/t	8345.398	553.9212	2932.524	53437.1
	平均占比/%	14.25	20.84	19.49	31.32

注：因数值修约表中个别数据略有误差。

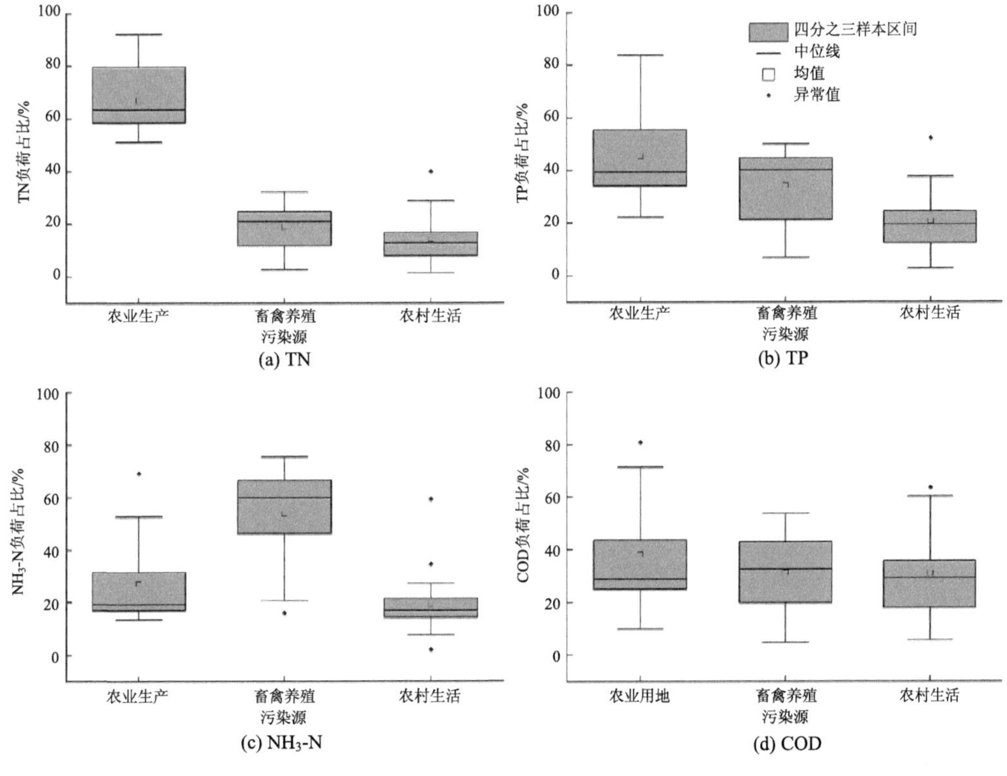

图 7-5 污染负荷百分比箱线图

不同污染物源输出负荷占比空间分布情况如图 7-6 所示 。从污染物输出总负荷角度分析，TN 输出负荷从大到小排序为旬阳(9180t)＞镇安(4767.7t)＞洋县(4452.8t)，旬阳市 TN 负荷贡献率为 16.4%，农业生产源输出的 TN 负荷占 51.2%，TP 输出负荷排序为汉滨(231.3t)＞旬阳(225.8t)＞城固(214.6t)，9.5%的 TP 负荷来自汉滨区，畜禽养殖源占 37.3%，NH_3-N 输出负荷排序为旬阳(1603.9t)＞汉滨(1470.2t)＞洋县(1429.1t)，COD 输出负荷排序为旬阳(16468.8t)＞汉滨(15316.8t)＞城固(13106.7t)，NH_3-N 和 COD 的主要贡献同样来自旬阳市，分别占 10.4%和 10.8%，其中 NH_3-N 的主要贡献源为畜禽养殖，COD 的主要贡献则为农村生活源。根据图 7-6，综合考虑四种污染物输出负荷，极大值集中位于汉中市的城固县和洋县以及汉滨区和旬阳市，镇安县对非点源污染的平均贡献率均在 8%左右。此外，勉县、西乡县三种污染源对非点源污染的平均贡献为 7.1%。其原因是这些地区的"源"景观集中，畜禽养殖缺少规模化处理，这些因素均会加剧流域内的非点源污染。镇巴县、汉台区、石泉县、紫阳县和平利县的贡献集中在 3%～5%，对非点源污染贡献最小的地区出现在太白县、略阳县以及镇坪县等区域，平均占比均小于 2%。

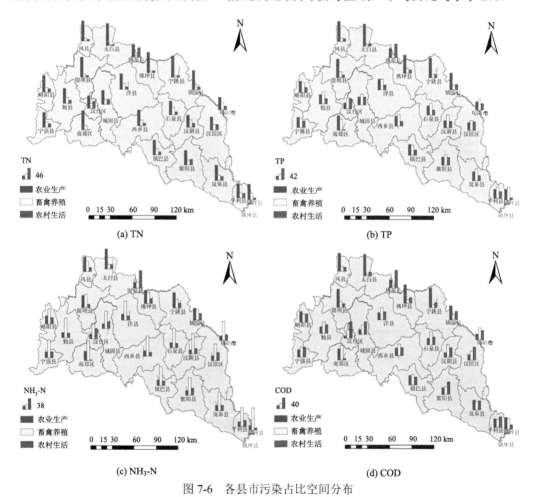

图 7-6　各县市污染占比空间分布

　　从空间分布中能看出各污染源对污染物的贡献比例，TN、TP 的贡献主要来自农业生产，畜禽养殖对 NH_3-N 的贡献最为突出。依据计算结果，旬阳市、汉滨区、洋县、城固县的耕地面积占流域内耕地面积的 41.8%，其农村人口为全流域的 44.36%。污染负荷空间占比也验证了污染源的空间分布与其一致性,即"源"景观集中、畜禽养殖分散、农村人口集中的区域,其污染负荷普遍较大。

7.3　"源""汇"景观对非点源污染的贡献

7.3.1　"源""汇"景观分布特征

本节根据"源-汇"理论,对污染起推动作用的类型归为"源",如耕地、园地以及建设用地等;对污染起滞留、吸收作用的类型归为"汇",如草地、林地等。利用 2020 年土地利用栅格数据,对下垫面进行"源""汇"景观的划分,并分析"源""汇"景观在研究区域内的分布特征。

图 7-7 中反映了流域内"源""汇"景观的空间分布。流域内"源"景观面积共计 6547.5km²,集中分布在勉县中南部、汉中市、城固县中部、南郑区、洋县西南部以及汉阴县和汉滨区中部地区,这些区域"源"景观分布多而密集,景观集合度高,"源"景观斑块密度大且最大斑块指数大,其他区域"源"景观较为分散,景观聚合度较低。此外,大量的"源"景观集中分布在水体两侧,加重了非点源污染的风险。流域内"汇"景观面积为 29214km²,与"源"景观分布不同,"汇"景观斑块连接性强,且以片状形式分布在流域内,这一特点在坡度较高以及高程大的区域较为明显。"汇"景观与水体并未直接连接,降雨径流的冲刷下使"源"景观产生的污染物进入水体的阻力变小,"汇"景观难以充分发挥其对污染物的截留削减作用。

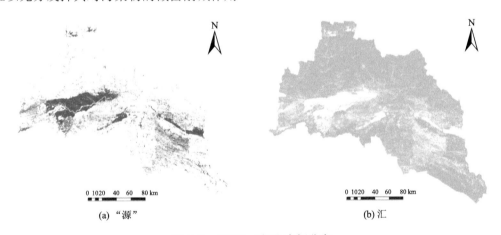

图 7-7　"源""汇"空间分布

进一步对"源"和"汇"进行景观格局分析(表 7-6)。对于 AI 指数与 IJI 指数,"汇"景观大于"源"景观,IJI 指数表现出了较大的差异性。说明流域内"汇"景观斑块之间聚合度以及连接性较好,而"源"景观斑块之间的分离度大且连接性差,导致"源"景观在空间内的分布更加零散,DIVISION 指数也呈现同样的规律。"汇"景观的 LPI 指数与 ED 指数更大,但是"源"景观 PD 指数和 LSI 指数更大,说明单位面积内"源"景观斑块更多,但其斑块面积小,分布密集且景观斑块形状复杂。

表 7-6 "源""汇"景观格局指数

景观类别	PD	LPI	ED	LSI	IJI	DIVISION	AI
源	2.7648	19.0498	4.1877	221.3806	1.749	0.9512	72.6144
汇	1.5939	92.5589	8.2451	134.7258	29.4881	0.1432	90.1715

7.3.2 污染负荷空间对比指数

通过景观污染负荷空间对比指数分析流域内"源-汇"平衡，即对比每个网格单元中"源""汇"对非点源污染的贡献，量化识别出污染贡献大于污染截留的区域(蒋孟珍，2012; Jiang et al., 2014)。景观污染负荷空间对比指数的计算公式如下：

$$\text{LCI}_\text{N} = \sum_{i=1}^{n} W_{i\text{N}} \times S_i - \sum_{j=1}^{n} W_{j\text{N}} \times S_j \qquad (7-4)$$

$$\text{LCI}_\text{P} = \sum_{i=1}^{n} W_{i\text{P}} \times S_i - \sum_{j=1}^{n} W_{j\text{P}} \times S_j \qquad (7-5)$$

$$\text{LCI}_\text{NP} = \text{LCI}_\text{N} + \text{LCI}_\text{P} \qquad (7-6)$$

式中，LCI_N、LCI_P、LCI_NP分别为氮污染、磷污染、氮磷总体的污染负荷；i为"源"景观的种类数，$W_{i\text{N}}$、$W_{i\text{P}}$分别为"源"i排放氮、磷的权重，S_i为"源"i景观类型在单位子流域所占的面积比例；j为"汇"景观的种类数，$W_{j\text{N}}$、$W_{j\text{P}}$分别为"汇"j吸收截留氮、磷污染的权重系数，S_j为"源"j景观类型在单位子流域所占的面积比例。研究参考污染普查手册、地方统计年鉴，同时借鉴其他学者的相关研究成果，最终确定权重。各权重来自输出系数法的计算结果，所涉及到的农业、农村人口、养殖等数据来自于市县的统计年鉴及发展统计公报。权重如表 7-7 所示。

表 7-7 "源""汇"景观权重

景观类型	N 排放权重	P 排放权重	N 吸收权重	P 吸收权重
耕地	1	1	—	—
园地	0.28	0.21	—	—
林地	0.66	0.74	1	1
草地	0.14	0.03	0.8	0.85
城镇用地	0.39	0.46	—	—
水体	—	—	0.01	0.02

借助污染负荷空间对比指数(LCI)，得到了研究区域内"源""汇"景观对氮、磷污染物的输出以及截留贡献(图 7-8)。对于氮污染，主要贡献来自有汉中市、城固县、南郑县及安康市，区域内耕地面积大，耕地面积总和为 1872.98km^2，占比 39.3%，农业生产和人类活动造成了大量污染物流失，磷污染的主要贡献与氮污染类似，但流域内东部地区磷污染更加严重。磷、氮 LCI 指数大于 0 的区域面积均超过 70%，"源"景观产生

污染的作用远大于"汇"景观对污染的吸收、截留。LCI$_{NP}$ 值在[−0.57,0.779]之间，由计算结果可以看出，流域内"源"景观占主导作用。LCI$_{NP}$ 大于 0 的区域占流域的 74.61%，"汇"景观占主导作用即 LCI$_{NP}$ 小于 0 的区域占流域的 25.39%，表明流域非点源污染风险总体较高，"源-汇"空间分布不平衡。高污染负荷区域主要分布在中西部及东部，该结果与不同景观类型的空间分布密切相关，中西部、东部以"源"景观为主，污染物的产生及迁移的风险较高。此外，整个研究区域内虽有大面积林地、草地，但受人类活动及空间格局的影响，呈现出研究区域内污染负荷较高的现象。而留坝县、宁陕县、凤县等区域"源"景观分布较少，"汇"景观分布集中，污染量小且截留削减能力较强，污染负荷低。

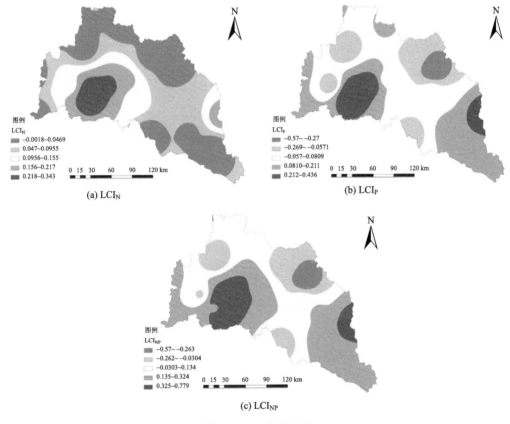

图 7-8　LCI 计算结果

7.3.3　非点源污染与"源-汇"景观响应研究

　　流域内频繁的人类活动容易造成下垫面的改变，而下垫面与污染物的迁移转化过程联系密切，下垫面特征的演变会导致非点源污染风险发生改变。分析景观格局特征变化与 LCI 之间的关联程度是探究二者响应关系的基础，选用斯皮尔曼相关性检验及主成分分析法提取较为敏感的景观格局指数，并分析与 LCI 指数之间的相关性；借助 RDA

排序，将 LCI 视为目标值，以分类级别景观格局指数 IJI、PD、ED、DIVISION、LSI、AI、LPI 为环境变量，分析景观格局与 LCI 指数的变化情况（表 7-8，图 7-9）。

表 7-8　斯皮尔曼相关性检验

景观格局	LCI_N	LCI_P	LCI_{NP}
PD	0.434**	0.420**	0.426**
LPI	−0.358**	−0.328**	−0.343**
ED	0.472**	0.433**	0.451**
SHDI	0.480**	0.194	0.158
DIVISION	0.487**	0.475**	0.481**
IJI	0.260**	0.205*	0.228*
CONTAG	−.496*	−0.192	−0.161
LSI	0.110	0.066	0.085*
AI	−0.259**	−0.244*	−0.253*

**在 0.01 级别（双尾），相关性显著；*在 0.05 级别（双尾），相关性显著。

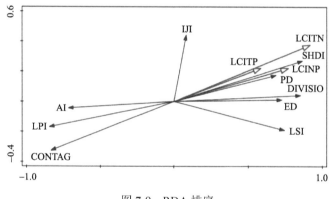

图 7-9　RDA 排序

在主成分分析中，各因子通过显著性检验（$P<0.005$），公因子方差提取值均大于 0.6 且提取的主成分总方差解释率达到 93%（表 7-9）。主成分分析中第一主成分得分最低的 LSI 指数与第二成分 IJI 指数在 RDA 排序中，与水质指标所形成的夹角较大，意味着 LSI 和 IJI 对水质的影响不如其他景观格局指数敏感。总体来看，主成分分析与 RDA 排序结果一致性强，结果可靠。

表 7-9　主成分分析

成分	ED	AI	CONTAG	DIVISION	LPI	PD	SHDI	LSI	IJI
1	0.981	−0.980	−0.958	0.946	−0.932	0.931	0.924	0.887	—
2	—	—	—	—	—	—	—	—	0.973

其中，CONTAG、AI 及 LPI 指数与 LCI 呈现出负相关，因为这三个指数都解释了景观类型的聚合与混合度。当景观类型的聚合程度较大时，"源"景观产生的非点源污染进入"汇"景观的概率将增加。RDA 排序中，IJI、PD、ED 指数的指向箭头长度小于其他指数，说明与 LCI 指数的相关性较小。其中 SHDI 指数解释了景观类型的丰富度与破碎化程度，所以 SHDI 指数与景观空间负荷指数呈正相关，且相关性显著。指数 DIVISION 越大，不同景观类型之间的分离程度越大，这导致"源"景观产生的非点源污染进入"汇"景观的过程将受阻，所以与 LCI 指数呈正相关。RDA 分析中，第一、二、三轴的特征值分别为 0.5282、0.0334、0.0098，解释了非点源污染发生风险变化的 57.1%（表 7-10）。

表 7-10　RDA 排序特征值

项目	轴 1	轴 2	轴 3
特征值	0.5282	0.0334	0.0098
物种变量累计比例/%	52.82	56.16	57.14
物种-环境因子相关系数	0.7849	0.6769	0.4815
物种-环境变量累积比例/%	92.44	98.28	100.00

CONTAG 和 SHDI 指数的变化对非点源污染发生风险变化的解释率最高，SHDI、PD、DIVISION、ED、LSI 指数与非点源污染风险之间呈现正相关关系；AI、LPI 及 CONTAG 指数的变化则相反，与非点源污染呈现负相关。"源"景观面积的增加以及其景观斑块的多样性、破碎化程度的提升对非点源污染输出风险的增高具有较强的响应关系。如果不同"汇"景观之间连接性增强，提高景观混合度，则会使 AI、LPI 及 CONTAG 指数增加，"汇"景观对非点源污染的截留能力会更加明显。

7.4　非点源污染风险评价

7.4.1　非点源污染风险评价方法构建

本研究采用最小累计阻力模型（MCR）对现有"源-汇"景观结构、分布以及非点源污染影响因素进行描述，利用洛伦兹曲线分析不同影响因素对非点源污染的影响，最后利用非点源污染指数（NPPRI）划分非点源污染风险区，对非点源污染风险进行评价。

1. MCR 模型

MCR 模型是研究指定变量地从某种"源"地到指定景观类型在空间上所克服最小阻力之和，其计算公式如下（戴璐等,2020;蒙吉军等,2016）：

$$MCR = f_{min} \sum D_i \times R_j \tag{7-7}$$

式中，D_i 为"源"到空间单元 i 的距离；R_j 为空间单元 j 的阻力系数；f_{min} 为正相关函数。

首先以干流为中心建立缓冲区，利用自然间断法提取缓冲区边界离干流的距离，以此将流域内"源"景观分为 5 个级别（图 7-10）。其中一级"源"景观空间分布距离水体

0～15km，景观面积为 3739.8km²，面积占比最大，主要分布在河道两侧，主要集中在勉县、汉台区、城固县、石泉县以及汉滨区中南部。

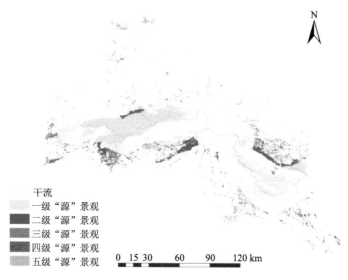

图 7-10　不同等级"源"景观分布

二级"源"景观距离水体 15～40km，景观面积为 2326.7km²，主要分布在宁强县、西乡县、汉阴县以及安康县北部；三级"源"景观距离水体 40～60km，面积为 277.6 km²。四级"源"景观距离水体 60～88km，景观面积为 78.7 km²，占比最小。五级"源"景观距离水体最远(88～114km)，面积为 125 km²。三级、四级及五级"源"景观主要分布在高坡度区域及山区，距离水体远且分布较为分散。

构建最小阻力面需要选择阻力因子，各阻力因子有其特定的影响。本研究依据非点源污染迁移转化过程选择阻力因子，根据数据的获取性、可操作性等原则，结合研究区实际情况，选择 NDVI 因子、土地利用因子、坡度因子、高程因子、降雨因子以及土壤因子(程迎轩等,2016;李谦等,2014)。将各因子的阻力值分为 5 个等级(1、2、3、4、5)，对高程、坡度、NDVI、降雨、土壤以及土地利用的阻力值进行重分类，利用栅格计算器得到非点源污染阻力基面，完成最小累积阻力模型的构建。在阻力基面的基础上，利用"源"景观及目标景观(此处为水体)生成非点源污染"源"景观阻力面(王金亮等,2016)。污染物迁移过程中经过不同网格时所克服的空间阻力是由流域内网格的不同影响因素所赋予的阻力值决定，阻力值越小，代表非点源污染产生以及迁移转化的阻力越小，污染风险越大；阻力值越大，说明污染风险越小(Wang et al.,2016)。阻力因子权重分配如表 7-11 所示。

(1)高程：高程大的区域，污染物受到的重力作用更明显，会促进污染的迁移转化，故非点源污染风险大；相反，高程小的地区，阻碍非点源污染发生的阻力相对较大，阻力值随着高程的升高而依次递减。

(2)坡度：流域内坡度范围为 0～82.26°，污染物的输移过程会受到地形坡度的影响，坡度的大小与污染风险呈正相关，污染物迁移的过程中受到的阻力小。故阻力值的大小随着坡度的增大而减小。

（3）NDVI：植被覆盖率反映了流域的下垫面特征，植被覆盖率越高，地表粗糙度越大，污染物遇到的阻力也就越大，故 NDVI 高的区域，其污染物迁移的阻力值就较大；若区域内植被覆盖率低，污染物输移过程所需要克服的空间阻力小。

（4）降雨：降雨侵蚀力越强，非点源污染风险等级就越高，所对应的阻力值就越小；反之，降雨侵蚀力低，则其阻力值越大。

（5）土壤：流域内土壤可蚀性值越大，非点源污染发生的风险就越大，对应的阻力值就越低。

（6）土地利用：土地利用信息能直接反应流域"源-汇"景观特征，耕地、建设用地等"源"景观容易产生污染物，所以阻力值最小；湿地、水体、林地等"汇"景观吸收截留污染物，阻力值最大。

表 7-11　阻力因子特征信息

阻力因子	因子数值	阻力值	权重
高程	<300	1	
	(300,600)	2	
	(600,900)	3	0.12
	(900,1200)	4	
	>1200	5	
坡度	<3°	5	
	(3°,8°)	4	
	(8°,15°)	3	0.16
	(15°,25°)	2	
	>25°	1	
NDVI	(0.004,0.36)	1	
	(0.36,0.44)	2	
	(0.44,0.51)	3	0.19
	(0.51,0.62)	4	
	(0.62,0.90)	5	
降雨	(105.4,181.8)	5	
	(181.8,243.9)	4	
	(243.9,327.5)	3	0.18
	(327.5,428.7)	2	
	(428.7,558.4)	1	
土壤	(0.305,0.340)	5	
	(0.340,0.374)	4	
	(0.374,0.505)	3	0.14
	(0.505,0.563)	2	
	(0.563,0.654)	1	
土地利用	水体：5，林地：4，草地：3，裸地：2，耕地、居民用地：1		0.21

本章依据下垫面因子对非点源污染的影响程度，对高程、坡度、NDVI、降雨、土壤以及土地利用 6 个因子进行重新赋值，参考他人研究成果并结合流域下垫面特征对各因素权重进行赋值(王金亮等,2016)。利用"源"景观空间分布和非点源污染阻力基面建立成本距离文件，最终生成非点源污染最小累积阻力面。

2. 洛伦兹曲线

洛伦兹曲线可以反映不同"源-汇"景观的空间特征，所以选用洛伦兹曲线分析不同因素对非点源污染的影响，如图 7-11 所示。横轴 OA 代表景观空间要素；纵轴 OC 代表区域内景观类型面积的比例。假设曲线 OEB 上方的曲线 ODB 代表受降雨侵蚀因素影响的"源"景观，如果曲线呈凸形并接近 A 点，说明该景观类型在空间上更接近流域出口，其对流域出口的影响显著，对非点源污染的影响也更显著。此时，曲线与直线 OC、CB 所形成的不规则形状的面积也较大。如果曲线呈凹形并接近 C 点，说明景观类型主要分布在远离流域出口的区域，对非点源污染的影响较小，曲线与直线 OC、CB 形成的不规则三角形面积也很小。如果不规则三角形 ODBA 和不规则三角形 OFBA 的面积比大于 1，说明"源"景观对污染的贡献大于"汇"景观的截留贡献，区域污染风险高(Ba et al., 1999)。

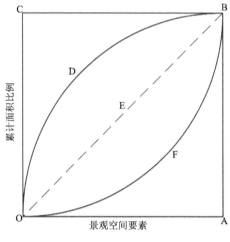

图 7-11 洛伦兹曲线

3. 非点源污染指数(NPPRI)

自然因素与人类活动都会使非点源污染的产生及迁移转化发生改变，除坡度、降水、土壤等自然因素控制非点源污染的迁移风险外，土地利用类型变更及空间景观改造等人类活动同样会影响非点源污染的产生以及整个迁移转化过程。为综合评估非点源污染输出风险，以"源-汇"景观格局理论为基础，考虑最小累计阻力模型的结果，借鉴修正的土壤通用流失方程中的降雨侵蚀和土壤可蚀性因子，选择坡度、土壤可蚀性、降水侵蚀、成本距离四个因素作为非点源污染风险指数(NPPRI)的评价指标，NPPRI 计算公式如下(Wu et al., 2019)：

$$\text{NPPRI} = \text{LCI}_{m\text{NP}} \times (1 + \frac{S_m}{S_{\max}}) \times (1 - \frac{D_m}{D_{\max}}) \times (1 + \frac{R_m}{R_{\max}}) \times (1 + \frac{K_m}{K_{\max}}) \qquad (7\text{-}8)$$

式中，m 为子流域数量；$\text{LCI}_{m\text{NP}}$ 为子流域 m 的氮磷（NP）LCI；S_m、D_m、R_m 和 K_m 分别代表坡度、成本距离、降水侵蚀和土壤可蚀性；$S_{\max}$、$D_{\max}$、$R_{\max}$ 和 $K_{\max}$ 分别代表子流域 m 的坡度、成本距离、降水侵蚀和土壤可蚀性的最大值。MCR 模型及 NPPRI 所涉及的评价因子如图 7-12 所示。

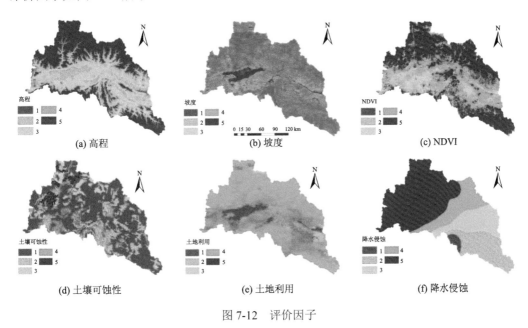

图 7-12 评价因子

7.4.2 汉江流域安康段以上流域非点源污染风险评估

景观单元的非点源污染以及迁移风险受到下垫面特征的制约，污染风险评估中涉及的坡度因子是由 ArcGIS 基于 DEM 提取得到。成本距离因子为 MCR 模型结果。此外，土壤可蚀性因子和降水侵蚀因子分别通过计算和空间插值得到。

研究区域的坡度呈现北部、东部和东南部地区高，在沿河道地区、西部地区及中部地区较低的规律。土壤可蚀性在空间上的分布不规则，对于降雨侵蚀，空间分布规律明显，呈现出从西北到东南增长的趋势。

MCR 模型最终结果如图 7-13 和图 7-14 所示，阻力系数基面的范围在 1.49～5，研究区域内河道干流两岸阻力值相对较低。此外，石泉县、汉阴县、安康市以及紫阳县北部区域阻力值较低，这些区域非点源污染产生和发生迁移转化的阻力低，污染风险高。而高坡度山区、流域北部阻力值相对较高，这些区域以"汇"景观为主，污染风险较小。

从图 7-13 中可以看出，高阻力基面主要分布于高坡度山地区，这些地区"汇"景观分布广泛，"源"景观分布少且距离水体较远，污染风险较小。由于流域内"源"景观分布集中且距离水体近，所以阻力基面的分布呈现出河道向两岸逐步扩大的趋势，且高坡度区阻力值普遍大于低坡度区。上游"源"景观集中分布在河道附近，而下游"源"景观分布较为分散，所以下游低阻力区域的空间分布要比上游更广。

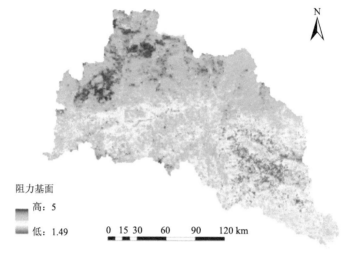

图 7-13　研究区域阻力基面

累计阻力值的分布规律与阻力基面相似，低累计阻力区域分布较集中，在流域内主要分布呈现出从河道向两岸辐射状分布，辐射半径为 15～54km，离水体越远，其阻力值越大。此外，结合图 7-13 及图 7-14 可以发现，流域出口处阻力基面以及累计阻力值都处于极小值，污染物产生和迁移的风险高。研究区域内最小累积阻力表面中最低值为 0，最高阻力为 408877。高阻力值主要分布于流域北部、南部以及西南部，这些地区土地利用类型单一，以林地为主。同时，流域北部土壤可蚀性以及降雨侵蚀风险较小，所以最小累积阻力值较大，非点源污染风险较小。低阻力值分布在水体附近，该区域内土壤可蚀性较严重，坡度分布不规律。最小累积阻力值低的原因主要是因为"源"景观分布密集，且相比"汇"景观更加靠近河道，区域内高土壤可蚀性与"源"景观斑块相融合，所以阻力值小，非点源污染风险高。

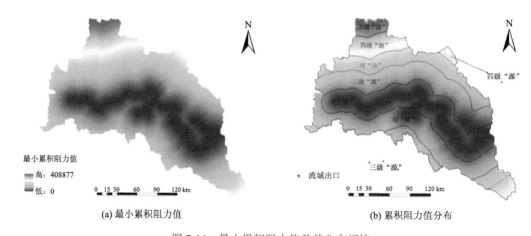

(a) 最小累积阻力值　　　　　　　　　(b) 累积阻力值分布

图 7-14　最小累积阻力值及其分布规律

一级"源"景观距离河道干流的距离平均为 0~15.2km，且一级"源"景观在空间分布上处在阻力值较小的区域，其最小累积阻力值范围是[0,74793.9]，平均阻力值为 20726.3，污染物产生后容易被降雨径流冲刷进入水体，非点源污染风险大。最低值出现在勉县中部、南郑区北部、洋县南部、石泉县、汉阴县南部以及汉滨区南部地区，这些地区均包含在一级"源"景观范围内。二级"源"景观内平均阻力值为 75181.2，最小累积阻力值相较于一级"源"景观上升了 72.4%。二级"源"景观主要分布在宁强县北部、南郑区南部、镇巴县北部以及汉滨区中部地区，区域内平均坡度为 23.4°，由于"汇"景观面积的增加，增强了林草地对污染物的截留作用，非点源污染风险降低。三级"源"景观平均阻力值为 148764.1，随着"源"景观面积的减少、距水体距离的增加以及土壤可蚀性降低，该区域非点源污染风险较低，主要分布在留坝县中部、岚皋县南部、西乡县南部。四级"源"景观和五级"源"景观平均阻力值分别为 241897.3 以及 357460.5，主要分布在以"汇"景观为主的高坡山地区域，比如太白县、凤县以及平利县。其空间分布特征与三级"源"景观类似，由于"源"景观面积的减少，削弱了人类活动对环境的影响，所以高坡区域对非点源污染的迁移影响较小，"汇"景观对营养物质的截留吸收作用远大于"源"景观对其的产生与迁移作用。

在景观空间要素中，与目标水体的距离、坡度以及相对高程对非点源污染具有重要的影响。一般情况下，"源"景观离目标水体越近，非点源污染的风险越大，景观对污染的贡献也越大；"源"景观相对于目标景观的相对高程越小，对水体污染的贡献越大；如果"源"景观所处地区的坡度较大，污染流失和迁移的危险性越大，对水体污染的贡献越大。而"汇"景观的大量分布则有利于削减和截留污染物。

从洛伦兹曲线来看(表 7-12 及图 7-15)，根据土壤可蚀性因子的曲线分布，发现"汇"景曲线所包含的面积大于"源"景观的面积，所以土壤可蚀性因子所反映出的非点源污染风险较低。但是由于研究区域内林草地占比超过 80%，因此仅依靠土壤可蚀性因子难以准确判断流域内"源"与"汇"景观对污染物的贡献，所以需要综合其他因子进行评价。

表 7-12　洛伦兹曲线面积比

景观类型	坡度	成本距离	土壤可蚀性	降水侵蚀
"源"景观	1.788	1.899	0.513	1.592
"汇"景观	1.502	1.721	0.586	1.517
"源-汇"面积比	1.190	1.104	0.875	1.049

在成本距离因子中，"源"景观集中在成本距离因子的 0~0.2 范围内，耕地和建设用地集中分布在坡度因子的 0~0.5 范围内。在"源"景观类型中，水体附近的耕地面积比例较大，水体附近"汇"景观分布相对较少，无法对污染物起有效的截留作用，容易导致污染物的冲刷、迁移以及聚集，耕地和建设用地的空间分布导致景观格局受到人类活动的显著影响，所以非点源污染风险高。

对于坡度因子和降雨侵蚀因子，也存在类似的现象，建设用地曲线和耕地曲线所围成的面积大于林地曲线和草地曲线所围成的面积，非点源污染风险较大。流域内不同景观类型的坡度分布格局不利于"汇"景观对污染的截留，降雨径流驱动力下易发生污染的迁移。从降雨侵蚀因素来看，建设用地的分布容易造成农村生活源污染的产生和迁移，其洛伦兹曲线所包含的面积在所有景观类型中最大。而且研究区域内农业活动严重，农药和化肥的使用量高，容易造成污染物流失，流域内大量的"汇"景观并没有充分发挥出其对污染物的截留作用，非点源污染风险整体高。

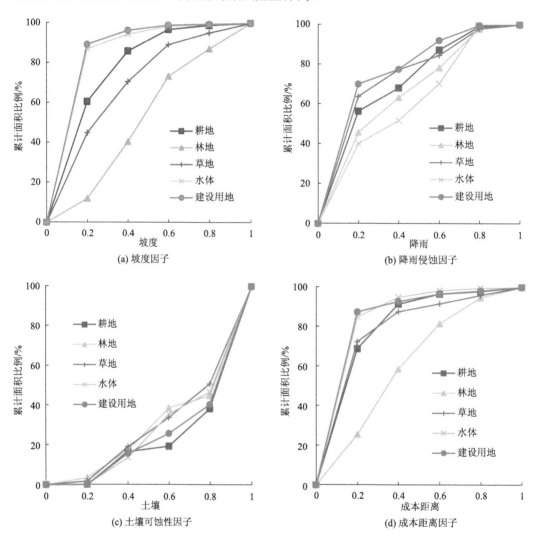

图 7-15 标准化因子洛伦兹曲线

NPPRI 指数可按式(7-8)计算。为了描述流域内非点源污染风险水平，将结果分为五个等级，即低风险区、较低风险区、中风险区、高风险区和高危风险区(图 7-16)。由于不同分类方法的分类界限不一致，存在较大差异。为了保证分类的合理性，选择三种分类方法(自然分断法、等间隔法和标准差)比较不同分类标准下的非点源污染风险的分类结果。结果显示，等间隔法的分类结果平滑性强，难以展示空间差异，标准差法的分类结果存在极端值。最终，考虑到流域的实际情况，选择自然分断法对非点源污染风险指数进行分类。该指数越高,说明非点源污染发生和迁移的可能性越大。

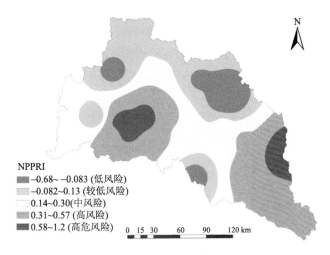

图 7-16 NPPRI 计算结果

如图 7-16 所示,非点源污染的高危风险区主要分布在汉台区、城固县、南郑区北部以及汉滨区中东部地区,由于这些地区高程较小,"源"景观集中且靠近水体,农药和化肥的使用容易产生大量氮磷污染物,最终冲刷进入水体。此外,较高的土壤可蚀性也是上述地区非点源污染风险高的原因。相反,低风险区集中在留坝县、宁陕县、佛坪县东部以及镇巴县,这些地区坡度以及高程大,多为山区,植被覆盖率高,"源"景观分布较少,因此人类活动对生态环境的影响有限。

流域西北地区以及北部非点源污染风险较低,从土地利用分布中可以看到,北部以及西北地区"源"景观分布较少,但是不难发现留坝县土地利用类型主要是林地、草地和水体,耕地以及建设用地较为少,该区域"源"景观面积为 32.4km^2,且土壤可蚀性相对较低,因此该区域受人类活动影响较小,导致非点源污染的风险较低。而凤县和太白县"源"景观面积分别为 21.7 km^2 和 51.8 km^2,"源"景观分布集中,处于高坡地区且景观类型更靠近水体,此外,土壤可蚀性强,水土流失严重。所以太白县、凤县的非点源污染风险高于留坝县中部地区。流域内降雨侵蚀较重的区域出现在镇巴县、紫阳县、岚皋县以及平利县,其中紫阳县、岚皋县以及平利县内土壤可蚀性要强于镇巴县,同时"源"景观分布比镇巴县更多更集中,所处位置坡度更高。所以紫阳县、岚皋县以及平利县内人类活动相对剧烈,非点源污染风险相对于镇巴县更高。而镇巴县由于土壤可蚀性小,区域内"源"景观分布在低坡去且距离水体较远,所以非点源污染风险低。

在研究区,大量的农田和住宅用地分布在水体附近及高坡地区,大量的林地受到了人类活动的影响。研究区内降水丰富,残留的农药很容易被降水和地表径流冲入受纳水体中,加速土壤侵蚀,产生非点源污染。因此,景观的空间分布、人类活动、农业生产是影响非点源污染的主要因素。

根据表 7-13 的面积统计数据，研究区域内高危风险区域占 9.3%。高危风险区分布在坡度为 0~67° 的区域，平均坡度为 12°，坡度范围较广且靠近水体，最小高程为 264m，平均高程为 567m。高风险区域内耕地面积占 40.1%，"源" 景观面积超过 50%，农业活动及畜禽养殖频繁，容易造成非点源污染，而下垫面特征使污染物容易累积并冲刷进入河道。此外，高危风险区域内，平均 NDVI 为 0.5，土壤可蚀性强，东部降雨侵蚀远大于西部，平均阻力基面为 2，平均最小累积阻力值为 22590，最小值为 0。该结果也表明该区域为非点源污染的易发区域，小阻力值也对应了污染物迁移转化风险较高。高风险区所占比例最大，为 30.5%，区域内最小高程为 276m，平均高程为 1003m，最小坡度 0，平均坡度为 22°。根据流域地形特点，高危风险区以及高风险区的高程较低，随着非点源污染风险的降低，区域所包含的坡度范围逐渐增大，由于流域内 "源" 景观集中分布在河道以及水体附近，而这些区域坡度较低，高危风险区以及高风险区最小坡度均为 0。高风险区域内 "源" 景观面积为 2843.8km²，相比高危风险区增加了 54.7%，林草地增加了 80.1%，NDVI 增加了 19.2%，降雨侵蚀呈现出与高危风险区类似的规律，即东南高西北低，但是土壤可蚀性呈现出相反的分布规律，且低于高危风险区。根据 MCR 结果对高风险区进行分析，区域内最小阻力基面为 1.49，平均阻力基面为 3，栅格样本点集中落在 (2.23, 3.4) 之间，平均最小累积阻力值为 65019，最小值为 0。相比高危风险区，非点源污染风险有所下降，但区域内 "源" 景观分布地区高程较小，且 "汇" 景观多分布在高坡度区域，而 "源" 景观集中在低坡度区域，距离水体及河道较近，下垫面特征使得污染物产生和降雨径流驱动下发生迁移的阻力较小，所以整体风险较高。

表 7-13　不同风险区面积统计

风险等级	低风险	较低风险	中风险	高风险	高危风险
NPPRI 指数	(−0.68, −0.083)	(−0.082, 0.13)	(0.14, 0.3)	(0.31, 0.57)	(0.58, 1.2)
面积比例	10.2%	20.7%	29.3%	30.5%	9.3%

相比高危风险区及高风险区，中风险区非点源污染产生和发生迁移的阻力增加，其中阻力基面栅格样本点主要分布区间为 (2.4, 4.1)，最小阻力基面为 1.6，平均阻力基面为 3.3，最小累积阻力值样本点集中分布在 (0, 150746)，平均值为 70153，相比高危风险区以及高风险区平均增加了 37.6%。中风险区内林地占比为 78%，"源" 景观累计占比 20%，"汇" 景观面积逐步增加，又由于区域内高程以及高坡度区域 "汇" 景观增加明显，导致非点源污染风险减小。此外，NDVI 均值为 0.74，最大值达到 0.89，土壤可蚀性相比高危风险区及高风险区下降了 4% 及 3%，降雨侵蚀平均下降了 12%。"源" 景观距水体较远，下垫面特征对应的阻力基面增加，导致该区域产生污染以及迁移的概率减小，非点源污染发生的累计阻力值增加，非点源污染风险降低。

中风险、较低风险以及低风险区域高程及坡度变化差距较小，较低风险区以及低风险区主要分布在高坡度区域。造成非点源污染风险差异的主要原因是 "源-汇" 景观分布、距水体距离以及最小累积阻力值。较低风险区以及低风险区内 "源" 景观占比为 8.1% 及 4.8%，"汇" 景观占比大于 90%，大量的 "汇" 景观分布在高坡地区，充分发挥了其对污染物的吸收截留作用,而该区域"源"景观稀少,人类活动、农业生产等对环境的影响较小。此外,较低风险区及低风险区平均阻力基面均为 3.6,而较低风险区最小累积阻力值区间为 (0, 408877),平均值为 170219,而低风险区最小累积阻力值的区间为 (53586, 248657),平均值为 156251,相比中风险区,最小累积阻力值平均增加 58.8% 和 55%。由于较低风险区域平均高程为 1548m,而低风险区平均高程为 1340m,由于区域面积之间的差异,导致较低风险区"汇"景观面积大于低风险内的"汇"景观面积,且较低风险区内下垫面特征比低风险区更为复杂。低风险区人类活动对环境的影响更小,所以造成了较低风险区内最小累积阻力值更大的现象。

7.5　本 章 小 结

本章首先分析了 2000~2020 年土地利用以及景观过程的演变特征,并描述了景观格局对地表产流的影响。然后参考并借助景观"源-汇"理论,利用 LCI 指数得到研究区域内"源-汇"景观对污染物的输出以及截留的贡献,并通过统计分析方法揭示非点源污染与景观格局之间的响应关系;综合考虑最小累计阻力模型 (MCR)、洛伦兹曲线和 NPPRI 指数结果,对研究区域非点源污染风险进行评价,为后续关键源区识别提供基础。得到的主要研究结果如下:

(1) 2000~2020 年,较为明显的土地利用类型转化出现在草地和林地、耕地和林地之间,林地的转移率最高,林地转化为耕地和草地的比例较大。2000~2020 年间景观破碎化程度增强,由于 2000~2010 年间,土地利用变化明显,导致这一时段流域景观复杂程度增加,同时蔓延度指数 (CONTAG) 的增长使不同斑块之间的连接性增强。受人类活动的影响,流域内景观分离度和景观多样性均增强。

(2) 径流量与 PD、IJI 指数之间无显著的相关关系,DIVISION 与径流量之间的相关性较弱。LSI、ED 增加会提高景观的复杂度和丰富度,利于径流量的增加。AI 与径流量也存在明显的相关关系,且影响较为复杂,AI 不断增加使径流量先减小后增大。

(3) TN、TP 的空间分布显示其贡献主要来自农业生产,畜禽养殖对 $NH_3\text{-}N$ 的贡献最为突出,COD 的主要来源则为农村生活源。

(4) 流域内"源"景观集中分布在勉县中南部、汉台区、城固县中部、南郑区、洋县西南部以及汉阴县和汉滨区中部地区。流域非点源污染风险较高,"源"景观占主导作用,高污染负荷区域主要分布在中西部、东部、留坝县、宁陕县等区域 "汇"景观分布集中,污染负荷低。

(5) CONTAG、AI 以及 LPI 指数与非点源污染存在负相关,聚合程度较大时,非点源污染进入"汇"景观的概率将增加。IJI、PD、ED 指数与 LCI 指数的相关性较小。SHDI 与 DIVISION 指数越大,会导致"源"景观产生的非点源污染进入"汇"景观的过程受阻。

(6) 低累计阻力区域从河道向两岸辐射状分布,流域出口处阻力基面以及累计阻力值都处于极小值，污染物产生和迁移的风险高。高阻力值主要分布于流域北部、南部以及东西部，且土壤可蚀性以及降雨侵蚀风险较小，非点源污染风险较小。流域内"源"景观分布密集，且靠近河道，高土壤可蚀性与"源"景观斑块相融合，最小累积阻力值低，非点源污染风险高。

（7）在景观空间要素中，"源"景观相对于目标水体的高度越小、坡度越大，对水污染的贡献越大。洛伦兹曲线显示，水体附近缺少"汇"景观截留、吸收污染物，易促成污染物的聚集污染。高坡度地区存在集中的"源"景观，且研究区域内农业活动严重，流域内大量的"汇"景观并没有充分发挥出其对污染物的截留作用，非点源污染风险整体高。

参 考 文 献

蔡明, 李怀恩, 庄咏涛, 等. 2004. 改进的输出系数法在流域非点源污染负荷估算中的应用. 水利学报, 35(7): 40-45.

程迎轩, 王红梅, 刘光盛, 等. 2016. 基于最小累计阻力模型的生态用地空间布局优化. 农业工程学报, 32(16): 248-257.

戴璐, 刘耀彬, 黄开忠. 2020. 基于 MCR 模型和 DO 指数的九江滨水城市生态安全网络构建. 地理学报, 75(11): 2459-2474.

中华人民共和国生态环境部, 国家统计局, 中华人民共和国农业农村部. 2020. 关于发布《第二次全国污染源普查公报》的公告. http://www.mee.gov.cn/xxgk2018/xxgk/xxgk01/202006/ t20200610_783547. html.

丁晓雯, 沈珍瑶, 刘瑞民, 等. 2008. 基于降雨和地形特征的输出系数模型改进及精度分析. 长江流域资源与环境, 17(2): 306-309.

蒋孟珍. 2012. 基于遥感技术的九龙江河口区非点源污染"源—汇"结构分析. 厦门: 国家海洋局第三海洋研究所.

李谦, 戴靓, 朱青, 等. 2014. 基于最小阻力模型的土地整治中生态连通性变化及其优化研究. 地理科学, 34(6): 733-739.

刘洋, 李丽娟, 李九一. 2021. 面向区域管理的非点源污染负荷估算——以浙江省嵊州市为例 环境科学学报, 41(10): 3938-3946.

蒙吉军, 王雅, 王晓东, 等. 2016. 基于最小累积阻力模型的贵阳市景观生态安全格局构建. 长江流域资源与环境, 25(7): 1052-1061.

陕西省统计局. 2017. 陕西省统计年鉴. 北京: 中国统计出版社.

王金亮, 谢德体, 邵景安, 等. 2016. 基于最小累积阻力模型的三峡库区耕地面源污染源-汇风险识别. 农业工程学报, 32(16): 206-215.

Ba Snyat P, Teeter L D, Flynn K M, et al. 1999. Relationships between landscape characteristics and nonpoint source pollution inputs to coastal rstuaries. Environmental Management, 23(4): 539-549.

Jiang M Z, Chen H Y, Chen Q H, et al. 2014. Study of landscape patterns of variation and optimization based on non-point source pollution control in an estuary. Marine Pollution Bulletin, 87: 88-97.

Johnes P J. 1996. Evaluation and management of the impact of land use change on the nitrogen and phosphorus load delivered to surface waters: the export coefficient modeling approach. Journal of

Hydrology, 183: 323-349.

Wang J L, Shao J A, Wang D, et al. 2016. Identification of the "source" and "sink" patterns influencing non-point source pollution in the Three Gorges Reservoir Area. Journal of Geographical Sciences, 26(10): 1431-1448.

Wu J H, Lu J. 2019. Landscape patterns regulate non-point source nutrient pollution in an agricultural watershed. Science of the Total Environment, 669: 377-388.

第8章 土地利用变化对汉江流域非点源污染的影响

人类活动可通过改变土地利用类型和土地利用空间格局景进而影响非点源污染过程。因此通过对土地利用类型、土地利用格局、非点源污染空间分布及土地利用/地形与非点源污染之间的关系进行研究,能够确定土地利用变化对流域非点源污染过程的影响,进一步认识不同区域非点源污染的特性及响应关系。从汉江安康段以上流域和汉江洋县断面以上两个区域进行响应关系说明。

8.1 1995～2020年土地利用类型变化

根据收集的 2020 年土地利用图,将汉江流域陕西段的土地利用进行分类(图 8-1),发现图中汉江流域陕西段的林地、草地所占面积远远大于其他类型土地,耕地包括水田和旱地,均沿河分布。基于 1995 年、2000 年、2005 年、2010 年、2015 年、2020 年 6期的土地利用面积比例,得到不同年份的土地利用情况(图 8-2),可看出,流域的土地利用类型组成上,草地所占比例较高,一直保持在 40%左右,其次是林地和耕地,2020年三者所占比例为 98.72%。

图 8-1 2020 年土地利用图

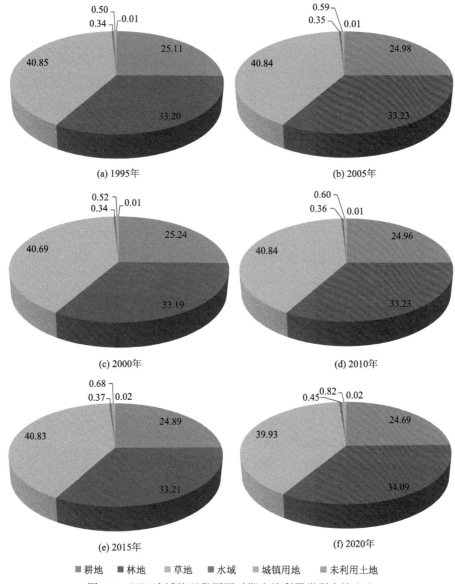

图 8-2　汉江流域陕西段不同时期土地利用类型占比(%)

注：因数值修约图中个别数据略有误差

　　表 8-1 显示了汉江流域陕西段 1995～2020 年各类土地利用的面积和比例变化情况，可以看出，1995～2000 年间流域土地利用变化主要有耕地增加，增加比例达到 0.134%，城镇用地小幅增加，增加比例为 0.022%。2000～2010 年表现是耕地减少 0.28%，林地、草地、水域及城镇用地均小幅增加。2010～2020 年体现在林地增加比例为 0.86%，草地、耕地减少比例分别达 0.91% 和 0.27%，城镇用地、水域及未利用土地面积相应增加。相比于 2000～2010 年，近十年的土地利用变化中林地增幅较大，达到 539km^2，草地和耕地为先增加后减少的特征，城镇用地小幅增加，未利用土地和水域面积比例略微波动，幅度较小。

表 8-1　1995～2020 年汉江流域陕西段的土地利用属性

时间	指标	耕地	林地	草地	水域	城镇用地	未利用土地
1995 年	面积/km²	15750	20822	25620	212	316	4
	比例/%	25.11	33.20	40.85	0.34	0.50	0.01
2000 年	面积/km²	15834	20819	25524	213	329	4
	比例/%	25.24	33.19	40.69	0.34	0.52	0.01
2005 年	面积/km²	15669	20843	25618	220	369	4
	比例/%	24.98	33.23	40.84	0.35	0.59	0.01
2010 年	面积/km²	15658	20845	25614	225	376	4
	比例/%	24.96	33.23	40.84	0.36	0.60	0.01
2015 年	面积/km²	15614	20831	25608	234	427	9
	比例/%	24.89	33.21	40.83	0.37	0.68	0.02
2020 年	面积/km²	15488	21384	25046	281	513	10
	比例/%	24.69	34.09	39.93	0.45	0.82	0.02
1995～2000 年变化	面积/km²	84	−3	−95	1	14	0
	比例/%	0.134	−0.005	−0.152	0.002	0.022	0
2000～2010 年变化	面积/km²	−176	26	90	13	47	0
	比例/%	−0.281	0.042	0.144	0.020	0.075	0
2010～2020 年变化	面积/km²	−169	539	−569	56	137	6
	比例/%	−0.270	0.860	−0.907	0.089	0.218	0.010

注：因数值修约表中个别数据略有误差。

通过土地利用类型面积的转移矩阵，得出不同时期的转化方向和转移数量结果（表 8-2）。结果表明 1995～2020 年间，主要以耕地和草地转出为主，其中草地和耕地减少 574km² 和 262km²，净变化率分别为–0.91% 和–0.42，草地转化为林地、水域、城镇用地和未利用地，其中转化比率分别达 88.6%、3.28%、7.49% 和 0.55%，可以看出草地大部分转化为林地，次转化为城镇用地。耕地主要转化为城镇用地、水域和草地，转化比率分别为 68.37%、17.2% 和 11.16%。汉中流域陕西段 1995 年至 2020 年中林地、城镇用地和水域增加面积较大，达到 539km²、137km² 和 56km²。

表 8-2　汉江流域陕西段 1995～2020 年土地利用面积转移矩阵

指标	耕地	林地	草地	水域	城镇用地	未利用土地	2020 总计
耕地	**6971**	2315	5967	93	178	2	15528
林地	2321	**13441**	5525	6	20	1	21315
草地	5993	5016	**13979**	37	49	0	25074
水域	132	20	56	**69**	5	0	282
城镇用地	333	21	92	6	**63**	0	515
未利用土地	3	1	4	0	0	**1**	9
1995 总计	15753	20814	25624	212	316	4	62723

8.2　1995～2020 年土地利用空间格局变化

本节采用 Fragstats4.2 软件计算 1995 年、2000 年、2010 年、2020 年的景观格局指数，如景观水平选择香农多样性指数 SHDI(多样性指数，能够反映景观异质性)、蔓延度指数 CONTAG(不同斑块类型的延展趋势)、斑块密度 PD、最大斑块指数 LPI、边缘密度 ED(三者均反映景观破碎化程度)、景观形状指数 LSI(形状指数)、周长-面积分维数 PAFRAC、聚集度指数 AI(反映斑块形状复杂性)和散布与并列指数 IJI(反映空间聚集程度)，类型水平可选择 PD、LPI、ED、LSI、PAFRAC、AI 和 IJI 指数。这些指标从多样性、形状、蔓延度和破碎度反映区域景观空间格局的特性。

1995 年、2000 年、2010 年、2020 年的流域各土地利用类型空间格局如表 8-3 所示。可以看出 1995 年破碎化程度较高的是耕地、林地和草地，斑块密度 PD 从小到大排序为草地<林地<耕地，草地的 LPI 最大，表明草地是研究区域的主要优势土地利用类型。草

表 8-3　1995 年、2000 年、2010 年、2020 年汉江流域陕西段土地利用类型的空间格局分析

年份	土地利用类型	PD	LPI	ED	LSI	PAFRAC	IJI	AI
1995 年	林地	0.0266	14.931	5.636	61.85	1.66	39.79	56.49
	耕地	0.0363	4.970	5.790	71.11	1.69	46.78	42.09
	草地	0.0180	22.460	7.940	77.41	1.69	46.83	50.84
	城镇用地	0.0035	0.023	0.174	14.89	1.44	59.91	14.29
	水域	0.0023	0.0184	0.124	12.76	1.62	58.84	12.79
	未利用土地	0.0001	0.0033	0.003	1.80	—	53.90	20.00
2000 年	林地	0.0266	14.9294	5.634	61.85	1.66	39.97	56.48
	耕地	0.0361	4.9520	5.832	71.62	1.69	47.06	41.98
	草地	0.018	22.2747	7.939	77.39	1.69	46.88	50.67
	城镇用地	0.0037	0.0234	0.182	15.14	1.45	59.24	14.31
	水域	0.0023	0.0184	0.124	12.40	1.63	58.44	12.76
	未利用土地	0.0001	0.0033	0.003	1.80	—	53.90	20.00
2010 年	林地	0.0267	14.9278	5.6433	61.74	1.66	39.87	56.47
	耕地	0.0363	4.9002	5.8028	71.53	1.69	47.78	41.62
	草地	0.0179	22.3566	7.939	77.40	1.69	47.16	50.85
	城镇用地	0.0042	0.0234	0.2058	16.24	1.43	58.43	15.10
	水域	0.0024	0.0184	0.1316	13.13	1.65	59.79	12.50
	未利用土地	0.0001	0.0033	0.003	1.80	—	53.90	20.00
2020 年	林地	0.0363	4.4927	5.8791	72.94	1.70	50.36	40.28
	耕地	0.0196	26.5713	7.828	77.36	1.68	47.95	50.36
	草地	0.0255	14.7174	5.7772	62.67	1.67	41.29	56.56
	城镇用地	0.0027	0.0167	0.1529	13.91	1.60	66.61	14.63
	水域	0.0048	0.0433	0.2665	17.80	1.52	60.07	20.00
	未利用土地	0.0001	0.0033	0.0067	2.75	—	71.85	22.22

地和耕地的 LSI 较大，分别达到 77.41 和 71.11，表明两者的形状比较复杂。研究区聚集程度较高的是林地和草地，对应的聚集度指数 AI 分别为 56.49 和 50.84，表明其连通性较好。城镇用地和水域分布比较零散。

从表 8-3 可知，2000 年汉江流域陕西段的景观空间指标数值与 1995 年的差异性较小，结论也类似。2010 年破碎化程度高的仍然是耕地、林地和草地，聚集程度较高的还是林地和草地，LPI 最大值仍然是草地，其他土地利用比较零散。2020 年破碎化程度最高的是林地，接着是草地和耕地，对应的 PD 分别为 0.0363、0.0255 和 0.0196，耕地的 ED 和 LPI 均最大，分别为 7.828 和 26.571，LSI 数较大的是耕地和林地，聚集程度最高、连通性较好的是草地。与前几期的研究区的土地利用空间格局对比发现，1995 年、2000 年、2010 年对应的 PD、LPI、ED、LSI、AI、IJI 指数表现出相似的特征，从 1995 年到 2020 年，区域的破碎化程度土地利用类型转变较大，从耕地最高变更为林地最高，除了草地外的其他土地利用类型的分散度指数 IJI 明显增大，表明分布均零散化且连通性变差。

图 8-3 显示了 1995 年和 2020 年研究区域景观类型水平上的土地利用格局变化，可知 1995～2020 年林地 LPI 和 AI 减少，而 IJI 和 LSI 增幅明显，表明林地优势度较低，形状复杂；耕地的斑块破碎化程度加剧，聚合度增加，形状复杂；草地的 LPI、LSI、IJI 均有所降低，表明区域的斑块形状规整、连通性较好；城镇用地的 IJI 明显增加，表明区域居民住宅分散分布；未利用地的 IJI 和 AI 明显增加，表明区域的未利用土地形状复杂，分布离散化；水域 LPI、LSI、IJI 均有所增加，表明其斑块形状破碎、连通性较差。

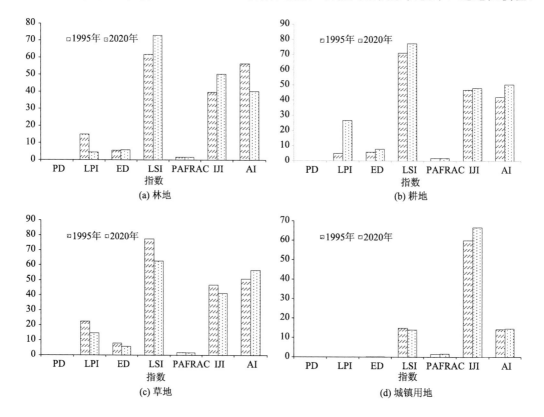

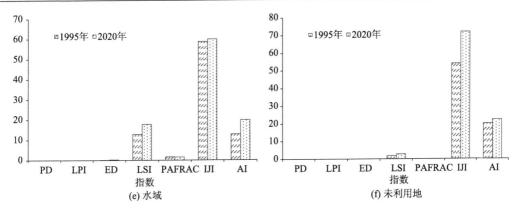

图 8-3 1995 年和 2020 年汉江流域陕西段景观类型水平的土地利用格局变化

从景观多样性(CONTAG、SHDI)、景观破碎度(PD、LPI、ED)、景观形状(LSI、PAFRAC)和景观聚散性(IJI、AI)四种类型景观格局指数对 1995~2020 流域土地利用格局进行变化趋势分析(表 8-4),有如下结论:1995~2020 年间,在流域整个景观水平上,PD 和 ED 有较小的增幅,LPI 增幅相较而言较大,增加了 18.3%,表明斑块类型的优势地位明显上升,破碎化程度有所缓解;SHDI 小幅增加,表明景观类型丰富;LSI 和 PAFRAC 分别增加了 1.35%和 0.12%,表明流域水平斑块形状随着破碎度的小幅增加而表现出一定复杂化;IJI 小幅上升(4.85%),AI 略微降低(-1.27%),表明整个流域景观水平上斑块分布位置基本没有改变。

表 8-4 汉江流域陕西段 1995~2020 年景观水平的土地利用格局变化

年份	景观多样性		景观破碎度			景观形状		景观聚散性	
	CONTAG	SHDI	PD	LPI	ED	LSI	PAFRAC	IJI	AI
1995	39.4704	1.1258	0.0867	22.4601	9.8333	62.5031	1.6759	43.9521	50.2018
2000	39.3681	1.1275	0.0868	22.2747	9.8572	62.6490	1.6764	44.1061	50.0820
2005	39.2684	1.1296	0.0874	22.3599	9.8584	62.6561	1.6750	44.4140	50.0760
2010	39.2267	1.1304	0.0875	22.3566	9.8627	62.6827	1.6751	44.5025	50.0546
2015	39.0077	1.1345	0.0882	22.3950	9.8866	62.8286	1.6748	44.9686	49.9342
2020	38.4276	1.1441	0.0891	26.5713	9.9552	63.3462	1.6779	46.0857	49.5658

8.3 汉江流域陕西段非点源污染空间分布

在安康断面以上流域利用 RUSLE 模型进行了土壤侵蚀计算,其计算方法见 5.1.2 节,利用区域不同土壤类型氮磷的背景含量和土壤侵蚀模数空间分布图,获得流域颗粒态非点源污染的空间分布图。将流域非点源污染模型模拟得到的径流深结果结合断面污染负荷量获得流域溶解态氮磷污染负荷的空间分布图。对安康断面以上流域颗粒态和溶解态非点源污染的空间分布进行分析,其中颗粒态以颗粒态氮(PN)、颗粒态磷(PP)为变量,溶解态以 NH$_3$-N 和 TP 为变量，解析 2011～2018 年非点源污染多年负荷的空间分布，并与 2011～2018 年 SWAT 模型模拟结果进行对比（李舒,2021）。

8.3.1 颗粒态氮磷负荷的空间分布

基于研究区域不同土壤类型氮磷的背景含量，结合土壤侵蚀模数空间分布图，得到安康断面以上流域颗粒态氮磷污染负荷的空间分布图（图 8-4），可以看出污染负荷与降水量等值线图结果一致，降水多的地方污染负荷多，且负荷贡献较多的区县位于流域南部区域。利用安康断面以上流域行政区划分布，借助 MATLAB 软件进行求和计算，得到研究区内各市县土壤侵蚀、颗粒态氮磷的总负荷和输出系数（Ec）（表 8-5），其中输出系数（Ec）指的是不同营养物质在单位面积的输出率（单位：t/km^2）。发现研究区多年颗粒态氮负荷为 3.40 万 t/a，多年颗粒态磷负荷为 0.30 万 t/a，其中镇巴县的氮磷流失量最高，

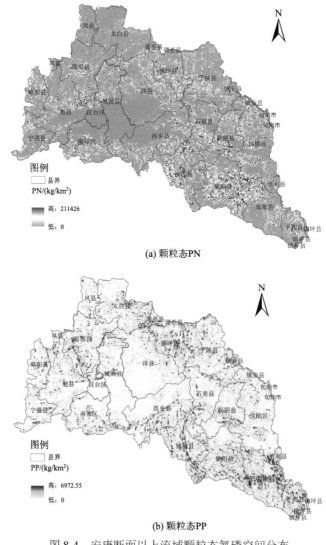

(a) 颗粒态PN

(b) 颗粒态PP

图 8-4　安康断面以上流域颗粒态氮磷空间分布

分别达到 0.44 t/a 和 0.026 t/a，贡献率为 12.99%和 8.41%；仅次于镇巴县对颗粒态氮磷贡献比例较大还有石泉县、平利县、留坝县、南郑区和宁强县，6 个县贡献了 50%左右的营养物负荷。区域面积较小的旬阳市和镇安县计算出的输出系数过大，代表性较差，不对其进行分析。输出系数较大的区县是汉台区、周至县、宁强县、镇巴县、平利县和石泉县。研究区域颗粒态氮磷负荷空间分布与土壤侵蚀分布具有一致性，土壤侵蚀严重的地区，也是安康断面以上流域非点源氮磷污染负荷的贡献区，同时也是今后水土流失和非点源污染防控的关键源区。

表 8-5 流域不同行政区土壤侵蚀量及颗粒态氮磷污染负荷

市	县	面积/km²	土壤侵蚀		PN		PP	
			侵蚀量/t	Ec/(t/km²)	负荷/t	Ec/(t/km²)	负荷/t	Ec/(t/km²)
宝鸡	凤县	748.0	15.7	0.021	80.3	0.107	23.3	0.031
	太白县	2062.8	197.8	0.096	1307.2	0.634	183.6	0.089
西安	周至县	199.8	157.4	0.788	634.8	3.177	178.0	0.891
汉中	汉台区	497.6	131.5	0.264	1696.8	3.410	95.0	0.191
	略阳县	799.4	202.6	0.253	1778.2	2.225	163.6	0.205
	宁强县	964.3	262.8	0.273	2522.8	2.616	200.6	0.208
	勉县	2375.9	36.0	0.015	338.4	0.142	24.2	0.010
	留坝县	1977.2	258.0	0.130	2240.9	1.133	246.4	0.125
	南郑区	1660.8	300.0	0.181	2543.9	1.532	230.2	0.139
	城固县	2098.1	65.5	0.031	631.8	0.301	56.2	0.027
	洋县	3247.3	11.1	0.003	41.3	0.013	13.7	0.004
	佛坪县	1265.0	179.9	0.142	1808.5	1.430	135.4	0.107
	西乡县	2894.4	1.1	0.000	18.2	0.006	0.6	0.000
	镇巴县	1627.1	371.4	0.228	4411.7	2.711	255.4	0.157
安康	汉滨区	2912.7	77.8	0.027	701.8	0.241	61.7	0.021
	汉阴县	1349.0	146.8	0.109	1383.1	1.025	111.0	0.082
	石泉县	1383.0	296.7	0.215	3558.6	2.573	203.5	0.147
	宁陕县	2538.9	177.9	0.070	1579.4	0.622	170.2	0.067
	紫阳县	2100.5	118.5	0.056	969.8	0.462	121.1	0.058
	岚皋县	1903.5	2.1	0.001	10.7	0.006	2.4	0.001
	平利县	830.2	273.2	0.329	2448.5	2.949	317.6	0.383
	镇坪县	37.1	37.8	1.020	134.8	3.638	41.0	1.107
	旬阳市	28.8	139.5	4.837	1901.1	65.904	91.1	3.158
商洛	镇安县	112.6	148.9	1.322	1220.9	10.840	109.5	0.972
合计		35614	3609.9		33963.6		3035.3	

注：因数值修约表中个别数据略有误差。

8.3.2 溶解态氮磷负荷的时空分布

将模型模拟得到的径流深结果结合断面污染负荷量得到流域溶解态氮磷污染负荷的空间分布图(图 8-5、图 8-6)，可以看出 2011 年、2015 年、2018 年典型年的溶解态空间分

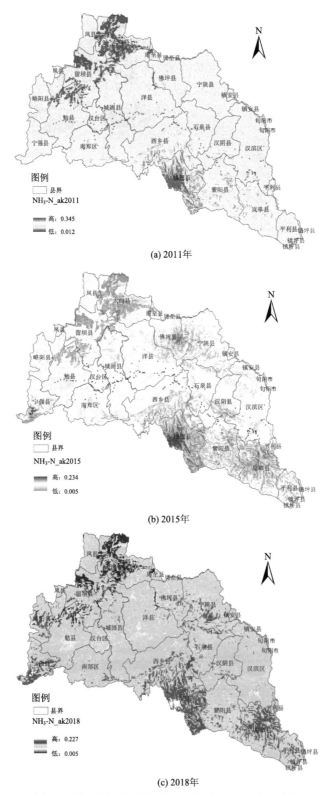

(a) 2011年

(b) 2015年

(c) 2018年

图 8-5　安康断面以上流域不同年份 NH₃-N 空间分布

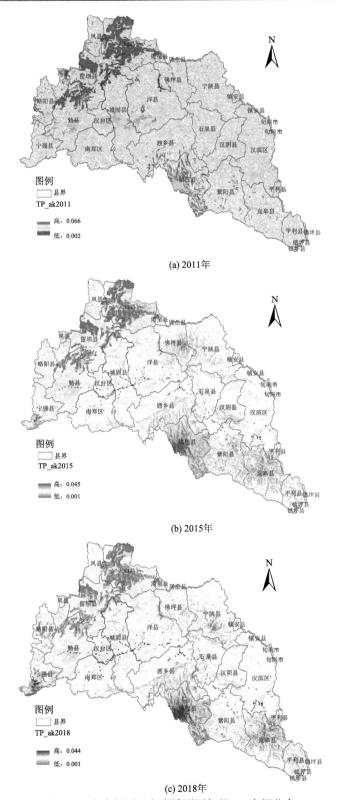

(a) 2011年

(b) 2015年

(c) 2018年

图 8-6　安康断面以上流域不同年份 TP 空间分布

布与颗粒态负荷空间分布类似，降水多的地方溶解态负荷也多，且负荷贡献较多的区县也位于流域南部区域。结合安康断面以上流域行政区划分布，借助 MATLAB 软件进行计算得到研究区内各市县 NH_3-N 和 TP 的负荷（表 8-6、表 8-7）。发现研究区 2011、2015、2018 年的 NH_3-N 总负荷分别为 5192.1 t、2484.8 t 和 2319.8 t，TP 总负荷分别为 992.1 t、477.0 t 和 445.5 t，其中佛坪县各年的 NH_3-N 和 TP 负荷量最高，贡献率在 8.9%左右；次于佛坪县的负荷贡献比例较大还有宁强县、石泉县、留坝县和镇巴县，5 个县贡献了 40%左右的负荷。输出系数较大的区县是周至县、宁强县、汉台区、略阳县、佛坪县、平利县和石泉县，与颗粒态氮磷负荷贡献区县有重合性，表明后续针对这些区县可开展非点源污染示范县的工作。

表 8-6　流域不同行政区不同年份下 NH_3-N 的污染负荷

市	县	面积/km^2	NH_3-N 负荷/t			NH_3-N 输出系数 Ec/(t/km^2)		
			2011 年	2015 年	2018 年	2011 年	2015 年	2018 年
宝鸡	凤县	748.0	23.2	10.3	9.6	0.0311	0.0138	0.0129
	太白县	2062.8	240.9	106.5	109.8	0.1168	0.0516	0.0532
西安	周至县	199.8	219.6	90.1	89.7	1.0990	0.4511	0.4492
汉中	汉台区	497.6	208.0	101.2	97.3	0.4180	0.2035	0.1955
	略阳县	799.4	315.3	140.1	137.0	0.3945	0.1753	0.1714
	宁强县	964.3	455.9	213.6	199.9	0.4728	0.2215	0.2073
	勉县	2375.9	75.4	35.9	32.6	0.0317	0.0151	0.0137
	留坝县	1977.2	379.8	187.0	172.4	0.1921	0.0946	0.0872
	南郑区	1660.8	299.0	145.4	131.3	0.1801	0.0875	0.0790
	城固县	2098.1	108.4	50.9	55.5	0.0516	0.0243	0.0265
	洋县	3247.3	16.0	7.5	7.0	0.0049	0.0023	0.0022
	佛坪县	1265.0	465.3	222.9	205.0	0.3679	0.1762	0.1621
	西乡县	2894.4	4.0	1.9	1.8	0.0014	0.0007	0.0006
	镇巴县	1627.1	347.0	169.1	148.2	0.2133	0.1039	0.0911
安康	汉滨区	2912.7	136.3	70.4	70.7	0.0468	0.0242	0.0243
	汉阴县	1349.0	252.6	116.6	107.6	0.1873	0.0864	0.0798
	石泉县	1383.0	430.1	211.6	195.9	0.3110	0.1530	0.1417
	宁陕县	2538.9	180.0	94.6	80.6	0.0709	0.0373	0.0318
	紫阳县	2100.5	126.6	62.2	56.9	0.0603	0.0296	0.0271
	岚皋县	1903.5	4.5	2.1	2.0	0.0024	0.0011	0.0010
	平利县	830.2	301.1	155.5	139.7	0.3626	0.1873	0.1682
	镇坪县	37.1	99.9	45.0	44.7	2.6947	1.2141	1.2053
	旬阳市	28.8	201.0	99.0	89.4	6.9674	3.4319	3.0979
商洛	镇安县	112.6	302.2	145.2	135.1	2.6833	1.2888	1.1993
	合计	35614	5192.1	2484.8	2319.8			

注：因数值修约表中个别数据略有误差。

表 8-7　流域不同行政区不同年份下 TP 的污染负荷

市	县	面积/km²	TP 负荷/t			TP 输出系数 Ec/(t/km²)		
			2011 年	2015 年	2018 年	2011 年	2015 年	2018 年
宝鸡	凤县	748.0	4.4	2.0	1.8	0.0059	0.0026	0.0025
	太白县	2062.8	46.0	20.4	21.1	0.0223	0.0099	0.0102
西安	周至县	199.8	42.0	17.3	17.2	0.2100	0.0866	0.0863
汉中	汉台区	497.6	39.7	19.4	18.7	0.0799	0.0391	0.0375
	略阳县	799.4	60.3	26.9	26.3	0.0754	0.0337	0.0329
	宁强县	964.3	87.1	41.0	38.4	0.0903	0.0425	0.0398
	勉县	2375.9	14.4	6.9	6.3	0.0061	0.0029	0.0026
	留坝县	1977.2	72.6	35.9	33.1	0.0367	0.0182	0.0167
	南郑区	1660.8	57.1	27.9	25.2	0.0344	0.0168	0.0152
	城固县	2098.1	20.7	9.8	10.7	0.0099	0.0047	0.0051
	洋县	3247.3	3.1	1.4	1.3	0.0009	0.0004	0.0004
	佛坪县	1265.0	88.9	42.8	39.4	0.0703	0.0338	0.0311
	西乡县	2894.4	0.8	0.4	0.3	0.0003	0.0001	0.0001
	镇巴县	1627.1	66.3	32.5	28.5	0.0408	0.0200	0.0175
安康	汉滨区	2912.7	26.0	13.5	13.6	0.0089	0.0046	0.0047
	汉阴县	1349.0	48.3	22.4	20.7	0.0358	0.0166	0.0153
	石泉县	1383.0	82.2	40.6	37.6	0.0594	0.0294	0.0272
	宁陕县	2538.9	34.4	18.2	15.5	0.0135	0.0072	0.0061
	紫阳县	2100.5	24.2	11.9	10.9	0.0115	0.0057	0.0052
	岚皋县	1903.5	0.9	0.4	0.4	0.0004	0.0002	0.0002
	平利县	830.2	57.5	29.8	26.8	0.0693	0.0359	0.0323
	镇坪县	37.1	19.1	8.6	8.6	0.5149	0.2331	0.2315
	旬阳市	28.8	38.4	19.0	17.2	1.3314	0.6588	0.5949
商洛	镇安县	112.6	57.8	27.9	25.9	0.5127	0.2474	0.2303
	合计	35614	992.1	477.0	445.5			

注：因数值修约表中个别数据略有误差。

8.3.3　模型间结果对比

为了进一步佐证模型结果的可靠性，与 2011～2018 年 SWAT 模型多年模拟的结果进行对比(李舒,2021)。图 8-7 显示的是利用 SWAT 模型模拟的安康断面以上流域多年平均 TN 和 TP 的空间分布，可以看出研究区 TN 负荷贡献较大的区域在流域偏南部，其中宁强县、镇巴县、南郑区、汉阴县、石泉县等的氮流失较为严重。TP 负荷贡献较大的区县与 TN 负荷贡献区县相差不大，比较明显的是宁强县、南郑区、镇巴县、汉台区等。结合图 8-4、图 8-5、图 8-6 可以看出采用流域分布式非点源模型和 SWAT 模型结果具有类似性，负荷产生量大的地方有重合性，降水量大的地方产生的污染物越多，与前期针对降水量和降水强度做的多年等值线图结果一致，部分区县有一定差异性是因为模型模拟所利用的模块和结构不同。

根据空间分布获得的污染负荷贡献较大的区县可制定合理且高效的水土保持措施和非点源控制方案，也可以开展非点源污染示范县的工作，进一步改善流域的生态环境。

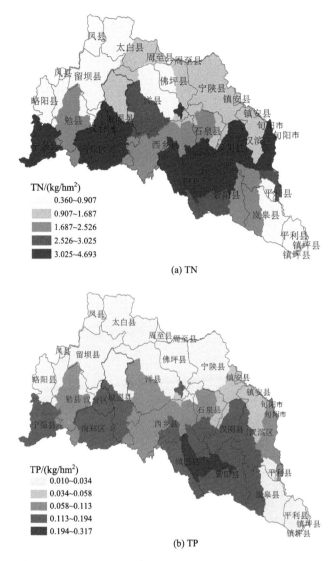

图 8-7　安康断面以上流域多年平均 TN 和 TP 的空间分布

8.4　土地利用/地形与非点源污染关系探讨

8.4.1　土地利用/地形与颗粒态非点源污染关系探讨

1. 不同土地利用类型下的颗粒态氮磷变化

安康断面以上流域的土地利用分为 6 个大类（耕地、林地、草地、城镇用地、未利用地、水域），统计不同土地利用类型上的土壤侵蚀量、PN、PP 负荷量及输出系数(Ec)(表8-8，图 8-8)。从前面分析可知安康断面以上流域主要土地利用类型是耕地、林地和草地，其中面积按大小排序为草地>林地>耕地，从表 8-8 和图 8-8 可以看出土壤侵蚀量及非点源 PN 和 PP 负荷也主要来源于这三种土地利用类型。其中面积最大的草地是土壤侵蚀最严重的类型，土壤侵蚀率为 0.113 t/km²，贡献率为 44.0%，对非点源 PN 和 PP 负荷贡献也最大，达到 44%左右；耕地是次严重土壤侵蚀类型，污染物负荷贡献率达到 30%以上，最后是林地。从图 8-8 可以看出，PN 的输出系数远大于 PP，不同土地利用类型的 PN 输出系数从大到小排列为：耕地>草地>未利用地>林地>城镇用地>水域，PP 输出系数排序为：草地>耕地>未利用地>林地>水域>城镇用地。可知耕地和草地的土壤侵蚀量与 PN及 PP 负荷贡献较大，未利用土地不采取任何非点源污染控制措施也会加重侵蚀和负荷产生，林地因为本身根系较发达，会减轻侵蚀发生。

表 8-8 不同土地利用类型下土壤侵蚀量及 PN、PP 负荷

土地利用类型	面积/km²	土壤侵蚀		PN		PP	
		侵蚀量/t	Ec/(t/km²)	负荷/t	Ec/(t/km²)	负荷/t	Ec/(t/km²)
耕地	9560	1173.0	0.123	12219.7	1.278	897.6	0.0939
林地	11566	803.1	0.069	6064.9	0.524	777.8	0.0673
草地	14002	1586.6	0.113	15271.1	1.091	1323.2	0.0945
城镇用地	192	12.1	0.063	97.5	0.508	10.1	0.0526
未利用地	288	34.8	0.121	309.8	1.076	26.2	0.0909
水域	6	0.3	0.057	0.6	0.107	0.3	0.0558
合计	35614	3610		33964		3035	

注：因数值修约表中个别数据略有误差。

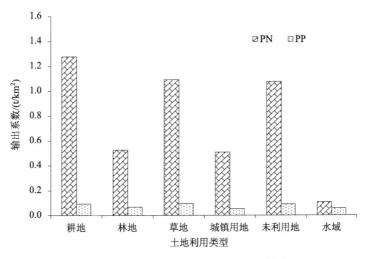

图 8-8 不同土地利用类型下 PN 和 PP 的输出系数

2. 不同地形条件下的 PN 和 PP 变化

流域地形条件不同体现在具有不同的坡度类型。根据中华人民共和国水利部颁布的《土壤侵蚀分类分级标准(SL190—2007)》将坡度划分为 6 个等级,统计不同坡度上的土壤侵蚀量及 PN 和 PP 负荷量(表 8-9),可以看出 6 类坡度范围中 8°~15°区域面积占比为 28.25%,仅次于 0~5°的区域,但是带来的土壤侵蚀量最大,为 1767.96 t,土壤侵蚀率为 0.171 t/km²,PN 和 PP 负荷贡献也最大,分别达到 47.52%和 50.56%;5°~8°区域内,土壤侵蚀率为 0.116 t/km²,带来的 PN 和 PP 负荷贡献 30%左右,次于 8°~15°区域,贡献率处于第二位;0~5°区域内,面积占比最大,为 43.8%,但是对应的侵蚀量和负荷量均较小;15°~20°区域内,土壤侵蚀率为 0.26 t/km²,带来的 PN 和 PP 负荷贡献达到 8%左右;20°~25°和>25°的区域因为所占面积最小,两者占比和为 0.33%,土壤侵蚀不显著,所以携带的 PN 和 PP 贡献也最小,导致计算的输出系数均较大。

表 8-9　不同地形条件下土壤侵蚀量及 PN 和 PP 负荷

坡度/(°)	面积/km²	土壤侵蚀		PN		PP	
		侵蚀量/t	Ec/(t/km²)	负荷/t	Ec/(t/km²)	负荷/t	Ec/(t/km²)
0~5	15994	462.5	0.029	4592.5	0.287	351.1	0.022
5~8	8940	1041.0	0.116	10284.0	1.150	832.7	0.093
8~15	10317	1768.0	0.171	16142.8	1.565	1535.1	0.149
15~20	1141	296.9	0.260	2566.7	2.249	278.9	0.244
20~25	115	41.0	0.358	362.1	3.156	37.4	0.326
>25	7	1.4	0.193	19.7	2.747	1.0	0.136
合计	35614	3611		33968		3036	

不同地形条件下的 PN 和 PP 负荷的输出系数不同(图 8-9),忽略面积较小的>25°的区域,可以看出随着坡度的增大,输出系数呈现逐渐上升的变化趋势。其中坡度为 20°~25°

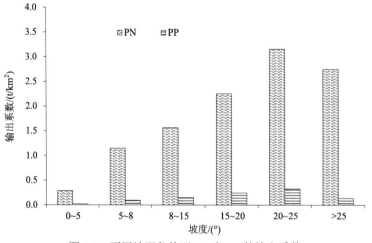

图 8-9　不同地形条件下 PN 和 PP 的输出系数

区域的 PN/PP 的输出系数最大。不同坡度下的 PN 的输出系数远大于 PP，在 5°～15° 区域上易发生土壤侵蚀，相对地携带的 PN 和 PP 负荷也较多，达到 77% 以上；小于 5° 的区域输出系数最小；在后续的水土保持和非点源控制工作中应加强对 5°～15° 区域的预防和治理。

8.4.2 土地利用/地形与溶解态非点源污染关系探讨

1. 不同土地利用类型下的溶解态氮磷变化

根据 2011 年、2015 年、2018 年的溶解态氮磷（NH₃-N 和 TP）负荷的空间数据，统计不同土地利用类型上的 NH₃-N 和 TP 负荷量（表 8-10，图 8-10）。可以看出 NH₃-N 和 TP 负荷是逐年递减的，体现了国家对于水环境水污染的治理政策实施力度以及产生的效果，溶解态污染物负荷与土地利用关系较大，面积占比较大的草地、林地和耕地对污染物的贡献也较大，三者负荷贡献率在 98% 左右。草地负荷贡献率为 40% 左右；林地是次重要贡献类型，污染物负荷贡献率达到 30% 左右，最后是耕地。从图 8-10 可以看出，NH₃-N 的输出系数大于 TP，2011 年因为是丰水年，污染负荷较其他两年大，所以以输出系数也较大。不同土地利用类型的 NH₃-N 输出系数从大到小排列为：城镇用地>水域>草地>耕地>未利用地>林地，TP 输出系数排序为：城镇用地>水域>草地>耕地>未利用地>林地，除了城镇用地输出系数较大外，其他几个土地利用类型相差不大。

表 8-10 不同土地利用类型下不同年份 NH₃-N 和 TP 负荷

污染物	土地利用类型	面积/km²	负荷/t			输出系数 Ec/(t/km²)		
			2011 年	2015 年	2018 年	2011 年	2015 年	2018 年
NH₃-N	耕地	9560	1393.01	673.04	625.96	0.1457	0.0704	0.0655
	林地	11566	1594.85	729.01	686.95	0.1379	0.0630	0.0594
	草地	14002	2102.94	1020.74	947.31	0.1502	0.0729	0.0677
	城镇用地	192	59.10	41.16	40.31	0.3078	0.2144	0.2099
	未利用地	288	41.29	20.40	18.90	0.1434	0.0708	0.0656
	水域	6	0.91	0.43	0.39	0.1519	0.0715	0.0653
	合计	35614	5192.09	2484.79	2319.82			
TP	耕地	9560	266.18	129.20	120.21	0.0278	0.0135	0.0126
	林地	11566	304.75	139.95	131.93	0.0263	0.0121	0.0114
	草地	14002	401.84	195.95	181.93	0.0287	0.0140	0.0130
	城镇用地	192	11.29	7.90	7.74	0.0588	0.0412	0.0403
	未利用地	288	7.89	3.92	3.63	0.0274	0.0136	0.0126
	水域	6	0.17	0.08	0.08	0.0290	0.0137	0.0125
	合计	35614	992.13	477.00	445.51			

注：因数值修约表中个别数据略有误差。

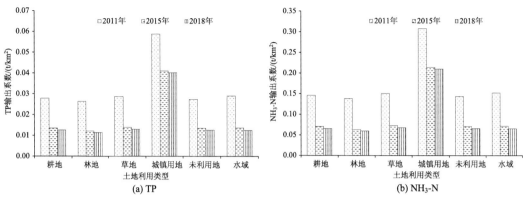

图 8-10　不同土地利用类型下不同年份 TP 和 NH_3-N 的输出系数

2. 不同地形条件下的溶解态氮磷变化

对不同坡度上的 NH_3-N 和 TP 负荷进行统计(表 8-11),可以看出 6 类坡度范围中 0～5°区域面积占比最大(43.8%),带来的污染负荷量也最大,贡献了 41%以上的负荷,且不同年份的变化规律相同;坡度为 8°～15°的区域负荷贡献率处于第二位,贡献 30%左右;5°～8°区域负荷贡献率为 24%左右,其他坡度的面积占比和负荷贡献均较小。不同坡度下 NH_3-N 的输出系数也大于 TP,2011 的污染输出系数也比其他两年大。从图 8-11 可以看出随着坡度的增大,输出系数呈现逐渐上升的变化趋势,上升的幅度较小。坡度 0～15°区域的负荷输出系数较大,负荷贡献也较多,原因是坡度低的位置在降雨径流的影响下,径流会从高坡度到低坡度汇集,污染物也会随着径流过程累积到低坡度的区域。

表 8-11　不同地形条件下不同年份溶解态氮磷污染负荷

污染物	坡度/(°)	面积/km²	负荷/t			输出系数 Ec/(t/km²)		
			2011 年	2015 年	2018 年	2011 年	2015 年	2018 年
NH_3-N	0～5	15994	2139.78	1032.41	973.74	0.1338	0.0645	0.0609
	5～8	8940	1265.56	602.73	562.16	0.1416	0.0674	0.0629
	8～15	10317	1571.58	747.02	690.03	0.1523	0.0724	0.0669
	15～20	1141	192.76	92.11	84.27	0.1689	0.0807	0.0738
	20～25	115	21.06	9.91	9.06	0.1835	0.0864	0.0790
	>25	7	1.36	0.60	0.56	0.1895	0.0841	0.0774
	合计	36514	5192.09	2484.79	2319.82			
TP	0～5	15994	408.88	198.19	187.00	0.0256	0.0124	0.0117
	5～8	8940	241.83	115.70	107.96	0.0271	0.0129	0.0121
	8～15	10317	300.31	143.40	132.52	0.0291	0.0139	0.0128
	15～20	1141	36.83	17.68	16.18	0.0323	0.0155	0.0142
	20～25	115	4.02	1.90	1.74	0.0351	0.0166	0.0152
	>25	7	0.26	0.12	0.11	0.0362	0.0161	0.0149
	合计	36514	992.13	477.00	445.51			

注：因数值修约表中个别数据略有误差。

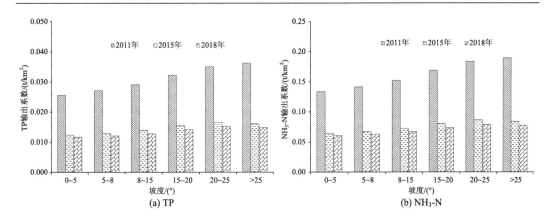

图 8-11　不同地形条件下不同年份 TP 和 NH$_3$-N 的输出系数

8.4.3　土地利用空间格局与负荷的关系讨论

从景观的多样性、破碎度、形状和聚散性四个方面进行分析，有如下结论：颗粒态氮磷负荷与 PD、ED 无明显的相关性，与 CONTAG、LPI 和 AI 表现出明显的正相关性，表明流域景观的多样性、破碎度和聚散性的增加会加大营养物输出的风险，指标值越高，表明其连通性、优势类型和聚集程度越好，对养分的流失有一定的截留和固定作用。与 LSI、PAFRAC 也呈正相关关系，但是影响程度小于上述三个指标，PP 的形状指数 LSI 大于 PN 的，表明 PN 负荷的水平斑块形状表现出一定的复杂化。NH$_3$-N 和 TP 负荷与 LSI、LPI 和 AI 表现出正相关性，表明流域景观的形状、破碎度和聚散性的增加会加大负荷输出的风险。

8.5　汉江洋县断面以上流域景观格局变化及非点源污染响应关系

目前已有大量研究证实，人类活动通过改变景观类型和多空间尺度的景观格局进而影响非点源污染(杨钦等，2020)。基于 SWAT 模型计算结果和该流域 2000~2018 年的径流量、输沙量及污染负荷数据，结合该流域近 18 年土地利用情况、景观格局、降雨径流、输沙、污染负荷的年际变化特征，对景观格局变化及非点源污染对其的响应关系进行分析，识别出影响非点源污染变化的主要景观因素。

8.5.1　流域土地利用特征分析

汉江洋县断面以上流域景观类型以林地及草地为主，其次为耕地，三者面积之和占到流域总面积的 95% 以上，耕地占比约 25%，其余两者各占约 35%；未利用地面积过小，占比为 0.05% 以下(图 8-12)。以 2018 年土地利用数据为例，耕地和建设用地分布在流域中部和南部的主要乡镇聚集地(诸如子流域 10 号、18 号、21 号和 22 号)。林地主要分布在流域南北两侧的秦岭南麓及大巴山北麓(诸如子流域 1 号、2 号、3 号和 25 号等)，这些地区为汉江水源区各支流发源地；而草地主要分布在山麓和人类聚集区接壤的过渡地区。南部各子流域耕地比例高于北部山区子流域，说明人类活动密集区集中在流域南部。如图 8-13 所示，在该流域内林地草原密布，典型树种包括侧柏、马尾松、云杉及柑橘等农业经济作物，草地则以稀疏覆盖草原地类为主，生态良好。广袤平坦的汉中盆地内适宜耕种，土地利用类型以耕地为主，耕种形式主要包括水田及旱地。主要经济作物为夏玉米及冬小麦，并与以禽类养殖为主的畜禽养殖业一起组成了当地的第一产业。农业生产发展增速较缓；而城镇化水平近年来增速较高，对自然景观的影响程度加剧；导致了建设用地面积显著增长，建设用地在空间上呈现集聚现象。个别建设用地零星分布于流域中部规模较小沿江而建的村落。水域占比逐渐增长，但直到 2018 年占比仍然不足

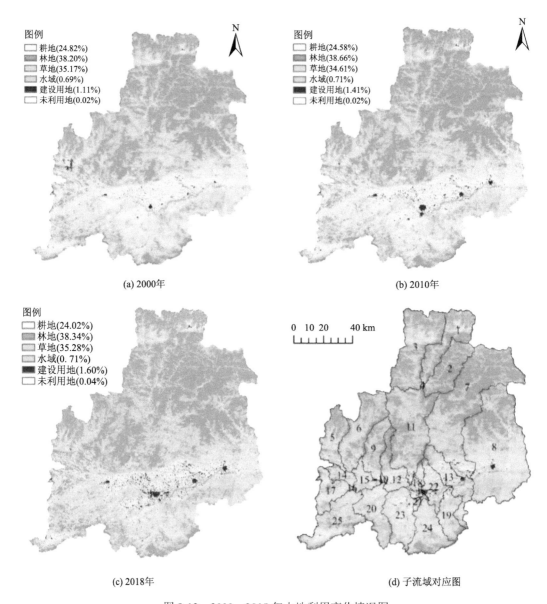

(a) 2000年

(b) 2010年

(c) 2018年

(d) 子流域对应图

图 8-12　2000～2018 年土地利用变化情况图

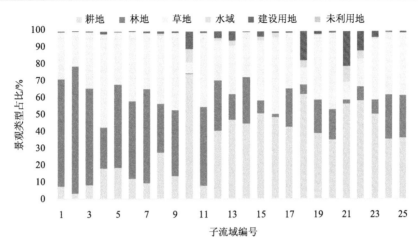

图 8-13　各子流域景观面积比例分布图

1%。尽管当地河网密布，但经实地调查，多为村镇内的人工沟渠，及诸多河道宽度较小的支流。这些支流与村镇内的人工沟渠共同构成了汉江上游流域河网。未利用地的来源主要有两种，其一为矿产的开发，当地已发现矿产九十余种，进而引来许多企业从事矿产冶炼开发，进而导致形成了开采后的裸地，尽管环保部门一再督促进行生产后的生态恢复，但成效缓慢；二是建筑业发展迅速进而对河滩细砂的需求加剧，经开采后，形成滩涂裸地，进而形成了未利用地(Molina et al.,2017)。

8.5.2　土地利用转换分析

表 8-12 为土地利用类型转移矩阵，景观格局组成结构的动态变化最直接地体现在土地利用类型的变化转移上。最显著的转移在于向建设用地转移的面积中耕地向建设用地的转移。从各土地利用种类被转入的角度分析，耕地最主要是从草地转换过来的，面积为 236.06 km^2，占总转入耕地面积的 76.44%；林地最主要是从耕地和草地转换过来的，面积分别为 56.40、132.65 km^2，占总转入林地面积的 27.73% 和 65.24%；草地最主要是从耕地和林地转换过来的，面积分别为 266.98、130.04 km^2，占总转入草地面积的 65.58% 和 31.94%；水域最主要是从耕地转换过来的，面积为 11.67 km^2；建筑用地最主要是从耕地转换过来的，面积为 112.71 km^2；未利用地最主要是从耕地、林地、草地转换过来。由于水域及未利用地较为特殊，无法轻易开发，因此转化的面积较少。因此，土地利用类型的变化主要发生在耕地与草地，林地与草地之间；其中耕地与草地间相互转化面积均超 200km^2，林地与草地间相互转化面积均超 100km^2。结合土地利用类型面积及当地实际情况分析，当地经济严重依赖农业，耕地面积辽阔，不断有林地草地被开垦做耕地。但随着城镇化的速度加快，沿河耕地被开发做建设用地，耕地与草地面积的减少也得益于退耕还林政策的大力推进。水域因为沟渠等水利设施开发增加了水域面积。

表 8-12　2000～2018 年土地利用类型转移矩阵　　　　（单位：km²）

土地利用类型		2018 年						
		耕地	林地	草地	水域	建设用地	未利用地	总计
2000 年	耕地	3520.88	56.40	266.98	11.67	112.71	1.88	3970.51
	林地	50.45	5908.38	130.04	0.63	0.70	1.09	6091.29
	草地	236.06	132.65	5216.24	6.37	6.04	1.19	5598.54
	水域	10.88	1.65	4.68	94.91	1.34	0.01	113.48
	建设用地	11.40	12.52	5.40	0.21	134.48	0.03	164.04
	未利用地	0.01	0.12	0.002	0.01	0.00	2.48	2.62
	总计	3829.68	6111.72	5623.34	113.80	255.26	6.68	15940.48

8.5.3　景观格局特征分析

景观格局指标如前文所述，可使用 Fragststs 4.2 软件进行计算分析。各景观格局指数生态学意义如表 8-13 所示（Zhang et al.,2019;刘可暄等,2022;Li et al.,2021;曹雷等,2016）。

表 8-13　景观格局指数的选择

景观格局指数	指标内涵
斑块密度（PD）	单位面积上的斑块数，描述景观破碎化的重要指标；值越大破碎化程度越高
聚合度指数（AI）	描述每一种景观类型斑块间的连通性。取值越小，景观越离散；其值越大聚集程度越高
景观形状指数（LSI）	描述景观形状复杂程度；其值越大，斑块形状越复杂；值越小，斑块形状越简单
蔓延度指数（CONTAG）	描述景观里不同拼块类型的团聚程度，值较小时表明景观中存在许多小拼块；值较大时表明景观中存在连通度高的优势斑块
结合度指数（COHESION）	表示斑块类型的连通性和聚集程度；值越大，表明区域内的景观越聚合，值越小，区域内景观越分散
香农多样度指数（SHDI）	反映景观异质性，对景观中各拼块类型非均衡分布状况较为敏感；值增大说明拼块类型增加或各拼块类型在景观中呈均衡化趋势分布

流域 2000～2018 年各景观格局指数进行计算结果如表 8-14 所示。2000～2018 年，PD 值总体减少，其值经历了先减少后增加的过程，说明景观密度先减少后增加，也代表该流域景观破碎化程度先减小后增大。LSI 值逐渐增加，说明该流域景观形状逐渐复杂。从表征景观集聚程度的景观格局指数上看，COHESION、AI、CONTAG 值逐渐减少，表明该流域景观离散程度加剧。导致景观格局指数变化的原因在于当地城市化进程加快并在该过程中同时进行的还林还草等生态保护措施；在这个过程中，人类活动导致不同土地利用类型相互之间进行变化，景观斑块的形状随之朝着复杂且不规则的特征变化。同时，乡镇聚集，裸地零星出现，对大块的耕地及林草地完整性进行了破坏，使其聚集程度下降。SHDI 值表现出增长的趋势，印证了景观朝着异质化且景观斑块类型增加的趋势发展。总体而言，2000～2018 年，流域内景观特征为斑块密度增大、破碎化程度加

剧、景观聚集度下降、复杂度上升的趋势，与当地实际情况相吻合。

表 8-14　流域景观格局指数变化特征

年份	AI	LSI	CONTAG	PD	COHESION	SHDI
2000	93.718	134.167	59.847	0.777	99.831	1.166
2010	93.653	135.526	59.487	0.743	99.772	1.177
2018	93.520	138.351	59.186	0.746	99.758	1.183

8.5.4　景观格局与流域非点源污染间相关性分析

子流域是分析景观格局与水文特征及非点源污染负荷量变化的最适尺度(Delpla and Rodriguez,2014)。利用各子流域 2000～2018 年各景观格局指数、径流量、泥沙量、TN 及 TP 进行相关性分析。

由表 8-15 可知，COHESION、CONTAG、AI 均与径流量、输沙量呈正相关，这与当地农田密布，集中耕作有关。相同类型的斑块间具有良好的连通性，且水田斑块与林地草地等其他斑块类型间连接紧密，少有其他斑块出现，有助于水文调蓄过程的进行(刘娜等,2012)。LSI 与径流量及输沙量呈正相关，表明人类活动对自然景观的改造力度加大后，建设用地、未利用地等其他斑块出现，破坏了流域内原本的自然景观，使得降水截留等水文调蓄功能受损，即景观格局形状逐渐复杂化，更易造成水土流失(梅嘉洺等,2020)。SHDI 与径流量呈正相关，与输沙量呈负相关，其原因是景观格局多样性提高削弱了土壤侵蚀过程并阻碍其运输。PD 与输沙量呈显著负相关，主要原因在于林地、草地等"源"景观斑块的破碎化不利于景观整体的生态功能维持，进而加大了水土流失风险。总之，流域内景观格局的斑块间越连通、团聚性越好并且斑块形状越复杂，径流量及输沙量的增幅越大，越易造成水土流失，景观格局多样性越高，径流量随之提高且输沙量减少，对水土保持具有显著意义。

表 8-15　景观格局及水质指标相关性分析

指标	FARM	FOREST	GRASS	CON	UNUSED	AI	LSI	CONTAG	PD	COHESION	SHDI
径流量	0.102	−0.016	0.066	0.094	0.047	0.080	0.183	0.169	0.010	0.082	0.051
输沙量	0.013	−0.109	−0.123	−0.095	0.012	0.128	0.132	0.091	−0.259[*]	0.035	−0.020
TN	0.291[**]	−0.141	−0.192	0.241	−0.020	0.013	−0.056	−0.043	0.046	−0.081	0.181
TP	0.374[**]	−0.580[**]	−0.120	−0.289	−0.009	−0.023	−0.027	−0.256[*]	0.003	−0.337[*]	0.057

注：CON 表示建设用地占比；FARM 表示农业用地占比；GRASS 表示草地占比；FOREST 表示林地占比；
**表示 $P<0.05$；*表示 $P<0.01$。

耕地面积与径流量呈正相关，与输沙量呈不显著正相关，这是由于开垦新耕地破坏了原本的土壤结构，影响了径流下渗率、土壤含水量和地下水补给量等，增加了地表径流，同时耕地植被覆盖度低，水土流失现象易发生(李莹和黄岁樑,2017)。林地面积与径流呈量呈不显著负相关，与输沙量呈负相关，说明林地面积的增加对集水固沙有积极作用，林地植被根系发达，能够扎入深层土壤，且其拥有强大的蒸腾能力，下渗量与蒸发量较大，能汲取较多土壤中的水分，从而调节地表径流，土壤含水量的增加也将对泥沙的产生与输移造成阻滞，同时树冠拦截降雨，减弱雨滴动能，减少地表径流流速，进而减小了土壤侵蚀（于国强等，2010）。草地面积与径流量呈不显著正相关，与输沙量呈负相关，在土壤和根系的双重作用下，降雨入渗提高土壤含水量和地下水量，增加产流，同时土壤表层的根系也阻碍了径流侵蚀产沙过程（刘强等，2021）。建设用地与径流量呈不显著正相关，与输沙量呈负相关，原因在于建设用地扩张减少一定径流量，相关工业设施及居民市政配套的建设需要大量河沙（Guo et al.,2017），从而使得流域水沙迅速减少。未利用地与输沙量成正相关，与径流量成不显著正相关关系，流域内的未利用地多为矿山开采后的荒地，荒地普遍植被覆盖度低，地表结皮较多，造成地表径流难以入渗，径流量和产沙量最大（Li et al.,2016）。

通过对各子流域多年间景观组成关系及水质指标相应变化情况的相关性分析结果（表 8-15）可知，TN、TP 浓度与建设用地占比、耕地占比、建设用地占比呈显著正相关，与林地占比呈显著负相关。汉江流域的水田内化肥施用量大，耕地占比在一定程度上可以反映该地区内非点源污染的强度（毕直磊等，2020；房志达等，2021）。林地对不同污染物的削减功能在其他学者的研究中已经得到了证实（崔超等，2016）。同时，诸如退耕还林、对农业种植的管控及防止土壤内养分流失的措施也有利于提升流域内水质、改善当地水土流失状况。相较而言，建设用地与未利用地对水质影响不大。AI、LSI、CONTAG 及 COHESION 均与水质呈负相关，其中 CONTAG 及 COHESION 具有显著性，说明其对水质有较强的解释能力，且景观形状的复杂化及斑块间的连通性提高有助于改善水质。

8.5.5　景观格局与非点源污染的逐步回归分析

逐步回归分析方法是自动从大量变量中选取最关键的变量，并基于此建立回归分析解释模型的方法（范雅双等，2021）。为了找到对径流量、输沙量及非点源污染指标变化最关键的因素，基于各子流域中径流量、输沙量及非点源污染指标与景观组成和景观格局指数之间的相关性分析的基础上，进行逐步回归分析（表 8-16），在各景观格局指数中找到关键指数。进入径流量回归模型的景观格局指数有 LSI 和 CONTAG，景观组成因子有耕地与建设用地，其中 LSI 和 CONTAG 达到显著性水平（$P<0.05$）。进入输沙量回归模型的景观格局指数有 LSI 和 AI，景观组成因子为草地，且均达到显著性水平（$P<0.05$）。在径流量回归模型中 LSI、CONTAG 和建设用地为正效应，耕地为负效应。在输沙量回归模型中，LSI、AI 为正效应，草地为负效应，且其中 LSI 都作为最主要因子。结果表明景观复杂程度是促进水沙变化最重要的景观格局指数，其值越大，景观形状越复杂。人类活动越频繁、流域内景观越破碎、景观类型越复杂，水土流失越严重。CONTAG 与景观分离度相关，值越高，斑块间形成了良好的连接，非点源污染输出少。因此，将景观进行合理配置可以有效减少非点源污染（徐建锋等，2016）。聚集度指数（AI）反映景观中不同斑块类型的非随机性或聚集程度，AI 数值越大，加剧了 NH_3-N 的排放，而 TP 却有所减少。这与当地的景观特征有关，景观的聚集多代表了耕地及建设用地的聚集，以尿素和碳酸氢铵为主的化肥的施用以及氮浓度较高的生活污水直接排放导致 NH_3-N 浓

度随景观聚集而增大。因此应避免人类活动对大范围林地、草地等景观的破坏，并提高不同景观间的连通性，减少景观破碎化程度，以有效防止水土流失。

表 8-16　景观格局与非点源污染指标的逐步回归分析

指标	显著影响因素	影响系数	显著性	调整 R^2
径流量	LSI	0.949	0.000	0.135
	CONTAG	−0.333	0.000	0.461
	FARM	0.194	0.013	0.504
	CON	0.949	0.044	0.531
输沙量	LSI	1.128	0.000	0.734
	AI	0.845	0.000	0.735
	GRASS	−0.410	0.004	0.769
TN	CON	0.02	0.000	0.065
	FARM	0.04	0.008	0.321
TP	FOREST	−1.127	0.000	0.434
	FARM	+1.390	0.010	0.535
	COHESION	−0.401	0.028	0.569
	CON	+0.589	0.039	0.610
	CONTAG	−0.119	0.046	0.707

8.6　本 章 小 结

本章通过对土地利用类型、土地利用格局、非点源污染空间分布及土地利用/地形与非点源污染之间的关系进行研究，主要结论如下：

(1)汉江流域陕西段 1995～2020 年的 25 年间，土地利用相对而言变化较小，相比于 2000～2010 年，近十年的土地利用变化中林地增幅较大，达到 539km^2，草地和耕地为先增加后减少的特征，城镇用地小幅增加，未利用土地和水域面积波动幅度较小。1995～2020 年间主要以耕地和草地转出为主，草地大部分转化为林地，次转化为城镇用地，耕地主要转化为城镇用地、水域和草地。

(2)1995～2020 年间，在流域整个景观水平上，PD 和 ED 有较小增幅，LPI 增幅较大，表明斑块类型的优势地位明显上升，破碎化程度缓解；SHDI 小幅增加表明景观类型较丰富；流域水平斑块形状随着破碎度的小幅增加而表现出一定复杂化；整个流域景观水平上斑块分布位置基本没有改变。

(3)通过非点源污染的空间分布分析以及与 SWAT 模型结果进行对比，发现研究区中镇巴县的 PN 和 PP 流失量最高，石泉县、平利县、留坝县、南郑区和宁强县 5 个县次之，共贡献 50%左右的营养物负荷。研究区佛坪县、宁强县、石泉县、留坝县和镇巴县 5 个县贡献 40%左右的溶解态负荷。与 SWAT 模型模拟的结果进行对比发现研究区 TN 和 TP 负荷贡献较大的区域均在流域偏南部，与构建的流域分布式非点源模型模拟结果类似，降水量大的地方产生的污染物越多，部分区县有一定差异性是因为模型模拟所利用的模块和结构不同。

(4) 根据不同土地利用类型下的污染物负荷分析，发现草地是土壤侵蚀最严重的类型，对颗粒态非点源氮磷负荷贡献也最大，耕地是次严重土壤侵蚀类型，最后是林地。PN 的输出系数远大于 PP，耕地和草地的土壤侵蚀量和 PN 和 PP 负荷贡献较其他土地利用类型大。不同坡度下的 PN 的输出系数远大于 PP，在 5°～15°区域上易发生土壤侵蚀，相对地携带的 PN 和 PP 负荷也较多。

(5) 根据统计的 2011 年、2015 年、2018 年不同土地利用类型上的溶解态氮磷负荷（NH$_3$-N 和 TP）的负荷量，可知 NH$_3$-N 和 TP 负荷是逐年递减的，溶解态污染物负荷与土地利用关系较大，草地贡献最大，林地和耕地次之。NH$_3$-N 的输出系数大于 TP，2011 年的输出系数比其他两年大。不同坡度下 NH$_3$-N 的输出系数也大于 TP，随着坡度的增大，输出系数呈现逐渐上升的变化趋势，上升的幅度较小。坡度 0～15°区域的负荷输出系数较大，贡献的负荷也多，原因是坡度低的位置在降雨径流的影响下，径流会从高坡度到低坡度汇集，污染物也会随着径流过程累积到低坡度的区域。

(6) 汉江洋县断面以上流域土地利用类型以耕地、林地和草地为主。流域内各景观格局指数基本稳定，景观总体结构未发生重大变化。表现出斑块数减少，破碎化程度增加、景观分割度升高、聚集度下降、同时景观复杂度上升的特征。景观组成因子及景观格局指数与流域非点源污染负荷间的相关关系各不相同。经过逐步回归分析，发现景观复杂程度（LSI）是影响水沙变化最重要的景观格局指数。耕地是影响氮磷污染负荷最重要的景观格局配置。

参 考 文 献

毕直磊, 张妍, 张鑫, 等. 2020. 土地利用和农业管理对丹江流域非点源氮污染的影响. 水土保持学报, 34(3): 135-141.

曹雷, 丁建丽, 于海洋. 2016. 渭-库绿洲多尺度景观格局与盐度关系. 农业工程学报, 32(3): 101-110.

崔超, 刘申, 翟丽梅, 等. 2016. 香溪河流域土地利用变化过程对非点源氮磷输出的影响. 农业环境科学学报, 35(1): 129-138.

范雅双, 于婉晴, 张婧, 等. 2021. 太湖上游水源区河流水质对景观格局变化的响应关系——以东苕溪上游为例. 湖泊科学, 33(5): 1478-1489.

李舒. 2021. 汉江流域非点源污染特征与控制研究—以安康断面以上流域为例. 西安: 西安理工大学.

李莹, 黄岁樑. 2017. 滦河流域景观格局变化对水沙过程的影响. 生态学报, 37(7): 2463-2475.

刘可暄, 王冬梅, 常国梁, 等. 2022. 多空间尺度景观格局与地表水质响应关系研究. 环境科学学报. 42(2): 23-31.

刘娜, 王克林, 段亚锋. 2012. 洞庭湖景观格局变化及其对水文调蓄功能的影响. 生态学报, 32(15): 4641-4650.

刘强, 穆兴民, 赵广举, 等. 2021. 延河流域水沙变化及其对降水和土地利用变化的响应. 干旱区资源与环境, 35(7): 129-135.

梅嘉洺, 刘洋, 岳朋芸, 等. 2020. 旬河流域景观格局变化对泥沙输出的影响. 水土保持研究, 27(3):

45-50+56.

房志达, 王淑萍, 苏静君, 等. 2021. 红壤丘陵区典型小流域不同下垫面非点源磷输出特征. 环境工程学报. 15(5): 1724-1734.

徐建锋, 尹炜, 闫峰陵, 等. 2016. 农业源头流域景观异质性与溪流水质耦合关系. 中国环境科学. 36(10): 3193-3200.

杨钦, 胡鹏, 王建华, 等. 2020. 1980-2018 年扎龙湿地及乌裕尔河流域景观格局演变及其响应. 水生态学杂志, 41(5): 77-88.

于国强, 李占斌, 李鹏, 等. 2010. 不同植被类型的坡面径流侵蚀产沙试验研究. 水科学进展, 21(5): 593-599.

Delpla I, Rodriguez M J. 2014. Effects of future climate and land use scenarios on riverine source water quality. Science of The Total Environment, 493: 1014-1024.

Guo Q, Su N, Yang Y, et al. 2017. Using hydrological simulation to identify contribution of coal mining to runoff change in the Kuye River Basin, China. Water Resources, 44 (4): 586-594.

Li S, Chen Y, Li Z, et al. 2016. Applying a statistical method to streamflow reduction caused by underground mining for coal in the Kuye River basin. Science China Technological Sciences, 59(12): 1911-1920.

Li S, Li J, Xia J, et al. 2021. Optimal control of nonpoint source pollution in the Bahe River Basin, Northwest China, based on the SWAT model. Environmental Science and Pollution Research , 28: 55330-55343.

Molina M C, Roafuentes C A, Zeni J O, et al. 2017. The effects of land use at different spatial scales on instream features in agricultural streams. Limnologica , 65: 14-21.

Zhang S, Lia Z, Hou X, et al. 2019. Impacts on watershed-scale runoff and sediment yield resulting from synergetic changes in climate and vegetation. CATENA, 179: 129-138.

第9章　气候变化对汉江流域非点源污染的影响

影响降水、气温及湿度等气候因子的因素比较复杂，如何采用客观合理的预报方法提高预测的准确性是比较重要的(李明涛,2014)。气候变化预估是目前世界范围内研究学者重点关注的热点，可通过气候模式进行预估。全球气候模式(GCM)包括大气、冰雪、陆地和海洋组成，可模拟全球气候，采用英国 Hadly 气候研究中心模式 HadCM3，选择IPCC 网站 A2 和 B2 两种情景(A2：世界发展不平衡，人口增长，人均经济和技术改变速度比其他情景慢；B2：着重于解决局地性的经济、社会、环境的可持续发展)下 1961～2099 年的气候输出资料，预测未来气候变化。采用统计降尺度模型——天气发生器NCC/GU-WG 对流域内的 5 个气象站的日降水量、日最高最低气温和日照时数进行分析，生成未来气候变化情景(李明涛,2014)。将降水量、气温数据和日照时数结果作为流域分布式非点源污染模型的输入数据，预测未来 30 年汉江干流安康断面以上流域的非点源污染负荷的变化情况。

9.1　气候变化预测

采用中国气象局国家气候中心提供的 NCC/GU-WG 天气发生器对未来气候进行预测(李明涛,2014;郑江坤,2011; Hao et al.,2019;廖要明等,2004;方世燚,2019)，获得未来某种气候情景下的日降水量、最高最低气温和日照时数，供模型模拟调用。NCC/GU-WG 的原理中主要包括降水发生和降水量的模拟，即利用干湿日确定当天是否产生降水，采用一阶马尔科夫链(Markor Chain)法判别前一天有无降水发生，如果为干日则对应日降水量为 0 mm，湿日则说明其有降水量，进行降水量模拟，常用两参数的 GAMMA 分布描述，主要取决于形态参数和尺度参数，形态参数值越小，形状偏度越大，尺度参数值越大，分布离散程度越大(李明涛,2014;廖要明等,2004)。天气发生器 NCC/GU-WG2.0 自带的是中国 671 个气象站 1960～2000 年实测的逐日资料，在研究区域内的气象站只有 5 个，所以利用此天气发生器生成研究区域 5 个气象站点 2021～2050 年的日降水量、最高最低气温和日照时数，作为流域的气候变化情景。

9.1.1　NCC/GU-WG 模拟结果的验证

通过 NCC/GU-WG 天气发生器获得流域内 5 个气象站点 1971～2000 年的逐日降水量、日最高气温、日最低气温和日照时数，与实测气象资料进行比较，利用 NSE 和 RE来检验气候变化的模拟结果。

1. 逐日降水量

首先对 1971～2000 年的各站点日平均降水量的模拟值与实测值进行对比(表 9-1)。从表中可以看出各站点降水量的模拟效果较好，NSE 都在 0.95 以上，RE 在 6.38%～12.53%，表明模拟出来的降水量变化情景可靠。将验证期流域各站点的月平均降水模拟值和实测值进行对比(图 9-1)，月序列数据比较吻合，大多数月份模拟降水量略高于实测降水量，在汛期的误差相较起来较大，实测降水量大于模拟降水量。

表 9-1 流域 1971～2000 年降水量模拟结果评价

统计值	安康	佛坪	石泉	汉中	略阳
实测值	2.23	2.48	2.39	2.34	2.17
模拟值	2.28	2.53	2.42	2.44	2.18
RE/%	7.04	7.98	6.38	8.12	12.53
NSE	0.95	0.98	0.98	0.97	0.99

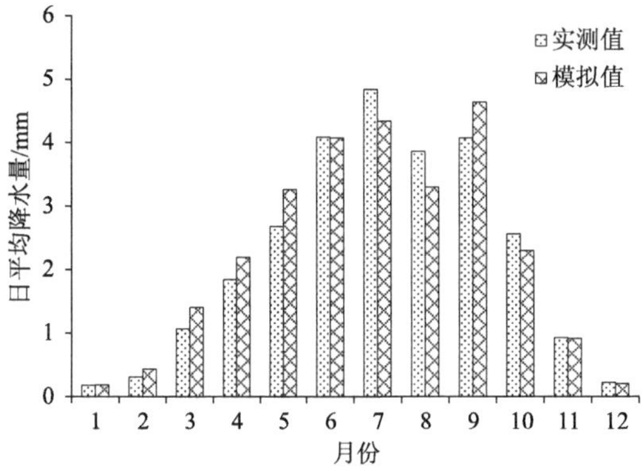

(a) 安康

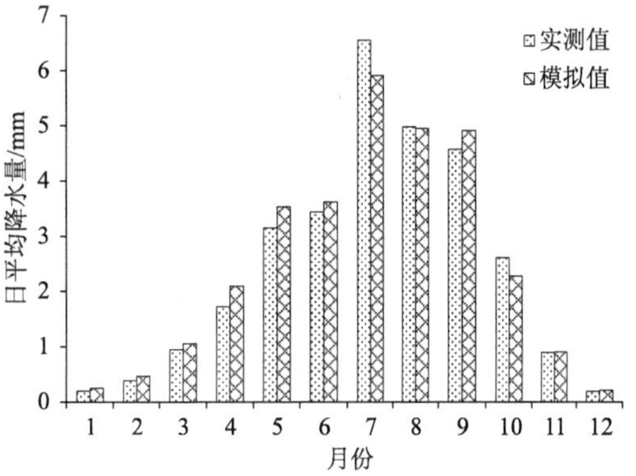

(b) 佛坪

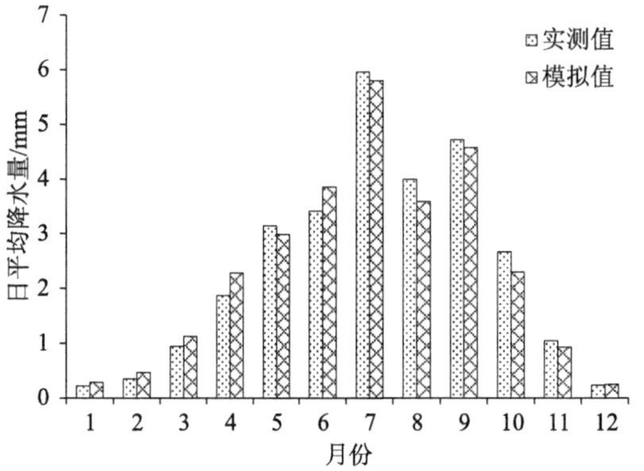

(c) 石泉

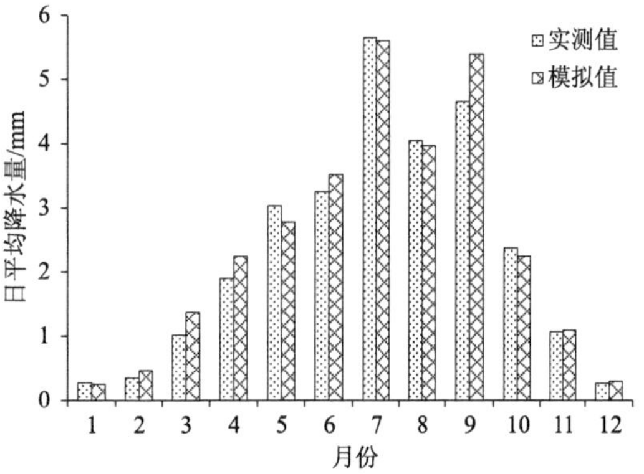

(d) 汉中

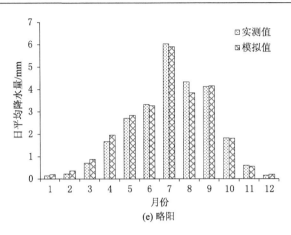

图 9-1　验证期(1971～2000)降水量实测值与模拟值的比较

2. 日最高气温和日最低气温

对 1971～2000 年的各站点日最高气温和日最低气温的模拟值与实测值进行对比(表 9-2)。可以看出各站点日最高/最低气温的模拟结果 NSE 值都在 0.97 以上，日最高气温的 RE 在 5.57%左右，日最低气温 RE 在–3.96%～15.73%。将验证期流域各站点的日最高/最低气温模拟值和实测值进行对比(图 9-2、图 9-3)，发现两者的月序列数据均比较吻合，可见天气发生器对气温的模拟效果也较好。

表 9-2　流域 1971～2000 年日最高气温和日最低气温模拟结果评价

指标	统计值	安康	佛坪	石泉	汉中	略阳
日最高气温	实测值/℃	20.87	18.09	20.19	19.09	18.94
	模拟值/℃	21.62	18.79	20.98	19.77	19.69
	RE/%	5.10	6.71	5.25	5.32	5.46
	NSE	0.9793	0.9766	0.9809	0.9843	0.9823
日最低气温	实测值/℃	11.78	7.51	10.53	10.88	9.40
	模拟值/℃	11.88	7.67	10.59	10.74	9.42
	RE/%	2.84	–3.14	2.62	–3.96	15.73
	NSE	0.9901	0.9927	0.9937	0.9936	0.9933

3. 日照时数

对 1971～2000 年的各站点日照时数的模拟值与实测值进行对比(表 9-3)。可以看出各站点日照时数的模拟结果 NSE 在 0.66 左右，RE 在 20%左右。将验证期流域各站点日照时数的模拟值和实测值进行对比(图 9-4)，发现月序列数据有一定的误差，比起其他 3 个指标的统计值，天气发生器在日照时数的模拟方面还有一定的进步空间，在无法获取有效资料的条件下也可以进行使用。

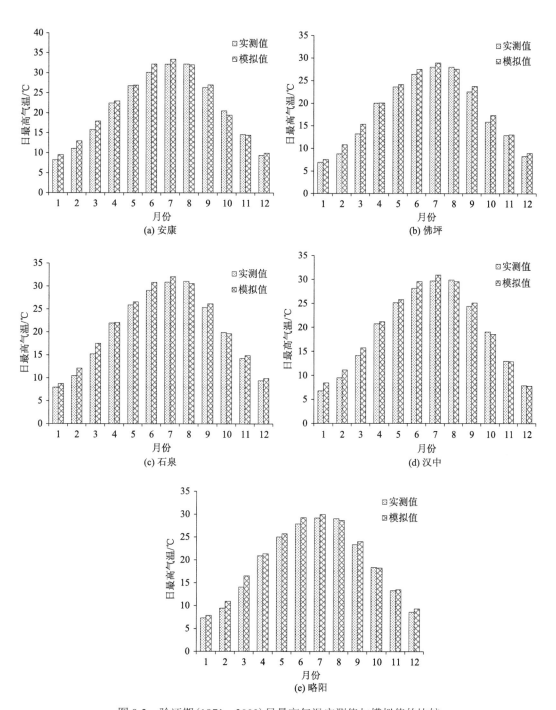

图 9-2　验证期(1971～2000)日最高气温实测值与模拟值的比较

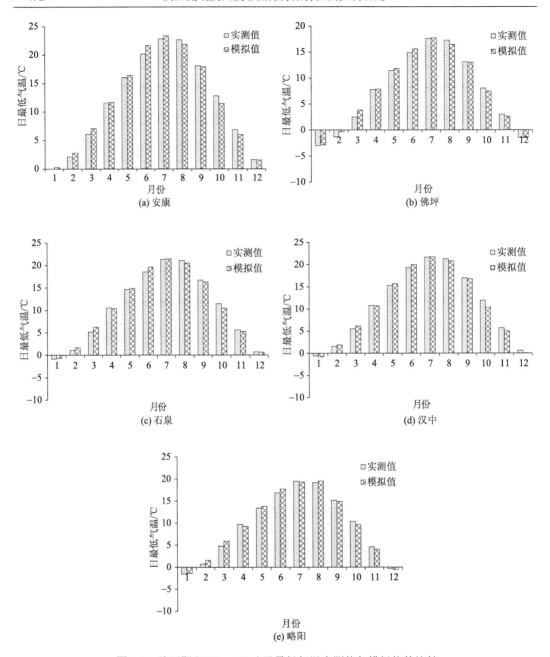

图 9-3　验证期(1971～2000)日最低气温实测值与模拟值的比较

表 9-3　流域 1971～2000 年日照时数模拟结果评价

统计值	安康	佛坪	石泉	汉中	略阳
实测值/h	4.45	4.76	4.50	4.22	4.15
模拟值/h	5.22	5.41	5.31	5.21	4.90
RE/%	20.58	15.08	19.97	27.86	21.06
NSE	0.68	0.63	0.66	0.66	0.67

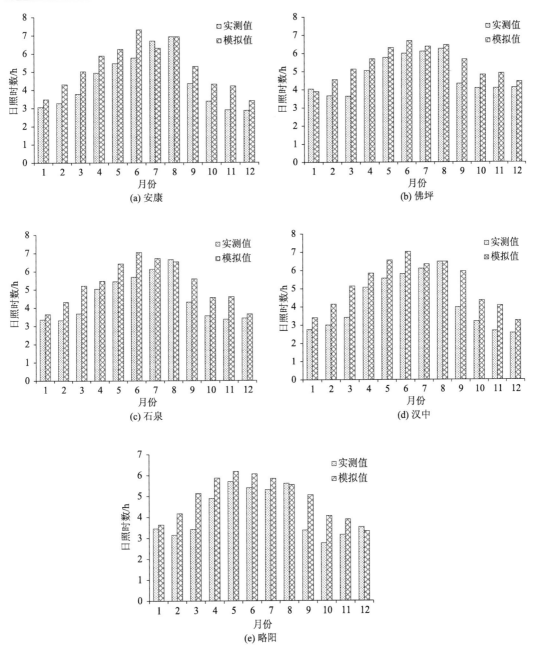

图 9-4　验证期(1971～2000)日照时数实测值与模拟值的比较

以上结果表明，NCC/GU-WG 天气发生器可以较好地模拟汉江流域 1971～2000 年的逐日降水量、日最高/最低气温和日照时数，未来气候情景模拟也可以利用此方式，结果可靠。

9.1.2　未来气候情景模拟

选择未来 30 年(2021～2050 年)和过去 30 年(1971～2000 年)作为气候变化的预测期

和基准期进行对比。同样生成 5 个站点的逐日降水量、日最高/最低气温和日照时数。

1. 逐日降水量预测

对比基准期和预测期流域降水量的年平均变化结果(表9-4)。可以看出预测期和基准期的年平均降水量变化不大,除了石泉站有小幅增加,其余站点预测期的降水量均略小于基准期,预测期内各站点的变化率分别为–2.97%、–4.40%、0.54%、–1.78%和–0.18%。根据预测期的降水年内变化情况(图 9-5),发现在 2021～2050 年间的各站点降水量季节性差异性较大,秋季和冬季的降水量相比基准期呈现下降趋势;春季各站点降水量呈增加趋势,其中石泉、略阳两站的增幅率达到 20% 以上;夏季站点降水量呈增加趋势,仅有佛坪站小幅减少。

表 9-4　流域基准期和预测期的多年平均降水量

站点	气候情景	日降水量/(mm/d)	年均降水量/(mm/a)	春季/(mm/d)	夏季/(mm/d)	秋季/(mm/d)	冬季/(mm/d)
安康	基准期	2.23	814.01	0.49	2.71	4.36	1.33
	预测期	2.16	789.85	0.51	2.85	4.01	1.25
佛坪	基准期	2.48	906.77	0.49	2.63	5.43	1.33
	预测期	2.37	866.84	0.53	2.52	5.23	1.16
石泉	基准期	2.39	874.11	0.48	2.69	4.95	1.41
	预测期	2.41	878.82	0.58	2.99	4.65	1.37
汉中	基准期	2.34	852.50	0.51	2.60	4.83	1.35
	预测期	2.29	837.28	0.59	2.66	4.60	1.28
略阳	基准期	2.17	791.85	0.32	2.44	4.90	0.96
	预测期	2.17	790.40	0.43	2.71	4.57	0.91
均值	基准期	2.32	847.85	0.46	2.61	4.89	1.28
	预测期	2.28	832.64	0.53	2.74	4.61	1.19
变化率/%		–1.79	–1.79	15.36	5.10	–5.70	–6.58

2. 日最高/日最低气温预测

对比基准期和预测期流域日最高/最低气温的年平均变化结果(表 9-5)。可以看出预测期和基准期的各站点日最高气温均有小幅增加趋势,增幅在 0.76℃ 以上;春季日最高气温增高明显,安康、佛坪、石泉、汉中和略阳各站点在春季分别增加了 1.73℃、1.40℃、1.53℃、1.59℃ 和 1.52℃,平均增幅达到 1.55℃;夏季、秋季、冬季的日最高气温增幅分别达 0.86℃、0.57℃、0.07℃,四个季节的增幅表现为春>夏>秋>冬。日最低气温同日最高气温一样,呈小幅增加趋势,但是变化较小;春季和夏季的日最低气温增幅差不多,分别达到 0.52℃ 和 0.49℃,两个季节日最低气温增幅较大的站点为佛坪(春)和安康(夏);秋季和冬季呈减小趋势,分别减小 0.14℃ 和 0.56℃,冬季减小幅度稍高。

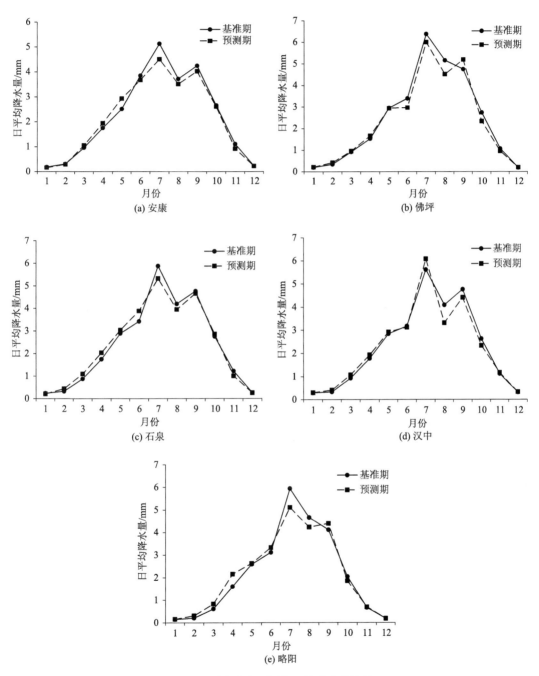

图 9-5 基准期与预测期日均降水量比较

表 9-5 流域基准期和预测期的多年日最高/最低气温

(单位：℃)

站点	气候情景	日最高气温					日最低气温				
		多年平均	春季	夏季	秋季	冬季	多年平均	春季	夏季	秋季	冬季
安康	基准期	20.81	11.24	25.90	30.55	15.56	11.73	2.40	15.30	21.43	7.76
	预测期	21.64	12.97	26.88	31.27	15.45	11.88	2.96	16.07	21.33	7.16
佛坪	基准期	18.04	9.25	22.82	26.46	13.63	7.46	-0.90	10.82	16.19	3.75
	预测期	18.67	10.65	23.51	27.05	13.49	7.66	-0.28	11.36	16.19	3.35
石泉	基准期	20.14	10.80	25.12	29.41	15.23	10.47	1.46	13.95	19.92	6.56
	预测期	21.03	12.32	26.19	29.97	15.65	10.59	2.01	14.65	19.61	6.11
汉中	基准期	19.04	9.71	24.15	28.28	14.01	10.83	1.82	14.52	20.24	6.75
	预测期	19.77	11.30	24.89	28.89	14.02	10.71	2.16	14.69	20.04	5.97
略阳	基准期	18.89	9.89	24.08	27.52	14.06	9.35	0.98	12.78	18.15	5.50
	预测期	19.62	11.41	24.90	27.91	14.24	9.38	1.51	13.02	18.04	4.94
均值	基准期	19.38	10.18	24.41	28.45	14.50	9.97	1.15	13.47	19.18	6.06
	预测期	20.15	11.73	25.28	29.02	14.57	10.04	1.67	13.96	19.04	5.50
变化量		0.76	1.55	0.86	0.57	0.07	0.08	0.52	0.49	-0.14	-0.56

3. 日照时数预测

对比基准期和预测期日照时数的年平均变化结果(表 9-6)。看出预测期和基准期的各站点日照均有增加趋势,增幅在 0.79 h;夏季日照时数较高,安康、佛坪、石泉、汉中和略阳各站点在夏季分别增加了 1.17 h、0.73 h、1.01 h、1.02 h 和 0.64 h,平均增幅达到 0.92 h。

表 9-6　流域基准期和预测期的日照时数　(单位:h)

站点	气候情景	日照时数	春季	夏季	秋季	冬季
安康	基准期	4.44	3.27	5.32	6.05	3.12
	预测期	5.28	4.13	6.49	6.48	4.02
佛坪	基准期	4.75	3.77	5.53	5.61	4.11
	预测期	5.34	4.40	6.26	6.06	4.64
石泉	基准期	4.49	3.41	5.33	5.77	3.47
	预测期	5.34	4.17	6.34	6.36	4.50
汉中	基准期	4.21	3.00	5.40	5.60	2.87
	预测期	5.19	3.99	6.42	6.30	4.05
略阳	基准期	4.14	3.33	5.28	4.84	3.13
	预测期	4.82	4.32	5.91	5.32	3.73
均值	基准期	4.41	3.35	5.37	5.57	3.34
	预测期	5.19	4.20	6.28	6.10	4.19
变化时间		0.79	0.85	0.92	0.53	0.85

综上可知,天气发生器的模拟效果表现为气温>降水,对日最低气温模拟效果好于日最高气温。通过天气发生器模拟结果的验证和未来气候情景模拟的分析,证明利用天气发生器模拟未来情景的气候变化是可行的,为后面研究变化环境下的非点源污染负荷响应提供基础数据。

9.2　气候变化环境下非点源污染负荷的响应

通过天气发生器生成研究区未来 30 年的气候变化数据,研究未来气候变化情景下非点源污染负荷的响应。

9.2.1　未来情景下径流量的响应

图 9-6 显示了 NCC/GU-WG 气候情景下,安康断面以上流域未来 30 年(2021~2050年)的径流量变化情况,可以看出未来径流量呈现小幅增加的变化趋势。通过未来径流量频率分析结果可知,年径流量较基准期平均变化超过 15%的年份有 5 个,分别是 2024年、2025 年、2036 年、2038 年和 2042 年,其中 2042 年增幅最大,将近 30%。年径流量较基准期平均减少比例较大的是 2022 年、2032 年和 2034 年,其中 2032 年减幅比例

能达到 25.43%。综上可知，安康断面以上流域未来 30 年径流量呈现上升趋势，受洪水、干旱和极端降水等灾害出现的概率和规模也会上升。

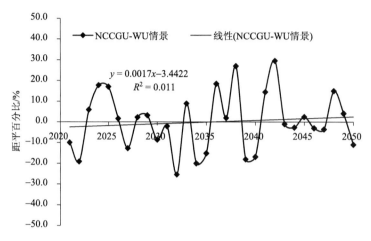

图 9-6   研究区域预测期径流量变化

9.2.2   未来情景下 NH$_3$-N 的响应

图 9-7 显示了 NCC/GU-WG 气候情景下，安康断面以上流域未来 30 年(2021～2050 年)的 NH$_3$-N 负荷的变化情况，可以看出未来 NH$_3$-N 负荷呈现小幅增加的变化趋势。通过未来 NH$_3$-N 负荷频率分析结果可知，NH$_3$-N 年负荷较基准期平均变化超过 20% 的年份有 2 个，分别是 2038 年和 2042 年，其中 2042 年增幅最大，超过 30%。NH$_3$-N 年负荷较基准期平均减少比例超过 30% 的年份有 5 个，分别是 2022 年、2032 年、2034 年、2039 年和 2040 年，其中 2032 年减幅比例能达到 47.15%。综上可知，安康断面以上流域未来 30 年在气候变化的影响下，NH$_3$-N 年负荷呈现上升趋势，年际波动幅度剧烈且较径流量略高。

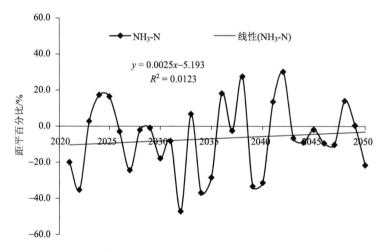

图 9-7   研究区域预测期 NH$_3$-N 变化

9.2.3　未来情景下 TP 的响应

图 9-8 显示了安康断面以上流域未来 30 年(2021～2050 年)TP 负荷的变化情况，可以看出未来 TP 负荷相比历史同期，呈现小幅上升的变化趋势。通过未来 TP 负荷频率分析结果可知，TP 年负荷较基准期平均变化增幅比例为正的值只有 2038 年和 2042 年，增长比例也只有 1.82%和 4.87%。大部分 TP 年负荷较基准期平均变化均呈现减少趋势。综上可知，安康断面以上流域未来 30 年在气候变化的影响下，TP 年负荷呈现小幅上升趋势，其年际波动幅度比径流量和 NH₃-N 负荷低。

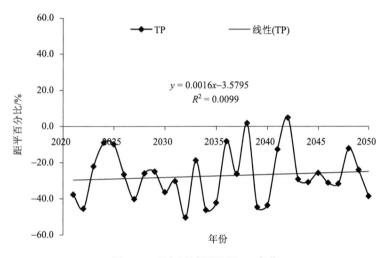

图 9-8　研究区域预测期 TP 变化

9.3　本章小结

本章利用汉江干流安康断面以上流域 30 年(1971～2000 年)的实测气象资料，采用天气发生器 NCC/GU-WG 对流域未来 30 年(2021～2050 年)的逐日降水量、日最高/最低气温、日照时数进行了模拟，生成研究区域未来 30 年的气候变化情景，结合建立的分布式流域非点源污染模型，预测了未来气候情景下非点源污染负荷的变化趋势。主要结论如下：

(1)通过建立气候预报结果与实测气象资料的统计关系进行分析，表面模拟结果理想，其中日照时数比起其他三个指标的统计值效果略差，模拟效果表现为气温>降水量，日最低气温>日最高气温。

(2)与基准期(1971～2000 年)相比，未来气候变化情景下逐日降水量年平均降水量变化不大，除了石泉站有小幅增加，其余站点降水量均减少。各站点日最高气温有小幅增加趋势，增幅在 0.76℃以上。各站点日照时数均有增加趋势，增幅在 0.79 h。

(3)气候变化情景下非点源污染负荷的响应结果表明流域未来 30 年的径流量、NH₃-N 负荷、TP 负荷变化均呈现小幅上升趋势。与基准期相比，TP 负荷的波动幅度要

稍大于 $NH_3\text{-}N$ 负荷和径流量。

参 考 文 献

方世燊. 2019. 气候变化背景下浑河上游氮磷污染响应研究. 沈阳: 沈阳建筑大学.

李明涛. 2014. 密云水库流域土地利用与气候变化对非点源氮_磷污染的影响研究. 北京:首都师范大学.

廖要明、张强、陈德亮. 2004. 中国天气发生器的降水模拟. 地理学报, 59(5): 689-698.

郑江坤. 2011. 潮白河流域生态水文过程对人类活动/气候变化的动态响应. 北京:北京林业大学.

Hao G R, Li J K, Li K B, et al. 2019. Improvement and application research of the SRM in alpine regions. Environmental Science and Pollution Research, 26(36): 36798-36811.

第 10 章 流域非点源污染控制规划研究

"十三五"规划以来,《国家丹江口库区及上游水污染防治和水土保持规划》全面启动实施,汉江流域陕西段各区县为全力保护汉江水质,制定了相关的水污染防治年度工作方案。各措施的落实对汉江水质保护,助力环境保护,确保南水北调水源涵养起到了极其重要的作用,同时也提高了城镇周边居民生活环境。但水安全保障能力不足、水土流失灾害防治任务仍艰巨、水生态环境保护压力大的现状仍很突出。通过关键源区识别确定了污染较重的区域,在此区域上布设不同的管理措施,通过污染物削减效果评估及优化控制方案评价,最终可确定最佳管理措施。

10.1 基于 SWAT 模型的丹江鹦鹉沟小流域非点源污染控制研究

10.1.1 情景方案设置

鹦鹉沟小流域整体面积较小,并且各子流域内的各形态氮、磷污染负荷量相差不大。耕地是非点源污染负荷量的主要贡献用地类型,因此在全流域的耕地上布设优化控制措施。

在各项污染负荷的初始现状数值选择上,虽然第 4 章在鹦鹉沟小流域利用径流曲线法及平均浓度法估算得出了一定结果,但仅包括径流、泥沙、TN 和 TP。在对于各形态氮素、磷素的研究中,数据略显单薄。因此选取率定验证后 SWAT 模型的输出数据(6.3节),以此为基础值来模拟各项管理措施的削减效果,评价各种优化控制方案的实用性(常舰,2017)。在综合区域实地情况并参考相关文献后,合理选取化肥减量、免耕、残茬覆盖、等高植物篱及植被缓冲带,将单项措施和组合措施设置为 1~7 种情景方案。各情景方案的措施设置如表 10-1 所示。

表 10-1 不同情景方案的措施设置

项目	措施类型	情景方案	措施设置	布置区域
单项措施	非工程性措施	1	化肥减量 20%	全流域耕地类型
		2	免耕	
		3	残茬覆盖	
	工程性措施	4	植被缓冲带	
		5	等高植物篱	
组合措施		6	残茬覆盖+植被缓冲带	
		7	免耕+等高植物篱	

分别根据这 7 种情景方案的设置进行模拟，根据模拟前后的污染负荷之间差值与初始量的比值大小，评价各项污染负荷的削减效果。计算公式如下：

$$R = \frac{\text{Pre}_{\text{BMP}} - \text{Aft}_{\text{BMP}}}{\text{Pre}_{\text{BMP}}} \times 100\% \tag{10-1}$$

式中，Pre_{BMP} 为初始污染负荷量，kg/hm^2；Aft_{BMP} 为各种情景下的污染负荷量，kg/hm^2。

10.1.2　污染负荷削减效果评估

1. 单项措施削减效果分析

将 5 种单项情景方案依次进行布置，可得出不同情景措施对鹦鹉沟小流域的 TN、TP 削减效果，如图 10-1 所示。

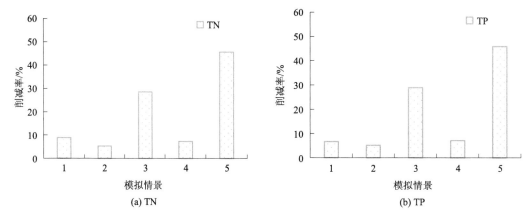

图 10-1　单项措施模拟情景下的污染物削减率

非工程措施中的化肥减量是通过实地测土配方后确定减少施肥量从而降低污染来源，免耕和残茬覆盖耕作则是以改变微地形的方式削减非点源污染物的输出。在情景 1 中，TN 及 TP 的负荷削减率分别 8.80% 和 6.58%，情景 2 中分别 5.26% 和 5.10%，情景 3 中分别 28.49% 和 28.89%。可以看出残茬覆盖措施对 TN、TP 的削减程度均远大于免耕和化肥减量措施，其原因是各项措施对径流量的削减效果不同所致 (陈勇, 2010)。据王安 (2013) 在黄土高原地区人工降雨条件下的研究表明，残茬覆盖措施对径流的削减程度可达到 60% 以上，从而减缓流速，降低携带能力，这对非点源污染的控制有很大的帮助。

工程措施中的植被缓冲带是依靠拦截作用降低负荷输出量值 (段诚, 2014)。等高植物篱则可以有效降低土壤的侵蚀能力。在分别模拟情景 4 及情景 5 后，可得出 TN 和 TP 的负荷削减率为 7.23% 和 7.06%，45.68% 和 45.87%。

在单项措施中等高植物篱对 TN、TP 的削减程度最高，均达到 45% 以上。相关研究中也证实了该结论，李铁等 (2019) 在川中丘陵区的天然降水条件下研究发现，等高植物篱措施的年均减沙率可高达 53% 以上。据 Poudel 等 (2000) 在 Philippines 的研究表明，在陡坡地条件下，采用等高植物篱措施可使得土壤中的养分流失量大幅度降低。

在模拟的各种情景方案下,全流域内均可明显看出各项污染负荷的输出量都有了不同程度上的削减。在合理进行措施的实地布设后,其是否能够正常运作并长期发挥削减污染负荷的能力主要依靠的还是后期的管理与维护工作(凌文翠等,2019)。

2. 组合措施削减效果分析

为进一步提高削减率,将上述削减率较高的单项措施进行搭配,形成 2 种组合式措施:残茬覆盖+植被缓冲带、免耕+等高植物篱,分别设为情景 6 和情景 7。模拟情景下的污染物削减效果如图 10-2 所示。

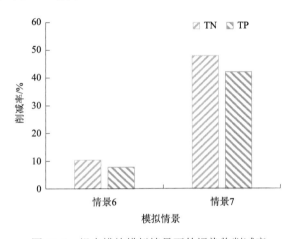

图 10-2　组合措施模拟情景下的污染物削减率

从图 10-2 中可以看出,情景 6 中 TN 和 TP 平均削减率达到 10%左右,削减效果介于两种单项措施之间。情景 7 的削减量最高,平均削减率在 45%以上。TN 和 TP 的削减率之间相差仅为 2.60%~5.79%,说明组合措施对氮素、磷素的管控效果相当。

从各种模拟情景的结果可以看出(图 10-3),不同的优化控制措施在降低氮素、磷素非点源污染负荷方面存在较大差异,从 5.18%~45.78%有巨大的跨度。单项措施中的工程性措施的污染负荷削减率为 7.14%~45.78%,大于非工程性措施的 5.18%~28.69%。其中,情景 1、2、4 的 TN 和 TP 削减率低于 10%,在鹦鹉沟小流域内的实用性较差,不建议将其进行实际布设。情景 3、5、7 的 TN 和 TP 削减率相对较高,实际应用后可使得小流域内的非点源污染现状得到极大的改善,对人民的生活质量有很大的助益。

分别统计 5 个分区的氮素、磷素污染负荷的削减情况,如图 10-3 所示。可明显看出不同情景下的各分区内部的削减率相差较大。其中 1 号分区在情景 5 下削减率最高,平均为 48.04%。2~5 号分区在情景 7 下的削减效果与情景 5 相差不大。综合分析可得出以下结论,当采用单项措施时,残茬覆盖耕作和等高植物篱对控制非点源污染效果较好。而当采用组合措施时,免耕+等高植物篱能够长期稳定地缓解非点源污染的危害,表现出更好的控制效果。

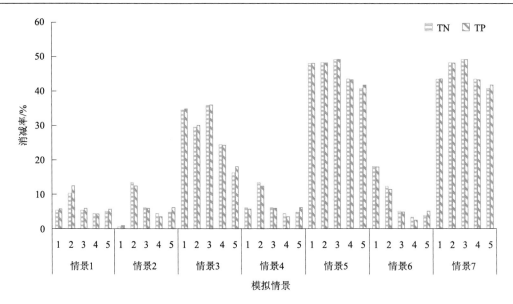

图 10-3　各个分区在模拟情景下的污染物削减率

目前，丹江鹦鹉沟小流域在非汛期时 TN 长期为Ⅲ、Ⅳ类水质，TP 为Ⅱ、Ⅲ类水质。汛期时 TN、TP 均为劣Ⅴ类水质，与水污染防治标准要求中的Ⅱ类水质还相差甚远。在实际应用情景 7 组合优化控制措施后，理论上可使得非汛期水质达到Ⅱ类标准，汛期水质可提升至Ⅲ类标准，可基本上完成标准中规定的水质目标。

鹦鹉沟小流域内的污染来源方式多种多样，不仅仅有耕地污染，还包括居民区的生活污染和畜禽养殖污染等(宋嘉等,2020)，其中也存在以点源形式排放的部分污染情况。上述各项情景模拟措施仅针对耕地类型展开，但在对区域的实际调研中，发现村内排水管网系统并未完全覆盖，生活垃圾及污水未经处理直排的现象频频发生，畜禽养殖也并未进行集中系统的管理。

因此，在制定全流域的优化控制方案时还应该综合考虑居民区生活污染及畜禽养殖污染的防控对策(姚文芹,2020)。政府部门应积极宣传有关污染治理的政策及技术。例如，将生活污水进行简单处理后排入特定区域；修建小型垃圾场并对垃圾资源进行分类后回收利用；创新生态养殖，应将农牧业有机结合，发展循环产业。

10.1.3　优化控制方案综合评价分析

1. 评估方法

BMPs 评估包括生态环境效益和经济效益，生态环境效益评价主要是削减氮素、磷素等非点源污染物的负荷量，经济效益评价通常是考虑管理措施的成本。研究采用基于信息熵的多属性决策方法评估 BMPs 的成本效益，该方法通过客观赋权，选取最优方案，适用于流域非点源污染管理；以非点源污染负荷的削减量为效益属性，各情景方案中管理措施的年投入作为成本属性，计算得到成本效益的综合属性值(李林桓,2018;Sun et al.,2013;杜发兴等,2019)。具体计算步骤如下：

1) 构建 BMPs 属性决策矩阵

设 BMPs 成本效益评估为多属性决策问题，$X=\{x_1,x_2,\cdots\ x_n\}$ 为各情景方案，$U=\{u_1,u_2,\cdots,u_m\}$ 为效益、成本属性集，构建决策矩阵 $A=(a_{ij})_{n\times m}$，a_{ij} 表示第 i 个情景方案中的 j 个成本效益属性值，n 为情景方案管理措施的个数，m 为属性评价因子的个数。

2) 决策矩阵规范化处理

采用极差标准化方法对决策矩阵 A 进行变换、标准化处理，消除不同物理量纲对综合评价结果的影响。

对于效益性属性，计算公式为

$$r_{ij} = \frac{a_{ij} - \min_i(a_{ij})}{\max_i(a_{ij}) - \min_i(a_{ij})} \tag{10-2}$$

对于成本性属性，计算公式为

$$r_{ij} = \frac{\max_i(a_{ij}) - a_{ij}}{\max_i(a_{ij}) - \min_i(a_{ij})} \tag{10-3}$$

3) 规范化矩阵归一化处理

$$\hat{R} = (r_{ij})_{n\times m} \qquad \text{其中，} \quad \hat{r}_{ij} = \frac{r_{ij}}{\sum_{i=1}^{n} r_{ij}} \tag{10-4}$$

4) 计算属性因子的信息熵

$$E_j = -\frac{1}{\ln n} \sum_{i=1}^{n} \hat{r}_{ij} \ln \hat{r}_{ij} \tag{10-5}$$

当 $r_{ij} = 0$ 时，规定 $\ln \hat{r}_{ij} = 0$

5) 属性因子权重计算

$$w = (w_1, w_2, \cdots, w_m)$$

$$w_j = \frac{1 - E_j}{\sum_{k=1}^{m}(1 - E_k)} \qquad \text{其中，} \quad \sum_{j=1}^{m} w_j = 1 \tag{10-6}$$

BMPs 综合属性值 Z 计算，结果越大，最佳管理措施的综合控制效果越好。

$$z_i = \sum_{j=1}^{m} w_j r_{ij} \tag{10-7}$$

计算结果越大，表明管理措施成本效益越大，综合控制效果越好。

2. 综合评价分析

1) 基于信息熵评价方案

根据耕作补贴条例及实地调研结果可知，不同情景方案措施之间的成本值相差较大

（王晓燕等,2009）。各种情景方案的年均投入成本如表 10-2 所示。结合 SWAT 模型多年模拟结果的平均值，以效益和成本为基本决策指标进行评价，最终得出各情景方案的综合属性值。

表 10-2   不同模拟情景的综合评价结果

情景方案	措施	单价/(元/hm²)	面积/hm²	综合属性值 Z
2	免耕	600	57.72	0.16
3	残茬覆盖	900	57.72	0.60
4	植被缓冲带	5100	0.96	0.24
5	等高植物篱	2198	57.72	0.84
6	残茬覆盖+植被缓冲带	968.85	58.68	0.21
7	免耕+等高植物篱	1399.00	115.44	0.79

由评价结果可得出，工程性措施的 Z 值高出非工程性措施。在单项措施中，等高植物篱的综合属性值相比之下是最高，为 0.84。虽然其年均成本投入较高，但其削减效果最好。年均成本仅为 900 元/hm² 的残茬覆盖其综合属性值高居于第二位，为 0.60。免耕和植被缓冲带的综合属性值分别为 0.16 和 0.24，对 TN、TP 负荷的控制效果相较于其他措施较差。

在组合措施中，残茬覆盖+植被缓冲带的综合属性值仅为 0.21，均低于组成其的单项措施。免耕+等高植物篱的综合属性值位于两项单项措施之间。一旦设定组合措施，年均成本必然是以叠加的形式上升，但措施的削减效果并不满足这种提升方式，由此便会造成组合措施方案投入的成本与获取的效益之间并不是同比例关系。因此组合措施的综合属性值也并不一定高于单项措施。

2) 基于成本-效益评价方案

通过系统性比较上述 6 种情景方案的成本投入与环境收益，对其进行综合评估。环境收益为在保持土壤原有肥力的情况下，流失的养分物质得到相应补充的部分。通常以满足作物生长需补充的化肥量的市场价格来估算(孙浩然,2020)。根据在研究区域内的实际调查情况，将鹦鹉沟小流域内常用的化肥以氮、磷计，其单价分别为：5.43 元/kg 和 8.60 元/kg。估算后得出各种情景方案的收益如表 10-3 所示。

表 10-3   不同模拟情景的环境收益估算结果

情景方案	措施	TN 削减量/kg	TP 削减量/kg	环境收益/元
2	免耕	450.17	145.46	3695.38
3	残茬覆盖	2438.46	823.93	20326.64
4	植被缓冲带	618.59	201.48	5091.67
5	等高植物篱	3908.95	1308.39	32477.75
6	残茬覆盖+植被缓冲带	776.84	255.17	6412.70
7	免耕+等高植物篱	3853.64	1289.92	32018.58

为比较上述各项情景方案的估算结果，引入 CE（成本-效益比）、CB（成本-收益比）综合评价其经济效益，其中 CE 为成本单价与污染负荷的削减量之比，CB 为环境收益与成本单价之比，评价结果如图 10-4 所示。

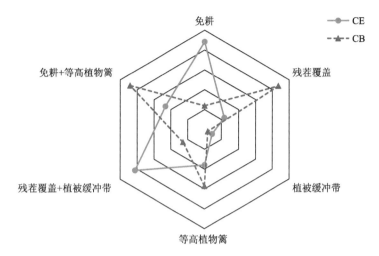

图 10-4　不同模拟情景方案的成本效益对比

对比不同情景方案的成本-效益关系，可以看出免耕+等高植物篱和残茬覆盖的 CB 值较高，表示该项措施的收益率较高。植被缓冲带和残茬覆盖的 CE 值较小，表明削减污染负荷的成本越小。由此得出残茬覆盖为鹦鹉沟小流域内成本-收益评价下的最优控制措施，可在区域内进行广泛应用。

综合评价分析，在小范围内采用等高植物篱措施效果最好，可针对污染严重区域的负荷量进行大幅度的削减，进行重点防控。而对于面积较大且污染程度较低的地区，残茬覆盖作为一项实用性较高的措施，建设工作方便简易，投入成本较低，可长期稳定地缓解非点源污染的危害。

10.1.4　小结

采用 SWAT 模型进行 7 种情景方案在全流域的耕地类型上布设的模拟方法来评价各种优化控制措施对污染物的削减效果。不同的优化控制措施在降低 TN、TP 非点源污染负荷方面存在较大差异，5.18% 至 45.78% 有巨大的跨度。单项措施中的工程性措施的污染负荷削减率为 7.14%～45.78%，大于非工程性措施的 5.18%～28.69%。等高植物篱对 TN、TP 的削减量最高，均达到 45% 以上。信息熵的多属性评估方法结果为等高植物篱的综合属性值最高为 0.84。利用成本-效益评估后得出残茬覆盖的 CB 值较高，CE 值较小，实际应用效果最好。综合分析得出，针对污染严重区域可应用等高植物篱措施进行重点防控，而对于面积较大且污染程度较低的地区可采用残茬覆盖措施长期稳固地缓解非点源污染的危害。

10.2 基于不同模型的丹江流域非点源污染控制研究

10.2.1 基于 SWAT 模型的丹江流域非点源污染控制研究

丹江流域作为南水北调工程水源区之一，国家和省政府先后实行了相关流域水污染防治和水质保护的行动方案，流域污染源进一步得到控制，水源涵养能力有所增强，水源区的水质考核断面的达标率提高到 90% 以上，水资源保护取得了明显成效。但同时还存在农业生产污染排放量增大、农业污染未能全面有效治理以及区域水土流失等问题，丹江流域陕西段属于水源地安全保障区，以丹江口水库饮用水水源保护区为核心，削减非点源污染负荷仍是主要任务。

采用 SWAT 模型模拟评估管理措施，是目前研究非点源污染控制研究中最为普遍的方法，基于丹江流域的现状以及前面研究的结论，根据 2016~2020 年《丹江口库区及上游水污染防治和水土保持工程"十三五"规划》中的水污染防治措施，采用最佳管理措施模拟对非点源污染负荷削减的效果。

1. 情景方案模拟设置

长期以来，流域内粮食和经济作物生产中，存在单位面积施肥量大的问题，农田化肥的流失是造成非点源污染的一个主要原因。2015 年农业部印发《到 2020 年化肥使用量零增长行动方案》中大力推进化肥减量提效，增加有机肥、推广配方肥的举措；《陕西省国民经济和社会发展第十三个五年规划纲要》关于农业现代化推进规划中也明确提出重点发展生态循环农业；以及"十三五"规划中提出防治种植业污染，减少化肥施用量，采用免耕法、少耕法等保护性耕作措施，实现化肥零增长。据相关研究(方天萍,2017;查恩爽,2011)，测土施肥技术、平衡施肥等措施可以减少化肥使用量的 20%，提高化肥的利用率；同时实现保护性耕作措施，可以有效减少径流中污染物的含量，提高土壤肥力。因此，模拟研究设置测土配方肥、化肥削减措施，免耕，残茬覆盖耕作和等高耕作措施，分别为情景 1、情景 2、情景 3 和情景 4，如表 10-4 所示。

2015 年《陕西省水污染防治工作方案》中要求丹江流域地表水水质优良比例到 2020 年为 100%，且出省断面达到 II 类水质，并制定非点源污染防治方案，规划建设生物缓冲带、污水净化塘等设施净化地表径流中的污染物；同时"十三五"规划关于水土流失治理中提出在人口集中且坡耕地较多区域，即污染源相对集中的地区采取水土保持林、坡改梯等工程，坡耕地全面退耕还林还湿，增强水源涵养能力，构建汉丹江流域水质保护屏障，控制非点源污染。根据相关研究(张一楠等,2017;荣琨等,2019)，工程性措施能有效控制径流，削减污染物，弱化非点源污染转化量；其中植草河道对 TP 平均削减率为 22.81%，5m 被缓冲带对 TP 削减效率为 36.50%，退耕还林对 TN、TP 的削减效率分别为 24.41% 和 38.27%，梯田措施效益成本比也是远大于 1。因此，模拟研究设置 5m 植被缓冲带、布设在耕地两侧，植草水道，等高植物篱，梯田工程(25°以内)和退耕还林(25°以上)，分别为情景 5、情景 6、情景 7、情景 8 和情景 9，如表 10-4 所示。

表 10-4　不同情景方案的措施与参数设置

BMPs	情景方案	措施设置	参数调整	布置面积/hm²
	0	无	—	
	1	测土配方肥, 化肥削减(20%)	FRT_KG 减少 20%	52202.88
	2	免耕	.mgt 添加 Tillage	52202.88
非工程性措施	3	残茬覆盖	.mgt 添加 Haverst only, CN 原值−2, USLE_P 为 0.29, USLE_C 为 0.7, OV_N 为 0.3	52202.88
	4	等高耕作	CN 原值−3, USLE_P 见表 10-5	52202.88
	5	植被缓冲带	.ops 中 FS 宽度设置为 5m	870.05
	6	植草水道	.ops 中 GW 参数	50
工程性措施	7	等高植物篱	CN 原值−4, USLE_P 见表 10-5, FILTERW 为 1	52202.88
	8	梯田工程(25°以内)	CN 原值−3, USLE_P 见表 10-5, SLSUBBSN 见表 10-6	35467.17
景观管理	9	退耕还林(25°以上)	栅格计算器, 25°以上耕地变林地	14420.6

　　将模型初始现状设为情景 0, 参考 BMPs 配置以及结合 SWAT 模型的相关文献研究, 各情景方案设置和参数修改如表 10-4、表 10-5、表 10-6 所示(王晓等,2013;Arnold et al.,2012)。丹江流域利用 SWAT 模拟确定的关键源区 1 号、2 号、3 号、6 号、7 号、21 号子流域的面积及耕地面积比例见表 10-7。

表 10-5　等高种植与梯田工程情景模拟的 USLE_P 值

坡度/(°)	USLE_P	
	等高种植	梯田工程
1~2	0.6	0.12
3~8	0.5	0.1
9~12	0.6	0.12
13~16	0.7	0.14
17~20	0.8	0.16
21~25	0.9	0.18

表 10-6　不同坡度下的梯田宽度设计值

坡度/(°)	田面宽/m	田坎宽/m
0~5	10~25	0.3
5~15	5~10	0.3
15~25	3~6	0.3

表 10-7　关键源区子流域面积及耕地面积比例

编号	1	2	3	6	7	21
耕地面积/km²	54.31	84.86	83.41	148.99	88.68	61.77
子流域面积/km²	214.11	282.54	375.91	579.13	299.44	199.48
比例/%	25.37	30.04	22.19	25.7	29.62	30.96

2.BMPs 非点源污染负荷削减效果评估

基于构建好的 SWAT 模型分别模拟 9 种情景方案的管理措施,统计 2013 年、2014年、2016 年和 2018 年的年均 TN 和 TP 的非点源污染负荷,管理措施评估中,采用非点源污染负荷削减率评估 9 种情景方案的非点源污染控制效果,削减率定义为措施模拟后相对于初始情景的非点源污染负荷强度削减量与初始情景非点源污染负荷强度的比值,公式见式(10-1)。

1)单个 BMP 削减效果评估

A. 基于水文响应单元 HRU 尺度的削减效果分析

基于 6.4.1 节研究结论,耕地是丹江流域主要的非点源污染来源,因此主要基于耕地研究不同管理措施的削减率。依据流域非点源污染 TN、TP 的关键源区识别,选择 1 号、2 号、3 号、6 号、7 号、21 号子流域进行管理措施的布设,关键源区子流域的耕地 HRUs分别有 6 个、10 个、6 个、8 个、9 个、13 个。综上,将 9 种情景方案措施依次布置在每一个耕地的 HRU 中,不同情景措施对关键源区内 HRU 尺度下的 TN、TP 削减率如图10-5、图 10-6 所示。

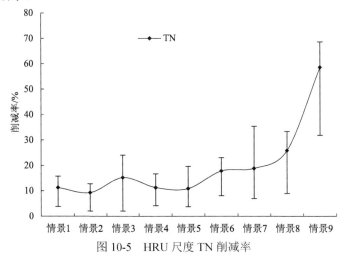

图 10-5　HRU 尺度 TN 削减率

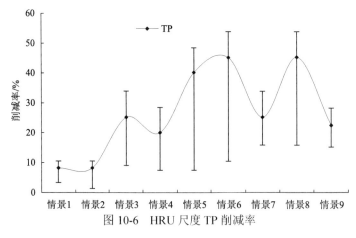

图 10-6　HRU 尺度 TP 削减率

情景 1：模拟测土配方肥、削减化肥施用量 20%后，HRUs 中 TN 和 TP 削减率分别为 3.78%～15.74%，3.37%～10.53%，平均削减率为 11.26%和 8.23%，可以看出化肥削减措施对 TN 的削减效果较好，主要由于耕地氮素流失更严重，研究流域中由耕地产生的氮素非点源污染负荷占比达 80%以上。Lee 等(2010)研究表明合理减少化肥的施用量，能提高化肥的利用率，减少养分的流失，维持粮食产量的同时减弱水环境的影响，化肥削减措施从源头上防治农业非点源污染是非常重要的。

情景 2、情景 3 和情景 4：免耕、残茬覆盖耕作和等高耕作主要是通过增加农田的覆盖物、改变耕地微地形，减少农田间径流，降低非点源污染物的输移能力。情景 2 模拟免耕措施，HRUs 中 TN 和 TP 削减率分别为 2.03%～12.74%，1.35%～10.53%，平均削减率达到 9.26%和 8.23%。情景 3 模拟残茬覆盖耕作措施，HRUs 中 TN 和 TP 削减率分别为 2.03%～24.07%，9.05%～33.96%，平均削减率达到 15.26%和 25.23%。情景 4 模拟等高耕作措施，HRUs 中 TN 和 TP 削减率分别为 4.13%～16.69%，7.48%～28.49%，平均削减率达到 11.26%和 20.23%。综上可以看出削减效果中残茬覆盖耕作措施＞等高耕作措施＞免耕措施，这与不同措施对地表径流的削减能力不同有关，从而在不同程度上减少土壤流失量；据 Poudel 等(2000)和 Gustafson(2000)研究表明，等高种植可以削减土壤流失量的 30%，减少土壤养分的流失，残茬覆盖耕作削减约 60%的地表径流量，一定程度上减少径流中污染物的含量，控制非点源污染。同时发现在不同 HRU 的削减率差距较为明显，需要结合研究区域特点和水污染防治目标进行合理规划。

情景 5 和情景 6：植被缓冲带和植草水道主要是通过植物拦蓄径流、减缓流速，控制径流中污染物的输移，从而削减污染物。情景 5 模拟植被缓冲带措施，耕地 HRUs 中 TN 和 TP 削减率分别为 3.74%～19.69%，7.48%～48.49%；平均削减率分别达到 10.85%和 40.15%。情景 6 模拟植草河道措施，耕地 HRUs 中 TN 和 TP 削减率分别为 8.09%～23.05%，10.48%～53.86%；平均削减率分别达到 17.85%和 45.15%。结果表明两种措施削减污染物效果较高，特别是 TP 削减率达到 40%以上，可能与模拟 TP 中矿物质磷的比例较高有关，模型对颗粒态磷截留作用大；相关研究中也证实了两种措施的高削减率效果，张培培等(2014)模拟植草水道发现 TN 削减率为 16.7%、TP 为 34%，郑宇(2019)研究模拟植草水道和植被缓冲带表明，TP 平均削减率达到 41.24%和 42.41%，对 TP 控制效果更好。

情景 7：等高植物篱是沿等高线种植，减缓径流流速且降低土壤侵蚀力，模拟等高植物篱措施后，HRUs 中 TN 和 TP 削减率分别为 6.98%～35.36%，15.88%～33.90%；平均削减率分别达到 18.85%和 25.26%。

情景 8：梯田工程是治理坡耕地水土流失中有效的水土保持措施，模拟梯田工程(25°以内)措施后，HRUs 中 TN 和 TP 削减率分别为 8.98%～33.36%，15.88%～53.90%；平均削减率分别达到 25.85%和 45.26%。模拟结果表明对氮磷削减效果都较好，流域内坡耕地面积大，梯田种植可以有效控制径流，减小土壤侵蚀力，削减氮磷负荷的产生。

情景 9：退耕还林直接减少坡耕地的面积，能有效地控制非点源污染。模拟 25°以上退耕还林措施后，HRUs 中 TN 和 TP 削减率分别为 31.88%～68.60%，15.25%～28.32%；平均削减率分别达到 58.60%和 22.45%。其中 TN 削减率为所有措施之最，主要由于退耕还林后减少了耕地面积 167.36km²，相比初始情景减少 32.06%，占子流域面积比例仅为

18.18%，同时耕地单位面积有机氮和 NO_3-N 非点源污染负荷量最大，而增加的林地面积削减非点源污染负荷较好，因此耕地面积的减少能有效地控制 TN 污染负荷的产出。

B. 基于子流域尺度的削减效果分析

不同情景管理措施布设后，HRUs 中的氮磷负荷发生改变，从而引起关键源区内各子流域 TN 和 TP 流失强度的变化，关键源区子流域的改变意味着流域治理重心的迁移，评估管理措施对子流域的削减效果，为控制流域非点源污染提供科学依据。不同情景方案措施布设后 TN 和 TP 流失强度变化如图 10-7、图 10-8 所示。

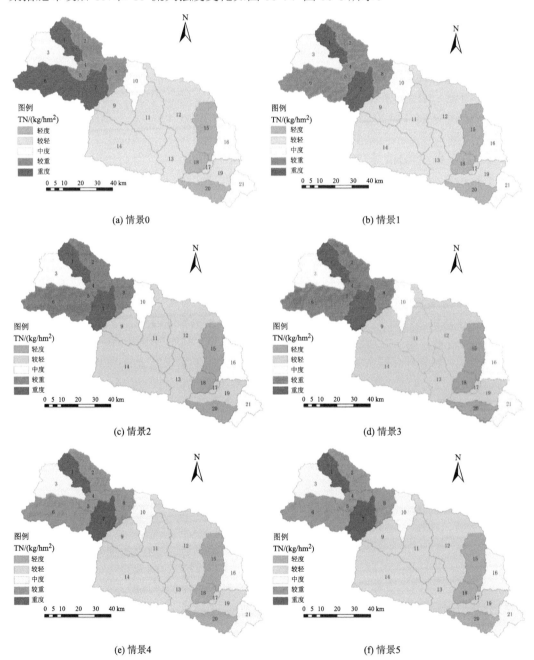

(a) 情景0   (b) 情景1

(c) 情景2   (d) 情景3

(e) 情景4   (f) 情景5

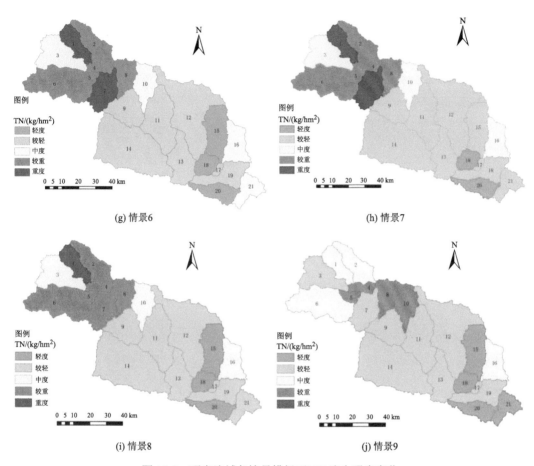

(g) 情景6　　　　　　　　　　　　(h) 情景7

(i) 情景8　　　　　　　　　　　　(j) 情景9

图 10-7　研究流域各情景模拟下 TN 流失强度变化

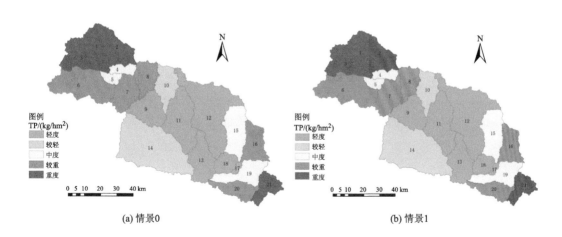

(a) 情景0　　　　　　　　　　　　(b) 情景1

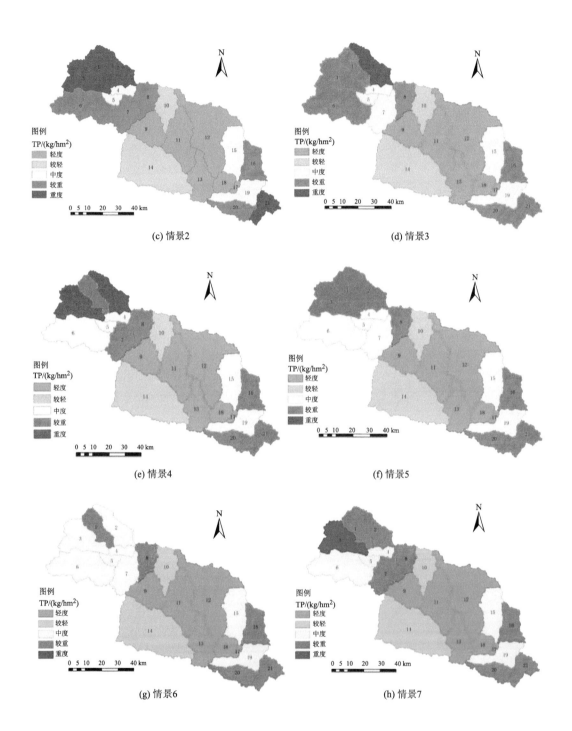

(c) 情景2

(d) 情景3

(e) 情景4

(f) 情景5

(g) 情景6

(h) 情景7

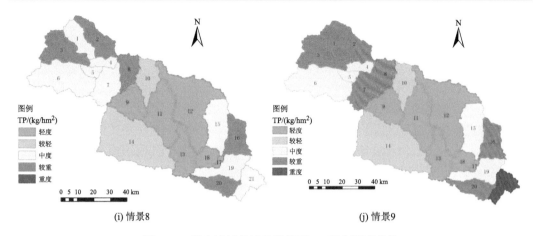

(i) 情景8　　　　　　　　　　　　　　(j) 情景9

图 10-8　研究流域各情景模拟下 TP 流失强度变化

情景 1 测土配方肥，化肥施用量削减措施对 TN 流失强度变化较 TP 明显，其中 6 号子流域流失等级从重度降为较重，子流域耕地面积为所有关键源区中最大，占比达到 28.54%，化肥施用量的削减一定程度上减少 TN 负荷，平均削减率为 9.12%；TP 流失等级没有发生变化，当前化肥中磷肥用量较少，磷肥的削减对流域 TP 削减率影响较小。

情景 2 免耕措施布设后，TN 和 TP 平均削减率为 7.14% 和 6.16%，TN 关键源区中 6 号子流域发生改变，TP 关键源区没有变化。情景 3 残茬覆盖耕作措施对 TP 流失强度变化较 TN 明显，平均削减率达到 22.24%，TP 空间发生改变，1 号、3 号和 21 号子流域不再是关键源区，TN 中 6 号子流域流失强度发生改变，平均削减率为 13.76%。情景 4 等高耕作措施亦是 TP 削减率较高，平均削减率为 16.73%，TN 平均削减率为 9.28%，TP 中 1 号、21 号子流域，TN 中 6 号子流域流失强度降低。说明耕作管理措施整体对 TP 削减效果较好，区域 TP 削减目标优选耕作措施中的残茬覆盖耕作。

情景 5 和情景 6 两种拦截措施对 TP 削减率较高，TP 空间发生较大改变，平均削减率达到 31.10% 以上，1 号、2 号、3 号和 21 号子流域均不再是关键源区，其中植草河道措施中 2 号、3 号子流域流失等级变化最大，流失强度从重度降为中度，说明拦截措施对 2 号、3 号子流域 TP 的削减率是非常好的，控制径流中污染物的流失效果好。综合来看，植被缓冲带措施布设后 TP 关键源区内的子流域流失强度仍为较重，植草河道中 TP 关键源区内的 1 号、21 号子流域流失强度亦是较重，形成新的较重污染区；因此，需要对流失强度较重的子流域仍需加强非点源污染防控。

情景 7 等高植物篱一定程度上减少氮磷负荷的输出，TN 中 6 号子流域不再是关键源区，平均削减率为 16.30%，TP 中仅 3 号子流域为关键源区，平均削减率为 22.66%。情景 8 梯田工程(25° 以内)对氮磷负荷有较高的削减率，TN 和 TP 空间都发生变化，TN 关键源区中 6 号、7 号子流域流失强度变为较重，平均削减率为 23.67%，TP 中 1 号、2 号、3 号和 21 号子流域均不再是关键源区，其中 1 号、21 号子流域流失强度直接降到中度，平均削减率高达 45.05%；同时模拟梯田措施后 TP 中 2 号、3 号子流域流失强度仍为较重，形成 2 个新的较重污染物区。

情景 9 中 25° 以上退耕还林对 TN 削减效果最好，平均削减率高达 55.83%，7 号子流域流失强度从重度变为较轻，1号、6号子流域流失强度直接降到最低为轻度；TP中1号、2号、3号子流域不再是关键源区，流失强度降到中度，平均削减率为19.92%。

综上所述，说明改变土地利用方式削减非点源污染负荷最好，工程性措施效果普遍大于非工程性措施，其中梯田工程(25°以内)、植草河道、植被缓冲带对TP削减效果较好，退耕还林(25°以上)是控制TN非点源污染最好的管理措施，其次是梯田工程。模拟管理措施后关键源区内子流域一定程度上降低了非点源污染负荷，但仍存在相对较重的污染区域，农业非点源污染管理措施是一项长期持续的工程，不仅仅是研究非点源污染负荷的削减效率，还需要考虑到管理措施的成本，需要对流域进行综合非点源污染管控。

2) 组合式BMPs削减效果评估

布置单个BMP都表现出较好的非点源污染负荷削减效果，为加强控制非点源污染流失强度较重的子流域，进一步评估组合式BMPs的削减率。因此，综合考虑不同类型的BMPs，选取其中削减率较高的BMP进行情景方案组合；即非工程性措施中的残茬覆盖，工程性措施中的植被缓冲带(5m)、植草水道以及梯田工程(25°以内)，景观管理措施中的退耕还林(25°以上)。最终确定三种组合式BMPs，残茬覆盖+植被缓冲带+退耕还林、残茬覆盖+植草水道+退耕还林、残茬覆盖+梯田工程+退耕还林，分别设为情景10、情景11、情景12。组合情景下模拟的氮磷流失强度如图10-9和图10-10所示。

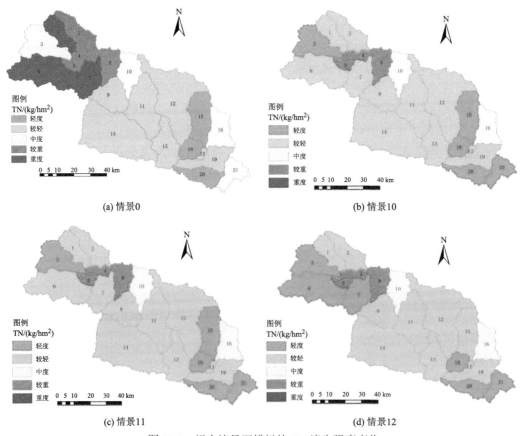

图 10-9　组合情景下模拟的 TN 流失强度变化

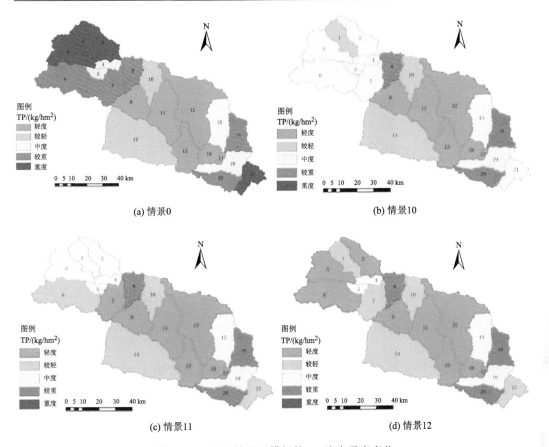

图 10-10　组合情景下模拟的 TP 流失强度变化

　　由图 10-9 和图 10-10 可知，TN 和 TP 的流失强度都发生巨大变化，1 号、2 号、3 号、6 号、7 号、21 号子流域均不再是关键源区，削减率高达 64.85%～81.85%。情景 10、情景 11 中 TN 流失强度从重度降为较轻，情景 12 中 6 号、7 号子流域直接降到最低变为轻度，削减效果最好。对于 TP 流失强度，情景 10 中 2 号、3 号、21 号子流域变为中度，1 号子流域变为较轻；情景 11 中 1 号、2 号、3 号子流域变为中度，21 号子流域变为较轻；情景 12 中 1 号、21 号子流域变为较轻，2 号、3 号子流域直接降到最低为轻度。可以看出组合式 BMPs 对 TN 和 TP 的削减率是高于单个 BMP 削减率；其中残茬覆盖+梯田工程+退耕还林削减氮磷效果最好。

　　同时考虑到流域综合非点源污染综合防控，评估组合式 BMPs 对流域出口断面非点源污染负荷的削减率。从图 10-11 可以看出，TN 和 TP 平均削减率在 20% 以上，其中情景 12 中 TN 和 TP 平均削减率达到 30% 以上，削减效果最好；另外 TN 的平均削减率是高于 TP，说明组合 BMPs 对 TN 的削减效果是好于 TP。丹治"十三五"规划中对丹江陕西省界控制单元要求控制 TN 污染，因此，因地制宜实施单个 BMP、组合式 BMPs，全面削减 TN 污染负荷。

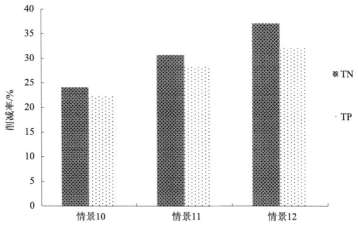

图 10-11　组合式 BMPs 的削减率

3. BMPs 成本效益评估

研究采用基于信息熵的多属性决策方法评估 BMPs 的成本效益，如 10.1.3 所述。

1）成本投入估算

不同非点源污染管理措施的成本投入不同，具体估算方法如下。

A. 非工程性措施

依据《中华人民共和国农业机械化促进法》中相关保护性耕作补贴方案规定以及相关研究（王云凡,2010），传统耕作中免耕成本约为 40 元/亩，残茬覆盖耕作成本为 60 元/亩，机械耕作为 50 元/亩，经单位换算后可知，免耕、残茬覆盖耕作和等高耕作年投入成本分别为 600 元/hm²、900 元/hm²、750 元/hm²。测土配方施肥、削减化肥施用量，该技术涉及建筑、科研人员工作、研究等费用，难以定量计算分摊到单位面积，故本次不作评价。

B. 工程性措施

工程性措施费用涉及建筑施工、运行管理和其他等。植被缓冲带属于工程造林造价，建筑和其他费用约为 3500～9000 元/hm²，运行管理费用为 100 元/hm²，经估算最终年投入成本为 5100 元/hm²（王晓燕等,2009）。植草河道建筑施工造价约为 2000 元/hm²，运行管理费用为 60 元/hm²，最终年投入成本为 2060 元/hm²（徐华山等,2013）。等高植物篱施工建设约 1500～3000 元/hm²，运行管理费用为 960 元/hm²，考虑耕作成本并按 4 年计算，最终年投入成本为 2198 元/hm²（杜旭等,2010）。梯田建筑施工费用随坡度升高而增加，其中 0～5° 为 5777 元/hm²，5°～15° 为 7627 元/hm²，15°～25° 为 9223 元/hm²，梯田设计一般为 10 年防洪标准，最终计算得到年投入成本为 7600 元/hm²（王晓等,2013）。

C. 退耕还林

退耕还林是属于国家政策，依据《国务院关于完善退耕还林政策的通知》中补助资金管理等相关规定，主要包括粮食补助、现金、育苗造林费，可作为措施投入成本；根据长江流域补助标准，耕地粮食补助 150kg/亩，计算价格为 1.4 元/kg，现金补偿 20 元/亩，育苗造林补助 50 元/亩,最终计算得到年投入成本为 4200 元/hm²,补助周期为 8 年。

2)综合评价分析

结合 BMPs 非点源污染负荷削减效果的模拟结果,利用信息熵的多属性决策方法,同时考虑效益与成本,得到最终综合评价值,如表 10-8 所示。

表 10-8 不同 BMPs 综合评价结果

情景	BMPs	单位面积非点源污染削减量			成本		综合属性值 Z
		TN/(kg/hm²)	TP/(kg/hm²)	泥沙量/(t/hm²)	单价/(元/hm²)	面积/(hm²)	
2	免耕	0.58	0.09	0.17	600	52202.88	0.12
3	残茬覆盖	1.40	0.30	1.45	900	52202.88	0.40
4	等高耕作	0.67	0.22	0.80	750	52202.88	0.24
5	植被缓冲带(5m)	0.43	0.45	0.64	5100	870.05	0.26
6	植草河道	1.03	0.60	1.13	2060	50.00	0.41
7	等高植物篱	1.08	0.32	0.69	2198	52202.88	0.24
8	梯田(0~25°)	2.06	0.63	1.48	7600	35467.17	0.44
9	退耕还林(25°以上)	4.62	0.33	1.24	4200	14420.60	0.62
10	残茬覆盖+植被缓冲带(5m)+退耕还林(25°以上)	5.82	0.93	1.59	1659.22	67493.52	0.80
11	残茬覆盖+植草河道+退耕还林(25°以上)	6.1	1.01	1.76	1614.62	66673.48	0.86
12	残茬覆盖+梯田(0~25°)+退耕还林(25°以上)	6.67	1.12	1.87	3693.77	102090.65	0.85

从模拟计算结果可以看出,不同管理措施对非点源污染负荷削减量差异较大,情景 10、情景 11、情景 12 的组合式 BMPs 的削减效果明显更好,单个 BMP 中景观管理措施削减率普遍大于工程性措施、非工程性措施。其中对 TN 单位面积非点源污染削减效果较好的是退耕还林和梯田,对 TP 削减效果较好的是梯田和植草河道,对泥沙削减效果较好的是梯田、残茬覆盖和退耕还林;而投入成本估算中梯田最大,植草河道最小。

综合成本效益属性值结果来看,组合式的 BMPs 综合属性值是较高的,分别达到 0.80、0.86、0.85,控制非点源污染效果最好。单个 BMP 中退耕还林综合属性值 Z 最高,达到 0.62,控制非点源污染效果较好。工程性措施综合属性值略大于非工程性措施,其中梯田措施综合属性值较高,达到 0.44,削减非点源污染效果好;其次为植草河道,综合属性值为 0.41,投入成本最小,对 TN 和 TP 负荷削减效果不错;植被缓冲带和等高植物篱综合属性值分别为 0.26 和 0.24,成本较高,控制 TN 和 TP 负荷效果一般。非工程性措施中残茬覆盖综合属性值较高,达到 0.40,对各类污染负荷削减均较好,成本相对各管理措施中较低,适合大面积推广;等高耕作和免耕综合属性值分别为 0.24、0.12,非点源污染削减效果最差。综合评价分析,控制措施优先采用组合式 BMPs,情景 10、情景 11、情景 12 成本效益值最高,控制效果最好;采用单个 BMP 时,小范围内控制非点源污染效果最好的是 25°以内退耕还林措施；而对于大范围内非点源污染控制，25°以内梯田种植是一项具有持续受益的工程，可以保持长期较高的水土保持效益，同时辅以残茬覆盖和植草河道措施进行大面积推广。

4. 小结

本节以关键源区为研究对象，依据《丹江口库区及上游水污染防治和水土保持工程"十三五"规划》《到 2020 年化肥使用量零增长行动方案》《陕西省国民经济和社会发展第十三个五年规划纲要》及《陕西省水污染防治工作方案》设置了 12 种情景方案，评估最佳管理措施对非点源污染负荷的削减率，进而评估不同管理措施的成本效益值。

(1) 单个 BMP 非点源污染负荷削减效果评估表明，HRU 尺度上退耕还林和梯田工程削减 TN 污染效果较好，平均削减率分别为 58.60%和 25.85%；梯田工程、植草河道、植被缓冲带削减 TP 效率在 40%以上。不同管理措施在不同 HRUs 中削减效果差异较大，表明空间位置对管理措施的影响，同时子流域污染物空间上发生较大变化，关键源区消失的同时仍存在相对较重的污染区域，需要加强流域非点源污染综合管理。

(2) 组合式 BMPs 评估非点源污染负荷削减效果表明，关键源区内 TN 和 TP 流失强度均不再是重度，流域出口断面 TN 和 TP 非点源污染负荷削减率在 20%以上，其中残茬覆盖+梯田工程+退耕还林削减效果最好，达到 30%以上。

(3) 基于信息熵的多属性决策方法评估表明，组合式的 BMPs 综合属性值最高，达到 0.8 以上；单个 BMP 中退耕还林综合属性值较高，达到 0.62，工程性措施综合属性值略大于非工程性措施；其中梯田工程、植草河道和残茬覆盖综合属性值分别为 0.44、0.41、0.40，削减非点源污染负荷效果较好；其他管理措施均小于 0.4，削减效果一般。

10.2.2　基于 MIKE 模型的丹江流域非点源污染控制研究

1. 水环境容量计算

水环境容量的含义是指在指定流域范围、水文条件、规定排污方式以及水质目标的前提下，单位时间内该流域最大容许纳污量。影响流域水体水环境容量的要素主要包括流域地理位置、设定的排污标准、污染物性质和入河方式等(熊鸿斌等，2017a)。耦合模型的水质模块可定量分析河道中污染物的迁移运输规律，是水环境容量计算的重要技术工具。水环境容量的研究越深入，水质模型更易于被广泛应用和推广(熊鸿斌等，2017b)。

1) 计算方法

常用的水环境容量计算方法有数值模型模拟计算法、系统最优化法和解析解计算法(张斯思，2017)。本研究建立了较为完整的水文水动力水质耦合模型，对水系河网进行概化，去掉一些不影响整体水文过程的小支流，避免模型因过度计算导致精度变差的情况。选择数值模拟法进行计算。

在 6.4.2 节耦合模型的河流水质模拟中，已经将不同污染物的衰减作用进行了充分考虑。使用 MIKE 11 模型模拟结果计算水环境容量的时候只需考虑稀释作用，当污水进入河流水体后的混合浓度为

$$C_{标} = \frac{QC_{上游} + Q_{污}C_{污}}{Q + Q_{污}} = \frac{QC_{上游} + M}{Q + Q_{污}} \qquad (10\text{-}8)$$

式中，Q 为计算流量，m^3/s；$Q_{污}$ 为污水排放量，m^3/s；$C_{上游}$ 为上游来水污染物浓度，mg/L；$C_{标}$ 为计算单元水质目标，mg/L；$C_{污}$ 为污水浓度，mg/L；M 为计算单元水环境容量，g/s。

引入稀释流量比 n，令 $n = \dfrac{Q}{Q + Q_{污}}$，则计算单元环境容量 M 的公式可由式(10-8)推导出基于耦合模型的水环境容量计算公式：

$$M = (\frac{C_{标}}{n} - C_{上游}) \times Q \qquad (10\text{-}9)$$

式中，$C_{上游}$ 为计算单元上游来水污染物的耦合模型模拟浓度，mg/L。

2) 设计条件的确定

A. 控制单元的划分及水质目标的确定

本研究需达到的理想水质标准为地表水 II 类。依据《陕西省水功能区划》，在综合考虑分区的合理性基础上，将研究区域划分成四个控制单元，每一个控制单元设定一个控制断面，控制断面的水质达标意味着控制单元的水质达标，具体的设置情况如表 10-9 所示。

表 10-9　丹江流域各个控制断面基本信息表

控制单元	控制断面	经纬度	断面级别	所在水功能区	水质标准
构峪口-麻街	麻街	109.83°E,33.94°N	市控	保留区	II
麻街-张村	张村	110.18°E,33.73°N	国控	保留区	II
张村-丹凤	丹凤	110.32°E,33.70°N	国控	保留区	II
丹凤-荆紫关	荆紫关	111.02°E,33.25°N	省控	缓冲区	II

B. 控制指标确定

通过 4.3.2 节水质评价结果可知 COD、NH₃-N、TP 是丹江流域水质状况的综合限制因子，因此本次水环境容量分析主要针对 COD、NH₃-N、TP 三个污染控制指标。

C. 设计水文条件和浓度背景值的确定

依据《水域纳污能力计算规程》相关规定，并结合丹江流域的水文特性，选取典型年 2017 年(丰水年，P=28.13%)作为计算年份，通过耦合模型 2017 年 4 个断面的逐日流量及 COD、NH₃-N、TP 的逐日浓度结果，分别计算丰水期、枯水期、平水期(丰水期取 6~9 月，平水期取 4~5 月及 10~11 月，枯水期取 12 月至翌年 3 月)各水期的平均流量和污染物平均浓度作为水环境容量估算的设计流量和浓度背景值。研究区各控制单元对应河段不同水期的平均流量及污染物浓度如表 10-10 所示。

表 10-10　丹江流域各控制单元不同水文期的流量及污染物浓度

控制单元	控制断面	设计流量 $Q/(m^3/s)$			污染物指标	$C_{上游}/(mg/L)$		
		丰水期	平水期	枯水期		丰水期	平水期	枯水期
构峪口-麻街	麻街	4.6	1.35	0.625	NH₃-N	0.1275	0.08	0.2275
					COD	9.5	9.25	9.5
					TP	0.03	0.0225	0.03
麻街-张村	张村	10	5.60	3.11	NH₃-N	0.44	0.5	0.54
					COD	13.25	12.75	13.25
					TP	0.06	0.04	0.04
张村-丹凤	丹凤	26.12	5.08	2.18	NH₃-N	0.25	0.29	0.32
					COD	10.38	13.2	13
					TP	0.07	0.06	0.05
丹凤-荆紫关	荆紫关	70.2	15.96	4.4	NH₃-N	0.2	0.11	0.17
					COD	11.5	10	11.5
					TP	0.04	0.02	0.02

3)计算结果

天然水体中有许多不确定性因素,为了使水环境容量计算值尽可能地贴近现实,需要根据流域实际情况添加部分安全余量。确定安全余量有显性方法和隐性方法两种,目前国内还没有较为完善的计算体系,大多根据经验值取一个范围,一般取水体最大容纳污染物量的 5%~10%(张立坤,2014)。综合考虑研究区域的污染物性质和入河方式等因素,取安全余量值为5%。表 10-11 为 NH₃-N、COD 和 TP 在丰、平、枯水文期考虑安全余量和未考虑安全余量的水环境容量表。

表 10-11　NH₃-N、COD 和 TP 丰、平、枯期的水环境容量表　　　(单位:kg/d)

控制单元	控制断面	污染物指标	M丰		M平		M枯	
			未考虑	考虑	未考虑	考虑	未考虑	考虑
构峪口-麻街	麻街	NH₃-N	245.25	232.98	146.19	138.88	111.92	106.32
		COD	5101.92	4846.82	3586.68	3407.35	3213.00	3052.35
		TP	47.26	44.90	28.48	27.06	23.22	22.06
麻街-张村	张村	NH₃-N	149.04	141.59	97.20	92.34	86.45	82.13
		COD	4428.00	4206.60	4005.13	3804.87	3386.23	3216.92
		TP	54.00	51.30	48.48	46.06	35.56	33.78
张村-丹凤	丹凤	NH₃-N	661.39	628.32	189.37	179.90	131.10	124.55
		COD	13342.27	12675.15	3706.04	3520.74	3292.70	3128.07
		TP	87.14	82.79	37.00	35.15	28.86	27.41
丹凤-荆紫关	荆紫关	NH₃-N	1916.78	1820.94	634.99	603.24	222.65	211.52
		COD	60372.00	57353.40	14130.72	13424.18	4246.56	4034.23
		TP	667.44	634.07	129.76	123.27	49.85	47.36

注:表中的"未考虑"即为未考虑安全余量的含义;表中的"考虑"即为考虑安全余量的含义。

由于考虑了安全余量的水环境容量更贴近实际，所以按照其进行分析。不管是 NH$_3$-N、COD 还是 TP，水环境容量的季节变化都基本按照 M$_丰$> M$_平$> M$_枯$的次序排列，这是由于枯水期的水文要素如流量、流速等本身就比平水期和丰水期要小，那么在同一排污量的设定下，必然水环境容量是三个水文期中最小的，如以丹凤-荆紫关单元的 TP 为例，丰水期水环境容量为 634.07 kg/d，平水期水环境容量为 123.27kg/d，枯水期水环境容量为 47.36 kg/d。再分析同一时期，如在丰水期阶段，对于四个控制单元的不同污染物来说，NH$_3$-N、COD、TP 在丹凤-荆紫关段的水环境容量均为最大，分别达到 1820.94kg/d、57353.40kg/d 和 634.07kg/d，NH$_3$-N、COD 在麻街-张村段的为最小，达到 141.59kg/d 和 4206.60kg/d，TP 在构峪口-麻街段的为最小，达到 44.90kg/d。

4) 入河削减量的确定

将四个控制单元各污染指标的分段水环境容量叠加并换算单位为"t/a"，得到 2017 年丹江流域各指标的水环境容量，NH$_3$-N、COD、TP 水环境容量分别为 531.73t/a、14220.39t/a 和 150.78t/a。将计算结果与前文模型输出的 2017 年丹江流域 NH$_3$-N、COD 及 TP 入河负荷量作比较，运用式(10-10)，算出入河需要削减的负荷量，结果如表 10-12 所示。

$$W_{削} = M - W_{排} \tag{10-10}$$

式中，$W_{削}$ 为入河削减量，t/a；M 为水环境容量，t/a；$W_{排}$ 为入河负荷量，t/a。

表 10-12　丹江流域各污染物入河削减量 　　　　(单位：t/a)

污染物指标	入河负荷量	水环境容量	入河削减量
NH$_3$-N	335.64	531.73	−196.09
COD	17284.28	14220.39	3063.89
TP	141.24	150.78	−9.54

水环境容量若大于入河量，说明该区域还有剩余环境容量，水环境容量若小于入河量，则此区域的污染物应采取削减措施。从表 10-12 可以看出，丹江流域 NH$_3$-N 及 TP 水环境容量还存在一定富余，但 TP 仅有 9.54 t/a 的剩余水环境容量，COD 入河负荷总量已经超过其水环境容量，需要进行削减。

随着当今社会的高速发展，越来越多的控制单元水环境容量会不够，结合 4.3.2 节的水质评价结果也可以看出，丹凤等干流中游断面污染物还存在中度污染的情况，丹江流域作为国家南水北调中线工程的重要水源地，从长远考虑，需要进一步增加控制措施，保障水质安全，控制污染源(白涓,2012)。

2. 非点源污染控制控制模拟

非点源污染主要来自降雨径流的冲刷和淋溶。负荷量的大小与降雨径流、土地利用和畜禽养殖情况有关。降水量有年际变化，即使年降水量相同或相近，由于年内降水次数、降水强度的不同，泥沙侵蚀量和污染负荷量的差别也会很大，且降水特性几乎完全不能人为控制。因此，非点源污染的人为控制主要是针对改变地表土地利用情况和畜禽养殖方式而进行。

1) 非点源污染控制方案

基于前文研究的丹江流域污染源排放情况，对畜禽养殖污染源、农村生活污染源和农田林地污染源三种主要的污染来源进行单一或组合的措施布设。畜禽养殖所产生的污染主要是由于农户家禽散养问题引起的，所以可考虑推行猪、牛、羊、鸡等家禽的集中饲养，随后，产生的排泄物集中化处理，可较大程度减少污染物的入河量，具体的处理方法可采用相关的粪便处理技术如：饲料化、肥料化以及能源化等。农村生活所产生的污染则主要通过提高农村生活污水的处理效率及生活废弃物的集中收集、处理等措施进行削减；25°以上耕地变草地或林地等措施可对于农田林地所产生的污染有一个较好的削减。具体的措施设计如表 10-13 所示。

表 10-13 不同情景方案的措施与参数设置

情景方案	控制措施	参数设置	布设面积
0	无	无	无
1	集中畜禽养殖、沼气处理粪便	畜禽养殖污染单位负荷减少 20%	全流域
2	农村改厕、垃圾集中处理	农村生活污染单位负荷减少 20%	全流域
3	退耕还林 (25°以上)	利用 ArcGIS 栅格计算器，25°以上坡度耕地变林地	25°以上耕地
4	退耕还草 (25°以上)	利用 ArcGIS 栅格计算器，25°以上坡度耕地变草地	25°以上耕地
5	综合措施 (1+2+3)	畜禽养殖污染、农村生活污染单位负荷减少 20%，25°以上耕地变林地	全流域

基于上文构建好的模型，选取典型年 2017 年 (丰水年，P=28.13%) 作为计算年份，分别将现状情景及 5 种情景措施设置后的 COD、NH_3-N、TN 以及 TP 的入河负荷量按区县进行输出，采用设置控制措施前后的各污染物负荷削减量来评价不同措施的非点源污染控制结果，结果如图 10-12 所示。

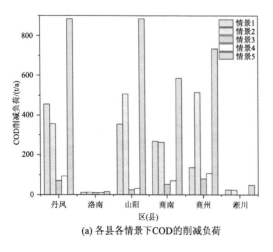

(a) 各县各情景下COD的削减负荷

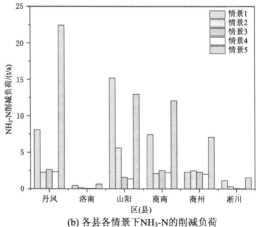

(b) 各县各情景下NH_3-N的削减负荷

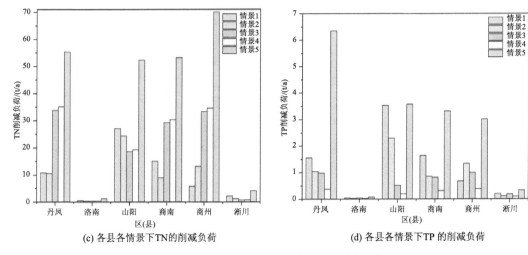

(c) 各县各情景下TN的削减负荷　　　　　　　(d) 各县各情景下TP 的削减负荷

图 10-12　各县各情景下污染物的削减负荷量

五种情景方案的各个污染物削减负荷量结果如表 10-14 所示。

表 10-14　不同情景方案的污染物入河削减负荷量

情景方案	入河削减负荷量/(t/a)			
	COD	NH$_3$-N	TN	TP
情景 1	1253.62	34.65	61.49	7.65
情景 2	1678.31	12.95	58.64	5.68
情景 3	240.89	9.14	116.24	3.56
情景 4	316.12	8.06	120.53	1.40
情景 5	3152.82	56.74	236.36	16.68

情景 1 和情景 2: 情景 1 采用削减畜禽养殖污染源所产污染物的方案,COD、NH$_3$-N、TN 和 TP 共削减负荷分别为 1253.62 t/a、34.65t/a、61.49t/a 和 7.65t/a,其中在丹凤县的削减效果最好,削减量达到了 476.54 t/a,洛南县由于在研究区域内面积较小,所以负荷削减量最低,为 13.42 t/a;情景 2 是针对农村生活污染源的削减措施,是单一措施下污染物削减效果最为明显的方案,且该方案具有一定的环境效益和社会效益,对于 COD 削减效果最好,共削减负荷 1678.31t/a,NH$_3$-N、TN 和 TP 共削减负荷分别为 12.95t/a、58.64t/a 和 5.68t/a,其中商州区的削减效果最好,削减量达到了 531.87 t/a,洛南县负荷削减量最低,为 13.24 t/a。

情景 3 和情景 4:情景 3 对于全流域 25°以上坡耕地进行退耕还林措施,是污染物削减效果较不明显的一种方案,其 NH$_3$-N 以及 TP 削减效果优于情景 4,但是对于 COD 和 TN 的削减效果则略显不足,这与汉江流域洋县-安康断面所得结论一致,说明相似地区在某些问题的情况是类似的。COD、NH$_3$-N、TN 和 TP 削减负荷总量分别为 240.89t/a、9.14t/a、116.24t/a 和 3.56t/a,其中对于商州区的削减效果最好,削减量达到了 117.78t/a,淅川县负荷削减量最低,为 1.82t/a。情景 4 通过对全流域进行 25°以上坡耕地退耕还草措施，将直接减少坡耕地面积 384.95km²，各行政区坡耕地减少 2.39～135.73km²。模拟退耕还草措施后，研究区内 COD、NH₃-N、TN 和 TP 削减总量分别为 316.12t/a、8.06t/a、120.53t/a 和 1.40t/a，与情景 3 相似，对于商州区的削减效果最好，削减量达到了 144.57t/a，淅川县负荷削减量最低，为 2.02t/a。

情景 5：组合措施是对非点源污染负荷削减效果最好的一种方案，研究区内 COD、NH₃-N、TN 和 TP 的负荷削减总量分别为 3152.82t/a、56.73t/a、236.36t/a 和 16.68t/a。从区(县)角度出发，丹凤县是非点源污染负荷削减量最大的区域，削减量达到 968.61t/a，洛南县负荷削减量最低，为 17.28 t/a。从污染物角度来看，COD、NH₃-N 和 TP 的污染负荷削减量均在丹凤县达到最大，分别为 884.56t/a、22.39t/a 和 6.34t/a，TN 污染负荷削减量在商州区达到最大，为 70.03t/a。

由于各行政区自然、地理、人文条件状况迥异，各污染物的流失规律也不尽相同，所以各污染物的削减效果整体差异较大。COD 削减负荷差异最大，其削减量范围为240.89～3152.82t/a，NH₃-N、TN 和 TP 削减范围分别为 8.06～56.74t/a、58.64～236.36t/a 和 1.40～16.68t/a，TP 的削减量最小。

综上所述，并结合前文计算的流域内需要削减污染物的负荷量来看，单一措施还不能满足这一要求，但"畜禽养殖污染、农村生活污染单位负荷减少 20%，25°以上耕地变林地"这一综合措施效果最好，COD 的削减量满足要求，且 COD 的模拟削减量3152.82t/a>COD 所需削减量 3063.89t/a，还可为 NH₃-N、TP 额外提供 56.74t/a 和 16.68t/a 的水环境余量，以应对后续水环境容量可能超标的事件。

2)其他水污染防治对策及建议

A. 畜禽养殖污染源防治

由 6.4.4 节丹江流域非点源污染的空间分析和等标排放量的计算可知，畜禽养殖在丹江流域属第二大污染源，综合污染占比 33.86%。造成畜禽养殖污染的主要原因是养殖户的分散养殖，所以污染防治的关键就是处理好分散养殖的问题(高凤杰等,2011)。以此为出发点，提出下面几条对策：① 鼓励转型为较大规模的养殖场模式。因为集约化、专业化和标准化的畜牧业能够扩大产品市场，促进当地经济发展。同时，大规模的畜牧业可以减少总的污染物产生。同时推行合适规模的养殖场模式可以帮助农民更好地处理粪便，同时又不会对区域环境造成太大损害。② 提高粪便处理和利用的能力。没有集中的粪便处理设施，畜禽业产生的大量固、液废物被直接排放到水和土壤中，造成非点源污染。尽管农民对污染有认识，但处理设施的高成本阻碍措施的施行，建议为粪便处理和利用提供财政补贴。除此之外，沼气和堆肥是生物能源和粪便中所体现的营养物质的主要盈利性利用方式，应鼓励堆肥和增值利用粪便，以实现生态农场。

B. 农村生活污染源防治

虽然农村生活污染源在丹江流域的污染占比相较而言低，可是其对环境产生的危害也是不容小觑的。控制农村生活污染可以从生活污水和生活垃圾两个方面提出对策：① 解决流域周边分散住户的生活污水随意排放和难以处理的问题，采用生态网络系统来收集生活污水，并采用生活污水处理系统来处理污水，处理后的污水按照标准排放或用于农业灌溉。② 农村生活垃圾的处理可以依靠家庭生活垃圾发酵桶技术来实现，首先建立一个透气的包装层,为菌缸中的物体提供一些氧气,由于发酵,菌缸内的温度会升高,菌缸内外的温差会加速气体循环,产生了半厌氧状态,这使得废料的降解更加彻底,也会大大削减恶臭物质的气味。发酵后产生的处理残渣可以直接作为农业肥料使用。家庭垃圾发酵装置需要的投资少,操作简单,而且处理效率高。

C. 农田林地污染源防治

农田林地污染源是丹江流域最大的非点源污染源,综合污染占比达到了 43.47%。针对此污染源,关键是土地利用类型的转换及科学施肥上。对策有：① 派驻专业人员深入农田开展深入调研,运用专业仪器和专业手段对土壤理化性质、肥力等特质进行准确研究,协助农民精准而科学地确定化肥施用量。② 改进施肥方式,实行化肥深施。还可根据实际情况动态调整肥料中的氮、磷、钾的比例,将一次性的大量施肥改成少量而多次的施肥,并在施肥后立即进行适宜的灌溉。③ 从 25°以上退耕还林和 25°以上退耕还林(情景 3 和情景 4)的污染物削减情况可以看出,这两种措施比较可行,在此基础上,可辅以残茬覆盖和植草河道等措施进行大面积推广,大大减少非点源污染的入河量。

3. 小结

本节基于 MIKE HYDRO River AD 模块的水质结果计算了丹江流域 NH_3-N、COD 和 TP 的水环境容量,利用水环境容量与入河负荷量的差值得到应削减的污染物负荷量,最后模拟了五种情景措施下污染物的削减效果,并提出相应的防治对策,研究结论如下：

(1)丹江流域各功能区水环境容量(M)呈现出河段越长,水环境容量越大的特点。水环境容量的季节变化则基本按照 $M_丰 > M_平 > M_枯$ 的次序排列。丹江流域水环境容量的影响因素主要是河段长度及季节变化。通过计算水环境容量与入河负荷量的差值可以看出,丹江流域的 COD 水环境容量已无剩余,污染物削减措施的实施迫在眉睫。

(2)所有单一情景措施下,污染物负荷削减效果最好的为针对农村生活污染源的削减措施,尤其对于 COD 削减效果最好,共削减负荷 1253.62t/a。组合措施削减效果则明显好于单一措施,研究区内 COD、NH_3-N、TN 和 TP 的负荷削减总量分别为 3152.82t/a、56.73t/a、236.36t/a 和 16.68t/a。COD 模拟削减量 3152.82t/a 大于 COD 所需削减量 3063.89t/a,满足削减需求。基于所有的计算与分析,从三大污染源角度分别提出了对应的防治对策。

10.2.3　不同模型结果对比分析

本节在丹江流域分别利用了 SWAT 模型和 MIKE 模型进行了非点源污染控制研究,其中 SWAT 模型设置了 12 种情景方案(9 种单项措施,3 种组合措施),MIKE 模型模拟了 5 种情景措施(4 种单项措施,1 种组合措施)。两者的控制措施分析结果中,单一 BMP 措施削减效果均小于组合式 BMPs 削减效果。其中 SWAT 模型中 HRU 尺度上采用退耕还林和梯田工程对削减 TN 污染效果较好,而梯田工程、植草河道、植被缓冲带对削减 TP 效率较高。组合式 BMPs 在关键源区内氮磷流失强度均不再是重度,其中残茬覆盖+梯田工程+退耕还林削减效果最好,达到 30%以上。在使用 MIKE 模型中可以采用集中畜禽养殖、沼气处理粪便、农村改厕、垃圾集中处理、退耕还林(25°以上)、退耕还草

(25°以上)等单项措施和综合畜禽养殖和农村改厕及退耕还草的措施,从需要削减污染物的负荷量来说明,发现所有单一情景措施中,污染物负荷削减效果最好的是针对农村生活污染源的措施,尤其是对 COD 的削减效果最好,能够削减负荷 2427.64t/a。

通过措施方案的模拟效果进行对比,发现 SWAT 可根据不同的情景设置不同的参数取值,因为其措施数据库相对于 MIKE 模型来说比较丰富,可选择性较多,而 MIKE 模型只是从不同的污染物来源(农村生活、畜禽养殖、农村用地等)进行情景的模拟,有一定的局限性,因为两个模型的具体结构不同,在措施的具体实施中也有差别。如果研究区域资料翔实,利用 SWAT 模型比较务实,MIKE 模型在其控制规划分析的时候利用的是非点源污染负荷估算值,存在主观性大的缺点。

10.3　基于不同模型的汉江洋县断面以上流域的非点源污染控制研究

10.3.1　基于 SWAT 模型的洋县断面以上流域非点源污染控制研究

在此之前,已经有部分学者在汉江流域对非点源污染管理措施进行了研究(Li et al.,2021a, 2021b;王晓等,2013)。结果显示汉江流域行之有效的管理措施包括化肥削减、残茬覆盖耕作、等高耕作、石坎梯田、免耕等。因此,基于汉江洋县断面以上流域的现状特征以及前人研究成果,选取一系列管理措施模拟其污染消减效果,并进行相互比较,从而选出最佳管理措施(Giri et al.,2016; Panagopoulos et al.,2012)。

1. 情景方案模拟设置

《陕西省水污染防治工作方案》要求,为切实加大水污染防治力度,保障社会发展水质目标需求和水环境安全,须全力控制农业非点源污染。制定实施全省农业非点源污染综合防治方案。例如推广低毒、低残留农药使用补助试点。实行测土配方施肥,推广精准施肥技术和机具;完善高标准农田建设、土地开发整理等标准规范;利用现有沟、塘、窖等,配置水生植物群落、格栅和透水坝,建设生态沟渠、污水净化塘、地表径流积蓄池等设施,净化农田排水及地表径流。因此以研究区的农业种植方法、地形地貌等特征为依据,主要设置非工程措施、工程措施及景观管理措施三类。具体包括设置化肥削减、免耕、残茬覆盖耕作、植被缓冲带、退耕还林还草措施等。以 2018 年非点源污染情况为对照组,情景方案及其参数如表 10-15 所示。

表 10-15　不同情景方案的措施与参数设置

BMPs	方案编号	措施描述	参数调整
非工程性措施	1	化肥削减(20%)	FRT_KG 值减少 20%
	2	免耕	.mgt: No Tillage
	3	残茬覆盖	.mgt: Haverst only,No Tillage; CN 原值-2,USLE_P 为 0.29,OV_N 为 0.3

续表

BMPs	方案编号	措施描述	参数调整
工程性措施	4	植被缓冲带(5m)	.ops 中 FS 宽度设置为 5m
	5	植草水道	.ops 中 GW 参数
	6	等高植物篱	CN 原值−4，USLE_P 值调整为 0.6，FILTERW 值调整为 1
	7	梯田工程(25°以内)	CN 原值−3，USLE_P 值调整为 0.6，SLSUBBSN 值调整为 0.3
景观管理措施	8	退耕还林(25°以上)	调整土地利用类型

2. BMPs 削减效果评估

基于构建好的 SWAT 模型分别模拟 8 种情景方案的管理措施，统计 2018 年的年均 TN 和 TP 的非点源污染负荷，采用非点源污染负荷削减率评估 8 种情景方案的非点源污染控制效果，见式(10-1)。

1) 单个 BMP 削减效果

A. 化肥减施

方案 1 为 20%的化肥减施。经测算其对非点源污染负荷的削减效果不明显，对 TN 的削减效率为 2.23%～3.96%，平均削减率为 2.91%；对 TP 的削减效率为 6.55%～9.68%，平均削减率为 7.93%。孙浩然 (2020)在关帝河流域设置了化肥减施 10%、化肥减施 30%、化肥减施 50%三种管理措施，对磷的削减率分别为 0.10%、0.32%、0.53%，削减效果并不理想。郭英壮等(2021)在潮河流域的研究则认为非点源污染的主要来源为化肥施用，因此化肥减施是控制非点源污染的合理手段。并且其模拟结果显示施肥量减少 30%，对 TN 的削减率为 13.25%；施肥量减少 50%对 TN 的削减率 17.95%。Liu 等(2014)在香溪河流域的模拟结果显示，当化肥分别减施 20%及 50%时，TP 负荷削减率均超过 30%，削减效果较好。

由此可见，化肥减施的削减效果受地区差异性的影响。洋县断面以上流域污染源区丰水期降雨不均，径流量占总径流量 84%左右，化肥施用量少。Wang 等(2018)在黄山马川江流域的茶田中利用 SWAT 模型设定了雨前免施肥和施用缓释肥料两种管理措施，对氮的削减率分别为 24%和 66%，削减效果较好。丰水期径流量冲刷泥土，挟裹着化肥等污染物进入河道，在洋县断面以上流域设置化肥减施效果并不理想。

B. 耕作管理措施

方案 2 为免耕措施。对 TN 的削减率为 3.23%～13.01%，平均削减率为 6.29%；对 TP 的削减率为 2.14%～9.55%，平均削减率为 6.20%。方案 3 为残茬覆盖措施，对 TN 的削减率为 3.94%～26.52%，平均削减率为 16.59%；对 TP 的削减率为 9.80%～41.09%，平均削减率为 21.43%。残茬覆盖耕作是通过增加地面覆盖，从而减缓并减少地表径流，进而抑制土壤侵蚀，最终减少污染，是一种通过改变微地形的保护性耕作。免耕措施的削减机制也主要是通过改变地形，拦蓄径流，通过阻隔泥沙和径流的途径以防治水土流失，进而减少泥沙中携带的氮磷颗粒流入自然界（王蕾等，2015；彭亚敏等，2021）。两者较为类似，削减效果也较为接近。

C. 植被缓冲带

方案 4 为植被缓冲带措施。它对污染负荷的削减效果较好，对 TN 的削减率为 8.56%～18.84%，平均削减率为 16.26%；对 TP 的削减率为 10.57%～30.91%，平均削减率为 19.69%。主要通过物理拦截、植物利用、微生物转化和土壤吸附等过程过滤污染物，磷素主要以颗粒态形式存在，更容易被植被缓冲带所拦截，因此植被缓冲带对磷负荷的削减率要优于氮负荷。据何聪等（2014）的研究结果，随着缓冲带宽度增加到一定程度，削减率却不再有明显提高。付婧等（2019）对国内外植被缓冲带宽度进行研究，发现植被缓冲带对污染负荷的去除主要发生在前 5m 处，因此本研究选择 5m 植被缓冲带。

D. 植草水道

方案 5 为植草水道。它对 TN 的削减率为 4.38%～26.82%，平均削减率为 22.03%；对 TP 的削减率为 9.40%～30.91%，平均削减率为 24.97%，植草水道对氮磷都具有相对一致的削减效果。张培培等（2014）在三峡库区香溪河流域研究植草河道对非点源污染控制效果的模拟，发现植草水道对农业非点源污染起到了很好的削减控制作用，能够控制径流量，并拦截泥沙和其他污染物，促进氮磷等的降解。此措施适合雨量大、径流量大或者易产生水土流失的山区流域（李舒，2021）。

E. 等高植物篱

方案 6 为等高植物篱。对 TN 的削减率为 13.47%～25.98%，平均削减率为 18.60%；对 TP 的削减率为 18.09%～25.45%，平均削减率为 25.33%。黄康（2020）在丹江流域的模拟结果表明，在 HRU 尺度上等高植物篱对 TN 和 TP 的平均削减效果良好，削减率均在 20%左右。Liu 等（2013）在湘西河流域关于农业非点源污染的 BMPs 研究中计算等高植物篱使 TN 负荷减少 8%，TP 负荷减少 7%。

F. 梯田工程

方案 7 为梯田工程（25°以内）措施，关键源区内 TN 的削减率达到 9.82%～33.85%，平均削减率为 19.76%，TP 的削减率为 16.09%～40.09%，平均削减率为 21.78%。对流域内坡耕地面积较大的区域，通过梯田种植可以有效地控制径流，进而减小土壤侵蚀引起的非点源污染负荷输出。在丹江口水库上游流域内，一般改造方法为石坎梯田。虽然对污染负荷去除效果较好，但施工量较大，成本花费巨大。

G. 退耕还林（25°以上）

方案 8 为退耕还林措施，该措施直接减少坡耕地的面积，有效地减少了陡坡地区水土流失风险，进而在一定程度上削减了污染物的输出。其对 TN 的削减率为 22.59%～65.96%，平均削减率为 45.16%；对 TP 的削减率为 21.87%～84.58%，平均削减率为 59.53%。这也与之前章节林地与草地与非点源污染呈负相关的作用相呼应。经实地考察，当地气候土壤条件较适宜种植果树和茶树，种植果树和茶树可以成为当地政府和农民长期的经济来源措施。

各方案对 TN 和 TP 削减效果如表 10-16 所示。从削减率来看，退耕还林措施对非点源污染负荷的削减效果最好。在所有方案中，工程性措施效果普遍好于非工程性措施，其中等高植物篱、植草水道对 TP 削减效果显著，退耕还林还草(25°以上)和梯田工程对 TN 削减效果较好。模拟管理措施后关键源区污染负荷等级下降，但仍存在相对较重的污染区域，所以需要考虑成本、可实施性等因素进行综合治理。

表 10-16 不同情景方案的污染削减效果对比

BMP 方案编号	措施描述	对 TN 削减率/%	对 TP 削减率/%
1	化肥削减(20%)	2.91	7.93
2	免耕	6.29	6.20
3	残茬覆盖	16.59	21.43
4	植被缓冲带(5m)	16.26	19.69
5	植草水道	22.03	24.97
6	等高植物篱	18.60	25.33
7	梯田工程(25°以内)	19.76	21.78
8	退耕还林(25°以上)	45.16	59.53

2) BMPs 综合分析

不同管理措施削减效果差异并不明显，只在子流域间削减率存在差异。从成本和可行性方面设置组合型 BMPs，以在关键源区达到最好的削减效果。

化肥减施成本计算是节省化肥费用与因化肥减施导致农作物减产带来的经济损失之间的差值。根据汉中统计年鉴资料，汉中市共种植粮食 380 万亩，其中小麦 58 万亩，稻谷 120 万亩，玉米 106 万亩，且粮食产量约为 8 t/hm^2。国家粮食和物资储备局显示，陕西省主要粮食收购均价为：小麦 3036 元/t，稻谷 2697 元/t，玉米 2740 元/t。2022 年化肥中尿素、磷铵、常用复合肥的均价分别为 3000 元/t、3900 元/t 和 3500 元/t，化肥削减措施布置面积即为耕地面积。

免耕措施对比传统耕地而言，虽然减少了耕地时的人工等费用，但在播种时需要利用到农机播种，增加了机械使用维护费用(王晓燕等,2009)。当地免耕措施成本为 600 元/hm^2，残茬覆盖耕作成本为 900 元/hm^2(王云凡,2010)。等高植物篱建设成本约为 2000 元/hm^2，运行期管护成本为 960 元/(hm^2·a)(蔡强国和卜崇峰,2004;杜旭等,2010)。植物篱运行按 4 年计，加上耕作成本，折合投入成本为 2198 元/(hm^2·a)。

植被缓冲带和植草水道的成本主要由建设、维护费用组成。通常选择草地、灌木、林木和以上几种植物构成的复合缓冲带(孙金伟和许文盛,2017)。本文选择宽度为 5 m 的复合缓冲带，其建设期为 1 年，植被维护期为 5 年。建设及人工维护成本约为 6000 元/(hm^2·次)，运行维护成本为 150 元/(hm^2·a)。植草河道建设期为 1 年，种植间隔期 5 年，建设费用为 2000 元/(hm^2·次)，维护成本为 60 元/(hm^2·a)。主要投入为植物的采购及人工维护费用。

目前长江流域多选择石坎梯田，成本与坡度成正比。一般梯田设计为 10 年防洪标准，查阅相关资料后确定<5°、5°～15°、>15°条件下包含耕作费用的石坎梯田每年建设成本为 5777 元/hm^2、7627 元/hm^2、9223 元/hm^2(李鸣等,2002)，成本较高。

退耕还林成本包括国家补助原粮折价、生活费、种苗造林费和林地管护费。南方地区为每亩退耕地每年补助 150kg 粮食，补助原粮的价款按 1.4 元/kg 折价计算，每亩退耕补助种苗造林费 50 元，每亩退耕地每年补助现金 20 元，每退耕还林 1hm²，国家每年投入 4200 元。

成本分析中可以看出，梯田工程所需成本最大，植草水道最小。植草水道、残茬覆盖对 TN、TP 削减效果较好。积极响应国家政策并遵循《中华人民共和国水土保持法》，在 25°以上耕地进行退耕还林。选择组合型 BMPs，即"植草水道+残茬覆盖+退耕还林（25°以上）"，对 TN 和 TP 平均削减率分别为 40.62%和 39.92%。组合管理模式下模拟的 TN 和 TP 流失强度如图 10-13 和图 10-14 所示。TN 和 TP 的流失强度都发生巨大变化，25 号子流域仍然是关键源区，但 19 号、23 号、24 号子流域污染得到了治理，TN 削减率为 39.66%～43.55%，TP 削减率为 15.29%～45.09%。

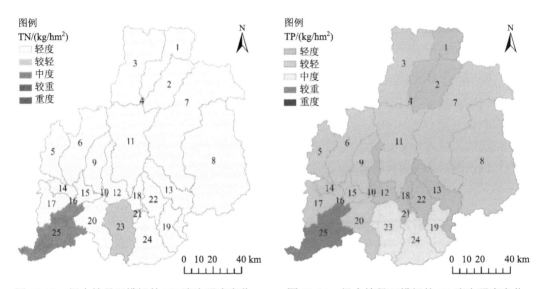

图 10-13　组合情景下模拟的 TN 流失强度变化　　图 10-14　组合情景下模拟的 TP 流失强度变化

对比单个 BMP 的削减效果可以发现，组合式 BMPs 对氮磷的控制效果并非单个 BMP 削减效率相加，组合后的削减效果均小于单个削减效率之和。另外 TN 的平均削减率高于 TP 的平均削减率，说明组合 BMPs 对 TN 的削减效果好于 TP。因此，流域非点源污染控制措施的选择应因地制宜，合理分组，分级分类削减污染负荷。

3. 小结

本节以关键源区为基础，设置了 8 种管理措施对其非点源污染负荷削减效果进行评估，并结合可行性与成本效益进行综合评估，最后提出适当的管理措施。结论如下：

（1）在单个 BMP 措施中，工程性措施比非工程性措施污染削减率高，8 种管理措施中残茬覆盖、植草水道、退耕还林有较高的污染削减率，对比单个 BMP 的削减效果可以发现，组合式 BMPs 对氮磷的控制效果并非单个 BMP 削减效率相加，且组合后的削减效果均小于单个削减效率之和，组合 BMPs 对 TN 的削减效果好于 TP。

(2)基于可行性及成本分析，选择组合型 BMPs，即植草水道+残茬覆盖+退耕还林（25°以上）。此时对 TN、TP 的平均削减率分别为 40.62%和 39.92%。组合管理模式下模拟的氮磷流失强度也发生巨大变化，25 号子流域仍然是关键源区，但已转为中度污染。

10.3.2　基于 MIKE 模型的洋县断面以上流域非点源污染控制研究

1. 水质现状评估及削减目标

汉江洋县断面以上流域主要河流水质目标为Ⅱ、Ⅲ类。洋县断面以上干流部分有 4 个控制断面(图 10-15)，分别为烈金坝、梁西渡、南柳渡和黄金峡。依据《地表水环境质量标准》(GB3838—2002)对 4 个断面的 $NH_3\text{-}N$ 和 COD 水质进行评价。2014~2019 年，汉江干流洋县断面以上干流国控断面水质均达到或优于水域功能区划分标准，汉江干流水质无明显变化。研究区各断面水质状况如表 10-17 所示。

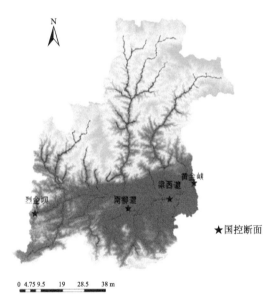

图 10-15　断面分布图

表 10-17　2014~2019 年汉江(洋县断面以上)国控断面水质状况表

水系	断面名称	断面所在地	功能区名称	数值功能标准	年度断面水质					
					2019 年	2018 年	2017 年	2016 年	2015 年	2014 年
汉江	烈金坝	宁强县大安镇	保护区	Ⅱ	Ⅱ	Ⅰ	Ⅰ	Ⅰ	Ⅰ	Ⅰ
	梁西渡	南郑县梁山镇	保留区	Ⅲ	Ⅱ	Ⅱ	Ⅱ	Ⅱ	Ⅱ	Ⅱ
	南柳渡	城固县柳林镇	保留区	Ⅲ	Ⅱ	Ⅱ	Ⅱ	Ⅱ	Ⅱ	Ⅱ
	黄金峡	洋县黄金峡镇	保留区	Ⅱ	Ⅱ	Ⅱ	Ⅱ	Ⅱ	Ⅱ	Ⅱ

1)烈金坝控制单元

烈金坝控制断面位于陕西省宁强县大安镇烈金坝村，川陕公路南侧。断面中心位于

106°17′57″E，33°03′00″N。河面宽枯水期 5 m，丰水期 30 m。该控制单元涉及宁强县大安镇，面积约 341.53 km²，断面水功能区目标为Ⅱ类。根据监测结果，该断面 2015 ～ 2018 年水质状况为Ⅰ类，2019 年水质状况为Ⅱ类，水质总体较好。烈金坝控制断面属于汉江源头，上游无人为因素影响，水环境优良，水生态良好，水资源充沛，断面水环境目标为稳定保持Ⅱ类标准及以上，如图 10-16 所示。

图 10-16　烈金坝控制单元水系概化图

2）南柳渡控制单元

南柳渡控制断面位于陕西省城固县柳林镇。断面中心位于 107°12′57″E，33°06′18″N。南柳渡控制断面汇水范围涉及勉县、汉台区、南郑区共计 35 个镇办，其中勉县 1 个镇办、汉台区 15 个镇办、南郑区 19 个镇办。每年接纳废水 2693 万 t，占汉江控制河段废水量的 71.7%。汉江干流南柳渡断面水质目标拟调整为Ⅲ类。根据监测结果，该断面 2015 ～2019 年水质状况均为Ⅱ类。南柳渡断面沿线两个污水厂污水处理等基础设施建设滞后，污水直排河道；南郑区周家坪片区、大河坎片区、梁山片区污水排水管网不完善。其断面水环境目标为稳定保持Ⅲ类标准及以上，如图 10-17 所示。

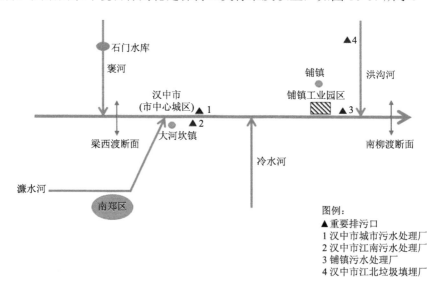

图 10-17　南柳渡断面控制单元水系概化图

3）梁西渡控制单元

梁西渡控制断面位于陕西省南郑区梁山镇。其汇水范围涉及宁强县、略阳县、勉县共计 26 个镇办，其中宁强县 4 个镇办、略阳县 5 个镇、勉县 17 个镇办。每年接纳废水

496 万 t，占汉江控制河段废水量的 13.2%。断面水环境目标为稳定保持Ⅲ类标准及以上，如图 10-18 所示。

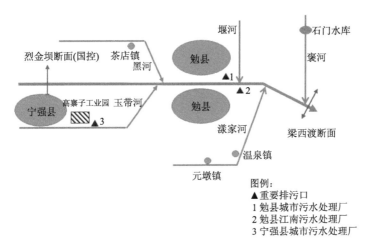

图 10-18 梁西渡断面控制单元水系概化图

4）黄金峡控制单元

黄金峡控制断面位于陕西省洋县黄金峡镇，为汉江（汉中段）削减断面。断面中心为 107°48′43″E，33°11′44″N。控制断面汇水范围涉及城固县、洋县、西乡县共计 29 个镇办，其中城固县 13 个镇办、洋县 15 个镇、西乡县 1 个镇办。每年接纳废水 567 万 t，占汉江控制河段废水量的 15.1%。根据监测结果，该断面 2015～2019 年水质状况均为Ⅱ类，水质总体较好。黄金峡控制断面内污水处理等基础设施滞后，存在污水直排河道现象。断面水环境目标为稳定保持Ⅱ类标准及以上，如图 10-19 所示。

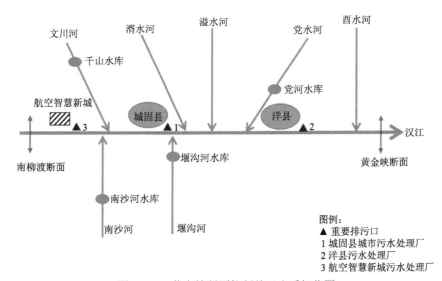

图 10-19 黄金峡断面控制单元水系概化图

2. 水环境容量结果分析

1)计算方法

水环境容量计算方法见 10.2.2 节。基于 2017 年平水年河道水质模拟结果,根据《汉中市"十四五"水生态保护要点》中各断面每年的废水接纳量以及陕西省生态环境厅所规定的排污标准进行计算,汉江流域的水质目标如表 10-18 所示。

表 10-18　汉江流域洋县断面以上国控断面水质控制标准

名称	所在地	级别	所属功能区	水质标准
烈金坝	宁强县大安镇	国控	保护区	II
梁西渡	南郑区梁山镇	国控	保留区	II
南柳渡	城固县柳林镇	国控	保留区	II
黄金峡	洋县黄金峡镇	国控	保留区	II

2)计算结果

水环境容量计算过程中需留出一部分安全余量。一般取水体最大纳污量的 5%~10%(张立坤,2014;滕加泉等,2011),本研究的安全余量确定为 5%。

结合水文条件、边界条件和排污方式,根据公式基于 MIKE 11 模型分别来计算汉江黄金峡断面以上各断面之间汛期(5~10 月)和非汛期的水环境容量(表 10-19)。

表 10-19　水环境容量计算结果表　　　　　　　　　　(单位：t/d)

时段	指标	烈金坝–梁西渡	梁西渡–南柳渡	南柳渡–黄金峡	总
汛期(5~10 月)	NH_3-N	6.22	12.96	7.25	26.42
	COD	128.00	155.88	79.24	363.13
非汛期	NH_3-N	2.22	2.78	1.45	6.46
	COD	51.46	74.89	43.94	170.28

注：因数值修约表中个别数据略有误差。

3. 污染物控制方案模拟

1)非点源污染控制方案

农业非点源污染在流域入河负荷中占比较大,需要对农业非点源污染控制进行强化净化与资源化处理。根据实地勘测及试验结果,设置四种情景进行模拟分析,其中方案一、方案二和方案三为单项措施,方案四为组合措施。

方案一：假设农业化肥和农药利用率提高,耕地非点源污染减少 30%,研究区内 NH_3-N 和 COD 的非点源污染负荷减少量分别为 397.40 t/a、4275.29 t/a。

方案二：假设畜禽养殖排泄废物得到有效控制,畜禽养殖污染减少 50%,研究区内 NH_3-N 和 COD 的非点源污染负荷减少量分别为 465.99 t/a、9439.21 t/a。

方案三：假设地表径流量得到有效控制,城镇地表径流污染减少 30%,研究区内

NH₃-N 和 COD 的非点源污染负荷减少量分别为 87.46 t/a、5334.07 t/a。

方案四：假设农业非点源污染减少 30%，畜禽养殖污染减少 50%。

在汉江洋县断面以上流域的非点源污染负荷评估模型中对方案一、方案二、方案三、方案四进行模拟，并与 MIKE 11 河道模型耦合，将计算结果作为边界条件加入河道模型，通过模拟得到实施方案后各断面的水质变化情况，计算各断面在方案一、方案二、方案三、方案四场景下的污染负荷削减率，结果如表 10-20 至表 10-23 所示。

表 10-20　烈金坝断面污染浓度削减率　　　　（单位：%）

日期	方案一		方案二		方案三		方案四	
	NH₃-N	COD	NH₃-N	COD	NH₃-N	COD	NH₃-N	COD
1 月	7.23	3.17	7.42	5.13	1.39	2.90	16.65	10.00
2 月	1.87	2.46	5.74	4.27	1.08	2.41	9.61	8.72
3 月	8.58	3.42	9.77	5.38	1.83	3.04	21.34	9.80
4 月	2.23	2.92	2.42	7.13	0.45	4.03	4.95	11.04
5 月	5.47	6.17	5.74	10.63	1.08	6.00	13.21	19.80
6 月	4.73	6.61	5.74	8.96	1.08	5.06	13.47	17.57
7 月	1.87	8.48	5.03	9.13	0.94	5.16	8.90	18.60
8 月	3.23	10.92	10.74	12.13	2.02	6.85	14.97	25.04
9 月	2.73	8.98	8.74	8.40	1.64	4.75	13.28	18.41
10 月	3.06	0.63	5.75	6.49	1.08	3.67	9.20	8.45
11 月	3.06	2.92	5.74	6.38	1.08	3.60	9.43	10.85
12 月	4.73	7.67	7.07	5.13	1.33	2.90	12.84	13.48
均值	4.07	5.36	6.66	5.13	1.25	4.20	12.32	14.31

表 10-21　梁西渡断面污染浓度削减率　　　　（单位：%）

日期	方案一		方案二		方案三		方案四	
	NH₃-N	COD	NH₃-N	COD	NH₃-N	COD	NH₃-N	COD
1 月	15.03	11.52	17.60	16.31	3.30	9.22	33.96	28.36
2 月	12.53	11.44	14.27	16.78	2.68	9.48	27.95	29.02
3 月	17.88	11.80	19.91	17.74	3.74	10.02	38.08	30.63
4 月	18.36	10.38	20.69	16.78	3.88	9.48	39.73	28.04
5 月	11.39	10.18	18.30	18.11	3.43	10.23	31.06	29.07
6 月	18.36	16.80	25.30	21.07	4.75	11.91	45.69	39.45
7 月	21.28	12.71	22.05	22.94	4.14	12.96	45.69	36.82
8 月	20.03	18.05	22.05	23.88	4.14	13.49	43.18	42.53
9 月	19.31	17.36	21.95	18.88	4.12	10.67	43.50	37.88
10 月	13.03	12.68	17.21	21.07	3.23	11.91	33.63	34.89
11 月	10.74	11.56	16.34	14.50	3.07	8.19	28.05	27.15
12 月	11.39	10.36	15.11	15.48	2.84	8.75	27.07	26.00
均值	15.78	12.90	19.23	18.63	3.61	10.53	36.47	32.49

表 10-22　南柳渡断面污染浓度削减率　　　　　　（单位：%）

日期	方案一		方案二		方案三		方案四	
	NH$_3$-N	COD	NH$_3$-N	COD	NH$_3$-N	COD	NH$_3$-N	COD
1 月	12.26	10.13	14.83	12.74	2.78	7.20	28.30	23.96
2 月	9.32	9.23	12.12	13.77	2.27	7.78	22.37	24.50
3 月	13.20	9.90	16.96	14.60	3.18	8.25	32.36	23.60
4 月	11.76	9.79	12.48	12.04	2.34	6.81	25.34	22.53
5 月	7.99	10.34	8.07	12.71	1.52	7.18	17.46	24.15
6 月	16.32	10.76	19.14	15.49	3.59	8.75	37.96	28.34
7 月	15.38	11.10	18.91	16.50	3.55	9.33	35.39	28.60
8 月	14.46	10.90	22.17	15.63	4.16	8.83	37.93	29.22
9 月	14.20	10.91	18.57	15.59	3.49	8.81	33.97	27.40
10 月	7.99	11.21	16.41	11.86	3.08	6.70	26.99	26.97
11 月	9.71	9.90	13.07	11.04	2.45	6.24	25.89	25.74
12 月	10.31	9.79	13.96	10.43	2.62	5.89	26.87	21.33
均值	11.91	10.33	15.56	13.53	2.92	7.65	29.24	25.53

表 10-23　黄金峡断面污染浓度削减率　　　　　　（单位：%）

日期	方案一		方案二		方案三		方案四	
	NH$_3$-N	COD	NH$_3$-N	COD	NH$_3$-N	COD	NH$_3$-N	COD
1 月	9.99	10.10	11.00	12.10	2.06	6.84	22.87	23.96
2 月	8.24	9.00	11.21	11.98	2.10	6.77	21.60	24.77
3 月	9.85	8.91	12.24	11.94	2.30	6.75	23.87	22.53
4 月	10.96	8.89	12.07	12.01	2.27	6.79	24.31	22.01
5 月	7.79	9.21	8.43	11.94	1.58	6.75	17.95	22.51
6 月	16.82	11.99	17.19	12.32	3.23	6.96	35.45	25.06
7 月	13.55	10.64	14.02	13.02	2.63	7.36	29.38	24.56
8 月	13.04	10.91	20.91	14.29	3.92	8.08	35.60	25.20
9 月	14.43	10.96	15.21	13.11	2.85	7.41	31.44	26.71
10 月	6.98	10.10	15.12	12.11	2.84	6.84	24.84	23.67
11 月	11.61	10.00	12.71	11.03	2.38	6.23	26.59	23.66
12 月	10.64	9.60	13.33	9.86	2.50	5.57	5.93	20.80
均值	11.16	10.02	13.62	12.14	2.56	6.86	24.99	23.79

注：因数值修约表中个别数据略有误差。

　　由模拟结果分析可以得到：① 方案一、方案二、方案三和方案四对断面水质都起到了一定的优化作用，在单项措施中，方案二对污染物浓度的削减效果最优，组合措施对非点源污染的控制效果优于单项措施。② 各方案对各断面污染物浓度削减效果不一样，总体削减效果为梁西渡＞南柳渡＞黄金峡＞烈金坝。主要因为梁西渡控制断面汇水范围涉及 26 个镇办，其中宁强、略阳和勉县在研究区内非点源污染负荷量大，畜禽养殖和农业非点源污染比较严重，而烈金坝断面为汉江源头断面，上游无人为因素影响，控制单位仅涉及宁强县大安镇，所以方案对烈金坝断面的水质浓度削减效果不明显。

2）其他水污染防治对策及建议

A. 点源污染控制对策

点源污染治理原则为源头削减、中间消化、末端治理。其中源头削减主要是整治排污企业，通过相关部门监督和管理，制订排放标准以及排放量；中间消化主要是指对于清洁生产工艺的制定和推广，使水资源利用率达到最高；末端治理主要指建立污水处理站、垃圾填埋、再生水回用等。

B. 农业非点源污染控制对策

农业非点源污染需要从流域的角度进行探索，实施最佳管理措施，注重发展绿色农业，在保证农业产量的同时，尽可能地减少化肥和农药的使用，提高化肥和农药的利用率，建立生态农业体系。

C. 畜禽养殖非点源污染控制对策

畜禽养殖业需要采取畜禽废物的最佳管理措施。通过一定的技术手段，将畜禽养殖废弃物"变废为宝"，可加工为肥料、饲料，或用于沼气等，充分发挥畜禽粪便的价值。此外，还可以采取工程措施，如修建污水蓄水池、污水处理池和肥料生产池等。

4. 小结

本节根据汉江洋县断面以上干流资料对 4 个断面水质现状进行评估，根据不同断面水质控制目标，利用水环境容量计算结果和水环境控制目标设置非点源污染控制方案，用耦合的污染负荷模型和 MIKE 11 模型对控制方案进行模拟，结论如下：

（1）汉江洋县断面以上流域有烈金坝、梁西渡、南柳渡和黄金峡 4 个国控断面，2014～2019 年以来，各干流断面水质均达到或优于水域功能区的划分标准，水质变化不明显。

（2）洋县断面以上河道水环境容量汛期与非汛期相差很大，汛期 NH_3-N、COD 的水环境容量分别为 26.42 t/d、363.13 t/d，非汛期 NH_3-N、COD 的水环境容量分别为 6.46 t/d、170.28 t/d，洋县断面以上河道水质整体良好，但随着社会经济的发展和城镇化建设的加快，流域还是面临着纳污增容的压力。

（3）根据非点源污染负荷分析结果，结合实际情况，提出农业非点源中耕地非点源污染减少 30%（方案一）、畜禽养殖污染减少 50%（方案二）、地表径流污染减少 30%（方案三）、农业非点源污染减少 30%且畜禽养殖污染减少 50%（方案四）四个方案，利用污染负荷模型和 MIKE11 的耦合模型对四个方案进行模拟，计算出不同方案对河道污染物浓度的削减情况。方案二作为单项措施对污染物浓度的削减效果最优，组合措施对非点源污染的控制效果优于单项措施。各断面污染物浓度削减效果表现为梁西渡＞南柳渡＞黄金峡＞烈金坝。另外从点源、农业非点源、畜禽养殖三个方面提出水污染防治对策。

10.3.3 不同模型结果对比分析

本节在汉江洋县断面以上流域分别利用了 SWAT 模型和 MIKE 模型进行非点源污染控制研究，其中 SWAT 模型设置了 9 种情景方案（8 种单项措施，1 种组合措施），MIKE 模型模拟了 4 种情景措施（3 种单项措施，1 种组合措施）。两者的控制措施分析结果中，均得出单一 BMP 措施削减效果小于组合式 BMPs 削减效果。SWAT 模型模拟的 8 种管理措施中，残茬覆盖、植草水道、退耕还林有较高的污染削减率，组合式植草水道+残茬覆盖+退耕还林(25°以上)是对 TN 和 TP 的平均削减率分别为 40.62%和 39.92%，关键源区的污染程度降低。根据非点源污染负荷分析结果，提出四个方案，通过 MIKE 11 和污染负荷模型的耦合模拟四个方案对河道污染物浓度的削减情况。方案二作为单项措施对污染物浓度的削减效果最优，组合措施对非点源污染的控制效果优于单项措施。四个方案对各断面污染物浓度削减效果表现为梁西渡＞南柳渡＞黄金峡＞烈金坝。从结果可以分析出，SWAT 模型针对的是流域整体，措施数据库比较丰富，可以在研究区域的关键源区调整不同措施的参数值进行模拟，而利用 MIKE 模型的情景设定是基于非点源污染负荷估算值，单项措施和组合措施只能按污染负荷削减目标进行模拟计算，比较关键的是落实的措施比例(如耕地非点源污染减少 30%、畜禽养殖污染减少 50%、城镇地表径流污染减少30%等)能否达到其期望目标。结论与前面在丹江流域使用的情况一致，如果研究区域资料翔实，可以利用 SWAT 模型确定具体的控制管理措施。

10.4　基于 MIKE 模型的洋县—安康断面间非点源污染控制研究

10.4.1　聚类分析

通过等标污染负荷计算结果，获得各个行政区与其不同污染物的等标负荷量(表 10-24)。通过上文分析可知，研究区域内不同行政区农业非点源污染负荷特征差异很大。为识别关键源区控制污染负荷，将表 10-24 的数据作为聚类分析的统计量，运用系统聚类法，即通过各污染源的相似程度对研究区域内 11 个行政区进行分类(吴超雄,2012)，等标污染负荷聚类树状图如图 10-20 所示。最后，将 11 个城市共分为 4 级控制分区，详情如表 10-25 所示。

表 10-24　各行政区等标负荷量表　　　　　　(单位：m³/a)

行政区	COD	NH₃-N	TN	TP	合计
汉滨	933.71	1798.77	4724.44	1376.15	8833.08
佛坪	116.51	112.98	580.62	136.89	947.00
汉阴	442.54	911.12	2288.57	636.40	4278.63
岚皋	292.68	493.84	1375.20	454.75	2616.48
宁陕	238.71	228.33	1157.37	271.96	1896.37
平利	317.64	701.93	1158.96	480.09	2658.62
石泉	329.16	606.84	1824.03	447.12	3207.15
西乡	625.19	1346.77	3815.48	965.69	6753.13
洋县	635.67	1314.58	3354.20	876.13	6180.58
镇巴	437.73	860.21	1891.81	566.40	3756.16
紫阳	460.48	873.42	2246.04	688.96	4268.91
合计	4830.03	9248.79	24416.73	6900.54	45396.10

注：因数值修约表中个别数据略有误差。

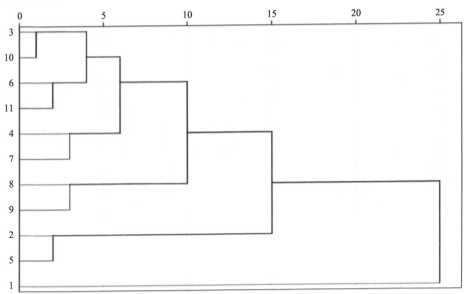

注：1-汉滨；2-佛坪；3-汉阴；4-岚皋；5-宁陕；6-平利；7-石泉；8-西乡；9-洋县；10-镇巴；11-紫阳

图 10-20　等标污染负荷聚类树状图

表 10-25　行政区优先控制分级表　　　　　　（单位：m³/a）

控制分区	序号	城市	合计	畜禽养殖	农村生活	农田林地
第一级	1	汉滨	5803.69	3111.18	2661.91	3059.95
第二级	8	西乡	3377.52	2428.34	915.75	3409.04
	9	洋县	3822.36	2727.93	1071.07	2381.57
第三级	3	汉阴	2728.59	1874.30	838.92	1565.40
	4	岚皋	1396.27	894.17	490.19	1232.12
	6	平利	2165.60	1308.89	851.91	497.81
	7	石泉	1810.81	1312.83	484.18	1410.15
	10	镇巴	2638.49	1827.37	800.18	1128.60
	11	紫阳	2484.64	1355.44	1111.63	1801.83
第四级	2	佛坪	224.77	118.84	98.91	729.25
	5	宁陕	513.52	257.95	242.15	1396.27

　　将研究区域内的行政区划分为四级控制分区，分别按污染严重程度对应的控制管理优先级，从高到低划分为一级、二级、三级及四级控制区。其中一级控制区仅包含安康市汉滨区；二级控制区包含西乡县和洋县；三级控制区包含汉阴县、岚皋县、平利县、石泉县、镇巴县和紫阳县；四级控制区包含佛坪县和宁陕县。污染物贡献最大的是安康市汉滨区，其 TN、NH₃-N、TP 及 COD 分别占研究区总量的 19.33%、19.45%、19.35%以及 19.94%。二级控制区中西乡县的污染物 TN、NH₃-N、TP 和 COD 贡献分别为 12.94%、14.56%、15.63% 和 13.99%，洋县的污染物 TN、NH₃-N、TP 和 COD 贡献分别为 13.16%、14.21%、13.74% 和 12.70%。因此为了更好地改善研究区域的水质状况，对汉滨区、西乡

县和洋县进行优先控制,三者总和污染物平均占比达到 47.25%,所以控制好关键源区,是汉江流域陕西段非点源污染控制最为经济有效的方法。

10.4.2　非点源污染控制措施模拟研究

综上所述,一级、二级控制区内污染物平均占比达到 45% 左右,所以为了更好地改善研究区域内水质状况,需要控制好关键源区。基于上文研究结果与相关研究(查恩爽,2011;张一楠等,2017;荣琨等,2019;王会和王奇,2011;东阳,2016;董飞等,2014),对畜禽养殖、农村生活和农田林地依次采取控制措施,首先针对畜禽散养造成的粪便污染问题,考虑集中畜禽养殖,对粪便采用固液分离—资源化—沼气化—沉淀等处理工艺。其次对于农村生活考虑采取农村改厕、垃圾集中处理等措施,最后设置 25° 以上坡耕地的退耕还林还草措施,详情如表 10-26 所示。

表 10-26　不同情景方案的措施与参数设置

情景方案	措施设置	参数调整	布设区域
0	无	无	无
1	集中畜禽养殖、沼气化处理粪便	畜禽养殖污染单位负荷减少 10%	A 类(二级及以上控制区)
2	农村改厕、垃圾集中处理	农村生活污染单位负荷减少 10%	A 类(二级及以上控制区)
3	退耕还草(25° 以内)	栅格计算器,25° 以上耕地变草地	B 类(三级及以上控制区)
4	退耕还林(25° 以上)	栅格计算器,25° 以上耕地变林地	B 类(三级及以上控制区)
5	综合措施(1+2+4)	畜禽养殖污染、农村生活污染单位负荷减少 10%,25° 以上耕地变林地	A 类(二级及以上控制区)

基于模型模拟 5 种情景方案下非点源污染负荷的变化,在控制措施评估中,采用非点源污染负荷削减量评估情景方案的非点源污染控制效果,依次布置 5 种情景方案后,不同情景方案对关键源区的污染物削减量如图 10-21 所示。

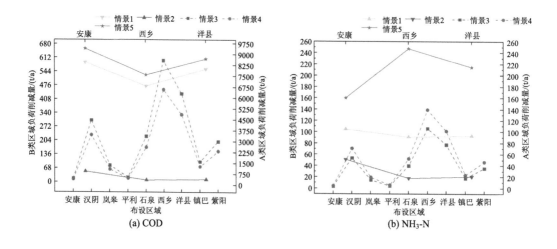

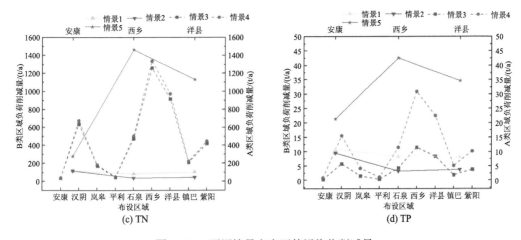

图 10-21　不同情景方案下的污染物削减量

情景 1、情景 2 和情景 5：对于二级及以上控制区内的汉滨区、西乡和洋县三个行政区，情景 2 是对农村生活污染源的削减，是污染控制效果最不明显的方案，但是该方案具有一定的环境效益和社会效益。该方案对于 COD、NH₃-N、TN 和 TP 的负荷削减总量分别为 1618.67t/a、88.83t/a、211.22t/a 和 16.78t/a，其中汉滨区、西乡、洋县占比分别为 57%、20% 和 23%。情景 1 通过削减畜禽养殖污染，减少 COD、NH₃-N、TN 和 TP 负荷分别为 23232.50 t/a、288.13 t/a、316.18 t/a 和 27.67 t/a，是削减效果最佳的单项措施方案，汉滨区仍是负荷削减最主要的来源，平均占比为 38%。情景 5 综合措施将对非点源污染负荷进行全面的削减，安康是 COD 削减量最大的区域，削减量为 9383.44 t/a，而西乡是 NH₃-N、TN、TP 削减量最大的区域。COD、NH₃-N、TN 和 TP 的负荷削减总量分别为 25651.95 t/a、532.63 t/a、2568.41 t/a 和 98.97 t/a。

情景 3 和情景 4：布设区域基本涵盖整个研究区域，只有佛坪县和宁陕县除外。情景 3 对区域 25°以上坡耕地进行退耕还草措施，其 COD 及 TN 削减效果优于情景 4，但是对于 NH₃-N 和 TP 的削减效果则略显不足，COD、NH₃-N、TN 和 TP 削减总量分别为 1986.80t/a、352.00t/a、4194.33t/a 和 38.58t/a。情景 4 通过对布设区域进行 25°以上坡耕地退耕还林措施，将直接减少坡耕地面积 1669.64 km²，各行政区坡耕地减少 14.68～484.43km²。模拟退耕还林措施后，控制区内 COD、NH₃-N、TN 及 TP 削减总量分别为 1510.86t/a、461.29t/a、4447.38t/a、102.87t/a。由于各行政区自然条件状况迥异，污染物削减效果差异较大，COD、NH₃-N、TN 及 TP 削减量范围分别为 13.80～455.36 t/a、4.21～139.03 t/a、40.63～1340.42 t/a 和 0.94～31.00 t/a。

10.4.3　水环境容量计算

水环境容量计算是流域水污染控制的重要前提，其研究大致划分为两大类：控制断面达标计算法和总体达标计算法。相关的计算方法非常多，针对污染物能否降解具体计算公式都有所不同，在综合对比国内外相关研究及汉江流域已采用的水环境计算方法后，本节采用的是可降解污染物的一维公式法，实际情况下并非所有水体均对污染物起到稀释降解的作用，这与公式中将河段内所有水体都参与计算有所不符，故考虑使用不均匀系数对计算公式进行修正(董飞等,2014;李柱等,2018;李晓玲和吴波,2009)，不均匀系数 α 的取值依据如表 10-27 所示。

表 10-27　不均匀系数 α 取值范围表

河宽/m	不均匀系数	河宽/m	不均匀系数
0~50	0.8~1	100~150	0.4~0.6
50~100	0.6~0.8	150~200	0.1~0.4

水环境容量公式为

$$W = 86.4\alpha \left[C_s \left(Q_0 + Q_p \right) \exp\left(\frac{KL}{86400U} \right) - Q_0 C_0 \right] \qquad (10\text{-}11)$$

式中，W 为水环境容量，kg/d；Q_0 为进口断面的入流流量，m^3/s；Q_p 为点源流量；C_0 为进口断面的水质浓度，mg/L；C_s 为水质目标质量浓度，mg/L；L 为河段长度，m；U 为平均流速，m/s；K 为水质降解系数。

修正公式为

$$W_{修正} = \alpha W \qquad (10\text{-}12)$$

式中，$W_{修正}$ 为修正后的水环境容量，kg/d；α 为不均匀系数，取 0.3。

1. 污染源概化

汉江陕西段流域内大多县城周边的排放系统落后，并且由于地理位置偏僻以及经济条件限制，如宁强县、旬阳市等县城污水处理设施不齐全，点源污染控制力度不足，导致排污口沿汉江分散式排入。因此在研究过程当中，要对污染源进行概化处理，从统计角度看，排污口概化的方法存在一定合理性。根据汉江流域陕西段相关的研究(杜麦,2017)和上文利用径流分割法所得出的结果，按照污染物在河段顶端计算，COD 以及 $\text{NH}_3\text{-N}$ 污染物负荷量分别为 26362.58t/a 和 1711.13t/a。

2. 水文设计流量

为避免丰水期容量浪费，选择近 10 年最枯月平均流量作为枯水期，50%保证率的平水期月平均流量以及 20%保证率的丰水期月平均流量作为设计流量展开计算，获得最终的水环境容量。

经验频率公式为

$$P = \frac{M}{N+1} \qquad (10\text{-}13)$$

式中，P 为频率，又可称为保证率，%；N 为样本容量或者实际测得的序列长；M 为序号。

经过计算，洋县站和安康站近 10 年最枯月平均流量分别为 2016 年 2 月的 $29.6\text{m}^3/\text{s}$

和 2006 年 1 月的 143m³/s；平水期 50%保证率的设计流量分别为 154.9m³/s、254.92m³/s；丰水期 20%保证率的设计流量分别为 425.95m³/s、1668.25m³/s。

断面平均流速计算公式如下，不同频率下的流速如表 10-28 所示。

$$U = \frac{Q}{A} \qquad (10\text{-}14)$$

式中，U 为流速，m/s；Q 为流量，m³/s；A 为断面面积，m²。

表 10-28　汉江洋县、安康断面各个频率下的流速　（单位：m/s）

水文站	枯水期	平水期	丰水期
洋县	0.30	1.42	2.64
安康	0.17	0.29	1.10

3. 降解系数

污染物综合降解系数的确定有许多方法，利用 2017 年水质监测资料及污染负荷计算结果，并参考汉江流域相关研究文献（刘坤和杨正宇,2009;杜麦,2017;张强等,2019），校核综合降解系数 K 值。计算公式为

$$K = \left(\frac{86400U}{\Delta L} \right) \cdot \ln \left(\frac{C_Y}{C_A} \right) \qquad (10\text{-}15)$$

式中，ΔL 为洋县–安康水文控制断面间距离，m；C_Y 为洋县水文控制断面污染物浓度，mg/L；C_A 为安康水文控制断面污染物浓度，mg/L；

最终确定 COD 和 NH₃-N 的降解系数分别为 0.2 和 0.1。

4. 计算结果

受限于资料条件，仅选择 COD 和 NH₃-N 计算洋县–安康断面间的水环境容量，计算结果如表 10-29 所示。

表 10-29　研究区域水环境容量表　（单位：t/a）

污染物	枯水期	平水期	丰水期
COD	884724.17	209824.45	257187.04
NH₃-N	9777.38	7249.96	12327.38

除去已知的 2017 年 COD 和 NH₃-N 的点源入河量 26362.58t/a 和 1711.13t/a，研究区域剩余水环境容量如表 10-30 所示。

表 10-30　研究区域剩余水环境容量表　（单位：t/a）

污染物	枯水期	平水期	丰水期
COD	705859.07	30959.35	78321.94
NH₃-N	8854.10	6326.68	11404.11

由表可知,对于 COD 而言平水期的水环境容量最小,为 20.98 万 t/a,丰水期的水环境容量最大,为 88.47 万 t/a,而 NH_3-N 其平水期下的水环境容量最小为 0.72 万 t/a,丰水期水环境容量最大,两者的差异可能是因为一维公式法计算过程中的局限性导致。总的来看,研究区域预测的剩余水环境容量虽未超标,但不容乐观,尤其是 NH_3-N 的水环境容量已所剩不多。

10.4.4 非点源污染防治对策

通过水环境现状可知水环境容量 COD 因子尚未超标,但 NH_3-N 在枯水期和平水期即将超标,并且通过等标污染负荷分析可知 TN 是最为严重的污染物,其次是 NH_3-N、TP 和 COD,故汉江流域陕西段水环境容量不容乐观,非点源污染防控已刻不容缓,具体的防治对策有:

1. 畜禽养殖污染防治

汉江流域畜禽养殖发展迅速,尤其是"菜篮子工程"实施后,但是同时也加剧了畜禽散养造成的非点源污染。控制的关键在于合理布局畜禽养殖产业,根据当地水环境容量以及生态环境状况,划定限制养殖区域以及禁止养殖区域。对于畜禽养殖污染较为突出的安康、西乡县以及洋县,应制定畜禽养殖污染源逐年削减目标,采取生态养殖模式,减少农村畜禽散养数量,加强集中养殖管理,向规模化、集约化转变。并且当地政府应推出相应的政策扶持与补贴政策,帮助其承担污染治理投资费用,调动污染治理积极性。减少污染物直接排放量,推广畜禽粪便综合利用处理技术,将粪便污水利用厌氧发酵产生沼气,以沼气为纽带将畜禽粪尿循环利用起来,实现农田种养配套解决农牧脱节,推广生态饲养饲料,从源头、过程以及末端减少畜禽养殖污染。

2. 农田林地污染防治

降低坡地产污负荷强度,根据非点源污染流失特征,实行坡改梯工程,对于坡度 5°~15°、15°~25° 和 25° 以上坡耕地,与现实情况相结合进行退耕还林还草。利用排水沟渠、植被缓冲带等拦截污染物质,减少径流冲刷所造成的非点源污染。优化种植施肥习惯,采用保护性耕作,提倡免耕少耕,调整作物的种类和布局,进行合理的间、套、轮作等措施来减少非点源污染。不能盲目地为经济产量而一味增加肥料使用量,应采取科学有效的施肥技术,通过测土配方施肥,根据作物以及土壤特性合理地调整施肥种类以及数量,平衡氮、磷、钾的比例,将一次施肥变成少量多次,施肥后即进行适宜灌溉或雨前表施,减少降雨冲刷导致的化肥损失,既避免环境污染最大限度减少施肥量,又减少经济损失。

3. 农村生活污染防治

按照新农村建设的要求。推广垃圾分类在农村地区的宣传教育,培养农民对非点源污染的理解,使其从根本上认识到农业非点源污染严重性。积极推进新媒体平台的宣传推广,在短视频、直播等新型平台扩大宣传,改变以绿水青山换取金山银山的落后观念。

进一步推进农村改厕，建设卫生厕所，完善农村废弃物处理设施，垃圾集中堆放和无害化处理，逐步提高农村的污水处理率，坚持低投入、少维护的原则，因地制宜地提倡厕所革命，加快污水处理设备的配套设置。充分利用村庄现有条件，增加污水管道铺设比例，尽量实现污水收集，实现雨污分流，减小非点源污染发生的比例。通过投资建设道路硬化绿化，推广沼气池等来减少非点源污染物的扩散。

10.4.5　小结

通过聚类分析法，将所有行政区按照污染物贡献程度从高到低划分为四级控制区。一级控制区的 TN、NH₃-N、TP 和 COD 分别占总量的 23.05%、19.88%、22.17% 和 21.63%，远高于其他控制区。为了更好地改善研究区域内水质状况，通过模拟 5 种情景方案进行优先控制研究。结果表明单项措施中情景方案 1 削减效果较好，不同控制措施在不同行政区中削减效果差异明显。措施布设后，关键源区内污染物的流失量在空间上发生较大变化。计算洋县-安康断面间的水环境容量，发现不同水期对应的水环境容量差距比较明显，平水期 COD 的水环境容量最小，丰水期 COD 的水环境容量最大，而 NH₃-N 平水期下水环境容量最小，丰水期水环境容量最大。虽然研究区域预测的剩余水环境容量未超标，但未来不容乐观。根据水环境现状，从畜禽养殖、农田林地和农村生活三个方面提出防治对策，治理好不同污染源的非点源污染，使生态环境越来越好。

10.5　基于 SWAT 模型的汉江安康断面以上流域非点源污染控制研究

10.5.1　控制措施布设

常见的流域非点源污染控制措施分为非工程措施和工程措施两类(王晓等,2013;孙浩然,2020)。由于传统退耕还林措施(如 25°以上地区)布设面积过大，实施性较弱，本研究尝试改变退耕还林布设依据。综合考虑"源-汇"景观分布、非点源污染风险评估结果以及关键源区分布，建立生态缓冲带，将布设地区以缓冲带的形式提取，进而变换其土地利用信息，并与现有土地利用数据进行融合，最终评估其控制效果(Zhang et al.,2019,2013;Li et al.,2019)。模型初始情景为 S0，在关键源区设置了十种单一措施以及三种组合措施进行分析评估，情景设置如表 10-31 所示。

表 10-31　情景方案设置及描述

无	S0	基础情景	—
非工程措施	S1	化肥削减(30%)	FRT_KG= FRT_KG×(1−30%)
	S2	免耕	.mgt: No Tillage
	S3	残茬覆盖	.mgt: Haverst only，No Tillage；CN=CN-2，USLE_P=0.29，OV_N=0.3
工程措施	S4	等高植物篱	CN=CN -4，USLE_P，FIL TERW=1
	S5	梯田工程(25°以内)	CN=CN -3，USLE_P，SLSUBBSN

续表

无	S0	基础情景	—
生态缓冲带	S6	50m 缓冲带	缓冲带内实施退耕还林
	S7	100m 缓冲带	
	S8	200m 缓冲带	
	S9	300m 缓冲带	
	S10	500m 缓冲带	
组合措施	S11	残茬覆盖+等高植物篱+100m 缓冲带	
	S12	残茬覆盖+等高植物篱+200m 缓冲带	
	S13	残茬覆盖+等高植物篱+300m 缓冲带	

在 SWAT 模型中设置非工程措施以及工程措施相应参数，并更新土地利用信息，分别对十种单一措施和三种组合措施进行模拟。此外，利用新土地利用下 LCI 指数以及 NPPRI 指数的变化情况反映生态缓冲带对非点源污染的控制效果，并进一步探究景观格局与非点源污染之间的响应关系。

考虑最小累积阻力值的分析结果，在一级"源"景观内利用 ArcGIS 提取 50m、100m、200m、300m 和 500m 的缓冲区，将缓冲区内的"源"景观改为"汇"景观。最终，通过栅格计算器将缓冲区与现有的土地利用数据融合，得到生态缓冲带中的土地利用数据（S6、S7、S8、S9 和 S10）。提取的缓冲区如图 10-22 所示。统计五种生态缓冲带的不同土地利用类型比例，与基础情景进行比较，并分析生态缓冲带布设后流域内"源"和"汇"景观的面积变化。

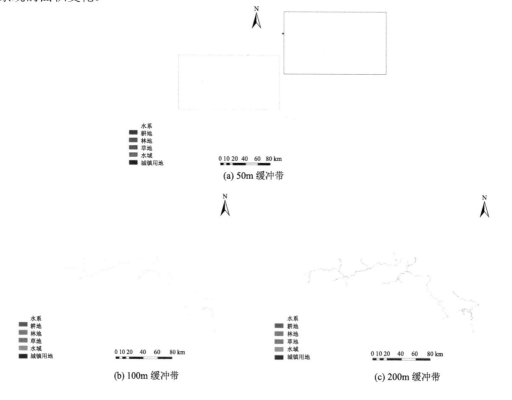

(a) 50m 缓冲带

(b) 100m 缓冲带　　　　　　　　　　(c) 200m 缓冲带

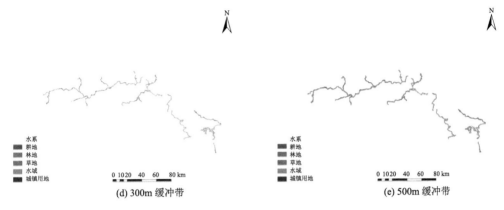

图 10-22 5 种缓冲带分布

坡度 25°以上退耕还林还草措施的布设面积为 1254.8km², 占流域面积的 3.6%。S6、S7、S8、S9 以及 S10，五种生态缓冲带的布设面积分别占流域总面积的 0.32%、0.61%、1.18%、1.71% 和 2.75%。与基础情景下的土地利用状态相比，生态缓冲带布设后，流域内 "源" 景观面积平均减少 261.49km²。

10.5.2 非点源污染控制措施模拟

根据表 10-31，在 SWAT 模型中设置相应措施，对各项措施进行模拟，统计 2011~2018 年 TN、TP 的负荷变化，采用非点源污染负荷削减率[式(10-1)]评估各情景的非点源污染控制效果。

1. 非工程措施

三种非工程措施(S1、S2 和 S3)在全流域的 TN 平均削减率分别为 0.8%、3.5% 和 50.8%，TP 平均削减率分别为 9.5%、11.7% 和 61.8%。对于关键源区，三种非工程措施对 TN 的平均削减率分别为 0.82%，3.63% 和 50.4%，对 TP 的平均削减率为 10.3%，7.39% 和 60.7%(图 10-23)。

非工程措施对 TP 的控制效果优于 TN，且残茬覆盖措施对污染物的控制效果最好。虽然削减化肥可以减少污染物的产生，免耕可以缓解土壤侵蚀，但氮、磷元素的吸附特性导致土壤中大量污染物积累。但是不难发现，在关键源区中，化肥削减措施对 TP 污染物的控制效果由于免耕对 TP 的控制效果，这可能是因为免耕措施对颗粒性污染物有较好的控制效果，而溶解性磷是 TP 的重要组成部分，而且也有学者提出，免耕措施会增加溶解性磷的输出(Ahn and Kim,2016;Pavinato et al.,2009;Han et al.,2015)，这些原因导致了免耕措施对 TP 的控制效果欠佳。研究区域内农业施肥严重，PN、PP 容易与土壤吸附，在降雨径流的冲刷作用下增加了非点源污染发生的风险。残茬覆盖不仅可以防止降雨径流的冲刷，还能降低土壤的渗透性，该过程促进了土壤中微生物以及活性物质的积累(Halvorson et al.,2008;Nash et al.,2012;常舰,2017)，进而增强了土壤中的反硝化作用，使氮元素以气体的形式释放，而不是汇入河流中，减少污染物的累积并降低污染物进入受纳水体的概率。

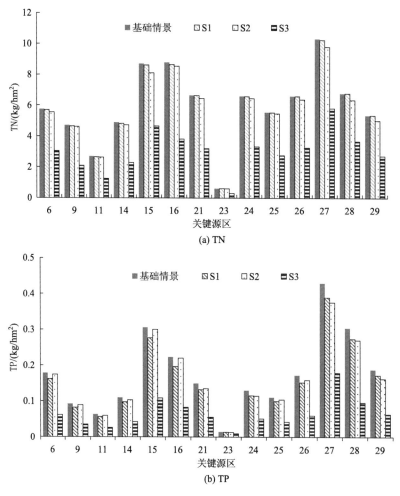

图 10-23 非工程措施对 TN、TP 负荷的削减效果

2. 工程措施

两种工程措施(S4 和 S5)对 TN 和 TP 的平均削减率分别为 52.3% 和 57.6%(图 10-24)。S5 情景对 TN 和 TP 的削减率最大值可以达到 67.7% 和 65.8%,而最小值分别为 49.6% 和 50.6%。S4 情景对 TN 和 TP 的削减率最大值分别为 61.8% 和 62.7%,最小值分别为 47.8% 和 50.4%。模拟结果表明,两种工程措施对 TP 的控制效果优于 TN,且情景 S4 和 S5 对污染物的削减效果差异较小。

等高植物篱强调植物种植要按等高线的分布进行,该措施可以削减洪峰流量,减小地表径流,降低土壤侵蚀。等高植物篱(S4)措施下,关键源区内 TN 负荷的单位面积减少量为 0.3~4.9 kg/hm²,单位面积输出量平均减少 3.1 kg/hm²;TP 负荷单位面积削减量为 0.038~0.21kg/hm²,平均减小了 0.1 kg/hm²。在子流域的角度下,S4 措施对 TN 的平均削减率为 53.7%,最大值为 61.8%;对 TP 的平均削减率为 57.2%,可见等高植物篱对 TP 的削减效果优于 TN。

梯田工程是防止水土流失，控制农业非点源污染的有效措施，同时具有蓄水和保肥的作用，但是梯田工程与等高植物篱相比，其建设成本高。梯田措施(S5)在关键源区内对 TN 单位面积输出量的平均削减量为 3.5kg/hm²，最大削减量为 5.961kg/hm²，对 TP 单位面积负荷的削减量为 0.038～0.22 kg/hm²，平均削减量与 S4 相同，也为 0.1 kg/hm²。以 31 个子流域为研究对象，S5 措施对 TN 负荷的平均削减率为 58.6%，对 TP 的平均削减率为 59.3%。

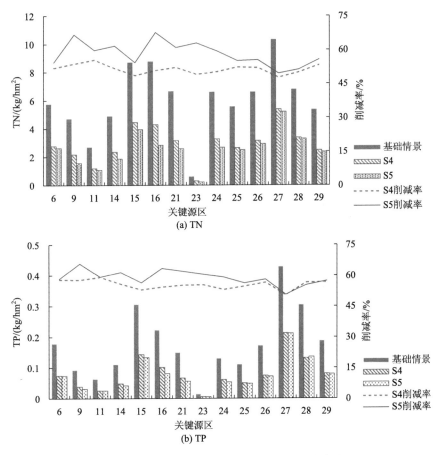

图 10-24　工程措施对 TN、TP 负荷的削减效果

相比于等高植物篱的控制效果，梯田工程对非点源污染负荷的控制更有效，但二者差别较小，且二者均能降低氮磷污染的产生。与等高植物篱类似，两种工程措施对 TP 的控制效果要好于对 TN 的控制效果，这可能是因为两个工程措施都以物理拦截、微生物转化以及土壤吸附等过程为主(王敏等,2011;Panagopoulos et al.,2012)，并结合非点源污染空间分布特征，流域内非点源磷污染主要以矿物质磷为主，更容易被工程措施拦截，所以控制效果呈现出 TP 优于 TN 的现象。

3. 生态缓冲带

五种生态缓冲带(S6、S7、S8、S9 和 S10)中，TP 的控制效率均优于 TN，TP 污染负荷平均降低 44.9%，TN 污染负荷平均降低 32.2%。子流域尺度分析结果表明，"汇"景观面积越大，对污染物的控制效果越好，而且"汇"景观面积变化对 TP 污染的响应比 TN 更为敏感(图 10-25)。S6、S7、S8、S9 和 S10 五种生态缓冲带对 31 个子流域 TN 的平均削减率分别为 30.6%、30.8%、31.7%、32.7%和 34.9%，对 TP 的平均削减率分别为 44.9%、45.3%和 46.3%、47.6%和 49.4%。

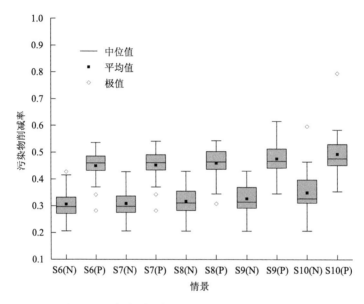

图 10-25　生态缓冲带对 TN、TP 负荷的削减效果

在 S6 情景下，流域出口 TN 负荷从 14578.2t 降低到 10415.9t，污染物控制效率为 28.6%，TP 负荷由 470.3t 降低到 280.5t，控制效率为 40.4%。根据非点源风险转移情况，高危风险区面积已降低至 342.9 km²，其中由高危风险区转为高风险区的面积为 2072.6 km²，转为中度风险区的面积为 366.9 km²。高风险区主要向中风险区和较低风险区转移，其中中风险区和较低风险区面积分别增加 2122km² 和 9873.7km²。对于 S7 情景，TN 和 TP 负荷分别减少了 4194.7t 和 190.8t，S7 布设后，高危风险区域减少到 317.4km²。与 S6 情景相比，高危风险区域进一步减少了 25.5km²。高风险区发生风险转移的区域面积为 2465.3km²，其中 83.9%转变为高风险区域，16.1%转为中风险区域。较低风险、低风险和中风险区域面积均呈现增加的趋势，其低风险面积增加 882km²，较低风险区面积增加 5691.2km²。

在 S8 情景下，污染物削减效果较 S6 和 S7 情景有进一步提升，流域出口 TN 削减量分别增加 128.3t 和 95.9t，TP 削减量分别增加 3.7t 和 2.7t。随着"汇"景观面积的不断增加，生态缓冲带对非点源污染的控制效果逐渐提高。在 S8 情景的影响下，高危风险区进一步下降到 285.5km²，低风险区和较低风险区分别增加到 2163.3km² 和 11128.4km²，高风险区域下降了 6970.5km²。高危风险区域中发生转移的面积增加了 52.7 km²，较低风险区域的面积相比 S7 情景增加了 2%。

　　在 S9 和 S10 情景的影响下，高危风险区面积相差 50km²，相比其他措施，高风险区面积变化差异逐渐变小，相差 51km²。S9 和 S10 情景下，低风险区域与较低风险区域之间的面积差距逐渐变大，低风险区面积相差 220.4km²，较低风险区面积相差 665.5km²。S9 情景下，流域出口 TN 负荷减少 4378.9t，TP 负荷减少 196t，S10 情景下，TN 负荷减少 4536t，TP 负荷减少 200t。非点源污染风险区域面积变化明显，S10 情景对非点源污染风险区的变化影响最大。风险区域转移情况如图 10-26 所示。

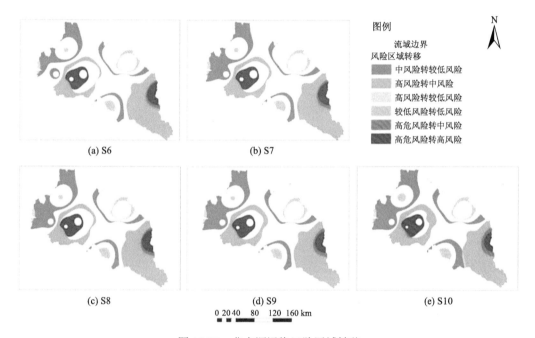

图 10-26　非点源污染风险区域转移

　　在生态缓冲带的影响下，流域西北部的非点源污染风险从中风险转变到较低风险，流域中部的高风险区域转变为中风险。流域内高危风险和高风险区域大面积减少，但北部和西南部地区水系分布复杂，"源"景观集中，非点源污染风险较高。S9 情景和 S10 情景对非点源污染的控制效果更好地体现在高危风险区。在 S6、S7、S8 情景中，高风险区分别为 324.99 km²、317.35 km² 和 285.46 km²，LCI 在高危风险区的平均降低了 88.6%，而 S9 和 S10 方案在高危风险区的平均减少了 91.6%。对于高风险区，S6、S9 和 S10 情景最为有效，LCI 指数分别减少了 65.5%、69.6% 和 74.3%。S6、S7、S8 情景下，中风险区域面积增长率最大，其面积变化分别为 4596.3km²、3812.2km² 和 3871.1km²。S7 和 S9 情景对非点源污染的整体控制效果最好（表 10-32）。

表 10-32　生态缓冲带对风险区域的影响

风险区	面积/km²					
	基础情景	S6	S7	S8	S9	S10
低风险	1261.374	2123.17	2144.38	2163.65	2175.09	2395.52
较低风险	6093.843	9880.28	10905.81	11128.38	11321.16	11986.93
中风险	14744.56	19340.85	18556.75	18219.94	18615.66	18289.44
高风险	10840.25	3979.91	3742.91	3869.77	3296.49	2787.11
高危风险	2781.554	342.99	317.35	285.46	258.8	208.2

4. 组合措施

分别从非工程措施、工程措施以及生态缓冲带中选择控制效果良好的单一控制措施进行组合，选取 S3、S4、S7、S8 和 S9 情景进行组合，并通过 SWAT 模型对组合措施进行模拟。等高植物篱与梯田工程对污染物的削减效果无显著差异，梯田工程建设成本平均为 7600 元/ hm²，而等高篱的平均成本为 2200 元/ hm²（李舒,2021），因此决定选择等高篱作为组合措施中的工程措施部分。对组合措施的模拟效果以及评价见表 10-33 和图 10-27。

表 10-33　组合措施模拟结果

组合情景	描述	污染物削减率/%			
		子流域		流域	
		TN	TP	TN	TP
S11	残茬覆盖 ＋ 等高植物篱 +100m 缓冲带	27.2	50	29.4	49.7
S12	残茬覆盖 ＋ 等高植物篱 ＋200m 缓冲带	38.1	57.9	39.8	57.2
S13	残茬覆盖 ＋ 等高植物篱 ＋300m 缓冲带	71.9	83.6	70.6	79.8

S11、S12 和 S13 组合措施下,子流域尺度内 TN 单位面积输出量分别减少 3.3kg/hm²、3.57 kg/hm² 和 3.96 kg/hm²,流域出口 TN 负荷的控制效率分别为 27.2%、38.1%和 71.9%。在 S11、S12 和 S13 情景的影响下,TP 单位面积输出量分别减少 0.086 kg/hm²、0.103 kg/hm² 和 0.184 kg/hm²,流域出口 TP 负荷削减率分别为 50%、57.9%和 83.6%。

在 S11 情景中，关键源区内 TN 负荷的最大削减率为 50.8%，平均减少量为 4.11kg/hm²；对于 TP 负荷，最大削减率和平均削减量分别为 66%和 0.094 kg/hm²。S12 情景影响下，关键源区内 TN 和 TP 负荷的平均削减量为 4.3kg/hm² 和 0.112 kg/hm²，TN 和 TP 的最大削减率达到 59.9%和 72.6%。S13 情景中 TN 和 TP 负荷的平均削减率分别为 71.9%和 83.6%。在 S13 情景中，对 TN 负荷的控制得到了极大的提升。在 S11 和 S12 情景下，TN 负荷的削减率分别在 27.2%～50.8%和 38.1%～59.9%，而在 S13 情景下，TN 的最小削减率就达到了 71.9%。同时，与 S11 和 S12 情景相比，S13 情景的布设面积分别增加了 393.7km² 和 191.8km²，因此，"汇"景观面积的增加是使 S13 措施控制效果提升的关键。

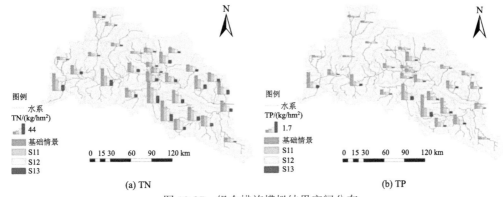

(a) TN　　　　　　　　　　　　　　　　　(b) TP

图 10-27　组合措施模拟结果空间分布

10.5.3　生态缓冲带对非点源污染的响应分析

研究发现，CONTAG、AI 和 LPI 指数与流域非点源污染呈负相关。SHDI 指数与流域非点源污染呈显著正相关。此外，随着 DIVISION 指数的增长，限制了由"源"景观产生的非点源污染进入"汇"景观，因此 DIVISION 指数与非点源污染之间同样存在正相关关系(Liu et al.,2021)。利用 Fragstats 软件计算五种生态缓冲带布设后的流域景观格局指数，并将计算结果与子流域尺度下非点源污染负荷进行对比分析，探究不同景观特征下非点源污染与景观的响应关系，揭示二者之间的驱动机制。不同措施下景观格局变化趋势如图 10-28 所示。

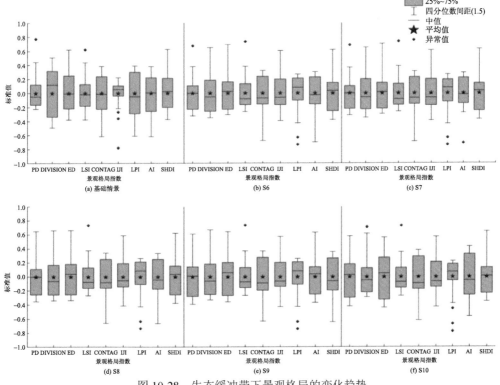

图 10-28　生态缓冲带下景观格局的变化趋势

对 31 个子流域的 9 种景观格局指数进行统计,为了消除不同景观格局指数之间数量级对结果的影响,对景观格局指数进行标准化处理,采用箱线图揭示了生态缓冲带的布设对流域景观格局的影响。与基础情景相比,LPI 和 CONTAG 指数将随着"汇"景观面积的增加而增加,各子流域的离散度呈现减小趋势,该过程有助于控制流域非点源污染。LPI 和 CONTAG 指数在 S10 情景下达到最大值,AI 指数也随着"汇"景观面积的增加而出现增长趋势,但 AI 指数的增加趋势并不明显。通过计算发现,S6 ～ S10 情景下 AI 指数的标准差分别降低了 3.77、3.63、3.38、3.23、2.92,基础情景的 AI 指数标准差为 4.42。因此,景观斑块的离散度随着生态缓冲带的布设有逐渐减小的趋势,LPI 和 CONTAG 指数对非点源污染的敏感程度高于 AI 指数。

SHDI 和 DIVISION 指数均有减小的趋势,且 SHDI 指数所呈现出的减小趋势更加稳定和明显,表明五种生态缓冲带的布设能够有效控制流域非点源污染。"汇"景观的面积随着措施布设而迅速增加,而原有的"汇"景观斑块被最大程度地分离,造成 DIVISION 指数出现异常值。但流域内 DIVISION 指数总体呈现下降趋势,中值也呈现出下降趋势。

进一步选取 SWAT 输出文件中的污染物模拟结果,结合 31 个子流域的污染负荷以及不同情景(S0、S6、S7、S8、S9、S10)的景观格局指数计算结果,利用 Canoco 软件进行 RDA 排序(图 10-29)。

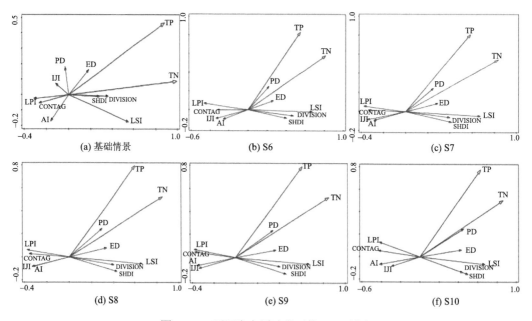

图 10-29　不同生态缓冲带下的 RDA 排序

TN 和 TP 负荷与 ED、SHDI、DIVISION 和 LSI 指数存在显著的正相关关系,与 LPI、CONTAG 和 AI 指数显著负相关关系。根据 RDA 排序,基础情景下,IJI 指数与 TN 和 TP 负荷之间的相关性并不显著。在生态缓冲带的作用下,不同景观斑块之间的分离度被减弱,"源"景观面积减少,不同景观类型之间的连通性增强,此外,"源"景观的多样性被减弱。随着生态缓冲带的布设,PD 和 LSI 指数与污染物负荷之间的相关性逐渐显著，并提高了"汇"景观之间的连通性，加强了"汇"景观对污染物的滞留作用，因此 IJI 指数与污染物之间的负相关随着 S6、S7、S8、S9、S10 措施的布设而逐渐增强。

根据缓冲带布设后景观格局与非点源污染之间的响应研究发现，流域内"汇"景观之间的连通性可以显著提高林草地对污染物的截留作用，特别是流域内水体附近"汇"景观的连通性可以有效提高 IJI 指数。基础情景中，IJI 指数存在异常值，且均小于 75%的样本值，随着水体附近"汇"景观的增加与聚合，IJI 指数逐渐增大。尤其在 S6～S8 情景下，这种规律较为明显，随着"汇"景观的进一步增加，IJI 增长幅度开始减弱。

从两个方面对五种生态缓冲带的效果进行了评估。首先，从 LCI 指数的角度来看，"汇"景观的增加可以显著降低流域的 LCI 指数，进而影响 NPPRI 指数的变化，降低流域内的非点源污染风险。风险区的变化主要体现在从高危风险区向高风险区转变，以及从高风险区向中、较低风险区的转变。从 SWAT 情景模拟结果看，生态缓冲带对 TN 和 TP 负荷的平均减少率为 31%和 41%。与传统的退耕还林措施相比，本文所采用的生态缓冲带布局面积较小，分别占流域面积的 0.32%、0.61%、1.18%、1.71%和 2.75%。通过分析措施布设后的流域景观格局发现，"汇"景观的连通性被显著提升，减少了景观斑块的破碎化程度，增加了"汇"景观对污染物的截留能力。

10.5.4　控制措施综合评价分析

利用信息熵法对所有控制措施进行综合评估(Mtibaa et al.,2018)，参考 10.1.3 节中的评估方法，通过查阅文献资料(丁洋,2019;尹才,2016;黄康,2020;孙浩然,2020;李舒,2021;徐华山等,2013)确定各控制措施的投入及建设成本(表 10-34)，结合 SWAT 模型对控制措施的模拟效果，得到控制措施综合属性值(表 10-35)。

表 10-34　控制措施投入成本

类型	措施	投入费用类型	参考取值
非工程措施	免耕	—	40 元/亩
	残茬覆盖	—	60 元/亩
工程措施	等高植物篱	建筑费用	1500～3000 元/hm²
		运行管理费用	960 元/(hm²·a)
	梯田工程(25°以内)	修建费用	7600 元/hm²
生态缓冲带	缓冲带内退耕还林	耕地粮食补助	210 元/亩
		现金补偿	20 元/亩
		育苗造林	50 元/亩

表 10-35　信息熵法评价结果

BMPs	单位面积污负荷削减量		成本		综合属性值 z
	TN/(kg/hm²)	TP/(kg/hm²)	单价/(元/hm²)	面积/hm²	
免耕	0.163	0.02	600	200842	0.32
残茬覆盖	2.36	0.077	900	200842	0.81
等高植物篱	2.44	0.069	2100	200814	0.79

续表

BMPs	单位面积污负荷削减量		成本		综合属性值 z
	TN/(kg/hm²)	TP/(kg/hm²)	单价/(元/hm²)	面积/hm²	
梯田工程(25°以内)	2.68	0.07	7600	104103	0.74
50m 缓冲带	1.32	0.055	4200	11460	0.69
100m 缓冲带	1.33	0.055	4200	21840	0.78
200m 缓冲带	1.37	0.056	4200	42030	0.80
300m 缓冲带	1.40	0.057	4200	50200	0.76
500m 缓冲带	1.47	0.060	4200	67370	0.60
残茬覆盖+等高植物篱+100m 缓冲带	3.3	0.086	1235	423496	0.80
残茬覆盖+等高植物篱+200m 缓冲带	3.57	0.103	1467	443686	0.81
残茬覆盖+等高植物篱+300m 缓冲带	3.96	0.184	1657	451856	0.71

根据控制措施模拟结果，非工程措施中，残茬覆盖对污染物的削减效果明显，能有效削减污染物负荷并减小水土流失。工程措施中等高植物篱和梯田工程的污染物削减效果差异不明显，但是梯田工程的建设成本远高于等高植物篱，等高植物篱的布设面积相对梯田工程较大。相较传统坡度 25°以上退耕还林措施，生态缓冲带布设面积较小，对氮磷污染物的削减效果显著。在单一控制措施中，残差覆盖、等高植物篱以及梯田工程的属性值为 0.81、0.79 和 0.74，生态缓冲带中 100 m 缓冲带、200 m 缓冲带以及 300 m 缓冲带属性值较高。三种组合措施属性值为 0.80、0.81 和 0.71，其中 S11 和 S12 组合措施由于布设面积小，污染控制效果佳，属性值较高，而 S13 组合措施由于投入成本较高，导致其属性值低。

10.5.5 小结

本节建立 SWAT 模型，对识别出的关键源区分别布设十种单一措施以及三种组合措施进行模拟与评估。分析控制措施布设后非点源污染与景观格局之间的响应关系，对控制措施进行综合属性值评估，研究表明：

(1)残茬覆盖对 TN 和 TP 的平均削减率分别为 50.4%和 60.7%。两种工程措施对 TP 的控制效果优于 TN，二者差异较小。生态缓冲带使高危风险和高风险区面积减少，五种缓冲带对 TN 和 TP 的平均削减效率为 32%和 46.7%。三种组合措施对污染物均能起到较好的控制效果。

(2)ED、SHDI、DIVISION 以及 LSI 指数与污染物存在显著正相关关系，LPI、CONTAG 以及 AI 指数与污染物存在负相关关系。生态缓冲带使 IJI 指数与污染物之间的负相关增强。从 SWAT 模型以及 LCI 指数两个角度验证了五种缓冲带对非点源污染的控制效果。

(3)根据信息熵计算结果，非工程措施中残茬覆盖的属性值最高，工程措施中等高植物篱和梯田工程的属性值分别为 0.79 和 0.74。生态缓冲带中属性值最高的措施为 200 m 缓冲带。三种组合措施属性值分别为 0.80、0.81 和 0.71。

10.6　污染控制对策及建议

汉江流域陕西段作为丹江口水库的水源区，其水质保护面临的主要问题体现在三个方面：一是作为水源区上游水土流失和农业非点污染问题依然存在，也是影响水质变化的重要因素；二是部分入库支流人类干扰强度高，区域社会经济发展对入库水质造成较大压力；三是库滨植被退化、新增淹没区土壤氮磷释放等问题突出，导致库湾出现富营养化风险。

针对南水北调中线工程的汉江流域水源区水质保护提出如下对策和建议：

(1) 恢复水源涵养林，减少流域水土流失。

水源区荒山和石漠化区域水土流失严重，对河道及库区水源水质构成威胁，建设水源涵养林是提高水源保障能力、保护水源区水质安全的重要途径。可以对现有低效林进行改造，选择适宜的树种和混交配置方案，优化树种结构和布局。同时根据区域特点布局生态型、经济型等不同类型水源涵养林，促进水源区农业结构调整，最大限度发挥水源涵养林的生态和社会效益。

(2) 建设生态清洁小流域，控制农业非点源污染。

将小流域划分为综合治理型、生态农业型、景观建设型 3 大类，分类制定生态清洁小流域建设重点。实施"生态修复–综合治理–生态缓冲 3 道防线，林地径流控制–村落非点源控制–农田径流控制–传输途中控制–流域出口汇集处理 5 级控制"的治理模式。以坡面水土调控为基础，沟塘水系利用为纽带，岸带生态系统为屏障，构建较立体的生态控制新模式。

(3) 实施库岸生态工程，防控库湾富营养化风险。

水源区水库较多，存在大量库岸。按照库岸类型，在陡坡库湾考虑库湾水循环系统构建方法，利用风能将库湾水抽提至库岸，在库滨带构建相关净化措施，异位削减水体营养负荷，并促进库湾水体流动，降低富营养化风险。在缓坡库湾适合从传输途径上开展径流污染负荷阻控，利用生态沟渠、前置库、生态塘、人工湿地等生态工程构建生态水系，能够对库周径流实现多级净化，削减入库营养负荷。

(4) 构建库滨带生态屏障，阻控库周非点源输入。

通过消落带植被恢复和强化库滨带污染缓冲能力来控制水库周围非点源污染和保障水库水质。利用水库原有消落带耐淹物种，筛选适宜的种质资源，优化配置稳定的群落结构，构建高效的植被缓冲带，分区分带进行库滨带生态屏障构建。

(5) 实施水质目标管理，保障入库河流水质达标。

在设计水文条件和水质目标条件下，科学核定入库河流水域纳污能力，确定限制排污总量，制定水源区入库支流水质目标管理实施方案。重点防控城镇点源污染，削减农业种植养殖非点源负荷，通过行政管理手段，使区域入河污染物总量小于该水域限制排污总量。

10.7　本章小结

针对汉江流域陕西段不同区域，以鹦鹉沟小流域、丹江流域、洋县断面以上流域、安康断面以上流域中的关键源区为研究对象，依据《丹江口库区及上游水污染防治和水土保持工程"十三五"规划》《到 2020 年化肥使用量零增长行动方案》《陕西省国民经济和社会发展第十三个五年规划纲要》以及《陕西省水污染防治工作方案》设置了不同情景方案，评估了最佳管理措施对非点源污染负荷的削减率，并采用多属性决策方法对情景方案进行综合效果评估，最后提出适宜的管控方案。在丹江流域、洋县断面以上流域和洋县—安康断面间流域上根据收集干流资料对断面水质现状进行评估，并确定水质控制目标，根据水环境容量计算结果和水环境控制目标设置非点源污染控制方案，用耦合的污染负荷模型和 MIKE 11 模型对方案进行模拟，从不同方面提出了水污染防治对策。在同一流域利用不同模型进行非点源控制研究，发现组合措施效果均好于单项措施。如果研究区域资料翔实，利用 SWAT 模型比较方便，其措施数据库比较丰富，可以在关键源区通过调整不同措施的参数值进行模拟；而利用 MIKE 模型的情景设定是基于非点源污染负荷估算值，单项措施和组合措施都按污染负荷削减目标进行模拟计算，比较关键的是措施削减比例(如耕地非点源污染减少 30%、畜禽养殖污染减少 50%、城镇地表径流污染减少 30% 等)能否达到其期望的目标。

汉江流域陕西段各地区均存在耕地污染、农村生活污染和畜禽养殖污染。对于陕南地区而言，经济欠发达，农业生产占比高，针对污染的治理迫在眉睫。丹江流域、汉江流域非点源污染占比达到 60% 左右，个别年份能达到 80% 以上，小流域能达到 90% 以上，污染比重较高，受纳水体的水质凭借逐月监测数据进行评价存在一定的片面性，在重点地区要增加监测次数。从陕西省生态环境厅各年的水环境质量月报可知，汉江流域陕西段整体水质较好，大部分水质可达 II 类以上。但水环境污染状况也不容乐观，从小流域多点开花治理，到流域综合治理，能够使水源区人民拥有幸福河，促进经济发展，增强人民幸福感。从 SWAT 模型和 MIKE 模型的措施模拟结果分析，单项措施如残茬覆盖耕作、等高植物篱、植草河道、植被过滤带等都是比较理想的措施，而将工程措施、非工程性措施和景观措施相结合的组合措施对污染削减的效果一般优于单项措施，根据对不同污染物的削减效果可以确定需要在关键源区采取的措施。不仅要考虑治理非点源污染，还要从绿色农业和碳中和目标出发，后续需要稳扎稳打的扩大规模化、集约化的生态养殖模式，推广畜禽粪便综合处理技术，科学种植和有效施肥，推进厕所革命和垃圾无害化处理，以及加快农村生活污水处理技术等。最关键的是需要在示范县或示范区进行全面治理改造，以小见大的治理污染带来的各种问题，使汉江流域陕西段生态环境稳中向好。

参　考　文　献

白涓. 2012. 陕南水环境容量与生态补偿研究. 西安: 西北大学.

蔡强国, 卜崇峰. 2004. 植物篱复合农林业技术措施效益分析. 资源科学, 26(S1): 7-12.

常舰. 2017. 基于 SWAT 模型的最佳管理措施(BMPs)应用研究. 杭州: 浙江大学.

陈勇. 2010. 陕西省农业非点源污染评价与控制研究. 杨凌: 西北农林科技大学.

丁洋. 2019. 基于 SWAT 模型的㛤水河流域非点源污染最佳管理措施研究. 济南: 济南大学.

东阳. 2016. 滇池流域城市和农村非点源污染耦合模拟与控制策略研究. 北京: 清华大学.

董飞, 刘晓波, 彭文启, 等. 2014. 地表水水环境容量计算方法回顾与展望. 水科学进展, 25(3): 451-463.

杜发兴, 吴厚发, 肖博文, 等. 2019. 属性识别模型在水土保持综合效益评价中的应用. 中国农村水利水电, (5): 52-55.

杜麦. 2017. 汉江流域(陕西段)污染物总量控制研究. 西安: 西安理工大学.

杜旭, 李顺彩, 彭业轩. 2010. 植物篱与石坎梯田改良坡耕地效益研究. 中国水土保持, (9): 39-41.

段诚. 2014. 典型库岸植被缓冲带对陆源污染物阻控能力研究. 武汉: 华中农业大学.

方天萍. 2017. 测土配方施肥对玉米产量及化肥利用率的影响探究. 农业与技术, 37(22): 50.

付婧, 王云琦, 马超, 等. 2019. 植被缓冲带对农业非点源污染的削减效益研究进展. 水土保持学报, 33(2): 1-8.

高凤杰, 雷国平, 宋戈, 等. 2011. 兴凯湖流域农业非点源污染关键源区识别与防治对策研究. 东北农业大学学报, 42(5): 121-126+151.

郭英壮, 王晓燕, 周丽丽, 等. 2021. 控制流域氮流失的最佳管理措施配置及效率评估. 中国环境科学, 41(2): 860-871.

何聪, 刘璐嘉, 王苏胜, 等. 2014. 不同宽度草皮缓冲带对农田径流氮磷去除效果研究. 水土保持研究, 21(4): 55-58.

黄康. 2020. 基于 SWAT 模型的丹江流域面源污染最佳管理措施研究. 西安: 西安理工大学.

李林桓. 2018. 基于 SWAT 模型的青衣江流域氮磷污染研究. 成都: 四川农业大学.

李鸣, 梁其春, 常福双, 等. 2002. 梯田工程概算定额编制研究. 中国水土保持, (2): 20-21.

李舒. 2021. 汉江流域非点源污染特征与控制方案研究——以安康断面以上流域为例. 西安: 西安理工大学.

李铁, 谌芸, 何丙辉, 等. 2019. 天然降雨下川中丘陵区不同年限植物篱水土保持效用. 水土保持学报, 33(3): 27-35.

李晓玲, 吴波. 2009. 南水北调中线水源区汉江流域水环境容量研究. 水土保持通报, 29(6): 221-224.

李柱, 张弢, 王天天. 2018. 汉江流域跨界水污染问题及防治策略. 再生资源与循环经济, 11(2): 11-17.

凌文翠, 范玉梅, 孙长虹, 等. 2019. 非点源污染最佳管理措施之研究热点综述. 环境污染与防治, 41(3): 362-366.

刘坤, 杨正宇. 2009. MIKE 软件在水体富营养化研究中的应用. 给水排水, 45(S1): 456-459.

彭亚敏, 武均, 蔡立群, 等. 2021. 免耕及秸秆覆盖对春小麦-土壤碳氮磷生态化学计量特征的影响. 生态学杂志. 40(4): 1062-1072.

荣琨, 李学平, 杨茜, 等. 2019. 基于 SWAT 模型的晋江西溪流域绿水管理措施效益成本分析. 水土保持通报, 39(1): 137-141.

宋嘉, 李怀恩, 李家科, 等. 2020. 丹江流域陕西段农业非点源污染负荷估算. 中国农村水利水电, (11): 67-72.

孙浩然. 2020. 基于 SWAT 模型的程海流域非点源污染模拟与最佳管理措施(BMPs)评估研究. 长春: 东北师范大学.

孙金伟, 许文盛. 2017. 河岸植被缓冲带生态功能及其过滤机理的研究进展. 长江科学院院报. 34(3): 40-44.

滕加泉, 周美春, 周静, 等. 2011. 常州市太湖流域水环境质量目标管理技术研究——控制单元水环境容量分配方法研究. 污染防治技术, 24(5): 22-23, 35.

王安. 2013. 人工降雨条件下保护性耕作的水土保持效应研究. 杨凌: 西北农林科技大学.

王会, 王奇. 2011. 基于污染控制的畜禽养殖场适度规模的理论分析. 长江流域资源与环境, 20(5): 622-627.

王蕾, 关建玲, 姚志鹏, 等. 2015. 汉丹江(陕西段)水质变化特征分析. 中国环境监测, 31(5): 73-77.

王敏, 黄宇驰, 吴建强. 2011. 植被缓冲带径流渗流水量分配及氮磷污染物去除定量化研究. 环境科学, 31(11): 2607-2612.

王晓, 郝芳华, 张璇. 2013. 丹江口水库流域非点源污染的最佳管理措施优选. 中国环境科学, 33(7): 1335-1343.

王晓燕, 张雅帆, 欧洋, 等. 2009. 流域非点源污染控制管理措施的成本效益评价与优选. 生态环境学报, 18(2): 540-548.

王云凡. 2010. 机械化秸秆还田技术的应用成本分析. 江苏农机化, (6): 49-50.

吴超雄. 2012. 江西省农业非点源污染评价与控制研究. 北京: 中国地质大学.

熊鸿斌, 陈雪, 张斯思. 2017a. 基于 MIKE11 模型提高污染河流水质改善效果的方法. 环境科学, 38(12): 5063-5073.

熊鸿斌, 张斯思, 匡武, 等. 2017b. 基于 MIKE11 模型入河水污染源处理措施的控制效能分析. 环境科学学报, 37(4): 1573-1581.

徐华山, 徐宗学, 刘品. 2013. 漳卫南运河流域非点源污染负荷估算及最佳管理措施优选. 环境科学, 34(3): 882-891.

杨东光. 2020. 基于 MIKE 11 的长河水环境模拟与污染控制研究. 郑州: 华北水利水电大学.

姚文芹. 2020. 农业面源污染防治现状及对策分析. 环境与发展, 32(9): 42-43.

尹才. 2016. 基于 SWAT 和信息熵的非点源污染最佳管理措施的研究. 上海: 华东师范大学.

查恩爽. 2011. 伊通河流域农业非点源污染模拟及最佳管理措施的应用. 长春: 吉林大学.

张立坤. 2014. 基于面源污染治理的阿什河流域总量控制技术研究. 北京: 中国环境科学研究院.

张培培, 李琼, 阚红涛, 等. 2014. 基于 SWAT 模型的植草河道对非点源污染控制效果的模拟研究. 农业环境科学学报, 33(6): 1204-1209.

张强, 刘巍, 杨霞, 等. 2019. 汉江中下游流域污染负荷及水环境容量研究. 人民长江, 50(2): 79-82.

张斯思. 2017. 基于 MIKE 11 水质模型的水环境容量计算研究. 合肥: 合肥工业大学.

张一楠, 黄介生, 伍靖伟. 2017. 香溪河流域非点源污染负荷分析及治理措施探究. 中国农村水利水电, (8): 132-135+141.

郑宇. 2019. SWAT 建模过程的改进及对韩江流域面源污染的模拟研究. 广州: 华南理工大学.

Ahn S R, Kim S J. 2016. The effect of rice straw mulching and no-tillage practice in Upland Crop Areas on nonpoint-source pollution loads based on HSPF. Water, 8(3): 106-124. .

Arnold J G, Kiniry J R, Srinivasan R, et al. 2012. Soil and Water Assessment Tool Input/Output Documentation Version2012. Texas: Texas Water Resoutces Institute.

Giri S, Qiu Z, Prato T, et al. 2016. An integrated approach for targeting critical source areas to control nonpoint source pollution in watersheds. Water Resources Management, 30(14): 5087-5100.

Gustafson A. 2000. A catchment-oriented and cost-effective policy for water protection. Ecological engineering, 14(4): 419-427.

Halvorson A D, Del Grosso S J, Reule C A. 2008. Nitrogen, tillage, and crop rotation effects on nitrous oxide emissions from irrigated cropping systems. Journal of Environmental Quality, 37(4): 1337-1344.

Han K, Kleinman P JA, Saporito L S, et al. 2015. Phosphorus and nitrogen leaching before and after tillage and urea application. Journal of Environmental Quality, 44(2): 560-571.

Lee M, Park G, Park M, et al. 2010. Evaluation of non-point source pollution reduction by applying Best Management Practices using a SWAT model and QuickBird high resolution satellite imagery. Journal of Environmental Sciences, 22(6): 826-833.

Li C H, Wang Y K, Ye C M, et al. 2019. A proposed delineation method for lake buffer zones in watersheds dominated by non-point source pollution. Science of the Total Environment, 660: 32-39.

Li H, Zhou X, Huang K, et al. 2021b. Research on optimal control of non-point source pollution: a case study from the Danjiang River basin in China. Environmental Science and Pollution Research, 29: 15582-15602.

Li S, Li J, Hao G, et al. 2021a. valuation of Best Management Practices for non-point source pollution based on the SWAT model in the Hanjiang River Basin, China. Water Supply, 21 (8): 4563-4580.

Liu R, Zhang, P, Wang X, et al. 2013. Assessment of effects of best management practices on agricultural non-point source pollution in Xiangxi River watershed. Agricultural Water Management, 117: 9-18.

Liu R, Zhang P, Wang X, et al. 2014. Cost-effectiveness and cost-benefit analysis of BMPs in controlling agricultural nonpoint source pollution in China based on the SWAT model. Environmental Monitoring & Assessment, 186(12): 9011-9022.

Liu Y W, Li J K, Xia J, et al. 2021. Risk assessment of non-point source pollution based on landscape pattern in the Hanjiang River basin, China. Environmental Science and Pollution Research, 45(28): 64322-64336.

Mtibaa S, Hotta N, Irie M. 2018. Analysis of the efficacy and cost-effectiveness of best managementpractices for controlling sediment yield: A case study of the Joumine watershed, Tunisia. Science of the Total Environment, 616: 1-16.

Nash P R, Motavalli P P, Nelson K A. 2012. Nitrous oxide emissions from Claypan soils due to nitrogen fertilizer source and tillage/fertilizer placement practices. Soil Science Society of America Journal, 76(3): 983-993.

Panagopoulos Y, Makropoulos C, Mimikou M. 2012. Decision support for diffuse pollution management. Environmental Modelling & Software, 30: 57-70.

Pavinato P S, Merlin A, Rosolem C A. 2009. Phosphorus fractions in Brazilian Cerrado soils as affected by tillage. Soil & Tillage Research, 105(1): 149-155.

Poudel D D, Midmore D J, West L T. 2000. Farmer participatory research to minimize soil erosion on steepland vegetable systems in the Philippines. Agriculture, Ecosystems & Environment, 79(2-3): 113-127.

Sun T, Zhang H, Wang Y. 2013. The application of information entropy in basin level water waste permits allocation in China. Resources Conservation and Recycling, 70: 50-54.

Wang W, Xie Y, Bi M et al. 2018. Effects of best management practices on nitrogen load reduction in teafields with different slope gradients using the SWAT model. Applied Geography, 90: 200-213.

Zhang L, Lu W X, Hou G L, et al. 2019. Coupled analysis on land use, landscape pattern and nonpoint source pollution loads in Shitoukoumen Reservoir watershed, China. Sustainable Cities and Society, 51: 101788.

Zhang P, Liu Y H, Pan Y, et al. 2013. Land use pattern optimization based on CLUE-S and SWAT models for agricultural non-point source pollution control. Mathematical and Computer Modelling, 58: 588-595.